Informatik aktuell

Herausgeber: W. Brauer
im Auftrag der Gesellschaft für Informatik (GI)

W0260658

A. Jaeschke T. Kämpke B. Page
F. J. Radermacher (Hrsg.)

Informatik für den Umweltschutz

7. Symposium
Ulm, 31.3. – 2.4. 1993

Springer-Verlag
Berlin Heidelberg New York
London Paris Tokyo
Hong Kong Barcelona
Budapest

Herausgeber

A. Jaeschke
Kernforschungszentrum Karlsruhe, Institut für Angewandte Informatik (IAI)
Postfach 3640, W-7500 Karlsruhe

T. Kämpke
F. J. Radermacher
Forschungsinstitut für anwendungsorientierte Wissensverarbeitung (FAW)
Helmholtzstr. 16, W-7900 Ulm

B. Page
Universität Hamburg, Fachbereich Informatik
Vogt-Kölln Str. 30, W-2000 Hamburg 54

Das 7. Symposium **Informatik für den Umweltschutz** wurde ausgerichtet durch:

Gesellschaft für Informatik (GI)

GI Fachausschuß 4.6 Informatik im Umweltschutz

Forschungsinstitut für anwendungsorientierte Wissensverarbeitung (FAW), Ulm

Universität Ulm

Das 7. Symposium **Informatik für den Umweltschutz** wurde substantiell unterstützt durch:

Commerzbank AG · Daimler-Benz AG · Deutsche Aerospace AG · Förderverein des FAW e.V. · Günzburger Volksbank · Land Baden-Württemberg · SGZ Bank Siemens AG · Stiftungsfond IBM Deutschland im Stifterverband der Deutschen Industrie · Stadt Ulm · Telefunken Systemtechnik GmbH · Universität Ulm Zahnradfabrik Friedrichshafen AG

Die Veranstalter danken für die Unterstützung als wesentliche Voraussetzung für die Durchführung der Tagung.

CR Subject Classification (1992): H.4.0

ISBN-13: 978-3-540-56505-5 e-ISBN-13: 978-3-642-78104-9
DOI: 10.1007/978-3-642-78104-9

Dieses Werk ist urheberrechtlich geschützt. Die dadurch begründeten Rechte, insbesondere die der Übersetzung, des Nachdrucks, des Vortrags, der Entnahme von Abbildungen und Tabellen, der Funksendung, der Mikroverfilmung oder der Vervielfältigung auf anderen Wegen und der Speicherung in Datenverarbeitungsanlagen, bleiben, auch bei nur auszugsweiser Verwertung, vorbehalten. Eine Vervielfältigung dieses Werkes oder von Teilen dieses Werkes ist auch im Einzelfall nur in den Grenzen der gesetzlichen Bestimmungen des Urheberrechtsgesetzes der Bundesrepublik Deutschland vom 9. September 1965 in der jeweils geltenden Fassung zulässig. Sie ist grundsätzlich vergütungspflichtig. Zuwiderhandlungen unterliegen den Strafbestimmungen des Urheberrechtsgesetzes.

© Springer-Verlag Berlin Heidelberg 1993

Satz: Reproduktionsfertige Vorlage vom Autor/Herausgeber

33/3140-543210 – Gedruckt auf säurefreiem Papier

A. Jaeschke T. Kämpke B. Page
F. J. Radermacher (Hrsg.)

Informatik für den Umweltschutz

7. Symposium
Ulm, 31.3. – 2.4. 1993

Springer-Verlag
Berlin Heidelberg New York
London Paris Tokyo
Hong Kong Barcelona
Budapest

Herausgeber

A. Jaeschke
Kernforschungszentrum Karlsruhe, Institut für Angewandte Informatik (IAI)
Postfach 3640, W-7500 Karlsruhe

T. Kämpke
F. J. Radermacher
Forschungsinstitut für anwendungsorientierte Wissensverarbeitung (FAW)
Helmholtzstr. 16, W-7900 Ulm

B. Page
Universität Hamburg, Fachbereich Informatik
Vogt-Kölln Str. 30, W-2000 Hamburg 54

Das 7. Symposium **Informatik für den Umweltschutz** wurde ausgerichtet durch:

Gesellschaft für Informatik (GI)

GI Fachausschuß 4.6 Informatik im Umweltschutz

Forschungsinstitut für anwendungsorientierte Wissensverarbeitung (FAW), Ulm

Universität Ulm

Das 7. Symposium **Informatik für den Umweltschutz** wurde substantiell unterstützt durch:

Commerzbank AG · Daimler-Benz AG · Deutsche Aerospace AG · Förderverein des FAW e.V. · Günzburger Volksbank · Land Baden-Württemberg · SGZ Bank
Siemens AG · Stiftungsfond IBM Deutschland im Stifterverband der Deutschen Industrie · Stadt Ulm · Telefunken Systemtechnik GmbH · Universität Ulm
Zahnradfabrik Friedrichshafen AG

Die Veranstalter danken für die Unterstützung als wesentliche Voraussetzung für die Durchführung der Tagung.

CR Subject Classification (1992): H.4.0

ISBN-13: 978-3-540-56505-5 e-ISBN-13: 978-3-642-78104-9
DOI: 10.1007/978-3-642-78104-9

Dieses Werk ist urheberrechtlich geschützt. Die dadurch begründeten Rechte, insbesondere die der Übersetzung, des Nachdrucks, des Vortrags, der Entnahme von Abbildungen und Tabellen, der Funksendung, der Mikroverfilmung oder der Vervielfältigung auf anderen Wegen und der Speicherung in Datenverarbeitungsanlagen, bleiben, auch bei nur auszugsweiser Verwertung, vorbehalten. Eine Vervielfältigung dieses Werkes oder von Teilen dieses Werkes ist auch im Einzelfall nur in den Grenzen der gesetzlichen Bestimmungen des Urheberrechtsgesetzes der Bundesrepublik Deutschland vom 9. September 1965 in der jeweils geltenden Fassung zulässig. Sie ist grundsätzlich vergütungspflichtig. Zuwiderhandlungen unterliegen den Strafbestimmungen des Urheberrechtsgesetzes.

© Springer-Verlag Berlin Heidelberg 1993

Satz: Reproduktionsfertige Vorlage vom Autor/Herausgeber

33/3140-543210 – Gedruckt auf säurefreiem Papier

Vorwort

Der Bereich des Umweltschutzes stellt mittlerweile ein wichtiges Anwendungsgebiet für Verfahren der Informatik dar. Dies reicht von der Datenerfassung über die Datenhaltung bis hin zum eigentlichen und unerläßlichen Verarbeitungsschritt. Typischerweise beruhen die erfolgreicheren Informatikanwendungen im Umweltbereich auf einer intensiven Kooperation mit Vertretern tangierter Fachgebiete.

Die Verwendung von Informatik im Umweltschutz berührt einerseits eine Vielzahl von Gebieten und Methoden und macht andererseits aktuelle Defizite (nicht immer im wissenschaftlichen Bereich) offensichtlich. Die berührten Gebiete umfassen Disziplinen, die sich primär der Informatik zurechnen lassen. Hierzu gehören etwa die Gebiete der wissensbasierten Systeme und der Datenbanktechnik. Verfahren der Modellbildung und Simulation machen in großem Umfang Anleihen außerhalb der Informatik. Zu den Defiziten gehört eine oft zu beobachtende Diskrepanz zwischen benötigten und vorhandenen Daten. Den vielzitierten Datenfriedhöfen, deren Entstehung durch immer mehr Programme zur Datensammlung und durch immer mehr Sensoren begünstigt wird, steht oft ein Fehlen relevanter Daten gegenüber. Weitere Defizite bestehen häufig im Fehlen von Konzepten bereits geläufiger Begriffe; so ist etwa noch keine wirklich schlüssige und vollständige Konzeption von *Ökobilanzen* erkennbar.

Über manche dieser eher technisch (lösbar) erscheinenden Aspekte hinaus sind die Grenzen von Informatikanwendungen im Umweltbereich trotz ihrer praktischen Relevanz noch weitgehend unbestimmt.

Die inzwischen mehrjährige Arbeit an Umweltinformationssystemen hat zu einer Vielzahl von bereits bestehenden Systemen geführt; dabei hat das Hauptgewicht auf der universitären und behördlichen Sicht gelegen. Mit letzterem wird sich auf dem Symposium eine Session über das Baden-Württembergische Umweltinformationssystem auseinandersetzen. Dem stetig wachsenden Bereich der betrieblichen Umweltinformationssysteme wird auf diesem Symposium eine eigene Session gewidmet.

Umweltprobleme werden zunehmend länderübergreifend verstanden. Das 7. Symposium Informatik für den Umweltschutz bemüht sich, diesem Sachverhalt durch Herausstellung einiger Arbeiten zur Beschreibung und Erkennung globaler Phänomene gerecht zu werden. Analoges gilt für den Themenschwerpunkt *Integrationsmethoden*.

Unser Dank für wichtige organisatorische und finanzielle Hilfe bei der Durchführung des Symposiums gilt allen Sponsoren, die in einer gesonderten Aufstellung genannt sind. Für die engagierte organisatorische Unterstützung bedanken wir uns ferner bei A. Boehm, T. Egner, K. Gabriel, S. Grau, J. Halbach (alle FAW, Ulm).

Ulm, Karlsruhe, Hamburg
im Januar 1993

A. Jaeschke, T. Kämpke, B. Page, F.J. Radermacher

Das Symposium stand unter der Schirmherrschaft von Herrn Erwin Teufel,
Ministerpräsident des Landes Baden-Württemberg.

Inhaltsverzeichnis

Integrationsmethoden

Modellbildung und Simulation

Wissensbasierte Techniken

Räumliche Informationsverarbeitung

Berichte aus den Arbeitskreisen

Gewinnung und Nutzung von Umweltinformationen im internationalen Bereich

W. Pillmann
Österreichisches Bundesinstitut für Gesundheitswesen , Stubenring 6, A-1010 Wien und Internationale Gesellschaft für Umweltschutz, Wien

Zusammenfassung

Zunehmend besteht im internationalen Rahmen die Notwendigkeit, Umweltdaten zu sammeln und länderübergreifend vergleichbar darzustellen. Damit werden Sachgrundlagen für zwischenstaatliche Vereinbarungen geschaffen, aber auch Standards für kontinental und global erforderliche, umweltentlastene Maßnahmen festgelegt.

In der vorliegenden Arbeit wird über den Bedarf, die Gewinnung, die Bereitstellung und die Nutzung von Umweltinformationen im internationalen Bereich berichtet. Den Hintergrund der Darstellungen bilden Informatikanwendungen, sowie der Rechnereinsatz zur digitalen Verarbeitung von raum- und zeitbezogenen umweltrelevanten Informationen, mit denen erst die Aufbereitung und Vermittlung von Umweltinformationen möglich wird.

1. Bedarf an Umweltinformation

Die zunehmende Belastung der Umwelt gilt in Industrieländern für die Mehrheit der Bevölkerung als gesichert. Die Grundlage dafür bilden Informationen zur Umweltsituation, die aus Forschungsarbeiten gewonnen, über die Medien verbreitet und teilweise durch Alltagserfahrungen bestätigt werden. Umweltdaten werden vorwiegend im Zusammenhang mit den als negativ zu bewertenden Wirkungen erhoben. Es sind dies Belästigungen, Belastungen, Schädigungen und Gefährdungen, vor allem in Bezug auf Ökosysteme, auf die Lebensgrundlagen wie Luft, Wasser und Nahrungsmittel, sowie auf die Verfügbarkeit von Rohstoffen und Energie.

Ausgangspunkt für die Erkennung von Umweltbeeinträchtigungen sind Erkrankungen, verursacht durch Luftverschmutzung und Trinkwasserverunreinigungen, Verkehrslärm, große Abfallmengen, Naturkatastrophen aufgrund von Umweltschäden, die Zerstörung natürlicher Lebensräume u.a. Die Ökosystem- und Wirkungsforschung, sowie die Schadstoffmeßtechnik legten die Basis für Erkenntnisse über Zusammenhänge zwischen solchen scheinbar nur lokalen Umweltbelastungen und deren meist überregionalen Wirkungen.

Nationale Notwendigkeiten

Bedarf an Umweltinformationen besteht bei Behörden, in der Politik, der Industrie und dem Gewerbe, bei Wissenschaftern und Bürgern. Die Gründe dafür sind vielfältig: Entwicklung gesetzlicher Instrumente zum Umweltschutz, Umweltverträglichkeitsprüfung, Genehmigungsverfahren, Erkenntnisgewinn und Wahrung schutzbedürftiger persönlicher Interessen sind Beispiele dafür. Neuerdings werden auch verstärkt Zusammenhänge zwischen Umweltzustand und Gesundheit analysiert (Sluka et.al. 1990, Fülöp et.al. 1992). Weiters kommt der Bürgerinformation - vor allem bei der Planung von Großprojekten - immer mehr Bedeutung zu.

Bedarfsentstehung im internationalen Bereich

Die international wirksamen Umweltbeeinträchtigungen sind vor allem dann von Bedeutung, wenn sie über einen längeren Zeithorizont beurteilt werden, oder im Fall hoher Risiken ein rasches Handeln erforderlich machen. Im Zusammenhang mit dem Bevölkerungswachstum, der Nahrungs- und Energieversorgung und dem Verbrauch von Rohstoffen, die ursächlich erhöhte Umweltbelastungen bewirken, werden die Grenzen der Stabilisierungsmöglichkeit globaler Gleichgewichte und die Notwendigkeit international harmonisierten Umweltschutzes erkennbar. Bei internationalen Organisationen, bei Behörden, bei Entscheidungsträgern und in der Diplomatie, besteht zunehmend Nachfrage nach Informationen über Umweltbelastungen und teilweise auch ein - meist nicht offen artikulierter - Fortbildungsbedarf den Umweltschutz betreffend.

Bedarf durch die Gesetzgebung

In einigen Ländern besteht ein Zugangsrecht zu Informationen aus allen Tätigkeiten der Verwaltung. Beispiele hiefür sind Finnland, Italien, Kanada und Schweden. In den USA datiert der "Freedom of Information Act" bereits aus dem Jahr 1967 (Taeger, Weyer, 1992). Die EG-Richtlinie über den freien Zugang zu Informationen über die Umwelt (90/313/EWG) sollte von den Ländern der Mitgliedsstaaten bis Anfang 1993 in nationales Recht umgesetzt werden. In Österreich wird das als Ministerratsentwurf vorliegende Umweltinformationsgesetz voraussichtlich Anfang 1993 beschlossen.

Es ist zu erwarten, daß bestehende und in Entstehung begriffene Gesetze zu einer Bedarfssteigerung an Umweltinformation führen. Auf administrativer Ebene werden derzeit Lösungen gesucht, wie einem Anspruch auf Auskunft oder gar einem Einsichtsrecht verwaltungsmäßig zu begegnen sein wird. Weiters besteht durch den Regulierungsbedarf in anderen umweltrelevanten Bereichen wie dem Verkehr, dem Naturschutz, dem Ressourcengebrauch, ein Bedarf an Sachdaten. Daten dieser Art und davon abgeleitete Informationen sind nahezu ausschließlich unter Rechnernutzung zu erfassen und zu verarbeiten und bedürfen daher des Einsatzes sachkundigen Personals aus den Fachwissenschaften und der Informatik.

2. Gewinnung von Umweltdaten

Umweltdaten sind raum- und zeitbezogene Daten zu den Umweltmedien Luft, Wasser und Boden, zu den Problembereichen Abfall, Lärm, gefährliche Stoffe, zu Fauna und Flora, der Landschaft sowie dem Natur- und Artenschutz. In allen genannten Bereichen spielen Gesichtspunkte wie Meßbarkeit, Menge, Intensität und die Wirksamkeit auf Mensch, Tier und Pflanze eine zentrale Rolle. Durch Analysen und Interpretationen solcher Daten werden Informationen über unsere Umwelt gewonnen. Tabelle 1 zeigt Beispiele für den Computereinsatz.

Tab. 1: Umweltrelevante Rechneranwendungen

Prozeß- steuerung	Automatisierung, Prozeßleittechnik und Prozeßdatenverarbeitung für Zwecke des sparsamen Einsatzes von Materialien und Energie
Daten- erhebung, Meßtechnik, Monitoring	Rechnergesteuerte Laboranalysen (Schadstoffe, Gifte) Meßnetze für Immissionen in Luft, Wasser, Boden und radioaktive Strahlung Methoden der Fernerkundung (Landnutzung, neuartige Walderkrankungen, Klimaänderungen
Werkzeuge und Methoden	Datenbanken, non-standard Datenbanken, statistische Analysen Geografische Informationssysteme Prognosen und Szenarien mit Modellen und Simulationen Rechnereinsatz in der Umweltverträglichkeitsprüfung Computergrafik und Visualisierung; Bildverarbeitung; Hypertext Experten- und entscheidungsunterstützende Systeme
Daten- übertragung,	Literatur- und Informationssysteme für gefährliche Substanzen Mailboxen und Universitätsnetzwerke Umwelt-Informationssysteme in der Verwaltung

Vom Rat der Sachverständigen für Umweltfragen wurde ein umfassendes Konzept "Allgemeine ökologische Umweltbeobachtung" (1990) veröffentlicht. Die darin enthaltenen Vorschläge sind in unterschiedlicher Ausprägung in Industrieländern bereits Realität, oder sind im Aufbau begriffen. Als unverzichtbar wird die Vorselektion, Prüfung, Zusammenführung und Aggregation von Daten in Form eines Umweltinformationssystems angesehen. Solche, mit hohem Anspruch konzipierte Systeme sind allerdings nur unter günstigsten fachlichen, politischen, personellen und finanziellen Randbedingungen von motovierten Arbeitsgruppen zu verwirklichen.

Die Darstellungen rechnerunterstützter Datensammlungen und -Aufbereitungen, die eingesetzten Methoden sowie Probleme und Fortschritte der Rechneranwendungen, sind in den Proceedings der vorliegenden Veranstaltungsreihe enthalten. Quellennachweise bisher publizierter Berichte finden sich in "Informatik für den Umweltschutz" (1988-1991) und in der Bibliographie Umwelt-Informatik (1989).

3. Zugang zu Umweltinformation

Umweltdaten und davon abgeleitete Umweltinformationen werden von Landes- bzw. Umweltbehörden und internationalen Organisationen gesammelt und in Form von "Umweltberichten" zugänglich gemacht. Beispiele dafür sind Daten zur Umwelt 1991/92 des Umweltbundesamtes Berlin, der "Environmental Data Report" (1989), Environmental Quality (1989), OECD Environmental Data - Compendium (1989) und der Umweltbericht (Österreich,1989). Darüber hinaus ermöglichen Umweltinstitutionen, Umwelt-Forschungsprogramme, Fachveranstaltungen sowie Datenbanken, Datennetze und Mailboxen zunehmend die Integration und den Austausch von Umweltdaten.

Informationsvermittlung und Datennetze

Eine wesentliche Quelle für Umweltinformationen sind Literatur und Faktendatenbanken. Datenbankanbieter (hosts) bieten über Telefonanschluß oder paketvermittelnde Netze Informationen an. Eine Zusammenstellung von umweltbezogenen Datenbanken wurde von der Bundesanstalt für Umweltschutz (Bern) vorgenommen (Umweltdatenbanken, 1992). Zusätzlich helfen Informationsvermittler aus der Fülle von Datenbanken eine geeignete Auswahl zu treffen und nach einer Anfrageanalyse mit Suchstrategien Literaturzitate oder Sachinformationen (z.B. zu Umweltchemikalien) zu gewinnen. Vermehrt werden Datenbanken zusätzlich zu on-line Anschlüssen auch auf CD-ROM angeboten.

Ein weiterer Zugang zu Umweltinformationen besteht über Datennetze. Es sind dies Universitätsnetze, Netze von Behörden und NGO's. Die über Datennetze erreichbaren Mailboxen enthalten Texte mit sehr breit gestreuten Inhalten - von sachlich, wissenschaftlich fundierten Informationen, Daten und Programmen, aktuellen Berichten, Kommunikationsnotizen bis hin zum Textmüll. Beispiele für Universitätsnetze sind Internet, EARN, Bitnet, für kommerzielle Netze EasyNet (Wissensbank), GeoNet (kommerzielles Mailboxsystem) und für Zwecke der Umweltkommunikation GreenNet und Zerberus. Weitere Erläuterungen zu Mailboxen und Netzwerken finden sich bei Schröder (1990) und im Mensch, Technik, Umwelt Info "Kommunikation im Umweltschutz - Nutzungsmöglichkeiten und Probleme" (1990).

Informationszentren und Umweltprogramme

Nach einem Ratsbeschluß der Europäischen Wirtschaftsgemeinschaft vom 7. Mai 1990 wurde die Europäische Umweltagentur (European Environmental Agency, EEA) mit dem Auftrag gegründet, ein europäisches Umweltinformations- und Umweltbeobachtungsnetz aufzubauen (Verordnung EWG Nr. 1210/90). In Budapest wurde das Regional Environmental Center (REC) aufgebaut, dessen Aufgabe es ist, die Funktion eines clearinghouse für Umweltdaten im osteuropäischen Raum zu übernehmen. Mit Unterstützung des österreichischen Bundesministeriums für Umwelt wurde in Wien die "Central European Environmental Data Request Facility" CEDAR bei der Internationalen Gesellschaft für Umweltschutz errichtet. Dieses Datenzentrum hat die Aufgabe, einen Informationstransfer zwischen Ost und West über Netzwerkkommunikation, und Vermittlung von umweltbezogenen Informationen aus Datenbanken zu übernehmen. Primäre Benutzer des elektronischen Kommunikationssystems sind das REC, die "Central European Initiative" sowie wissenschaftliche, administrative Benutzer und "non gouvernmental organizations" (NGO's) aus der osteuropäische Umweltbewegung (Pillmann, Kahn 1992).

In allen Umweltinformationssystemen besteht die Aufgabe, verfügbare Informationen vergleichbar bereitzuhalten. Mit dieser Zielsetzung wurde im Rahmen des "United Nations Environment Programme (UNEP) das Büro zur "Harmonization of Environmental Measurement" (HEM-office) gegründet. Ziel dieser Einrichtung ist es, einen Beitrag zur Harmonisierung von laufenden und geplanten Programmen zum Umweltmonitoring, von Klassifikationen sowie generell zur Erfassung von Umweltdaten zu leisten (s.auch Keune Theisen, 1991). Vom HEM-office liegt bereits in der zweiten Auflage der survey über "Environmental Monitoring & Information Management Programmes" vor, in dem ein Überblick über rund 90 internationale Aktivitäten zur Umweltdatenverarbeitung gegeben wird. In Tabelle 2 sind Beispiele daraus angegeben (Fritz, 1992).

Tab. 2:
Internationale Programme zum Umweltmonitoring- und Informationsmanagement

	Anzahl	*Beispiele für Institutionen und Programme (s. Fritz 1992)*
Monitoring- und Forschungs-programme	50	ESA (Earth science data), EMAP (transboundary air poll.), Environment Programme (IIASA, JRC, OECD, UNIDO), EUREKA (EUROENVIRON - technology), GEMS (air monitoring & background monitoring; food; human exposure; water), IM (Nordic council integrated monitoring), MAB (Mensch und Biosphäre), WCP (Klima)
Daten- und Informations -systeme	26	ACCIS (UN-Databases), CORINE (Biotopes, Air, Landscape), GRID (georeference data), ICPIC (cleaner production), INFOTERRA (Experts), MARC (UNEP Data Report), WDC (World data centres)
Standardi-sierung	13	VDI/DIN (Komission Luftreinhaltung), HEM (Harmonisierung von Umweltinformation), ISO (Luft, Wasser, Boden)

Metadatenbanken

Zunehmend zeigt sich das Problem, Wissen über die verfügbaren Informationen zugänglich zu machen. Aus diesem Grund bestehen derzeit intensive Bemühungen, Metadatenbanken über Umweltdaten aufzubauen. In Deutschland besteht eine zunehmende Zustimmung der Bundesländer, ausgehend vom Umweltdatenkatalog Niedersachsen (Lessing, Weiland 1990), Metainformation über umweltrelevante Daten vereinheitlicht darzustellen. Die Entwicklungen werden teils auf PC-Basis, schwerpunktmäßig aber auf Workstations vorangetrieben. Österreich wird sich voraussichtlich dieses Informationsmediums bedienen und einen Anteil zu dessen Fortentwicklung übernehmen.

Von der Europäischen Umweltagentur (EEA) wurde die Erstellung eines Werkzeuges zur Katalogisierung und zum Zugriff auf Umweltinformationen gefördert. Das CDS/CORINE Information Access System der Firma da vinci ermöglicht den Zugriff zu einem zentralen Datenkatalog und die Nutzung als gateway zu anderen Datenbanken. Weitgehend unveränderliche und mengenmäßig bedeutsame

Datenmengen (z.B. kartografische Information) sind dabei lokal gespeichert und können mit laufend aktualisierten Daten verknüpft werden (Cogels, Ansoult 1991).

4. Datenanalyse und Datennutzung

In den meisten Industrieländern, aber auch in einigen Schwell- und Entwicklungsländern, haben Umweltdaten, deren Analyse, sowie davon abgeleitete Prognosen, zu Veränderungen in der Produktion, in der Gesetzgebung und teilweise im Konsumbereich geführt. Bild 1 zeigt grafisch die Steuerungsmöglichkeiten, die sich durch die Nutzung von Umweltdaten ergeben und durch internationale Aktivitäten ausgelöst werden.

National erhobene Informationen über die Umwelt werden von Behörden zur Entwicklung von Gesetzen, zur Durchführung von Genehmigungsverfahren und planerischen Aufgaben genutzt, sowie in Betrieben zur Entwicklung spezieller oder strategischer Informationen für das Management eingesetzt. Die Medien, nichtstaatliche Organisationen und Bürgerinitiativen nutzen Umweltinformationen u.a. zur Verbreitung des Wissens über Sachzusammenhänge, zur Durchsetzung von umweltentlastenden Maßnahmen und zur Erreichung politischer Ziele. Übergeordnet zu nationalen Maßnahmen in der Gesetzgebung, zur Förderung von Umweltschutzmaßnahmen, entsteht international ein Handlungsbedarf zum Schutz der Umwelt, der aus der Unmöglichkeit resultiert, allein durch Maßnahmen auf lokaler Ebene, überregional wirksamen Umweltschutz zu realisieren.

Emissions- und Immissionsdaten, quantitative Angaben zu Waldschäden und Ertragsminderungen in der Landwirtschaft, Entstehungsursachen und gesundheitliche Wirkungen von bodennahem Ozon, die Zerstörung der stratosphärischen Ozonschicht, sowie die Wirksamkeit von Klimagasen wie CO_2, führten zu einzelnen Vereinbarungen zum Schutz der Umwelt. Die Konvention über weiträumige, grenzüberschreitende Luftverunreinigungen (Genfer Konvention), das Wiener Übereinkommen zum Schutz der Ozonschicht, das Protokoll von Montreal über den Verbrauch von Fluor-Chlorkohlenwasserstoffen, Abkommen über den Transitverkehr und bilaterale Abkommen, sind Ergebnisse der internationalen Nutzung von Informationen aus der Umweltforschung. Tabelle 3 zeigt eine Auswahl von Wirkungen und bereits eingeleitete Maßnahmen zu deren Bekämpfung.

Derzeit zeichnet sich eine Entwicklung ab, die eine zunehmend überregionale Nutzung von Umweltinformationen wahrscheinlich macht. Die Wirkung von Umweltbelastungen auf Schutzgüter wie die Gesundheit, Ökosysteme, die Artenvielfalt, Materialien und Kulturgüter zeigt die Notwendigkeit grenzüberschreitender Informationsgewinnung. Negative Effekte für die Wirtschaft wie Schadenersatzleistungen, Sanierungsaufwendungen, die Erhöhung von Rohstoff- und Energiekosten, Ertragsminderungen in der Land- und Forstwirtschaft, werden zunehmend als wettbewerbs-mitbestimmender Faktor wahrgenommen. Gleichzeitig entwickeln sich Elemente einer ökologischen, volkswirtschaftlichen Gesamtrechnung (Öko-VGR) und internationale Aktivitäten in der Gesetzgebung, die überregionale Umweltinformationen in Verbindung mit soziodemogra-

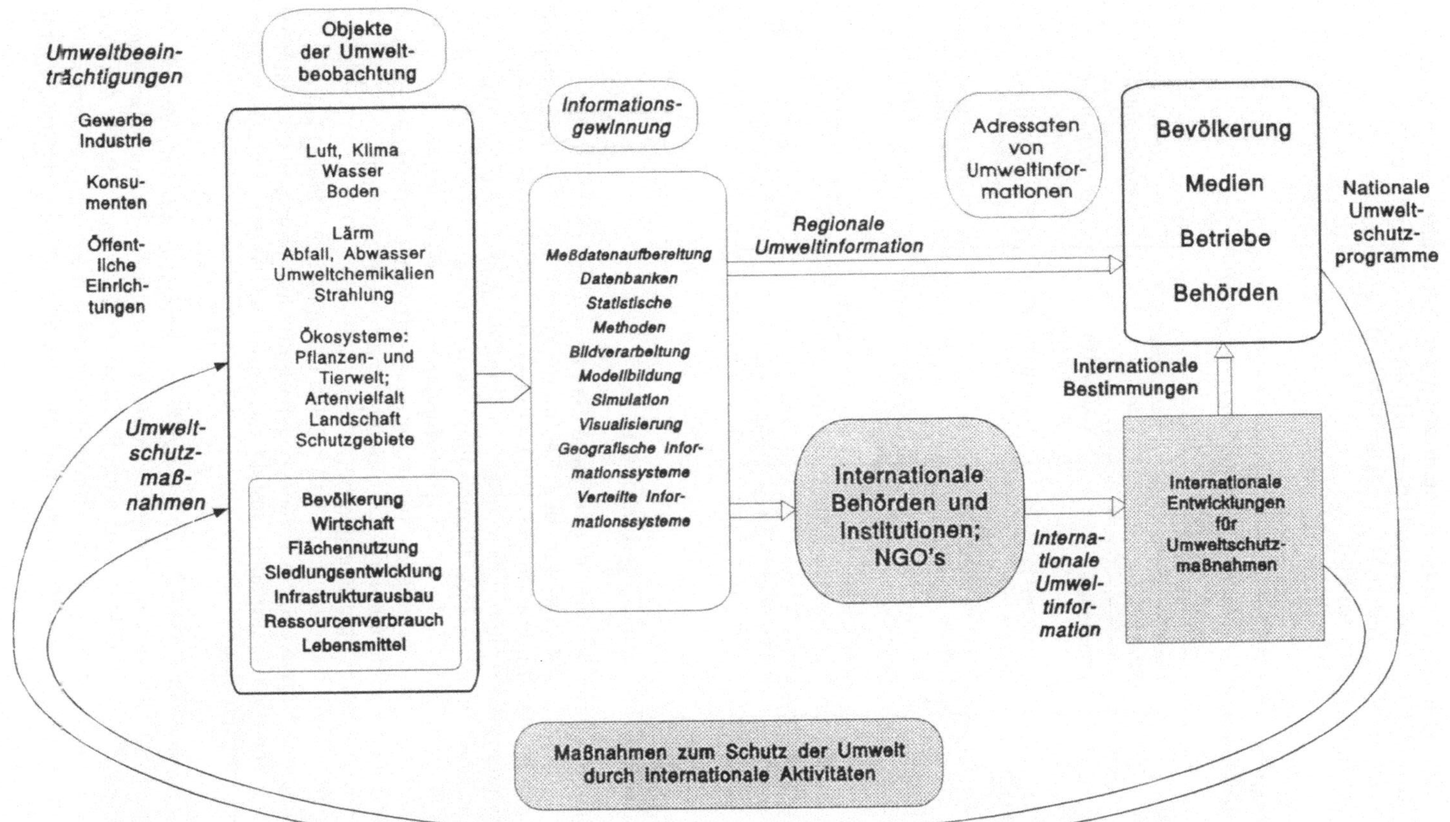

Bild 1: Steuerungsmöglichkeiten im Umweltschutz durch nationale und internationale Maßnahmen

phischen, ökonomischen und flächenbezogenen Sachdaten unabdingbar zur Voraussetzung haben. Die gesetzlichen Aufträge an politische und administrative Einheiten und die Aktivität nichtstaatlicher Organisationen werden diese Entwicklung noch weiter fördern.

Tab. 3: Ursachen und Wirkungen von Umweltbeeinträchtigungen, bei denen internationale Vereinbarungen zu deren Bekämpfung bestehen

Belastungsursachen	*Lokal wirksame Effekte*	*Wirkungsauslösung*	*Internat. Umweltschutzstrategien*
Konsum Produktion	Emissionen	Ökosystembelastungen	SO_2, NO_x usw. - Minderung
Gefährliche Sonderabfälle	Schadstofffreisetzung	Verbrennung Deposition	z.B. Exportrestriktionen
Energiekonsum	Atomkraftwerke Nuklearanlagen	Störfälle	Informationsverpflichtungen
Rohstoffgewinn. Raumnutzung	Rhodung von Regenwäldern	CO_2 Problematik	Internat. Vereinbar.; mediale Aktivitäten
Konsum	Fluor-Chlor Kohlenwasserstoffe	Zerstörung der Ozonschicht	Ozonprotokolle
Nationale Sicherheitsinteressen	Nukleare Gefährdung	Unfälle, Konflikte	Kontrollen Abrüstung

5. Defizite und Entwicklungschancen

Im vorliegenden Beitrag wird die geeignete Gestaltung der menschlichen, inhaltlichen und technischen Aspekte des Rechnereinsatzes für eine befriedigende Fortentwicklung der Integration von Umweltdaten im internationalen Bereich als wesentlich angesehen. Hemmnisse, die dem entgegenstehen sind vor allem

- o eine noch ungenügende Bildung von internationalen Netzwerken und Arbeitsgruppen zwischen Entscheidungsträgern und Experten
- o unzureichende personelle Ausstattung und oft wenig innovative EDV-bezogene Rahmenbedingungen, unter denen in der Umwelt-Informationsverarbeitung gearbeitet wird und eine
- o Überschätzung der im Informatikbereich bestehenden Möglichkeiten, komplexe Umwelt-Sachverhalte geeignet aufzubereiten und darzustellen ohne das organisatorische Umfeld zu betrachten, in dem Entwicklungen erst möglich sind.

Für wesentliche Daten wie Emissionsinventare, Immissionsdaten, Warn- und Alarmpläne, Informationen zur naturräumlichen Entwicklung, Planungsunterlagen zu umweltrelevanten Projekten und auch Budgetansatzzahlen - z.B. für Großprojekte und für die Vergabe von Subventionen - besteht meist kein angemessener Zugang für Planer, Wissenschafter und interessierte Bürger. Hauptursachen hiefür sind:

o Datenschutzinteressen von juristischen Personen werden über die schutzwürdigen Interessen der Öffentlichkeit gestellt

o Informationen liegen ungeeignet aufbereitet vor

o es besteht eine Rechtsunsicherheit über die Eigentumsrechte der Daten und die Möglichkeit der Weitergabe (z.B. Gutachten)

o der Aufwand der Datenweitergabe ist unzumutbar oder wird als unzumutbar dargestellt

o es besteht Angst vor negativer Interpretation der Informationen durch die Öffentlichkeit, die für Verantwortungsträger oder Institutionen belastend sein könnte.

Gelten die oben angeführten Aussagen für landesbezogene Informationen, so sind sie umsomehr im zwischenstaatlichen Bereich gültig. Darüber hinaus sind für großräumige Inventare Entscheidungen über die Inhalte und das Aggregationsniveau von Daten, Zugriffsmöglichkeiten, Kostenträger, Standardisierungen, Kontinuität der Erhebungen, angemessene Reaktionen auf Veränderungen im Bedarf an Umweltinformationen sowie die Kosten für Fortschreibungen von Informationssystemen, multilateral zu treffen.

Um die angeführten Probleme lösen zu können sind technische, organisatorische, personelle, wissenschaftliche, finanztechnische und diplomatische Maßnahmen erforderlich. Die derzeitige Entwicklung zeigt, daß der Wunsch nach Integration von Umweltdaten besteht, die Voraussetzungen dafür aber erst zu schaffen sein werden. Schwachstellen sind beispielsweise:

o Daten-Nichtnutzung, Datenfriedhöfe

o ein Daten-Referenzsystem

o eine internationale Bedarfsanalyse für Umweltinformation und

o die Realisierung verteilter und objektorientierter Datenbanken.

In Zukunft könnte die Entwicklung von Systemen zur Schaffung von Kreisprozessen unter Beachtung einer sozial und ökologisch nachhaltigen Umgestaltung von Wirtschaftsprozessen Teil der Kultur- und Wirtschaftsbeziehungen zwischen Ländern sein. Die Gewinnung, Analyse und Nutzung von Umweltinformation sollte dazu einen Anstoß geben.

6. Literatur

Allgemeine ökologische Umweltbeobachtung. Der Rat von Sachverständigen für Umweltfragen - Sondergutachten 1990. Metzler-Poeschel, Stuttgart

Bibliographie Umwelt-Informatik, erstellt von B. Page unter Mitarbeit von A. Haeuslein und V. Matusall, unter Nutzung von UMPLIS (Informations- und Dokumentationssystem Umwelt), im Auftrag des Umweltbundesamtes Berlin, Erich Schmidt Verlag, 1989

CEDAR - Central European Environmental Data Request Facility, International Society for Environmental Protection, Vienna, 1992

Cogels O., Ansoult M.: Introduction to the CDS/CORINE - Information Access System. da vinci consulting s.a. Belgium, 1991

Computer Applications for Environmental Impact Analysis, Proceedings of the Computer Workshop on Environmental Information, Systems, Pillmann W. (Ed.), Internationale Gesellschaft für Umweltschutz, Wien, 1990

Daten zur Umwelt 1991/92, Umweltbundesamt Berlin, Erich Schmidt Verlag Berlin, 1992

Environmental Data Report, prepared for UNEP by the "GEMS Monitoring and Assessment Research, Centre, London, UK in cooperation with the World Resource Institute, Washington DC, UK Dep. of the Environment, London, Blackwell, 1989

Environmental Quality - Twentieth Annual Report, The Council on Environmental Quality an the Executive Office of the President, Washington D.C., USA, 1989

Fritz J.-St.: Environmental Monitoring and Information Management Programmes of International Organizations. UNEP-Harmonization of Environmental Measurement (HEM) office, GSF Neuherberg (bei München), 1992

Fülöp G., Purkhart, Pillmann W. et.al.: Umwetlbezogenes Gesundheits-Informationssystem. Österreichisches Bundesinstitut für Gesundheitswesen, Wien, 1992 (unveröffentlicht).

Informatik für den Umweltschutz 1988 - 1991: Informatik-Fachberichte Nr. 170, 187, 228, 296 Springer Verlag Berlin Heidelberg.

Keune H., Theisen A., Environmental Databases and Information Management Programmes of International Organizations in: Hälker M., Jaeschke A. (Hrsg.) Computer Science for Environmental Protection, 6 th Symposium Munich, 1991, Informatik Fachberichte 296, Springer Verlag Berlin, 1991

Lessing H., Weiland H-U.: Der Umwelt-Datenkatalog Niedersachsen. In "Informatik für den Umweltschutz", Pillmann W., Jaeschke A. (Hrsg.), Informatik Fachberichte Nr 256, Springer Verlag Berlin, Heidelberg, 1990

Mensch, Umwelt, Technik Info: Telekommunikation im Umweltschutz - Nutzungsmöglichkeiten und Probleme. Herausgegeben vom Verein Mensch - Umwelt - Technik Hamburg, 1990

OECD Environmental Data - Compendium 1989, Organisation for Economic Co-operation and Development (OECD), Paris, 1989

Pillmann W., Kahn D.J.:Distributed Environmental Data Compendia. Proceedings of the12th IFIP Wold Congress, Madrid 1992, Vol II. Elsevier North-Holland, 1992

Schröder W.: Mailboxnetzwerke als Werkzeug im Umweltschutz. In: Informatik für den Umweltschutz, Pillmann W., Jaeschke A. (Hrsg.), Informatik Fachberichte 256, Springer Verlag Berlin, Heidelberg, 1990.

Sluka et.al.: Gesundheitsdaten und Umweltdaten in Österreich. Österreichisches Bundesinstitut für Gesundheitswesen, Wien, 1990.

Taeger J., Weyer A.: Freier Zugang zu Informationen über die Umwelt. Rundbrief "Informatik im Umweltschutz" des Fachausschusses 4.6 der GI, Nr. 12, Dezember 1992

Umweltbericht (Environmental Report in nine volumes), Abfall - Boden - Chemikalien - Landschaft - Lärm - Luft - Tierwelt - Vegetation - Wasser Österreichisches Bundesinstitut für Gesundheitswesen, Vienna, Austria 1989

Umweltdatenbanken. Bundesamt für Umweltschutz, Bern, 1992

Multiple Change-Points and Spatial Data

I. B. MacNeill [1] and *V. K. Jandhyala* [2]

ABSTRACT

The problem of estimating multiple change-points in a time series is considered. The proposed procedure is applied to environmental series. The spatial analogue of change-points for time series are boundaries which separate regions characterized by different parameter sets. The procedure proposed to estimate multiple change-points is adapted for use in estimating the location of multiple boundaries in spatial data.

1. INTRODUCTION

An important application of statistical methodology in the environmental sciences is monitoring or surveillance of environmental time series. A major aspect of monitoring is detection of trends and detection of changes in trends. In some cases, it is clear when a change may have occurred. For example, a significant volcanic erruption may herald a decline in global temperature. On the other hand, changes may occur in the parameters of an environmental series unannounced and at unknown time. Examples include, abrupt changes in sizes of annual riverflows, changes in water quality, and change at unknown times in trend of global mean temperature.

The detection of changes occurring unannounced and at unknown times and the estimation of the times of change are non-standard statistical problems that have become known collectively as the change-point problem.

The change-point problem has analogues in the analysis of spatial and spatio-temporal data sets. For example, data relating to land use acquired by remote sensing is used to detect the presence of different land uses and to

[1] Department of Statistical and Actuarial Sciences, The University of Western Ontario, London, Ontario, Canada N6A 5B7.

[2] Department of Pure and Applied Mathematics, Washington State University, Pullman, Washington 99164-3113.

estimate the location of boundaries separating different land use regions. An example of spatio-temporal data concerns the boundary of maximum extent of snow cover; this boundary fluctuates from year to year, and may change significantly with changing global temperature.

The problem of detection of parameter changes at unknown time(s) was first considered by Shewhart (1931) who introduced the control chart approach to quality management in industrial processes. Chernoff and Zacks (1964) proposed a one-sided Bayes-type test for change of parameter at unknown times in sequences of random variables, and Gardner (1969) extended this approach to the two-sided problem. Quandt (1958, 1960) and Worsley (1983) introduced likelihood ratio methods for detecting changes in linear regression. MacNeill (1978a,b) and Jandhyala and MacNeill (1989, 1991) derived Bayes-type change detection statistics based on partial sums of residuals and discussed their asymptotic distribution for general regression. Tang and MacNeill (1993) provided adjustments to change-point test statistics to account for the effect of serial correlation. Carlstein and Krishnamoorthy (1992) have considered the problem of estimating the location of an unknown boundary given that the boundary is present. MacNeill (1992) and MacNeill and Jandhyala (1992) extend some of the parametric change-point methods developed for univariate time series to the problem of testing spatial data for parameter changes at unknown location, and also discuss the problem of estimating the location of boundaries between regions described by different sets of parameter values.

In the sequel we consider the problem of detecting and estimating multiple change-points in a time series and of using this methodology to detect several boundaries in a set of spatial data.

2. Statistics for Estimating Multiple Change-Points

The statistic derived by Jandhyala and MacNeill (1991) for detecting possible changes in regression parameters at unknown times is,

$$U = \sum_{m=1}^{n-1} \|Y'RX_m\|^2 \ ,$$

where $Y' = (y_1, \ldots, y_n)$ is the vector of observations, X is the design matrix, β is the $p-$ vector of regression coefficients, X_m is the design matrix with the first m rows set equal to zero and $R = (I - X(X'X)^{-1}X')$. In the event $p = 0$, then

$$U_0 = \sum_{m=1}^{n-1} \{ \sum_{i=m+1}^{n} (Y_i - \bar{Y}\}^2 \ ,$$

which is the statistic derived by Gardner (1969).

In the event there is only one change point, then it may be estimated as follows. Consider k such that $(p+1<k<n-p-1)$ and fit separate regression models to $(y_1,\dots,y_k)$ and $y_{k+1},\dots,y_m)$, hence obtaining residuals $(r_1,\dots,r_k)$ and $(r_{k+1},\dots,r_n)$. Denote the sums of squares of residuals as follows:

$$S_{k1}=\sum_{i=1}^{k}\{r_i\}^2 \quad ,$$

$$S_{k2}=\sum_{i=k+1}^{n}\{r_i\}^2 \quad .$$

If one lets $S_k = S_{k1}+S_{k2}$ and $S_{k^*} = \min_k S_k$ then the estimate of the change-point we seek is k^* .

To estimate the location of two change-points we proceed as follows. Let k_1 and k_2 be two points between $p+1$ and $n-p-1$ with $k_1<k_2-p-1$. Then fit three separate regressions to $(y_1,\dots,y_{k_1})$, $(y_{k_1+1},\dots,y_{k_2})$ and $(y_{k_2+1},\dots,y_n)$, with $(r_1,\dots,r_{k_1})$, $(r_{k_1+1},\dots,r_{k_2})$ and $(r_{k_2+1},\dots,r_n)$ being the corresponding residuals. Let $S_{1(k_1k_2)}=\sum_{i=1}^{k_1}\{r_i\}^2$, $S_{2(k_1k_2)}=\sum_{i=k_1+1}^{k_2}\{r_i\}^2$ and $S_{3(k_1k_2)}=\sum_{i=k_2+1}^{n}\{r_i\}^2$. If $S_{k_1^*k_2^*}=\min_{k_1k_2}S_{k_1k_2}$ then (k_1^*,k_2^*) is an estimate of the change-point pair. Generalization of this estimation procedure to the cases of three or more change-points is direct.

3. Application of Multiple change-point Estimation.

The first data we consider are the annual discharges of the Nile at Aswan from 1871 to 1964, a total of 94 observations. These data are analysed by Cobb (1978) who gives credit to Barbara Bell for assembling the data. We terminate the series at 1964 because filling of the reservoir of the High Dam at Aswan commenced in 1965. We test the data for change of mean at unknown time and find that $U/\sigma^2 = 5.12$. Since the 0.99 quantile for U/σ^2 is 0.75 , a change, or changes, in mean level is/are detected. We then estimate the location of possible change(s). Computation of S_{k^*} indicates that $k^* = 28(1899)$; this change-point has been noted by many who have analysed these data. Computation of $S_{k_1^*k_2^*}$ indicates that $k_1^* = 28(1899)$ and $k_2^* = 83(1953)$. These change-points have been estimated by MacNeill, Tang and Jandhyala (1991) using a sequential approach. The test for the second change was found to be significant using the adjustment of Tang and MacNeill (1993) to account for serial correlation. The data and the fitted model are presented in Figure 1. A discussion of possible causes of these parameter changes appears in MacNeill, Tang and Jandhyala (1991).

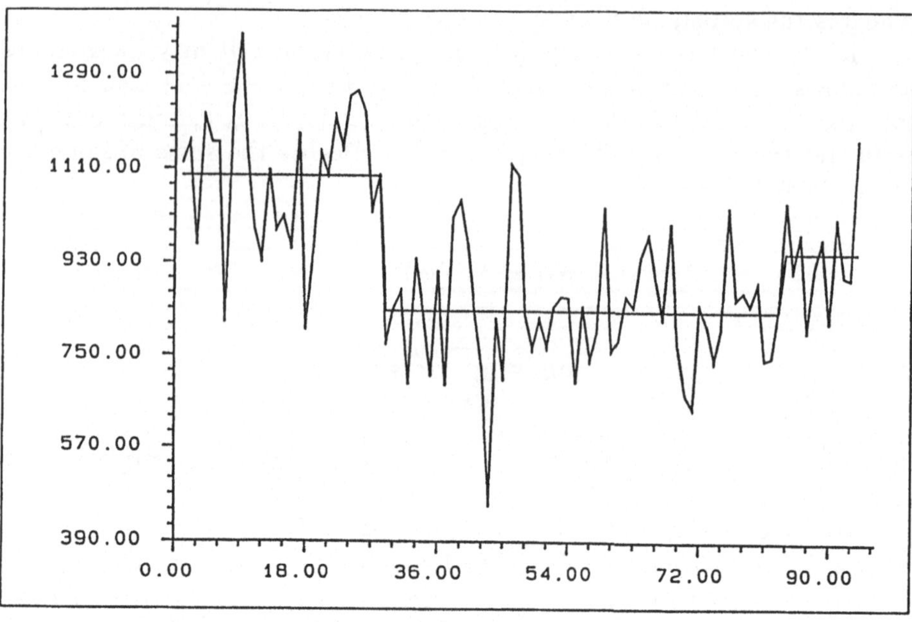

Figure 1. Nile discharges at Aswan (1871–1964) and change-point model.

We consider next the global mean temperature data of Hansen and Lebedeff (1987). These data span the years 1880 to 1985, a total of 106 observations. A test for change of simple linear regression parameters at unknown time shows significance. Computation of S_{k^*} indicates that $k^* =$ 74(1953) . Computation of $S_{k_1^* k_2^*}$ indicates that $k_1^* = 57(1936)$ and $k_2^* =$ 93(1972) . The data and the fitted model appear in Figure 2.

4. Estimation of the Locations of Multiple Boundaries.

MacNeill and Jandhyala (1992) considered the problem of testing spatial data for change of parameter at an unknown location. They also considered the problem of estimating the location of the boundary between two regions described by different parameter sets. We now consider the problem of estimating the locations of several boundaries separating regions described by different parameter sets. As an example conside Figure 3.

We shall assume observations are located on a regular $n \times n$ lattice, and that those in region A_1 , are characterized by one set of parameters, those in region A_2 by a second set, and those in region A_3 by a third set. The problem is to estimate the boundaries B_1 and B_2 separating the regions A_1 , A_2 and A_3 . The methods of MacNeill and Jandhyala (1992) may be

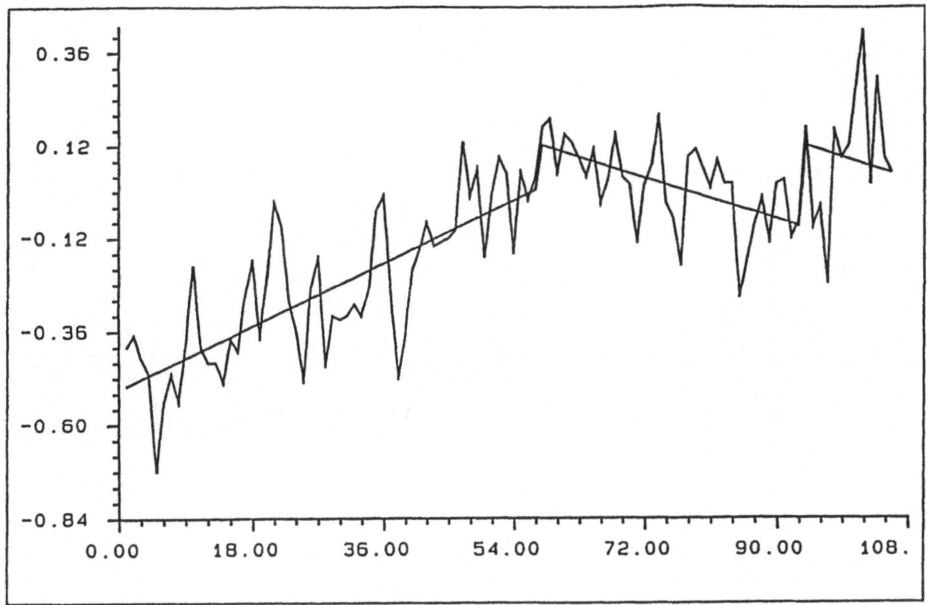

Figure 2. Global mean temperature data (1880–1985) and change-point model.

used to identify the existence of boundaries. After this has been done, a statistic for estimating the locations of the boundaries is defined as follows. Let r_{ij} be the residual associated with the grid point $(i/n, j/n)$. Then let

$$S_{A_1} = \sum_{(ij)\epsilon B_1} r_{ij}^2$$

$$S_{A_2} = \sum_{(ij)\epsilon B_2} r_{ij}^2$$

$$S_{A_3} = \sum_{(ij)\epsilon B_3} r_{ij}^2 \ .$$

We estimate as the boundaries B_1^* and B_2^*, that pair of boundaries that minimizes:

$$S_{B_1B_2} = S_{A_1} + SA_2 + SA_3 \ .$$

That is:

$$S_{B_1^*B_2^*} = min_{(B_1B_2)} S_{B_1B_2} \ .$$

For even moderately sized n the number of possible boundaries to be considered becomes unmanageably large, thus making impractical direct application of this methodology. Hence we adapt the local methods used by MacNeill (1992) and MacNeill and Jandhyala (1992). We fix i between 1

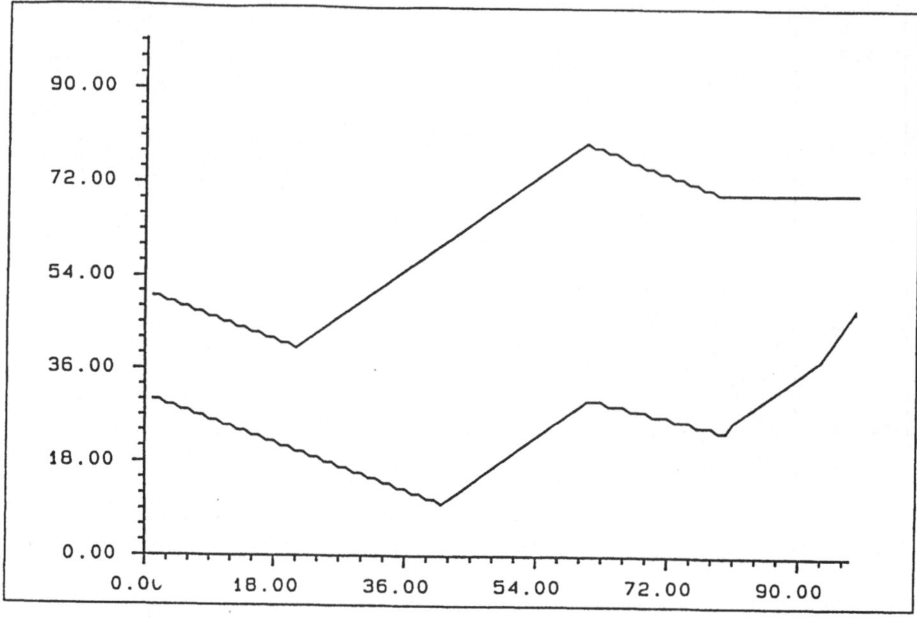

Figure 3. Regular lattice on the unit square with two boudaries.

and n and carry out a change-detection and, if required, a multiple change-point estimation procedure on $r_{ij}(j = 1, \ldots, n)$. The collection of pairs of change-points so obtained will then provide an estimate of B_1^* and B_2^* . For purposes of illustration, we consider the grid and boundaries of Figure 3. Then, if the change in mean from region A_1 to A_2 is 1.5σ and the change in mean from A_2 to A_3 is also 1.5σ, we find that application of the methodology yields estimates of the locations of the boundaries as depicted in Figure 4. Of course, large changes are more easily detected than small changes, and so the estimates of the locations of the boundaries may be less precise for smaller changes. For more discussion of the use of uni-dimensional change-point methods in estimating the location of spatial boundaries, see MacNeill (1992).

5. Conclusion

Procedures have been discussed for estimating the location of multiple change-points of a time series. These procedures have been adapted for use in local estimation of the location of multiple boundaries in spatial data. Problems yet to be considered include those associated with correlated

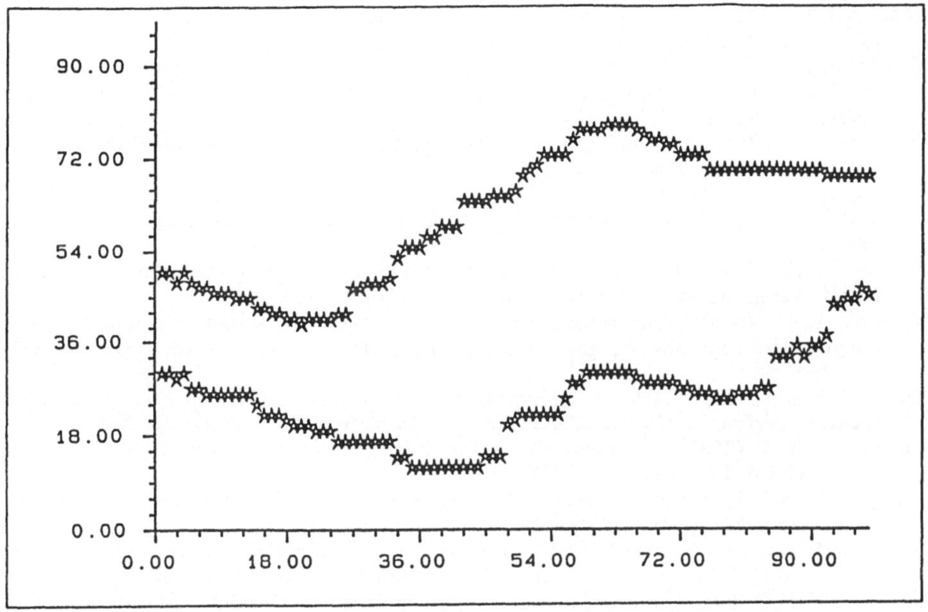

Figure 4. Estimated locations of boundaries for simulated data on the 100×100 grid of Figure 3.

data. Generalization of the procedures disscussed above to higher dimensional spaces should be direct.

References

Carlstein, E. and C. Krishnamoorthy (1992), "Boundary estimation". *Journal of the American Statistical Association* **87**, 430–438.

Chernoff, H., and S. Zacks (1964), "Estimating the current mean of a normal distribution which is subject to changes in time". *Annals of Mathematical Statistics* **35**, 999–1018.

Cobb, G.W. (1978), "The problem of the Nile: conditional solution to a changepoint problem". *Biometrika* **65**(2),243–251.

Cressie, N. (1991), *Statistics for Spatial Data*, John Wiley & Sons, Inc., New York, NY.

Cressie, N. and R.Guo (1987), "Mapping variables". In *Proceedings of the National Computer Graphics Association Conference, Computer Graphics '87, Vol.* III., National Computer Graphics Association, McLean, VA, 521–530.

Gardner, L.A. (1969), "On detecting changes in the mean of normal variates". *Annals of Mathematical Statistics* **40**, 116–126.

Hansen, J. and S. Lebedeff (1987), "Global trends of measured surface air temperature". *Journal of Geophysical Research* **92**,13,345–13,372.

Jandhyala, V.K. and I.B. MacNeill (1989), "Residual partial sum limit processes for regression models with application to detecting parameter changes at unknown times". *Stochastic Processes and their Applications* **33**, 309–323.

Jandhyala, V.K. and I.B. MacNeill (1991), "Tests for parameter changes at unknown times in linear regression models". *Journal of Statistical Planning and Inference* **27**, 291–316.

MacNeill, I.B. (1974), "Tests for change of parameter at unknown time and distributions of some related functionals on Brownian motion". *Annals of Statistics* **2**, 950–962.

MacNeill, I.B. (1978a), "Properties of sequences of partial sums of polynomial regression residuals with applications to tests for change in regression at unknown times". *Annals of Statistics* **6**, 422–433.

MacNeill, I.B. (1978b), "Limit processes for sequences of partial sums of regression residuals". *Annals of Probability* **6**, 659–698.

MacNeill, I.B. (1992), "An approach to change detection". In: *Proceedings of SNOW WATCH '92: Workshop on Snow and Lake Ice Cover and the Climate System.* (to appear).

MacNeill, I.B., S.M. Tang and V.K. Jandhyala (1991), "A search for the source of the Nile's change-points". *Environmetrics* **2**, 341–375.

Quandt, R.E. (1958), "The estimation of the parameters of a linear regression system obeying two separate regimes". *Journal of the American Statistical Association* **53**, 873–880.

Quandt, R.E. (1960), "Tests of the hypothesis that a linear regression system obeys two separate regimes". *Journal of the American Statistical Association* **55**, 324–330.

Shewhart, W.A. (1931), *Economic Control of Quality of Manufactured Products.* D. Van Nostrand Co. Inc., New York, NY.

Tang, S.M. and I.B. MacNeill (1993). "The effect of serial correlation on tests for parameter change at unknown time". *Annals of Statistics* (to appear).

Tang, S.M. and I.B. MacNeill (1992). "Monitoring statistics which have increased power over a reduced time range". *Environmental Monitoring and Assessment* (to appear).

Worsley, K.J. (1983), "Testing for a two phase multiple regression". *Technometrics* **25**, 35–42.

Metainformation von Umwelt-Datenobjekten

-

Zum Datenmodell des Umwelt-Datenkataloges Niedersachsens

Thomas Schütz, Helmut Lessing
Niedersächsisches Umweltministerium
Archivstraße 2
W-3000 Hannover 1

Zusammenfassung

Der Umwelt-Datenkatalog Niedersachsens (UDK) ist ein Metainformationssystem, mit dessen Hilfe die bestehenden Umwelt-Datenbestände des Landes Niedersachsen beschrieben werden. Es wird das Konzept des UDK erläutert und insbesondere das Datenmodell besprochen. Zentrale Maßgabe für die Entwicklung des Systems war eine leichte Portierbarkeit, da der Einsatz des UDK auch in anderen Bundesländern vorgesehen ist. Die Architektur der Anwendungsentwicklung und die anstehenden Portierungen werden kurz besprochen.

Stichworte

Umwelt-Datenkatalog Niedersachsens, UDK, Metainformationssystem, Umwelt-Informationssystem

0 Einführung

Der ***Umwelt-Datenkatalog Niedersachsens (UDK)*** [1,2,3] ist ein Metainformationssystem, d.h. ein Informationssystem über Datenbestände. Die beschriebenen Datenbestände wurden aus Umweltbeobachtungen und -analysen gewonnen. Der UDK ist einzuordnen in die Klasse der *global directories* [4]: "... the [global] directory is itself a database that contains *metadata* about the actual data stored in the database". Entgegen den z.B. bei Breitbart und Tieman [5] sowie Özsu und Valduirez [4] beschriebenen global directories, erfüllt der UDK zusätzlich die Aufgabe eines Auskunftssystems. Dem Umwelt-Datenkatalog liegt ein Konzept zugrunde, welches die Erarbeitung und Verwaltung von Metadaten speziell aus dem Umweltbereich ermöglicht. Bestandteil dieses Konzeptes ist eine Anwendungsentwicklung, d.h. ein EDV-gestütztes Verwaltungssystem von Metadaten.

Der Umwelt-Datenkatalog ist ein wesentlicher Bestandteil des ***Niedersächsischen Umweltinformationssystems*** [6], welches sich im Aufbau befindet. Im Frühjahr 1993 wird der Zentralkatalog im Niedersächsischen Umweltministerium installiert. Anschließend werden die dezentralen Kataloge in den Landesämtern und nachgeordneten Behörden eingerichtet. Eine Version für MS-DOS wird zudem für jeden Interessenten verfügbar sein.

Im folgenden wird das Datenmodell des Umwelt-Datenkataolges dargestellt. Kapitel 1 geht auf die Abbildungskette ein, die zu Umwelt-Datenobjekten und deren Repräsentation im UDK führt. Im Kapitel 2 wird das Datenmodell der Anwendungsentwicklung beschrieben. Kapitel 3 geht auf den Stand der Realisierung ein und Kapitel 4 beschreibt die anstehenden Erweiterungen des Datenmodells für die folgenden Versionen der Anwendungsentwicklung.

1 Abbildungskette

Wir betrachten und beobachten die natürliche und künstliche ***Umwelt*** des Menschen. Wir beobachten, vermessen und bewerten sie. Aus diesen und weiteren Prozessen gewinnen wir ***Daten*** oder Informationen. Diese Daten liegen in sehr unterschiedlichen Formen vor, als analoge Daten in Akten, Notizen oder Dokumenten, zunehmend häufiger aber auch in elektronischer Form vermittels moderner EDV-Anlagen. Wir vergleichen die Daten und beurteilen anhand verschiedener Kriterien, ob sie für bestimmte Fragestellungen brauchbar sind. Der Vergleich findet auf einer abstrakten Ebene statt, auf der Metaebene. Die beim Vergleich herangezogenen Informationen können als ***Metadaten*** bezeichnet werden. Somit läßt sich die folgende Abbildungskette formulieren:

Umwelt => Daten => Metadaten.

Betrachten wir ein konkretes Objekt, so definieren wir die folgenden Begriffe für die entsprechende Abbildungskette:

Umwelt-Objekt => Umwelt-Datenobjekt => UDK-Objekt.

Der Umwelt-Datenkatalog verwaltet UDK-Objekte und damit Metadaten. Es ist also genauer zu spezifizieren, wie diese Metadaten gewonnen und beschrieben werden. Dazu wollen wir uns den eben angedeuteten Gewinnungsprozeß ansehen.

1.1 Metadaten

Für den Begriff Metadaten gibt es bislang keine einheitliche Definition. Wir verstehen darunter alle Informationen, die zur Unterscheidung von Daten relevant sind. Zur Beschreibung der Umwelt-Datenobjekte durch UDK-Objekte ziehen wir die Tatsache heran, daß jedes Umwelt-Datenobjekt drei wesentliche Bezüge aufweist:

1. einen fachlichen Bezug,
2. einen räumlichen Bezug und
3. einen zeitlichen Bezug.

Das bedeutet, ein Umwelt-Datenobjekt ist mit einer definierten fachlichen Methode (1.) an einem definierten Ort (2.) zu einer definierten Zeit (3.) gewonnen worden. Dieser Kontext darf nicht verloren gehen, damit eine Bewertung der Umwelt-Datenobjekte auch künftig sichergestellt ist. Der fachliche Bezug hat eine gewisse Präferenz vor den beiden anderen, da über ihn die übliche Unterscheidung von Umwelt-Datenobjekten möglich ist.

Ein Beispiel soll diese Bezüge verdeutlichen:

Der Ozon-Tagesmittelwert vom 18.10.1988, gemessen in Hannover Linden, Göttinger Straße (LÜN-Station HRSW) mit UV-Photometrie.

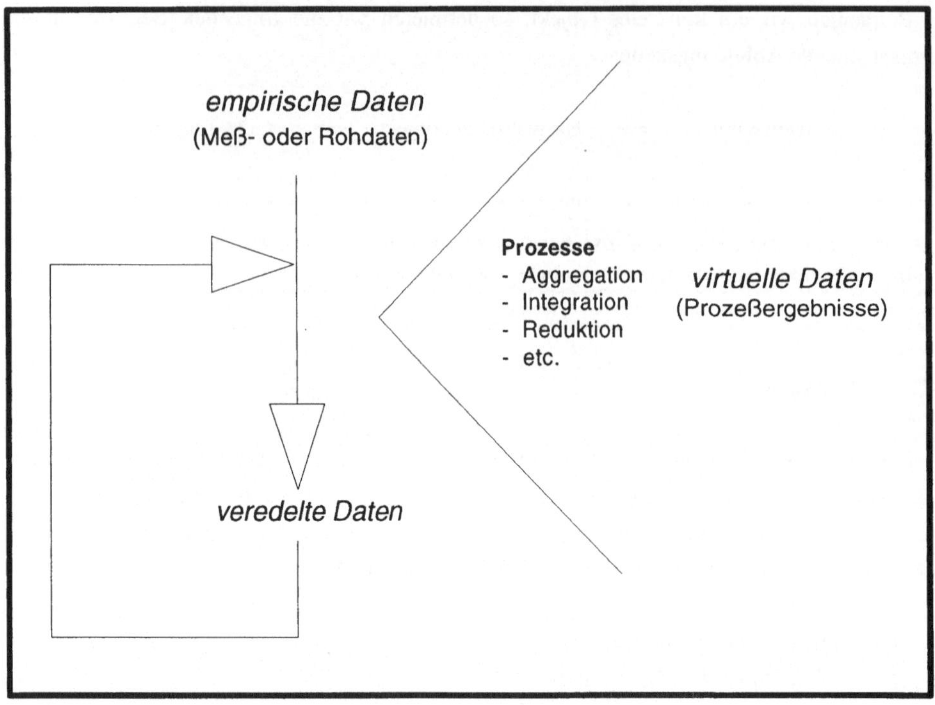

Abbildung 1.
Die Datenarten des UDK und ihr Zusammenhang.

Die Information dieses Beispiels läßt sich aufgliedern in:

1. den fachlichen Bezug:
   - Gemessen wurde der *Ozongehalt der Luft* mit Hilfe der *UV-Photometrie* und,
   - die gemessenen Werte wurden zu einem *Tagesmittelwert* aggregiert.
2. den räumlichen Bezug:
   - Gemessen wurde in *Hannover Linden, Göttinger Straße (Station HRSW).*
3. den zeitlichen Bezug:
   - Der Umwelt-Datenobjekt repräsentiert den Tag *18.10.1988.*

Ein weiteres Kriterium für die Beschreibung ist die Enstehungsart der Umwelt-Datenobjekte. Wir unterscheiden:

1. empirische Daten (Meß- oder Rohdaten),
2. veredelte Daten (z.B. aggregierte Daten) und
3. virtuelle Daten (Prozeßergebnisse).

Empirische und veredelte Daten sind in gewisser Weise gleich zu behandeln, sie existieren und sind daher direkt verfügbar. Virtuelle Daten sind das Ergebnis eines Prozesses. Dieser muß angestoßen werden und ablaufen, damit daraus veredelte Daten entstehen (Abbildung 1). In der gegenwärtigen Version des Umwelt-Datenkataloges wird dieser Datentyp zwar unterstützt, der dazugehörige Prozeß kann aber noch nicht aufgerufen werden. In einer zukünftigen Version der Anwendungsentwicklung wird es möglich sein, Prozesse direkt zu definieren, damit sie angestoßen werden können. Ein Problem ist hierbei, daß ein Prozeß in der Regel parametrisiert ist, diese Parameter (empirische und veredelte Daten oder Stammdaten zum Beispiel) also zur Verfügung gestellt werden müssen.

2 Das Datenmodell

Der Datenbankentwurf für eine Anwendung ist einfach, wenn die zugrundeliegende Datenbank relational aufgebaut ist und das Datenmodell in einem Entity-Relationship-Modell (ERM) formuliert werden kann. Abbildung 2 zeigt das UDK-Datenmodell in einer Übersicht im ERM. Die drei wesentlichen Entity-Mengen sind

1. die UDK-Objekte,
2. die Adressen und
3. die Nutzer.

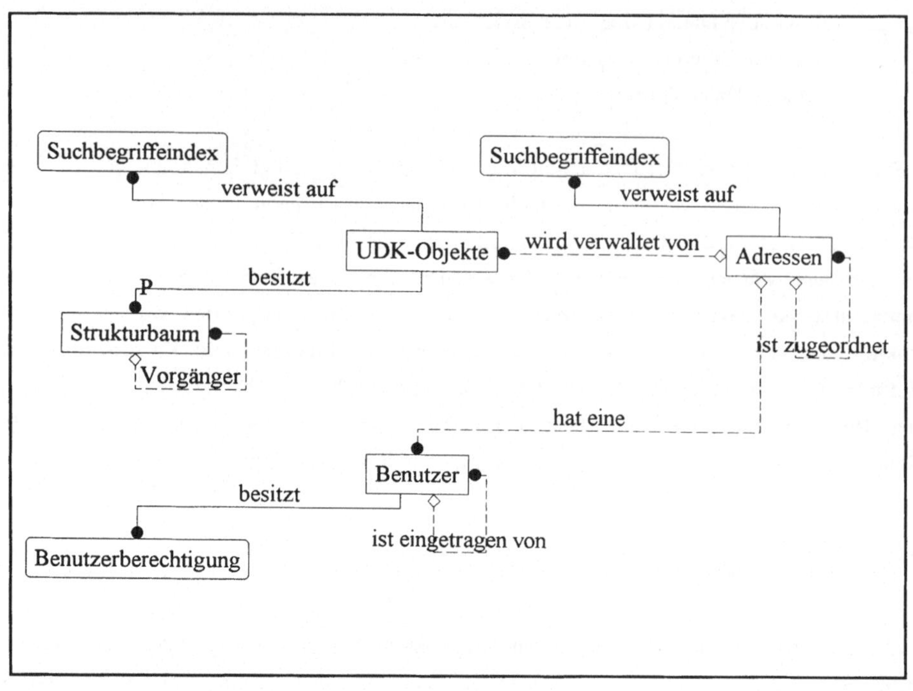

Abbildung 2.
Übersicht über das UDK-Datenmodell im ERM.

Die Anwendungsentwicklung des Umwelt-Datenkataloges bedient sich des Konzeptes der *relationalen Datenbank.* Dieser Typ von Datenbank ist mittlerweile weit verbreitet und hat in einer Vielzahl von Anwendungen seine Brauchbarkeit bewiesen. Die Übersetzung des Entity-Relationship-Modells in eine relationale Datenbank liefert eine Reihe von Tabellen, welche die Entity-Mengen und Relationen wiedergeben. Dabei entspricht eine Tabelle im wesentlichen dem mathematischen Konzept einer Menge und ist daher ungeordnet. Für die Anwendungsentwicklung des Umwelt-Datenkataloges haben wir dieser ungeordneten Menge eine hierarchische Ordnung übergestülpt. Diese Ordnung oder Struktur entsteht aus der Präferenz des fachlichen Bezuges vor dem räumlichen und zeitlichen Bezug. Wir ordnen die UDK-Objekte nach ihrer fachlich methodischen Entstehungsgeschichte in diese Struktur ein.

2.1 Die UDK-Objekte und ihre hierarchische Struktur

Das wesentliche Gliederungsmerkmal für die UDK-Objekte ist der fachliche Bezug, in dem das zugehörige Umwelt-Datenobjekt gewonnen wurde. Über ihn können die UDK-Objekte in eine hierarchische Struktur gebracht werden. Hierbei ist ein UDK-Objekt A einem anderen UDK-Objekte B untergeordnet, wenn A eine fachliche Differenzierung von B darstellt. Diese Strukturierung erzeugt einen Baum (den Strukturbaum) dessen Knoten die Verweise auf konkrete Umwelt-Datenobjekte sein können. ***Konkrete Umwelt-Datenobjekte*** sind z.B. einzelne Meßwerte, Karten oder Diagramme. Die Knoten im Inneren des Baumes sind oft Ordnungsbegriffe oder ***Strukturierende Objekte*** wie z.B. *Boden, Luftüberwachungsnetz* oder *Gewässergüte*. Diesen strukturierenden Objekten liegt keine einheitliche fachwissenschaftliche Methodik der Datengewinnung zugrunde. Vielmehr umfassen sie ganze Forschungsbereiche mit einer Vielzahl an Untersuchungsverfahren und -methoden. Sie haben auch keinen eindeutigen Raum- und Zeitbezug, sie sind quasi dimensionslos. Dennoch sind sie wichtig für die Erzeugung der hierarchischen Struktur.

Die Suche nach einem UDK-Objekt über die fachliche hierarchische Strukturierung erfordert Vorwissen über die Zusammenhänge der einzelnen Fachgebiete. Da dieses Vorwissen nicht bei allen Benutzern vorausgesetzt werden kann, ist es vorteilhaft, eine weitere, einfachere Suchstrategie zur Verfügung zu stellen. Aus diesem Grunde wurde die Suche über Suchbegriffe in das System aufgenommen. Der zugehörige Suchbegriffeindex enthält Begriffe, die entweder von der datenführenden Stelle explizit eingetragen wurden, oder zusätzlich durch die automatische Verschlagwortung von Texten (z.B. der Objektnamen) der UDK-Objekte entstanden sind.

In der nächsten Version des UDK wird zusätzlich ein Synonymen-Lexikon eingeführt. Dieses verzeichnet Suchbegriffe, die als Synonyme zum Objektnamen des UDK-Objektes anzusehen sind. Als Beispieleinträge seien die beiden Synonyme *CO2* und *Kohlendioxid* genannt.

2.2 Die Nutzer

Die Benutzung der Anwendungsentwicklung des UDK ist nur möglich, wenn der Nutzer ordnungsgemäß in die Nutzerverwaltung eingetragen ist. Mit dem Namen und der Adresse des Nutzers wird ein Paßwort eingegeben, so daß der UDK vor unbefugter Manipulation geschützt ist. Weiterhin werden jedem Nutzer Rechte erteilt, die sich auf die verschiedenen Bereiche Suchen, Ändern, Neuanlegen und Löschen von UDK-Objekten und Adressen beziehen. Somit kann sichergestellt werden, daß eine datenführende Stelle das Recht besitzt, in den sie betreffenden Bereichen der UDK-Objekte und Adressen Änderungen,

Neueintragungen oder Streichungen vorzunehmen. In Bereichen der UDK-Objekte und Adressen, die nicht von dieser Stelle verwaltet werden, können Suchzugriffe, aber keine Änderungs-, Schreib- oder Löschzugriffe erfolgen.

Auch die Tabelle der Nutzer wird durch eine hierarchische Anordnung strukturiert. Der in der Hierarchie am weitesten oben stehende Nutzer ist der ***UDK-Zentralkatalogadministrator***. Dies ist für Niedersachsen der im Umweltministerium für den UDK zuständige Referent. Der UDK-Zentralkatalogadministrator hat alle Rechte auf alle UDK-Objekte, Adressen und Nutzer. Er ist für die Vergabe der Rechte für die einzelnen UDK-Instanzen in den Fachbereichen verantwortlich. Er vergibt die Rechte derart, daß die Fachabteilungen über die UDK-Objekte ihrer eigenen Datenbestände frei verfügen können. Die Verantwortlichen in den Fachabteilungen können wiederum nach eigenem Ermessen Nutzer eintragen und Rechte vergeben. Sie können aber nur Rechte vergeben, die sie selbst besitzen. Somit erhalten wir eine hierarchische Gliederung der Bearbeitungsrechte mit verteilten Verantwortlichkeiten.

2.3 Die Adressen

Jeder eingetragene Nutzer ist mit seiner Adresse vermerkt. Darüberhinaus sind im UDK alle Adressen von Datenbesitzern verzeichnet, deren Daten durch ein UDK-Objekt repräsentiert sind. Diese Informationen sind wichtig, da Umwelt-Datenbestände nur dann sinnvoll genutzt werden können, wenn ein direkter Kontakt zur datenführenden Stelle herstellbar ist. Die Adressen können auch durch einen Suchbegriffindex gesucht werden. Suchbegriffe können von der datenführenden Stelle eingegeben werden. Beispiele sind *Wasser, Abfall, Altlasten, Luft, Immissionsschutz* oder *Luftüberwachungsnetz* aus dem Verantwortungsbereich des Niedersächsischen Landesamtes für Ökologie.

Genauso wie für die Tabellen der UDK-Objekte und der Benutzer gibt es auch bei den Adressen eine hierarchische Gliederung. Diese Gliederung ist weitestgehend an den bestehenden Strukturen orientiert.

3. Der Stand der Realisierung des UDK

Die heterogene Rechnerausstattung der potientiellen Benutzer des UDK verlangt eine Systemarchitektur, die auf vielen Plattformen installierbar sein muß. Viele Ämter verfügen über einen IBM kompatiblen PC mit MS-DOS, wohingegen Landesämter zum Beispiel mit vernetzten Workstation arbeiten. Unsere Forderung, den UDK möglichst weit zu verbreiten und auf möglichst vielen unterschiedlichen Plattformen zur Verfügung stellen zu können, war eine zentrale Entwicklungsvorgabe.

Die Anwendungsentwicklung des UDK besteht aus einem Kern in ANSI C-Code, der auf allen Plattformen identisch ist. Die Anpassungen an die verschiedenen Datenbanksysteme und Benutzeroberflächen wurden betriebssystemabhängig realisiert.

Als einheitliche Schnittstelle zu den Datenbanken wurde Embedded-SQL [7] gewählt. Hier kann nicht auf einen Standard zurückgegriffen werden, so daß spezifische Anpassungen an die einzelnen Datenbanken entworfen wurden. Gegenwärtig werden Oracle (UNIX V.4), Ingres (UNIX V.4) und Ocelot (MS-DOS 5.0) unterstützt. Noch in diesem Jahr werden Portierungen für Informix (SINIX, Intergraph-UNIX, Ultrix und UNIX V.4) und RDB (VMS 5.4) vorgenommen.

Besonderes Augenmerk wurde auf die Gestaltung der Benutzeroberfläche gerichtet. Unter allen Betriebssystemen und allen Oberflächen konnte eine weitgehend identische Handhabung der Anwendungsentwicklung erreicht werden.

Als Oberflächen stehen zur Verfügung:

1. eine alphanumerische Oberfläche für MS-DOS 5.0,
2. eine Oberfläche für Windows 3.1 und
3. eine Oberfläche für OSF-Motif.

Alle Oberflächen bedienen sich der Fenstertechnik und können sowohl mit einer Maus als auch über die Tastatur bedient werden.

4. Literaturhinweise

[1] **Lessing, H.**
Umweltinformationssysteme; Anforderungen und Möglichkeiten am Beispiel Niedersachsens
In: Informatik im Umweltschutz
Jaeschke, A.; Geiger, W.; Page, B. (Hrsg.)
4. Symposium, Karlsruhe, 1989

[2] **Lessing, H.; Weiland, H.-U.**
Der Umwelt-Datenkatalog Niedersachsens
In: Informatik für den Umweltschutz
Pillmann, W.; Jaeschke, A. (Hrsg.)
5. Symposium, Wien, 1990

[3] **Schütz, T.; Lessing, H.**
Der Umwelt-Datenkatalog Niedersachsens
In: ECOINFORMA'92
Hutzinger, O. (Hrsg.)
2. Internationale Tagung, Bayreuth, 1992

[4] **Özsu, M.T.; Valduirez, P.**
Principles of Distributed Database Systems
London, 1991

[5] **Breitbart, Y.J.; Tieman, L.R.**
ADDS - Heterogeneous Distributed Database System
In: Distributed Data Sharing Systems
Schreiber, F.A.; Litwin, W. (Hrsg.)
3. International Seminar, Parma, 1985

[6] **NUMIS Führungsinformationssystem**
Feinkonzept für das Niedersächsische Umwelt-Informationssystem, 1991

[7] **Groff, J.R.; Weinberg, P.N.**
Using SQL
Berkeley, 1990

Ein Zugangssystem zur adaptiven Anwenderunterstützung bei der Nutzung von Umweltdatenbanken

F. Bodendorf, H.-G. Lindner
Universität Erlangen-Nürnberg
Lehrstuhl Wirtschaftsinformatik II
Lange Gasse 20
8500 Nürnberg 1

1 Einleitung

Auf allen unternehmerischen Entscheidungsebenen sind in zunehmendem Maße Umweltbelange zu berücksichtigen. Begriffe wie "Ökostrategien" und "Ökobilanzen" gewinnen an Bedeutung und unterstreichen den Bedarf an unternehmensrelevanten Umweltinformationen. Da die Menge der Umweltdaten und auch die Zahl der Entscheidungsträger, die derartige Informationen benötigen, ständig anwachsen, strebt man eine Befriedigung des Informationsbedarfs mit Hilfe datenbankgestützter Informationssammlungen an. Umweltinformationssysteme (UIS) sollen die erforderliche Infrastruktur zur Verfügung stellen. Die Nutzung von UIS erfordert jedoch aufgrund der hohen Komplexität oft Spezialwissen bzw. Datenbankerfahrung.

Eine Unterstützung der sogenannten Endbenutzer von UIS und Umweltdatenbanken wird immer lautstärker verlangt. Einen Ansatz dafür stellen sogenannte Umweltarbeitsplätze dar, die dem Endbenutzer Zugang zu Datenbanken verschaffen, über Wissen zur Beratung des Benutzers verfügen und sich individuell an ihn anpassen können.

Im folgenden wird beispielhaft ein prototypisches Zugangssystem für die Nutzung der Datenbank "Gefahrstoffschnellauskunft (GSA)" des Umweltbundesamtes vorgestellt. Es erschließt die gespeicherten Informationen auch Anwenderkreisen, deren Aufgaben über eine gezielte Informationsabfrage im Notfall hinausgehen. Die Beratung eines Benutzers, wie z. B. des Umweltschutzbeauftragten (USB) eines Unternehmens, paßt sich dabei an die individuellen Präferenzen, Ziele und Arbeitsweisen an. Das System speichert das hierzu notwendige Wissen in Benutzer-, Dialog- und Anwendungsmodellen. Neben der Beratungskomponente steht ein Hypertextsystem zur Verfügung, das auch die Basis eines aktiven Hilfesystems darstellt. Der Anwender kann durch Einblicke in das Benutzermodell überprüfen, wie sein Verhalten vom System eingeschätzt wird.

2 Unterstützung des Endbenutzers

2.1 Nutzungsprobleme von Umweltdatenbanken

Die hohe Komplexität und große Anzahl an Umweltinformationen kann leicht zu einer Überforderung des Anwenders beim technischen und inhaltlichen Zugang zu UIS führen. Die Zahl von Datenbanken, die für umweltbezogene Problemstellungen herangezogen werden können, ist bereits beträchtlich. Zur Zeit existieren mehr als 200 "Umweltdatenbanken", und deren Zahl steigt weiterhin an [OTTA89, CHIT89]. Gesetzliche Verordnungen kommen ständig hinzu: Nach einer Studie des Umweltbundesamtes sind derzeit in 250 Gesetzen ca. 5000 Stoffbenennungen und mehr als 9000 Synonyme vorhanden [HORN90]. Bei den genannten Daten sind spezielle Suchkriterien noch nicht mit einbezogen worden. So umfaßt beispielsweise der Merkmalskranz des Informationssystems für Umweltchemikalien, Chemieanlagen und Störfälle (INFUCHS) 15 Hauptgruppen mit insgesamt mehr als 100 Untergruppen, die ihrerseits zum Teil jeweils mehr als 15 Begriffe beinhalten [UMWE89].

Das erste Problem bei der Nutzung dieser Informationssammlungen ist zunächst die strategische Entscheidung, welche externen Daten im Unternehmen verfügbar gemacht und welche Daten intern gehalten werden sollen. Dazu muß man die Kosten interner Datenhaltung denen der externen Datenbeschaffung gegenüberstellen. Daneben ist oft eine Betrachtung der Opportunitätskosten im Rahmen der Entscheidung zwischen Fremdbezug oder der Eigenerstellung angebracht.

Wenn die strategische Entscheidung getroffen und die nötige Informationsinfrastruktur erstellt wurde, treten konkrete Zugangsprobleme beim Zugriff bzw. bei der Suche nach relevanten Daten für einen gegebenen Anwendungsfall auf.

Die Probleme des sogenannten Endbenutzers bei der Nutzung externer Datenbanken lassen sich in fünf Phasen einteilen:

- Auswahl der Datenbank,
- Zugang zum Kommunikationsnetz,
- Zugang zur Datenbank,
- Überblick über die inhaltliche Datenbankstruktur,
- Retrieval der benötigten Daten.

In der ersten Phase muß der Nutzer abschätzen, welche Datenbank voraussichtlich seinen Informationsbedarf befriedigen kann. Er benötigt dazu Überblicks- und auch Detailwissen über den entsprechenden Datenbankmarkt. In der nächsten Phase hat er sich über Arbeitsplatzrechner oder Dialogterminals Zugang zum geeigneten Kommunikationsnetz zu verschaffen und muß mit Hilfe von Zugangsberechtigungen und Aufrufprozeduren den Zugriff auf die Datenbank herstellen. Nun sind Kenntnisse der inhaltlichen Struktur der Datenbank wichtig, um ihre Grenzen erkennen, Zusammenhänge zur Problemstellung herstellen und zielgerichtet auf die gewünschten Inhalte zugreifen zu können. Ist diese Phase erfolgreich abgeschlossen, ist Wissen über die Abfragesprache erforderlich, die bei unterschiedlichen Datenbanksystemen oft völlig verschieden aufgebaut ist.

Falls die vorhandenen Recherchemöglichkeiten nicht effizient genutzt werden, kann eine mühsame und teure Suche die Folge sein, die im Extremfall zu Fehlinformationen bzw. -funktionen und Unzufriedenheit führt und damit die Akzeptanz sowie die Qualität der Auswertung nachhaltig verschlechtert.

2.2 Maßnahmen zur Unterstützung

Eine auf den individuellen Problemfall bezogene Unterstützung in allen Phasen des Datenbankzugangs ist für ein produktives und kognitiv ergonomisches Arbeiten in vielen Fällen unerläßlich. Hinzu kommt die Tatsache, daß viele Informationsbedarfe erst bei der eigentlichen Recherche geweckt werden und ein detaillierteres Erkennen des Umweltproblems meist zu einer erneuten Suche mit veränderter Ausgangsbasis führt. Damit beginnt ein weiterer Zugangszyklus, der viele der skizzierten Phasen neu durchläuft, bis hin zu einer erneuten Recherche in einer anderen Datenbank. Bis eine qualitativ ausreichende Ausarbeitung erstellt werden kann, sind oft viele Zyklen nötig, die zeit- und kostenintensiv sind. Ziel muß es daher sein, unnötige Zyklen bereits im voraus zu erkennen und durch Wissensvermittlung sowie individuelle Hilfe dem Endbenutzer eine Orientierung für erfolgreiche und ökonomische Auswertungen zu geben.

Die erste Aufgabe eines unterstützenden Zugangssystems ist, den Benutzer anhand einer Beschreibung des Ziels bzw. der Problemstellung bei der Auswahl von Datenbanken zu beraten und ihm beim Zugriff auf die gesuchten Inhalte zu helfen. Netz- und Datenbankzugang sollten selbsttätig vom Zugangssystem hergestellt werden. Die inhaltliche Struktur ist in einer Darstellungsform zu beschreiben, die der Begriffswelt des Nutzers entspricht. Das System sollte auf Ähnlichkeiten und Unterschiede ihm bisher bekannter Anwendungssysteme hinweisen, wie auch zur selbsttätigen Erstellung von Dokumenten fähig sein, die für das Arbeitsumfeld des Benutzers wichtig sein könnten. Ein aktives Beratungs- und Hilfesystem kann bei suboptimaler Arbeitsweise und bereits vor Auftreten eines Fehlers präventiv eingreifen. Das System sollte für seine Beratungsaufgaben idealisiert Informationen über folgende Bereiche zur Verfügung haben:

- **Fachwissen**
(z. B. Fachlexika, Klassifikationen, fachlich spezielle Methoden, Gegenmaßnahmen, Problembereiche, weitere Informationsquellen),

- **Hilfe bei der Bedienung des Zugangssystems**
(z. B. Anwendungsfunktionalität, Anwendung der Retrievalsprache),

- **Arbeitsweise**
(z. B. fallbasierte Beschreibungsmöglichkeiten, komprimierte Darstellung, Szenarien- und Prognosebildung),

- **Aufbereitung und Qualitätsprüfung**
(z. B. Prüfung der Rechercheergebnisse, Bewertung, aktuelle Lageübersichten, Katastrophenplan, Dokumentationserstellung, Unterstützung der Formulierung).

4 Ein adaptives Zugangssystem zur Gefahrstoffrecherche

4.1 Zielsetzung und Nutzerkreis

Ziel der Entwicklung war ein portables, prototypisches Zugangssystem für eine konkrete Umweltdatenbank, das einen Anwender in allen Phasen des Retrievalprozesses unterstützt. Das erstellte System baut vollautomatisch den Zugang zu einer externen Datenbank auf. Bei der Suchformulierung erfolgt eine zielgerichtete Beratung, die zu einer schnellen und sicheren Datenrecherche beitragen soll, um die Effizienz zu steigern und Kosten zu verringern. Ebenso wird die Aufbereitung der Ergebnisse (z. B. Betriebsanweisungen oder Datenblätter zur Gefahrgutverordnung) vom Computer unterstützt. Der Prototyp wurde am Lehrstuhl Wirtschaftsinformatik II der Universität Erlangen-Nürnberg entwickelt [LIND92].

Als externe Datenbank wurde die Gefahrstoffschnellauskunft des Umweltbundesamtes ausgewählt, da Informationen über Gefahrstoffe große Bedeutung für eine Vielzahl von Entscheidungsproblemen haben und das System hauptsächlich für Kurzauskünfte konzipiert wurde.

Von 1989 bis 1992 hat sich die Zahl der in der GSA dokumentierten Gefahrstoffe von ca. 1500 auf etwa 2800 so gut wie verdoppelt. Hinzu kommen weitere Gefahrstoffdaten, die indirekt von anderen Datenbank-Hosts abgefragt werden können. Insgesamt sollen bis Dezember 1992 dem Endbenutzer ungefähr 7000 überschneidungsfreie Gefahrstoffdaten zur Verfügung stehen.

Bisherige Nutzergruppen sind Vollzugsbereiche (z. B. Polizei, Feuerwehr, THW), Behörden mit Genehmigungs- und Überwachungsaufgaben (z. B. Gewerbeaufsicht, Wasserwirtschaftsamt) und Umweltschutzbehörden. Die Benutzung ist derzeit ohne Berücksichtigung des Netzzugangs kostenlos. Leitprinzipien für die Informationsversorgung sind einerseits die Bereitstellung verläßlicher, eindeutiger und praxisgerechter Daten, andererseits eine möglichst große gemeinsame Basis mit überlappenden Spezialbereichen [UMWE89].

Das adaptive Zugangssystem zur Anwenderunterstützung erweitert die bisherigen Recherchemöglichkeiten und erlaubt einem größeren Nutzerkreis, stärker als bisher umweltrelevante Daten in seine Entscheidungen mit einzubeziehen. Als erste Zielgruppe wurde exemplarisch die der Umweltschutzbeauftragten (USB) berücksichtigt.

4.2 Konzeption

Das Mensch-Computer-System wird als eine kybernetische Entscheidungseinheit [MILL60] betrachtet, die einen Arbeitsauftrag erhält und bei einem Ergebnis, das den Anforderungen genügt, dieses an ihre Umwelt weitergibt. Innerhalb des Systems hat der Benutzer die Aufgabe eines Reglers. Er gleicht das Arbeitsziel mit bisherigen Ergebnissen ab und interagiert bei Abweichungen mit dem Zugangssystem. Die Auswirkungen seines Handelns werden ihm durch die Benutzeroberfläche des Zugangssystems mitgeteilt. Durch diese Rückkopplung ensteht ein geschlossener Regelkreis, in dem auftretende Abweichungen schrittweise minimiert werden.

Mit Hilfe eines adaptiven Zusatzes (Adaptionsmodul) kann auch das Zugangssystem Regelungsfunktionen übernehmen und somit zu einer schnelleren Verringerung der Abweichungen vom Arbeitsziel beitragen. Die Auswertungen der Benutzerbeobachtung erfolgt durch die drei Stufen Identifikation, Entscheidung und Modifikation. Die Identifikationsstufe analysiert das Verhalten des Benutzers und ist für die Modellierung zuständig. Sie erfaßt die Häufigkeit von Ereignissen sowie deren Kombinationen und vergleicht die Reihenfolge mit vordefinierten "Schlüsseln" bzw. Vorgangsmustern. Existiert ein "Schlüssel", der mit einer aktuellen Kombination von Ereignissen übereinstimmt, leitet die Entscheidungsstufe daraus eine Einschätzung der Anwendungssituation und des Dialogs ab. Gütekriterien, wie z. B. die maximale Anzahl von Fehlern pro Zeiteinheit oder die Häufigkeit der Hilfeaufrufe werden zur Entscheidung über die nächste Aktion herangezogen. Die Umsetzung der Entscheidungen übernimmt die Modifikationsstufe, indem sie z. B. passende Hilfen für eine situationsgerechte Beratung sucht und über die Benutzerschnittstelle ausgibt. Alle Stufen verwenden Benutzer-, Dialog- und Anwendungsmodell (Abbildung 4.2/1).

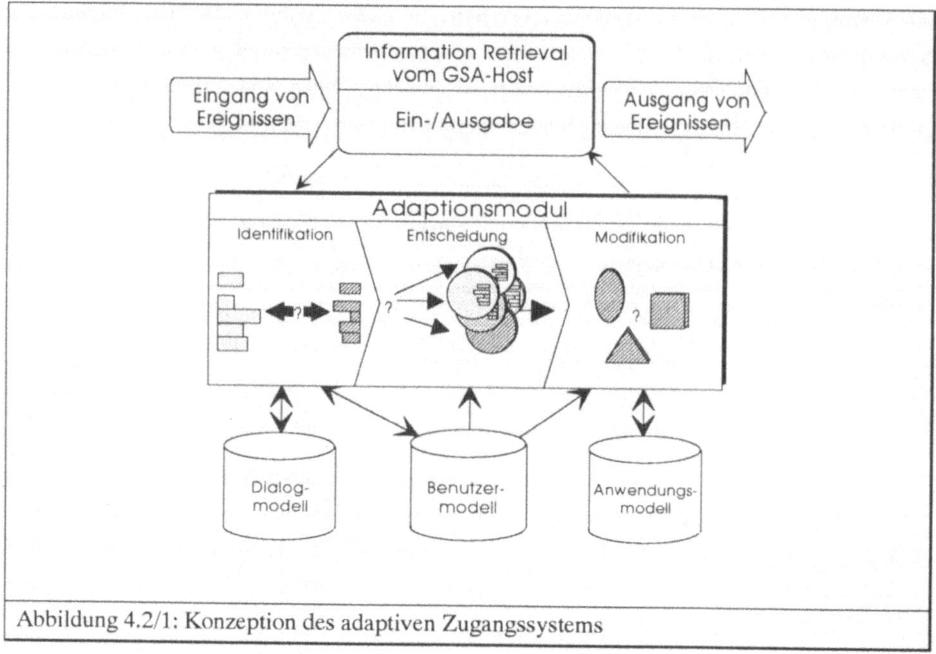

Abbildung 4.2/1: Konzeption des adaptiven Zugangssystems

Das Adaptionsmodul unterstützt den Anwender mit individuellen, vorangegangene Aktionen berücksichtigenden Ratschlägen. Wie in [REIC84] vorgeschlagen wird, tritt das System als "Smart Assistant" auf und versorgt den Anwender mit gezielten Hilfen. Ausgehend vom Dialogmodell müssen Rückschlüsse auf die Ziele der Anwender gezogen werden. Für vordefinierte Ereignisse oder Ereigniskombinationen liefert das System die passende Unterstützung. Sollten die Dialogschritte von der Strategie zur Zielerreichung abweichen, so wird darauf mit einer warnenden Meldung reagiert. Das Zusammenspiel aller Komponenten ermöglicht z. B. kontextabhängige Nachrichten in der Statuszeile, aktive Pop-up Fenster mit Korrekturempfehlungen oder das flexible Ein- und Ausblenden von Menüpunkten und Schaltflächen.

Das Dialogmodell wird durch die Protokollierung und Auswertung von Benutzeraktionen gebildet und steht für langfristige Auswertungen zur Verfügung. Erfaßt werden Ereignisse, deren zugehörige Systemzeit und Häufigkeiten. Ereignisse können beispielsweise das Drücken einer Schaltfläche, die Auswahl in einer Listbox, eine alphanumerische Eingabe oder generell die Manipulation eines Objektes sein. Dabei werden nur Aktionen berücksichtigt, die Einfluß auf den eigentlichen Programmablauf nehmen.

Das Benutzermodell beschreibt neben der Identität des Benutzers (Name, Kennung, Paßwort usw.) die betriebliche Funktion des Anwenders und dadurch implizit dessen Aufgaben, seinen voraussichtlichen Wissensstand und seine Präferenzen. Es wird bei der ersten Benutzung durch aktive Wissensakquisition erstellt und während des Dialogs nicht verändert.

In einem Eingangsdialog wird der Benutzer einem der folgenden Stereotypen zugeordnet: Umweltschutzbeauftragter, Chemiker, Betriebsarzt, Werkschutz, Werksfeuerwehr und Einkauf. Abhängig von seiner Klassenzugehörigkeit erhält der Benutzer eine an diese Klasse angepaßte Benutzeroberfläche. So werden dem Benutzer aus dem Bereich Einkauf primär Informationen über Modalitäten bei der Chemikalienbeschaffung gegeben, während der USB Hilfsmittel zur Erstellung von Merkblättern für verschiedene Gefahrstoffgruppen erhält. Neben diesen relativ einfachen benutzerspezifischen Einstellungen können spezialisierte Werkzeuge für die Unterstützung des jeweiligen Informationsbereichs angeboten werden. Beispielsweise ist es denkbar, einem Chemiker spezielle Fachlexika in Hypertextformat oder Simulationsprogramme zur Voraussage des Reaktionsverhaltens von Stoffen zur Verfügung zu stellen.

Das Anwendungsmodell beinhaltet Informationen über die Funktionen des Zugangssystems (z. B. Erklärungen zu "Formulierung ansehen" oder "Datenbankverbindung aufbauen") und deren Auswirkung. Weiterhin sind Querverweise zwischen einzelnen Suchkriterien enthalten. Sie unterstützen die Verfeinerung einer Suchformulierung, indem sie auf Ähnlichkeiten hinweisen und somit assoziative Recherchestrategien unterstützen.

Für die Realisierung des Konzepts wurde ein IBM-kompatibler PC mit Intel 80386/25-CPU, 4 MB Hauptspeicher, 40 MB Harddisk, VGA-Color-Grafikausstattung sowie Maus eingesetzt. Auf der Seite des Umweltbundesamtes als Datenbankanbieter wird der Zugang zur Datenbank über einen VAX-Computer geleitet, der auf den eigentlichen Host, einen Siemens-Großrechner unter BS2000 durchschaltet. Die Verbindung des PC mit dem Kommunikationsnetz erfolgt über dessen serielle Schnittstelle (V.24) und den Datex-P-Dienst der DBP Telekom. Die Entwicklung des Prototypen erfolgte unter MS-DOS 5.0 in Verbindung mit der Betriebssystemerweiterung MS-Windows 3.0. Über seine DDE-Fähigkeit ist es dem Zugangsunterstützungsystem nicht nur möglich, Kommunikations- und Adaptionsmodul zu integrieren, sondern auch Daten zwischen Standardwerkzeugen wie Grafik- oder Texteditoren unter MS-Windows auszutauschen.

3.3 Beispieldialog

Die Beispielsitzung ist chronologisch skizziert, angefangen vom "Login" über eine "Vorformulierung der Suche" bis hin zur Darstellung aktiver und passiver Beratung [ÖREN91].

Nach einer ersten Benutzeridentifikation wird entweder ein neues Benutzermodell angelegt oder ein vorhandenes für die aktuelle Dialogsitzung neu geladen. Daraufhin werden zwei Arbeitsfenster konfiguriert. Das Suchfenster ermöglicht den Zugang zu allen Funktionen für eine Vorab-Suchformulierung, das Hauptfenster stellt einige "Werkzeuge" bereit, wie z. B.

Funktionen zur Datenbankanbindung, Modellüberprüfung oder der Bearbeitung von Daten. Hilfeinformationen in Form von Hypertextstrukturen stehen in beiden Fenstern zur Verfügung und können vom Benutzer aufgerufen oder vom System aktiv gegeben werden.

Anschließend wird ermittelt, welches Sitzungsziel verfolgt wird. Daraus leitet das System die in Frage kommenden Datenbanken ab. Wird eine sofortige Datenbankanbindung zur GSA gewünscht, erfolgt automatisch das Anwählen des Host, das Ausfüllen der GSA-Masken und das Auslösen der Suche. Sollen jedoch zunächst nur Suchkriterien formuliert werden, gelangt der Benutzer über das Betätigen einer Schaltfläche oder eines Menü-Befehls in das Fenster zur Suchformulierung. Dort stehen ihm Suchbegriffe als Schaltflächen zur Verfügung. Über ein Deskriptorenfenster kann er sich die bisherige Kombination von Deskriptoren anzeigen oder abspeichern lassen und frühere Suchformulierungen hinzuladen (s. Abbildung 3.3/1).

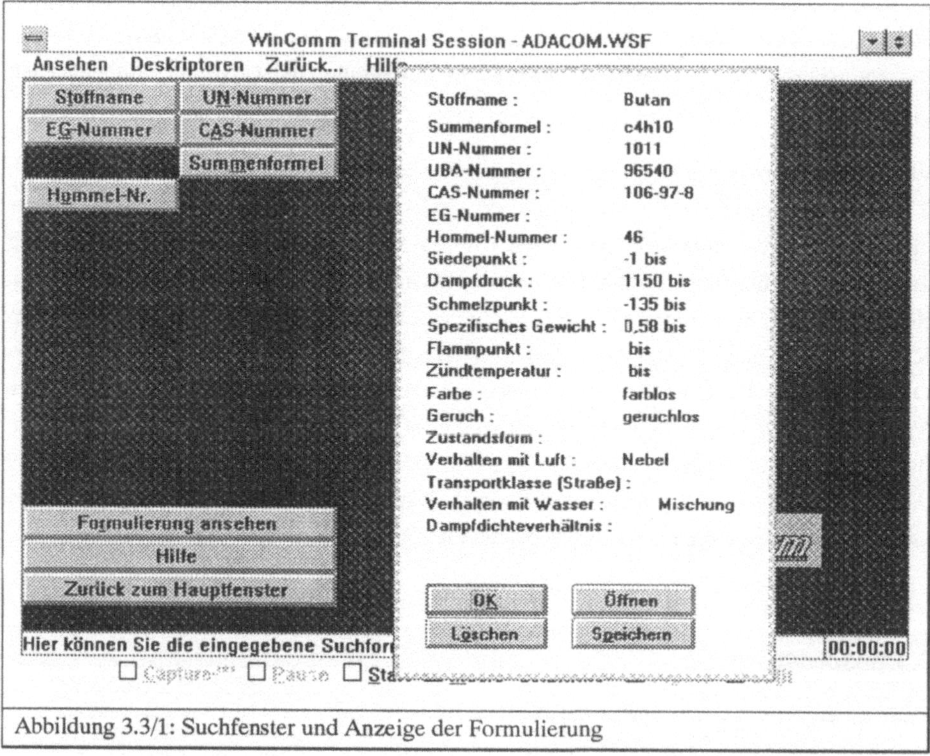

Abbildung 3.3/1: Suchfenster und Anzeige der Formulierung

Für die Eingabe der Daten sind Editorfenster vorgesehen, die nach Betätigen einer Schaltfläche erscheinen. Werden Unstimmigkeiten bei der Auswahl von Suchkriterien erkannt, weil z. B. bereits eindeutige Deskriptoren eingegeben wurden oder Unsicherheiten im Benutzerverhalten feststellbar sind, erfolgt eine Beratungsmeldung, die bis zur nächsten Aktion aktiv bleibt.

Abbildung 3.3/2 zeigt adaptive Meldungen bei einer Mehrfachauswahl der Schaltfläche "Zündtemperatur". Es wird hier unterstellt, daß das aufeinanderfolgende, mehrmalige Betätigen einer Schaltfläche auf Unsicherheiten in der Bedienung schließen läßt. Erfolgt die Betätigung in Abhängigkeit eines vorher festgelegten Schwellwertes zu häufig, erhält der Benutzer eine kontextsensitive Hilfemeldung. Die Meldung ist in ein Hypertextsystem eingebunden und erlaubt somit den direkten Zugriff auf weitere Informationseinheiten.

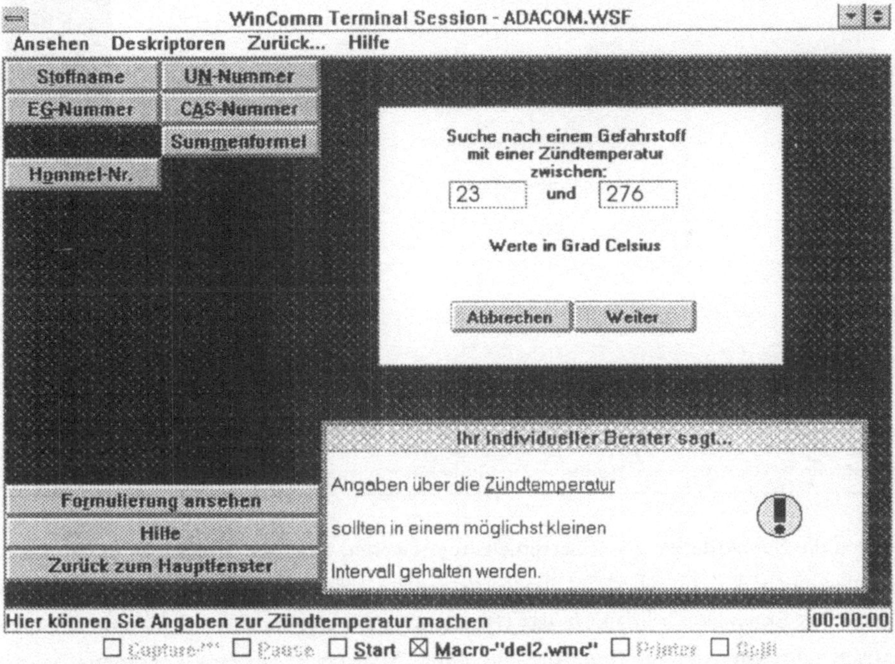

WinComm Terminal Session - ADACOM.WSF
Ansehen Deskriptoren Zurück... Hilfe
Stoffname
UN-Nummer
EG-Nummer
CAS-Nummer
Summenformel
Hommel-Nr.
Suche nach einem Gefahrstoff mit einer Zündtemperatur zwischen:
23
und
276
Werte in Grad Celsius
Abbrechen
Weiter
Ihr individueller Berater sagt...
Angaben über die Zündtemperatur sollten in einem möglichst kleinen Intervall gehalten werden.
Formulierung ansehen
Hilfe
Zurück zum Hauptfenster
Hier können Sie Angaben zur Zündtemperatur machen
00:00:00
Start
Macro-"del2.wmc"

Abbildung 3.3/2a: Adaptive Beratungsmeldung bei der Eingabe der Zündtemperatur

Zweite Betätigung der Schaltfläche:

Ihr individueller Berater sagt...
Sie sind sich anscheinend unsicher.
Bitte schlagen Sie in "Hilfe" den Bereich
"Erläuterungen zur Zündtemperatur" nach. Danke!

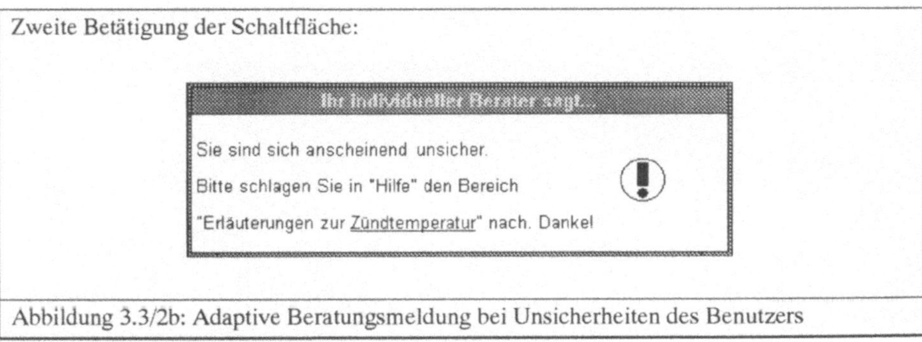

Abbildung 3.3/2b: Adaptive Beratungsmeldung bei Unsicherheiten des Benutzers

Dritte Betätigung der Schaltfläche:

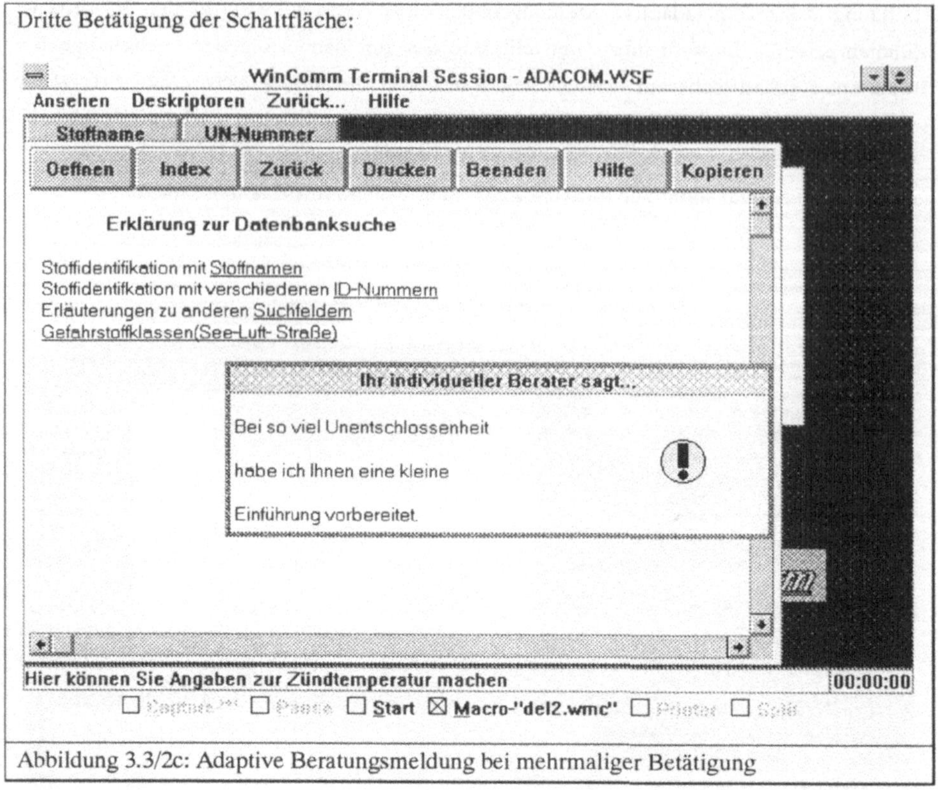

Abbildung 3.3/2c: Adaptive Beratungsmeldung bei mehrmaliger Betätigung

Werden die Suchkriterien als widerspruchsfrei bewertet, kann die Recherche in der Datenbank beginnen. Hierfür überträgt das System die Deskriptoren in die GSA-Mehrzweckmaske. Das Ergebnis wird dann in das Hypertextsystem eingebunden. Dort kann der Inhalt grafisch aufbereitet werden. Eine Auswahl durch "Mausklick" auf farbig markierte Begriffe erlaubt den Zugriff auf inhaltlich gegliederte Informationen des Gefahrstoffs.

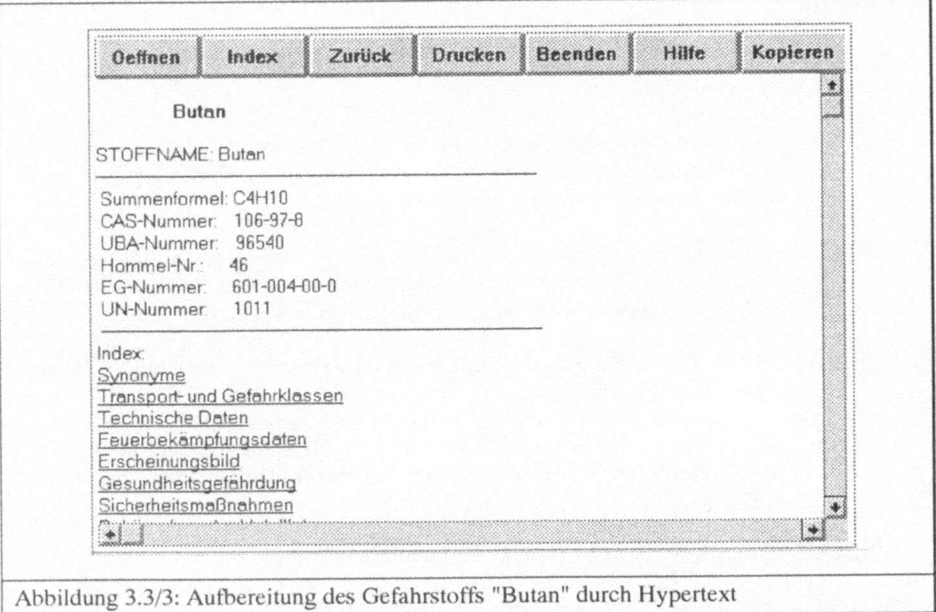

Abbildung 3.3/3: Aufbereitung des Gefahrstoffs "Butan" durch Hypertext

4 Ausblick

Bisherige Erfahrungen mit dem prototypischen System haben gezeigt, daß die Akzeptanz einer adaptiven Beratung bei Anwendern gegeben ist und individuelle Meldungen nicht als Bevormundung gesehen, sondern für sinnvoll erachtet werden. Begrüßt wurde weiterhin die portable Realisierung des Zugangssystems, das auf allen Standard-PCs eingesetzt werden kann.

Eine Erweiterung und Verbesserung der bisherigen Funktionalität und Modelle erscheint deshalb sinnvoll. Die Anbindung einer lokalen Datenbank, die zusätzliche, vom Anwender eingebbare Informationen enthält und eine Ergänzung der extern abrufbaren Daten ermöglicht, befindet sich in der Konzeptionsphase. Langfristiges Ziel ist die Realisierung einer ganzheitlichen und individuellen Wissensbasis, die externe und lokale Umweltinformationen sinnvoll miteinander verknüpft.

Literatur

CHIT89 Chittka, S.: Datenbanken und Informationssysteme im Umweltbereich. Bremen 1989.

HORN90 Hornung, T.: Informationssysteme zur Entscheidungsunterstützung bei der Handhabung gefährlicher Stoffe. In: Pillmann, W. u. a. (Hrsg.): Informatik für den Umweltschutz. Wien 1990.

LIND92 Lindner, H.-G., Schmidt, W.: Konzeption eines adaptiven Information Retrieval Systems für die externe Datenbank "Gefahrstoffschnellauskunft" des Umweltbundesamtes. Arbeitspapier 2/1992. Nürnberg 1992.

MILL60 Miller, G. A., Galanter, E., Pribram, K.: Plans and the Structure of Behavior. New York 1960.

ÖREN91 Ören, P. C.: Entwicklung eines adaptiven Beratungssystems für individuelle Recherchen in einer externen Datenbank. Diplomarbeit. Nürnberg 1991.

OTTA89 Ottahal, A.: Umwelt-Datenbank-Führer. Köln 1989.

REIC84 Reichmann-Adar, R.: Extended Person-Machine Interface. In: Artificial Intelligence 22 (1984), S. 157-218.

UMWE89 Umweltbundesamt: Gefahrstoffschnellauskunft. Berlin 1989.

Rechnergestütztes Maritimes Unfallmanagement- System

(REMUS)

Thomas Langer
Informatik Grundlagen
ERNO Raumfahrttechnik GmbH
Hünefeldstr. 1-5
2800 Bremen 1

1. Zieldefinition und Aufgabenabgrenzung

Angesichts der ständig zunehmenden Nutzung der Wasserstraßen sind wirksame, national und international abgestimmte Maßnahmen zur Abwendung von Schäden, zur Gewährleistung der Sicherheit des Schiffsverkehrs und zum Schutz der maritimen Umwelt erforderlich.

Maßnahmen müssen sowohl für Unfälle als auch bei Einleitungen von Rohöl- und Rohölprodukten, Chemikalien usw. wirksam sein, um durch schnelles, sachgemäßes Eingreifen mögliche Auswirkungen auf die Verkehrssicherheit und die Belastung der betroffenen maritimen und küstennahen Umwelt so gering wie möglich zu halten und den entstandenen Schaden auch finanziell zu begrenzen.

REMUS liefert ein Konzept zur Steigerung der Effektivität der hierfür zuständigen Behörden und Sonderstellen des Bundes und der Küstenländer, insbesondere aber der Einsatzleitungsgruppe (ELG) und der KatStäbe Nordsee/ Ostsee durch die Implementierung eines "Rechnergestützten Maritimen Unfallmanagement Systems (REMUS)".

Das REMUS- Konzept beinhaltet folgende zwei Hauptfunktionen für ein wirksames Seeunfallmanagement :

- Akquisition, Speicherung und intelligente Verfügbarmachung möglichst vieler, im Zusamenhang mit der Unfall-Bekämpfung relevanter Informationen.

- Angebot einer automatischen, situationsangemessenen Entscheidungshilfe während der Einsatzphase der beteiligten Dienststellen.

REMUS unterstützt die mit der Unfallbekämpfung betrauten Experten bei der Sammlung der Daten und Informationen und generiert den aktuellen Umständen angepaßte Vorschläge für einzuleitende Maßnahmen.

REMUS fügt sich dabei organisatorisch wie technisch nahtlos in die bei der Unfallbekämpfung gegenwärtig üblichen Verfahrens- und Handlungsabläufe ein. Ein durchgängiges Designprinzip in REMUS besteht in der Integration möglichst vieler, von verschiedenen Behörden und Institutionen in der Vergangenheit entwickelten Lösungen, Teillösungen und Lösungsansätzen. Die datentechnische Zusammenfassung dieser bisherigen Insellösungen zum Zwecke der Unterstützung einer speziellen umweltrelevanten Aufgabenstellung hat Modellcharakter auch für andere vergleichbare Problemfelder.

Zur Erläuterung der Aufgabenstellung von REMUS gibt Abbildung 1 einen Überblick über eine Seeunfallbearbeitung von der Unfallmeldung bis zu konkreten Maßnahmen. Die drei anwendungsbezogenen Hauptbereiche sind:

- menschenrettende Maßnahmen,

- schiffahrtspolizeiliche Maßnahmen und

- Schadstoffbekämpfung

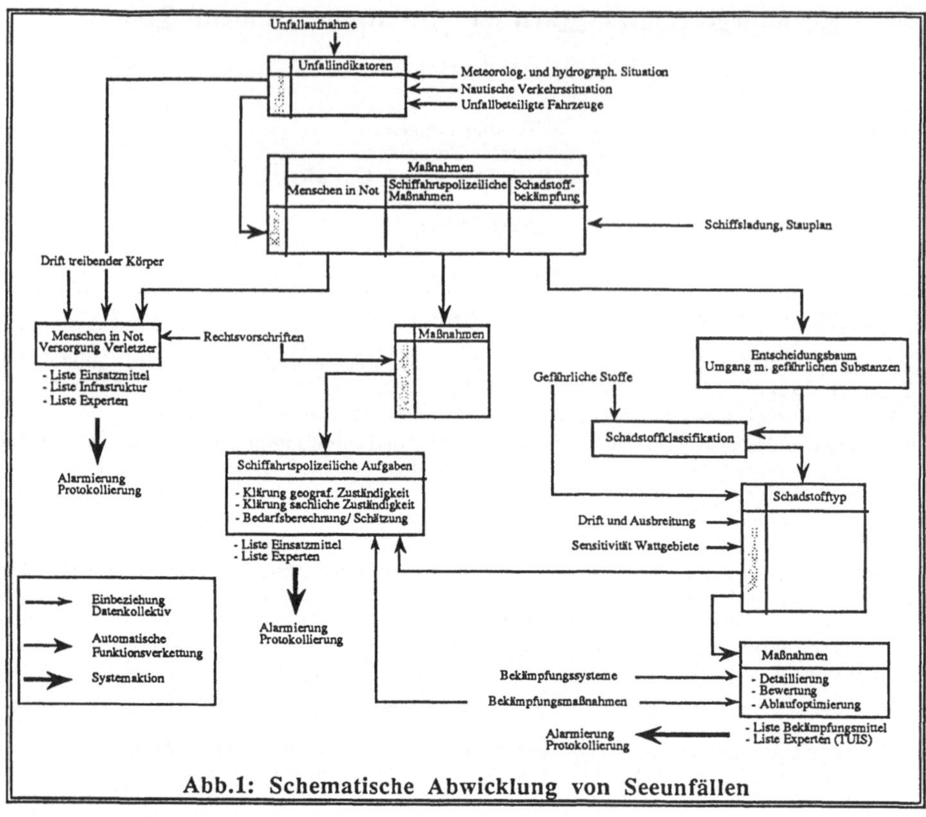

Abb.1: Schematische Abwicklung von Seeunfällen

2. Funktionsbeschreibung des rechnergestützten Seeunfallmanagementsystems

Die potentiellen Nutzer eines Softwaresystems für Information und Entscheidungshilfe z.B. bei ELG- oder KatStab- Einsatzfällen sind ausgewiesene Experten auf dem Gebiet der Seenotfallbekämpfung, der Öl- und Chemikalienunfallbekämpfung und den damit mittelbar verbundenen Problemstellungen. Ein rechnergestütztes Unterstützungssystem stößt nur dann auf Akzeptanz bei diesen Bedienern, wenn seine Nutzung nicht als Komplizierung sondern als echte Entlastung der Arbeits- und Entscheidungsabläufe während des Katastropheneinsatzes empfunden wird. Zur Erreichung einer möglichst hohen Bedienerakzeptanz unterstützt deshalb die Software die bei der Unfallbekämpfung etablierten Abläufe und zwingt nicht zur Veränderung der Arbeitsweisen.

Oberste Priorität bei den softwaretechnisch umzusetzenden Funktionen hat die Bediensicherheit durch Plausibilitätsprüfung aller Eingaben. Konsistenztests sowie syntaktische und semantische Plausibilitätsprüfung erfolgen in allen REMUS- Modulen automatisch nach Bedienereingaben. Die externe Rechnerkommunikation in allen ihren Aspekten, von der Auswahl der geeigneten Datenquelle über die Herstellung und Aufrechterhaltung der Verbindung bis zum Herausfiltern der eigentlichen Information läuft im Seeunfallmanagementsystem vollautomatisch ab.

Die unterschiedlichen Systemteile sind informationstechnisch miteinander vernetzt, so daß z.B. Mehrfacheinträge der gleichen Informationen in verschiedene Module vermieden werden. Ebenso läßt sich mit den entsprechenden Designmaßnahmen eine benutzergerechte Aufrufhierarchie der verschiedenen Systemmodule erreichen. Auf diese Weise werden dem Bediener kontextabhängig sinnvolle Funktionen und Hilfen auch modulübergreifend zur Verfügung gestellt .

Die darüber hinausgehende Entscheidungshilfe in bezug auf zu ergreifende Bekämpfungsmaßnahmen und die Koordinierung dieser Maßnahmen wird durch ein regelbasiertes Expertensystem abgedeckt. Die Verwendung von wissensbasierten Techniken erfolgt pragmatisch gemäß der Anforderungen aus der konkreten Problemstellung.
Unterhalb einer einheitlichen Systembedieneroberfläche (MMI), die nach den gegenwärtigen Erkenntnissen der Informationstechnik und Ergonomie aufgebaut[1] ist, wird das Seeunfallmanagementsystem in zwei funktionale Hauptmodule unterteilt (vgl. Abbildung 2):

- das Situationsanalysemodul und
- das Entscheidungshilfemodul.

Den Kern der Bedieneroberfläche bildet durchgehend die kartografische Lagedarstellung auf einer elektronischen Seekarte, abhängig vom jeweiligen Stand der Unfallabwicklung erscheinen in den Randbereichen des Bildschirmes kontextspezifische Menüs, über die der Benutzer zu Funktionsgruppen (Submenüs) und einzelnen Funktionen weiter verzweigen kann. Die Protokollierung erfolgt in allen Ablaufphasen automatisch und kann nur insgesamt an- oder ausgeschaltet werden.

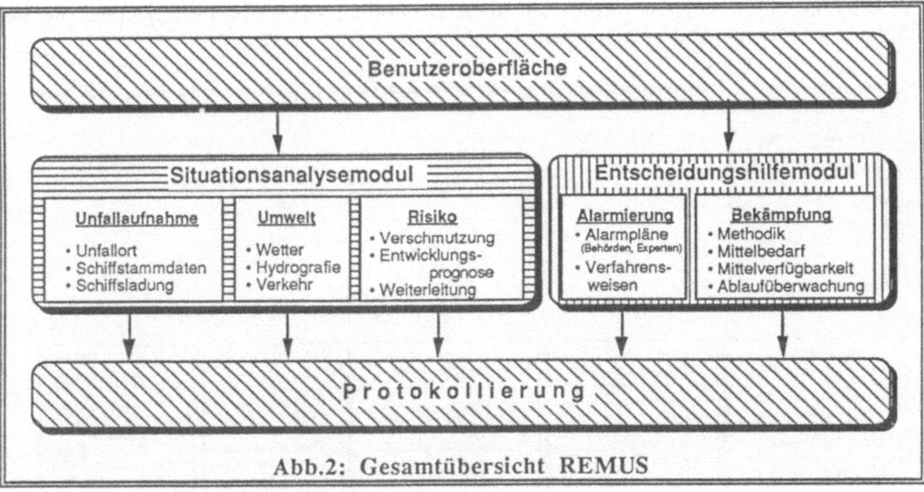

Abb.2: Gesamtübersicht REMUS

Für REMUS wird der Kartensatz der deutschen Hoheitsgewässer digitalisiert und gespeichert. Auf die Darstellung dieses Rasterdatensatzes auf dem Bildschirm werden die für die Seenotfälle wichtigen bzw. für Öl- und Chemikalienunfallbekämpfung relevanten Datenstrukturen aufgesetzt, die rechnerintern als relationale Datenbank gespeichert sind. Die Anbindung an die Kartendarstellung erfolgt über die geografische Position.

2.1 Wissensbasierte Situationsanalyse

Das Situationsanalysemodul ist nutzbar vom Eingang der Meldung beim "Zentralen Meldekopf (ZMK)", bei dem alle Unfälle und Verunreinigungen in deutschen Gewässern gemeldet werden, bis zur Weiterleitung des Falles an die ELG (SBÖ/ SLÖ) oder einen der lokalen KatStäbe. Einige Funktionen, z.B. die maritime Lagedarstellung können prinzipiell auch ohne Vorliegen einer Unfallmeldung zu Monitoring- Zwecken oder zur präventiven Überwachung (Übersicht über aktuelle nautische Verkehrssituation) betrieben werden. Die volle Funktionalität des Situationsanalysemoduls steht darüber hinaus den vorgenannten Institutionen während ihrer Arbeit zur Verfügung. Die Aufgaben des Situationsanalysemoduls sind im einzelnen:

- Unterstützung bei der Modellierung eines gemeldeten Unfalls/ Vorfalls,

---

1 DIN 66234/8 Bildschirmarbeitsplätze. Grundsätze der Dialoggestaltung

- Erfassen und Fortschreiben der nautischen Verkehrssituation in Umgebung des Unfallortes,
- Erfassen und Fortschreiben von Umweltinformationen bezüglich Wetter, Tide, Seegang usw., die für die Bewertung einzuleitender Maßnahmen relevant sind,
- Erfassen und Beurteilen der Gefährdung durch auf dem/ den Havaristen geladene Schadstoffe und Betriebsmittel (Öle und Chemikalien),
- Abschätzen der unmittelbaren und mittelbaren Gefährdungs- und Einflußbereiche,
- Rechnergestützte Entscheidungshilfe bei der Weiterleitung der Fallbearbeitung an die zuständigen KatStäbe.

Die Datenakquisition des Situationsanalysemoduls mündet in die Entscheidung zur Alarmierung des zuständigen KatStabes. Die Alarmierungsentscheidung wird von REMUS unterstützt. Ist z.B. die ELG zuständig, so wird automatisch über die zuständigen Stellen und mittels der gebräuchlichen Alarmierungswege der ELG- Alarm ausgelöst und die akquirierten Daten (und die Module der Situationsanalyse) können vom ELG-Einsatzstab (der in der Regel in Cuxhaven zusammentritt) weitergenutzt werden. Bleiben die gemeldeten Schadensumstände unterhalb der durch objektive Kriterien beschriebenen "ELG-Schwelle", so erfolgt die Weiterleitung an die zuständigen Stellen mittels Alarmierung und Standardmeldeprotokoll. ZMK, ELG sowie die KatStäbe "Nordsee/ Ostsee" nutzen die Funktionen des Seeunfallmanagementsystems direkt, die Nutzung durch andere Institutionen (Revierzentralen, WSV usw.) erfolgt über die Vermittlung der Mitarbeiter der Einsatzzentrale in Cuxhaven.

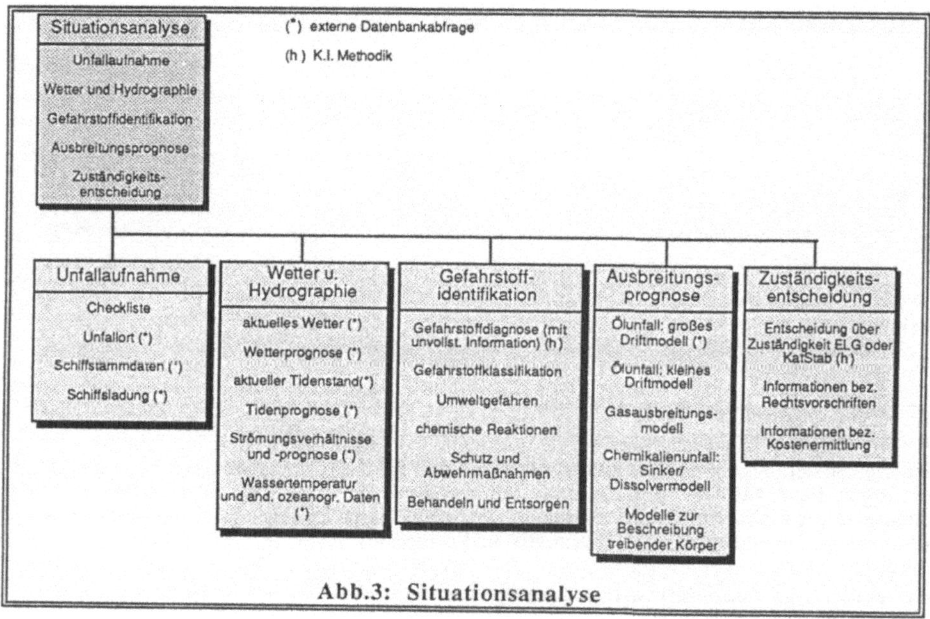

Abb.3: Situationsanalyse

Die Funktionen der Situationsanalyse sind in fünf Submodule gegeliedert, wobei jeder Submodul verschiedene Einzelaufgaben erfüllt. Die Hierarchie der Submodule (Funktionsgruppen) entspricht einer Menühierarchie in der Bedieneroberfläche (siehe Abbildung 3).
Im Modul Situationsanalyse finden die wesentlichen Interaktionen des Seeunfallmanagementsystems mit externen Datenquellen statt. Lediglich die chemische Datenbank und das Verzeichnis der Rechtsvorschriften können als statische Daten dauerhaft lokal auf dem REMUS-Rechner gehalten werden. Der externe Datenbankzugriff erfolgt meist vollautomatisch. Das Seeunfallmanagementsystem ermittelt selbständig die Datenquelle für eine benötigte Information, stellt die Datenverbindung über Modem her, konvertiert die Abfrage in das für den Zielrechner verständliche Format, transferiert die Daten in das Seeunfallmanagementsystem und filtert aus dem eingelesenen Datensatz die benötigte Information heraus.

Während der Situationsanalysephase wird die Lage auf einer elektronischen Seekarte dargestellt, wobei ein Zoom auf die speziell interessierenden Ausschnitte möglich ist. Zusätzlich zur geografischen Information der Seekarte können Objekte auf die Oberfläche projiziert werden, die Schiffe, Verschmutzungen, Suchzonen usw. repräsentieren. Diese Objekte sind mit sensitiven Feldern auf dem Bildschirm verknüpft. Durch Anklicken der Objekte mit dem Zeigeinstrument (Maus, Trackball) lassen sich die Informationen, die dem System über das betreffende Objekt bekannt sind, einsehen und ggfs. noch fehlende Informationen über Funktionsaufrufe automatisch einholen.

2.1.1 Modul zur Unfallaufnahme und Unfallmodellierung

Im Rahmen des Moduls zur Unfallaufnahme und Unfallmodellierung werden im Seeunfallmanagementsystem alle direkt vom Unfallort stammenden Informationen gesammelt, auf ihre Plausibilität und Konsistenz geprüft und die eingehenden Antworten protokolliert.

Das Eingangsmenü des Moduls gibt dem Systemnutzer die Möglichkeit, mehrere Schlüsselwörter unabhängig voneinander auszuwählen, die den allgemeinen Unfallhergang und den Melder charakterisieren (z.B. Ölunfall, Chemikalienunfall, Schiffskollision, bzw. Beobachtung aus Flugzeug, als Unfallbeteiligter usw.). Jede sinnvolle Kombination von Schlüsselbegriffen ist zulässig. Jedes Schlüsselwort ist intern mit einem auf ein spezielles Datensubkollektiv zielenden Fragenkatalog verbunden, der bei der Abwicklung eines Unfalls mit bezug zu den genannten Schlüsselwörtern relevant ist. Auf diese Weise wird dynamisch eine Liste mit benötigten Angaben bzw. Daten erstellt, wobei

- ein Minimum an Fragen bzw. Eingaben gestellt wird (dadurch wird der Meldevorgang zeitlich gestrafft),
- die wichtigsten Fragen (in bezug auf Personenschäden) an den Anfang gestellt werden,
- der Katalog benötigter Angaben garantiert vollständig ist,
- Eingaben auf ihre semantische und syntaktische Plausibilität geprüft werden,
- Informationen soweit wie möglich automatisch aus internen oder externen Datenquellen beschafft werden. Zu diesem Zweck werden automatisch Teile der Funktionsgruppe "Wetter und Hydrographie" aktiviert.

Die Hauptquelle für die Eingangsinformationen des Moduls bildet der direkte (z.B. telefonische) Kontakt zwischen ZMK und Beobachtern vor Ort. Die im automatisch erstellten Fragenkatalog enthaltenen Anfragen werden nach Eingang erster Informationen an den Beobachter bzw. Melder vor Ort gerichtet und von diesem beantwortet. Diese Primärinformation wird gleichzeitig durch automatische Datenakquisition mittels Fernübertragung ergänzt.

Bei Eingang der Unfallmeldung werden die aktuellen Schiffsdatensätze der zuständigen Revierzentrale über Datex-L eingelesen. Dieser Vorgang dauert ca 30 Sekunden[1]. In der Wissensbasis werden Schiffsobjektdatenstrukturen angelegt, die als Attribut-Werte-Paare die im großen Schiffsdatensatz gespeicherte Information enthalten. Die aktuellen Positionen der erfaßten Schiffe werden auf der elektronischen Seekarte schiffstypabhängig als Symbol dargestellt. Alle über das Objekt in REMUS gesammelten Informationen können durch Anklicken des Schiffssymbols auf der Seekarte vom Benutzer von REMUS eingesehen werden.

Mit Hilfe der Funkrufzeichen der am Unfall beteiligten Schiffe wird eine Datenbankabfrage bezüglich der Ladung an den Ausgangs- oder Zielhafen des Havaristen gestellt.[2]. Die Abfrage kann erfolgen, wenn Hamburg (mit dem System DAKOSY) oder einer der bremischen Häfen (mit dem System BREPOS) Herkunfts- oder Zielhafen des Havaristen ist, anderenfalls wird dem Benutzer der Hafen, über den die Ladungsinformation zu erhalten ist, mit der Telefonnummer der zuständigen Hafeninstitution (Hafenmeisterei, Reedereien, Agenten und Schiffsmeldedienst) angezeigt. Für den telefonischen Kontakt zu den Hafenbehörden wird vom Seeunfallmanagementsystem eine Checkliste aufbereitet, so daß keine wichtige Information vergessen wird. Im Fall von Tankschiffen sind die benötigten Informationen bereits größtenteils im großen Schiffsdatensatz der Revierzentralen enthalten. Die Ladungsdaten werden als Attribut- Werte-Strukturen in das REMUS- interne Schiffsobjekt integriert.

---

1 Hochgerechnet aus der maximalen Filegröße von BREPOS- Teleport- Dateien

2 Alle mit REMUS verbundenen Hafendatenbanksysteme entstanden mit Förderung des BMFT (ISETEC Projekt 103, BMFT- Förderkennzeichen TV8702D7)

2.1.2 *Modul zur Berücksichtigung von Wetter und Hydrographie*

In Ergänzung und zur Überprüfung der vom Unfallort gemeldeten Fakten werden Wetterdaten und hydrographische Daten aus externen Quellen eingelesen. Art und Umfang der für eine Entscheidungshilfe benötigten Wetterdaten richten sich darüber hinaus nach den Erfordernissen des Einzelfalles. Im Fall der Freisetzung von Rohölen werden beispielsweise andere hydrografische Parameter zur Beurteilung des Ausbreitungs- und Driftverhaltens gebraucht als im Fall eines Chemikalienunfalls (dabei ist wiederum zu unterscheiden zwischen Floatern, Sinkern, Evaporatern und Dissolvern). Aus dem gemeinsamen Rechenzentrum von Seewetteramt (SWA) und Bundesamt für Seeschiffahrt und Hydrographie (BSH) und aus internen Datenbeständen werden automatisch eingelesen:

- der aktuellste verfügbare Wetterbericht (nicht älter als eine Stunde),
- die aktuellste verfügbare Wetterprognose für den gleichen und den darauffolgenden Tag,
- der aktuelle Tidenstand und die aktuellste Tidenprognose,
- der aktuelle Gezeitenstrom und seine prognostizierte Entwicklung,
- der Seegang (Höhe und Richtung),
- der Wind (Geschwindigkeit, bzw. Stärke, Richtung, Böigkeit),
- der Salzgehalt des Meerwassers in Umgebung des Unfallortes,
- die Temperatur von Wasser und Luft ,
- die Sichtverhältnisse am Unfallort und
- ggfs. Eisbildung und ähnliche Besonderheiten

Über diese automatische Datenakquisition hinaus erhalten die Benutzer des Seeunfallmanagementsystems auf Wunsch Zugriff zu den synoptischen Daten der ortsfesten und beweglichen SWA-Wetterstationen. Mit diesen Daten werden detaillierte lokale Zustandsbeschreibungen durch rechnerische Interpolation zwischen benachbarten Punkten erstellt. Das Zustandsbild wird abgerundet durch Einlesen der Informationen bezüglich der lokalen Strömungsverhältnisse. Diese Informationen sind lokal auf dem REMUS- Rechner abgespeichert. Diese genauen, auf die direkte Umgebung des Unfallortes bezogenen, Daten werden zur Prognose der Schadstoffausbreitung und zur Beurteilung der adäquaten Bekämpfungsstrategie herangezogen.

2.1.3 *Modul zur Gefahrstoffidentifikation*

Im Fall eines Unfalls unter Beteiligung umweltgefährdender Güter stellen sich dem Bearbeiter zwei wesentliche Probleme, deren jeweilige Behandlung im Seeunfallmanagementsystem unterstützt wird:

- dic Identifikation der gefährlichen Ladung und
- die Erlangung von detaillierter Information über das Gefahrgut

Im Normalfall läßt sich die Ladung der am Unfall beteiligten Schiffe mittels der im Unfallaufnahmemodul stattfindenden externen Datenbankabfrage im Hafen, aus dem großen Datensatz der Revierzentrale oder durch die Deklarierung der gestauten Ladung an Bord identifizieren. In diesem Fall reicht es aus, dem REMUS-Systemnutzer den direkten Zugang zu den Informationen einer Gefahrstoffdatenbank zu ermöglichen. Die aus der Datenbankabfrage bei der Revierzentrale, im Hafen oder vom Vorort- Beobachter stammende Information wird dabei automatisch in einen internen Zeiger auf den betreffenden Eintrag in die Datenbank umgesetzt, so daß der Benutzer die Datenbankabfrage nicht selbst spezifizieren muß. Anschließend springt das Seeunfallmanagementsystem in die lokal eingebundene Gefahrstoff-Datenbank mit ihren speziellen Menüs und Masken, ohne daß der Benutzer Schlüsselbegriffe, UN- Nummer, Klassifizierungen oder ähnliche Suchbegriffe vorgeben muß. Für rechnerische Simulationen benötigte numerische Stoffdaten werden von den betreffenden Simulationsprogrammen bzw. Simulationsmodulen automatisch aus der Datenbank ausgelesen.

2.1.4 **Modul zur mittelfristigen Ausbreitungsprognose**

Einen wesentlichen Baustein bei der Beurteilung der potentiellen Gefährlichkeit eines Schadstoffes für die Umwelt bildet die Prognose bezüglich seiner künftigen Ausbreitung. Ausbreitungssimulationsprogramme für vier verschiedene Verhaltensmuster von Schadstoffen sind im Seeunfallmanagementsystem zu berücksichtigen. Die Klassifizierung des Stoffes als Floater,

Sinker, Dissolver oder Evaporator muß vor der Aktivierung des Ausbreitungssimulationsmoduls mit Informationen aus der Schadstoff- Datenbank erfolgt sein.

Ausbreitung und Drift von Rohölen, Rohölprodukten und treibenden Chemikalien auf der Wasseroberfläche.
Zur Ölausbreitungssimulation wird das "große Driftmodell" des BSH verwendet. Die Anbindung erfolgt auf spezielle Anforderung des Benutzers. Die Simulationsrechnungen für die langfristige Prognose der Ausbreitung laufen extern im BSH ab, zur schnellen und kurzfristigen Trendanalyse der Ausbreitung in den nächsten Stunden wird in REMUS ein lokales Rechenmodell integriert. Es basiert auf den gleichen Rechenmodellen wie das große Driftmodell, berechnet die Meeresströmungsfelder aber nicht aus Luftdruckwerten und -prognosen sondern bezieht sie aus gespeicherten, für die Wetterlagen im Einsatzraum repräsentativen, Fällen. Die zugehörigen Strömungsdatensätze (einschl. Gezeitengang) werden vom BSH zur Verfügung gestellt. Sie können als eigenständige Darstellungsebene in die digitale Karte eingeblendet werden.

Ausbreitung von Sinkern und Dissolvern
Auf die gleiche datentechnische Art und Weise wie bei der Ölausbreitung wird die externe Simulation der Ausbreitung von Sinkern oder Dissolvern im Seeunfallmanagementsystem gehandhabt. Das entsprechende Rechenmodell wird gegenwärtig vom BSH kompatibel zur Einbindung in REMUS entwickelt.

Ausbreitung von gasförmigen Chemikalien in der Luft
Zur Modellierung der Schwergas- bzw. Kaltgasausbreitung in der Luft wird im Seeunfallmanagementsystem das von der US- amerikanischen Küstenwache entwickelte Programm DEGADIS[1] verwendet, das zu diesem Zweck lokal auf dem REMUS- Rechner installiert wird. Es berechnet den stationären Ausbreitungszustand einer Gaswolke unter Einfluß von Windrichtung und Windstärke, wobei die Ausbreitungsgrenze für vorgegebene stoffspezifische Konzentrationen ausgegeben wird. Das Modell zeigt den "worst case" der Gasausbreitung an. DEGADIS beschreibt die Ausbreitung von Flüssiggasen und Evaporator- Chemikalien, wobei besonderes Gewicht auf die am Boden bzw. auf der Wasseroberfläche kriechenden Gase gelegt wird. Das Modell kann als universal anwendbar angesehen werden, da das Verhalten leichterer Gase in der sog. Spurenphase nach der Schwergasphase berücksichtigt wird. Die Grundlagen der Berechnung werden in [2] vorgestellt. Alle für den Input von DEGADIS benötigten Parameter lassen sich vom Seewetteramt oder aus Datenbanken akquirieren.

Verdriftung von Rettungsbooten, Rettungsinseln, verpackten Gütern und Containern auf der Wasseroberfläche
Die Verlagerung von "Treibgut" aller Art auf der Wasseroberfläche durch Strömungs- und Windeinflüsse wird im Seeunfallmanagementsystem mittels eines auf Strömungsdaten basierten Rechenmodells lokal auf dem REMUS- Rechner durchgeführt. Ergebnis dieser Simulation ist ein geografisch eingegrenzter Bereich, der als Suchzone dienen kann. Probleme bzw. Ungenauigkeiten bei der Berechnung entstehen dadurch, daß die im wesentlichen für die Verdriftung von schwimmenden Objekten entscheidende Windangriffsfläche nur geschätzt werden kann. Die Driftberechnung für über Bord gegangene Objekte erfolgt mit einem Modell des BSH, das auch von der Deutschen Gesellschaft zur Rettung Schiffbrüchiger verwendet wird.

2.1.5 Modul zur Unterstützung der Zuständigkeitsentscheidung

Am Ende der Bearbeitungsphase eines gemeldeten Unfalls durch den ZMK steht die Entscheidung über die Weiterleitung der Zuständigkeit an den entsprechenden KatStab. Prinzipiell sind über die entsprechenden Behörden und Sonderstellen z.B. folgende Weiterleitungen möglich:

---

1 **A.P.van Ulden**: A New Bulk Model for Dense Gas Dispersion; Two Dimensional Spread in Still Air In: **G.Ooms,G.Tennekes**: Atmospheric Dispersion of Heavy Gases and Small Particles, Heidelberg (1984)

2 **G.Schnatz**: Ansätze zur Simulation der Ausbreitung von Dämpfen und Gasen im See- und Küstenbereich, Batelle- Institut (1990)

- Weiterleitung an KatStab Nordsee
- Weiterleitung an KatStab Ostsee
- Weiterleitung an ELG/ Schadstoffunfallbekämpfung

Das Seeunfallmanagementsystem bietet eine automatische Entscheidungshilfe über die Zuständigkeit bei der Bekämpfung und über die Klassifizierung des Unfalls durch Anwenden objektiver Kriterien. Ausgehend von den im Laufe der Situationsanalyse ermittelten Fakten generiert das System einen Vorschlag in Richtung Überleitung an die ELG, einen der KatStäbe "Nordsee/ Ostsee" oder eine andere Institution. Zu diesem Zweck werden die geografischen Zuständigkeitsbereiche und andere objektive Entscheidungskriterien in REMUS abgespeichert und automatisch ausgewertet. Dem Bediener steht es frei, den Vorschlag anzunehmen oder sich über ihn hinwegzusetzen. Die Alarmierung gemäß Alarmplan selbst erfolgt auf Anforderung des Bedieners automatisch über Telex oder Tefefax, wobei vom Seeunfallmanagementsystem selbständig erstellte, der heutigen Praxis und den geltenden Vorschriften entsprechende Meldeformulare verwendet werden.

Über den Modul "Unterstützung der Zuständigkeitsentscheidung" sind außerdem die Texte verschiedener nationaler und internationaler Rechtsvorschriften bezüglich Zuständigkeit und Bekämpfung zu Informationszwecken einsehbar. Sie sind im Hypertextverfahren abgelegt, was bedeutet, daß man mittels Suchbegriffen (Schlüsselwörtern) und Querverweisen durch die Texte hin- und herblättern kann.

2.2 Wissensbasierte Entscheidungshilfe

Das Entscheidungshilfemodul deckt die Phasen "Information und Entscheidung" sowie "Vorbereitung des operationellen Einsatzes" in einem ELG- oder KatStab-Einsatzfall ab. In diesen Phasen stellt der Entscheidungshilfemodul sowohl Informationen über Bekämpfungsmittel, Alarmpläne, Vorschriften usw. zur Verfügung als auch intelligente Unterstützung bei der Entscheidung über einzuleitende Maßnahmen und bei der Zusammenstellung der Bekämpfungsmittel (Strike Force). Im Sinne einer Mehrzwecknutzung stehen die Ergebnisse des Moduldurchlaufes auch anderen KatStäben und Behörden zur Verfügung. In diesem Fall erfolgt die Vermittlung der Ergebnisse über die Mitarbeiter der SBÖ/ SLÖ. Die Aufgaben des Entscheidungshilfemoduls sind im einzelnen:

- Entscheidungshilfe und Detailinformation über aus dem Einzelfall heraus notwendigen und sinnvollen Verfahrensweisen und Maßnahmen
- Zusammenstellung einer situationsangepaßten Bekämpfungseinheit
- Optimierung des operationellen Ablaufes einer Unfallbekämpfung
- Information über national und international verfügbare Einsatz- und Bekämpfungsmittel bei Seenotfällen sowie bei Öl- und Chemikalienunfällen
- Berechnung des sich aus einer Situation ergebenden Bedarfes an Einsatzmitteln
- Entscheidungshilfe in bezug auf die Einleitung situationsbedingter regionaler Katastrophen- oder Evakuierungsalarme sowie Informationen über verfügbare Ansprechpartner und Experten

Die Funktionen der Entscheidungshilfe sind in fünf Submodule gegeliedert, wobei jeder Submodul verschiedene Einzelfunktionen erfüllt. Die Hierarchie der Submodule entspricht einer Menühierarchie in der Bedieneroberfläche (vgl. Abbildung 4).

Im Modul Entscheidungshilfe liegt der Schwerpunkt bei der wissensbasierten Aufbereitung der Bekämpfungsmaßnahmen und der optimalen Konfiguration der Bekämpfungsmittel. Der Systembediener ist in der Lage, sich die Maßnahmen und Konfigurationsvorschläge einzeln detailliert anzeigen und beschreiben zu lassen. Änderungen können mittels Mausklick auf auszuwechselnde Komponenten manuell vorgenommen werden. Das System bietet in diesem Fall ein Auswahlmenü mit möglichen Ersatzkomponenten. Auf diese Weise bleiben die Konsistenz und Plausibilität stets gewahrt.

Während der Entscheidungsstützung kann wechselweise die Lage auf einer elektronischen Seekarte oder ein Bildschirm mit Aktionsbeschreibungen oder Konfigurationen dargestellt werden. Die Seekarte hat die gleichen Funktionen wie im Situationsanalysemodul. Im weiteren Verlauf von Bekämpfungsaktionen wird in die Karte zusätzlich die Position der Bekämpfungsschiffe und anderer Einsatzmittel eingeblendet, ebenso kann das Sensitivitätsraster des Wattenmeeres in bezug auf Ölverschmutzung unterlegt werden.

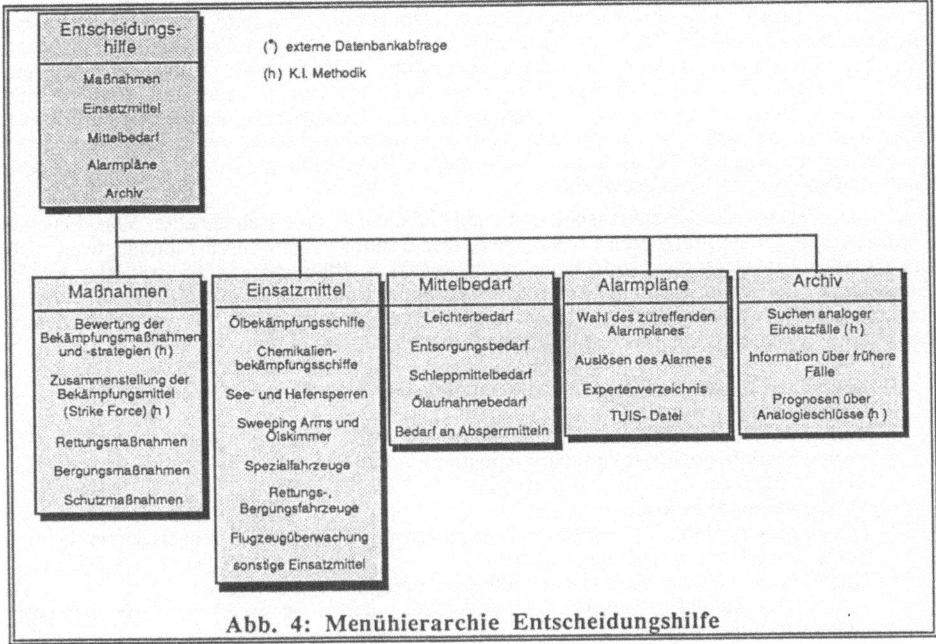

Abb. 4: Menühierarchie Entscheidungshilfe

2.2.1 Modul zur Unterstützung bei der Koordinierung von Schadensbekämpfungsmaßnahmen

Der Modul zur Entscheidungsunterstützung bei der Koordinierung von Schadensbekämpfungsmaßnahmen bildet ein Herzstück des Seeunfallmanagementsystems. Grundlage der Modulfunktionalität bildet ein wissensbasiertes Regelsystem, in dem die Kenntnisse über die alle geläufigen Bekämpfungsstrategien, -taktiken und -methoden berücksichtigt werden. In REMUS sind alle durch nationale und internationale Vorschriften festgelegten Methoden und Erfahrungen berücksichtigt, deren Einsatz intelligent und unter Berücksichtigung der aktuellen Sachlage bewertet und vorgeschlagen wird. Die vorrangig vom System bewerteten Standardstrategien sind:

- Rettung von Menschenleben,
- Bergung und Sicherung des Havaristen,
- mechanische Bergung von Schadstoffen von der Wasseroberfläche,
- mechanische Bergung vom Meeresgrund,
- mechanische Bergung aus dem Wasser,
- mechanische Dispersion von Schadstoffen auf der Wasseroberfläche,
- natürliche Dispersion auf der Wasseroberfläche,
- mechanische Entfernung von Schadstoffen vom Strand oder aus dem Watt,
- Bindung der Schadstoffe durch Sprühwasser oder Bindemittel,
- Leichterung bzw. Notentladung der Havaristen,
- Abwarten,
- Evakuierung bzw. Sperrung von Zonen und Gebieten,
- Schiffahrtspolizeiliche und verkehrslenkende Maßnahmen

Für jede Bekämpfungsstrategie sind in der Wissensbasis Kriterien für die Einsetzbarkeit und Entscheidungs- und Ablaufbäume für die operative Durchführung definiert In diesen Regeln werden objektiv einzuhaltende Bedingungen für die Durchführung einer Maßnahme definiert oder Gründe für die Nichtdurchführbarkeit einer Maßnahme formuliert. Die Maßnahmen werden in bezug auf Dringlichkeit und Angemessenheit in gegebenen Situationen qualitativ bewertet. Das wissensbasierte System testet im Einsatzfall die abgespeicherten Maßnahmen auf ihre Relevanz und Anwendbarkeit und generiert daraus eine bewertete Rangliste der einzuleitenden Maßnahmen. Die Maßnahmen werden in der Rangfolge ihrer Dringlichkeit bzw. nach dem Grad ihrer Eignung in Menüform ausgegeben. Durch Selektion eines Vorschlages aus dem Menü können Details über Rettungs-, Bergungs- und Schutzmaßnahmen und einzuhaltende Randbedingungen studiert werden. Die augenblickliche Verfügbarkeit der benötigten Einsatzmittel wird automatisch vom Seeunfallmanagementsystem geprüft und bei der Generierung des Handlungsvorschlages berücksichtigt. Entsprechende Entscheidungsbäume werden im Modul "Maßnahmen" automatisch abgearbeitet..

Den zweiten Teil der Entscheidungsunterstützung bildet ein automatisch erstellter Vorschlag zur Konfigurierung einer geeigneten Strike Force. Der Benutzer kann durch Menüauswahl festlegen, ob die "Einsatzgruppe" vollständig mit nationalen Kräften bestückt sein soll oder ob z.B. Einsatzmittel der im Bonn- oder Helsinki- Abkommen (incl. Zusatzabkommen) vereinigten Nachbarstaaten bei Schadstoffunfällen mit einbezogen werden sollen. Bei der Zusammenstellung dieser Einsatzgruppe werden folgende Punkte berücksichtigt:

- Bedarf an Öl- oder Schadstoffaufnahmemitteln durch die im speziellen Fall gegebene Verschmutzungssituation,
- Bedarf an Absperrmitteln aus der mittels Modul "Ausbreitungsprognose" prognostizierten zukünftigen Verschmutzungssituation,
- Verfügbarkeit der benötigten Einsatzmittel,
- Verfügbarkeit des Einsatzpersonals,
- Leistungsdaten und (z.B. wetter- und seegangbedingte) Leistungsgrenzen der an der Strike Force beteiligten Einsatzmittel,
- Kombinierbarkeit der Einsatzmittel untereinander,
- Anmarschwege und -zeiten (über zulässige bzw. nutzbare Seewege) und Rüstzeiten der einzelnen Einsatzschiffe,
- Entsorgungszeiten und logistischer Entsorgungsbedarf der Einsatzschiffe.

Neben der freien Konfigurierung der optimalen Strike Force erlaubt REMUS auch die rechnerische Einsatzablaufoptimierung einer vom Systembediener manuell vorgegebenen Bekämpfungseinheit. Die Bekämpfungseinheit kann entweder über ein spezielles Menü eingegeben werden oder durch Änderung einer automatisch konfigurierten Einheit spezifiziert werden.
Der "Modul zur Unterstützung bei der Koordinierung von Schadensbekämpfungsmaßnahmen" ist intern eng mit den Modulen "Einsatzmittel" und "Mittelbedarf" gekoppelt, die eine wesentliche Datengrundlage zu den automatischen Schlußfolgerungen innerhalb des Moduls bilden.
Über den Modul "Alarmierung" ist die automatische Benachrichtigung der für den Einsatz zuständigen Instanzen möglich, wobei mittels Telefax ein einsatzspezifisches Briefing übermittelt werden kann.

2.2.2 *Modul zur Information bezügl. verfügbarer Einsatzmittel*

Dieser Modul enthält Verzeichnisse der national (bei Bundesbehörden, Länderbehörden und regionalen Behörden) und international einsetzbaren Öl- und Chemikalienunfallbekämpfungsmittel und der technisch- operativen Ausrüstung zu Wasser, zu Land und in der Luft. Die Funktionen des Moduls werden bei der Konfigurierung einer Strike Force automatisch aufgerufen. Darüber hinaus kann der Systemnutzer auch unabhängig von der Zusammenstellung einer speziellen Bekämpfungsflotte Einsicht in die Eigenschaften der Schiffe und Vorrichtungen nehmen. Die Bekämpfungsmittel sind objektorientiert gespeichert und nach folgenden Objektklassen gegliedert:

- Ölwehrschiffe für den küstenfernen Bereich,
- Ölwehrschiffe für den küstennahen Bereich,
- Chemikalienbekämpfungsschiffe,
- Seesperren,
- Hafensperren,

- Sweeping Arms,
- Ölskimmer,
- Bekämpfungs- und Aufklärungsflugzeuge,
- Spezialfahrzeuge (z.B. Wattfahrzeuge),
- sonstige Einsatzmittel.

Jede Instanz der o.g. Objektklassen verfügt über eine Anzahl von Objektattributen, die sich auf

- technischen Daten,
- die Randbedingungen und Leistungsgrenzen für den Einsatz und
- die Kombinierbarkeit mit anderen Bekämpfungsmitteln sowie
- das am Ort der Stationierung vorhandene Fachpersonal.

beziehen.Die vollständige Liste der relevanten Eigenschaften wird während der Wissensakquisition zum Modul "Entscheidungshilfe" zusammengestellt.

2.2.3 Modul zur Bestimmung des Bedarfs an Einsatzmitteln

Dieser Modul faßt eine Reihe von Simulationsrechenprogrammen zur Bestimmung von Leichter- Schleppmittel- und Ölaufnahmekapazitäten zusammen, die zur Bekämpfung des Einsatzfalles benötigt werden und eine Reihe von Servicefunktionen, die direkt an die elektronische Seekarte angebunden sind. Einige Funktionen des Moduls werden bei der Konfiguration oder operationellen Einsatzoptimierung der geeigneten Strike Force automatisch aktiviert.

Bedarf an Ölaufnahme- und Chemikalienaufnahmekapazität
Durch Anklicken des den Ölteppich oder die treibende Chemieverunreinigung auf der Seekarte repräsentierenden Symbols kann der Benutzer eine Funktion anstoßen, die abhängig von Ausdehnung und Schichtdicke der Verunreinigung die in der Schicht gebundene Gesamtmenge bestimmt. Der Benutzer hat die Möglichkeit, auf diese Weise entweder die gesamte Verunreinigung oder durch einen Polygonzug abgegrenzte Teile davon (z.B. die in der Nähe der Küste oder im Wattenmeer) zu spezifizieren und zu berechnen.

Bedarf an Absperrmitteln
Bei entsprechender Markierung auf der Seekarte kann der Bedarf an Absperrmitteln zur Sperrung oder Kanalisierung vorbezeichneter Abschnitte berechnet werden. Die abzusperrenden (oder in ihrer Länge zu messenden) Bereiche können mit der Maus auf der elektronischen Seekarte gekennzeichnet werden. Das Seeunfallmanagementsystem bestimmt automatisch die Länge der markierten Strecke und testet die Verfügbarkeit von geeigneten Sperrmitteln. Die gleiche Funktionalität der Seekarte kann auch genutzt werden, um beliebige Entfernungen, die mit Start- und Zielpunkt spezifiziert sind, zu ermitteln.

Entsorgungsbedarf
Aus den technischen Leistungsparametern der an der Öl- und Chemikalienbeseitigung beteiligten Einsatzfahrzeuge läßt sich der zeitliche bzw. infrastrukturelle Entsorgungsbedarf berechnen. Der Aufwand der Entsorgung wird im Modul "Unterstützung bei der Koordinierung von Schadensbekämpfungsmaßnahmen" automatisch berücksichtigt und in das vom Einsatzfahrzeug zu erbringende Leistungsprofil eingerechnet.

Schleppmittel- und Leichterbedarf
Modellrechenprogramme zur Ermittlung der Schleppmittel- und Leichterkapazitäten basieren auf den vom System zuvor festgestellten Eigenschaften des Schiffes und der Hochrechnung der bei der Havarie verloren gegangenen Ladung. Die zur Rechnung benötigten Eingangsinformationen akquiriert das Seeunfallmanagementsystem automatisch, Modelle zur Berechnung des Schleppmittelbedarfes werden im Rahmen der REMUS- Entwicklung neu erstellt. Sie laufen auf dem lokalen REMUS- Rechner ab. Diese Funktionen sind über ein Randleistenmenü mit der Möglichkeit verbunden, die Adressen von Entsorgungs- und Bergungsfirmen einzusehen, mit denen die lokalen Institutionen und Stäbe vertraglich verbunden sind. Durch Kombination der Rechenmodelle mit den Bestandslisten der Bergungsfirmen läßt sich eine Schlepper- oder Leichterkonfiguration zusammenstellen.

2.2.4 *Modul zur Alarmierung der zuständigen Institutionen*

Neben den Auslösekriterien (geografischer Ort, Klassifikation des Geschehens), die jeden speziellen Alarmplan charakterisieren, leistet dieser Modul auf Initiative des Benutzers das automatisierte Auslösen der Alarme, wobei die notwendigen formalisierten Meldungen generiert und automatisch über Telex oder Telefax weitergeleitet werden.

Im Modul "Alarmpläne" werden die Einsatz- und Zuständigkeitsvorschriften zur Benachrichtigung bzw. Alarmierung folgender Institutionen verwaltet:

- ELG,
- SBÖ/ SLÖ,
- KatStab "Nordsee",
- KatStab "Ostsee",
- Deutsche Gesellschaft zur Rettung Schiffbrüchiger (DGzRS)/ SAR,
- industrielle Ansprechpartner/ Experten bei Entsorgungs- und Bergungsfragen,
- Einsatzschiffe, -fahrzeuge und -flugzeuge.

Der Benutzer kann über den Modul "Alarmierung" den Wortlaut der Vorschriften detailliert studieren. Darüber hinaus kann über Anwählen eines speziellen Menüs automatisch geprüft werden, ob nach gegenwärtigem Kenntnisstand die Auslösung des jeweiligen Alarmes geboten erscheint. Sollte die Auslösung des Alarmes nach objektiven Kriterien notwendig erscheinen, so kann über REMUS ein entsprechender Hinweis an die für die Auslösung zuständige Institution über Telex oder Telefax abgesetzt werden. Das System übernimmt in diesem Punkt beratende Funktion, die Alarmauslösung über Telefax wird nur auf direkte Benutzeranforderung von REMUS unterstützt.

3. Projektstatus und Abschlußbemerkung

Das oben beschriebene Konzept wurde unter Federführung der ERNO Raumfahrttechnik GmbH in Kooperation mit der Universität Bremen entwickelt. Es bildet die Grundlage für die Erstellung eines Pflichtenheftes durch die Wasser- und Schiffahrtsdirektion Nord/ Sonderstelle des Bundes Seeunfälle See/ Küste in Cuxhaven. Mit der Ausschreibung ist im 1.Quartal 1993, mit der Beauftragung um die Jahresmitte 1993 zu rechnen. Die Entwicklungszeit ist auf 2,5 Jahre angesetzt.

Parallel zur nationalen Entwicklung eines rechnergestützten Systems zum Management von maritimen Unfällen sind vergleichbare Entwicklungen auch in europäischen Nachbar- und Kooperationsstaaten, sowie bei übergeordneten EG Dienststellen sichtbar.

Im REMUS System werden zum Zweck einer eingegrenzten spezifischen Aufgabenstellung verschiedene, unabhängig voneinander entwickelte DV-Systeme (Datenbanken, Driftmodelle, Informationssysteme usw.) miteinander verbunden. Der Trend zur Kombination existierender Systeme wird sich, zumindest in behördlichen umweltschutzbezogenen Anwendungen, mit Sicherheit in Zukunft verstärken.

Für die Informatik ergeben sich daraus vor allem die Notwendigkeit zu

- offenen Systemen,
- Portabilität zwischen verschiedenen H/W Plattformen,
- Interoperabilität und
- Standardisierung der Hard- und Softwareschnittstellen.

Neben dem operationellen Betrieb werden Systeme der Umweltinformatik vor allem zu Trainingszwecken verwendet werden, wodurch sich interessante Anwendungen für Multi-Media Methodik abzeichnen.

Datenbanken und Systeme zur Handhabung ökologischer Daten als Grundlage für ein effizientes Umwelt-Controlling

K. D. Herrmann
T. Narz
Siemens Nixdorf Informationssysteme AG
AP Umwelttechnik
Mülheimerstr. 214
4100 Duisburg 1

Zusammenfassung:

Die Management-Instrumente Ökobilanz, Produktlinienanalyse und Öko-Audit zielen auf eine ganzheitliche Betrachtung von Produkten und Produktionsprozessen unter Einbeziehung ökologischer Aspekte. Alle Instrumente basieren, je nach Zielsetzung und Grenzen, auf einer Flut ökologischer Daten und Verfahrensweisen. Weder Standardverfahren, Datenbasis noch unterstützende Systeme, sogenannte Umwelt-Controlling-Systeme, sind heute verfügbar. Während die Entwicklung von Standardverfahren durch Industrie, Behörden (z.B. UBA) und Institute vorangetrieben wird, sind auch die Systemhersteller aufgerufen, Datenhaltungs- und verfahrensunterstützende Systeme bereitzustellen.

Dieser Beitrag stellt ein Systemkonzept für ein Umwelt-Controlling-System vor, wobei der Schwerpunkt auf der allen Instrumenten zugrundeliegenden Handhabung von Modul-, Stoff- und Rechtsinformation liegt. Angesprochen sind daher vor allem Unternehmen, die die o.g. Instrumente nutzen und die Dringlichkeit von Systemen für eine qualifizierte Erhebung, Verwaltung und Kommunikation ökologischer Daten erkannt haben.

1 Einleitung und Problemstellung

These 1: Die wirtschaftliche Entwicklung und als deren Folge die Umweltzerstörung folgen exponentiellen Gesetzmäßigkeiten, der nur durch einen vorsorgenden Umweltschutz Einhalt geboten werden kann. Entsprechend scharf reagiert derzeit der **Gesetzgeber** mit immer mehr gesetzlichen Auflagen, deren innere Komplexität und Verwobenheit kaum noch zu durchschauen sind. Unter den mehreren hundert derzeit existierenden Gesetzen, Verordnungen, Regeln, Normen etc. sind richtungsweisend für die Entwicklung der Umweltpolitik:

- Umwelthaftungsgesetz
- Rücknahmeverpflichtungen (Verpackungs-, Computerschrott-, Altauto-, Altpapierverordnung...)
- Umweltinformationsgesetz
- Öko-Auditing Richtlinie
- EG-Umweltzeichen (Eco-Labelling)

Ziel ist, den Hersteller von Produkten als Verursacher in die Pflicht zu nehmen. Um den damit verbundenen Auflagen genügen zu können, muß der Hersteller sich selbst und der Öffentlichkeit Transparenz über die ökologischen Produktdaten schaffen.

These 2: Durch die unmittelbaren Auswirkungen der Umweltzerstörung und die zunehmende gesundheitliche Belastung ist das Thema Umwelt in der **öffentlichen Meinung** emotional belegt. Ökologisch nicht im Trend liegende Produkte werden daher boykottiert, ökologisch unauffällige teils zu höherem Preis bevorzugt. Unternehmen, die ein gutes Umweltimage nach außen tragen und durch Veröffentlichung ökologischer Daten untermauern, können Wettbewerbsvorteile verbuchen. Einige Unternehmen veröffentlichen ihre Ökobilanzen bereits im jährlichen Turnus (siehe z.B. /7/).

Die EG, die Koordinierungsstelle Umweltschutz (KU) des Deutschen Instituts für Normung (DIN) und das Deutsche Institut für Gütesicherung und Kennzeichnung (RAL) forcieren diese Bewegung durch die Standardisierung von Ökobilanzen bzw. die Einführung des EG-Umweltzeichens (Eco-Label). Das EG-Umweltzeichen entspricht in seiner Zielsetzung dem deutschen Umweltzeichen "Blauer Engel".

Schlußfolgerung: Der durch Gesetzgeber und öffentliche Meinung (Emotion) erzeugte Handlungs- und Kostendruck führt in der Industrie zwangsläufig zu einer stärkeren Beachtung ökologischer Faktoren. Der Nachweis ökologischer Produktions- und Produktverhältnisse ist bereits heute ein wesentliches und zukünftig vielleicht das entscheidende Marketing Argument.

Der Hersteller ökologisch relevanter Produkte ist, um wettbewerbsfähig zu bleiben, zu einer Gratwanderung zwischen Ökonomie und Ökologie gezwungen. Finanzielle Risiken müssen gegen Gesetzeskonformität und Marktchancen abgewogen werden.

Wie nachfolgend noch näher ausgeführt wird, basiert dieser Entscheidungsprozeß auf einer Flut ökologischer Daten, die derzeit noch nicht von bestehenden Verfahren und Systeme Einfluß aufgenommen und verarbeitet werden können.

Die Forderung besteht somit nach strategischen Management-Instrumenten zur Abwägung ökologischer und ökonomischer Anforderungen - und deren Unterstützung durch sogenannte Umwelt-Controlling-Systeme (siehe auch /8/).

2. Management-Instrumente

2.1 Historische Entwicklung

Die Produktionstechniken der 90er Jahre werden immer stärker im Zusammenhang mit der Umwelttechnik gesehen. Stichwort hierbei ist die "integrierte Umwelttechnik". Dahinter verbirgt sich der Ansatz, etwa durch entsorgungsgerechtes Einkaufen, Konstruieren und Fertigen Schad- und Abfallstoffe gar nicht erst entstehen zu lassen oder sie wenigstens in den einzelnen Produktionsschritten zu minimieren. Daneben entwickeln sich Planungs-, Steuerungs- und Kontrollinstrumente, die dem Management helfen, das Ziel einer umweltorientierten Unternehmensführung zu verwirklichen.

Grundlage dieser Instrumente ist die Materialflußanalyse, ein Begriff, der seit über 30 Jahren verwendet wird. Mit zunehmender Automatisierung der Produktionsprozesse wurden Instrumente wie Controlling und Auditing genutzt. Hieraus entstand die Schwachstellenanalyse, die jedoch in direktem Zusammenhang mit Verfahrensverbesserungen betriebswirtschaftlichen Bezugs standen. Bei all diesen Instrumenten herrschte eine wertstofforientierte Denk- und Handlungsweise vor. Als probates Mittel, in dem der zunehmende Einfluß ökologischer Denkweise zu sehen ist, hat sich die Technikfolgenabschätzung erwiesen. Bei systematischer Einbeziehung aller ökologischen Einflußfaktoren erkennt man neben den Instrumenten Umwelt-Controlling und Umweltschutz-Audit die Grundlage einer integrierten Denkweise, die Ökobilanz. Dieses Instrument verschafft dem Unternehmer die Möglichkeit, strukturierte Bilanzen zu erstellen mit der Verankerung des Umweltschutzes als Leitlinie im Unternehmensziel.

2.2 Ökobilanz

Die Ökobilanz ist heute das bekannteste Instrument zur Sammlung und Ordnung der Informationen über die Umweltauswirkungen der hergestellten Produkte sowie der verwendeten Verfahren /2/, /5/. Grundvoraussetzung für die Durchführung ist ein ernstgemeintes Engagement der Unternehmensführung. Nicht selten scheitert ein guter Wille an zu vielen Methoden und einer unüberschaubaren Datenmenge. Das Sammeln und Ordnen der Daten ist insbesondere bei der ersten im Betrieb durchgeführten Ökobilanz sehr zeitintensiv, da in dieser Phase sehr viel Arbeit in die Einrichtung geeigneter Datenerfassungssysteme und die Koordination einzelner Gruppen und Abteilungen gesteckt werden muß. Der Aufwand verringert sich mit jeder Bilanz insbesondere dann, wenn die Daten systematisch über das ganze Jahr hinweg gesammelt und in regelmäßigen Abständen zur Bearbeitung weitergeleitet werden.
Fundamental für das Gelingen einer Ökobilanz ist die klare Festlegung der Bilanzgrenzen. Damit wird gewährleistet, daß die zumeist sehr umfangreichen Untersuchungen sich nicht im Detail verlieren. Werden bei der Bilanzierung systematische Verfahren und gleichbleibende Methoden angewendet, steigt der Wert der Ökobilanz durch die Vergleichbarkeit und Rückverfolgbarkeit. Hiernach können jährlich erstellte Bilanzen miteinander verglichen werden, so daß eine Beurteilung der betrieblichen Umweltschutzmaßnahmen und des Umweltmanagements erfolgen kann.

2.3 Produktlinienanalyse

Die Produktlinienanalyse (kurz PLA) ist ein Instrument, das betrieblich und außerbetrieblich zum Zweck der Information, der Planung und der Kontrolle eingesetzt werden kann /2/, /3/. Mit der PLA werden die Auswirkungen eines Produkts auf seinem Lebensweg beschrieben und bilanziert. Die untersuchten Auswirkungen können ökologischer, ökonomischer und sozialer Natur sein. Aufgrund nicht eindeutiger Definitionen hängt die Aussagekraft einer im Rahmen einer PLA durchgeführten Analyse entscheidend vom Planungsinteresse, der Fragestellung und der Datenbasis ab. Auch hier werden die analysierten Daten in einem aufbauenden Schritt bewertet und für Optimierungsmaßnahmen genutzt. Als Hauptgründe zur Durchführung einer PLA durch die Unternehmen werden die Überprüfung der eigenen Geschäftspolitik und der eigenen Produkte im Hinblick auf Kundenansprüche und Selbstverständnis bzw. der Versuch, das eigene Produkt, bei umfassender Betrachtung, besser als das der Konkurrenz hinzustellen, angesehen. Bei einer PLA werden zusätzlich zu den Daten der Ökobilanz soziale Kriterien hinsichtlich der Arbeitsplatzqualität und der Arbeitsplatzauswirkungen und nutzenbezogene Kriterien im Sinne einer Umweltstrategie, die z.B. einen ökologisch vertretbaren, Alternativen berücksichtigenden, Konsumstil verfolgt, einbezogen. Hier ist die Abgrenzung zur Ökobilanz zu ziehen und diese lediglich als Baustein zur PLA zu betrachten.

2.4 Öko-Audit

In Produktionsunternehmen haben sich Öko-Audits als praktikables und effektives Bewertungsinstrument für eine Bestandsaufnahme des betrieblichen Umweltmanagements erwiesen. Hierbei wird als erstes eine Grobanalyse erstellt, in der eine Überprüfung der Einhaltung von Umweltvorschriften erfolgt und die Umweltrelevanz der Produkte einschließlich ihrer Entsorgung erfaßt wird. Alle betrieblichen Bereiche werden einer eingehenden Analyse unterzogen. Hierbei werden dann auch die Schwerpunkte (Grenzen) der Ist-Analyse festgelegt. In der folgenden Ist-Analyse werden sowohl die gesetzlichen Vorschriften erfaßt, als auch die Informationssysteme im Unternehmen transparent gemacht und zusammengetragen. In der sich anschließenden Bewertung bildet die Dokumentation (intern/extern) der Ergebnisse der Ist-Analyse die Grundlage zur Formulierung von Unternehmensleitlinien und eines Maßnahmenkatalogs zu ihrer Umsetzung im Sinne einer umweltorientierten Unternehmensführung.

Ab Januar 1993 (EG-Verordnung gemäß Nr:92/C 76/02) können sich gewerbliche Unternehmen an einem gemeinschaftlichen Öko-Audit-System beteiligen. Dieses System bietet einem Unternehmen die Möglichkeit, sein Umweltmanagementsystem von objektiven Sachverständigen "auditieren" und zertifizieren zu lassen.

2.5 Gemeinsamkeiten

Die drei näher vorgestellten Management-Instrumente haben für ihren Anwendungsbereich spezielle Vorteile. Für alle ist aber eine breite, aus validierten Daten bestehende Datenbasis die Grundlage für die Bewertungs- und Bilanzierungsmethoden. Aufbauend auf diesen Daten (möglichst vollständige Input/Output- , Prozeß- und Umweltdaten) lassen sich innerhalb der vorgestellten Instrumente kosteneinsparende Schwachstellenanalysen (ökonomisch oder ökologisch) erstellen. Sie helfen Kosten zu minimieren, zum Beispiel durch Minderung von Umwelt- und Produkthaftungsrisiken, durch Reduzierung von Abfall- und Abwasserabgaben oder durch Energie- und Rohstoffeinsparungen. Ferner dienen die Instrumente als Grundlage einer "umweltaktiven Öffentlichkeitsarbeit". Die Investitionen in ein Ökobilanz-, PLA- oder Öko-Audit-System können damit, bei sachgemäßer und systematischer Durchführung, für ein Unternehmen sehr lohnenswert sein.

3. Zielsetzung und Konzeption eines Umwelt-Controlling-Systems

3.1 Zielsetzung

Als Nachteil der Management-Instrumente ist das Fehlen einer methodisch eindeutigen Definition (Gesetzgebung) zu nennen. Aus diesem Grunde ist das Umweltbundesamt bemüht, ein Standardmodell für Ökobilanzen zu erstellen /5/. Dieses unterteilt sich in 4 Untersuchungsschritte. Im ersten findet eine Formulierung des Zweckes verbunden mit der Festlegung der Systemgrenzen statt. Hierbei werden sowohl das zu untersuchende Produkt und die funktionelle Einheit, als auch die Bilanzgrenzen, d.h. Abgrenzung des geographischen Gebiets bzw. zeitliche Eingrenzungen, festgelegt. Im zweiten Schritt wird eine Sachbilanz auf der Basis einer Vertikalanalyse (Lebensweg, Phasen und Module), der Lebensweg-Kriterien (Nutzungsdauer, Umlaufzahlen, Recycling etc.) und einer Horizontalanalyse (umweltbeeinträchtigende Faktoren wie Luft- und Wasserbelastungen, Abfallbelastungen usw.) erstellt. Im dritten Schritt wird, sofern den Ergebnissen der Sachbilanz bestimmte Wirkungen zugeordnet werden können, eine Wirkungsbilanz (mögliche Umwelteinwirkungen, Klimaveränderungen, Toxizität, Eutrophierung etc.) erstellt. Als letzter Schritt erfolgt die Bilanzbewertung, die die Ergebnisse der Sachbilanz und der Wirkungsbilanz im Sinne einer Gesamtbewertung umfaßt.

Hilfestellung zur Erstellung von Ökobilanzen (oder Unterstützung eines Öko-Audit-Systems) kann ein Datenbank-Informationssystem bieten (vgl. Abb. 1), das neben der Verwaltung dieser unübersehbaren Datenmenge auch Möglichkeiten bietet, sich über gesetzliche Verordnungen, Richtwerte oder Grenzwerte zu informieren. Kernstück dieses Informationssystems ist eine Datenbank, in der reale (oder vereinfachte) Prozeßbeschreibungen zu finden sind. Hierbei kann, unabhängig davon, ob man ein Ökobilanz-, ein PLA- oder ein Öko-Audit-System unterstützt, der gleiche Lösungsansatz bezüglich der Datenverwaltung gewählt werden.

3.2 Konzeption

Das Datenbank-Informationsystem ist als Umwelt-Controlling-System konzeptioniert. Es gliedert sich in sechs Arbeitsschritte, in denen jeweils die Datenbasis angesprochen werden kann (vgl. Abb.1). Die Arbeitsschritte sind zyklisch zu durchlaufen, wobei durch Neudefinitionen der Ziele, Umstellungen im Unternehmen oder Verwendung alternativer Stoffe kein Ende definiert wird. Diese offene Struktur erlaubt dieses Instrument immer wieder zu nutzen (jährliche Erstellung von Bilanzen), so daß sich dem Anwender ein immer wieder verwendbares durch Updates und unternehmensspezifische Eintragungen aktualisiertes und erweitertes Informationssystem bietet.

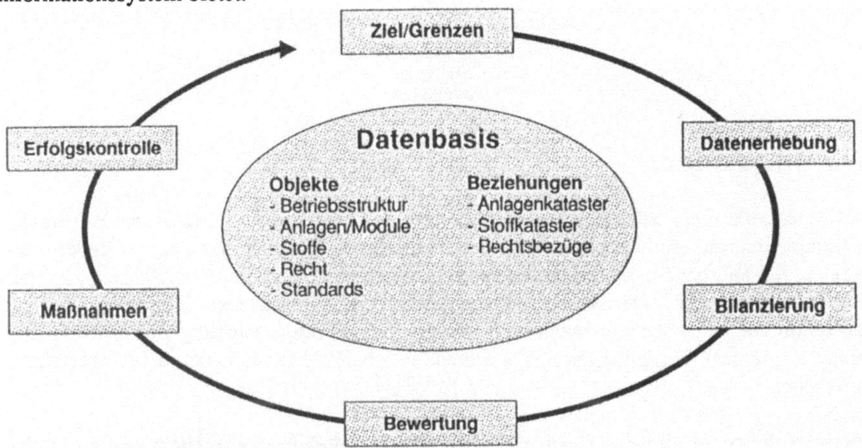

Abb. 1: Umwelt-Controlling-System

3.2.1 Ziel / Grenzen

Im ersten Arbeitsschritt werden die Ziele einer Ökobilanz transparent gemacht und die Erkenntnisinteressen präzise formuliert. Die Definition von Grenzen (Bilanzgrenzen) ermöglicht nachzuvollziehen, aus welchen Gründen bestimmte Phasen und Indikationen einbezogen und andere weggelassen werden.

3.2.2 Datenerhebung

Innerhalb der Datenerhebung in Arbeitschritt zwei werden folgende Schwerpunkte gesetzt:

- **Betriebsstruktur:** Es werden Eintragungen über Standorte, Gebäude, Produktionsstätten usw. in Form eines Katasters vorgenommen. Einmal abgespeichert lassen sich gewünschte Arbeitsbereiche mittels einer grafischen Oberfläche anschaulich darstellen. Durch Cursorpositionierung sind Einrichtungen anwählbar und die damit verknüpften Informationen wie Anlagen, Module, Stoffe und Rechtsbezüge abrufbar.

- **Anlagen / Module:** Anspruch der Vertikalanalyse ist es, bei der Erstellung einer Ökobilanz alle Phasen im Lebensweg eines Produktes unter Berücksichtigung der Input-Output-Prozesse zu betrachten. Üblich verwendete Checklisten haben ein zu grobes Raster, da sie die komplexen Produktionsabläufe nicht genügend untergliedert hinterfragen. Deshalb ist eine modulare Betrachtung des Produktionslebensweges anzustreben, wobei jede Phase in technisch abgrenzbare Untersuchungseinheiten (Module) zerlegt wird (vgl. Abb. 2).

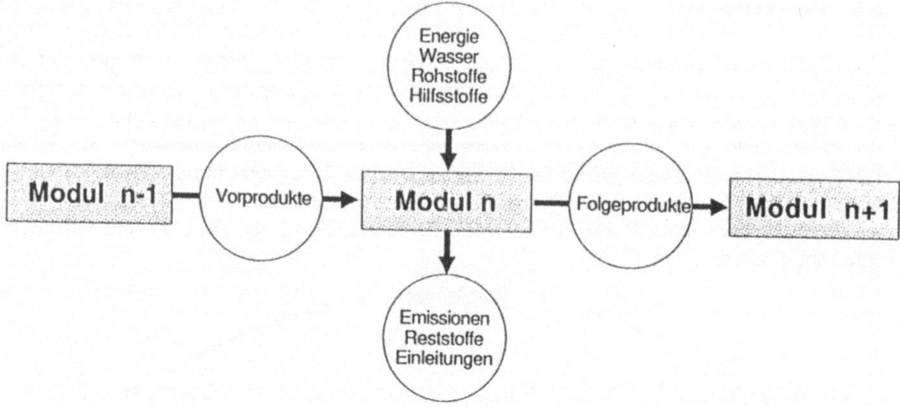

Abb. 2: Anlagen/Module

Die Komplexität eines alles umfassenden modularen Lebensweges führt zu der Erkenntnis, die Komplexität auf eine operative Basis innerhalb der festgelegten Systemgrenzen zu reduzieren /5/, /6/. Hierbei helfen definierte Abschneidekriterien (Ausschluß von Phasen, zu denen keine Daten vorliegen, oder Ausschluß von Modulen untergeordneter Bedeutung), die den Bilanzraum auf einen sachgerechten und von der Zieldefinition abhängigen Untersuchungsumfang eingrenzen. Festlegungen mit bewertenden Inhalten können dabei nicht ausgeschlossen werden.

- **Modulverkettung:** Um eine flexible Handhabung der Module zu erreichen, werden Modulauswahl und -verkettung, d.h., die Verbindung von Outputs mit Inputs, getrennt behandelt. Dies erlaubt die Eingabe verschiedener Standardmodule (oder aber Module, die dem Stand der Technik entsprechen), um Produktionssimulationen zu ermöglichen. Somit lassen sich Schwachstellenanalysen "per Knopfdruck" erledigen.

- **Stoffe:** An Stoffinformationssysteme sind hohe Anforderungen zu stellen. Diese resultieren aus der Vielschichtigkeit des Stoffbegriffes und der kaum überschaubaren Mannigfaltigkeit an stoffbezogener Information.

Stoffe können Produkte, Füllstoffe, Werkstoffe (z.B. Verpackungen), Ersatzstoffe, Reststoffe (Abfall, Recyclingmaterial), beliebige Gegenstände und Stoffgruppen sein.

Oftmals gilt es ökologisch/ökonomisch/rechtlich verträglichere Substitute zu finden, um gesetzlichen Auflagen nachkommen zu können. Neben der Bandbreite von Informationen, die eine Abschätzung des Gefahrenpotentials erlauben, sind daher auch technologische (mechanisch, optisch, thermisch, elektrisch) und biologische Eigenschaften heranzuziehen. Erfahrungsgemäß resultieren hieraus mehr als fünfhundert Stoffmerkmale, die jedes für sich charakteristische Eigenschaften bzw. Aussagen beschreiben.

Für die Verwaltung von Stoffdaten wird das IGS-Stoffdatenmanagementsystem eingesetzt /1/ (vgl. Abb. 3). Kernstück von IGS ist die IGS-Datenbank, deren einzigartige Struktur Atomarität, Flexibilität und Stabilität gewährleisten.

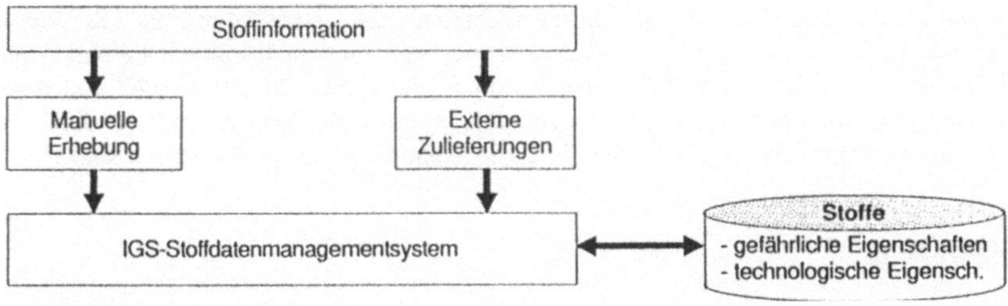

Abb. 3: Stoffe

Flexibilität bedeutet, daß beliebige stoffbezogene Informationen ohne Anpassung der Datenstrukturen aufnehmbar sind. IGS benutzt daher nur eine Handvoll Strukturelemente - und nicht mehrere hundert bis tausend wie andere Stoffdatenbanken.

IGS steht zum einen für "Informations- und Kommunikationssystems gefährliche/umweltrelevante Stoffe" das auf ein Projekt im Auftrage des Ministers für Umwelt, Raumordnung und Landwirtschaft (MURL-NRW) in 1988 zurückgeht. Zum anderem steht hinter IGS eine Produktgruppe von Stoffdatenmanagementsystemen. Bis heute sind mehr als 20 Millionen DM für Entwicklung und Fortschreibung aufgebracht worden.

- **Recht:** Rechtsinformation ist ein notwendiger Bestandteil eines Umwelt-Controlling-Systems, da die Kenntnis der rechtlichen Verbindlichkeiten zwingend ist. Zu nennen sind hier in Summe mehrere hundert Gesetze, Verordnungen, Technische Regeln, Normen, Entwürfe und Stellungnahmen (BDI, ZVEI). Muß das Vorhalten des vollen Wortlautes einer Kosten/Nutzenanalyse standhalten, so ist in jedem Fall der Rechtsbezug zu Anlagen, Stoffen und Maßnahmen abzubilden. Die Rechtsdatenbank wird daher in zwei Stufen realisiert (vgl. Abb. 4).

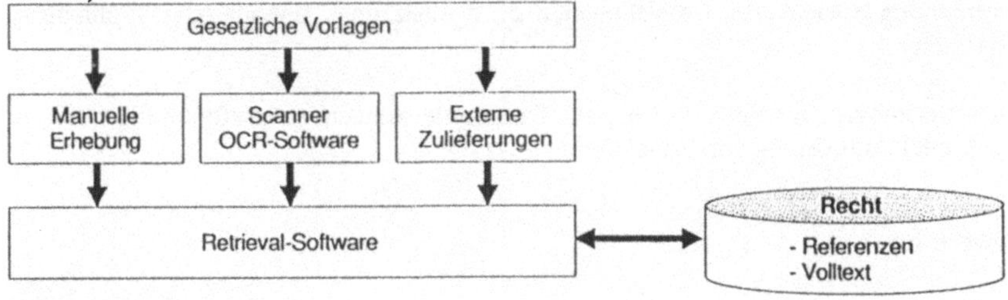

Abb. 4: Recht

Die erste bereits realisierte Stufe verknüpft annähernd 100 im Bereich Arbeits- und Umweltschutz verbindliche Schriften mit allen darin aufgeführten Stoffen. Mehr als 20.000 Fundstellen werden zur Zeit referenziert. Das System wird als Komponente des Gefahrstoffinformationssystems IGS-check /1/ eingesetzt und in der nächsten Stufe den gesamten relevanten Arbeits- und Umweltschutz abdecken. Der hohe Nutzen wird insbesondere durch die Gewerbeaufsicht attestiert, da auf Knopfdruck die wesentlichen Regelungen abrufbar sind, die sich auf einen bestimmten Stoff beziehen.

Mit der zweiten Ausbaustufe wird es dem Anwender ermöglicht, Regelungen einzuscannen, als Volltext vorzuhalten und hierauf zu recherchieren.

- **Standards:** Hier bietet sich dem Anwender die Möglichkeit, unternehmensinterne Standards zu archivieren. Diese können sowohl die Ökobilanz des letzten Jahres, als auch fertig bilanzierte Module oder Anlagen sein. Zudem lassen sich hier auch externe Ökobilanzen ablegen, die von Herstellern, Behörden oder Forschungsinstituten erstellt wurden und dem Unternehmen nutzen können. Diese Datenbasis bildet somit eine "Erfahrungsdatenbank", in der später auch Kenngrößen für weitergehende ökologische Bewertungen zu finden sind.

3.2.3 Bilanzierung

Nach der vollständigen Datenerhebung (aller in Verbindung zum Produkt stehenden Daten) schließt sich der Prozeß der Bilanzierung an. Ziel ist es, eine Aggregation der Daten zu erreichen, so daß sich Aussagen über folgende Bereiche Aussagen treffen lassen:

- Stoffe/Materialien, unterschieden in Rohstoffe, Sekundärrohstoffe, Hilfs- und Betriebsstoffe, Reststoffe (Recyclaten und Abfall), Haupt-, Zwischen- und Nebenprodukte und Halbzeuge;

- Energie (Energieträger: Kohle, Gas, Öl, Uran, Wind, Sonne usw.);

- Wasser, Verbrauch und Verschmutzung;

- Flächen, zur Berücksichtigung des Versiegelungsgrades bzw. Verdichtungsgrades;

- Emissionen (in Luft, Einleitungen in Wasser, Einträge in Boden, Ablagerung von Abfall, Lärm, ausgehend vom Endprodukt oder zu betrachtetem Verfahren);

- Strahlung, in Bezug auf elektromagnetische Strahlung sowie radioaktiver Strahlung. Es ist eine Definitionsfrage, ob abgegebene Wärme (Prozeßwärme), die eine Temperaturerhöhung benachbarter Umweltmedien zufolge hat, unter Energie oder Strahlung zu bilanzieren ist.

- Dienstleistungen, hierunter fallen z.B. Transportleistungen zur Beförderung der Produkte oder Anlieferung von Rohstoffen.

3.2.4 Bewertung

Die Ergebnisse der Bilanz werden auf der Basis erklärter Zielsetzungen und festgelegter Bewertungskriterien beurteilt. In der ökonomischen Bewertung lassen sich sowohl Herstellungskosten, als auch umzulegende Kosten für den Verbraucher ermitteln. Eine ökologische Bewertung findet zur Zeit nur auf der Basis von Stoffnennungen in Gesetzen und Verordnungen statt. Als Ergebnis erhält der Anwender eine Auflistung, aus der er u.a. ersehen kann, wieviel von einem bestimmten Stoff in seiner Produktion verwendet wird und wie dieser Stoff nach den Gesetzen (z.B. ChemG, BImSchG ...) zu bewerten ist.

3.2.5 Maßnahmen

Die Ergebnisse der Bilanzierung und Bewertung führen danach zu unternehmensorientierten Maßnahmen. Eine Auflistung der eingesetzten Stoffe ermöglichen die Prüfung auf Substituten oder Alternativen in Form einer Schwachstellenanalyse. Im Bereich Arbeitsschutz lassen sich die vom Gesetz geforderten Maßnahmen überprüfen, sowie darüber hinaus evtl. Arbeitsanweisungen oder Verhaltensmaßnahmen erstellen. Die bewertete Bilanz erlaubt eine Bestandsaufnahme des betrieblichen Umweltmanagements und unterstützt die Umsetzung von Unternehmensleitlinien zum Umweltschutz. Als einzuleitende Maßnahme könnte von dieser Stelle ein Öko-Audit erfolgen.

3.2.6 Erfolgskontrolle

Hinsichtlich der Erfolgskontrolle ergeben sich aus der Bilanz nicht nur Marketingaspekte. Aus ökonomischer Sicht werden die anfallenden Kosten dargestellt sowie aufbauende Instrumente (Öko-Audit) im Hinblick auf Wettbewerbsvorteile bewertet. Durch die einzuleitenden Maßnahmen (Schwachstellenanalyse) ergibt sich eine Reduzierung umweltgefährdender Stoffe, eine umweltfreundlichere Produktion, aber auch wesentliche Verbesserungen im Bereich des Arbeitsschutzes. Auch wird bei konsequenter und kontinuierlicher Anwendung dieses Controlling-Systems eine interne Betriebskontrolle ermöglicht. So lassen sich in direkter Weise die Ökobilanzen aufeinanderfolgender Jahre miteinander vergleichen.

4. Status und Perspektiven

Fortschreibung des Systemkonzeptes und anschließende Realisierung erfolgen in Zusammenarbeit mit einem industriellen Partner, wobei der Schwerpunkt in der Erhebung und Verwaltung der ökologischen Daten liegt. Die bereits in anderen Produkten eingesetzte Standardarchitektur erlaubt standardmäßig den Einsatz auf den Betriebssystemen MS-DOS und UNIX mit Standarddatenbanken sowie mit alphanumerischen und grafischen Benutzeroberflächen (MS-Windows, OSF-Motiv...). Als zentrales Thema wird auch die Anbindung an bestehende betriebswirtschaftliche Systeme zur Ankopplung an Daten über Materialwirtschaft und Kosten gesehen. Gespräche mit SAP werden zur Zeit geführt.

Solange die Standardisierung von Vorgehensweisen und Bewertungsverfahren für Ökobilanzen durch Institutionen wie UBA, Fraunhofer-Institut und NAGUS (Normungsausschuß Grundlagen des Umweltschutzes) nicht abgeschlossen sind, muß hier im Einzelfall den unternehmensspezifischen Betrachtungsweisen Folge geleistet werden.

Umwelt-Controlling setzt neben den unternehmensspezifischen Daten auf einem breiten Basiswissen über Stoffe, Recht und Modulen auf, deren Erhebung und Pflege für kleine und mittelständige Unternehmen nicht tragbar sind. Ökobilanzen können somit schnell an ihren eigenen ökonomischen Grundvoraussetzungen scheitern. Somit sieht das Systemkonzept Zulieferungen (siehe Abb. 3 und 4) aus sogenannten Betreiberzentren vor.

- Betreiberzentrum Stoffe:
Mit der Konferenz der Betreiberzentren (KDB) hat sich aus den IGS-Betreiberzentren Fachinformationszentrum umweltrelevante/ gefährliche Stoffe (FIZ-NRW), Duisburg, Nationale Alarmzentrale (NAZ), Zürich und (ab '93) die Zentralstelle für Arbeitschutz, Wiesbaden der wohl leistungsstärkste Stoffdatenverbund konstituiert /1/. IGS-Betreiberzentren tauschen erarbeitete Stoffdaten untereinander aus. Ermöglicht wird diese kooperative Stoffdatenbewirtschaftung erstmalig durch eindeutige Semantik, präzise Stoffidentifikation und Stoffdaten-

strukturen. Stoffdaten des IGS werden behördlichen und industriellen Nutzern von IGS-Systemen im Rahmen der rechtlichen Verfügbarkeit gegen eine Wartungsgebühr zur Verfügung gestellt, was durch entsprechende Vertäge zwischen der KDB und SNI geregelt ist.

- Betreiberzentrum Recht:
Ebenso wie das Betreiberzentrum "Stoffe" muß auch ein Betreiberzentrum "Recht" institutionalisiert sein, sofern der hohe Anspruch nach Aktualität und Vollständigkeit besteht. Vollständigkeit bedeutet hier das Vorhalten aller Schriften mit Umwelt- und Arbeitsschutzbezug in vollem Umfang (Volltext). Die von UBA turnusmäßige Aufstellung des geltenden Rechts verweist auf mehr als 1000 Seiten auf mehrere tausend Fundstellen /9/, /10/.

Der pragmatische Ansatz, die Bereitstellung und Pflege von stoff- und anlagenbezogenen Referenzen auf die Schriften von zentraler praktischer Bedeutung wird zur Zeit in einem Pilotversuch bei SNI einer Kosten/Nutzenanalyse unterzogen und soll ggf. hier zentral als Dienstleistung erfolgen.

Das Hinterherlaufen der vollständigen und aktuellen Rechtsnormen ist in sich eine "End-of-the-pipe-Technik", da durch Druck und Verscannen Medienbrüche zu überwinden sind. Wäre es den herausgebenden Organen (z.B. Bundesanzeiger) nicht zu empfehlen, die Rechtsnormen in EDV-Form verfügbar zu machen?

- Betreiberzentrum Module:
Ein Betreiberzentrum "Module" könnte, sofern eingerichtet, sehr schnell verwaisen, da hier die Industrie aufgerufen ist, Modulbilanzen und somit Betriebsgeheimnisse nach außen zu geben. Gute Chancen dürften jedoch bestehen, wenn die Anonymisierung der Daten gewährleistet wäre. Koordinierenden und kontrollierenden Behörden (z.B. UBA, TÜV) sollte dieses Vertrauen entgegengebracht werden.

5. Literatur

/1/ K.D. Herrmann, Erfahrungen im Management mit Datenbanken über gefährliche Stoffe, in: Informatik für den Umweltschutz, 1991, Hrsg. M. Hälker, A. Jaeschke, Springer Verlag 1991

/2/ Grießhammer, Rainer, 1991: Produktlinienanalyse und Ökobilanzen, Freiburg: Öko-Institut, Werkstattreihe, Grießhammer, Rainer, 1991: Produktlinienanalyse, BJU-Umweltschutz-Berater Kapitel 4.9.4

/3/ Rubik, Frieder, 1991: Produktlinienanalyse und unternehmerische Produktpolitik, Berlin, Diskussionspapier 7/91 des IÖW (Inst. f. ökolg. Wirtschaftforschung)

/4/ Dr.Ing. H.W. Adams, 1991: Umweltschutz-Audit, BJU-Umweltschutz-Berater Kapitel 4.9.5

/5/ Umweltbundesamt, 1992: Ökobilanzen für Produkte, Texte 38/92

/6/ Fraunhofer Institut et al., 1991: Umweltprofile von Packstoffen und Packmitteln, Methode, im Auftrag des UBA

/7/ Kuhnert Ökobericht 1992, Kunert AG, 8970 Immenstadt im Allgäu

/8/ Wagner G. R., Janzen H., 1991: Ökologisches Controlling - Mehr als ein Schlagwort ?, in: CONTROLLING, Heft 3, Mai/Juni, 1991

/9/ Lohse, S.: Fundstellennachweis Umweltrecht Band I und II, Stand April 1992, Texte Umweltbundesamt

/10/ Lohse, S.: Rechtsakte der Europäischen Gemeinschaften auf dem Gebiet des Umweltschutzes, Stand April 1992, Texte Umweltbundesamt

Nutzerführungssysteme für das Wattenmeerinformationssystem WATiS

H.L. Krasemann, K. Leithäuser*, A. Müller, B. Page**, S. Patzig, R. Riethmüller, H. Wagler, D. Willmann*

GKSS Forschungszentrum Geesthacht

* Universität Hamburg, GKSS Forschungszentrum Geesthacht

** Universität Hamburg

Schlüsselwörter: Nutzerführung, Datenbanken, Client/Server, Metainformationen, verteilte Datenhaltung

Kurzfassung

Das Wattenmeerinformationssystem WATiS stellt der Umweltforschung und -verwaltung relevante und umfangreiche Daten zum Ökosystem Wattenmeer zur Verfügung. Die Anwender des WATiS können von ihren lokalen Rechnern auf den zentral gehaltenen Wattenmeerdatenbestand zugreifen. Wegen des Umfanges und der Heterogenität des Datenbestandes ist jedoch die Orientierung für die Benutzer problematisch.
Zur Unterstützung der Anwender wurden daher unterschiedliche Nutzerführungssysteme entwickelt. Eines führt den Nutzer durch das Datenbanksystem des WATiS über ein nicht graphikfähiges Bildschirmterminal, während das zweite eine Nutzerführung auf einem Apple Macintosh mit graphischer Benutzeroberfläche darstellt. Bei diesem zweiten Ansatz muß keine ständige Verbindung mit dem Großrechner bestehen, da auf dem Macintosh eine lokale Datenbank eingerichtet ist, die die vom Anwender nachgefragten Daten automatisch durch das System nach dem "Client - Server" Prinzip vom Großrechner auf den Macintosh lädt.

1. Einleitung

Im Rahmen der Sensitivitätskartierung des Wattenmeeres (/THEM87/, /BERN89/) wird das Wattenmeerinformationssystem für Forschung und Verwaltung WATiS am GKSS Forschungszentrum Geesthacht entwickelt . Dieses Informationssystem (/BERN90/, /RIET90/) soll viele der derzeit erzeugten Daten, die sich auf das Ökosystem Wattenmeer beziehen, aufnehmen und langfristig speichern. Die Daten werden von Wissenschaftlern verschiedener Fachrichtungen erhoben und an das Wattenmeerinformationssystem WATiS weitergegeben.

Die dauerhafte und sichere Speicherung erfolgt in der Wattenmeerdatenbank WADABA auf einem IBM-Großrechner ES 9021 am GKSS Forschungszentrum Geesthacht unter dem Datenbankverwaltungssystem DB2 (/DB2/). Der Großrechner dient als Datenbank-Server, auf den die Nutzer des Informationssystems mit Hilfe ihrer eigenen lokalen Rechner zugreifen können. Die lokalen Rechner sind dann Datenbank-Clients. Diese können z.B. IBM-PS2, Apple Macintosh oder auch Datenterminals sein, die mittels Datenfernübertragung Zugang zur Datenbank WADABA haben.

Die Nutzer haben die Möglichkeit, Wattenmeerdaten zu kopieren und lokal auf ihren Rechnern mit ihren eigenen Methoden zu bearbeiten. Die dabei entstehenden neuen Ergebnisse werden vom WATiS-Personal wiederum in den zentralen Datenbestand eingefügt.

Das Datenbankmanagementsystem (DBMS) auf dem Großrechner bietet dem Anwender über eine Anfragesprache eine direkte Zugriffsmöglichkeit auf die Daten der WADABA. In diesem Fall steht die standardisierte Datenbanksprache SQL zur Verfügung. Über diesen Standardweg kann sich der erfahrene Anwender die relevanten Daten selbst heraussuchen. Dafür muß der Benutzer jedoch die Syntax und Semantik der Anfragespache beherrschen.
Die Anwender des WATiS kommen aus verschiedenen Bereichen der Forschungen und der Umweltverwaltung. Die meisten Nutzer haben entweder gar keine oder nur sehr wenig Erfahrung mit dem Umgang eines Datenbanksystems. Deshalb wäre es für sie sehr schwer, eine Anfrage in der Datenbanksprache SQL syntaktisch und semantisch richtig zu formulieren. Zusätzlich sind die Anwender meistens voneinander und auch von der WADABA räumlich getrennt, so daß eine direkte Hilfestellung nur sehr schwer organisierbar wäre.

Der Aufbau der WADABA erschwert den oben beschriebenen direkten Zugriff auf die Wattenmeerdaten: wegen der vielfältigen Möglichkeiten mit denen Daten verschiedener Fachgebiete gespeichert werden müssen, ist jedes Projekt wie eine kleine Datenbank innerhalb der Wattenmeerdatenbank organisiert. Jedes Projekt (/KRAS91/, /RIET92/) setzt sich aus mehreren Tabellen zusammen. Zusätzlich gibt es mehrere Tabellen zur Speicherung der Koordinaten und zur Verwaltung und Dokumentation der verschiedenen Projekte. Allein aus den laufenden Forschungsvorhaben ergibt sich eine umfangreiche Anzahl von mehreren hundert Tabellen, durch die sich nur ein sehr erfahrener Benutzer finden kann.

Die Unterstützung des Anwenders kann von einer Hilfestellung bei der Anfrageformulierung (z.B. KALEIDOSCOPE (/CHA90/)) bis hin zu wissensbasierten Lösungen (z.B. BIRDZ (/HAGG91/) reichen. Für die unterstützenden Systeme sind verschiedene Oberflächen denkbar: z.B. Menüsysteme oder graphisch-orientierte Systeme, die für den Anwender anschaulicher und benutzerfreundlicher sind.

Für das WATiS wurden zwei verschiedene unterstützende Schnittstellen geschaffen, mit deren Hilfe auch solche Anwender direkt auf die WADABA zugreifen können, die nur über geringe EDV Erfahrung verfügen. Diese sind auch Grundlage späterer Weiterentwicklungen.

2. Konzeption des Nutzerführungssystems

Ein Nutzerführungssystem soll dem Anwender des WATiS den Zugriff auf die Wattenmeerdaten erleichtern. Die wesentliche Aufgabe dieses Systems besteht in der Führung des Anwenders zu dem relevanten Datenbankbereich, wo er in den betreffenden Tabellen die gewünschte Information findet. Dazu soll er umfassende Informationen zu den Daten und dem Datenbankaufbau (Metainformationen) erhalten. Diese Beschreibungen beziehen sich auf einzelne Projekte oder Tabellen.

Die Nutzer des WATiS sollen über Menüs zu dem relevanten Datenbankbereich "gelotst" werden. Die Information zur Führung des Nutzers ist in einem Auswahlbaum festgehalten und wird in einer DB2-Tabelle zur Verfügung gestellt. Der Auswahlbaum beschreibt die einzelnen Menüs und ihren hierarchischen Zusammenhang. Über ein allgemeines Anfangsmenü wird der Anwender zu detaillierteren Menüs bis hin zu den entsprechenden Datenbanktabellen geführt.

Da im WATiS Fragestellungen nach Projektdaten aus den verschiedenen Fachdiziplinen zu beantworten sind, bietet der Auswahlbaum eine projekt- und eine themenbezogene Suche als Einstiegsmöglichkeiten an. Der Zweig Themen stellt dabei einen Bezug der Daten zu den Sachthemen her. Dieses ist für den Nutzer besonders wichtig, da in der WADABA eine projektorientierte Datenhaltung gegeben ist; nur hier wird eine Zuordnung von Projekten zu bestimmten Sachthemen erreicht.
Eine schematische Darstellung der Pfadmöglichkeiten ist in Abbildung 2.1 (nach /RIET90/) zu sehen.
Einen Pfad und damit einen Ausschnitt des Auswahlbaumes zeigt Abbildung 2.2.

Eine Modifikation des Auswahlbaumes, die sich durch eine Änderung der entsprechenden DB2-Tabelle ergibt, wirkt sich direkt auf die entsprechenden Menüs aus. Das Nutzerführungssystem kann damit einfach und flexibel auf Benutzerwünsche und veränderte Anforderungen eingehen und reagieren. Aber auch auf die sich unter Umständen schnell ändernden Datenbestände und -strukturen ist das System eingestellt.

WATiS ist offen für neue Projekte. Für eine Eingliederung in die Nutzerführung ist ein neues Projekt an geeignete Stellen im Auswahlbaum aufzunehmen. Neue Tabellen der im Auswahlbaum verzeichneten Projekte können in die Datenbank eingefügt werden, ohne daß eine Änderung des Auswahlbaumes oder der Nutzerführung erforderlich ist. Im Auswahlbaum lassen sich aber auch explizit einzelne Tabellen bestimmten thematischen Sachverhalten

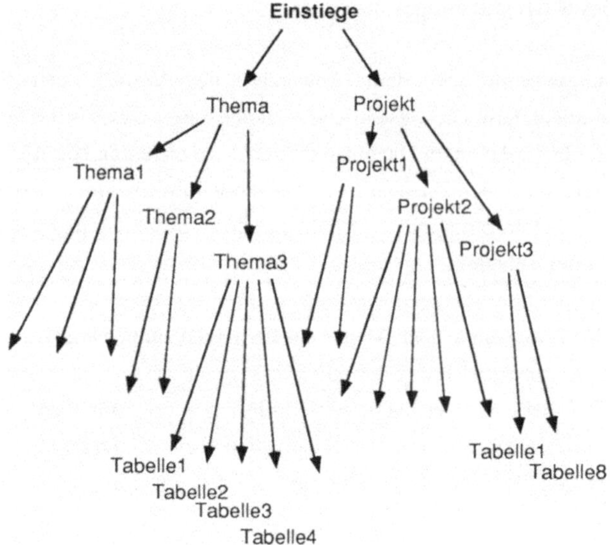

Abb.2.1

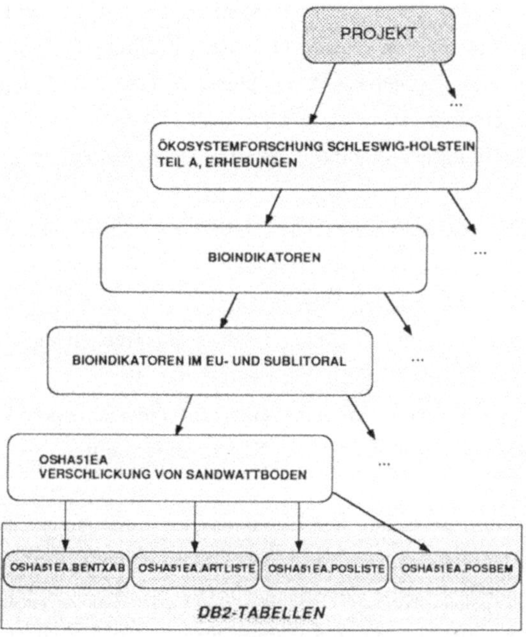

Abb. 2.2

zuordnen. Das Nutzerführungssystem bezieht die Informationen, welche Tabellen zu einem Projekt vorliegen, aktuell aus der Datenbank. Alle in der Datenbank vorhandenen Projekttabellen sind damit jederzeit und aktuell über die Nutzerführung verfügbar. Dieses liegt in der Tabellennomenklatur begründet. Im WATiS wird in dem Tabellennamen anstelle des Tabellenerzeugers ein Kürzel, das den Projektnamen kennzeichnet, als Präfix verwendet. Alle Tabellen eines Projektes beginnen daher mit demselben Projektkürzel. So hat z.B. das Projekt "Schadstoffkartierung Schwermetalle" das Projektkürzel "SKHM". Zu diesem Projekt zählen u.a. die Tabellen SKHM.POSITION, die die Positionsliste der Probenorte enthält, SKHM.ELEM20 mit den Elementanalysen (<20mu Fraktion) und SKHM.KORNGRV, die die Korngrößenverteilung der Sedimente beinhaltet.

In der WADABA werden neben den eigentlichen Daten Dokumentationstabellen geführt, die ausführliche Beschreibungen der Sachdaten enthalten. Diese Dokumentation verzeichnet zu jedem Projekt eine für den Auswahlbaum benötigte kurze und eine ausführliche Projektbeschreibung. Sie enthält auch umfassende Beschreibungen der verwendeten Methoden und der an der Datenerhebung beteiligten Institutionen. Für eine umfassende inhaltliche Beschreibung der Daten, d.h. Tabellen und Spalten, reicht der im DBMS vorhandene Systemkatalog nicht aus. Daher sind in der WADABA die einzelnen Projekttabellen ausführlich dokumentiert. Dazu gehört eine Erläuterung der Spaltennamen im Klartext und eine Angabe zur Einheit der Meßgröße. Außerdem werden die Methoden aufgezeichnet. Optional kann eine Angabe zum Fehler (absolut/relativ) vermerkt und damit eine Aussage über die Vertrauenswürdigkeit der Daten gemacht werden. Variiert die Methode oder die Fehlergröße während der Messung, enthält die Tabelle spezielle Spalten, in der die einzelnen Methoden oder Fehlerwerte aufgeführt sind.

3. Realisierung des Nutzerführungssystems auf dem IBM-Großrechner

Auf dem IBM-Großrechner ES 9021 ist eine Nutzerführung mit dem Namen LOTSE (/LEIT92a/, /LEIT92b/) unter dem Betriebssystem MVS/TSO implementiert worden. Die Benutzerschnittstelle wurde mit Hilfe des Dialogmanagers ISPF (Integrated System Productivity Facility) gestaltet. Der Zugriff auf die WADABA ist über das DBMS DB2 geregelt. LOTSE kann über angeschlossene IBM-Terminals und nicht graphikfähigen Emulationen des Terminaltypes 3270 genutzt werden. Dem Anwender wird mit dem LOTSEn eine menügesteuerte Oberfläche angeboten. Eine exemplarische Bildschirmdarstellung ist in Abbildung 3.1 zu sehen. Über Kommandos lassen sich die dazugehörige Dokumentation abfragen oder bestimmte Funktionen auslösen.

```
Projekt : Oekosystemforschung Schleswig-Holstein, Teil A,                ROW 194 OF 379
Erhebungen : Bioindikatoren : Bioind. im Eu- und Sublitoral (51 A-L)


    KOMMANDO ===>   (M I F RF N B Z oder X)                             Scroll == > CSR
  !
  !   AUSWAHL mit S (bei Projekt: P M I K )
- V --------------------------------------------------------------------------------
    OSHA51A Historische Vergleiche, Benthos-Kartierung
    OSHA51EA Verschlickung von Sandwattboden
    OSHA51G Wattbodenduengung durch Naehrstoffe/org.Substanz
    OSHA51HA Elimination benthischer Diatomeen
    OSHA51I Einfluss veraenderter Wattstrukturen auf Voegel
    OSHA51K Einfluss von Fucus auf Miesmuschelbaenke
    OSHA51L Plattmuschelsymbiosen
*****************************     ENDE des MENUEs     ********************************
```

Abb. 3.1

Dieses Nutzerführungssystem führt auch einfache Datenbankanfragen durch. Erfahrene Anwender können die erstellten Anfragen modifizieren. Zu jeder Bildschirmdarstellung kann der Nutzer einen spezifischen Hilfetext abrufen, in dem z.B. alle benötigten Befehle bzw. Kommandokürzel erklärt werden. Der Anwender hat auch die Möglichkeit, jeden Schritt rückgängig zu machen.

Falls der Nutzer bei einem Projekt oder einer Tabelle angelangt ist, so zeigt das System automatisch Pfade zu weiteren Informationen an (die zu dem Projekt gehörenden Tabellen, Tabelleninformation, Methoden, Koordinaten etc.).

Der Zugriff auf die aktuelle Dokumentation zu einem Projekt kann jederzeit ausgeführt werden, sofern das Projekt ausgewählt ist. Der Anwender muß sich also nicht um die Strukturen kümmern, in welcher Tabelle welche Dokumentation gespeichert ist, und wie sie organisiert ist.

Der Zugriff auf den Inhalt der einzelnen Tabellen wird im Hintergrund mit SQL ausgeführt, ohne daß der Anwender davon etwas merkt. Die meisten Nutzer werden die Datenbank im Hintergrund und damit die typischen Strukturen einer Datenbank in der Praxis überhaupt nicht wahrnehmen.

LOTSE ist in der Benutzerführung der ISPF-Umgebung sehr ähnlich, so daß der Umgang vielen IBM-Nutzern vertraut ist.

Die Verwendung der Terminalemulationen, die keine Graphiken zulassen, führt zwar zu gewissen Einbußen in der Benutzerfreundlichkeit; jedoch wird mit dem Nutzerführungssystem auf dem Großrechner eine Lösung für verschiedene lokale Rechnersysteme angeboten.

4. Realisierung des Nutzerführungssystems auf dem Apple Macintosh

Der Apple Macintosh ist nach heutigen Maßstäben eines der benutzerfreundlichsten Systeme. Die typischen Merkmale sind die graphische Benutzeroberfläche und die Bedienung der meisten Funktionen über die Maus, so daß nur in sehr wenigen Fällen von der Tastatur Gebrauch gemacht werden muß.

Deshalb eignet sich der Macintosh besonders gut für ein Nutzerführungssystem für Anwender mit geringen EDV Kenntnissen. Beim WATiS entsteht zur Zeit das Nutzerführungssystem McWATiS (/WILL92/) für die WADABA, das auf dem Leistungsumfang des LOTSEn aufbaut. Neben einer sehr einfachen Bedienbarkeit zeichnet es sich durch eine eigene Datenbank aus, die die oft benötigten Daten lokal für den jeweiligen Anwender speichert. Diese lokale Datenbank basiert auf dem Datenbankverwaltungssystem ORACLE und ist mit dem Großrechner organisatorisch nach dem "Client-Server" Prinzip verbunden. Der Anwender muß sich nicht um die Verwaltung der lokalen Daten kümmern, da dieses automatisch vom McWATiS im Hintergrund vorgenommen wird. Zusätzlich zur schnelleren Verfügbarkeit der Daten ermöglicht diese Lösung eine Verringerung der Kosten, da die meist weit von der WADABA entfernten Anwender nicht immer eine Verbindung über Datenfernübertragung aufbauen müssen.

Die Benutzeroberfläche des McWATiS wurde unter der objektorientierten Programmierumgebung HyperCard mit der Sprache HyperTalk (/HYPE/) realisiert.
Die Bedienung des McWATiS erfolgt ausschließlich durch die Maus, mit der verschiedene Symbole und Texte ausgewählt werden können. Es werden immer nur die aktuellen Auswahlmöglichkeiten angezeigt, so daß ein Anwender nicht von einer Flut von Möglichkeiten überfordert wird. Der bereits vorgestellte Auswahlbaum ist auch in diesem Nutzerführungssystem integriert. Den Suchpfad wählt der Anwender mit Hilfe der Maus an.
Wie beim LOTSEn kann er jeden Schritt rückgängig machen, sich Hilfetexte sowie automatisch Pfade zu weiteren Informationen anzeigen lassen.
Einen typischen Auswahlbildschirm zeigt Abbildung 4.1 .

Neben der Möglichkeit der Auswahl durch den Auswahlbaum kann der Anwender seine Daten auch direkt graphisch ortsbezogen auswählen. Dazu wird das gesamte Wattenmeer in einer Übersicht angezeigt, aus der der Anwender sein Gebiet durch die Maus auswählen kann. Auf dem Bildschirm wird der gewählte Ausschnitt dann vergrößert. Der Anwender kann hier direkt den Punkt auswählen, von dem er Daten erhalten möchte. McWATiS zeigt daraufhin die Projekte, die Daten zu diesem Ort enthalten. Aus diesen Projekten kann der Anwender wiederum eines direkt auswählen; er wird dann weiter über die einzelnen Tabellen des Projektes zu den Daten geführt. Eine typische graphische Auswahl zeigt Abbildung 4.2 .

McWATiS
WATiS
Aktueller Verzeichnispfad
>> Projekte >> Oekosystemforschung Schleswig-Holstein, Teil A, Erhebungen >> Bioindikatoren >> Bioind. im Eu- und Sublitoral (51 A-L)
Weitere Verzweigungsmöglichkeiten
OSHA51K Einfluss von Fucus auf Miesmuschelbaenke
OSHA51I Einfluss veraenderter Wattstrukturen auf Voegel
OSHA51EA Verschlickung von Sandwattboden
OSHA51A Historische Vergleiche, Benthos-Kartierung
OSHA51HA Elimination benthischer Diatomeen
OSHA51G Wattbodenduengung durch Naehrstoffe/org.Substanz
OSHA51L Plattmuschelsymbiosen
Hilfe
McWATiS beenden
Zurück zur Übersicht
Tabellen zeigen
Zurück

Abb. 4.1

McWATiS
B50-1016
Ende
Hilfe
Nord
West
Übersicht
Ost
Süd
ORACLE
Update
Connect
Thema
Projekte
Zeit
In folgenden Projekten wurden Daten an dieser Stelle erhoben:
OSHA51A Historische Vergleiche, Benthos-Kartierung
OSHA51EA Verschlickung von Sandwattboden
OSHA51G Wattbodenduengung durch Naehrstoffe/org.Substanz
OSHA51HA Elimination benthischer Diatomeen
OSHA51I Einfluss veraenderter Wattstrukturen auf Voegel
OSHA51K Einfluss von Fucus auf Miesmuschelbaenke
OSHA51L Plattmuschelsymbiosen

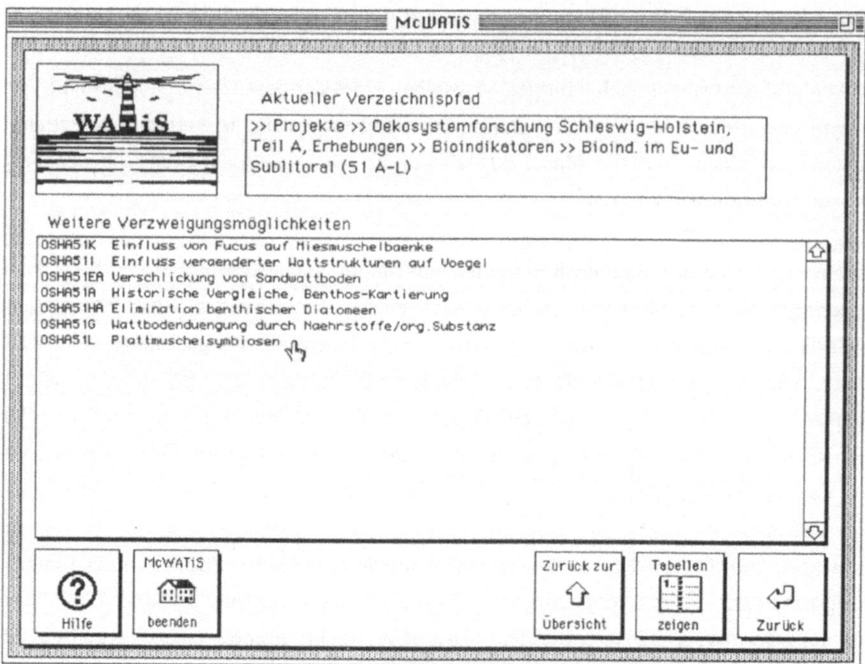

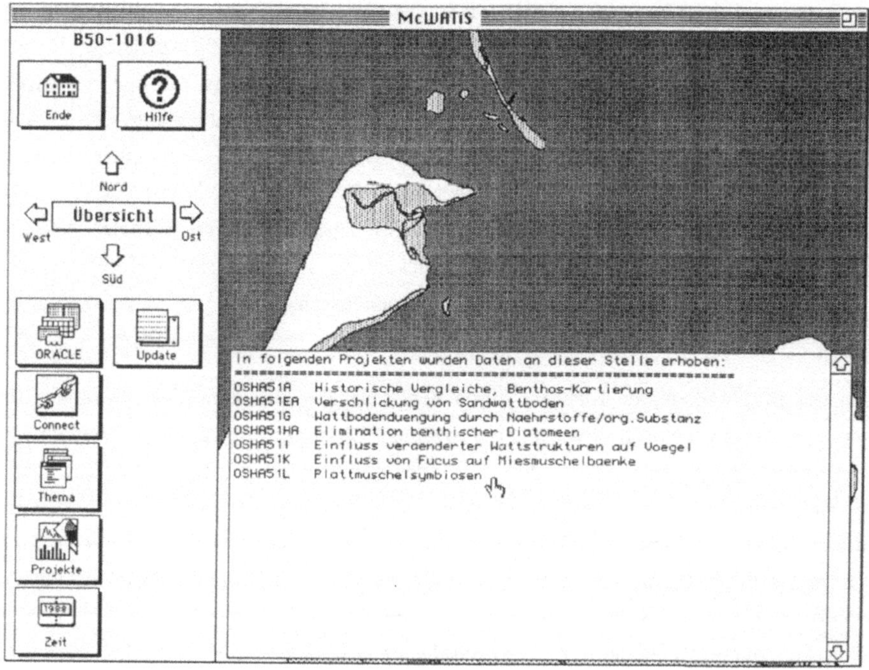

Abb. 4.2

Ebenso wie beim LOTSEn führt McWATiS den Zugriff auf den Inhalt der einzelnen Tabellen im Hintergrund mit SQL aus, ohne daß der Anwender davon etwas merkt.
Das Zwischenspeichern der Daten wird auf lokaler Ebene auch kaum bemerkt, die Anwortzeit für Datenbankanfragen verringert sich jedoch entsprechend. Für einen Zugriff auf den Großrechner muß der Anwender nur die Verbindung zum Großrechner aufbauen. Jede Tabelle, auf die der Anwender einmal zugreift, sowie deren Dokumentation, wird dann automatisch lokal auf dem eigenen Rechner zwischengespeichert. Beim nächsten Zugriff auf diese Tabelle muß dann keine Verbindung zum Großrechner mehr bestehen.

Der erfahrenere Anwender kann so einzelne Projekte bestimmen, mit denen er regelmäßig arbeiten möchte. Diese werden dann automatisch auf dem eigenen Rechner gespeichert und stehen lokal zum Bearbeiten zur Verfügung, ohne daß noch einmal eine Verbindung zum Großrechner hergestellt werden muß.

Für den fortgeschrittenen Anwender besteht auch die Möglichkeit, interaktiv eine Datenbankanfrage zu formulieren, ohne daß er Kenntnisse über SQL haben muß. Die Auswahl erfolgt über Symbole, die wie alles andere auch mit Hilfe der Maus angewählt werden. Einen Beispielbildschirm für diese Funktion zeigt Abbildung 4.3 .

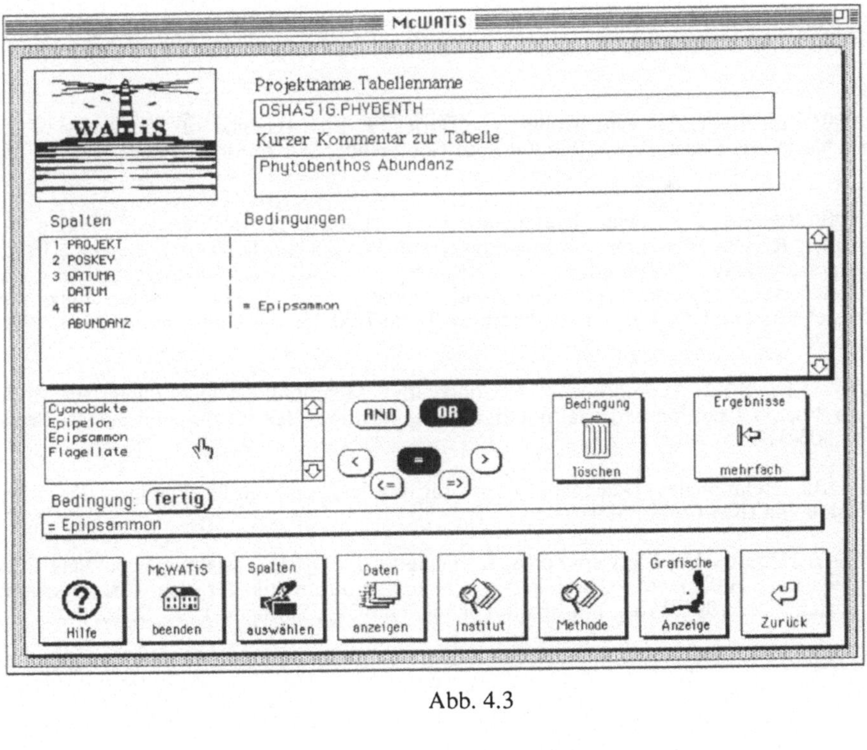

Abb. 4.3

Diese Art der Nutzerführung ermöglicht einem breiten Anwerderspektrum die Nutzung der WADABA. Der Nutzer ohne Vorkenntnisse wird sich anfangs mit den einfachen Auswahlmöglichkeiten begnügen, mit denen er sogar die Daten in andere Programme, wie z.B. Tabellenkalkulation übernehmen und dort weiterverarbeiten kann. Der erfahrenere Anwender kann alle Möglichkeiten des Systems ausschöpfen, ohne daß ihm zu enge Grenzen gesetzt werden, sogar der direkte Zugriff mit SQL wird ihm nicht verwehrt.

5. Schlußbemerkung

Die beiden vorgestellten Nutzerführungssysteme bieten zwei komplementäre Möglichkeiten, auf die Wattenmeerdatenbank im WATiS zuzugreifen. Während die eine Lösung den direkten Zugriff auf die zentral gehaltenen Daten am Großrechner mittels Auswahlmenüs erleichtert, ermöglicht die Lösung auf dem Macintosh eine lokale Bearbeitung der Daten von einer graphischen Oberfläche aus. LOTSE läuft auf vielen verschiedenen Rechnersystemen, während McWATiS nur auf dem Macintosh zur Verfügung steht. Beide Systeme basieren auf demselben Auswahlbaum, der in der zentralen Datenbank gehalten wird. In ähnlicher Weise sind weitere Ansätze für Nutzerführungssysteme, z.B. für Workstations, denkbar. Grundsätzlich gilt, daß diese Nutzerführungssysteme die Grundlage für zukünftige Weiterentwicklungen, z.B. mit wissensbasiertem Ansatz, darstellen.

Literatur

/BERN89/ Bernem, K.-H. van; Müller, A.; Dörjes, J: Enviromental oil sensitivity of the German North Sea Coast. Proc. 1989 Oil Spill Conference, San Antonio, Texas, Feb. 13-16 , 1989.

/BERN90/ Bernem, K.-H. van; Krasemann, H. L.; Lisken, A.; Müller, A.; Patzig, S.; Riethmüller, R.: Das Wattenmeerinformationssystem WATiS. In: Umweltbundesamt (Hrsg.): Ökosystemforschung Wattenmeer - Konzepte und Zwischenergebnisse des Ökosystemforschungsprogrammes des Bundesministers für Umwelt, Naturschutz und Reaktorsicherheit und des Umweltbundesamtes. Texte 7/90. Berlin: Umweltbundesamt, 1990, S. 113-137.

/CHA90/ Cha, S.K. : Kaleidoscope: A Cooperative Menu-Guided Query Interface (SQL Version) Proc., 6. Conf. on Artificial Intelligence Applications, IEEE Computer Society Press, 1990, S. 304-310.

/DB2/ DB2. Relationales Datenbanksystem für mittlere und große Rechner der IBM. Information von IBM Corporation.

/HAGG91/ Haggith, M.; Sterwart-Zerba, L.; Douglas, P.: BIRDZ: Making Ecological Data Digestible, In : Hälker, M.; Jaeschke, A. (Hrsg.) : Informatik für den Umweltschutz, 6.Symposium, Dez.1991, Proc., Informatik-Fachberichte 296, Springer, 1991, S.202-210.

/HYPE/ HyperCard und HyperTalk von Apple Computer, INC.

/KRAS91/ Krasemann, H. L.; Müller, A.; Patzig, S.; Riethmüller, R.: Die projektorientierte Struktur des Wattenmeerinformationssystems WATiS. In : Ökosystemforschung im Bereich der Bornhöveder Seenkette, Interne Mitteilungen aus dem Forschungsvorhaben, Heft 5, Oktober 1991, Beiträge zum Workshop "Datenverarbeitung und Modellbildung" , S. 19-25.

/LEIT92a/ Leithäuser, K.: Entwicklung eines Nutzerführungssystems für das Wattenmeerinformationssystem WATiS, Universität Hamburg, Fachbereich Informatik, Diplomarbeit, Juli 1992.

/LEIT92b/ Leithäuser, K.; Krasemann, H.L.; Patzig, S.; Riethmüller, R.; Wagler, H.: LOTSE - das Nutzerführungsystem der Wattenmeerdatenbank im WATiS, erscheint in "Fachbericht des Forschungsinstitutes Freie Berufe (FFB) an der Universität Lüneburg".

/RIET90/ Riethmüller, R.; Lisken, A.; Bernem, K.-H. van; Krasemann, H. L.; Müller, A.; Patzig, S.: WATiS An Information System for Wadden Sea Research and Management. In: Pillmann, W.; Jaeschke, A. (Hrsg): Informatik für den Umweltschutz - 5. Symposium, Wien, Österreich, 19.-21. September 1990 - Proceedings. Informatik-Fachberichte 256. Berlin: Springer-Verlag, 1990, S.73-81.

/RIET92/ Riethmüller, R.; Krasemann, H. L.; Patzig, S.; Wagler, H.: Der Aufbau der Wattenmeerdatenbank WADABA, erscheint in "Fachbericht des Forschungsinstitutes Freie Berufe (FFB) an der Universität Lüneburg".

/THEM87/ Thematische Kartierung. Sensitivitätskartierung des deutschen Wattenmeeres. UBA-Projekt 102 042 32, 1987.

/WILL92/ Willmann, D.: Grafische Abfrage bei verteilter Datenhaltung für das Wattenmeerinformationssystem WATiS, Universität Hamburg, Fachbereich Informatik, Diplomarbeit in Vorb.

Visualisierung von Umweltdaten

Überblick und Ausblick

Ralf Denzer

Universität Kaiserslautern
Fachbereich Informatik
Postfach 3049
6750 Kaiserslautern

Abstract

Seit der Gründung des Arbeitskreises Visualisierung von Umweltdaten im Frühjahr 1990 hat dieser im Lauf der Zeit sein Profil gefunden. Wir konnten eine Reihe von wichtigen Erkenntnissen gewinnen und wissen heute besser, welche Möglichkeiten graphisch-interaktiver Systeme sinnvoll in Umweltinformatik-Systemen eingesetzt werden können und wo die Schwierigkeiten bei deren Einsatz liegen.

Folgender Beitrag faßt die Erkenntnisse aus 2 1/2 Jahren Tätigkeit zusammen und ist gleichzeitig ein versuchter Ausblick auf vor uns stehende Themen. Der Vortrag wird darüberhinaus die neuesten Ergebnisse des 3. Workshops Visualisierung von Umweltdaten beinhalten, der im Dezember 1992 in Österreich stattfindet.

Keywords: Visualization, User Interfaces, GIS, Software-Engineering, Hypermedia, Image Processing

1. Einleitung

Der Arbeitskreis Visualisierung von Umweltdaten beschäftigt sich mit dem weiten Gebiet graphisch-interaktiver Anwendungen im Umweltschutz. Von Anfang an verfolgten wir dabei in der Hauptsache folgende Ziele:

1. Wir versuchen, insbesondere durch klausurartige Tagungen [1,2,3], den besonderen Anforderungen, Problemstellungen, Defiziten und Schwierigkeiten im Umgang mit diesen Systemen in der Praxis der Umweltinformatik näher zu kommen, sie zu definieren und zu klassifizieren. Dies geschieht zu dem Zweck, einerseits den Herstellern von Basissystemen und den Anwendungsentwicklern Hinweise für die bessere Gestaltung solcher Systeme zu geben und andererseits den Anwendern Orientierungshilfen zu bieten und Ihnen dabei zu helfen, die anstehenden Probleme auf breiter Basis zu artikulieren.

2. Darüberhinaus dient die Arbeit dazu, neuere Ergebnisse der Forschung durch Praktiker validieren zu helfen und Wege zu öffnen, neue Ergebnisse in zukünftige Entwicklungen einfließen zu lassen. Dies geht bis hin zu gemeinsamen Projekten einzelner Mitglieder des Arbeitskreises, die durch den Arbeitskreis fachlich unterstützt werden, wo dies möglich ist.

3. Schließlich soll eine Bündelung der Information statt finden, damit interessierte Leute, die nicht in unserem Arbeitskreis mitwirken, sich über graphisch-interaktive Techniken informieren können. Diesem Zweck dienen unsere Publikationen, so wie die vorliegende. Wir verstehen uns in diesem Sinne als Berichterstatter für die Fachgruppe 4.6.

In der Folge soll versucht werden, ein Profil der Fragestellungen zu geben, so wie sie sich im Arbeitskreis niedergeschlagen haben. Da wir von Beginn an ein gute Mischung aus Anwendern in Behörden und in der Umweltforschung, aus Herstellern von Basissystemen, aus Applikationsentwicklern sowie aus der Grundlagenforschung der Informatik waren, spiegelt der Arbeitskreis gut die derzeit anstehenden Themen wieder.

2. Anforderungen der Praxis an graphisch-interaktive Systeme

Ein Schwerpunkt der Tätigkeiten in den ersten beiden Jahren war die Ermittlung der Anforderungen, die die Praxis an graphisch-interaktive Systeme stellt. In den folgenden Abschnitten werden einige der wichtigsten Ergebnisse dargelegt.

2.1 Software-Ergonomie

Natürlich muß Software im Umweltbereich genauso software-ergonomische Anforderungen erfüllen wie in anderen Einsatzgebieten, also z.B [4]

- Anpassung des Benutzerdialogs an die Arbeitsweise von Benutzern (darum ist es allgemein beim Einsatz von Software noch schlecht bestellt)
- Selbstbeschreibungsfähigkeit und Erlernbarkeit
- Steuerbarkeit und Individualisierbarkeit
- Fehlerrobustheit

Dennoch liegt im Umweltbereich eine besondere Situation vor, da die Mehrzahl von Benutzern eher geringe Informatikkenntnisse besitzen *und gleichzeitig* die Aufgaben zu einem großen Anteil recht komplexe Fragestellungen betreffen. Daher hat die Software-Ergonomie in diesem Gebiet einen besonderen Stellenwert.

2.2 Darstellung umweltbezogener Daten

Die wichtigsten Darstellungsarten aus praktischer Hinsicht sind nach wie vor Zeitreihen und vor allem Karten. Es werden bislang nur wenige andersartige Darstellungsformen wie 3D oder Versuche der Visualisierung mehrdimensionaler Daten verwendet.

2.2.1 Verknüpfung geographischer Objekte mit Sachdaten

Eine wichtige immer wieder genannte Anforderung an kartenbasierte Systeme ist eine in der Benutzerschnittstelle durchgeführte konzeptionelle Verknüpfung von geographisch dargestellten Objekten mit den zu ihnen gehörigen Sachdaten, d.h. die direkte Manipulation der Sachdaten über der Karte [5]. In [6] werden solche Oberflächen als "geographische Oberflächen" bezeichnet. Dies ist bislang nur in wenigen zum Teil experimentellen Systemen durchgeführt und in auf dem Markt verfügbaren geographischen Informationssystemen (GIS) wenig realisiert. Dabei sei angemerkt, daß alleine der Zugriff auf die Tabellen der Sachdatenbank hierfür keine befriedigende Lösung ist.

2.2.2 Graphische Selektion von Gebieten und Daten

Analog hierzu ist auch die graphisch-interaktive Selektion von Bildausschnitten und Mengen von Sachdaten erwünscht. Hierbei ist es notwendig, daß man die Selektion mit verschiedenen alternativen Methoden durchführen kann, also z.B. Selektion durch rubberbands, mit frei wählbaren Polygonen, aber auch über Bezirks- und Verwaltungsgrenzen oder Gemeindeschlüssel. Bezüglich der Selektion der Sachdaten sind viele Systeme noch weit davon entfernt, benutzerfreundlich konfigurierbar zu sein, z.B. durch die Verwendung einer Profilverwaltung o.Ä.

2.3 Erhebung von Umweltdaten

Unter den Themen Visualisierung und Benutzeroberflächen werden oft nur solche Systeme genannt, die zur Auswertung von Daten dienen. I.d.R. wird übersehen, daß für viele gewünschte Auswertungen vielfach noch die Datengrundlagen fehlen, weil die Erhebung und vor allem auch das Einbringen der Daten so aufwendig ist. Für die nicht-automatische Erhebung von Daten werden hier erheblich bessere Benutzeroberflächen benötigt als wir sie bisher realisiert sehen. Diese müssen insbesondere bessere Konzepte für den Umgang mit komplex strukturierten Objekten bereitstellen, da viele Umweltobjekte sehr detailliert attributiert sind. Die Komplexität der Umweltobjekte wird in Zukunft zunehmen, da der Informationsbedarf permanent steigt.

2.4 Anbindung heterogener verteilter Datenquellen

Die thematischen Informationen zu kartenbasierten Systemen liegen oft in mehreren, heterogen strukturierten Datenquellen vor, wobei diese physikalisch und logisch verteilt sein können. Dies ist eine der Systemeigenschaften, die man heute unbedingt von Basissystemen fordern muß.

Darüberhinaus wird es immer unumgänglicher, auch über die Verteilung graphischer Daten nachzudenken und die Integrationsprobleme anzugehen, welche dadurch entstehen, daß Erzeuger und Nutzer von graphischen Basisdaten einer Karte an unterschiedlichen Stellen sein können. Schnittstellen zwischen Basissystemen sind - wie immer bei Schnittstellen - ein Thema für sich.

2.5 Modularisierung

Einer der Hauptkritikpunkte an Basissystemen ist die ungenügende Modularisierung. Es wird von den Herstellern einhellig gefordert, daß die Systeme Toolbox-Charakter bekommen, damit man sie an spezifische Endanwendungen anpassen kann. Darüberhinaus ist es mit den meisten Systemen für Software-Entwickler zu aufwendig wenn nicht sogar unmöglich, spezifische Endanwendungen zu implementieren, was für DV-ungeübte Benutzer dringend geboten wäre.

3. Präsentation von Umweltdaten

In diesem Kapitel wird ein kurzer Überblick über Arbeiten gegeben, die sich mit der graphischen Präsentation von Daten befassen.

3.1 Datenbewertung und Qualitätssicherung

Es wird häufig angemerkt, daß für den Umweltbereich vor allem *valide* Daten benötigt werden. Vor diesem Hintergrund ist es erstaunlich, wie wenig in unserem Fachgebiet speziell über die Qualitätssicherung von Daten publiziert wird, obwohl diese in vielen Bereichen nur mit großem Aufwand betrieben werden kann. Die graphische Unterstützung der Qualitätssicherung wird bislang nur in wenigen Projekten eingesetzt. Ein Beispiel hierfür ist ein graphisch-interaktives Werkzeug zur Bewertung von automatisch gemessenen Luftgütedaten [7]. Ein besonderes Merkmal dieses Systems ist die direkte Interaktion des Benutzers mit den Werten und Stati der Meßwertreihen.

3.2 Datenanalyse

Ein wichtiger Schritt beim Verständnis von Umweltdaten ist die Datenanalyse, bei der oft aus gemessenen oder erhobenen Rohdaten aussagekräftigere Parameter abgeleitet werden. Statistik und Klassifikationsmethoden spielen hier naturgemäß eine besondere Rolle. Graphische Methoden werden in diesem Zusammenhang oft dazu verwendet, die Ursprungsinformation in eine andere Darstellung zu transformieren, um bestimmte Aspekte der Daten zu verdeutlichen. Einige Beispiele zum Einsatz graphischer Methoden zu diesem Zweck sind:

- statistische Analyse räumlich vorliegender Daten [8]
- Kombination und Korrelation von Meßwerten [9]
- graphische Darstellung von Satellitenbildklassifikationen [10]

- interaktive Auswertung von Luftgütemeßdaten und daraus abgeleiteten statistischen Werten [11]

Ein besonders wichtiger Aspekt ist die interaktive freie Konfigurierbarkeit, die es Benutzern gestattet, statistische und rechnerische Operationen auf den Daten auszuführen bevor sie visualisiert werden [12].

3.3 Darstellungsmethoden

Wie oben erwähnt ist das wichtigste Darstellungshilfsmittel die Karte. Da über Kartierung schon viel publiziert wird und viele Systeme wie z.B. Emissionskataster [13] über solche Möglichkeiten verfügen, wird hier nicht detailliert auf die Kartierung eingegangen. Vielmehr werden einige nicht-standard Darstellungsmethoden erwähnt, welche 3D-Verfahren verwenden.

In [14] werden Erfahrungen im Einsatz eines Standard-Visualisierungssystems (AVS) beschrieben. Das System wird für Zwecke der Visualisierung der Schadstoffausbreitung im Grundwasser verwendet, wobei die Berechnung des Modells Finite Elemente Methoden benutzt [15]. Die Vorteile bei der Verwendung solcher Werkzeuge liegen in der Hauptsache in der geringen Entwicklungszeit und der großen Anzahl an verfügbaren Visualisierungsmethoden. Nachteile ergeben sich eindeutig durch fest vorgegebene Benutzerschnittstellen und beim Einbau applikationsabhängiger Module. Aus den Diskussionen ging hervor, daß man solche Systeme i.d.R. in dieser Form keinem Endanwender zumuten kann.

In [16] wird ein guter Überblick über den Umgang mit digitalen Geländemodellen (DGM) gegeben. Ausgehend vom DGM kann ein Geländeraster mit künstlichen Objekten wie z.B. Industrieanlagen versehen werden. Als 3D-Darstellungsmethode für ausströmende Emissionen wird ein Partikelmodell verwendet.

Im Gegensatz dazu wird in [17] aus gemessenen punktförmigen Daten eine Interpolationsfläche bestimmt, welche mittels Beleuchtungsmodell visualisiert wird. Hier können Isolinien der Schadstoffwerte sowohl auf der Interpolationsfläche als auch auf der Projektion des Geländes dargestellt werden.

3D-Verfahren werden nach wie vor selten genutzt. Als Grund wird oft angeführt, daß die Praxis solche Darstellungsverfahren nicht fordere bzw. nicht reif dafür sei. Diese Aussage muß man m.E. dahingehend relativieren, daß die im Umweltbereich verbreitet eingesetzten GIS kaum über 3D-Verfahren verfügen. Wäre dies der Fall, so würden 3D-Verfahren zumindest öfter erprobt.

3.4 Graphische Benutzeroberflächen

Die Präsentation von Umweltdaten beschränkt sich nicht alleine auf Verfahren aus der Visualisierung und dem GIS-Bereich. Ebenso wichtig ist die Präsentation der attributiven

Daten zu den visualisierten Objekten. Viele Gespräche haben gezeigt, daß für Objekte, für die noch vor kurzer Zeit nur wenige Parameter erhoben wurden, heute 100-200 Parameter erhoben werden, Tendenz steigend. Dies stellt besondere Anforderungen an die Benutzeroberflächen, über die diese Attribute betrachtet bzw. eingebracht werden.

Die Möglichkeiten graphisch-interaktiver Benutzeroberflächen werden hier bei weitem noch nicht genutzt. So wäre z.B. der natürlichste Weg der Darstellung eines Genehmigungsverfahrens ein interaktiver Graph. Solche Konzepte werden leider noch wenig in der Praxis angegangen, obwohl die Programmierung Stand der Technik ist.

Bezüglich des konzeptionellen Designs graphischer Oberflächen werden derzeit Arbeiten durchgeführt, welche versuchen, die Komplexität der Objekte beherrschbar zu machen [18]. Diese Arbeiten befinden sich noch im Anfangsstadium.

4. Themen für die nahe Zukunft

In diesem Kapitel werden einige Themen angesprochen, welche derzeit verstärkt diskutiert werden bzw. in der Entwicklung sind und den Arbeitskreis vermutlich in naher Zukunft zunehmend beschäftigen werden.

4.1 Hypersysteme

Das Interesse an Hypersystemem ist mittlerweiler sehr groß geworden. Beispiele gab es auch schon in der Vergangenheit, etwa für interaktiven Zugriff auf Gesetzestexte und Handbücher. Auch Hypermedia wird vermutlich immer wichtiger werden, da es hier möglich wird, Bilddaten sowie Video- und Audiosignale zu integrieren [19,20]. Diese Entwicklungen werden derzeit mit großem Interesse verfolgt. Während des 3. Workshops wird der Arbeitskreis unter anderem eine Plenumsdiskussion zu diesem Thema durchführen, über die wir berichten werden.

4.2 Dokumentenerstellung

In der Praxis ist die Erstellung regelmäßig wiederkehrender Berichte (z.B. Luftgüteberichte) ein Bereich, der Arbeitskapazitäten unnötig bindet und in dem die Informatik große Entlastungen schaffen kann. Wiederkehrende Berichte werden sinnvollerweise automatisch erstellt, müssen aber von Hand nachbearbeitet werden können.

4.3 Businessgraphik

Analog ist es sinnvoll, aus speziell für den Umweltbereich implementierten Systemen heraus Daten aber auch Graphiken in kommerziell verfügbare Publishing-Systeme zu überführen, um dort die vielfachen Möglichkeiten im Businessgraphik-Bereich zu nutzen. Dieser Forderung begegnen wir immer häufiger. Umweltinformatiksysteme müssen hierfür Schnittstellen schaffen, die insbesondere die PC-Welt unterstützen.

4.4 Software-Engineering

Dem Thema Software-Entwicklung ist im 3. Workshop ein Schwerpunkt gewidmet. Wir diskutieren hier in der Hauptsache zwei Punkte:

- den Software-Entwicklungsprozeß in Behörden, der sich dem Prototyping öffnen sollte

- Anforderungen und Möglichkeiten von Basiswerkzeugen (GIS, Visualisierungssysteme, User Interface Management-Systeme, CASE)

4.5 Objektorientierung

Graphisch-interaktive Systeme basieren sowohl konzeptionell (direct manipulation) als auch technisch (Vererbung etc.) heute auf dem objektorientierten Konzept [21]. Dabei entstehen eine Reihe von Problemen wie z.B. der Integration in relationale Umgebungen Aus technischer Sicht dürfte die Objektorientierung eines der wichtigsten Themen der nahen Zukunft sein [22].

4.6 Hybride Systeme

Die Verknüpfung von Raster- und Vektordaten ist beim Einsatz von GIS im Umweltbereich ein seit langem aktuelles wichtiges Thema, insbesondere weil flächendeckend digitale Karten noch lange nicht verfügbar sein werden. Ein weiterer wichtiger Einfluß für die Kombination beider Techniken kommt aus dem Remote Sensing, wo die Eingangsdaten Satelliten- oder Luftbilder sind [23].

5. Themen für die ferne Zukunft

Von vielen vor uns liegenden Themen werden zwei von besonderer Bedeutung sein, die derzeit noch nicht bearbeitet werden:

- die Visualisierung multidimensionaler Daten und

- die Integration.

Beide werden erst in ferner Zukunft verstärkt auf uns zukommen, nämlich dann, wenn die Vernetzung und die Erhebung dichterer Datengrundlagen es erst ermöglichen, übergreifende Gesichtspunkte zu betrachten.

5.1 Visualisierung multidimensionaler Daten

Je mehr komplexere Fragestellungen im Umweltscvhutz untersucht werden umso mehr gewinnt die gleichzeitige Darstellung vieler Parameter an Bedeutung. Die Visualisierung multidimensionaler Daten ist ein allgemeines Problem und wird speziell in den Vereinigten Staaten seit einigen Jahren intensiver untersucht. Beispiele sind folgende Verfahren:

- *Parallele Koordinaten* [24]; das Verfahren trägt mehrere Dimensionen parallel auf und verbindet die Werte auf den Achsen miteinander in einer zweidimensionalen Darstellung. Dabei entstehen Muster, anhand deren man Zusammenhänge untersuchen kann.

- *Hierarchische Achsen* [25]; ein ähnliches Prinzip. In diesem Fall müssen kontinuierliche Werte in Klassen eingeteilt werden (was im Umweltbereich und insbondere bei der Visualisierung ohnehin oft geschieht, z.B. bei der Farbkodierung), die dann zyklisch parallel auf eine Achse aufgetragen werden. Auch hier entstehen interpretierbare Muster.

- *Shape Coding* [26]; hier werden z.B. in zwei Dimensionen Tageszeit und Tage aufgetragen. In dem entstehenden Raster werden die multidimensionalen Daten graphisch kodiert. Das in [25] angegebene Beispiel visualisiert einen 13-dimensionalen Datensatz aus Sonnenwind- und Magnetospärenparametern.

- *Icons* [27]; jedem Rasterpunkt wird ein mehrere Pixel großes Icon zugeordnet. In dem Icon wird ein graphisches Symbol dargestellt, dessen geometrische Parameter bzw. Farben durch die einzelnen Dimensionen der Datensätze gesteuert werden.

- *Focusing and Linking* [28]; verschiedene Aspekte der Daten werden in verschiedenen Fenstern dargestellt. Von jedem Fenster aus können Datenpunkte angewählt werden, wodurch die betreffenden Aspekte in den anderen Fenstern graphisch hervorgehoben werden (highlighting).

Zwei Aspekte sind hier von Bedeutung. Erstens wird durch die Erzeugung von Mustern die Information in ein durch den Menschen besonders gut interpretierbares Format gebracht. Die menschlichen Fähigkeiten der Mustererkennung werden hier voll ausgeschöpft. Allerdings ist die Darstellung an sich ausgesprochen abstrakt und es wird mit Sicherheit ein hoher Grad an Gewöhnungsbedürftigkeit entstehen. Zweitens gewinnt die Interaktivität an Bedeutung, wenn es darum geht, Querbeziehungen herzustellen.

Es wäre mit Sicherheit von Interesse, solche Verfahren im Umweltbereich zu erproben und ihre Brauchbarkeit zu validieren. Bislang geschieht dies noch nicht.

5.2 Integration

Ein zentrales Thema der Umweltinformatik derzeit ist die Integration. Bezüglich graphischer Systeme entstehen dabei folgende Probleme:

- Graphische Systeme müssen zunehmend in verteilte Rechnerumgebungen eingebettet werden können.

- Die Vielzahl an graphisch-interaktiven Systeme (GIS, Visualisierungssysteme, User Interface Management Systeme, Hypersysteme, CASE) müssen zueinander in Beziehung gesetzt und integriert verwendet werden können.

- Endbenutzer müssen massiv beim Zugang in Umweltnetzwerke unterstützt werden, z.B. durch die Visualisierung der Netzwerke an sich, weil sie sonst mit den überwältigenden Möglichkeiten nicht zurecht kommen werden.

Graphische Systeme werden diesen Gesichtspunkten zukünftig Rechnung tragen müssen.

6. Zusammenfassung

Die vorangegangenen Ausführungen sind der Versuch einer Zusammenfassung aus über zwei Jahren Tätigkeit des Arbeitskreises Visualisierung von Umweltdaten. Naturgemäß sind die gesetzten Akzente subjektiv und sie werden in ihrer Ausprägung von unterschiedlichen Personen unterschiedlich gesehen werden.

Unsere bisherigen Veranstaltungen und Tätigkeiten haben gezeigt, daß das Thema sehr vital ist und viele neue Aspekte aufgetreten sind. Wir werden uns im Rahmen des Arbeitskreises weiter bemühen, neue Anforderungen und Entwicklungen für die Fachgruppe Informatik im Umweltschutz zusammenzufassen und wo erwünscht hilfreich zur Seite zu stehen.

Literatur

[1] Denzer R., Hagen H., Kutschke K.H., Visualisierung von Umweltdaten, Workshop, Rostock, 1990, Informatik-Fachberichte 274, Springer, 1991

[2] Denzer R., Güttler R., Grützner R. (eds.), Visualisierung von Umweltdaten 1991, 2. Workshop, Schloß Dagstuhl, November 1991, Informatik Aktuell, in press, Springer, 1992

[3] Denzer R., Schimak G., Haas W. (eds.), Visualisierung von Umweltdaten 1992, 3. Workshop, Schloß Zell an der Pram, Dezember 1992, Informatik Aktuell, Springer, to be published

[4] Lott A., Benutzeranforderungen an Visualisierungssysteme im Umweltschutz, in: [2], pp. 107-111

[5] Denzer R., Interactive Visualization of Environmental Measurement Networks, in: [2], pp. 77-87

[6] Güttler R., Eine "geografische" Benutzeroberfläche als besondere Variante einer grafischen Benutzeroberfläche für verschiedene Umweltanwendungen, in: [3]

[7] Schimak G., Benutzeroberfläche zur Datenkontrolle und Datenkorrektur in einem Luftmeßnetz, in: [2], pp. 86-94

[8] Fuchs K., Wernecke K.D., Puchwein G., Statistische Analyse räumlicher Daten am Beispiel von Rückstandsuntersuchungen in der Rohmilch in Österreich, in: [3]

[9] Mayer H., Fank J., Haas W., Darstellung komplexer Zusammenhänge in der Bodenzone, in: [3]

[10] Groß M., Seibert F., Neural network image analysis for environmental protection, in: [2], pp. 31-43

[11] Denzer R., Schimak G., Air Pollution Monitoring, in: ENVIROSOFT 1992, Portsmouth, September 1992, Computational Mechanics Publication, 1992

[12] Humer H., UWEDAT-Formula oder effizienter Datenzugriff trotz relationaler Datenbank für Visualisierungszwecke, in: [3]

[13] Winckler J., EMIKAT-Programmsystem zur Überwachung von Luftverschmutzungen, in: Haelker M., Jaeschke A. (eds.), Informatik für den Umweltschutz (Computer Science for Environmental Protection), 6. Symposium, München, 1991, Informatik-Fachberichte 296, Springer, 1991, pp. 21-28

[14] Gruber-Geymayer B., Haas W., Mayer H., Einsatz eines Standardwerkzeugs zur Visualisierung von Umweltdaten - erste Erfahrungen und Ausblicke, in: [2], pp. 63-70

[15] Haas W., Brantner R., FE analysis and visualization utilizing X-windows in a distributed supercomputer environment, in: Beer G., Broker J.R., Carter J.P. (eds.), Computer Methods in Advanced Geomechanics,Cairns, May 1991, Balkema, 1991

[16] Groß M., Effiziente Visualisierungstechniken für den Umweltschutz, in: [1], pp. 63-75

[17] Hagen H., Schreiber Th., Scattered Data Algorithmen zur Umweltdatenvisualisierung, in: [1], pp. 22-28

[18] Denzer R., Dialogue Shifts - A New Paradigm for the Visual Presentation of Complex Environmental Data, in: [3]

[19] Herzner W., Hypermedia - Überblick und Einsatzmöglichkeiten im Umweltbereich, in: [3]

[20] Kirste Th., SpacePicture - ein interaktives System für die Archivierung und das Retrieval von hochaufgelösten Satellitenbildern auf der Basis eines Hypermedia-Toolkits, in: [3]

[21] Wisskirchen P. Object Oriented Graphics, Springer, 1990

[22] Schellerer J., Verschiedene Aspekte der Objektorientierung in geographischen Informationssystemen, in: [3]

[23] Pillmann W., Zobl Z., Objektivierte Ermittlung des Waldzustandes aus Flugzeug-Scannerdaten, in: Jaeschke A., Page B. (eds.), Informatikanwendungen im Umweltbereich, 2. Symposium, Karlsruhe, 1987, Informatik-Fachberichte 170, Springer, 1987, pp. 67-78

[24] Inselbert A., Dimsdale B., Parallel Coordinates: A Tool for Visualizing Multi-dimensional Geometry, in: Visualization 90, San Francisco, Oktober 1990, IEEE Computer Society Press, 1990, pp. 361-378

[25] Mihalisin T., Timlin J., Schwegler J., Visualization and Analysis of Multivariate Data: A Technique for all Fields, in: Visualization 91, San Diego, Oktober 1991, IEEE Computer Society Press, 1991, pp. 171-178

[26] Beddow J., Shape Coding of Multidimensional Data on a Microcomputer Display, in: Visualization 90, San Francisco, Oktober 1990, IEEE Computer Society Press, 1990, pp. 238-246

[27] Levkovitz H., Color Icons: Merging Color and Texture Perception for Integrated Visualization of Multiple Parameters, in: Visualization 91, San Diego, Oktober 1991, IEEE Computer Society Press, 1991, pp. 164-170

[28] Buja A. et al., Interactive Data Visualization Using Focusing and Linking, in: Visualization 91, San Diego, Oktober 1991, IEEE Computer Society Press, 1991, pp. 156-163

RISK ASSESSMENT FOR ENVIRONMENTAL HAZARDS

Bernard D. Goldstein and Daniel Wartenberg
Department of Environmental and Community Medicine
UMDNJ - Robert Wood Johnson Medical School and the
Environmental and Occupational Health Sciences Institute
681 Frelinghuysen Road
Piscataway, New Jersey 08855, USA

Introduction

Risk assessment and risk management are terms used to define broadly the activities of identifying and quantifying risk due to environmental agents and processes, and the actions taken to prevent, minimize or ameliorate these risks. As a simplification, risk assessment is usually considered to encompass the science underlying the decision process, and risk management to signify the policy process rendering a decision, but there are policy aspects underlying risk assessment and science that are, or ought to be, part of risk management.

In this paper we will discuss a few of the many areas of risk assessment and risk management where computer science will make important contributions. The word hazard will be used to denote the intrinsic noxious properties of a chemical or physical agent, while risk will be defined to depend upon both hazard and exposure, i.e., no matter how intrinsically hazardous a substance is, without exposure it poses no risk.

Risk Assessment

The US National Academy of Sciences has developed a four step approach to risk assessment that has now been generally adopted internationally (National Research Council, 1983). While originally focussed on human health risk, with modification this approach is also of value for ecological risk. The steps are: 1) hazard identification, the qualitative determination that a specific agent or process may be causally related to a specific endpoint; 2) dose-response estimation, the quantitative relationship between a hazard and an effect; 3) exposure assessment, the determination of the extent of exposure of the receptor or system to the hazard; and 4) risk characterization, the statement, usually numerical, of the extent of risk.

Hazard Identification

A particularly intriguing challenge to computer science has been the use of computers to test structural aspects of chemicals that may prove them to be intrinsically hazardous.

Both the European Community and the United States have laws which, while differing in content, have the aim of balancing the potential value to society of new chemicals with the potential for hazard. Computer-based evaluation of chemical structure activity relationships have proved to be a valuable, but not foolproof, approach to determining the possible hazardous nature of new chemicals proposed by industry for permission to market.

Dose Response

Computers have facilitated use of complex statistical models for the extrapolation of high dose, animal bioassay data to low dose, human exposure situations. Using maximum likelihood methods, risk assessors have investigated the appropriateness of a variety of statistical models for these data (Weibull, probit, logit), although regulators generally use the linearized, multistage model as a relatively conservative (i.e., health protective) approach to extrapolation. Computers offer investigators as yet unexploited opportunities to integrate data for a single chemical from a variety of bioassay studies on different species of animals, to guard against idiosyncratic results in a single test species, and to assess data consistency, linearity and robustness, and to guard against statistical idiosyncracies.

New developments in risk assessment which go beyond statistical models by incorporating biological measures of exposure and effect also rely heavily upon computer technology. By mathematically modeling biological systems within the body, investigators are developing computer-based pharmacokinetic models that simulate specific physiological processes. Cancer in humans is a multistage process. Two stage models of cancer, such as that of Moolgavkar and colleagues (Moolgavkar and Venzon, 1979; Moolgavkar and Knudson, 1981), have gained attention as being more suitable, but they require more information to be entered into the computer model.

While this is a relatively new area of investigation, it is hoped that these biologically-based models will be more accurate than the statistical extrapolations because they are one step closer to the actual carcinogenic process.

Exposure Assessment

Advances in computer science have been particularly valuable in the field of exposure assessment. In many cases, determination of the degree of exposure to pollutants experienced by humans or by an ecological system is based upon "fate and transport" models relating quantitative estimates of emissions to the dose received by the receptor. As the demands of pollution control have become more complex, and our understanding of the determination of exposure has deepened, the need to take into account additional factors has been an increasing challenge to the ability of modelers. This has led to greater dependence on computer science.

For example, consider the determination of the extent of human exposure to the air pollutant ozone from a potential source. First, ozone is formed in the air through a complex photochemical process which depends upon levels of emitted oxides of nitrogen, emitted hydrocarbons and sunlight. Its dispersion is dependent upon a variety of atmospheric factors including wind direction and speed and atmospheric mixing height. The impact assessment for the human receptor needs to take into account not only the obvious factor of residential location but also respiratory rate and whether the person is indoors or outdoors. In the case of ozone, levels tend to be highest on warm summer days when many children, who are particularly susceptible, are outdoors exercising with high respiratory rate leading to a relatively high internal ozone dose; and ozone is so highly reactive with surfaces that it does not penetrate well indoors. Incorporating all of these factors necessitates use of sophisticated computer models.

Ecological Risk

Exploration of the conceptual basis of chaos may be particularly applicable to ecological risk. Normal population dynamics of caterpillars in a field may be best modeled as a chaotic situation subject to influences as varied as sunspots and volcanic eruptions which impinge on the caterpillar population through a complex series of interrelated but poorly understood factors. Suppose you wished to use a pesticide on this field and as a policy decided it was inappropriate to chose a level that would destroy all caterpillars, but it would not to be a problem if some caterpillars died. The usual approach would be to consider average caterpillar number and sensitivity in the field in choosing the pesticide dose. Yet the natural "chaotic" population dynamics of caterpillars is such that in certain years the number may be too low to withstand usual pesticide dose, thereby having the undesirable effect of wiping out all caterpillars in this field. Computer models capable of estimating the boundaries of likely caterpillar number or sensitivity thus would be very valuable in assessing ecosystem risk in this type of situation.

Risk Characterization

Risk characterization quantitatively integrates the information from the three other steps in the risk assessment process. In addition to multiplying and dividing the results from the other steps, computers enable investigators to test the consequence of varying assumptions in risk assessment on the quantitative result. Recent studies have used simulations (Monte Carlo methods) to determine how the overall risk would vary if a given compound were eliminated from the process (e.g., prevent application of Alar to apples) or if one route of exposure were eliminated (e.g., prevent children from playing outdoors on hot August days between 3PM and 8PM). Some calculations we undertook showed that over half the predicted cancer risk from air emissions of a municipal solid waste incinerator were due to heavy metals, and over half of these (25% of the total) were due to rechargeable batteries (Wartenberg and Chess in press). This type of knowledge of the sensitivity of the result to changes in the system being studied can give policy makers important insight for recommending changes. In this case, removal of batteries from the incineration waste stream would be easy to effect and worthwhile in terms of disease prevention.

These methods also can be used to model the statistical uncertainty in the parameter estimates, and to determine which parts of the risk equation we know least well and thus most warrant further study (Finkel, 1990; Burmaster et al., 1990; McKone and Bogen, 1991). Not surprisingly, examples show that the cancer potency determined from dose-response extrapolations is known far less accurately than other aspects of risk assessment. This is due to the limited number of animals tested in each bioassay, and the errors associated with extrapolation. Nonetheless, quantifying this uncertainty can provide a policy maker with insight useful for decision making.

References

Burmaster DE, Thompson KM, Menzie CA, Crouch EAC, McKone TE. 1990. Monte Carlo techniques for quantitative uncertainty analysis in public health risk assessment. Proc. Natl Conf on Haz Waste and Haz Materials. Washington DC: HMCRI. pp. 215-221.

Finkel AM. 1990. Confronting Uncertainty in Risk Management: A Guide for Decision-Makers. Washington DC: Resources for the Future.

McKone TE, Bogen KT. 1991. Predicting the uncertainties in risk assessment. Env Sci Technol 25: 1674-1681.

Moolgavkar SH, Knudson AG Jr. 1981. Mutation and cancer: A model for human carcinogenesis. J Natl Cancer Inst 66: 1037-1052.

Moolgavkar SH, Venzon DJ. 1979. Two-event models for carcinogenesis: Incidence curves for childhood and adult tumors. Math Biosci 47: 55-77.

National Research Council. 1983. Risk Assessment in the Federal Government: Managing the Process. Washington DC: National Academy Press.

Wartenberg D, Chess C. 1993. Do dead batteries cause cancer? J Air Waste Manage Assoc. in press.

Zur prognostischen Qualität komplexer Ökosystem-Simulationsmodelle

Detlef Oertel, Hans-Joachim Poethke und Alfred Seitz

Abt. Populationsbiologie,
Institut für Zoologie der Universität Mainz, Saarstraße 20,
6500 Mainz

Bei der Simulation ökologischer Systeme besteht große Unsicherheit bezüglich der zu verwendenden Modellparameter und Modellgleichungen. Diese Unsicherheit kann mit den prohabilistischen Methoden der Risikoanalyse in die Modellaussage integriert werden. Anhand eines Modells zur Simulation des Pelagials (Freiwassers) eines Sees (SIM-PEL) wird gezeigt, daß aufgrund von nichtlinearem komplexem Systemverhalten auch die Aussagen von Risikoanalysen mit zunehmenden Prognosezeithorizont an Qualität verlieren. Im Vergleich mit anderen Modellen zeigt sich, daß bedingt durch verschiedene Modellgleichungen selbst qualitative Prognosen des Systemverhaltens nur beschränkt möglich sind.

Schlüsselwörter: Pelagial, Prognosemodell, Risikoanalyse, Simulation, Zeithorizont

Selbst für aquatische Ökosysteme, deren Lebensgemeinschaften wohl am besten untersucht sind, ist die Abschätzung von Schadstoffauswirkungen auf Struktur und Funktion des Systems bisher ein ungelöstes Problem (SCHLOSSER 1988). Zwar gibt es Testverfahren, die akute und auch subletale Effekte spezifischer Substanzen auf einzelne Arten bestimmen. Auch der Einfluß dieser Effekte auf Populationen ist bereits gut untersucht. Dennoch besteht ein enormes Defizit bei der Bestimmung von mittelbaren Effekten auf ganze Ökosysteme. Weil hier überlicherweise keine Experimente *in situ* (in Seen und Flüssen) durchgeführt werden können, muß sich die Untersuchung auf Modell-Ökosysteme (Mikro- und Mesokosmen) beschränken. Erst in der Kombination solcher Experimente mit mathematischen Modellen der Ökosysteme ist dann eine Extrapolation der experimentellen Befunde auf die Freilandsituation vorstellbar.

Ursprünglich wurden zu diesem Zweck deterministische Modelle verwendet. Indem zunehmend klar wurde, daß sowohl die Parameter solcher Modelle als auch die Modellgleichungen selbst, nur mit relativ großer Ungenauigkeit zu bestimmen sind, kamen für die prognostische Modellbildung zunehmend prohabilistische Methoden zum Einsatz (DITORO & VAN STRATEN 1979). Insbesondere für die Bestimmung des Gefährdungspotentials von Fremdstoffen entwickelte sich die Monte-Carlo Simulation zu einem Standard-Werkzeug der Ökotoxikologie (FERSON *et al.* 1989, O'NEILL *et al.* 1982, BARTELL *et al.* 1983).

Die Verwendung der Monte-Carlo Methode bringt allerdings mit sich, daß Aussagen nur durch eine statistische Auswertung einer großen Zahl (>> 1 000) von Einzelsimulationen durchgeführt werden kann. Damit steigen die

Anforderungen an die benötigte Rechnerleistung enorm an. Entsprechende Rechnungen wurden daher bei uns auf einem Parallelrechnernetz aus 6 Transputern durchgeführt (OERTEL *et al.* 1990). Die hohe Rechenleistung diese Rechnernetzes wurde auch dazu genutzt, die entwickelten Modelle sehr ausführlich zu testen.

Diese ausführlichen Tests des Modellverhaltens deckten auf, daß es auch bei Verwendung prohabilistischer Methoden unter bestimmten Bedingungen zu qualitativ falschen Aussagen kommen kann. Während in einigen Bereichen des Parameterraumes Prognosen unmöglich erscheinen, da das Systemverhalten hochempfindlich von den Modellparametern ist, hängt die Prognosequalität in anderen Regionen des Parameterraumes stark vom Zeithorizont der Prognose ab.

Das Modell SIM-PEL

Ökosysteme werden in der Regel über die Wechselwirkungen verschiedener wichtiger Funktionsgruppen und Kompartimente abgebildet. So umfaßt das Modell SIM-PEL (**SIM**ulation eines **PEL**agials) zwei Nährstoffe, zwei Phytoplanktongruppen und zwei Zooplanktongruppen.

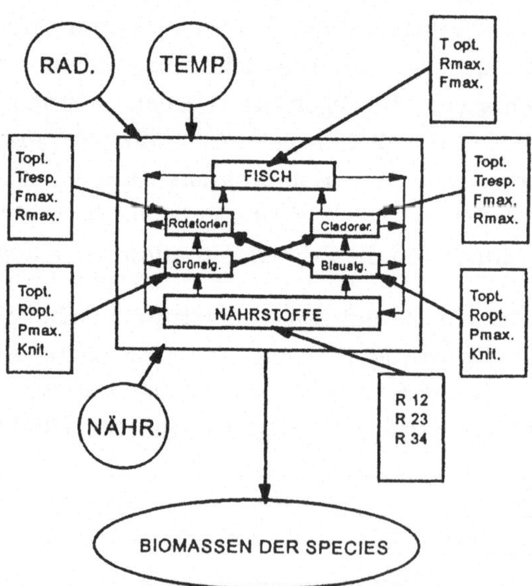

Abb. 1: Struktur der Wechselwirkungen des **SIM**ulationsmodells für das **PEL**agial eines Sees SIM-PEL.

Wie in Abbildung 1 zuerkennen, gibt es in dem Modell noch einen temperaturabhängigen Fraßdruck auf das Zooplankton, der dort als Fisch bezeichnet ist. Die beiden Nährstoffe stehen für Phosphor und Stickstoff, wobei Phosphor nochmals in drei Fraktionen und Stickstoff in fünf Fraktionen unterteilt ist. Die unterschiedlichen Fraktionen geben die entsprechenden Oxidationsstufen der Nährstoffe wieder. Das Phytoplankton wird durch zwei Funktionsgruppen dargestellt, die den ökologischen Typen von Grünalgen und Blaualgen entsprechen. Beim Zooplankton gibt es eine Funktionsgruppe für kleine schnell wachsende Filtrierer (Rotatorien) und eine für langsam wachsende große Filtrierer (Cladoceren). Die Biomassen dieser Funktionsgruppen sind die Zustandsvariablen des Modells. Die Wechselwirkungen zwischen den Zustandsvariablen werden durch Prozeßgleichungen (so etwa für Photosynthese, Filtration, Respiration, etc.) beschrieben. Das unterschiedliche Verhalten der verschiedenen Funktionsgruppen wird durch entsprechend unterschiedliche Parameter (wie Respirationsrate, max. Wachstumsrate) für die Prozeßgleichungen bestimmt. Von außen wirken auf das System Steuergrößen ein. Hierbei handelt es sich um den über das Jahr schwankenden Temperatur- und Strahlungsverlauf sowie um eine im Frühjahr und im Herbst erfolgende Nährstoffzugabe. Die Veränderung der Biomassen mit der Zeit wird über die Prozeßgleichungen in kleinen Schrittweiten (hier ca. 4 Stunden) errechnet. Eine detaillierte Beschreibung des Modells mit allen Gleichungen findet sich in OERTEL 1992.

Schadstoffwirkung im Modell und Risikoanalyse

Sollen Aussagen über die Wirkungen von Schadstoffen auf ein solches System gemacht werden, so ist dies über eine Veränderung der die Prozeßgleichungen steuerenden Parameter möglich. So kann eine Wirkung geringer Pestizidkonzentrationen auf das Zooplankton durch eine streßbedingte Erhöhung der Respirationsrate (hier 10%) dargestellt werden. Als ein weiteres Beispiel einer Schadstoffwirkung sei hier die 10%ige Reduktion der Photosyntheserate des Phytoplanktons aufgeführt. Die Auswirkungen der Schadstoffe lassen sich dann anhand eines Vergleichs zwischen 'normalen' Simulationsverlauf und gestörtem Simulationsverlauf erkennen. Die Abbildung 2 zeigt, daß solche Variation einzelner Parameter eine Fülle von Veränderungen des Systemverhaltens erzeugen. Auf der Basis der Simulationsläufe aus Abbildung 2 würde man eine leichte Reduktion der gesamten maximalen Phytoplanktonbiomasse als Auswirkung der um 10% erhöhte Respiration beobachten.

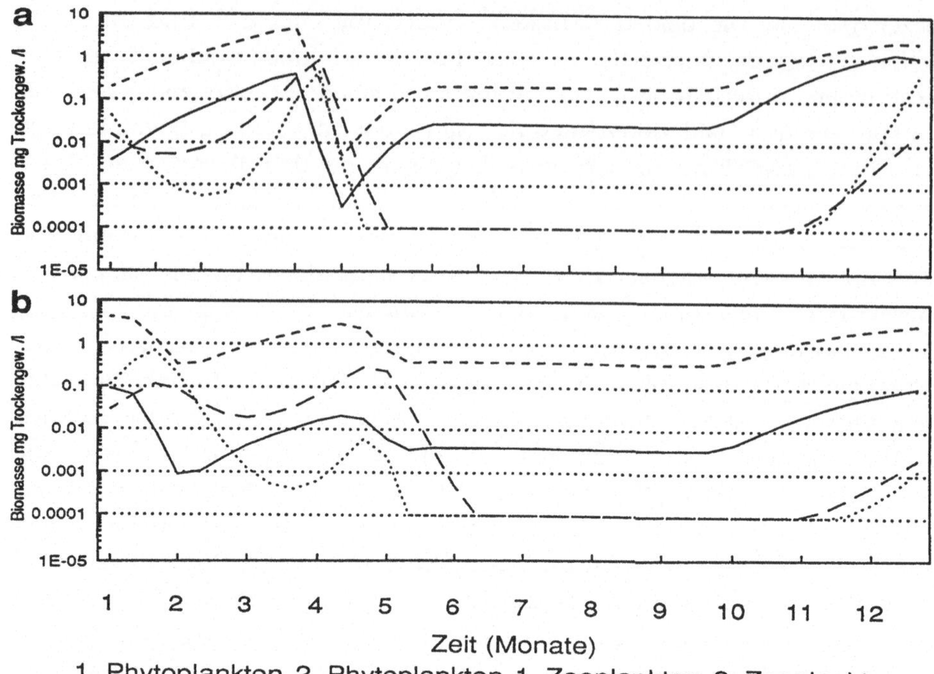

Abb. 2: Verlauf der Biomassen während eines Jahres.
a) Standard-Parametersatz (ungestörte Simulation)
b) um 10% erhöhte Respiration des Zooplanktons

Eine solche Betrachtungsweise geht allerdings davon aus, daß die in das Modell eingehenden Parameter exakt sind. Tatsächlich sind die verwendeten Parameter in der Regel mit Fehlern behaftet (POETHKE *et al.* 1991). Diese Fehler beruhen nicht nur auf Meßungenauigkeiten, sondern sind zu einem großen Teil bedingt durch die biologische Variabilität der modellierten Systeme und somit nie völlig zu beseitigen. Um unser Wissen über Unsicherheiten bei der Parameterwahl in eine Prognoseaussage zu integrieren, bietet sich der prohabilistische Ansatz einer Risikoanalyse an. Hierzu werden aus dem Parameterraum ein ganzer Bereich von als möglich erachteten Parametersätzen untersucht. Mit diesen Parameterkombinationen werden Simulationen durchgeführt und die Ergebnisse statistisch ausgewertet. Um diese Vorgehen zu illustrieren, sind in Abb. 3 bei ansonsten konstanten Parametern zwei Parameter in je 100

Schritten verändert worden. Die resultierende maximale Biomasse des gesamten Phytoplanktons wurde auf der Z-Achse aufgetragen. Insgesamt basiert dieses Bild also auf (100 * 100 =) 10 000 Simulationen, wobei jede Simulation einen Wert beisteuert.

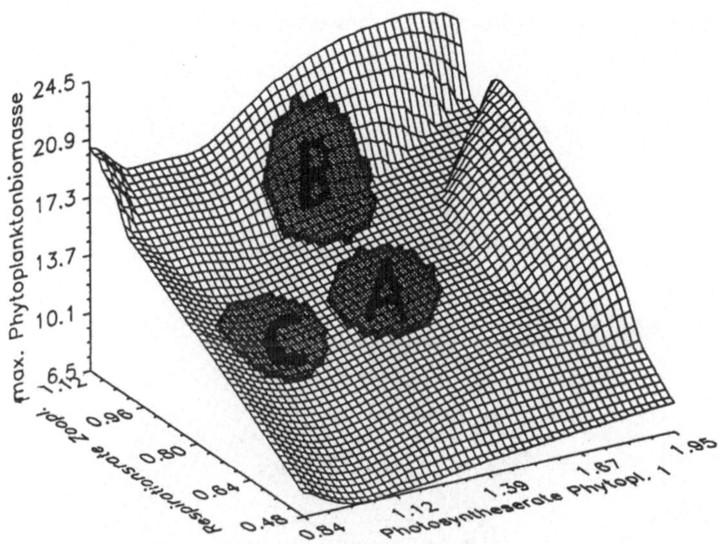

Abb. 3: Maximal im ersten Simulationsjahr erreichte Gesamtphytoplanktonbiomasse in Abhängigkeit von der Respirationsrate des ersten Zooplanktons und der Photosyntheserate des ersten Phytoplanktons. Die eingezeichneten Kreise stellen schematisch für eine Risikoanalyse ausgewählte Bereiche des Parameterraumes dar:
A) Standard-Situation, B) erhöhte Respiration,
C) reduzierte Photosyntheserate

Es zeigt sich über das ganze Bild eine weitgehend monotone Abhängigkeit der Phytoplanktonbiomasse von den beiden untersuchten Parametern. Dabei steigt die maximale Algenbiomasse mit zunehmender Respirationsrate bzw. Photosyntheserate an.

Die für eine Risikoanalyse ausgewählten Bereiche des Parameterraumes werden in Abbildung 3 schematisch dargestellt. Es wird deutlich, daß hier auftretende Unsicherheiten über die genaue Lage des Standard-Parametersatzes und über die Größe des für eine Risikoanalyse zu wählenden Ausschnittes aus dem Parameterraum keinen qualitativen Einfluß auf das Ergebnis haben.

Problematik längerer Zeithorizonte

Abbildung 3 ist das Ergebnis des ersten Simulationsjahres, bei dem alle Simulationen mit gleichen Biomassen gestartet waren. Die Probleme in der Ökotoxikologie stellen sich häufig jedoch über längere Zeiträume. So wird für eine neue Substanz die über Jahre produziert und eingesetzt werden soll, nicht nur ihre Kurzzeit- sondern auch ihre Langzeitwirkung von besonderer Bedeutung für eine ökotoxikologische Bewertung sein.

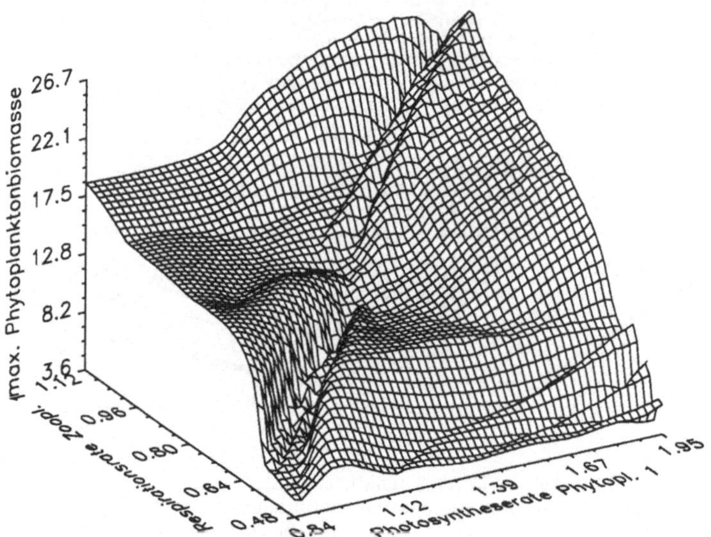

Abb. 4: Maximal im zweiten Simulationsjahr erreichte Gesamtphytoplanktonbiomasse in Abhängigkeit von der Respirationsrate des ersten Zooplanktons und Photosyntheserate des ersten Phytoplanktons.

In den Abbildungen 4 bis 6 ist daher die weitere Entwicklung des Systemverhaltens in dem in Abbildung 3 verwendeten Parameterraum dargestellt. Im zweiten Simulationsjahr (Abbildung 4) läßt sich noch dieselbe qualitative Grundstruktur wie im ersten Jahr feststellen, bei der - sehr grob gesehen - die maximale Algenbiomasse mit zunehmender Respirationsrate bzw. Photosyntheserate ansteigt. Gleichzeitig wird deutlich, daß sich die Auswirkungen der Parameterveränderung verstärken, was sich in höheren Maximalwerten und niedrigeren Minimalwerten ausdrückt. Darüberhinaus zeigt die Struktur des Systemverhaltens im Parameterraum schon eine komplexere Struktur. Diese beiden letztgenannten Effekte verstärken sich noch im weiteren Verlauf.

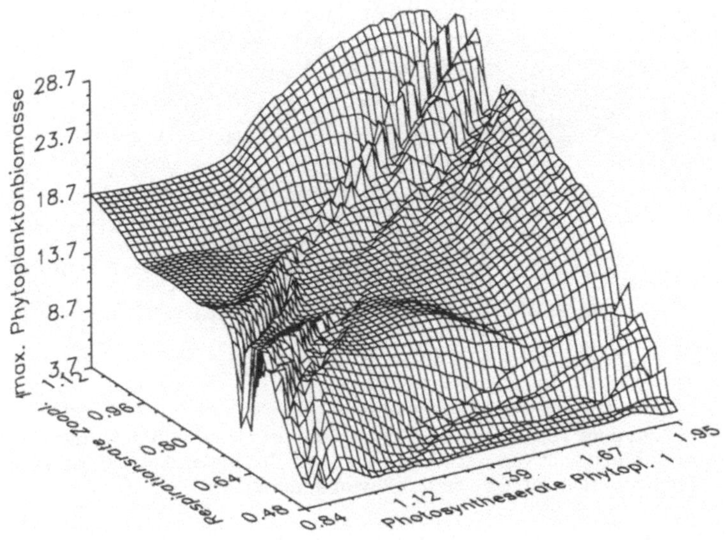

Abb. 5: Maximal im dritten Simulationsjahr erreichte Gesamtphytoplanktonbiomasse in Abhängigkeit von der Respirationsrate des ersten Zooplanktons und Photosyntheserate des ersten Phytoplanktons.

Nach 10 Simulationsjahren (Abbildung 6) hat sich eine ausgesprochen komplexe Struktur herausgebildet, die sich in weiteren Simulationsjahren nicht mehr grundlegend verändert. Eine solch komplexe Struktur ist für - auch nur qualitative - prognostische Aussagen ausgesprochen problematisch. Schon geringfügige Fehler bei der Bestimmung der Lage im Parameterraum führen zu deutlich unterschiedlichen Ergebnissen. Dies wird besonders deutlich in den Bereichen, in denen eine stark zerklüfteten Struktur zu finden ist. Eine genauere Untersuchung dieser Regionen zeigte, daß es sich hierbei häufig um Parameterkombinationen handelt, aus denen sich kein stationärer Zyklus der Biomassen einstellt, sondern die Algenbiomasse chaotisch fluktuiert.

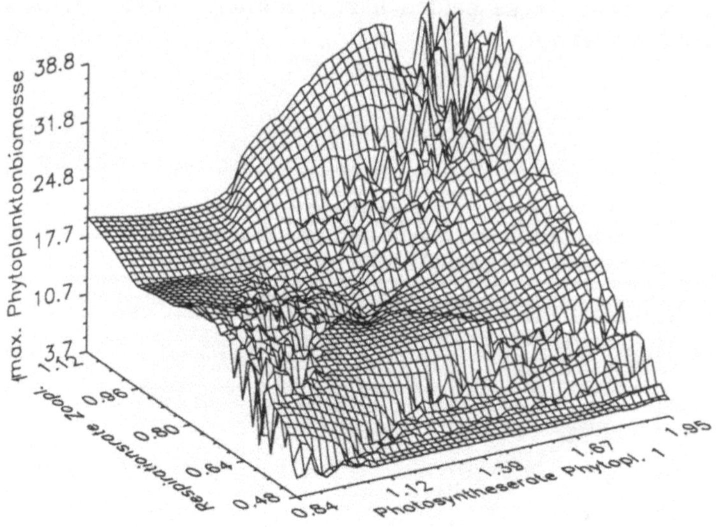

Abb. 6: Maximal im 10. Simulationsjahr erreichte Gesamtphytoplanktonbiomasse in Abhängigkeit von der Respirationsrate des ersten Zooplanktons und Photosyntheserate des ersten Phytoplanktons.

Auch mit den Methoden der Risikoanalyse können diese Probleme nicht völlig umgangen werden. Bedingt durch die komplexe Struktur des Systemverhaltens basieren die Ergebnisse einer Risikoanalyse auf einem 'Cocktail' von Simulationen mit sehr unterschiedlichem Systemverhalten. Die genaue Zusammensetzung dieser Mischung - und damit das Ergebnis - ist bestimmt durch die Lage und Größe des Bereiches der zur Berechnung herangezogen wird. Die Größe ist hierbei bestimmt vom Ausmaß unserer Unsicherheit bzw. von unserem Wissen über die Varianz der Parameter. Doch unser Wissen über die gegenseitige Abhängigkeit und Varianz der Parameter ist im ökologischen Bereich meist lückenhaft, so daß im Rahmen von Risikoanalysen mit Schätzungen gearbeitet wird. Es ist daher bei auch bei einer Risikoanalyse unbedingt erforderlich, durch eine umfangreiche Untersuchung des Modellverhaltens im Parameterraum sich einen Eindruck von der Möglichkeit und der Qualität von Prognoseaussagen zu verschaffen. Während wir uns hier aus Gründen der Übersichtlichkeit beispielhaft auf zwei Parameter beschränkt haben, muß dabei der gesamte Parameterraum untersucht werden.

Modifikation der Modellgleichungen

Betrachten wir verschiedene Modelle aus dem aquatischen Bereich, so zeigt sich, daß der gleiche Zusammenhang (auch bei weitgehend gleicher Fragestellung) durchaus unterschiedlich modelliert wird. Teilweise liegen bei verschiedenen Arbeitsgruppen unterschiedliche Vorstellungen davon vor, was jeweils als 'wichtiger' Teil des Modells anzusehen ist und deshalb detaillierter modelliert werden muß. Teilweise besteht auch noch kein Konsens darüber, durch welche Gleichungsform ein bestimmter Prozeß am besten abgebildet wird. Dieser Unterschied zwischen verschiedenen Modellen drückt einen weiteren Aspekt unseres beschränkten Wissens aus. Ebenso wie wir unser beschränktes Wissen über Monte-Carlo-Simulationen abbilden können, können wir hier durch gleichzeitige Verwendung verschiedener Modellansätze zu prohabilistischen Aussagen gelangen. Daß dies zu enormen zusätzlichen Interpretationsproblemen führen muß, sei im folgenden nur beispielhaft an einer Reihe von Simulationen mit unterschiedlichen Modellen gezeigt.

In der ersten Reihe von Abbildung 7 finden sich Simulationsergebnisse mit dem Modell SIM-PEL auf der Basis eines Parametersatzes für eine eutrophen See, wie sie auch schon in den Abbildungen 3 bis 6 gezeigt wurden. Hierbei ist in X-Richtung die maximale Photosyntheserate des gesamten Phytoplanktons und Y-Richtung die Respirationsrate des gesamten Zooplanktons aufgetragen. Es zeigt sich, daß die maximale Algenbiomasse in etwa gleich stark von direkten Effekten (Photosyntheserate) wie von indirekten Effekten (Beeinflussung des Zooplanktons) abhängt. Während der aufgetragenen fünf Jahre wird die Struktur des Systemverhaltens deutlich komplexer. Bei der Simulation eine oligotrophen Sees mit dem selben Modell (2. Reihe) findet sich der selbe Wirkungsgradient wieder, doch die Entwicklung komplexer Strukturen ist weniger stark ausgeprägt und schneller abgeschlossen. Die deckt sich auch mit weiteren Untersuchungen an diesem Modell, die für einen oligotrophen See einen deutlich geringeren Anteil von chaotischen Verläufen gezeigt haben. Die 3. Reihe von Abbildung 7 gibt die Ergebnisse des Modells SWACOM (O'NEILL *et al.* 1982) wieder. Obwohl diese Modell in vielen Modellgleichungen mit SIM-PEL verwandt ist, zeigt sich hier ein qualitativ anderes Bild. Die maximale Algenbiomasse ist hier fast ausschließlich von der direkten Wirkung (der Zunahme der Photosyntheserate) beeinflußt. Vergleichbar mit SIM-PEL findet auch hier im Laufe der Zeit eine Entwicklung zu komplexeren Strukturen statt.

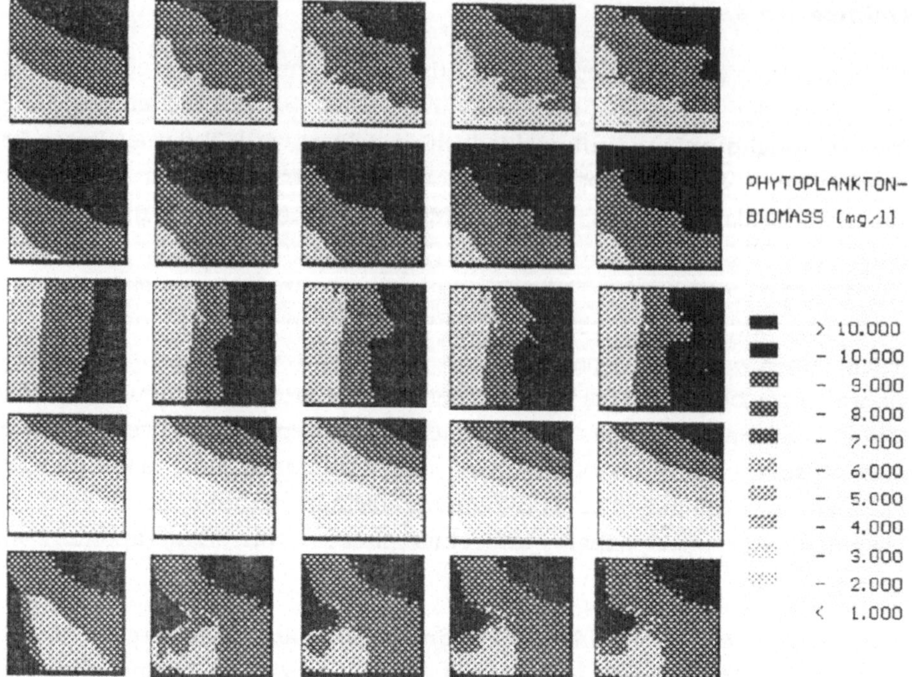

Abb. 7: Unterschiedliches Verhalten verschiedener Modelle zur Simulation des pelagischen Ökosystems eines Sees. In jedem Teilbild nimmt mit der Y-Achse die Respirationsrate des Zooplanktons zu und mit der X-Achse die maximale Photosyntheserate des Phytoplanktons. Die Werte variieren jeweils von 50% bis 150% des Standardwertes. Die Grauwerte geben die maximal erreichte Phytoplanktonbiomasse an. Die aufeinander folgenden Spalten geben das Systemverhalten in den ersten fünf Simulationsjahren wieder. In den Reihen sind die Ergebnisse für folgende Modelle abgebildet:
1. Reihe Modell SIM-PEL, eutropher See (1.0).
2. Reihe Modell SIM-PEL, oligotropher See (0.2).
3. Reihe Modell SWACOM (3.0).
4. Reihe Modell SIM-PEL mit modifizierten Filtrierterm (1.5).
5. Reihe Modell WADEMO (eng verwandt mit CLEANER) (0.5).
Die angegebenen Zahlen in Klammern sind die Faktoren mit denen die angegebene Grauwertskalierung multipliziert werden muß
Weitere Erläuterungen im Text.

Diese Entwicklung bleibt hingegen bei dem Modell SIM-PEL aus wenn die Prozeßgleichung, die die Filtrationsleistung des Zooplanktons bestimmt von einem Holling II-Typ [maximale Filtrierrate * Algenbiomasse / (Algenbiomasse + Konstante)] zu einem Contois-Typ [maximale Filtrierrate * Algenbiomasse / (Algenbiomasse + Räuberbiomasse + Konstante)] abgewandelt wird. Die Gleichgewichtigkeit von direkter und indirekter Wirkung die das Modell SIM-PEL in den ersten beiden Reihen zeigte, findet sich dabei auch hier. Einen ähnlichen Gradienten weist teilweise auch das letzte Modell WADEMO auf, daß dem Modell CLEANER von PARK *et al.* (1975) nachgebildet wurde. Insgesamt zeigt sich hier jedoch die komplexeste Struktur, bei der die Dominanz der unterschiedlichen Effekte von der Lage im Parameterraum abhängig ist.

Zusammenfassung und Ausblick

Mathematische Modelle sind ein gut geeignetes Instrument um ökologische Untersuchungen im Freiland oder in Mesokosmen zu begleiten. Sie können dabei helfen, die Vollständigkeit bzw. Lückenhaftigkeit unseres Wissens über kausale Zusammenhänge in Ökosystemen zu überprüfen. Sie sind ein hilfreiches Werkzeug bei der Entwicklung von neuen Hypothesen und dem Entwurf von Fragestellungen und Experimenten.

Aufgrund unseres lückenhaften Wissens über Modellparameter wie Modellgleichungen und bedingt durch die Variabilität biologischer Systeme ist die prognostische Qualität solcher Modelle allerdings beschränkt. Dies trifft insbesondere dann zu, wenn prognostische Aussagen über längere Zeiträume getroffen werden müssen.

Aus dieser Situation lassen sich folgende drei Thesen zum Umgang und zur Weiterentwicklung von prognostischen Ökosystemmodellen ableiten:

1. Die zur Zeit bestehenden Mängel bei der Qualität prognostischer Aussagen müssen als wichtiges Ergebnis akzeptiert und zu den für Eingriffe in ökologische Systeme Verantwortlichen transportiert werden. Denn wenn wir nicht sagen können, wie sich Eingriffe in Ökosysteme langfristig auswirken, müssen diese unterlassen oder sehr vorsichtig gestaltet werden.

2. Unser Wissen über die Wechselwirkungen in ökologischen Systemen und über die Parameter und Gleichungen, mit denen sie beschrieben werden können, muß vertieft werden, um die prognostische Qualität solcher Modelle zu erhöhen.

3. Es gibt auf diesem Weg allerdings Grenzen, die in der Art wie wir Ökosysteme bisher modellieren begründet liegen. Aufgrund der biologischen Variabilität und der komplexen Struktur von Ökosystemen werden diese nie vollständig erfassbar sein. Doch vielleicht sehen wir im übertragenen Sinne 'den Wald vor lauter Bäumen nicht' und es gibt übergeordnete Regeln mit denen sich das Verhalten von Ökosystemen besser beschreiben lässt. Ansätze dazu finden sich zum Beispiel in dem Versuch Ökosysteme über

thermodynamische Regeln der Minimierung von Entropie zu modellieren (Nielsen 1992).

Literatur

BARTELL S.M., O'NEILL V. GARDNER R.H. 1983 : Aquatic ecosystem models for risk assessment,
in: LAUENROTH W.K., SKOGERBOE G.V. & FLUG M. 1983: Analysis of ecological systems: state-of-the-art in ecological modelling, Developments in environmental modelling 5, Amsterdam, S. 123

DITORO D.M., VAN STRATEN G. 1979: Uncertainty in the parameters und predictions of phytoplankton models, IIASA working paper WP-79-27, Laxenburg

FERSON S., GINZBURG L.R., SILVERS A. 1989: Extreme event risk analysis for age-structured populations, Ecological Modelling, 47, 175-185

NIELSEN S.N. 1992: Application of maximum exergy in structural dynamic models, Ph.D. Thesis, National Enviroment Research Institute Denmark

O'NEILL R.V., GARDNER R.H., BARNTHOUSE L.W., SUTER G.W., HILDEBRAND S.G., GEHRS C.W. 1982 : Ecosystem risk analysis: a new methodology, Environmental Toxicology and Chemistry 1, S. 167-177

OERTEL D. 1992: Beiträge zu Methoden, Möglichkeiten und Grenzen der Simulation von Schadstoffen in aquatischen Ökosystemen, Dissertation am Fachbereich Biologie der Universität Mainz

OERTEL D., POETHKE H.J. & SEITZ A. 1990: Parallelrechnereinsatz bei Ökosystemsimulationen: Abschätzung von Schadstoffauswirkungen auf aquatische Ökosysteme,
in: BREITENECKER F., TROCH I. & KOPACEK P. (Hrsg.) 1990: Fortschritte der Simulationstechnik, Band 1, S. 417-419 , Braunschweig

PARK R.A., SCAVIA D., CLESCERI N.L. 1975: CLEANER, the Lake George model, In: RUSSEL C.S. (Ed.): Ecological modelling in a mangment context, 49-81

POETHKE H.J., OERTEL D. & SEITZ A. 1991: Risk assessment of toxicants to pelagic food-webs: a simulation study,
in: MÖLLER D.P.F., RICHTER O. (Hrsg.) 1991: Analyse dynamischer Systeme in Medizin, Biologie und Ökologie, Berlin

SCHLOSSER H.J. 1988: Auswertung Ökotoxicologischer Forschungen zur Belastung von Ökosystemen durch Chemikalien. Projektleitung Biologie, Ökologie, Energie (PBE) der Kernforschungsanlage Jülich

Selbstorganisation mathematischer Modelle geoökologischer Prozesse

Johann-A. Müller
Fachbereich Informatik/Angewandte Mathematik
Hochschule für Technik und Wirtschaft Dresden
Friedrich-List-Platz 1
8010 D r e s d e n

1. Aufgabenstellung

In vielen Gebieten der BRD nimmt die Nitratkonzentration im oberflächennahen Grundwasser jährlich um 1 - 2 mg/l zu. Die Landwirtschaft gilt als Hauptverursacher der Nitratbelastung des Grundwassers.
Die Auswaschung von Nitrat aus dem Wurzelraum in das Grundwasser führt einerseits zu Verlusten von pflanzenverfügbarem Stickstoff, der für die Ertragsbildung landwirtschaftlicher Kulturen wichtig ist. Andererseits stellt die Nitratbelastung des Grundwassers nicht nur eine Qualitätsminderung des Trinkwassers, sondern eine zunehmende Gesundheitsgefährdung insbesondere für Säuglinge dar.
Die Einhaltung entsprechender Gütestandards im Trinkwasser erfordert eine Steuerung des Nitrataustritts im Bereich zulässiger Werte. Voraussetzung für eine erfolgreiche Steuerung ist jedoch ein Modell, das die Zusammenhänge zwischen Steuergrößen (inputs) und Ergebnisgrößen (outputs) erfaßt. Ansätze der theoretischen Systemanalyse scheiterten bislang u.a. an der mangelnden Kenntnis der biochemischen Umsetzung im Boden. Zahlreiche Geländeuntersuchungen der letzten Jahre lieferten allerdings wichtige Information über Ursachen, Abhängigkeiten und Ausmaß der Nitratauswaschung. Insbesondere kamen dabei Methoden der theoretischen Systemanalyse (Bilanz- und Differenzengleichungen, Simulation) zur Beschreibung der Stickstoffdynamik im Wurzelraum und der Nitratauswaschung zur Anwendung. Da jedoch die einzelnen Teilprozesse der Stickstoffdynamik bislang nur ungenügend theoretisch erfaßt werden konnten, sind die auf diese Weise erhaltenen Ergebnisse trotz erheblich komplizierter Simulationsmodelle bescheiden. Somit muß festgestellt werden, daß trotz beachtlicher Fortschritte in der Regelungstheorie auch bei vorhandener Rechnerunterstützung die vorliegenden Modelle des Steuerobjektes zur geoökologischen Prozeßsteuerung nur unzureichend nutzbar werden.
Berücksichtigt man die ungenügende A-priori-Information über das Steuerobjekt und die Umwelt, so können allerdings prädiktive Steueralgorithmen zur Anwendung kommen (Bild 1). Dabei sind folgende Teilaufgaben zu lösen:
- Speicherung der bisherigen Entwicklung von Aufwand und Ergebnis;

- schrittweise Modellierung auf der Grundlage vorliegender Realisierungen von Input und Qutput mit Methoden der experimentellen Systemanalyse, wobei auf Grund der möglichen schrittweisen Korrektur ein Grobmodell ausreicht;
- Vorhersage der zukünftigen Entwicklung;
- Vergleich der vorhergesagten Entwicklung mit der Solltrajektorie;
- optimale Korrektur der Steuerung auf dieser Grundlage.

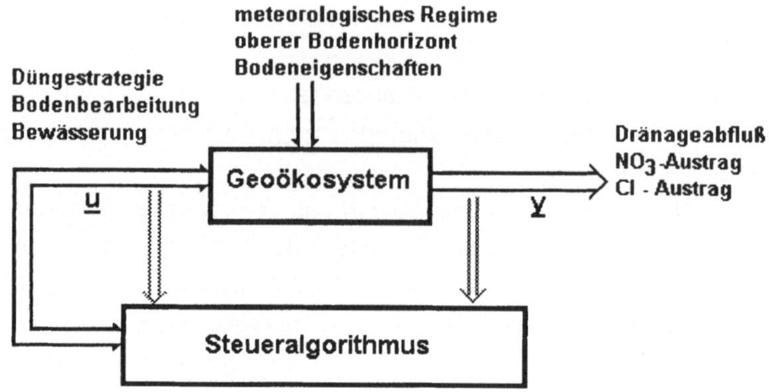

Bild 1

Im weiteren werden vor diesem Hintergrund die Möglichkeiten der experimentellen Systemanalyse untersucht. Ungeachtet ihres eingeschränkten Anwendungsbereichs erweitert sie auf der Grundlage vorliegender Beobachtungen wesentlicher Systemgrößen die vorhandene A-priori-Information und liefert vielfach zur Aufgabenlösung ausreichend gute Modelle. Allerdings sind die traditionellen Ansätze der mathematischen Statistik durch entsprechende Ansätze der Selbstorganisation zu erweitern.

2. Experimentelle Systemanalyse

Aufgabe der experimentellen Systemanalyse ist es, auf der Grundlage von Beobachtungen meßbarer geoökologischer Kenngrößen wie Witterung, Bodeneigenschaften, Wasserhaushalt und Abflußgeschehen ohne ausreichende Information über die Modellstruktur mathematische Modelle für ausgewählte Kenngrößen, wie Dränageabfluß, Bodenparameter, Nitratauswaschung des Sickerwassers u. a. zu ermitteln, die insbesondere auch für die Vorhersage geeignet sind.

Grundlage für die weiteren Untersuchungen waren Meßwerte, die vom Institut für Geographie und Geoökologie Leipzig täglich bzw. 14-tägig erfaßt wurden. Dabei handelt es sich um Datensätze im Zeitraum vom 1.10.1979 -15.06.1988 zum meteorologischen Regime (Schneehöhe, Lufttemperatur (Tagesmittel, Tagesminimum, Tagesmaximum), Sonnenscheindauer, relative Luftfeuchtigkeit, Niederschlagsmenge), zum oberen Bodenhorizont (Bodenfrost, Bodentemperatur

Tagesmittel (5, 10, 50, 100 cm)) sowie zur potentiellen Evapotranspiration, Grundwasserstand und Dränageabfluß. Darüber hinaus lagen vierzehntägige Meßwerte für den CL- und NO_3-Austrag des Sickerwassers sowie der C-, N-, V- und T-Werte und des pH-Wertes vor.

Umfangreiche Untersuchungen mit Methoden der mathematischen Statistik (Korrelationsanalyse, Input-Output-Modelle) aber auch mit Hilfe der Entropieanalyse erbrachten die nachfolgenden Ergebnisse (ausführlicher siehe hierzu /5/).

1. Autokorrelationsanalyse

Es war möglich zu erkennen, welche Prozesse eine Saisonkomponente von einem Jahr enthalten und welche stationär sind. Ausgewiesen wurde für die meisten Kenngrößen eine Korrelationsfunktion, die auf einen autoregressiven Prozeß schließen läßt.

2. Selektion von autoregressiven Modellen des Dränageabflusses

Zur Vereinfachung wurde zur Auswahl eines AR-Modells $x_t = \sum_{i=1}^{p} b_i x_{t-i}$ optimaler Kompliziertheit das Kriterium

$$s^2_{e,p} = \frac{T}{T-p} \sum_{t=p+1}^{T+p} (x_t - \sum_{k=1}^{p} b_k x_{t-k})^2$$

verwendet. Die erhaltenen stabilen Modelle lassen grob folgende Einteilung des Dränageabflusses bezüglich der Abklingzeit (Nachwirkung) zu:

I. Geringe Abklingzeit (p_{max} = 5 - 7) März - November bzw. September - Juli.

II. Hohe Abklingzeit (p_{max} = 40 - 60) Januar - September bzw. Mai - Februar.

3. Distributed-Lag-Modelle (Input-Output-Modelle)

Zur Beschreibung verschiedener landschaftsökologischer Subsysteme wie Bodenfeuchte, Bodentemperatur u. a. sind sogenannte Distributed-Lag-Modelle zur Untersuchung des Transfers von Energie und Wasser zwischen verschiedenen Örtlichkeiten und Schichten der landschaftsökologischen Systeme mit Speicher gut geeignet. Die autoregressiven Terme berücksichtigen dabei die Speichereffekte, das Abklingen der Reaktionsfunktionen u. a. physikalische Vorgänge.

Für lineare, zeitinvariante dynamische Systeme ergibt sich damit

$$\underline{x}_t = A\,\underline{x}_t + \sum_{k=1}^{L} B_k^* \underline{x}_{t-k} + \sum_{j=0}^{L} C_j^* \underline{u}_{t-j}$$

mit L - maximale Verzögerung (Lag), $\underline{x}_t$ - Outputvektor $\underline{x} \in R^n$, $\underline{u}_t$ - Inputvektor $\underline{u} \in R^m$, t = 1, 2,....T, sowie entsprechenden Koeffizientenmatrizen A, B_k^*, C_j^*.

Diese Modellstruktur ist mit Hilfe traditioneller mathematisch-statistischer Methoden zu spezifizieren. Umfangreiche Untersuchungen mit Hilfe der Korrelations- und Entropieanalyse erbrachten:

- für den Beobachtungszeitraum ist eine lineare Modellstruktur abzulehnen,
- wesentliche Einflußgrößen (Inputgrößen) sind nicht erfaßt worden,

- die Inputgrößen sind stark miteinander korreliert,
- da die Inputgrößen autokorreliert (bzw. kohärent) sind, hängt die Kreuzkorrelationsfunktion (bzw.Kreuzentropiefunktion) sowohl von den gesuchten Systemeigenschaften als auch von den Eigenschaften der Inputgrößen ab.

Die weitgehend qualitativen Aussagen aus der Korrelationsanalyse zum Einfluß der verschiedenen Inputgrößen auf den Dränageabfluß (Outputgröße) sowie zur Größenordnung der maximalen Verzögerung stimmen mit denen überein, die sich aus der Entropieanalyse ergaben.

4. Identifikation der Gewichtsfunktion

Dementsprechend brachte die Ermittlung der Gewichtsfunktion aus der Kreuz- und Autokorrelationsfunktion über die Entfaltung der Faltungssumme trotz Einbeziehung einer quadratischen Glättungsfunktion zur Regularisierung der nicht korrekt gestellten Aufgabe nur in wenigen Fällen die gewünschten Ergebnisse.

Schlußfolgerung

All diese Ergebnisse reichen offensichtlich nicht aus, um auf dieser Grundlage eine ausreichend begründete Modellstruktur zu selektieren. Dementsprechend bleibt ein alternatives Herangehen der induktiven Modellbildung auf der Grundlage der Selbstorganisation übrig, das im weiteren dargestellt werden soll.

3. Modellbildung mit Hilfe Selbstorganisation

3.1 Anwendung der Künstlichen Intelligenz zur automatischen Modellbildung

Erfahrungen auch über die in Abschn.2 erhaltenen hinaus zeigen, daß die üblichen Voraussetzungen, wie z.B. zur traditionellen Aufteilung der Variablen in exogene und endogene, zur Wahl der funktionellen Abhängigkeit zwischen ihnen, zur dynamischen Spezifikation der Modelle, zur Korrelationsstruktur der Residuen u.a. auf der Grundlage der in der Ökologie real vorliegenden A-priori-Information kaum oder gar nicht überprüft werden können. Eine praktikable Modellierung muß Elemente des interaktiven Modellentwurfs auf der Grundlage der theoretischen und experimentellen Systemanalyse mit Elementen der automatischen Modellbildung verbinden, wobei das beim Anwender vorhandene Wissen durch eine interaktive Modellbildung berücksichtigt wird und die beim Anwender vorhandene Unbestimmtheit bei der Wahl der geeigneten Modelle und ihrer Struktur durch automatische Modellbildung reduziert werden kann. Die automatische Modellbildung nutzt dabei Möglichkeiten der Künstlichen Intelligenz, die über die Anwendung der Wissensrepräsentation und -verarbeitung insbesondere bei der Modellauswahl und Nutzerführung hinausgehen. Im weiteren ist eine mögliche Richtung aufgezeigt, in der bereits langjährige Erfahrungen vorliegen.

3.2 Selbstorganisation mathematischer Modelle

Die Realisierung der Intelligenz mit Hilfe der Computer ist prinzipiell auf der Grundlage deduktiver und induktiver Methoden möglich. Im Zusammenhang mit der Modellbildung ist zusätzlich zur elementar-intelligenten Schicht auf der Grundlage der logischen Schlußfolgerungsmechanismen eine kreativ-intelligente Schicht notwendig. Intelligenz erfordert neben der logischen Phase eine chaotische Phase, wobei durch Mechanismen der Selbstorganisation nützliche neue Erkenntnisse generiert und von falschen, unbrauchbaren selektiert und verstärkt werden.

Ein induktives Herangehen an die Erkennung von Gesetzmäßigkeiten ausgehend von den Fakten hat auf folgenden Schritten zu beruhen :

1. Aufteilung der Fakten in Lern- und Prüffolge;
2. Generierung von Hypothesen auf der Grundlage der Lernfolge;
3. Überprüfung der Hypothesen auf der Prüffolge;
4. Wenn die Hypothese auf der Prüffolge abgelehnt wird, dann gehe zu 2., anderenfalls kann die Hypothese als die gesuchte Gesetzmäßigkeit angenommen werden.

Es existieren bereits verschiedene in der Praxis erprobte Realisierungen dieser Herangehensweise an die Modellbildung, wie z.B. die Evolutionsmodellierung, die Anwendung der Stochastik bei der Generierung der Hypothesen sowie insbesondere verschiedene Algorithmen und Programme zur Selbstorganisation mathematischer Modelle auf dem Computer, die neben der Modellierung auch bei der Cluster-Analyse Anwendung finden /1/. Ausgehend von der vorhandenen Stichprobe aller Einflußfaktoren und den interessierenden Systemgrößen wird auf dem Computer eine größere Anzahl von alternativen Modellen erzeugt und nach vorgegebenen Auswahlkriterien ein sogenanntes Modell optimaler Kompliziertheit ausgewählt.

Entsprechende Programmpakete sind inzwischen auch in verschiedenen Ländern (z.B. USA, Japan) entwickelt und werden dort erfolgreich angewendet. Ihre Grundstruktur besteht aus folgenden 3 Blöcken:

- Transformation der Beobachtungen entsprechend dem System der ausgewählten Basisfunktionen;
- Erzeugung einer vollständigen oder unvollständigen Auswahl der Modellvarianten;
- Berechnung der Selektionskriterien und Selektion partieller Modelle.

Die Effektivität der konkreten Algorithmen wird letztlich durch die Wahl der Selektionskriterien, Basisfunktionen, Aufteilung der Beobachtungen in Lern - und Prüffolge, Erhöhung der Kompliziertheit der Modellvarianten u.a. bestimmt. Konkrete rechentechnische Realisierungen stoßen dabei sowohl auf den begrenzten Speicherumfang als auch auf die begrenzte Rechenzeit. Eine sinnvolle Ausnutzung der numerischen Eigenschaften z.B. der Normalgleichungssysteme, die Anwendung rekursiver Rechenvorschriften zur Berechnung der Selektionskriterien und der Modellparameter erbrachte erhebliche Aufwandsreduzierungen /1/. Bereits in /6/ sind eine große Anzahl effektiver Rechenprogramme zur Realisierung verschiedener Algorithmen der Selbstorganisation angegeben.

3.3 Selbstorganisation mathematischer Modelle und neuronale Netze

Unter Selbstorganisation versteht man das selbständige Entstehen einer Organisation in einem autonomen System, wobei eine ursprüngliche Organisation sowie ein Mechanismus zur zufälligen Mutation dieser Organisation existieren und ein Auswahlmechanismus vorhanden ist, mit dessen Hilfe die Mutationen bezüglich ihrer Nützlichkeit für die Verbesserung der Organisation eingeschätzt werden können.

Diese Prinzipien liegen auch der bereits in den fünfziger Jahren entwickelten Theorie neuronaler Netze zugrunde. Mit der veränderten materiell-technischen Basis (Entwicklung der Computer) und der absehbaren Krise der auf Symbolverarbeitung und deduktiven Ansätzen beruhenden Künstlichen Intelligenz kam es in den letzten Jahren zu einer wachsenden Zahl von Arbeiten zu Theorie und Anwendung neuronaler Netze.

Die Anfang der siebziger Jahre entwickelten Algorithmen zur Selbstorganisation mathematischer Modelle ordnen sich in diese Entwicklung ein, wobei jedoch u.a. die folgenden Besonderheiten hervortreten.

1.Elementare Prozessoren

Im Unterschied zu neuronalen Netzen sind die elementaren Prozessoren nicht Schwellwertelemente sondern elementare lineare bzw. nichtlineare Basisfunktionen, z.B. bei der Methode der gruppenweisen Berücksichtigung der Argumente (GMDH algorithm) $y^i_{jk} = f(x_j, x_k, \underline{c}_{jk})$, mit y^i_{jk} -Output des elementaren Prozessors in der i-ten Generation, x_j, x_k - Inputs, $\underline{c}_{jk}$ - Parametervektor.

Diese scheinbar kompliziertere Architektur ermöglicht für kürzere Lernfolgen auch nichtlineare Funktionen implizit zu erfassen und explizit in analytischer Form anzugeben.

2. Generierung der Mutationen

Anstelle der in früheren Entwicklungen neuronaler Netze (z.B. Perceptron) vorherrschenden stochastischen Erzeugung der Mutationen beruhen die Algorithmen auf einer stufenweisen Erhöhung der Kompliziertheit. Dieses aufeinanderfolgende Kombinieren verschiedener Modellvarianten bei gleichzeitigem Erhöhen der Kompliziertheit führt auf eine mehrstufige Struktur mit im voraus unbekannter Stufenanzahl.

3. Lernregeln

Anstelle rekursiver Verfahren zur Bestimmung der unbekannten Parameter neuronaler Netze unter Verwendung iterativer, oftmals auch heuristischer Lernregeln finden direkte Schätzverfahren in jeder Generation Anwendung. Für ausgewählte Klassen von Basisfunktionen (z.B. in den unbekannten Parametern $\underline{c}_{jk}$ linear) können direkte Methoden zur Identifikation der unbekannten Parameter angewendet werden, wie z.B. die Maximum-Likelihood-Schätzung .

4. Äußere Ergänzung

Die Aufgabe, lediglich auf der Lernfolge ein bestes Modell aus der Menge der möglichen auszuwählen, ist nicht korrekt gestellt. Zur eindeutigen Auswahl wird ein äußeres Kriterium verwendet, d.h. die Selektion erfolgt auf einer Prüffolge.

5. Einbeziehung der A-priori-Information

Das sicher vorhandene A-priori-Wissen der Experten findet bei der Auswahl der universellen Modelklassen und der alternativen, teilweise heuristischen Modellvarianten verschiedener Detailliertheits- und Beschreibungsebenen Anwendung.

Der Anwender muß entsprechend seinem inhaltlichen Anliegen und den von ihm verbal formulierten Anforderungen an ein Modell optimaler Kompliziertheit sein Kriterium oder seine Hierarchie von Kriterien erstellen. Dabei ist zu berücksichtigen, daß für jede Aufgabenstellung (empirischer Datensatz) und jede Menge von Basisfunktionen ein "bestes" Auswahlkriterium und eine "beste" Aufteilung der Beobachtungen existieren.

6. Nachweis der optimalen Kompliziertheit

Eine wichtige Eigenschaft aller Auswahlalgorithmen mit quadratischen Auswahlkriterien besteht darin, daß bei vorhandenem Rauschen ein einziges Modell optimaler Kompliziertheit existiert. Mit wachsendem Rauscheinfluß verringert sich die optimale Kompliziertheit dieses Modells, d.h. die Modelle werden einfacher und damit robuster gegenüber Störungen.

Das stimmt mit der Erkenntnis überein, daß im Interesse der Robustheit für große Rauschanteile nichtphysikalische Modelle (nonphysical models), d.h. Modelle optimaler Kompliziertheit, effektiver (genauer) und störstabiler sind als physikalische. Mit steigendem Rauschniveau kann man die Genauigkeit des Modells in bestimmten Grenzen nur dadurch erhalten, daß man seine Kompliziertheit verringert (siehe auch 2.Shannonsches Theorem).

3.4 Einbeziehung der A-priori-Information in die Selbstorganisation

Umfangreiche Anwendungen dieser Vorgehensweise insbesondere zur Erstellung von linearen interdependenten Gleichungssystemen entsprechend der in Abschn.2 vorgestellten Struktur (Input-Output-Modelle) sowohl für ökonomische Systeme /4/ als auch ökologische Systeme /2/ haben gezeigt, daß eine automatische

Anwendung der Algorithmen der Selbstorganisation nicht in jedem Fall zu sinnvollen und praktikablen Ergebnissen führt. Verschiedene Probleme der Modellbildung bleiben bestehen bzw. werden auf diese Weise unbefriedigend gelöst, neue , wie z.B. Probleme der Stabilität der erstellten Gleichungen, der Interpretierbarkeit und Validität dieser Modelle, erhalten zunehmende Bedeutung.

Um diese Schwierigkeiten zu überwinden, ist es sinnvoll , in die Selbstorganisation mathematischer Modelle die vorhandene A-priori-Information einzubeziehen. Das bedeutet einerseits, das in der einzelwissenschaftlichen Theorie enthaltene Wissen über Input-Output-Relationen, strukturelle Information und Kausalbeziehungen, aber andererseits auch die in der Systemforschung bei der Modellierung großer komplizierter Systeme vorhandenen Erfahrungen und Methoden, wie der Struktur-, Stabilitäts-, Empfindlichkeitsanalyse usw., zu nutzen. Damit ergibt sich eine Erweiterung des dargelegten Prinzipschemas der Selbstorganisation um die Wissensextraktion sowohl aus der einzelwissenschaftlichen Theorie als auch aus den vorhandenen experimentellen Daten (Bild 2).

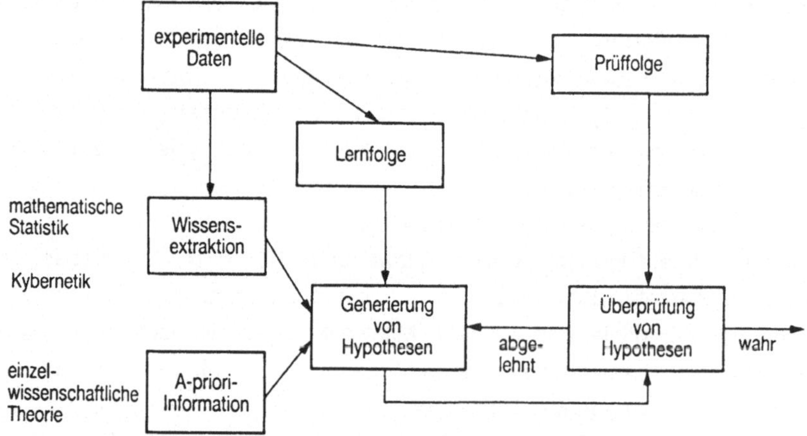

Bild 2

Im weiteren soll lediglich auf die Generierung eines Nucleus-Modells als Beispiel für die Wissensextraktion aus den experimentellen Daten etwas näher eingegangen werden.

3.5 Generierung eines Nucleus- Modells

Für ökonomische, ökologische, soziale u.a. Systeme ist eine abgeschwächte mathematische Beschreibung, wie sie sich z.B. bei der Clusteranalyse oder Analogiemethode ergibt, gut geeignet, da für diese Systeme die Systemgrößen ein bestimmtes Muster (Pattern) bilden, in dem alle miteinander verbunden, untereinander kompliziert verschlungen sind, wobei man schwer Ursachen von Wirkungen zu unterscheiden vermag. In diesem Fall ist es sinnvoll, den Systemgrößensatz aufzuteilen in disjunkte Teilmengen ähnlicher (homogener) Systemgrößen. In die dynamische Modellbildung gehen lediglich die Repräsentanten aus den Teilmengen ein (Kern des Nucleus).

Grundgedanke der Generierung eines Nucleus-Modells ist somit die objektive Auswahl der wesentlichen Kenngrößen für die Modellierung und ihre Klassifikation in endogene und exogene Variable. Ermittelt wird auf diese Weise die notwendige Dimension des Zustandsraums, in dem die Systemtrajektorie vollständig und ohne Redundanz beschrieben werden kann. Dem äquivalent ist die Ermittlung der unabhängigen Kenngrößen, die ein gegebenes System vollständig zu erfassen gestatten.

Die von der dynamischen Modellbildung ausgeschlossenen Variablen werden in einem zweiten Schritt als Funktionen der im dynamischen Modell enthaltenen Größen modelliert, z.B. mit Hilfe von Algorithmen zur Auswahl von Modellen optimaler Kompliziertheit.

Die Auswahl der disjunkten Teilmengen von Kenngrößen, die jeweils einen Nucleus bilden, erfolgt entweder visuell (z.B. im Raum der Hauptkomponenten auf der Grund-

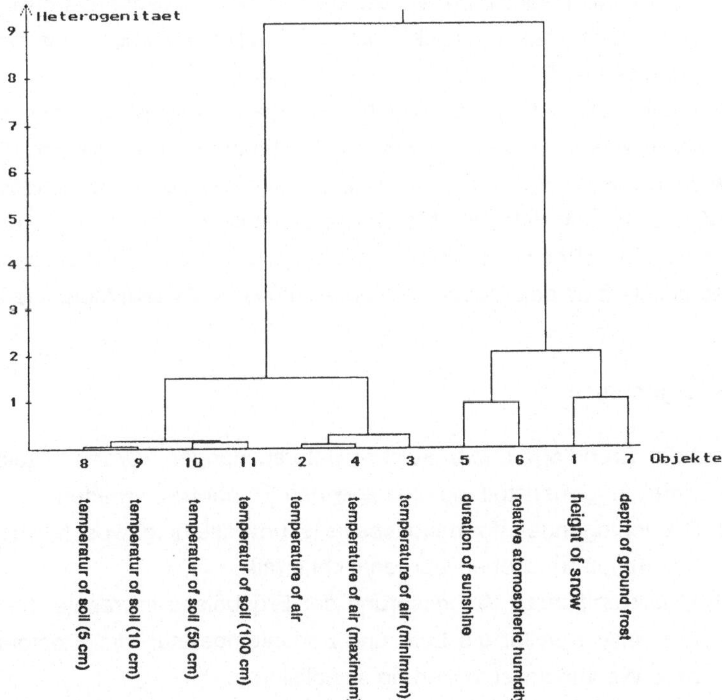

Bild 3

lage der Hauptkomponentenanalyse) oder aber auch automatisch mit Hilfe der Clusteranalyse. Bei ausreichender A-priori-Information wählt der Nutzer anschließend die repräsentativen Kenngrößen für jeden Nucleus im Dialog aus. Eine Automatisierung erfolgt z.B. durch Einführung von Abstandsmaßen . Bild 3 zeigt für den geoökologischen Datensatz das Ergebnis einer Clusteranalyse. Das Dendrogramm ist inhaltlich gut interpretierbar.

3.6 Validierung

Die Aufgabe der Validierung, d. h. die Überprüfung, ob das erhaltene Modell in der Lage ist, kausale Zusammenhänge zwischen Ein- und Ausgangsgrößen zu erfassen oder ob das Modell lediglich auf Grund der endlichen Stichprobenrealisierung zufällige nichtkausale Zusammenhänge widerspiegelt, kann mit Hilfe der Randomisierung gelöst werden. Zu diesem Zweck werden für gegebene Beobachtungen zwei Modelle erstellt.

1. Ohne Randomisierung: Modell M ergibt sich für die gegebenen Beobachtungen von Eingangsgangsgrößen $\underline{u}$ und Ausgangsgröße y mit dem entsprechenden Gütewert Q.
2. Mit Randomisierung: Für gegebene Beobachtungen der Eingangsgrößen und randomisierte Realisierungen der beobachteten Ausgangsgröße y^r wird ein Modell M^r erstellt, das lediglich zufällige Zusammenhänge abbildet, der zugehörige Gütewert ist Q^r.

Für den Fall, daß gilt $Q >> Q^r$, kann die Annahme, daß das Modell wesentliche kausale Zusammenhänge zwischen Eingangs- und Ausgangsgrößen abbildet, nicht widerlegt werden. Zur Bestimmung des signifikanten Unterschiedes zwischen Q und Q^r wurden mit Hilfe der Monte-Carlo-Simulation die Werte einer entsprechenden Testgröße (Bestimmtheit) in Abhängigkeit vom Stichprobenumfang und der Kompliziertheit des Modells (potentiell mögliche Anzahl Modellparameter) ermittelt.

4. Ergebnisse

Auf der Grundlage umfangreicher Untersuchungen wurden letztlich für die in 1. formulierte Aufgabenstellung die folgenden Ergebnisse erhalten:

1. Die vorliegende Informationsbasis ist unvollständig, wesentliche Einflußgrößen für das Abflußgeschehen wurden nicht erfaßt.
2. Eine signifikante Verbesserung der Ergebnisse erbrachte die Einbeziehung von Schwellwerten für die Luft- und Bodentemperatur, die Frostperioden, Bodenfrost bzw. Wachstumsstimulierung signalisieren.
3. Lineare Modelle haben lediglich eine zeitlich lokale Gültigkeit. Bessere Ergebnisse wurden durch Einbeziehung nichtlinearer Zusammenhänge erhalten.
4. Durch gleitende Modellbildung, d. h. durch Modelle, die für um jeweils einen Monat verschobene Beobachtungszeiträume ermittelt wurden, ergab sich eine

Konkretisierung der erhaltenen Einteilung der zeitlichen Systementwicklung in homogene Abschnitte. Damit liegen Klassen typischen Abflußgeschehens und die entsprechenden Modelle vor.

5. Als zusätzliche Einflußgröße wurde der Dränageabfluß des Vorjahres in die Modellbildung einbezogen. Die Berücksichtigung zeitlicher (und räumlicher) Fernwirkungen, in diesem Fall mit Hilfe eines zweidimensionalen Zeitvektors, erbrachte eine weitere wesentliche Verbesserung der Modellergebnisse.
6. Untersuchungen zum Einfluß verschiedener Detailliertheitsebenen der Beobachtungen (tägliche, vierzehntägige, monatliche Meßwerte) auf die Modellgüte und Vorhersagegenauigkeit zeigten, daß die innerhalb eines Monats anzutreffenden Bedingungen im meteorologischen Regime sowie im Boden durch monatliche Daten weitgehend nivelliert werden, wohingegen tägliche Realisierungen zu viele auf die Modellstruktur einwirkende zufällige Schwankungen, die auch in Beprobungsfehlern gesehen werden, aufweisen. Dementsprechend ergeben vierzehntägige Beobachtungsdaten die besten Modelle und die günstigsten Vorhersageergebnisse.

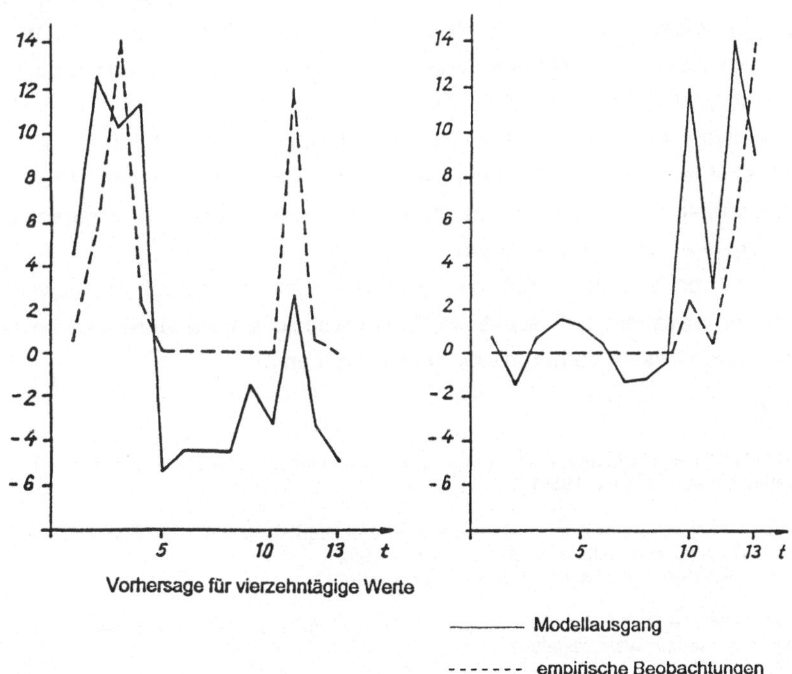

Bild 4

Für ein Detailliertheitsniveau von 14-tägigen Werten konnte hinsichtlich der Modelanpasssung festgestellt werden, daß der qualitative Prozeßablauf im wesentlichen erkannt wird, der Wechsel von Abschnitten hohen Dränageab flusses mit solchen geringen Abflusses im notwendigen Rhythmus erfolgt (Bild 4).

Einschränkend muß festgehalten werden, daß sehr hohe Austritte zwar signalisiert, jedoch nicht in der notwendigen Höhe ausgewiesen werden.
Für fast alle Modelle wurde mit halbjährlichen Vorhersagen die qualitative Tendenz des Dränageabflusses erfaßt.

5. Schlußfolgerungen

Die in Abschn. 3.5 gegebene Begründung für eine abgeschwächte mathematische Beschreibung führt zu nichtparametrischen Auswahlmethoden. Nichtparametrische Auswahlmethoden, wie z. B. die Analogiemethode, gehen davon aus, daß das betrachtete System sich durch einen mehrdimensionalen Prozeß beschreiben läßt und der mehrdimensionale Prozeß ausreichend repräsentativ ist, d. h. die für das Verhalten des Systems wesentlichen Systemgrößen sind erfaßt.
Unter diesen Voraussetzungen kann man annehmen, daß sich Entwicklungsabschnitte der Vergangenheit wiederholen können. Gelingt es, einen solchen zum gegenwärtigen Entwicklungsabschnitt analogen Abschnitt der Vergangenheit zu ermitteln, so läßt sich die Vorhersage aus der in der Vergangenheit bereits bekannten Weiterentwicklung des ermittelten Analogs (oder mehrerer ermittelter Analoge) bestimmen.
Damit entsteht folgende Aufgabe: Ausgehend vom gegenwärtigen Entwicklungsabschnitt sind ein oder auch mehrere diesem Abschnitt ähnliche Abschnitte der Vergangenheit zu suchen, mit deren Hilfe die Entwicklung im Vorhersagezeitraum $\underline{x}_{N+1}, \ldots, \underline{x}_{N+T}$ ermittelt werden kann.
Vorliegende erste Erfahrungen mit derartigen nichtparametrischen Auswahlalgorithmen lassen erwarten, daß auf diese Weise plötzliche Veränderungen im Abflußgeschehen noch besser vorhergesagt werden können /3/.

Literatur:

/1/ Ivachnenko, A. G.; Müller, J. A. : Selbstorganisation von Vorhersagemodellen. Berlin: Verlag Technik (1984).

/2/ Ivachnenko, A. G.; Müller, J. A. : Selection procedures and their application in economy and ecology. In "Computational Systems Analysis 1992". Tokyo, Amsterdam: Elsevier Publ. (1992),pp.489-495.

/3/ Ivachnenko, A.G.; Müller, J.A. :Parametrische und nichtparametrische Auswahlverfahren in der experimentellen Systemanalyse. at 34 (1992) H.9, S.323-332.

/4/ Müller, J.A. :Macroeconomic modeling by means of selforganizing methods. 11. IFAC-World Congress Tallinn 1990

/5/ Müller, J.A.; Mönch, M.: Untersuchungen zur Dynamik und zum Prozeßablauf von Stofftransporten und -umsätzen in Geoökosystemen. Wiss. Ztschr. Hochschule für Ökonomie Berlin 36 (1991), H.3/4 , S.33-43.

/6/ Nachschlagwerk zu typischen Programmen der Modellierung. Kiew : Technika 1980.

Geostatistische Analyse mit PC-Programmen

R. Dutter
Institut f. Statistik
Technische Universität, Wien
Wiedner Hauptstraße 8-10
A-1040 Wien, Austria

Zusammenfassung

Wir diskutieren Anforderungen an Software am PC für die geostatistische Analyse. Eine entsprechende Realisierung in zwei Programmpaketen wird besprochen und am Beispiel der Analyse einer Industriemnerallagerstätte illustriert.

1 Einführung

Insbesondere die zunehmende Verknappung von Rohstoffen einerseits und die fortschreitende Zerstörung unserer Umwelt durch Schadstoffe andererseits zwingen uns zu genauerer Beobachtung und immer besseren Analysen unserer Umgebung. Da wir mit örtlich (und zeitlich) veränderlichen Systemen zu tun haben, bietet sich unter anderem die Exploration und Analyse mit geostatistischen Methoden an.

Zumeist hat man mit großen Mengen von Daten zu tun, sodaß der Einsatz von Computern ein offensichtlicher Schritt zur Erleichterung der Arbeit ist. Bis vor kurzem konnten Aufgaben der Exploration mit großen geologischen Datenmengen nur mit Hilfe von Großrechnern (*mainframes*) oder zumindest mittelgroßen (*Mini-Computern*), die aber häufig das Budget von nicht sehr großen Organisationen gesprengt hätten, bearbeitet werden.

Seit der extrem raschen Steigerung der Mächtigkeit (an Rechengeschwindigkeit, Speicherfähigkeit, Bedienungskomfort, etc.) und gleichzeitigem Preisverfall der Personal-Computer, elektronischen Notebooks (und welche Namen noch bald erfunden sein werden), steht uns Hardware zur Verfügung, die fast auf jedem Schreibtisch (oder im Reiseköfferchen) von Buchhaltern, Sekretärinnen, Lehrern, Ingenieuren, Umweltsachverständigen und Geologen Platz gefunden hat. Die Bedienung muß nicht mehr durch speziell ausgebildetes Personal erfolgen, und die Geräte sind auch leicht finanzierbar.

Mit dem Angebot dieser günstigen Hardware stellt sich sofort die Frage nach der richtigen Software mit den Aufgaben entsprechenden Verfahren. Bezüglich der Methoden ist wegen der großen Computerleistungsfähigkeit eine Verschiebung in Richtung "computer-intensive Methoden" zu beobachten. Zum Beispiel sieht man in der Statistik immer mehr die Verwendung von sogenannten resistenten Methoden (gegenüber unerkannten Veränderungen der Daten relativ unempfindlich, wie etwa Median-artige) im häufigen Gegensatz zu leicht rechenbaren (etwa auf Mittelwert-Bildung basierende). (Cressie, 1991.)

In der vorliegenden Arbeit wird zunächst über Anforderungen an ein für Anwender günstiges Datenanalysesystem auf der PC-Plattform diskutiert. Dabei liegen die Schwerpunkte auf Daten-explorativen Methoden (grafischer und numerischer Art) und auf geostatistischen Berechnungen, d.h. Strukturanalyse ("*variogramming*") und statistische Inter- und Extrapolation (das Verfahren von "*Krige*").

Die Implementierung wird an einem ausgewählten Computerprogrammsystem, das an der Technischen Universität in Wien auf PC-Basis entwickelt wird, diskutiert und anhand eines Falles der Untersuchung einer Industriemnerallagerstätte illustriert.

2 Anforderungen an Computerprogramme für den PC

Normalerweise wird man in der Angewandten Datenanalyse immer mit Methoden der Beschreibenden Statistik beginnen und dabei moderne Verfahren der Explorativen und Grafischen Analyse verwenden. Erst danach wird die Schließende Statistik zum Einsatz kommen. Nach jedem der beiden Punkte werden sich Motivationen für Datentransformationen ergeben, und die Analyse wird häufig mit den transformierten Daten wiederholt werden müssen. In unserem Fall der ortsabhängigen Daten werden dann geostatistische Methoden aus dem Bereich der Analytischen Statistik verwendet.

Wichtige Anforderungen an Computerprogramme, die am PC effektiv verwendet werden sollten, sind nun folgende:

- Benutzerkomfort (leichte Handhabbarkeit)
- Rechengeschwindigkeit
- Speicherplatzbedarf und -verwaltung
- Funktionalität
- Flexibilität
- Portabilität (Unabhängigkeit von einer speziellen Hardware)
- Bildschirmgröße und -qualität
- Druckmöglichkeiten, Einbindung in "*desk-top-publishing*"
- Finanzierbarkeit.

Im Detail ist folgendes wünschenswert:

1. Benutzerkomfort ("*easy to use–software*"): Die Benutzung von Software sollte leicht erlernbar und diese dann in komfortabler Weise optimal eingesetzt werden können. Der gute Lerneffekt kann erreicht werden durch eine Verbindung der Programme mit einer Konsistenz der Menüs, Prompts, *Help*-Systeme und Methodologie. Es passiert immer wieder, daß ein Programmsystem ausgesprochen leicht zu erlernen ist, aber die Routinebenutzung für Experten durch ständig wiederholte Fragen, die beantwortet werden müssen, sehr unangenehm und zeitraubend werden kann.

2. Rechengeschwindigkeit: Dazu ist zu sagen, daß sie nicht als großes Problem erscheint, soferne bei der Implementierung der mathematischen Algorithmen (z.B. Sortierung) möglichst optimal vorgegangen wurde. Am PC läuft normalerweise auch nur ein Job zur gleichen Zeit, sodaß die aufwendige Verwaltung des "*multi-tasking*" wegfällt. Ein Programmsystem (auch eines mit Grundlinie der interaktiven Nutzung) sollte immer die Möglichkeit haben, daß man ein kleines Problem austesten und dann ein ähnliches mit großer Datenmenge und/oder komplizierten Rechenalgorithmus in "*batch*" allein laufen lassen kann.

3. Speicherplatzbedarf und -verwaltung: Dies stellt ein besonderes Problem dar. Obwohl neuere PC's bereits häufig mit mehreren MBytes an Kernspeicher ausgestattet sind, kann das übliche DOS-Betriebssystem aus Kompatibilitätsgründen nur 640 KByte davon verwenden. Nach Abzug des Speicherbedarfs des Betriebssystems bleiben davon meist nur 450 - 550 KByte für Applikationen übrig. Das ist für große Programmsysteme und

deren Daten meist zu wenig. Daher müssen in großen Applikationen Teile des Programms und der Daten auf die Festplatte ausgelagert werden, was zu Geschwindigkeitseinbußen führt. Der Kernspeicher über 640 KByte kann mit speziellen (käuflichen) Softwareprodukten (sogenannten EMS-Treibern) ausgenützt werden. Dies reduziert die Anzahl von notwendigen Auslagerungen auf die Platte erheblich und erhöht die Geschwindigkeit.

4. Funktionalität: Die Software sollte die Lösung des gestellten Problems so gut wie nur möglich liefern. Sind die verwendeten Algorithmen nur sehr beschränkt einsetzbar, wird in der Praxis häufig das Problem entsprechend der verfügbaren Software abgeändert.

5. Flexibilität ist wichtig, um verschiedene Datentypen und Problemstellungen behandeln zu können: Keine zwei Explorationsprojekte gleichen einander wegen der Verwendung anderer Techniken, Datenquellen und -generierung. Die Software sollte auf der Benutzerebene möglichst flexibel sein, um mit verschiedenen Problemen fertig zu werden, ohne daß daneben zusätzliche, teure Software notwendig ist.

6. Portabilität: Die Forderung der Programmportabilität bedeutet, daß das Programmsystem möglichst leicht (vollkommen ohne Schwierigkeiten wird es wohl nie gehen) auf andere Betriebssysteme übertragbar ist. Die Wahl der Programmiersprachen, die dann von den Systemsprachen unterstützt werden müssen, ist dabei wesentlich. Weiters sollte kein "Dialekt" einer Sprache, der dann wieder nur von gewissen Betriebssystemen verstanden wird, verwendet werden. Zu dieser Fragestellung erwähnen wir nur zwei Programmiersprachen, die wir in Erwägung zogen, nämlich *FORTRAN*, weil es seit Jahrzehnten eine etablierte (wahrscheinlich nicht optimale, aber extrem weit verbreitete) Programmiersprache darstellt, und zweitens *C*, weil sie auf den meisten Betriebssystemen zur Verfügung steht und sehr flexibel auf Hardware-Eigenschaften (wie Grafik-Systeme, Menüsteuerungen, Maus, etc.) eingehen kann. Die Einbindbarkeit von Programmteilen, die in anderen Programmiersprachen geschrieben sind, wurde dabei auch berücksichtigt.

7. Bildschirmgröße und -qualität: Die Qualität des verwendeten Bildschirms variiert leider von PC zu PC, und das Programmsystem sollte die zur Verfügung stehenden Eigenschaften optimal nützen. Ein guter Grafikschirm ist allerdings für eine vernünftige interaktive statistische Analyse notwendig. Die Größe (die üblicherweise bei PC's leider sehr klein ist) ist am besten durch gewisse *zoom-* (d.h. Vergrößerungs-) Funktionen sinnvoll ausnutzbar.

8. Druckmöglichkeiten: Dazu ist zu sagen, daß es heute üblich ist, mit der Print/screen-Taste des PC's eine "*hardcopy*" auf einem Nadeldrucker zu bekommen, oder, daß einfach der kompliziert erstellte Bildschirminhalt fotografiert wird. Meistens stehen aber viel bessere Möglichkeiten des Aufpapierbringens zur Verfügung als die Pixelgröße des Bildschirms es zuläßt. Ein Laser-Printer oder Stiftplotter können optimal verwendet werden, wenn die Grafikinformation des Bildschirms nicht pixelweise, sondern in Vektorform auf ein "*Metafile*" gespeichert und über ein Treiberprogramm die entsprechende Ausgabeeinheit angesteuert wird. So ein Treiberprogramm kann auch noch gewisse Editiermöglichkeiten beinhalten und auch Möglichkeiten zum Einfügen in *Desk-top-publishing*-Einrichtungen aufweisen.

9. Finanzierbarkeit: Schließlich sollte das PC-Programm noch zu einem vernünftigen Preis angeboten werden.

3 Numerische und grafische Analyse mit DAS

Für die explorative, numerische und vor allem grafische Datenanalyse in Verbindung mit geografischen Darstellungsmöglichkeiten in (eventuell vorgegebenen) Karten wurde ein Prototyp eines Programmsystems, genannt *DAS* (*D*ata *A*nalysis *S*ystem), entwickelt. (Siehe Dutter et al., 1990.) Es stellt ein einzelnes Programm dar, das in der Sprache *C* in einer Overlay-Technik und unter Ausnützung aller vorhandenen Speichertechniken programmiert wurde und zur Zeit auf IBM-kompatiblen PC's mit wenigstens 640 KByte Memory und entsprechender Harddisk ($\geq$ 20 MB), grafikfähigem Bildschirm, vorteilhaft mit mathematischem Koprozessor und mit Maus, sowie mit einer Druckmöglichkeit, Matrixdrucker, Vektorplotter, Laserprinter, etc., läuft. Es wird jedoch nicht schwierig sein, es in kurzer Zeit für andere PC's oder für Workstations umzustellen.

Was nutzertechnische Aspekte anbelangt, wurde zunächst auf Kommandosteuerung der interaktiven Analyse geachtet (siehe dazu die Diskussionen in Huber and Huber-Buser, 1988, ebenso das Softwarepaket *PC-ISP*). Später wurde eine wahlweise Menüsteuerung hinzugefügt, die besonders günstig mit einer "Maus" verwendet wird und die vielen Benutzerwünschen entgegenkommt. Alle eingetippten (oder durch das Menü erzeugten) Befehle können mitgeschrieben und im teilweisen oder vollständigen Batch-Betrieb wieder verwendet werden. Dahinter liegt noch immer ein großes *Help*-System mit fast 200 Masken, die durch eine günstige Vernetzung (Querverweise) ein schnelles Auffinden von Informationen erlauben. Dabei werden die Schlagwörter einfach menügesteuert angeklickt. Zusätzlich gibt es natürlich ein dickes Handbuch (siehe Dutter et al., 1990), das zuerst mit 10 "Tutorials" einen kontinuierlichen Einstieg ermöglicht, viele technische Details zum Nachschlagen bringt und schließlich das gesamte *Help*-System mit allen zur Verfügung stehenden Masken darstellt.

Erwähnenswerte Eigenschaften sind weiters Möglichkeiten der Bearbeitung sehr großer Datensätze (bis 32 767 Proben mit theoretisch bis 32 767 Variablen), Transformationen der Variablen, Definition von Untermengen und Probenauswahl über einfache Funktionen, logische Operatoren oder spezielle Bezeichnungen (insbesondere auch alles interaktiv im Grafikmodus), Datenhandling (Eingabe und Modifikation) über eingebauten Editor.

Für die interaktive grafische Analyse wird zu Beginn ein Arbeitsblatt ("*worksheet*") auf dem Bildschirm definiert, in das beliebige Fenster ("*windows*") gelegt werden. Jedes Fenster ist für die Aufnahme einer Grafik gedacht. Diese können nachträglich verändert oder für die genauere Betrachtung temporär vergrößert ("*gezoomt*") werden. Fast alle Grundspezifikationen der Grafiken (wie Farben, Hintergrund, Strichart, Beschriftung) sind in Spezifikationsfiles temporär oder permanent änderbar. Hintergrundkarten mit geografischer Information (vorher erstellt, z.B. mit *ARC/INFO*) werden mit einem Befehl in ein Fenster projiziert. Texte als Beschriftungen können in beliebigen Richtungen und Größen in über 20 Schriftarten eingefügt werden. Auch eine große Zahl von Symbolen (z.B. Landkartenzeichen) steht zur Auswahl.

Das Arbeitsblatt mit dem gesamten Inhalt kann auf einem Metafile gespeichert werden ("*snapshot*"), wobei dieser noch korrigierbar bleibt und von dem dann publizierbare Bilder auf Papier gebracht werden können (siehe z.B. Abbildungen 1 und 2).

4 Geostatistische Analyse mit GEOSAN

In diesem Abschnitt sollen kurz einige Bemerkungen zur geostatistischen Analyse am PC gemacht werden, die im allgemeinen bei ortsabhängigen Daten relevant erscheinen, und wie sie sich durch unsere Erfahrung darstellen (siehe auch Dutter, 1985). Die Folge der

Vorgangsweise in der statistischen Analyse von ortsabhängigen Daten teilen wir in drei Schritte:

- Untersuchung mit Hilfe von Standardstatistiken
- Strukturanalyse
- statistische Interpolation.

Der erste Punkt, der den statistischen örtlichen Zusammenhang der Beobachtungen nicht näher in Betracht zieht, wurde unter anderem im vorigen Abschnitt diskutiert. Eine einfache Darstellung von Probenpunkten (3-dimensional) in einer Minerallagerstätte mit kodierten Werten des Minerals findet man in den erwähnten Abbildungen 1 und 2.

Für die letzten zwei Punkte ist die interaktive grafische Darstellung zwar auch wichtig, aber nicht so wesentlich wie in der Diskussion des letzten Abschnittes. Deshalb wurde für das Programmsystem *GEOSAN* (*GEO*Statistical *AN*alysis, siehe Dutter, 1992) als Programmiersprache *FORTRAN* gewählt, die noch immer am verbreitetsten erscheint. Das System sollte so portabel wie nur möglich sein, was es vermutlich bis auf die wenigen Grafikmodule, die in *C* geschrieben wurden, auch sein dürfte. Nachdem bis auf den Grafikteil alles in *FORTRAN* geschrieben wurde, ist die Menüsteuerung nicht so komfortabel wie in *DAS*. Auch das *Help*-System ist nicht so bequem, zu jedem Menü kann jedoch eine *Help*-Seite aktiviert werden.

In der Strukturanalyse beschäftigt man sich hauptsächlich mit der Prüfung der statistischen Stationaritätsannahmen, der Berechnung des Variogramms und der Anpassung eines theoretischen Modells.

Zur Verifizierung der Stationaritätsannahmen gibt es viele heuristische Methoden. Eine mögliche Drift kann durch einfache Glättungsverfahren (am besten grafisch, siehe vorigen Abschnitt) untersucht werden, aber auch durch nachträgliches Prüfen des Variogramms auf "Quasi-Stationarität". Eine systematische Änderung der Varianz kann bei der Untersuchung eines eventuellen Proportionalitätseffektes bei der Variogrammberechnung gefunden werden.

Die Strukturanalyse mit der Variogrammodellierung ist vermutlich der wesentlichste Teil der Geostatistik. Im Programm *GEOSAN* wurde dies dahingehend berücksichtigt, daß Variogramme in beliebigen Richtungen im ein-, zwei- oder dreidimensionalen Raum mit frei wählbaren Toleranzwinkeln und Abstandstoleranzen der Punktpaare berechnet werden. Fast alle Grundeinstellungen sind veränderbar, und die Resultate werden numerisch und in einfachen Grafiken zur Überprüfung dargestellt. Zur Zeit ist nur die klassische Varianzschätzung für das Variogramm implementiert, der modulare Programmaufbau läßt aber eine rasche Änderung auf günstigere (stabilere) Schätzer zu.

Das Anpassen von theoretischen Modellen kann in verschiedenen Stufen der Kompliziertheit erfolgen: Eine einfache "Daumenregel", die ein sphärisches Variogramm mit Hilfe des Anstieges im Ursprung und des geschätzten Schwellenwertes schätzt, liefert oft verblüffend anschauliche Ergebnisse. Weiters stehen Algorithmen mit nichtlinearen kleinsten Quadratemethoden mit drei verschiedenen Gewichtungsmöglichkeiten der Paare, nämlich

(i) keine spezielle Gewichtung,

(ii) Gewichtung mit dem inversen Abstand oder

(iii) Gewichtung mit der verwendeten Anzahl von Paaren, zur Verfügung.

Mit diesen numerischen Methoden können neben dem sphärischen Variogramm (mit Nugget-Effekt) auch lineare, exponentielle, *Gauß'*sche und *Hole-Effekt*-Modelle angepaßt werden. Die grafische Unterstützung liefert dem Benutzer ebenfalls die Möglichkeit, alle Modelle (auch geschachtelte) händisch anzupassen. Abbildungen 3 und 4 illustrieren empirische Variogramme mit Anpassungen.

Für die weitere Verwendung der Modelle in den Interpolationsprogrammen werden sie mit den eventuell gefundenen Anisotropiefaktoren auf lesbaren Systemfiles abgespeichert.

In den Interpolationsprogrammen wurden für Daten im bis zu drei-dimensionalen Raum verschiedene Krige-Verfahren implementiert. Es wird unterschieden zwischen Daten, die auf punktförmigen Trägern oder als Durchschnittswerte (regularisierte Werte) vorliegen. Die Programme liefern die geschätzten Werte (wieder für punktförmige oder Mittelwerte für endlich große Träger), die verwendeten optimalen Gewichte für den linearen Schätzer und die dazugehörige Schätzvarianz. Nachdem die spezifizierten Variogramme auch Nugget-Effekte zulassen, muß nicht unbedingt genau interpoliert werden, sondern es kann auch "approximiert" werden, was z.B. einer Berücksichtigung von Meßfehlern entspricht. Die geschätzten Werte (eventuell sehr viele) werden auf die Festplatte geschrieben, können gedruckt und/oder mit dem Programm *DAS* wieder grafisch dargestellt werden.

5 Illustration am Beispiel der Analyse einer Industrieminerallagerstätte

Hier sollen nur ein winziger Ausschnitt aus einer umfangreichen Analyse einer Lagerstätte, wie sie in Dutter et al. (1992) berichtet wird, dargelegt und ein paar Bemerkungen gemacht werden.

In einer Lagerstätte von einem Industriemineral sind drei Schichten (genannt Firstscheibe, Sohlscheibe und Liegend-Scheibe) in verschiedener Größe abgebaut worden. Darüber lagen verschiedene Meßdaten, insbesondere der Anteil des interessanten Minerals in % in Verbindung mit den Ortskoordinaten, vor. Die Aufgabe bestand in der Datenaufbereitung, der Strukturanalyse, d.h. Untersuchung von Trends und der Berechnung von geeigneten Variogrammen, sowie im "*Krigen*" der Lagerstätte, d.h. Schätzung von Anteilen des Minerals (a) an bekannten Stellen zur Verifikation der Methode und (b) in eventuell noch abzubauenden Blöcken.

Die 3. Schichte lieferte nur wenige Werte, sodaß sie nur für spätere Kontrollzwecke dienen konnte. In der 1. und 2. Schichte interessierte man sich zunächst für etwa homogene Teile, d.h. wo man Stationaritätsbedingungen als erfüllt betrachten kann. Das Bild 1, das in interaktiver Weise mit dem Programm *DAS* erstellt wurde, zeigt eine Sicht der Meßstellen von oben. Die 1. Schichte ist dabei schon in drei Teile geteilt, in denen man gewisse Stationaritätsbedingungen als erfüllt erhoffte. Man merkt sofort, daß die Meßstellen der 1. und 2. Schichte nicht übereinander liegen, was einen direkten Vergleich schwierig gestaltet. Die empirische Gesamtverteilung der Mineralanteile wird in Form eines Histogramms mit Dichteschätzung, unterlegtem Boxplot und eindimensionalem Streuungsdiagramm eingeblendet. Man sieht auch den Boxplot-Vergleich der beiden Schichten sowie aller vier betrachteten Untergruppen.

Da wegen fast senkrecht einfallenden Wänden von mineralisierten Schichten gewiße ausgezeichnete Richtungen in den Daten anzunehmen waren, wurden die bezeichneten Untergruppen *sub1*, *sub2* und *sub3* der ersten Schichte näher betrachtet. Man hoffte auf eine Art geometrische Anisotropie mit den Hauptachsen entsprechend diesen Richtungen.

Diese Untergruppen sind im Bild 2 detaillierter dargestellt. Man sieht jeweils die

Abbildung 1: Probenpunkte und kodierte Werte, 1. und 2. Schichte.

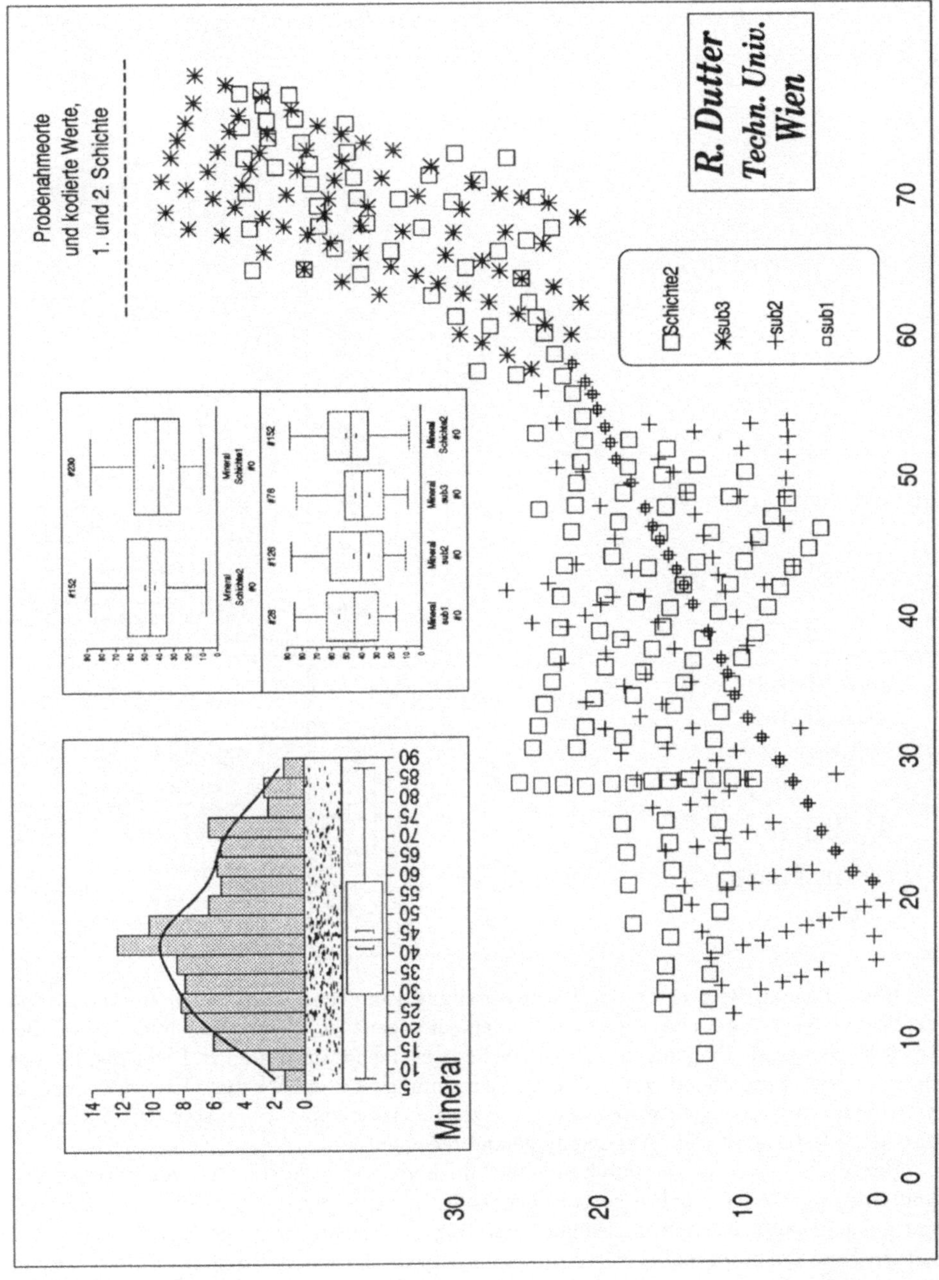

in Symbolgrößen kodierten Werte an den Meßorten gezeichnet. Daneben wurden noch Histogramme mit den üblichen Zusätzen eingefügt.

Abbildung 2: Probenpunkte und kodierte Werte der 3 Untergruppen, 1. Schichte.

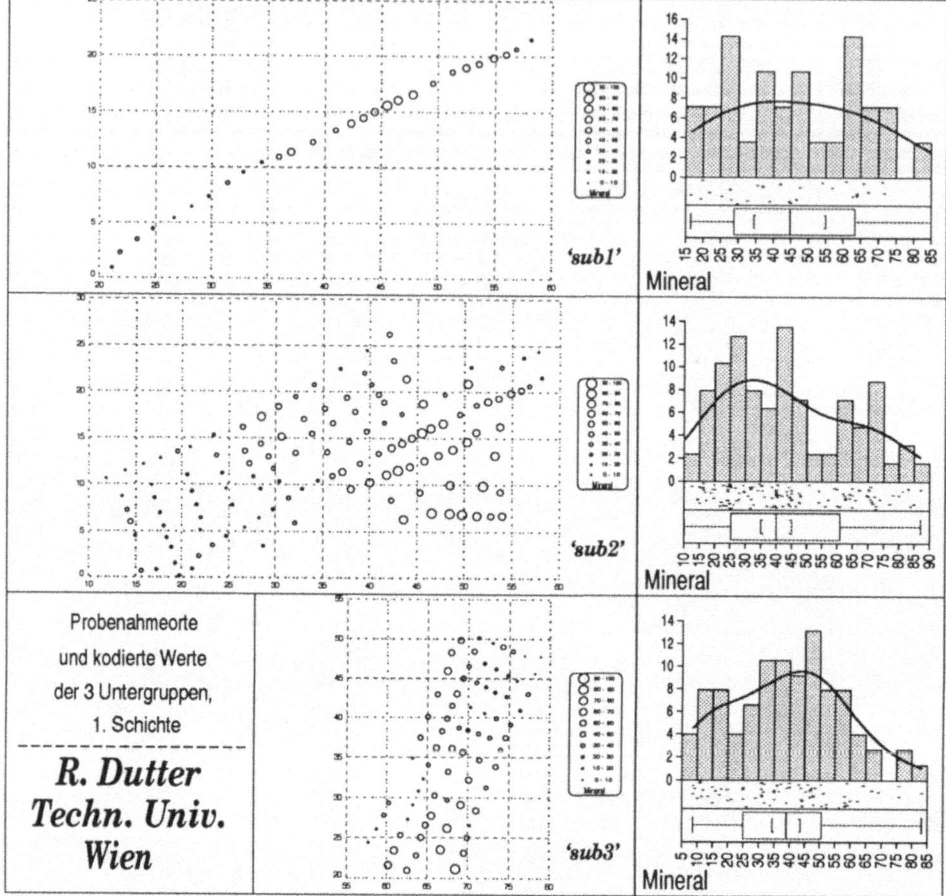

Beim näheren Betrachten der Werteverteilung kann man schon einen Aufwärtstrend der Werte Richtung Ost-Nord-Ost erkennen, dies ganz deutlich, wenn man "*sub1*" betrachtet. Es wurde diagnostiziert, daß ein linearer Trend am besten in Richtung 31° von der x-Achse approximiert wird. Durch Berechnung von empirischen Variogrammen in verschiedenen Richtungen wurde noch eine zonale Anisotropie im rechten Winkel zu 31°, also 121°, festgestellt. Die Anpassung gelang recht gut.

Bezüglich der 2. Schichte mußten jedoch noch viele Korrekturen durchgeführt werden, und eine langwierige Analyse folgte. Schließlich brachte ein quadratisches Trendmodell mit einer linearen Korrektur bezüglich der Höhe ein recht befriedigendes Ergebnis, das natürlich zu einem erheblichen Teil durch die grafische Unterstützung am PC erreicht wurde.

Zieht man das gefundene quadratische Trendmodell von den Daten ab, so erscheinen die berechneten Variogramme in verschiedenen Richtungen recht plausibel. Verschiedene

Semivariogramme dieser Residuen der Daten aus der 1. Schichte werden im Bild 3 dargestellt (wie es vom Programm *GEOSAN* geliefert wird). Dabei ist der große Nugget-Effekt überraschend, aber erklärbar. Sonst scheint die Anpassung sehr gut. Analoges kann über die 2. Schichte gesagt werden, deren Variogrammanpassungen im Bild 4 gezeigt werden.

Abbildung 3: Empirische Variogramme und Modell der korrigierten Residuen, 1. Scheibe.

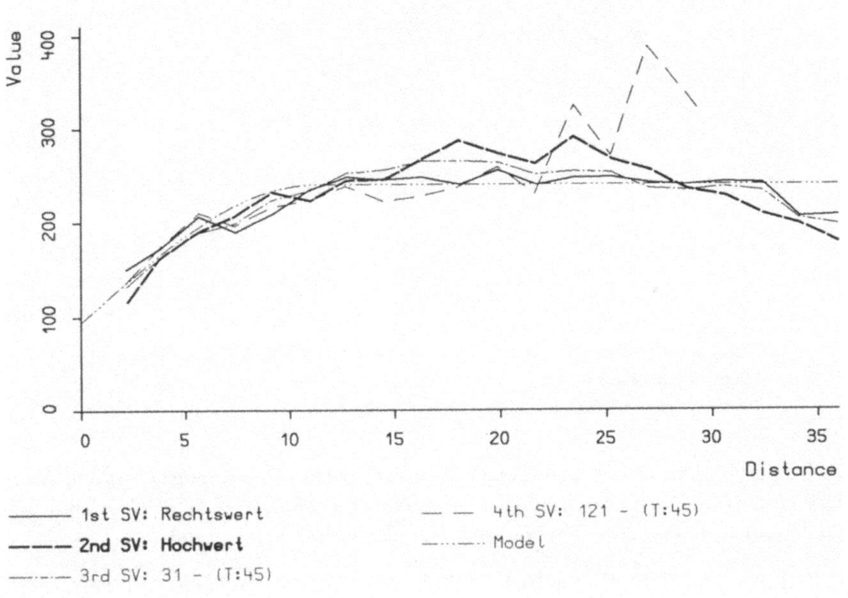

In dem zitierten Forschungsbericht werden mit dem zuletzt gefundenen Variogrammmodell auch Schätzungen durchgeführt, das heißt Durchschnittswerte "*gekrigt*". Dabei werden gewisse Werte verifiziert (bekannte aus anderer Information aus der Nachbarschaft geschätzt) als auch zukünftig eventuell abzubauende Blöcke mit Angabe eines Fehlers berechnet. Die Darstellung scheint aber in diesem Kurzartikel zu aufwendig, und es wird auf Dutter et al. (1992) verwiesen.

Literatur

[1] N.A.C. Cressie. *Statistics for Spatial Data.* Wiley & Sons, New York, 1991.

[2] R. Dutter. *Geostatistik. Eine Einführung mit Anwendungen.* B.G. Teubner, Stuttgart, 1985.

[3] R. Dutter. *Analysis of Spatial Data Using GEOSAN: Program System for Geostatistical Analysis.* TU Wien, 1992.

[4] R. Dutter, H. Kürzl, R. Rainer. Geostatistische Berechnungen einer Industriemineral-lagerstätte. Technical Report TS-92-3, Institut für Statistik und Wahrscheinlichkeitstheorie, Technische Universität Wien, TU, Wien, 1992.

Abbildung 4: Empirische Variogramme und Modell der korrigierten Residuen, 2. Scheibe.

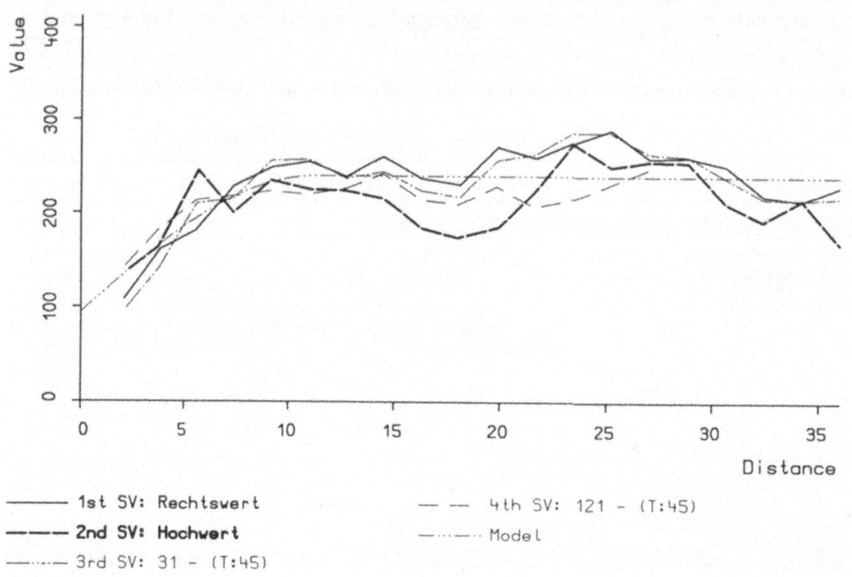

[5] R. Dutter, T. Leitner, C. Reimann, F. Wurzer. *DAS: Data Analysis System, Numerical and Graphical Statistical Analysis, Mapping of Regionalized (e.g. Geochemical) Data on Personal Computers. Preliminary Handbook.* TU Wien, 1990.

[6] P.J. Huber and E.H. Huber-Buser. Why a command language? In *Fortschritte der Statistik-Software 1. Faulbaum et al. (eds.).* G. Fischer Verlag, Stuttgart, 1988.

[7] *PC-ISP, Interactive Scientific Processor, User's Guide and Command Descriptions.* Datadivision AG, P.O. Box 471, 7250 Klosters, Switzerland, 1992.

The use of Fuzzy rule-based models for the description of environmental systems

András Bárdossy
Insitute for Hydrology and Water Resources
University of Karlsruhe
Kaiserstr. 12
D- 7500 Karlsruhe, Germany

INTRODUCTION

The complexity of environmental systems requires joint effort from different disciplines such as ecology, chemistry, geography, geology, hydrology, hydraulics etc. Pure or hard sciences strive to be exact, expressing the behavior of physical systems by means of "laws" encoded for instance as partial differential equations or complicated dynamical systems. On the other hand, disciplines such as social and biological sciences, ecology express their knowledge mostly in the form of connections and rules, rather than in an explicit mathematical form. It is thus extremely difficult to combine these models in order to construct complex environmental models.

In this paper a fuzzy rule-based methodology for the description of environmental systems is outlined. Fuzzy rule-based models are usable in both "soft" disciplines such as ecology or biology, and "hard" disciplines with accepted mathematical models such as physics and engineering. The fuzzy rule-based models can easily be coupled – for example, a model for flow in porous media may be coupled with a bacteriological growth model. They are capable to combine physical laws, expert knowledge and measurement data. Fuzzy rules are derived according to the expert specfied structure using the measurement data or a synthetical data set. An algorithm for automatic rule deduction is also presented. Compared to traditional modeling fuzzy systems provide a robust tool which cann handle non-linearities, without requiring a prescribed functional structure. The simple rule structure makes the models very transparent. Clearly rule based models are less accurate than pure mathematical modeling, applied to "sterile" problems. In the case of heterogeneous real-life problems a purely mathematical or analytical modeling can often only give a false impression of accuracy. The gain in simplicity, computational speed and flexibility may compensate for the possible loss in accuracy. Furthermore the size of a fuzzy rule set may be adjusted to match the amount and accuracy of input data.

Examples in water flow, and algae growth are used to illustrate the methodology.

BASIC ELEMENTS AND DEFINITIONS

Fuzzy sets were first introduced in Zadeh (1965), and have been applied in various fields, such as decision making and control. Basic definitions of fuzzy sets and fuzzy arithmetic can be found in Zimmermann (1985) or Dubois and Prade (1980). A brief review of the definitions of fuzzy sets, fuzzy numbers, and fuzzy operations is given below.

Membership functions - fuzzy sets and fuzzy numbers

A fuzzy set is a set of objects without clear boundaries; in contrast with ordinary sets a partial membership is possible in a fuzzy set. An example for a possible fuzzy set could be "the set of long streets in Berlin". There are streets which clearly belong to the above set, and others which cannot be considered as long. There are streets which undoubtadly may be considered as long, and others which are certainly not long. But if the concept of long is not exactly defined (for example $\geq$ 1700 m), there is a certain "gray" zone where the judgement is not obvious (somewhat long streets).

Formally a fuzzy set is defined as:

Definition: Let T be a set (universe). A is called a fuzzy subset of T if A is a set of ordered pairs:

$A = \{(t, \mu_A(t)), t \in T\}$

where $\mu_A(t)$ is the grade of membership of t in A. $\mu_A(t)$ takes its values in the closed interval [0,1]. The closer $\mu_A(t)$ is to 1 the more t belongs to A - the closer it is to 0 the less it belongs to A. If [0,1] is replaced by the two-element set $\{0,1\}$, then A can be regarded as an ordinary subset of T.

Special cases of fuzzy sets are fuzzy numbers.

Definition: A fuzzy subset A of the set of real numbers is called a fuzzy number if there is at least one z such that $\mu_A(z) = 1$ and such that for every real numbers a, b, c with $a < c < b$

$$\mu_A(c) \geq \min(\mu_A(a), \mu_A(b)) \quad (1)$$

This is the so-called convexity assumption. The convexity assumption means that the membership function of a fuzzy number consists of an increasing and a decreasing part.

Definition: The support of the fuzzy number A is the set

$$\mathrm{supp}(A) = \{x\ ;\ \mu_A(x) > 0\}$$

The convexity assumption ensures that the support of a fuzzy number is an interval.

The membership value of a real number reflects the "likeliness" of the occurrence of that number, the level sets (intervals in this case) reflect different sets of numbers with a given minimum likeliness (Kaufmann and Gupta, 1985). Any real number can be regarded as a fuzzy number with a one point support, and is called a "crisp number" in fuzzy mathematics.

The simplest fuzzy numbers are the so-called triangular fuzzy numbers.

Definition: The fuzzy number $A = (a_1, a_2, a_3)_T$ with $a_1 \leq a_2 \leq a_3$ is a triangular fuzzy number if its membership function can be written in the form:

$$\mu_A(x) = 0 = \begin{cases} 0 & \text{if } u \leq a_1 \\ \frac{x-a_1}{a_2-a_1} & \text{if } a_1 \leq x \leq a_2 \\ \frac{x-a_3}{a_2-a_3} & \text{if } a_2 < x \leq a_3 \\ 0 & \text{if } u \geq a_3 \end{cases}$$

The support of the triangular fuzzy number $(a_1, a_2, a_3)_T$ is the intervall (a_1, a_3).

It is sometimes necessary to replace a fuzzy number by a single real number. The "location" of a fuzzy number can be described by the fuzzy mean M defined as:

$$M(\hat{A}) = \frac{\int_{-\infty}^{+\infty} t\mu_A(t)\,dt}{\int_{-\infty}^{+\infty} \mu_A(t)\,dt} \tag{2}$$

If $\hat{A} = (a_1, a_2, a_3)_T$, then it can be shown that

$$M(\hat{A}) = \frac{a_1 + a_2 + a_3}{3} \tag{3}$$

Another possibility is to consider the center of gravity $C(\hat{A})$ of a fuzzy set, defined as follows:

$$\int_{-\infty}^{C(\hat{A})} \mu_A(t)\,dt = \int_{C(\hat{A})}^{+\infty} \mu_A(t)\,dt \tag{4}$$

Figure 1 shows a fuzzy number, its support and center of gravity.

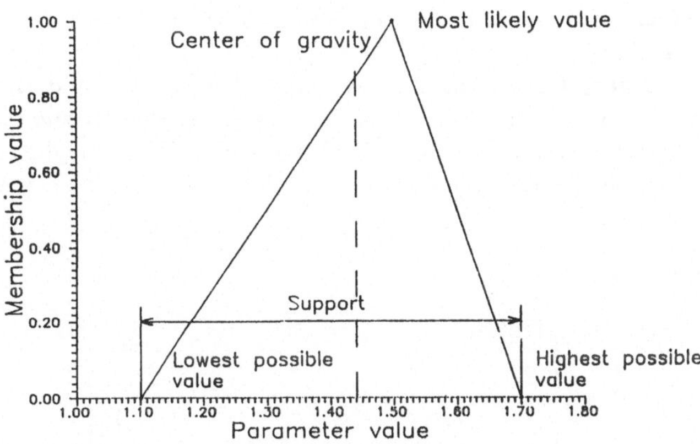

Figure 1: The membership function of a fuzzy number

Assessment of the membership functions

A crucial point in applying fuzzy methods is the assessment of the membership functions. There are only a few methods published in the fuzzy literature which give advice in doing this (Civanlar and Trussel, 1986, Dubois and Prade, 1986) A very simple way of defining a fuzzy number is by assesing three numbers:

1. the most likely value — receiving 1 as membership,
2. the number which is almost certainly exceeded by the parameter value - receiving 0 as membership
3. the number which is almost certainly not exceeded by the parameter value - also receiving 0 as membership

The membership function is defined as 0 outside the interval of the possible values, and is piecewise linear in between. Note that the resulting membership function is not necessarily symmetrical. This result is different from the usual assumption of normally or at least symmetrically distributed errors.

FUZZY RULES

A fuzzy rule consists of a set of premises $A_{i,k}$ in the form of fuzzy sets with membership functions $\mu_{A_{i,k}}$ and a consequence B_i also in the form of a fuzzy set.

$$\text{If} \quad A_{i,1} \quad \text{and} \quad A_{i,2} \ldots \text{and} \quad A_{i,K} \quad \text{then} \quad B_i \tag{5}$$

A fuzzy rule is often described verbally. For example:
If it is cold and I have a long way to walk then I take usually take my coat.
Here the fuzzy set $A_{1,1}$ represents the temperature. Cold might be characterized with the fuzzy set with membership 1 for $T \leq 0°C$, 0 for $T \geq 15°C$, and linear inbetween. $(-\infty, 0, 15)_T$. The fuzzy set long walk $A_{1,2}$ can also be charcterized with a fuzzy number $(200, 1500, +\infty)_T$. meters.

In contrast to ordinary (crisp) rules, fuzzy rules allow partial, and simultaneous fulfillment of rules. This means that instead of the usual case, when a rule can whether be applied or not, here a partial applicability is also possible. There maybe cases where a few different rules with different consequences can be applied to the same premises. Figure 2 shows a fuzzy rule.

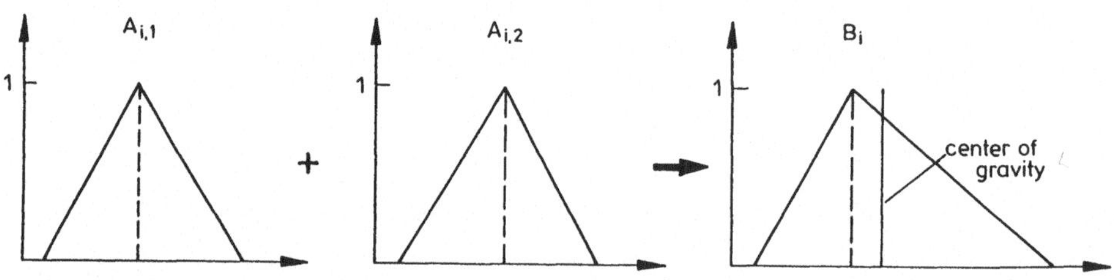

Figure 2: Example of a fuzzy rule

The next step is to assessing a "truth grade" of a certain rule depending on the value of the arguments. For the above example if it is $5°C$ and I have to walk 500 m the question is how true is the above rule?

For any vector $(a_1, \ldots, a_K)$ the degree of fulfillment of rule i can be defined as the product of the individual fulfillment grades:

$$\nu_i^{(p)} = \prod_{k=1}^{V_i} \mu_{A_{i,k}}(a_k) \tag{6}$$

or as the minimum of the fulfillment grades:

$$\nu_i^{(m)} = \min_{k=1,\ldots,n} \mu_{A_{i,k}}(a_k) \tag{7}$$

The consequence corresponding to the vector $(a_1, \ldots, a_K)$ can be defined as the union of the individual fuzzy consequences:

$$B^* = \bigcup_{i=1}^{I} \nu_i B_i \tag{8}$$

The membership function of the union is the maximum of the individual membership functions. Thus the membership function of B^* is:

$$\mu_{B^*}(t) = \max_i(\nu_i \mu_{B_i}(t))$$

Note that B^* is usually not a fuzzy number. The response R corresponding to the given input $(a_1, \ldots, a_K)$ can be defined by:

$$R(a_1, \ldots, a_K) = M(B^*) \tag{9}$$

or by the center of gravity:

$$R(a_1, \ldots, a_K) = C(B^*) \tag{10}$$

This kind of rule combination is most often used in fuzzy control. The disadvantage of this combination method is its computational difficulty. Another possibility is to define the response as a direct combination of the individual responses; for example by the weighted center of gravity:

$$R(a_1, \ldots, a_K) = \frac{\sum_{i=1}^{I} \nu_i C(B_i)}{\sum_{i=1}^{I} \nu_i} \tag{11}$$

or by the weighted fuzzy mean:

$$R(a_1, \ldots, a_K) = \frac{\sum_{i=1}^{I} \nu_i M(B_i)}{\sum_{i=1}^{I} \nu_i} \tag{12}$$

This latter definition allows for a much simpler calculation of the response. These combination methods are reasonable because they do not assign great importance to uncertain responses B_i (with greater areas under the membership function) as is the previous case. Fuzzy rule based systems are widely and succesfully used in control theory (Yamakawa 1989).

Application of the method requires assessment of the rules. In simple cases these rules can be directly formulated by experts. Another possibility is to use so called training sets. Suppose there exists a set:

$$T = \{(a_1(s), \ldots, a_n(s), b(s))\ ; s = 1, \ldots, S\} \tag{13}$$

of measurements or model calculations. The rules can now be assessed by defining the fuzzy set supports for the fuzzy numbers $A_{i,k}$, and identifying the corresponding responses. Let $(\alpha_{i,k}^-, \alpha_{i,k}^+)$ be the support of $A_{i,k}$. The membership function of $A_{i,k}$ is assumed to be triangular $(\alpha_{i,k}^-, \alpha_{i,k}^1, \alpha_{i,k}^+)_T$ where $\alpha_{i,k}^1$ is the mean of all possible $a_k(s)$ values which at least partially fulfill the rule:

$$\alpha_{i,k}^1 = \frac{1}{N_i} \sum_{R_i} a_k(s) \tag{14}$$

and R_i is the set of all these alternatives, as a subset of the training set T:

$$R_i = \{(a_1(s), \ldots, a_n(s), b(s)) \; ; \; a_k(s) \in (\alpha_{i,k}^-, \alpha_{i,k}^+) \text{ for all } k = 1, \ldots, K\} \tag{15}$$

and N_i is the number of elements in R_i.

The corresponding response is also assumed to be a triangular fuzzy number $(\beta_i^-, \beta_i^1, \beta_i^+)_T$ where β_i^- is the mimimal "answer" corresponding to R_i:

$$\beta_i^- = \min_{R_i} b(s) \tag{16}$$

β_i^1 is the mean "answer" corresponding to R_i:

$$\beta_i^1 = \frac{1}{N_i} \sum_{R_i} b(s) \tag{17}$$

and β_i^- is the maximal "answer" corresponding to R_i:

$$\beta_i^+ = \max_{R_i} b(s) \tag{18}$$

EXAMPLES

Algae groth

Consider a simple model of algae growth in a water body receiving a steady loading of nutrients including dissolved oxygen. It has beeı. observed that available nutrients x and algae biomass y fluctuate. Let x and y be measured on the scale between 0 and 1. For the rule construction only two state descriptors high (H) and low (L) are used. The transition between the states can be described as:

$$HH \rightarrow LH \rightarrow LL \rightarrow HL \rightarrow HH \tag{19}$$

(for example HL means $x = H$ and $y = L$)
Starting with HH if available nutrients and algae are H at time t algae reduce nutrients to L at time $t+1$, in turn, because nutrients are insufficient, algae become L. The nutrients are replkenished, become H; again algae becom H in the next time period.

Let $\hat{H}$ and $\hat{L}$ be triangular fuzzy numbers defined on the unit intervall:

$$\hat{H} = (0.4, 1.0, 1.0)_T$$

$$\hat{L} = (0.0, 0.0, 0.7)_T$$

The algae model can be used to study the state vector trajectory measured on a continuous space, given an initial state.

Let the initial state be:

$$(x(0), y(0)) = (0.5, 0.6)$$

From the definition of $\hat{H}$ and $\hat{L}$ one finds the membership function values corresponding to this initial state. For x:

$$\mu_L(0.5) = \frac{2}{7} \quad \mu_H(0.5) = \frac{1}{6} \tag{20}$$

for y:

$$\mu_L(0.6) = \frac{1}{7} \quad \mu_H(0.6) = \frac{2}{6} \tag{21}$$

Since the state is defined by an AND rule, the fulfillment grade $S(i,j)$ with $i,j = L, H$ of a rule is the product:

$$S(i,j) = \mu_i(0.5)\mu_j(0.6) \tag{22}$$

	$\mu_H(0.6) = \frac{2}{6}$	$\mu_L(0.6) = \frac{1}{7}$
$\mu_H(0.5) = \frac{1}{6}$	$\frac{1}{18}$	$\frac{1}{42}$
$\mu_L(0.5) = \frac{2}{7}$	$\frac{2}{21}$	$\frac{2}{49}$

Table 1: Calculation of the degree of fulfillment

Table 1 shows the degree of fulfillment of every state. In order to calculate the next state, all the information in Table 1 is used. The combination of fuzzy state descriptors is done by using the fuzzy mean and the center of gravity of the individual consequences is used.

Rule	DOF	Consequence FM	Cosequence CG
$HH \to LH$	$\frac{1}{18}$	$\frac{1}{18}\frac{0.7}{3}$ and $\frac{1}{18}\frac{2.4}{3}$	$\frac{1}{18}0.205$ and $\frac{1}{18}0.824$
$LH \to LL$	$\frac{2}{21}$	$\frac{2}{21}\frac{0.7}{3}$ and $\frac{2}{21}\frac{0.7}{3}$	$\frac{2}{21}0.205$ and $\frac{2}{21}0.205$
$LL \to HL$	$\frac{2}{49}$	$\frac{2}{49}\frac{2.4}{3}$ and $\frac{2}{49}\frac{0.7}{3}$	$\frac{2}{49}0.824$ and $\frac{2}{49}0.205$
$HL \to HH$	$\frac{1}{42}$	$\frac{1}{42}\frac{2.4}{3}$ and $\frac{1}{42}\frac{2.4}{3}$	$\frac{1}{42}0.824$ and $\frac{1}{42}0.824$

Table 2: Transition table for an initial state $(x(0), y(0)) = (0.5, 0.6)$

The fuzzy mean combination of rules thus yields for the algae:

$$x(1) = \frac{\frac{1}{18}\frac{0.7}{3} + \frac{2}{21}\frac{0.7}{3} + \frac{2}{49}\frac{2.4}{3} + \frac{1}{42}\frac{2.4}{3}}{\frac{1}{18} + \frac{2}{21} + \frac{2}{49} + \frac{1}{42}} = 0.4034 \tag{23}$$

and for the nutrients:

$$y(1) = \frac{\frac{1}{18}\frac{2.4}{3} + \frac{2}{21}\frac{0.7}{3} + \frac{2}{49}\frac{0.7}{3} + \frac{1}{42}\frac{2.4}{3}}{\frac{1}{18} + \frac{2}{21} + \frac{2}{49} + \frac{1}{42}} = 0.4419 \tag{24}$$

The center of gravity combination of rules thus yields for the algae:

$$x(1) = \frac{\frac{1}{18}0.205 + \frac{2}{21}0.205 + \frac{2}{49}0.824 + \frac{1}{42}0.824}{\frac{1}{18} + \frac{2}{21} + \frac{2}{49} + \frac{1}{42}} = 0.3906 \tag{25}$$

and for the nutrients:

$$y(1) = \frac{\frac{1}{18}0.824 + \frac{2}{21}0.205 + \frac{2}{49}0.205 + \frac{1}{42}0.824}{\frac{1}{18} + \frac{2}{21} + \frac{2}{49} + \frac{1}{42}} = 0.4329 \qquad (26)$$

One can see that there is no major differenc between the results of the two different combination methods.

The same procedure has to be used to obtain $(x(t+1), y(t+1))$ from $(x(t), y(t))$ for $t = 1, 2, \ldots$. Note that the initial state transition table is used at every step to build a table analog to Table 2 but now at every time step, the state vector values are defined as continuous variables on the unit square.

Water movement

Recent environmental concerns have again directed the attention of hydrologists to the problem of infiltration and water movement in the unsaturated zone. In addition to classical differential equation approaches, new methods were developed to describe unsaturated flow and runoff production.

Up to now, the Richards equation (Richards 1931) has been the most common basic mathematical expression for unsaturated flow phenomena. This equation describes unsteady flow in a multidimensional anisotropic and nonhomogeneous soil matrix by means of a partial differential equation (pde).

For the modelling of water dynamics in the unsaturated zone, one has to solve the pde with the help of suitable algorithms. The models can be grouped into analytical and numerical approaches, with the latter being far more popular. Analytical solutions are often more difficult to obtain because the coefficients of Richards equation are functions of the dependent variables.

Much emphasis has been directed to numerical solutions of the Richards equation. They are applicable to complex, compressible, nonhomogeneous and anisotropic flow regions having various boundary configurations. Various algorithms are used including the finite difference method (FDM), the finite element method (FEM) or the boundary element method (BEM).

The infiltration models require a large number of parameters which are only available for a few sites. In addition several of these parameters influence the models in a highly non-linear manner, and results can be very sensitive to parameter changes. It is extremely difficult to assess these parameters at unsampled locations. Therefore the application of these models to real life cases is presently limited.

The combination of Darcy's law (v = vertical flow rate)

$$v = -K(\theta)\left(\frac{\partial\psi}{\partial z} - 1\right) \qquad (27)$$

with the continuity equation

$$\frac{\partial\theta}{\partial t} = -\frac{\partial v}{\partial z} \qquad (28)$$

yields the non-linear Richards equation:

$$\frac{\partial\theta}{\partial t} = \frac{\partial}{\partial z}\left[K(\theta)\left(\frac{\partial\psi}{\partial z} - 1\right)\right] \qquad (29)$$

This eqation was solved by a finite difference method on an IBM 3090 computer. The model can be used with different boundary conditions (Dirichlet condition: the pressure head is specified; Neumann condition: the flux is specified) the infiltration rate and soil moisture distribution for heterogenous soils in the vertical (1-dimensional) case. The shapes of the $\psi(\theta)$ and $K(\psi)$ curves can be described by the Van Genuchten-equations:

$$K_r(\psi) = \frac{\left(1 - \left(\frac{\psi}{h_\alpha}\right)^{n-1} \left[1 + \left(\frac{\psi}{h_\alpha}\right)^n\right]^{-m}\right)^2}{\left[1 + \left(\frac{\psi}{h_\alpha}\right)^n\right]^{\frac{m}{2}}} \tag{30}$$

$$\psi(\theta) = h_\alpha \left[\left(\frac{\theta - \theta_r}{\theta_s - \theta_r}\right)^{-\frac{1}{m}} - 1\right]^{\frac{1}{n}} \tag{31}$$

with $m = 1 - \frac{1}{n}$
n = Van Genuchten parameter (-)
$h_\alpha = 1/\alpha$ (cm)
α = Van Genuchten parameter (1/cm)
$pF_\alpha = \log(h_\alpha)$ (-)
θ_r = residual water content (Vol.- %)
θ_s = saturated water content (Vol.- %)

This eqation was solved by a finite difference method on an IBM 3090 computer. The shapes of the $\psi(\theta)$ and $K(\psi)$ curves were generated by the Van Genuchten-equations (see Eq. (30) and (31)).

In Bárdossy and Disse (1993) a fuzzy rule based model based on the Richards equation was developed. A training set contained the output of three solutions each corresponding to an intense rainfall. The initial conditions for the three runs were different. Outputs were generated 6 sec time steps and a total time of 17 min. The vertical resolution was 1 cm. From this training set, different rules were derived for fuzzy models with different resolutions (3 to 5 cm).

The fuzzy-rule based model acts very similar to the fuzzy model described in the previous section. For given intervals of differences in saturation between adjacent layers of the soil column, the Richards model calculated fluxes. The average answers form a rule table which is the basis of the fuzzy model. Again the parameters could be reduced to the two linear coefficients, K_s and θ_s.

The steps in applying the Richards equation model are:

1. The actual moisture content θ is converted to relative moisture content:

$$\Theta = \frac{\theta}{\theta_s}$$

2. The actual relative moisture contents of two adjacent layers Θ_j and Θ_{j+1} are used to calculate the fulfillment grade ν_i for each rule i.

3. The flow $Q_{j,j+1}$ between the layers is the common center of gravity of the single responses:

$$Q_{j,j+1} = \frac{\sum_i \nu_i q_i}{\sum_i \nu_i} \frac{K_s}{K_s^*} \tag{32}$$

4. The actual flow is converted into a corresponding average moisture content of the layer.

5. Steps 1–4 are repeated for each time step.

REFERENCES

Bárdossy A. and M.Disse, 1993, Fuzzy Rule-based Models for Infiltration, *Water Resources Research,* , in press.

Civanlar, M.R., and H.J. Trusell, 1986, Constructing membership functions using statistical-data, *Fuzzy Sets And Systems*, **18**, 1-13.

Dubois D., and H.Prade, 1980 *Fuzzy Sets and Systems. Theory and Applications*, Academic Press, New York, 393 pp.

Kaufmann, A. and M. M. Gupta, 1985, *Introduction of Fuzzy Arithmetic: Theory and Applications*, Van Nostrand Reinhold, New York, 351 pp.

Richards, L.A., 1931, Capillary conduction of liquids through porous media, *Physics*, **1**, 318-333

Yamakawa, T., 1989, Stabilization of an inverted pendulum by a high speed fuzzy controller hardware system, *Fuzzy Sets and Systems*, **32**, 161-180.

Zadeh, L. A., 1965, Fuzzy sets, *Information and Control*,**8**,338-353.

Zimmermann, H. J., 1985, *Fuzzy Set Theory and its Application*: Martinus Nijhoff, p. 363.

Verifikation von Modellen agrarökologischer Systeme durch Parameteroptimierung

Sven Pawletta, Thorsten Pawletta & Frank Ewert, Rostock

Deskriptoren: Simulation, Modellbildung, Parameteroptimierung, Winterweizenontogenese

Abstract

Ausgehend von der allgemeinen Methode der Modellverifikation durch Parameteroptimierung wird am Beispiel des Modells der Ontogense von Winterweizen aufgezeigt, wie unter Verwendung von Beobachtungsdaten aus Feldversuchen eine Verbesserung der Modellgüte erreicht werden kann. Abschließend werden Forderungen an Modellierungs-/Simulationsumgebungen aus der Sicht der Parameteroptimierung abgeleitet.

1. Einleitung

Im Rahmen der Modellbildung und Simulation löst die Parameteroptimierung als Experimentiermethode im wesentlichen zwei Problemstellungen.

a) Nach einer theoretischen Modelbildung liegt das Simulationsmodell eines realen Systems vor. Das Verhalten des Simulationsmodells zeigt jedoch eine unvertretbar große Abweichung vom Verhalten des realen Systems. In diesem Fall können durch Parameteroptimierung, die Modellparameter ermittelt werden, die bei der gegebenen Modellstruktur, eine bestmögliche Übereinstimmung von Modellverhalten und realem Systemverhalten bewirken.

Dipl.-Ing. Sven Pawletta, Dr. Thorsten Pawletta, Dipl.-agr. Frank Ewert
Universität Rostock, FB Informatik
Albert-Einstein-Str. 21, Postfach 999, D-o-2500 Rostock 1
Tel.: 0381/44424 169 Fax.: 0381/446089
e-mail pawel@informatik.uni-rostock.de

b) Von einem geplanten bzw. vorhandenen realen System wird ein bestimmtes Verhalten gewünscht. Ein Simulationsmodell bildet die Struktur des realen Systems ab und es werden die Parameter gesucht, die das gewünschte Modell-/Systemverhalten bewirken. Durch Parameteroptimierung kann diese Suche gezielt erfolgen, da die ermittelten Parameter für die gewählte Modell-/Systemstruktur eine bestmögliche Annäherung an das gewünschte Modell-/Systemverhalten garantieren.

Die geschilderten Problemstellungen bilden im mathematischen Sinne ein Optimierungsproblem folgender Art.

Gegeben ist die Abbildung $f \ : \ \Re^n \rightarrow \Re$.

Gesucht wird ein $x* \in \Re^n$, (1.1)

so daß $f(x*) \leq f(x)$ für alle $x \in \Re^n$ gilt.

Wobei f ein Verlustfunktional im Sinne der Problemstellung (s.o.) darstellt und $x*$ der Parametersatz aus $\Re^n$ ist, der die Verlustfunktion minimiert.
Abgekürzt läßt sich

$$\min_{x \in \Re^n} f \ : \ \Re^n \rightarrow \Re \tag{1.2}$$

schreiben.
(1.1) und (1.2) bilden ein unbeschränktes Optimierungsproblem. In den meisten praktischen Fällen ist es jedoch nicht sinnvoll für den Parameterraum den gesamten $\Re^n$ zu zulassen. Aus apriori Kenntnissen läßt sich im allgemeinen ein eingeschränkter Parameterraum der Art

$$x \in \Omega \subset \Re^n \tag{1.3}$$

festlegen.
Damit erhält man ein beschränktes Optimierungsproblem

$$\min_{x \in \Omega \subset \Re^n} f \ : \ \Re^n \rightarrow \Re \ . \tag{1.4}$$

Aus der experimentellen Modellbildung sind die verschiedensten Verlustfunktionale bekannt /5/, /6/. Bei stochastischen Systemen bzw. Systemen mit stochastischen Anteilen ist die Wahl des geeigneten Verlustfunktionals von entscheidender Bedeutung für das Gesamtverfahren. Bei determinierten Systemen hat die Methode der kleinsten Quadrate (Least-Squares)

$$f(x) = \frac{1}{2} R(x)^T R(x) = \frac{1}{2} \sum_{i=1}^{m} r_i(x)^2 \tag{1.5}$$

die größte Bedeutung.

Die Residuenfunktion

$$R\ :\ \Re^n \rightarrow \Re^m \tag{1.6}$$

nimmt für die Problemstellungen nach a) und b) die Form

$$R(x)\ =\ Y_M(x)\ -Y \tag{1.7}$$

an.

Wobei Y für das Verhalten des realen Systems (Problem a) bzw. für das geforderte Verhalten des Modells/Systems (Problem b) steht.

Ist das Modellverhalten Y_M nichtlinear in den Parametern x, bildet (1.5) ein unbeschränktes nichtlineares Least-Squares Optimierungsproblem

$$\min_{x \in \Re^n} f(x)\ =\ \frac{1}{2} R(x)^T R(x) \tag{1.8}$$

bzw. bei eingeschränktem Parameterraum, ein beschränktes nichtlineares Least-Squares Optimierungsproblem

$$\min_{x \in \Omega \subset \Re^n} f(x)\ =\ \frac{1}{2} R(x)^T R(x)\ . \tag{1.9}$$

Methoden zur Lösung der Probleme (1.8) und (1.9) werden in /2/ und /3/ beschrieben.

Erfahrungsgemäß treten die meisten Schwierigkeiten bei der Anwendung der Parameteroptimierung bei der Überführung der eingangs geschilderten Problemstellungen in mathematische Optimierungsprobleme der Art (1.8) und (1.9) auf. Darüber hinaus bestehen beim Anwender oft ungenügende Erfahrungen zu den Fragen der Skalierung von Variablen und sinnvollen Abbruchkriterien unter Beachtung der Maschinengenauigkeit. Diese "Randprobleme" haben aber oft maßgeblichen Einfluß auf die Ergebnisse der Parameteroptimierung.

Nach einer kurzen Einführung in die agraökologische Problemstellung und in das Simulationsmodell für die Ontogenese von Winterweizen nach /4/, wird eine Parameteroptimierung dieses Modells anhand von Daten aus Feldversuchen besprochen. Abschließend werden Forderungen an Modellierungs-/Simulationsumgebungen aus der Sicht der Parameteroptimierung abgeleitet.

2. Agrarökologische Problemstellung - Ontogenese von Winterweizen

Die Ontogenese charakterisiert den Entwicklungsverlauf eines Individuums und ist damit für die agrarökologische Entscheidungsfindung (z.B. Düngungszeitpunkt) bedeutsam. Als zeitliche Steuergröße der Wachstums- und Entwicklungsvorgänge beim Getreide fällt ihr in den entsprechenden Ertragsbildungsmodellen eine zentrale Rolle zu.

Anhand aktueller Wetterdaten können etwaige Ontogenesezustände vorab geschätzt werden. Für die Beschreibung der Ontogenese erweist es sich als günstig, diese in einzelne Phasen zu unterteilen, wobei die Anzahl der Phasen sowie der Einflußparameter je nach Modellansatz und Modellgenauigkeit variiert. Der Berechnung der Einflußfaktoren liegen je nach Ontogenesephase unterschiedliche Parameter (Ontogeneseparameter) zugrunde. Ein Phasenübergang erfolgt in Abhängigkeit vom Ontogenesezustand bzw. bestimmter Zeitbedingungen (Abb. 1.).

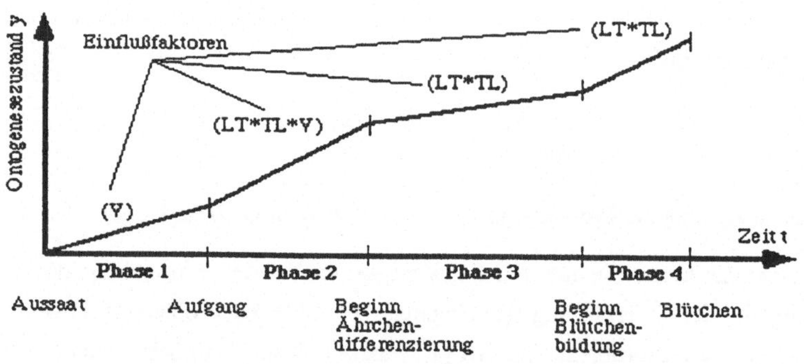

Abb. 1: Ontogenese von Winterweizen in vier Phasen

Mit Hilfe zeitkontinuierlicher Teilmodelle für jede Phase und einem zeit- und zustandsbedingten Umschalten zwischen den Teilmodellen /4/ läßt sich der gesamte Ontogeneseverlauf von der Aussaat bis zum Blütchen-Stadium für unterschiedliche Wetterdaten simulieren.

Die Teilmodelle basieren auf unterschiedlichen mathematischen Ansätzen aus der Agraökologie.

Aus verschiedenen an der Uni Rostock von 1985 bis 1990 durchgeführten Feldversuchen liegen beobachtete Ontogenesedaten vor.

Es ist naheliegend mittels der Feldversuchsdaten die Tauglichkeit der in den Modellansätzen verwendeten Ontogeneseparameter zu verifizieren bzw. durch Parameteroptimierung passendere Ontogeneseparameter zu berechnen (Abschnitt 1, Problemstellung a).

3. Das Simulationsmodell

Die wesentlichen Modellierungs- und Implementationsprobleme bei der Entwicklung fachgebietsorientierter und graphikgestützter Simulationskomponenten sind ausführlich in /4/ diskutiert, so daß an dieser Stelle nur eine zusammenfassende Betrachtung erfolgt.

In Abbildung 3 ist die hierarchische Entwicklung eines Simulationsmodells zur Untersuchung der Ontogenese von Winterweizen in vier Phasen (Abb. 1) aus fachgebietsorientierten Komponenten dargestellt.

Für die Lösung der in Abschnitt 2 formulierten Aufgabenstellung ist die Berechnung der Ontogenese über alle Phasen nicht nötig. Vielmehr sollen die Ontogeneseparameter für jede einzelne Phase optimiert werden.

Der hierarchische und komponentenweise Aufbau, des ursprünglich für die Simulation der Ontogenese über alle Phasen entwickelten Modells, gestattet ohne weitere Modifikationen die Verwendung der Submodelle als eigenständige Modelle zur Simulation je einer einzelnen Ontogenesephase für die Parameteroptimierung (Abb. 2).

Die Komponente Date_Input, die die wachstumsspezifischen Umweltdaten bereitstellt, ist als allgemeine Schnittstelle zu externen Datenfiles implementiert und somit auch direkt auf die "Submodelle" anwendbar.

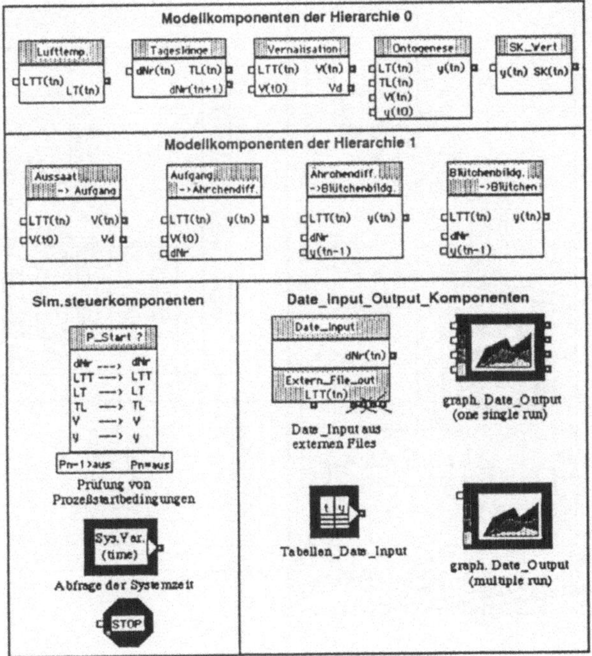

Abb. 2: Modellkomponenten

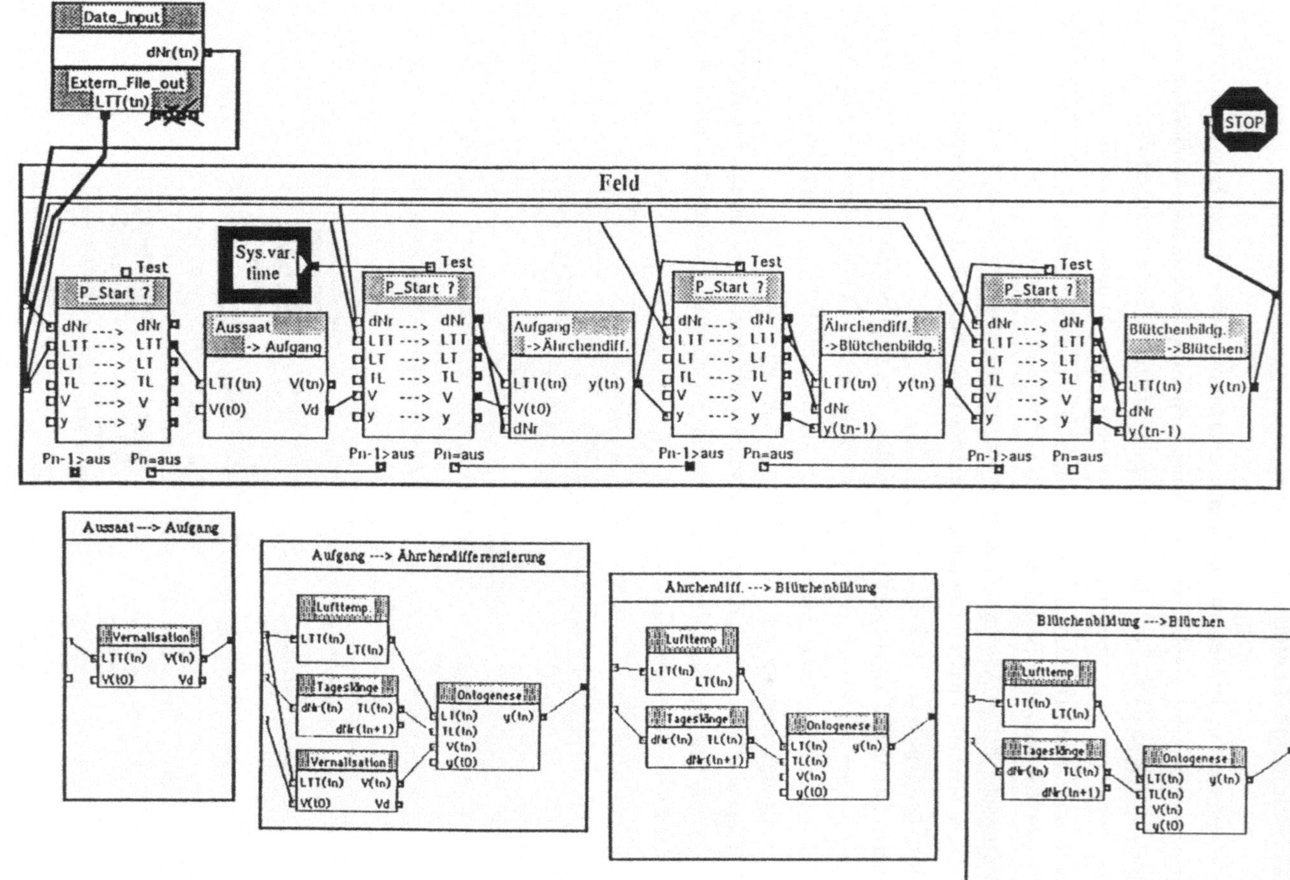

Abb. 3: Hierarchisches Simulationsmodell der Ontogenese von Winterweizen

4. Die Parameteroptimierung

Der Ontogeneseverlauf in den drei Phasen (Abb. 1)

- Aufgang ---> Ährchendifferenzierung
- Ährchendiff. ---> Blütchenbildung
- Blütchenbildg. ---> Blütchen

wird im wesentlichen durch zwei Ontogeneseparameter a und b bestimmt. Für jede Phase soll der optimale Parametersatz

$$p_{opt} = \begin{pmatrix} a_{opt} \\ b_{opt} \end{pmatrix} \tag{4.1}$$

ermittelt werden.

Die Daten aus den Feldversuchen liegen in folgender Form vor.

Feldversuchsdaten (Phase 2) Aufgang ---> Beginn Ährchendifferenzierung			
Feldversuch	(Phasenanfang)	(Phasenende)	Dauer in Tagen
No.1 1985/86-1	09.10.	28.04.	199
No.2 1985/86-2	01.11	02.05	184
No.3 1986/87-1	09.10	23.04	194
No.4 1988/89-1	11.10	03.04	173
No.5 1989/90-1	14.10	18.03	154
No.6 1990/91-1	10.10	25.03	175
No.7 1990/91-2	24.10	06.04	163
No.8 1990/91-3	18.11	09.04	142
No.9 1990/91-4	04.12	14.04	131

Das Verhalten des realen Systems wird durch

$$Y = (d_1 \quad d_2 \quad \dots \quad d_m)^T \; , \tag{4.2}$$

mit m = Versuchsnummer

und d_i = Phasendauer im i-ten Versuch in Tagen,

beschrieben.

Korrespondierend zu den Feldversuchen können unter Verwendung der zugehörigen Wetterdaten die Phasenlängen berechnet werden. Die simulierten Phasenlängen werden von den Parametern a und b bestimmt. Somit gilt

$$Y_M(a, b) = (d_{M1}(a, b) \quad d_{M2}(a, b) \quad \dots \quad d_{Mm}(a, b))^T \ . \qquad (4.3)$$

Da Y_M nichtlinear in a und b ist, ergiebt sich nach (1.8) ein nichtlineares Least-Squares Problem

$$\min_{(a,b)\in \mathbb{R}^2} f(a, b) = \frac{1}{2} R(a, b)^T R(a, b) = \frac{1}{2} \sum_{i=1}^{m} (r_i(a, b))^2 \ . \qquad (4.4)$$

Nach (1.7) gilt

$$\min_{(a,b)\in \mathbb{R}^2} f(a, b) = \frac{1}{2} (Y_M(a, b) - Y)^T \ (Y_M(a, b) - Y) = \frac{1}{2} \sum_{i=1}^{m} (d_{Mi}(a, b) - d_i)^2 \ . \qquad (4.5)$$

Zur Lösung von (4.5) können z.B. ableitungsfreie Optimierungsverfahren nach Nelder/Mead benutzt werden /3/.
Als Startparameter $p_0 = \begin{pmatrix} a_0 \\ b_0 \end{pmatrix}$ kann auf Ontogeneseparameter aus der agrarökologischen Literatur zurückgegriffen werden.

5. Anforderungen an Modellierungs- und Simulationsumgebungen

Die Parameteroptimierung ist nach /1/ als eine Experimentiermethode anzusehen. Die Vereinigung von Modellbeschreibung und Experimentiermethoden bilden ein Experiment /1/.
Aus der Sicht der Parameteroptimierung gelten sämtliche allgemeine Anforderungen an Modellierungs-/Simulationsumgebungen wie in /1/ formuliert. Dabei sind die Forderungen nach

- Interaktivität während des Experimentes und
- einer Experimentbeschreibung über **n** Simulationsläufe (Abb. 5)

hervorzuheben.
Optimierungen sind selten vorab exakt algorithmisch planbar, so daß der interaktiven Verfolgung des Optimierungsverlaufes und dem steuernden Eingriff eine besondere Bedeutung zukommt. Eine Bedienerunterstützung kann durch wissensbasierte Steuerung der Optimierung erfolgen.
Hinsichtlich der Experimentbeschreibung ist in Analogie zur Modellbeschreibung (Abb. 3) eine graphische und fachgebietsorientierte Unterstützung zu fordern /4/. Es sind vorgefertigte Experimentierkomponenten zu entwickeln, welche durch Staffelung und Hierarchisierung den Aufbau komplexer Experimente gestatten.

Die in Abb. 4 dargestellten Experimentierkomponenten bilden die Basis zur Realisierung von Parameteroptimierungen gemäß Abb. 5.

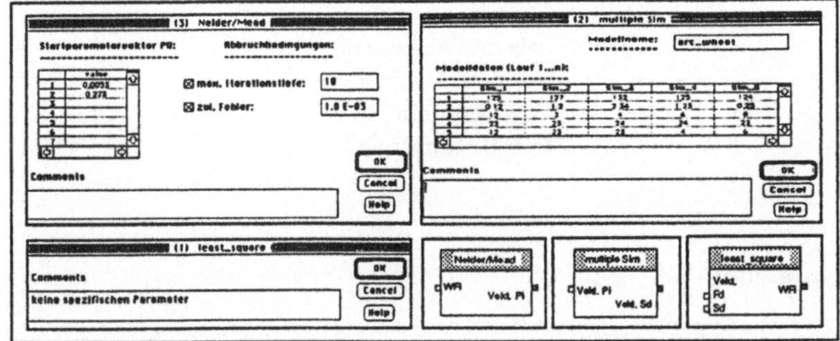

Abb. 4: Icons und Parametermasken von vordefinierten Experimentierkomponenten

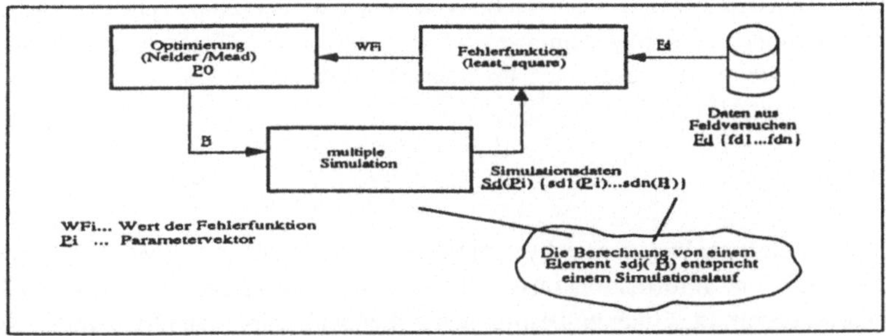

Abb. 5: Modellverifikation durch Parameteroptimierung

Literatur:

/1/ Breitenecker F.:
Modellbildung und Simulation des Waldsterbens im Simulationssystem HYBSYS
In: Informatik Fachberichte Nr. 256, S. 598...607

/2/ Dennis, J.E.; Schnabel, R.B.:
Numerical Methods for Unconstraind Optimization and Nonlinear Equations
Prentice-Hall, Englewood Cliffs, N.J. 1983

/3/ Nelder; Mead:
A simplex method for function minimization
In: Comput. Journal 1964, S. 308... 313

/4/ Pawletta, T.; Ewert, F.:
Graphische Modellbeschreibung agrarökologischer Systeme
In: Tagungsband "Visualisierung & Präsentation von Modellen & Resultaten der Simulation", Erste Fachtagung 18./19.03.1992, TU Magdeburg (Ed. Hinz V., Lorenz P., Stroth. T.)

/5/ Ljung, L.:
System Identification - Theory for the User, Prentice-Hall, Englewood Cliffs, N.J. 1987

/6/ Eykhoff, P.:
System Identification, North-Holland, Amsterdam 1974

Umweltwirkungen logistischer Strategien: Simulation als Analyseinstrument

Lorenz M. Hilty, Dirk Martinssen
Fachbereich Informatik
Universität Hamburg
Vogt-Kölln-Str. 30
D-2000 Hamburg 54

Zusammenfassung

Güterflußsysteme haben vielfältige Auswirkungen auf die Umwelt. Eine ökologische Bewertung solcher Systeme kann von gemessenen oder durch Simulation gewonnen Daten ausgehen, die die physikalischen Inputs und Outputs des jeweiligen Systems beschreiben, wobei auf der Inputseite besonders der Energieverbrauch, auf der Outputseite besonders die stofflichen Emissionen zu berücksichtigen sind. Wir stellen eine Methode zur Simulation logistischer Systeme vor, die diese Daten abzuschätzen gestattet.

1. Einführung

Als Güterflußsystem oder logistisches System bezeichnen wir ein System von koordinierten Material-, Energie- und Informationsflüssen. Der Zweck eines solchen Systems besteht in der Regel darin, bestimmte Güter zu bestimmten Zeiten an bestimmten Orten verfügbar zu machen. Energie- und Informationsflüsse haben dabei eine unentbehrliche Unterstützungsfunktion: Energie wird zur Raumüberbrückung (Transport) und teilweise auch für die reine Zeitüberbrückung (Lagerung) notwendig, und Informationsflüsse dienen zur Koordination der genannten Überbrückungsprozesse. Die Information selbst benötigt natürlich einen materiellen oder energetischen Träger, von dem wir der Einfachheit halber jedoch abstrahieren.

Materialflüsse entwickeln sich weltweit zu einer der wichtigsten Ursachen der Umweltbelastung und der Verschwendung natürlicher Ressourcen (vgl. v. Weizsäcker 1991). Deshalb erscheint es uns wichtig, die Beziehung zwischen logistischen Strategien und den Umweltwirkungen logistischer Prozesse zu untersuchen. Als *logistische Strategie* bezeichnen wir ganz allgemein ein Handlungsprinzip, das die Einflußnahme eines Akteurs auf die Prozesse in einem logistischen System kennzeichnet. Die Struktur des Systems und die Strategien seiner Akteure determinieren zusammen das Verhalten des Systems. Wir stellen hier ein allgemeines Modell vor, das es erlaubt, logistische Systeme und Strategien formal zu repräsentieren und die resultierenden Umweltwirkungen abzuschätzen. Von diesem Modell können spezielle Ausprägungen für bestimmte Problemstellungen gebildet und als ausführbare Simulationsmodelle für Prognosen und Szenarien benutzt werden. Diese Methode wollen wir an zwei idealisierten Beispielen demonstrieren.

2. Das allgemeine Modell

Wir unterscheiden zwei Ebenen eines logistischen Systems:

- Transportebene: Die Ebene des physischen Transports wird durch ein Netz von Transportwegen dargestellt, auf denen identifizierbare Transportmittel verkehren. Wir setzen im folgenden voraus, daß der Transport mittels LKW auf der Straße stattfindet; das Modell ist jedoch nicht spezifisch in dieser Hinsicht. Andere Verkehrsträger und Transportmittel sind auf die gleiche Weise darstellbar. Die einzige generelle Voraussetzung ist, daß der Transport einen diskreten Massenstrom erzeugt, kontinuierliche Materialflüsse (z.B. durch Rohrleitungen, Stetigfördermittel) sind in diesem Modell nicht vorgesehen.

- Logistische Ebene: Sie wird durch ein Netz von logistischen Beziehungen zwischen beliebigen Akteuren gebildet. Als Akteur betrachten wir jede Institution, der ein Standort im Transportnetz zugeordnet werden kann und die als Quelle und/oder Senke von Materialflüssen Verkehr erzeugt. Als einzige logistische Beziehung zwischen zwei Akteuren betrachten wir vorerst die Beziehung zwischen Zulieferer und Abnehmer. Sie wird durch einen Informationsfluß vom Abnehmer zum Zulieferer (Fluß der Bestellungen) und einen Materialfluß in die umgekehrte Richtung (Fluß der Güter) realisiert.

Der Zusammenhang zwischen den beiden Modellebenen ist dadurch gegeben, daß sich aus dem Netz der logistischen Beziehungen zusammen mit den Standorten und Strategien der beteiligten Akteure bestimmte raumzeitliche Überbrückungsbedarfe ergeben, die durch Materialflüsse im Transportnetz, also durch physischen Verkehr, gedeckt werden. Dies geschieht im Rahmen der Kapazitätsrestriktionen des Transportnetzes.

Das Transportnetz:

Wir wählen vorerst eine möglichst einfache Darstellung des Transportnetzes: Es gibt nur eine einzige Sorte von Netzknoten, die sowohl potentielle Standorte für Akteure als auch Kreuzungspunkte von Verkehrswegen repräsentieren. Wir unterscheiden also nicht zwischen Haupt- und Nebenknoten bzw. Zentroid- und Zwischenknoten, wie das in der Verkehrstheorie sonst üblich ist (s. z.B. Potts/Oliver 1972). Dieser Teil des Modells kann jedoch durch eine differenziertere Verkehrsnetz-Repräsentation zu ersetzt werden, ohne daß die übrigen Modellteile sich grundlegend verändern.

Die Netzkanten stellen Straßen dar, auf denen Fahrzeuge verkehren. Die Fahrzeuge haben im Modell eine individuelle Masse, Geschwindigkeit und Ladung, die sie nach einer bestimmten Strategie und abhängig von der Verkehrssituation in ein raumzeitlich fixiertes Ziel zu bringen versuchen. Diese mikroskopische Modellierung des Verkehrs zwischen den Akteuren wird ergänzt durch eine makroskopische Darstellung des übrigen Verkehrs, der sich zusammensetzt aus dem Güterverkehr zwischen Quellen und Senken, die im Modell nicht berücksichtigt werden, und dem individuellen Personenverkehr. Diese Kombination von mikro- und makroskopischer Verkehrsmodellierung wurde speziell für unsere Zielsetzung entwickelt, die Kraftstoffverbrauchs- und Emissionswerte der Fahrzeuge in Abhängigkeit vom tatsächlichen Fahrverhalten (Fahrzyklus) zu bestimmen, das sich im Modell aus der Verkehrssituation (besonders der lokalen Verkehrsichte) und der Zielfindungsstrategie des Fahrzeugs ergibt. Es wäre unrealistisch, die verkehrsbedingte Umweltbelastung pauschal aus Kenngrössen wie Transportaufkommen (in Tonnen), Fahrleistung (in Fahrzeugkilometern) oder Verkehrsleistung (in Tonnenkilometern) bestimmen zu wollen, da die Verkehrssituation (z.B. zähflüssiger Verkehr oder Stau) entscheidenden Einfluß auf die Quantität und Qualität der Beschleunigungsvorgänge und damit auf das Verbrauchs- und Emissionsverhalten der Fahrzeuge hat (vgl. Umweltbundesamt 1983; Bukold 1993).

Die *Materialflüsse* des logistischen Systems werden somit durch Flüsse von individuellen Fahrzeugen dargestellt. Die Fahrzeuge werden an Netzknoten be- und entladen. *Energieflüsse* werden im Gegensatz dazu nicht im Detail modelliert. Vielmehr wird der Gesamtenergieverbrauch für Transporte aus den mikroskopischen Fahrzeugbewegungen abgeleitet. Auf ähnliche Weise werden auch die stofflichen Emissionen der Transportprozesse ermittelt. Hierfür wird das Fahrverhalten jedes einzelnen Fahrzeugs am Ende seiner Tour in sog. Fahrzyklen klassifiziert. Für diese Fahrzyklen liegen empirische Kraftstoffverbrauchs- und Emissionswerte vor. In der jetzigen Modellversion verwenden wir Werte aus einer Untersuchung des Umweltbundesamtes (1983). Diese Werte können jederzeit durch neuere Untersuchungsergebnisse aktualisiert werden.

Das logistische Netz:

Für das logistische Netz sind *Informationsflüsse* entscheidend. Der Einfachheit halber nehmen wir an, daß es nur eine Art von Informationsfluß gibt: den Fluß von Bestellungen zwischen Akteuren. Jeder Akteur, der in der Rolle eines Abnehmers auftritt, ist Quelle eines solchen Informationsflusses, der bei seinem Zulieferer mündet. Eine Bestellung spezifiziert im allgemeinen Fall die Quantität und Qualität der Lieferung sowie den frühesten und spätesten Liefertermin, der vom Besteller toleriert wird. Die untere Grenze dieses Zeitintervalls ist normalerweise weniger wichtig als die Obergrenze, aber es gibt durchaus logistische Systeme, in denen zu früh ankommende Lieferungen aufgrund begrenzter Lagerkapazitäten oder begrenzter Kapazitäten der Umschlagmittel Probleme verursachen. Solche Fälle sind gerade auch in Hinblick auf Umweltwirkungen relevant, wenn man z.B. an LKW denkt, die vor einer Laderampe darauf warten, entladen zu werden, was Verkehrsstauungen (bei denen sich spezifischer Kraftstoffverbrauch und Emissionen vervielfachen können) oder aber zusätzlichen Flächenbedarf zur Folge hat.

Logistische Strategien:

Eine umfassende Beschreibung des Modells würde u. a. eine Liste aller Klassen von Modellobjekten und ihren Attributen enthalten. Weil viele dieser Attribute naheliegend sind (z. B. die Ladung eines Fahrzeugs in t oder der Massendurchsatz eines Akteurs in t/h) beschränken wir uns auf jene Attribute, die das Kernstück des Modells bilden: logistische Strategien. Ein Beispiel für eine solche Strategie ist die sog. Bestellpolitik eines Abnehmers. Es mag vielleicht erstaunen, daß wir einen potentiell komplexen Algorithmus wie eine Bestellpolitik (oder -strategie) als *Attribut* bezeichnen. Es besteht jedoch kein Grund, die einem Modellobjekt zuzuschreibenden Algorithmen grundlegend anders zu behandeln als beliebige Daten. Die prozeduralen Attribute werden auf Programmebene mit Hilfe von Prozedurtypen und -variablen dargestellt.

Die folgenden Klassen von Modellobjekten haben prozedurale Attribute (jeder Akteur ist entweder ein Zulieferer oder ein Abnehmer oder er gehört zu beiden Klassen):

- Zulieferer: Sie haben eine *Dispositionsstrategie* für den Transport ihrer Erzeugnisse zu den jeweiligen Kunden. Diese Strategie berücksichtigt statistische Daten über das Verhalten des Transportnetzes, über die jeder Zulieferer selbst Buch führt. Die Strategie beinhaltet im allgemeinen auf die Anpassung an geänderte Bedingungen, wie sie sich in den statistischen Daten ausdrücken. Wenn sich z. B. die Fahrzeiten zu bestimmten Zielen aufgrund des allgemein höhereren Verkehrsaufkommens verlängern, so wird der Zulieferer anders disponieren müssen, um weiterhin die erwartete Termintreue bieten zu können.

- Abnehmer: Ihre *Bestellstrategie* determiniert, welche Bestellmenge von welchem Produkt sie unter welchen Bedingungen anfordern. Dabei werden auch die Lieferzeitintervalle festgelegt. Ein Grenzfall der Bestellstrategie ist das "Just-in-Time"-Konzept, das eine Anlieferung der benötigten Inputs exakt zum Zeitpunkt ihres Verarbeitungsbeginns vorsieht.

- Fahrzeuge: Sie verfügen über eine *Zielfindungsstrategie*, die entscheidet, welche Richtung das Fahrzeug an einem Knotenpunkt im Transportnetz einschlägt und wann es ggf. Pausen einlegt. Das Ziel ist in Raum (Zielknoten) und Zeit (Lieferintervall) determiniert. Diese Strategie kann begrenzte Information über die aktuelle Verkehrssituation, z.B. über die Verkehrsdichte auf bestimmten Straßen, berücksichtigen.

Zusätzlich können auch dem Transportnetz prozedurale Attribute zugeordnet werden, die zur Verkehrssteuerung dienen. Hierdurch kann z. B. eine Ampelsteuerung simuliert werden, wovon wir in unserem zweiten Beispiel (s. Abschnitt 4) Gebrauch gemacht haben.

Um das allgemeine Modell zu einem spezifischen, ablauffähigen Modell zu spezialisieren, müssen Exemplare der vorgesehenen Klassen von Modellobjekten erzeugt und die jeweiligen Attributwerte festgelegt werden. Die Erzeugung und Zuweisung der Attributwerte geschieht teilweise statisch (d. h. vor Beginn der Simulation, das gilt z.B. für die Länge einer Straße) und teilweise dynamisch (d. h. während des Simulationslaufs, das gilt z. B. für die Ladung oder Geschwindigkeit eines Fahrzeugs). Grundsätzlich gibt es drei verschiedene Möglichkeiten, ein Simulationsmodell mit solchen Daten zu beschicken:

(1) Alle Werte sind empirisch gewonnen, wobei die Werte für dynamische Attribute als historische Zeitreihen vorliegen. Dies führt zu einem Modell, das ein bestimmtes Realsystem für einen bestimmten zurückliegenden Zeitabschnitt simuliert. Dies kann sinnvoll sein, um die Modellstruktur zu validieren. Durch Extrapolation der Eingabe-Zeitreihen sind auch Prognosen möglich.

(2) Für einen Teil der Daten werden stattdessen Zufallszahlen verwendet, wobei die den verschiedenen Zufallszahlenströmen zugrundeliegenden Verteilungen und deren Parameter mit empirischen Methoden ermittelt bzw. abgesichert wurden. Dies führt zu einem Modell, das Aussagen über das Verhalten einer bestimmten Klasse von Realsystemen unter verschiedenen Bedingungen ermöglicht, wobei die Bedingungen experimentell varriiert werden können. Dadurch sind Prognosen und Szenarien möglich.

(3) Die benötigten Daten werden weitestgehend nach regelmäßigen Mustern oder mit Zufallsgeneratoren erzeugt, wobei die gewählten Verteilungen und ihre Parameter auf plausiblen Annahmen beruhen, also nicht notwendigerweise empirisch gesichert sind. Solche Annahmen können z.B. durch Expertenbefragung gewonnen werden. Dies führt zu *idealisierten* Modellen, deren Ergebnisse nur eine qualitative Interpretation erlauben. Solche idealisierten Modelle können prinzipielle Zusammenhänge veranschaulichen und zur Bildung neuer Hypothesen beitragen, die dann unabhängig von den Modellannahmen zu überprüfen sind.

Fall (1) kommt in der Praxis der Computersimulation sehr selten vor, weil in der Regel ein Mangel an empirischen Daten besteht und weil man außerdem an verallgemeinerbaren Ergebnissen interessiert ist. Am häufigsten ist Fall (2). Dieser Weg sollte auch bei der Anwendung unseres Modells auf praktische Problemstellungen beschritten werden.[1] Die folgenden beiden Beispiele sind jedoch idealisierte Modelle, d. h. sie sind nach der Vorgehensweise (3) entstanden. Ein idealisiertes Modell stellt einen speziellen Fall dar, der in dieser Form in der Realität nicht auftreten muß (Idealtyp). Diese Beispielmodelle dienen hier hauptsächlich dem Zweck, unsere Methode zu demonstrieren.

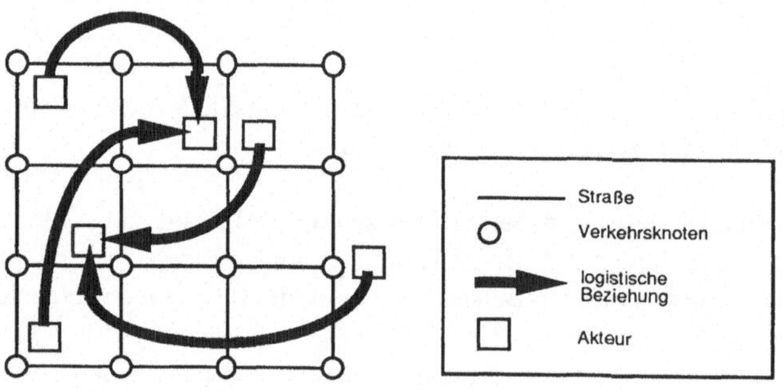

Abb 1: Das Transportnetz von Beispiel 1 und einige logistische Beziehungen.
Die Simulationsläufe wurden mit einem Netz von 16 Abnehmern und 32 Lieferanten durchgeführt.

3. Beispiel 1: Zweistufige verteilte Produktion

Wir gehen davon aus, daß in einem großen Industriegebiet verschiedene Produktionsstätten durch ein Netz von Autobahnen verbunden sind. Dieses Transportnetz habe die einfache Topologie, die in Abbildung 1 dargestellt ist. Alle Kanten haben die Länge von 8 km. Die Knoten sind so beschaffen, daß alle Konfliktpunkte (Wegkreuzungen) durch bauliche Maßnahmen eliminiert sind, wie dies bei Autobahnkreuzen üblich ist. Es gibt jedoch Mischungspunkte (merge points), an denen verschiedene Verkehrsströme zusammenfließen. Hier

---

1 Das würde konkret bedeuten, daß zunächst die Topologien der beiden Netze an das zu untersuchende Realsystem angepaßt werden. In einem weiteren Schritt sind für die wichtigsten im Realsystem vorkommenden stochastischen Prozesse dann Verteilungsgesetze ermittelt und die Verteilungsparameter bestimmt werden. Sie bilden die Grundlage für die zur Simulation benötigten Zufallszahlensträme.

haben Geradeausfahrer Priorität. Ein Fahrzeug, das seine Richtung ändern will, muß also möglicherweise warten, bevor es in eine neue Netzkante übertreten kann.

Die Fahrzeuge haben eine Geschwindigkeit von 85 km/h, solange kein Anlaß zur Verlangsamung oder zum Anhalten gegeben ist (z. B. Richtungsänderung, Warten vor einem Mischungspunkt, Beladen, Entladen etc.). Dies ist ein empirisch belegter Wert für LKW auf bundesdeutschen Autobahnen, trotz der Geschwindigkeitsbeschränkung auf 80 km/h.

Wir kommen nun auf die Verknüpfung von mikro- und makroskopischer Verkehrsmodellierung zurück. Es ist wichtig, auch den Verkehr zu modellieren, der nicht vom betrachteten Logistiksystem verursacht ist; allein 85 % der Verkehrsdichte auf deutschen Autobahnen ist dem Personenverkehr zuzurechnen. Wenn wir von der Annahme ausgehen, daß der mikroskopische Teil unseres Modells den gesamten Güterverkehr im betrachteten Netz abdeckt (was wiederum eine Idealisierung darstellt), so können wir also voraussetzen,

- daß 85 % der Kapazität eines Autobahnabschnitts bereits genutzt sind, bevor er von einem LKW befahren wird, und
- daß ein LKW an jedem Mischungspunkt zu jedem Zeittakt mit einer Wahrscheinlichkeit von 0.85 von einem PKW blockiert wird, wenn er nicht von einem LKW blockiert wird.

Der Zeittakt ist im Modell durch den minimalen zeitlichen Abstand zweier Fahrzeuge definiert. (Dieser ist unabhängig von der Geschwindigkeit und wurde in unseren Experimenten mit 2 Sekunden angenommen.) Aus diesen Überlegungen ergibt sich ein einfacher Algorithmus, mit dem einbiegende Fahrzeuge an Mischungspunkten behandelt werden:

```
WENN der Mischungspunkt durch ein Fahrzeug besetzt ist,
DANN warte einen Zeittakt lang
        UND wiederhole dann das Verfahren,
SONST ziehe einen Wert aus einem Booleschen Zufallszahlenstrom,
        WENN dies der Wert "wahr" ist, warte einen Zeittakt lang
                UND wiederhole dann das Verfahren,
        SONST fahre auf den Mischungspunkt.
```

Der Booleschen Zufallszahlenstrom repräsentiert einen Strom von "virtuellen" Fahrzeugen, deren individuelles Verhalten nicht modelliert wird. Sie sind nur insofern vorhanden, als sie die anderen, individuell modellierten Fahrzeuge behindern können. Der Algorithmus beschreibt den Vorgang des Wartens auf eine Lücke im Verkehrsluß und gibt einen Eindruck vom Detaillierungsgrad, mit dem das Modell Verkehrsvorgänge abbildet. Den Parameter, den wir hier auf 85 % gesetzt haben, bezeichnen wir als die *voreingestellte Verkehrsdichte*. Der Einfachheit halber nehmen wir an, daß die voreingestellte Verkehrsdichte im gesamten Netz gleich ist. Die gesamte Verkehrsdichte, die sich durch die Überlagerung der voreingestellten Verkehrsdichte mit den individuell modellierten Fahrzeugen ergibt, wird im allgemeinen räumlich und zeitlich variieren. Verkehrsballungen können dazu führen, daß Teilnetze überlastet werden und sich die Fahrzeuge stauen.

Wir nehmen ferner an, daß *jeder Knoten* des Transportnetzes der Standort *genau eines* Abnehmers ist, und daß jeder Abnehmer *genau zwei* Zulieferer im Netz hat. Deren Standorte werden zufällig gewählt (Gleichverteilung über alle Knoten). Wir betrachten hier nur die Materialflüsse zwischen Zulieferfirmen und ihren Abnehmern, die als Endproduzenten betrachtet werden können. Unberücksichtigt bleiben in diesem Beispiel: die Beschaffungslogistik der Zulieferer, die Distributionslogistik der Endproduzenten und die Entsorgung der Produkte. Die logistischen Ketten in diesem Modell haben also genau eine Kante, die zwei Stufen eines verteilten Produktionsprozesses verbindet. Auf die gleiche Weise kann jedoch auch das Verhalten komplexerer Systeme mit vollständigen logistischen Ketten modelliert und simuliert werden.

Die Bedarf der Abnehmer an Zulieferteilen pro Zeiteinheit bleibt jeweils während einer festzulegenden Planungsperiode konstant, kann aber von Periode zu Periode (z.B. wegen unterschiedlicher Produktionsauslastung beim Abnehmer) zufällig schwanken. Die Planungsperiode setzen wir mit einem 8-Stunden-Tag relativ kurz an, was die Zulieferer zu einer relativ hohen Flexibilität zwingt. Diese können sie (im Modell nicht dargestellt) dadurch erreichen, daß sie entweder entsprechende Bestände vorhalten, die die Bedarfsschwankungen abpuffern, oder aber möglichst bedarfssynchron produzieren.

Ausgehend von diesen (und einigen aus Platzgründen ungenannten) Voraussetzungen können wir nun untersuchen, wie sich Änderungen der Bestellstrategien bei den Abnehmer auf den Verkehrsfluß und in der Folge auf die Umweltbelastung auswirken. Ein Parameter der Bestellstrategie ist der maximale Bestand, den der Besteller in seinem Eingangslager vorhält. Die folgenden Simulationsergebnisse zeigen die Wirkung einer schrittweisen Bestandsreduktion, wobei die Bestandsreichweite zunächst eine Planungsperiode beträgt und danach bei allen Endproduzenten alle fünf Tage halbiert wird, bis sie schließlich auf einen einzigen Produktionstakt absinkt (hier 20 min). Diese extreme Form der Just-in-Time-Anlieferung ist in unserem Szenario nach dem 25. Tag erreicht.

Abbildung 2 zeigt den Verlauf der spezifischen Emissionen: Die Werte sind auf eine Tonne Endprodukt bezogen. Beispielsweise bedeutet ein Wert von 80 für NOx am 17. Tag, daß 80 g Stickoxide emittiert wurden, als die Zulieferteile für eine Tonne der am 17. Tag fertiggestellten Endprodukte befördert wurden. Es handelt sich dabei um einen Durchschnittswert über alle Produkte aller im Modell vorkommenden Endproduzenten am 17. Tag.

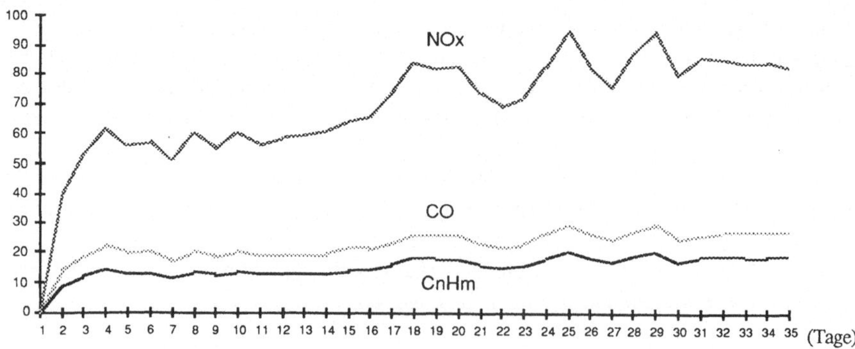

Abb. 2: Entwicklung der Emissionen beim Übergang zur JIT-Anlieferung

Abbildung 3 zeigt den Kraftstoffverbrauch für das gleiche Szenario. Die grauen Balken zeigen die Mittelwerte für Perioden unveränderter Bestellstrategie, wobei der erste Tag jeder Periode von der Berechnung ausgeschlossen wurde, weil sich hier Anlaufprobleme ergeben können. Der Kraftstoffverbrauch pro Tonne Endprodukt steigt durch die Bestandsreduktion um 58 Prozent. Dieser Effekt kann relativ einfach dadurch erklärt werden, daß bei höheren Lieferfrequenzen (bei konstantem Transportaufkommen) im statistischen Mittel mehr Fahrten mit unausgelasteten (nicht voll beladenen) Fahrzeugen vorkommen.

Die Verkehrsdichte nimmt unter den Prämissen dieses Szenarios nur unwesentlich zu, da die größere Zahl der Fahrten zwischen den explizit modellierten Akteuren im gesamten Verkehrsgeschehen kaum ins Gewicht fällt.

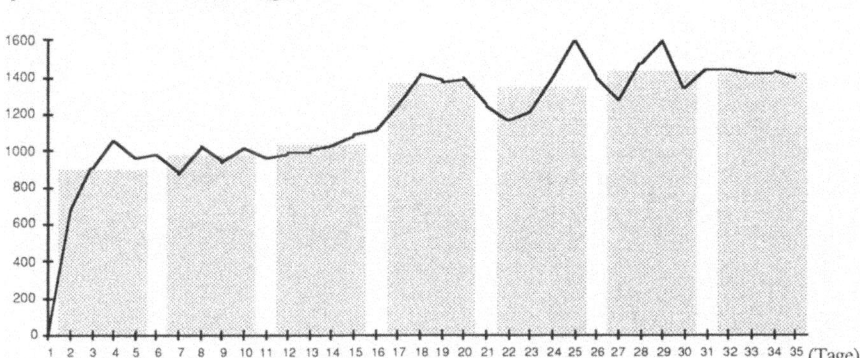

Abb. 3: Entwicklung des Kraftstoffverbrauchs beim Übergang zur JIT-Anlieferung

4. Beispiel 2: Belieferung von Kaufhäusern bei hoher Verkehrsdichte

Dieses Modell unterscheidet sich vom ersten Beispiel in folgenden Punkten:

- Das Transportnetz ist nun als idealisiertes städtisches Straßennetz ausgelegt. Hierfür wurden die Knoten mit simulierten Ampeln ausgestattet, die alle Konfliktpunkte und alle Mischungs–punkte eliminieren. Die Länge der Kanten wird auf 1 km gesetzt.
- Die Zulieferer sind am Rande des Netzes angeordnet, d. h. alle Transporte erfolgen von den Randknoten zu inneren Knoten.
- Der einzige Fall, bei dem Mischungspunkte eine Rolle spielen, ist das (Wieder-) Eintreten eines Fahrzeuges in den Verkehrsfluß, nachdem es be- oder entladen wurde.
- Die voreingestellte Verkehrsdichte beträgt nun 90 %, die Maximalgeschwindigkeit 55 km/h.
- Es wird vorausgesetzt, daß die Fahrzeuge ihre Ladung in einem Zeitfenster von 8 bis 10 Uhr morgens ins Ziel bringen müssen.

Die Bestandsreduktion wird nun dadurch simuliert, daß alle 18 Tage (drei 6-Tage-Wochen) die Lagerkapazität aller Kaufhäuser halbiert wird, bis sie schließlich (nach dem 54. Tag) ein Minimum erreicht, das durch die Kapazität der Verkaufsräume gegeben ist. Das Kaufhaus verzichtet dann also auf ein eigenes Lager, die Waren werden (z.B. von einem Zentrallager) direkt in die Verkaufsregale geliefert. Spätestens dann ist in der Regel eine tägliche Belieferung notwendig, wobei die an einem Tag aufgetretene Nachfrage die Liefermenge des jeweils nächsten Tages bestimmt.

Alle anderen Voraussetzungen bleiben gegenüber Beispiel 1 unverändert. Abbildung 4 zeigt den Verlauf des Kraftstoffverbrauchs pro Tonne umgesetzter Waren (spezifischer Kraftstoffverbrauch). Wegen der hohen Korrelation mit den Emissionen verzichten wir aus Platzgründen auf deren Darstellung. Die Werte sind niedriger als in Beispiel 1, weil die Wege hier wesentlich kürzer sind. Ansonsten zeigt sich ein ähnlicher Effekt des schlechteren durchschnittlichen Auslastungsgrades, hier mit einem Anstieg von 61 %.

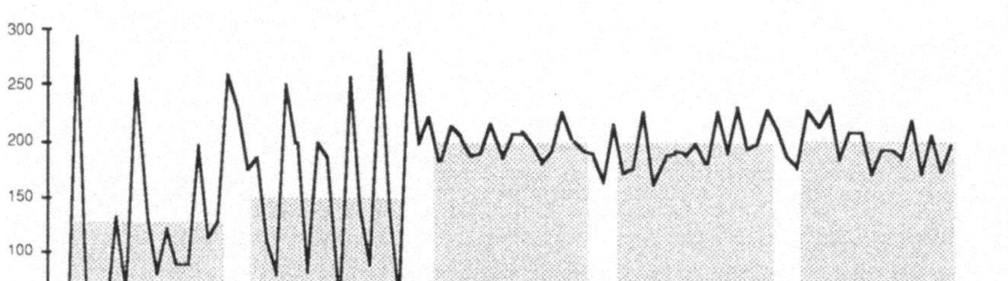

Abb. 4: Entwicklung des Kraftstoffverbrauchs beim Übergang zur täglichen Belieferung (Szenario 1)

Eine detailliertere Betrachtung zeigt, daß sich der Effekt der schlechten LKW-Auslastung hier (im Gegensatz zum ersten Beispiel) doppelt auswirkt, indem er einen spürbaren Anstieg der Verkehrsdichte bewirkt, was zusätzlich zu ineffizienten Fahrzyklen führt. Im ersten Beispiel war die von den simulierten LKW verursachte relative Zunahme der Verkehrsdichte aufgrund der längeren Straßen und der geringeren voreingestellten Verkehrsdichte so geringfügig, daß sie davon selbst nicht beeinflußt wurden. Auf den Autobahnen hat also das logistische System die Auswirkungen seiner veränderten Strategie selbst nicht zu spüren bekommen, während unter den ungünstigeren Bedingungen des Stadtverkehrs (hohe Verkehrsdichte, mehr Kreuzungspunkte, tageszeitliche Restriktionen) Strategieänderungen offenbar leichter zu Rückkopplungseffekten führen: Die Realisierung logistischer Strategien verändert die Bedingungen ihrer Realisierung.

Es ist interessant zu sehen, was geschieht, wenn die Materialflüsse drastisch zunehmen. Im folgenden (unrealistischen) Szenario haben wir den mittleren Massendurchsatz aller Kaufhäuser um den Faktor 20 erhöht. Abbildung 5 zeigt den Verlauf des Kraftstoffverbrauchs:

spezifischer Kraftstoffverbrauch (g/t)

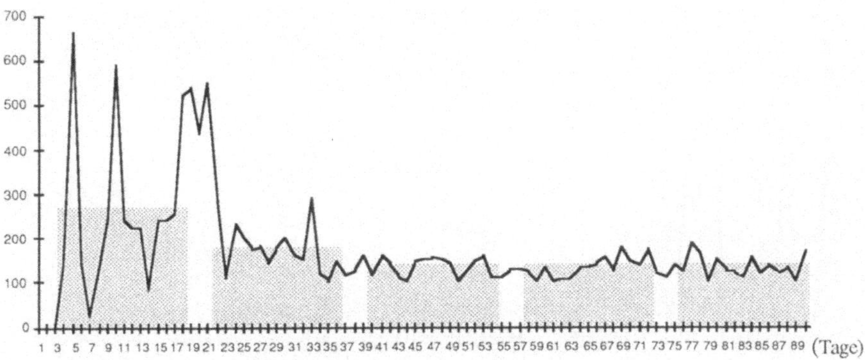

Abb. 5: Entwicklung des Kraftstoffverbrauchs beim Übergang zu täglicher Belieferung (Szenario 2)

Dieser ist nun bei wöchentlicher Belieferung höher als bei täglicher Belieferung, was auf den ersten Blick nicht einleuchten mag. Noch erstaunlicher ist, daß die Werte nach dem 37. Tag im Mittel sogar absolut niedriger liegen als im ersten Szenario.

Eine detaillierte Analyse der Abläufe zeigt, daß bei dieser extremen Belastung ein Effekt zum Tragen kommt, der den Effekt der schlechten Fahrzeugauslastung weit überkompensiert: Bei wöchentlicher Belieferung kann es aufgrund der zufälligen (wenn auch gleichverteilten) Zuordnung von Kaufhäusern zu Liefertagen vorkommen, daß ein überproportionaler Anteil aller Kaufhäuser an einem bestimmten Wochentag ihre wöchentliche Lieferung erhalten. Diese zufälligen zeitlichen Ballungen der Lieferungen führen bei den hohen absoluten Mengen, die nach diesem Szenario transportiert werden, zu einer Überlastung des Straßennetzes. Die Verkehrsstauungen zu extrem hohen Werten für Kraftstoffverbrauch und Emissionen. Die Wahrscheinlichkeit des Auftretens solcher Spitzenlastprobleme ist unter unseren Modellannahmen bei täglicher Anlieferung offenbar geringer als bei wöchentlicher Belieferung. Die Spitzenlastproblematik muß also neben Fragen der Fahrzeugauslastung stets mitberücksichtigt werden, weil sich hier unter bestimmten Voraussetzungen gegenläufige Effekte ergeben können.

Um dieses Modell auf Realsysteme anzuwenden, wäre es erforderlich, neben der gewichtsmäßigen auch die volumenmäßige Auslastung eines Fahrzeugs zu berücksichtigen, was den Zusammenhang von Lieferfrequenzen, Liefermengen, Verbrauchs- und Emissionsdaten erheblich komplexer macht. Nicht zuletzt wären für eine adäquate Abschätzung der gesamten Umweltbelastung auch die Transportverpackungen, die Abmessungen von Packstücken und Ladeeinheiten usw. zu berücksichtigen.

Die Betrachtung der Emissionen im zweiten Szenario zeigt, daß die CO-Werte besonders zu den erwähnten Belastungsspitzen dominieren (Abb. 6). Dies ist typisch für LKW in Stausituationen. Im ersten Modell (Abschnitt 3) haben dagegen die NOx-Emissionen klar dominiert, was typisch ist für die Fahrzyklen auf Autobahnen. Diese Beobachtung gibt einen Hnweis zumindest auf die qualitative Validität unserer Modelle.

spezifische Emissionen (g/t)

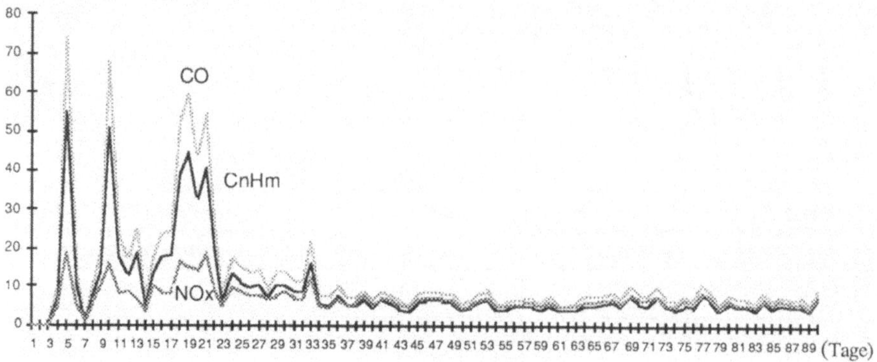

Abb. 6: Entwicklung der Emissionen beim Übergang zur täglichen Belieferung (Szenario 2)

5. Schlußfolgerung und Ausblick

Wir haben an zwei Beispielen gezeigt, wie unser allgemeines Modell logistischer Systeme zur Untersuchung besonderer Fragestellungen spezialisiert und zur Durchführung von Simulationsexperimenten benutzt werden kann. Die Simulationsergebnisse sollten jedoch nicht als neue Erkenntnisse über logistische Systeme im allgemeinen interpretiert werden, da wir keinerlei Sensitivitätsanalysen durchgeführt haben, die zeigen könnten, wie weit die Resultate von den speziellen Annahmen und Parameterwerten abhängen, die den Beispielmodellen zugrundeliegen.

Unsere beiden Fallstudien zeigen jedoch, daß selbst einfache Simulationsmodelle gegenläufige und kontra-intuitive Effekte in logistischen Systemen aufdecken können. Die Computersimulation erscheint somit als ein sehr geeignetes, ja notwendiges Mittel, um die Umweltfolgen logistischer Systeme und Strategien zu untersuchen. Als weitere Schlußfolgerung aus unseren Fallstudien läßt sich festhalten, daß es trotz hoher Korrelationen verschiedenen Emissionsarten untereinander (und mit dem Kraftstoffverbrauch) interessant sein kann, die verschiedenen stofflichen Emissionen differenziert zu modellieren. Abhängig von den Verkehrssituationen, die sich im Simulationslauf einstellen (speziell Stausituationen), können sich die Emissionswerte sehr unterschiedlich verhalten.

Um die hier beschriebenen Beispielmodelle zu implementieren, haben wir das Simulationspaket DESMO (Boelckow 1989, Page 1991) benutzt, das wir nach Bedarf *ad hoc* um einige Konstrukte zur Verkehrssimulation ergänzt haben (Straßen mit begrenzter Kapazität, verschiedene Arten von Kreuzungen, Ampeln etc.). Unser langfristiges Ziel ist die Entwicklung eines umfassenden Werkzeugs für die Modellbildung und Simulation logistischer Systeme unter dem Aspekt ihrer Umweltwirkungen.

Literatur:

Boelckow R., Heymann A., Liebert H., Page B. (1989) A Portable Discrete Event Simulation Package in Modula-2. Proc. of the 1989 European Simulation Multiconference. SCS. S. 97-102

Bukold, S., Deeke, H. (1993): Ökologische Folgewirkungen logistischer Prozesse. In: Rolf et al. 1993

Hilty, L. M., Rolf, A. (1992): Anforderungen an ein ökologisch orientiertes Logistik-Informationssystem. In: Proc. GI-22. Jahrestagung: Information als Produktionsfaktor. Berlin Heidelberg New York Tokio: Springer-Verlag

Hilty, L. M., Martinssen, D. (1992): Simulating Environmental Impacts of Logistical Systems and Strategies. 7th Symposium for Operations Research, Workshop on Environmental Systems, Hamburg

Page B. (1991) Diskrete Simulation. Eine Einführung mit Modula-2. Berlin Heidelberg New York Tokio: Springer-Verlag.

Potts R. B., Oliver R M (1972): Flows in Transportation Networks. New York, London: Academic Press 1972.

Rolf, A., Page, B., Hilty, L. M. (Hrsg.) (1993): Computersimulation als Hilfsmittel einer ökologisch orientierten Logistik. Bericht an die Behörde für Wissenschaft und Forschung der Freien und Hansestadt Hamburg. Universität Hamburg

Umweltbundesamt (1983) Das Abgas-Emissionsverhalten von Nutzfahrzeugen in der Bundesrepublik Deutschland im Bezugsjahr 1980. UBA-Berichte 11/83. Berlin: Erich Schmidt Verlag.

v. Weizsäcker, E. U. (1992): Stofflawinen überrollen die Natur. Hamburger Rundschau, Ausgabe 4/92.

RECHNERGESTÜTZTER ENTWURF KOSTENOPTIMALER DACHBEGRÜNUNGSSTRATEGIEN ZUR VERMINDERUNG DER STAUBBELASTUNG IN BALLUNGSZENTREN WIE BERLIN UND MADRID

N. Model ; U. Six
Fraunhofer-Institut für Informations-und Datenverarbeitung
Karlsruhe
Einrichtung für Prozeßoptimierung,
O-1086 Berlin, Kurstraße 33

1. Einleitung

Die ökologische, bioklimatische sowie lufthygienische Siuation in Großstädten ist nahezu ausnahmslos unbefriedigend. Dies schlägt sich u.a. in der Zunahme allergischer Zivilisationskrankheiten nieder, unter denen mittlerweile zwischen 10% und 20% der Bevölkerung leiden. Zur Förderung der Atemwegserkrankungen durch Luftschadstoffe wie Schwefeldioxid, Stickstoffdioxid und Feinstaub in Großstädten gibt es eindeutige Hinweise.

Im folgenden Beitrag werden Ergebnisse und weitere Aufgabenstellungen bei der Ermittlung optimaler Strategien vorgestellt, die der Verringerung der Staubbelastung der Luft in Ballungszentren dienen sollen. (Strategien zur Verminderung der SO_2- und NO_x-Belastung der Luft vgl. /1/,/2/; O_2, BSB_5, CSB, NH_4-N-, NO_2-N-, NO_3-N- und CL-Belastung in Fließgewässern vgl. /3/)
Dabei wird unter "optimal" ökologisch stabil verstanden. Dies kann zum einen durch die Züchtung neuer Artenspektren erreicht werden, die sich besonders zur Reinigung schadstoffhaltiger Luft eignen. Zum anderen wird diese Stabilität durch gezielte Anlegung neuer Grünflächen und Verbindungsstrukturen zwischen vorhandenen Grünflächen erreicht. Da jedoch die extensive Vergrößerung der Grünflächen in den Großstädten kaum noch möglich ist, bietet die Methode der *Dachbegrünung* eine reale Chance.
Im vorliegenden Fall untersuchen wir den rechnergestützten Entwurf von Dachbegrünungsstrategien für neu zu bauende Dachbegrünungsanlagen . Die hierbei entstehenden Kosten sind natürlich von der geographischen Lage, der Dachneigung und anderen Faktoren abhängig. In günstigen Lagen soll die Neugestaltung der Dächer mit dieser Methode nur ca.40,-DM pro Quadratmeter kosten.
Aus der Sicht des Umweltschützers und Stadtplaners sind eine Reihe von Wünschen und Zielen denkbar, die sich durchaus auch widersprechen können. Die Forderung nach minimalen

Investitionskosten steht zum Beispiel im Widerspruch zur Forderung nach maximaler Anzahl neuer Grünflächen.

1.1. Steuerentwurf

Wir gehen davon aus, daß bei den zu betrachtenden Ballungsgebieten eine flächendeckende Rastereinteilung vorliegt. Im Steuervektor sind alle steuerbaren Rasterelemente zusammengefaßt. Der Begriff "steuerbar" ist vielfältig interpretierbar. Im vorliegenden Fall wird jeder Komponente des Steuervektors der prozentuale Grünflächenanteil des entsprechenden Rasterelementes zugeordnet. Mit Hilfe eines Geographischen Informationssystems lassen sich recht günstig geeignete Steuer-Raster ermitteln (siehe **1.2.**, **1.3.1.**).
Im folgenden betrachten wir als *zulässige* Steuerelemente nur diejenigen Rasterelemente, deren prozentualer Grünflächenanteil sehr klein (z.B. <= 5%) ist. Der Steuereingriff erfolgt diskret. Für die Komponenten lassen sich verschiedene Varianten wählen (vgl. **1.3.2.**)
Das für die Optimierungsrechnung verwendete Entscheidungshilfesystem **REH** ermöglicht, unterschiedliche und widersprüchliche Ziele zu formulieren (vgl. /7/).
Das Programmsystem REH kann auf eine Vielzahl sehr allgemeiner statischer oder zeitdiskretisierbarer Modelle angewendet werden, und zwar, wenn die Abhängigkeit der für die Entscheidung relevanten Zielfunktionale von den Steuervariablen (Entscheidungsvariablen) algorithmisch formulierbar ist.
Die mehrkriteriellen Optimierungsverfahren basieren auf einkriteriellen Optimierungsprozeduren, die auch dann anwendbar sind, wenn die Zielfunktionale nichtkonvexe bzw. nichtkonkave Gestalt haben und/oder die Definitionsbereiche der zulässigen Steuermengen nicht zusammenhängend sind.

1.2. Anwendung des Geographischen Informationssystems SPANS

Für die Entwicklung optimaler Begrünungsstrategien stehen eine Vielzahl von Informationen recht unterschiedlicher Struktur zur Verfügung. Zum einen liegen Daten als flächendeckendes Raster über das gesamte Stadtgebiet vor, u.a. für Grünflächen, Gewässernetz, Straßennetz. Zum anderen müssen Vektordaten, wie z.B. die Stadtbezirksgrenzen oder Staub-Isolinien, in die Analyse eingehen. Punktdaten, d.h. Meßwerte und Attribute an diskreten geographischen Orten, sind eine weitere mögliche Informationsquelle (siehe. Abb. 1). Und schließlich müssen auch solche globalen Charakterisierungen, wie "im Zentrum", "in der Nähe von.." u.s.w. betrachtet werden.

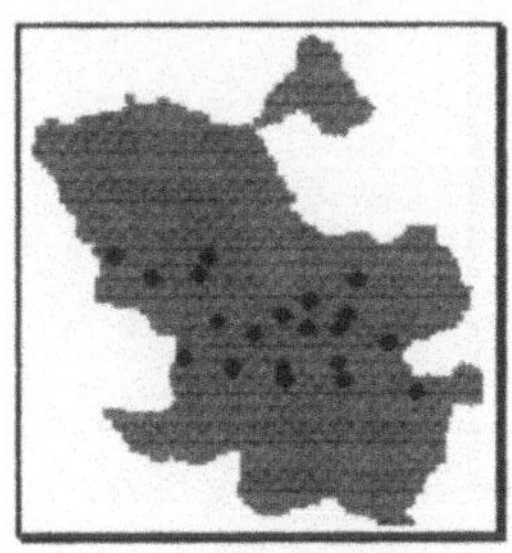

Abb.1
mobile Meßstellen für die Staubbelastung im Stadtgebiet von Madrid

All diese Daten besitzen einen geographischen Bezug zu Stadtgebieten (in unseren Beispielen Berlin und Madrid), der den Einsatz eines Geographischen Informationssystems (GIS) ermöglicht und erfordert. Innerhalb dieses GIS können die Ausgangswerte und -informationen ortsbezogen eingeordnet und trotz ihrer unterschiedlichen Herkunft kombiniert werden (siehe Abb. 2,3,4 Überlagerung von Vektor- und Rasterdaten) Dies kann und soll ein Optimierungsverfahren nicht leisten, sondern ist ein Aufgabenkomplex eines geographischen Systems.

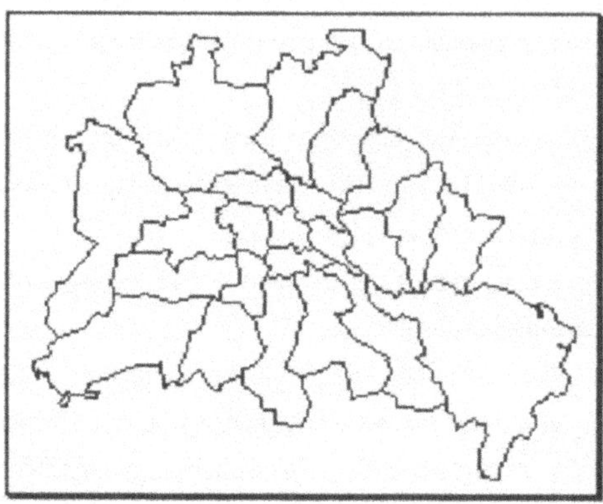

Abb.2
Stadtbezirksgrenzen von Berlin

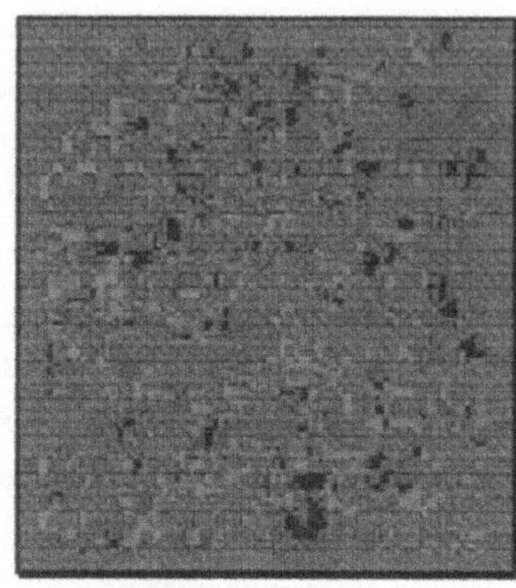

Abb. 3
Grünflächenraster von Berlin

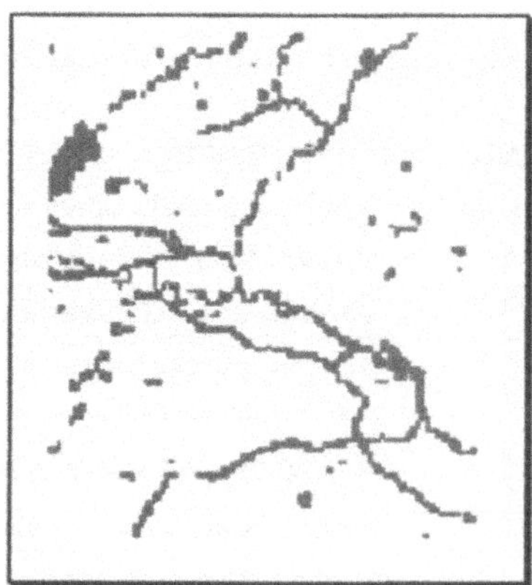

Abb. 4
Gewässernetz von Berlin

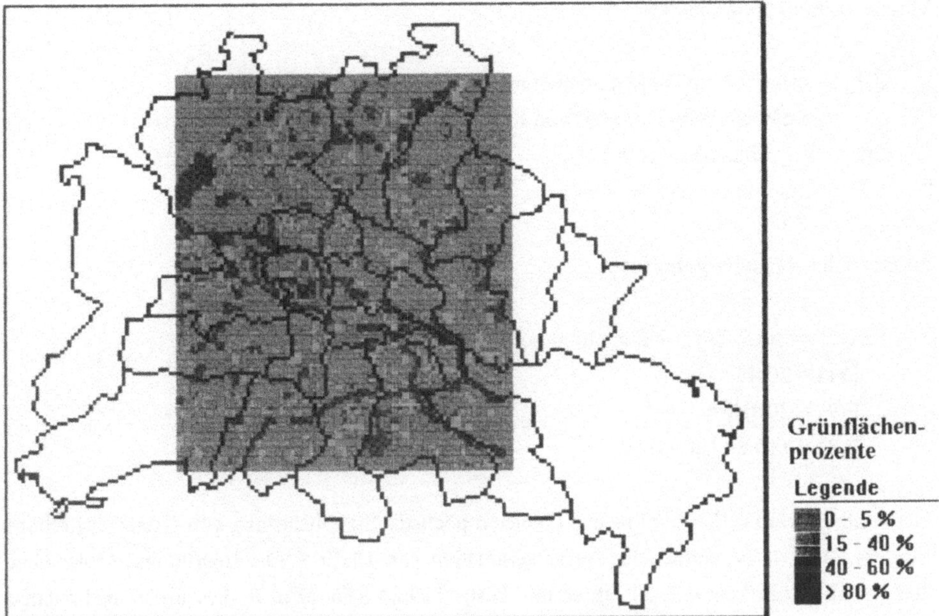

Abb. 5
Datenüberlagerung für Berlin

Zahlreiche Vorbetrachtungen und Auswahlprozeduren lassen sich schon innerhalb des GIS realisieren, die dadurch das eigentliche Optimierungsverfahren erheblich beschleunigen.

Ein Beispiel :

Auf Grund der begrenzten Rechnerkapazität können schon von vornherein nicht alle unbegrünten Rasterelemente (→ mehr als 20000 Steuerelemente) beim Optimierungslauf berücksichtigt werden. Eine Vorauswahl ist unbedingt nötig. Dies können wir innerhalb des GIS recht einfach ermöglichen, indem durch sinnvolle Datenüberlagerung die "vernünftigen" Gebiete selektiert werden.
Für diese konkrete Aufgabenstellung der Dachbegrünung zur Senkung der Staubbelastung sehen wir u.a. folgene Auswahlkriterien als vernünftig an :

1. unbegrünte Rasterelemente mit der höchsten Staubbelastung
2. unbegrünte Rasterelemente in der Nähe von Gewässern
3. unbegrünte Rasterelemente in der Nähe von großen Straßen
4. unbegrünte Rasterelemente im Stadtzentrum
5. unbegrünte Rasterelemente in der Nähe großer Grünflächen

Unsere Zielfunktionale lauten :

F(1) : relativer Grünflächenanteil in maximal staubbelasteten Gebieten von Kreuzberg [%] → *Max.*
F(2) : Begrünungszeitraum [Jahr] → *Min.*
F(3) : Gesamtkosten [Mio. DM] → *Min.*

Numerische Rechenergebnisse :

Pareto-optimale Werte der Zielfunktionale :
F(1) = 20.47 %
F(2) = 20 Jahre
F(3) = 119.84 Mio. DM

Der relative Grünflächenanteil in den Gebieten höchster Staubbelastung von Kreuzberg erhöht sich um 20.47 % gegenüber der Ausgangssituation von 15.29%. Die Begrünung erfolgt über den gesamten Zeitraum von 20 Jahren und kostet 119.84 Mio. DM. In diesem Beispiel reichen die vorhandenen Geldmittel zur Begrünung aller 104 vorher selektierter Rasterelemente aus.

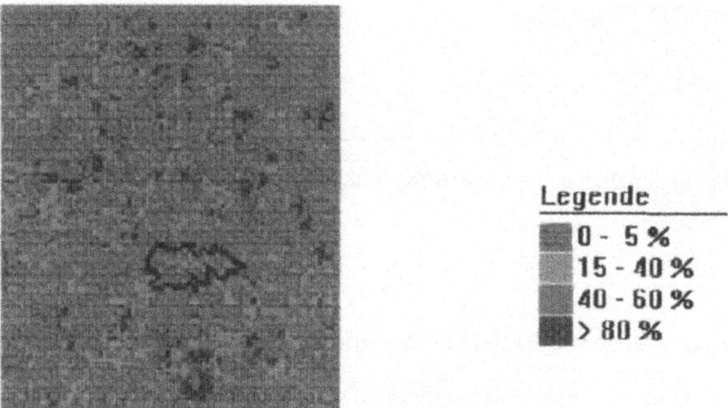

Abb. 12

Die Abbildung 12 gibt die gesamten Ausgangsdaten für die Grünflächenverteilung in Berlin an. Das rot gekennzeichnete Gebiet verdeutlicht die geographische Lage unserer Steuerraster von Kreuzberg.

In den folgenden 5 Abbildungen können wir die berechneten Ergebnisse für Kreuzberg im 5-Jahres-Takt verfolgen. Die Abbildung 13 zeigt die Ausgangssituation, die momentane Grünflächenverteilung des Stadtbezirkes. In den folgenden Abbildungen (Abb. 14-17) sind zusätzlich die neu begrünten Rasterelemente innerhalb des entsprechenden Zeitraumes dargestellt.

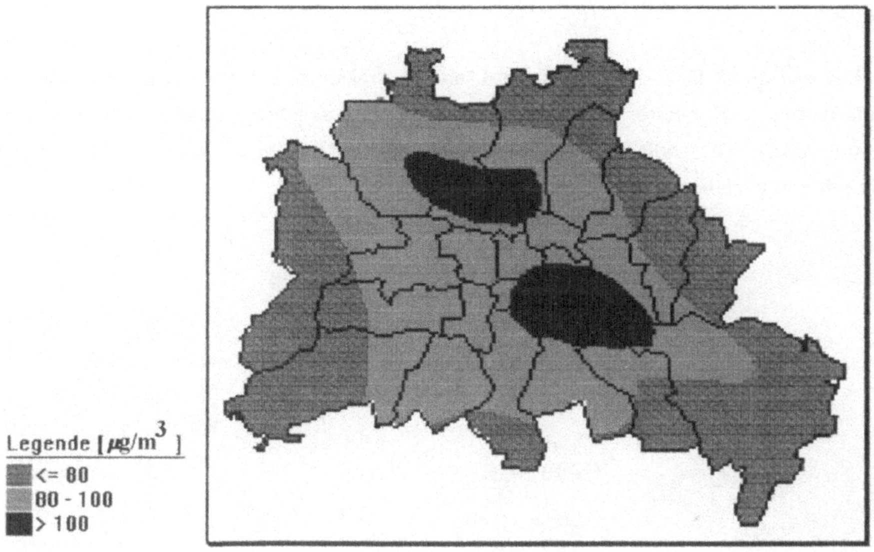

Abb. 7

In der Abbildung 7 sind die Staubzonen der Stadt Berlin (Jahresmittelwerte der Schwebstaubkonzentration) dargestellt.

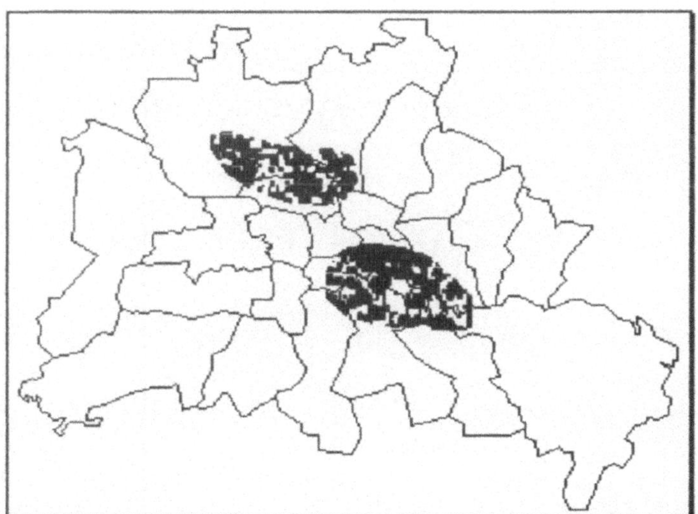

Abb. 8

Ein Resultat der Datenüberlagerung ist in Abb. 8 dargestellt. Die hier selektierten unbegrünten Rasterelemente liegen in den Gebieten der höchsten Staubbelastung. Ihre Anzahl ist 1360.

Beispiel 2:

Die Datenselektion läßt sich ebenso auf andere Faktoren anwenden. So ist z.B. die Dachbegrünung auch nur für einzelne Stadtbezirke (z.B. Kreuzberg) denkbar, d.h. es werden nun nur noch die vorhandenen Grünflächen und unbegrünten Raster innerhalb der Stadtbezirksgrenzen betrachtet.

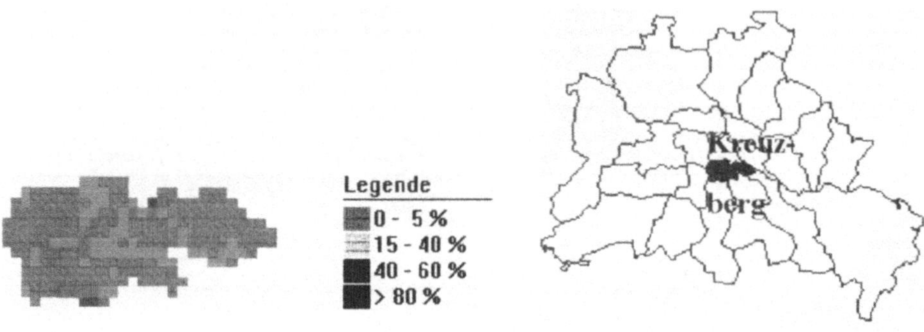

Abb. 9 *Abb.10*

Die Abbildungen 9 und 10 veranschaulichen die Ausgangssituation (Grünflächenverteilung und geographische Lage) des Stadtbezirkes Kreuzberg von Berlin.

Abb. 11

Die hier grau hervorgehobenen Flächen sind unbegrünte Rasterelemente von Kreuzberg und können als mögliche Steuervariablen in der Pareto-Optimierung gewählt werden.

1.3.2. Berechnung optimaler Begrünungsstrategien

Im folgenden stellen wir eine Prinziplösung zur Berechnung optimaler Begrünungsstrategien vor.

Aus dem vorhergehenden (vgl. 1.2.,1.3.1.) wird klar, daß hier sowohl bei der Formulierung der Ziele (Zielfunktionale), der Definition der Steuereingriffsmöglichkeiten als auch der Kosten noch viele (möglicherweise noch wichtigere) Varianten denkbar sind. Diese können ebenfalls umgesetzt werden.

Für die hier betrachtete Variante wurde aus den vorliegenden flächendeckenden Rasterdaten (200 x 300 Elemente) zunächst die prozentualen Grünflächenanteile, als Grundinformationsmatrix aufgebaut .Für den Steuerentwurf wurden alle die Rasterelemente von Kreuzberg gewählt, deren prozentualer Grünflächenanteil kleiner gleich 5% ist und die im Bereich der höchsten Staubbelastung liegen. Auf diese Weise wurden 104 Steuerelemente definiert. Der *Steuervektor* enthält also in diesem Fall 104 Komponenten.

Die *Zeitspanne* für die Investitionen wurde auf 20 Jahre angesetzt.

Der *Steuereingriff* erfolgt diskret, d.h. wir wählen bei der vorliegenden Aufgabe 3 mögliche Varianten für die Steuerraster.

a) Variante 1: Erhöhung des Grünflächenanteils durch Dachbegrünung um 10%
b) Variante 2: Erhöhung des Grünflächenanteils durch Dachbegrünung um 30%
c) Variante 3: Erhöhung des Grünflächenanteils durch Dachbegrünung um 50%

Die maximale Begrünung um 50% ergibt sich aus der Tatsache, daß selbst in dicht bebauten Stadtgebieten nicht 100% der Flächen mit Häusern abgedeckt sind. Der mittlere Anteil an Häusern (Dächern) im Stadtinneren ist etwa 50%.

Die für diese 3 Varianten entstehenden Kosten sind natürlich von der geographischen Lage, der Dachneigung u.ä. abhängig. Als Grundkosten pro m^2 wurden 10,-DM, 40,-DM und 70,-DM gewählt. Daraus ergeben sich für jedes Rasterelement (200m x 200 m) die Kosten von 0.4 Mio. DM, 1.6 Mio DM und 2.8 Mio DM. Bei Altbauten sind die Kosten noch mit dem Faktor 1.2, bei Mischbauten mit 1.1 und bei Neubauten mit 1.0 gewichtet worden. Die Verteilung dieser Kosten auf die 104 Steuerraster haben wir für dieses Demonstrationsbeispiel willkürlich festgelegt.

Die zur Verfügung stehenden *Investitionsmittel* wurden auf 6 Mio. DM jährlich festgesetzt. Dies sind die vom Senat der Stadt Berlin für derartige Aufgaben bereitgestellten öffentlichen Gelder. Private Investoren (mit denen durchaus zu rechnen ist) sind in diesem Demonstrationsbeispiel noch nicht berücksichtigt.

Solche sinnvollen Vorauswahlen reduzieren die zur Begrünung in Frage kommenden Rasterelemente (Steuervektor der Optimierungsverfahrens) erheblich (ca. 150) und beeinflussen damit das Optimierungsverfahren günstig.

Der zweite wichtige Aufgabenkomplex eines Geographischen Informationssystems ist die Berechnung und Erstellung von Kartenmaterial. So sind graphische Darstellungen des momentan vorliegenden Zustandes sowie von Situationen nach bestimmten durchgeführten Maßnahmen wichtige und nützliche Planungs- und Entscheidungsgrundlagen.
Innerhalb dieses Projektes wird das Geographische Informationssystem SPANS der kanadischen Firma INTERA TYDAC unter dem Betriebssystem OS/2 verwendet (vgl. /8/). Dieses System stellt gerade auf dem Gebiet der graphischen Darstellung und Repräsentation eine Vielzahl von Möglichkeiten zur Verfügung.

1.3. Ein Demonstrationsbeispiel für Berlin

1.3.1. Analyse der Ausgangsdaten

In Hinblick auf die Überschaubarkeit und Speicherbegrenzung ist es weder sinnvoll noch möglich, beim Steuerentwurf alle Ausgangsdaten (für Berlin ein 200 x 300-Feld = 60000 je Merkmal) zu berücksichtigen. Deshalb wurden mit Hilfe der Modellierungssprache von SPANS und seinen weiteren Analysefunktionen jeweils nur bestimmte Daten selektiert, die dann als Steuerelemente dem Optimierungssystem übergeben werden.

Beispiel 1:

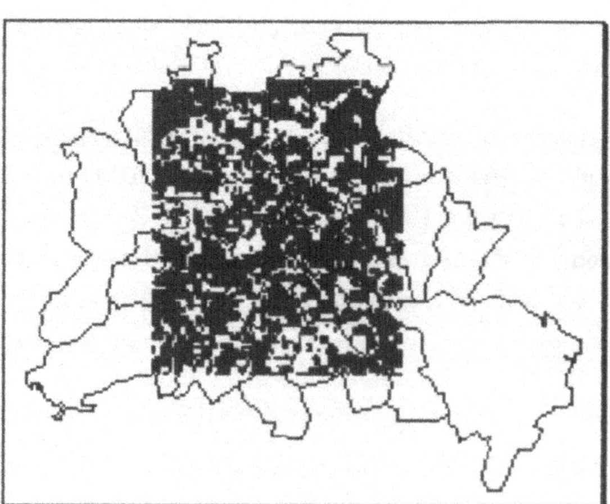

Abb. 6

Diese Abbildung zeigt alle unbegrünten Rasterelemente von Berlin im belegten Bereich des Grünflächen-Datenfeldes. Es sind 8186 Elemente.

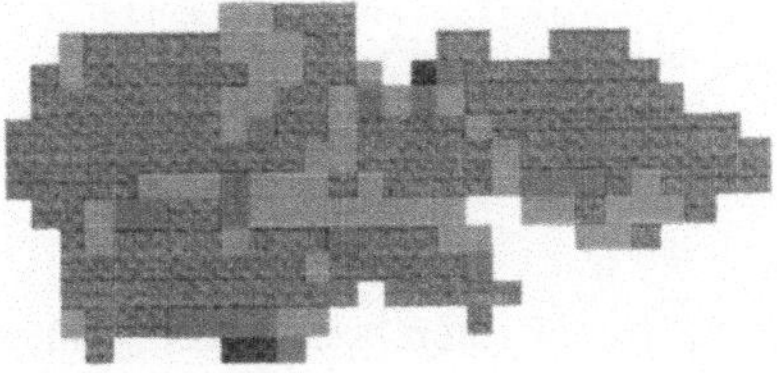

Abb. 13
Ausgangssituation

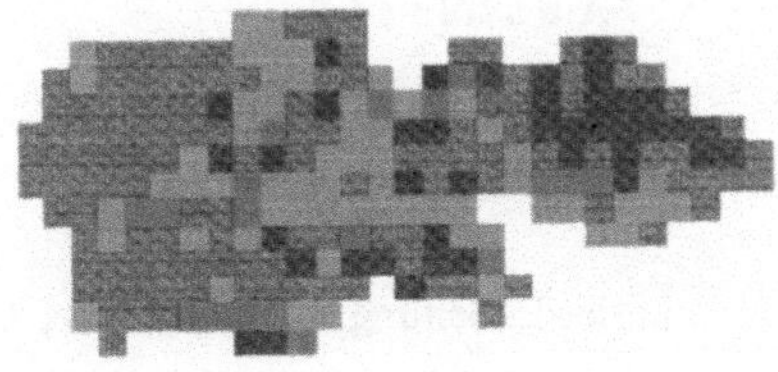

Abb.14
Grünflächenverteilung nach 5 Jahren

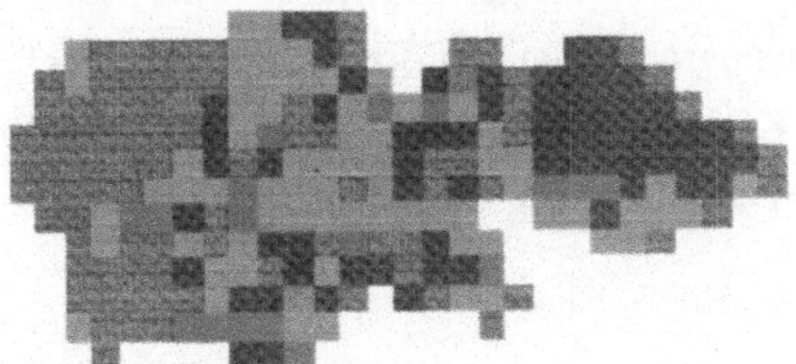

Abb.15
Grünflächenverteilung nach 10 Jahren

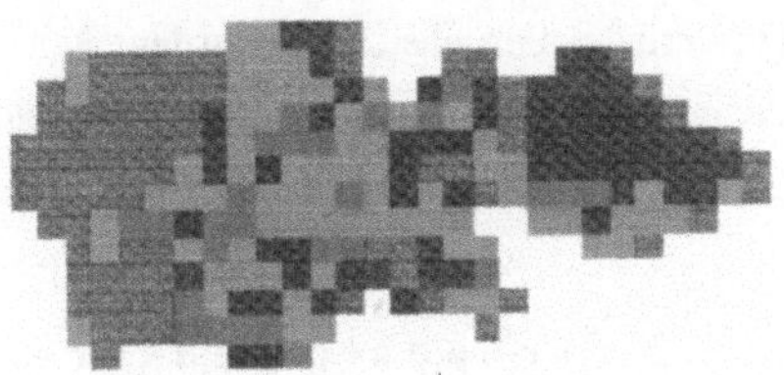

Abb. 16
Grünflächenverteilung nach 15 Jahren

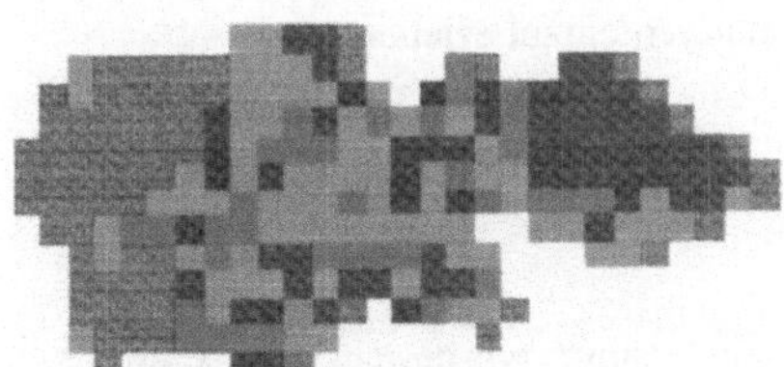

Abb. 17
Grünflächenverteilung nach 20 Jahren

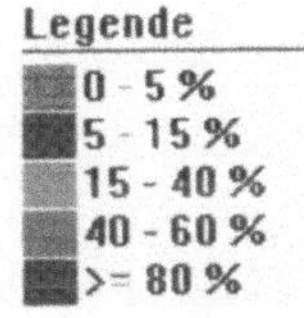

Die in Abbildung 17 dargestellte Verteilung der Grünflächen in Kreuzberg ist die resultierende Situation nach 20 Jahren, wenn gemäß der berechneten pareto-optimalen Reihenfolge der Steuerraster die Begrünung in diesem Stadtbezirk erfolgt und die jährlichen Geldmittel von 6 Mio. DM bereitstehen.

1.5. Ausblick

1.5.1. Grünflächenkorridore

Wie in der Einleitung schon erwähnt, tragen "Verbindungen" von schon bestehenden größeren Grünflächen wesentlich zu deren ökologischer Stabilität bei. Z.B. können verbundene Flächen sich entlang derartiger grüner Korridore durch Samenflug gegenseitig wieder neu begrünen. Die Berechnung von möglichen (kürzesten) Verbindungskorridoren zwischen bestehenden Grünflächen wird als nächste Erweiterung eingebracht. Dabei müssen sowohl die vorhandene Bebauung (potentielle Begrünungsflächen) als auch Straßenzüge, Gewässer oder sonstige Hindernisse berücksichtigt werden. Mit Hilfe des Geographischen Informationssystems sollen die noch unbegrünten Rasterelemente, die derartige Korridore bilden können, ermittelt und dem Optimierungsprogramm als mögliche Steuervariablen zur Dachbegrünung übergeben werden.

1.5.2. Schadstoffausbreitung

Der Schadstofftransport ist in den hier vorliegenden Untersuchungen noch nicht berücksichtigt. Es wurden nur Immissionen betrachtet (die natürlich von entsprechenden Emittenten abhängen). Für die Schwebstaubkonzentration ist natürlich die Einbeziehung von Flächenquellen wie z.B. Verkehrsmagistralen von großem Interesse. Es ist deshalb vorgesehen, urbane Ausbreitungsmodelle (/10/) mit in die Berechnungen einzubeziehen.

Literatur

/1/ Model,N.; Born,J.:
Calculation of Air Pollution Immission Values by Using Two-dimensional Spline-Approximations.
in: Syst. Anal. Model. Simul. 6, Akademie-Verlag Berlin 1989

/2/ Lasch,P.; Model,N.; Bellmann,K.:
The PEMU/AIR Pollutant Transport Model Based on Emittent-Receptor-Point-Transmission Calculation.
In: Proceedings of the International Symposium
"Systems Analysis and Simulation" held in Berlin (GDR),
September 12-16, 1988

/3/ Model,N.; Eidner,R.:
ELBE-River Pollution Control by multicriterial Optimization,
In: Syst. Anal. Model. Simul.,8,(1991) 6, Akademie-Verlag Berlin

/4/ Rudolf,F.; Rudolf,W.:
Die Möglichkeiten rechnergestützter Prognosemodelle zur Entwicklung interaktiver Lehrmaterialien am Beispiel von PMUrbEcO
Proceedings of the 1.Symposium European University Cooperation Agribusiness - Environment Protection TEMPUS
held in Berlin (FRG) , June 13 - 15, 1991

/5/ Model,N.; Feudel,U.:
Prognosemodellierung am Zentralinstitut für Kybernetik und Informationsprozesse Berlin, ebenda

/6/ Rudolf,F.; Rudolf,W.:
Von der urbanen Wüste zur urbanen Steppe - Schritte zum ökologischen Stadtumbau.
Ein Weg der künftigen Metropole Berlin?,
(Manuskript)

/7/ Straubel,R.; Wittmüss,A.:
An Interactive (Optimization - Based) Decision Support System for Multi-Criteria Control Problems.
In: Fandel, G. et al. (eds.): On Large Scale Modelling and Interactive Decision Analysis. Lecture Notes in Economics and Mathematical Systems 237.
Springer Verlag, Berlin 1986, pp. 222-231

/8/ INTERA TYDAC :
Technologies Spatial Analysis System software (SPANS V5.21)
Systemdokumentation

/9/ Model,N. ; Six, U. :
Computer aided design of costoptimal strategies for reduction of environmental pollution in urban regions like Berlin
Wissenschaftliche Zeitschrift der Humboldt-Universität zu Berlin
Reihe Agrarwissenschaften 41 (1992) 2

/10/ Fath,J. Lühring,P. :
Ausbreitungsrechnungen nach TH Luft,
Umweltbundesamt, Materialien 2/87
Erich Schmidt Verlag, Berlin 1987

/11/ Javier,P.E. Gonzales I. :
Agrar-Industrie-Konversion in der Stadt-Umland-Region Madrids und deren Kopplungspotential mit Vorhaben einer ökologischen Stadtentwicklung
Belegarbeit, Humboldt-Universität zu Berlin
Sektion Nahrungsgüterwirtschaft und Lebensmitteltechnologie

Konzeption eines EDV-gestützten Planungssystems zur optimalen Demontage- und Verwertungsplanung von Wohngebäuden im Oberrheingraben (Baden/Elsaß)

Th. Spengler, J. Hamidovic, M. Nicolai, M. Ruch, S. Valdivia, O. Rentz
Deutsch-Französisches-Institut für Umweltforschung (DFIU)
Universität Karlsruhe (TH)
Hertzstr.16, W-7500 Karlsruhe 21

Schlüsselworte: Bauschuttrecycling, Demontageplanung, Modellbildung, Ganzzahlige Lineare Optimierung, Heuristik

Zusammenfassung:

Zur Schonung natürlicher Ressourcen sowie zur Einsparung knapper Deponiekapazitäten stellt sich die Forderung nach weitgehender Wiederverwertung des beim Abriß von Gebäuden anfallenden Bauschutts. Die nach einer entsprechenden Aufbereitung erzielbare Qualität der Baureststoffe hängt stark von deren Sortenreinheit bzw. definierten Zusammensetzung ab. Diese ist einerseits durch entsprechende Demontagetechniken, andererseits durch nachgeschaltete Sortierverfahren erreichbar. Im Rahmen des diesem Beitrag zugrundeliegenden Forschungsprojektes sind für die im Oberrheingraben abzureißenden Wohngebäude, umweltgerechte Demontage- und Verwertungsstrategien kostenminimal zu entwickeln. Aufgrund der hohen Komplexität dieser Problemstellung wurde ein EDV-gestütztes Planungssystem konzipiert und ein erster Prototyp bereits auf Personal Computer implementiert. Mit Hilfe der für jeden Gebäudetyp zu erstellenden Demontage-Vorrang-Graphen und der für jeden Reststoff aufzustellenden Verwertungs-Kosten-Funktion wird automatisch ein ganzzahliges lineares Optimierungsproblem formuliert und unter Einsatz geeigneter Algorithmen gelöst.

1. Problemstellung und Zielsetzung

Mit einem Aufkommen von 220 Millionen Tonnen im Jahre 1989 zählen die Baurestmassen in der Bundesrepublik Deutschland zur mengenmäßig bedeutsamsten Abfallgruppe [StaBA 90]. 22,6 Millionen Tonnen hiervon entfallen auf Bauschutt; 10,6 Millionen Tonnen auf Baustellenabfälle. Obwohl eine stoffliche Verwertung prinzipiell möglich ist, werden derzeit 84% des Bauschutts und nahezu die gesamten Baustellenabfälle deponiert. Bis zum Jahre 1995 sind gemäß den Zielfestlegungen der Bundesregierung 60% des Bauschutts und 40% der Baustellenabfälle zu verwerten [BuReg 91].

Das Bauschuttaufkommen in Frankreich liegt derzeit bei 25 Millionen Tonnen; die Verwertungsquoten liegen in der gleichen Größenordnung wie in Deutschland. Aufbereiteter Bauschutt wird momentan überwiegend im Straßenbau oder zum Bau von Lärmschutzwällen eingesetzt. Dieses aus abfallwirtschaftlicher Sicht unbefriedigende "Downcycling"sollte in Zukunft durch ein Recycling auf möglichst gleicher Qualitätsstufe ersetzt werden. Zur Verbesserung der Aufbereitungsqualität verwertbarer Bestandteile des Bauschutts sollten diese daher sortenrein oder in entsprechend definierter Zusammensetzung vorliegen. Dies kann sowohl durch Demontage und selektiven Rückbau der Gebäude als auch durch Einsatz nachgeschalteter Sortierverfahren erreicht werden. Erstere Form des Abbruchs wird derzeit allerdings kaum realisiert, so daß der Bauschutt zum großen Teil als heterogenes Bauschuttgemisch anfällt und entsprechend sortiert werden muß [Hiersche 90].

Ziel des hier beschriebenen Forschungsprojektes ist die Konzeption und Implementierung eines EDV-gestützten Planungssystems zur umweltgerechten Demontage- und Verwertungsplanung von Wohngebäuden im Oberrheingraben. Ausgehend von einer neuen Methodik zur Ermittlung des Anfalls und der Zusammensetzung von Baurestmassen aus dem Rückbau von Wohngebäuden sollen die in der Region verfügbaren Einsatzmöglichkeiten aufbereiteter Baureststoffe analysiert und die jeweiligen Substitutionspotentiale abgeschätzt werden. Reststoffspezifisch sollen hierfür technisch-wirtschaftlich optimierte Aufbereitungsverfahren konzipiert und für die im Oberrheingraben abzureißenden Wohngebäude umweltgerechte Demontage- und Verwertungsstrategien entwickelt werden. Derzeit nicht oder nur schlecht verwertbare Bauteile sollen ausgewiesen und hieraus Hinweise für eine recyclinggerechte Planung und Konstruktion von Gebäuden abgeleitet werden.

2. Grundkonzept des EDV-gestützten Planungssystems

Die Struktur des entwickelten Planungssystems zur optimalen Demontage- und Verwertungsplanung ist in Abbildung 1 dargestellt.

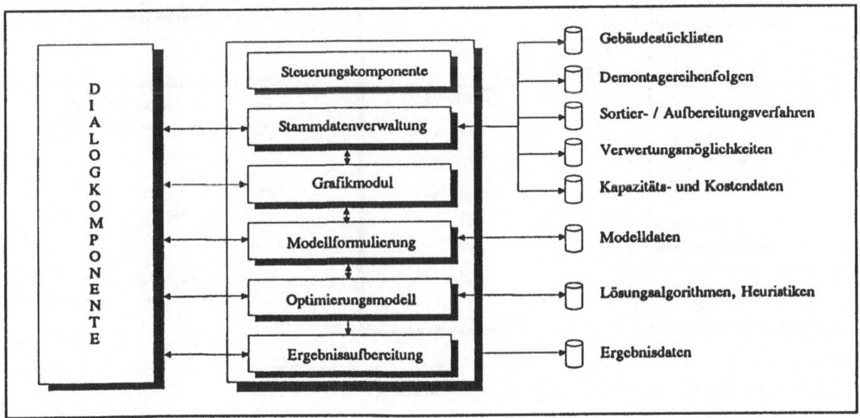

Abb. 1: Struktur des EDV-gestützten Planungssystems

Kern des Systems ist die Steuerungskomponente, die den Ablauf des Planungsprozesses durchführt und überwacht. Sie kommuniziert direkt mit der Dialogkomponente, die die Schnittstelle zum Benutzer darstellt und sämtliche Funktionen zur Benutzerinteraktion beinhaltet. Die Steuerungskomponente enthält die Moduln Stammdatenverwaltung, Grafik, Modellformulierung, Optimierung und Ergebnisaufbereitung. Die Stammdatenverwaltung umfaßt die Grundfunktionen zum Erfassen, Ändern und Löschen der Gebäudestücklisten, der Demontagereihenfolgen, der Sortier- und Aufbereitungsverfahren, der Verwertungsoptionen, sowie der Kapazitäts- und Kostendaten. Mit Hilfe des Grafikmoduls läßt sich der aus den Gebäudestücklisten und Demontagereihenfolgen gebildete Demontage-Vorrang-Graph eines Gebäudes am Bildschirm darstellen. Unter Berücksichtigung weiterer Modelldaten wird im Modul Modellformulierung das Optimierungsproblem automatisch generiert und mit Hilfe der im Optimierungsmodul vorhandenen Optimierungsverfahren gelöst. Aufgabe des Moduls Ergebnisaufbereitung ist die benutzergerechte Aufbereitung der optimalen Lösung und deren geeignete Ablage in einer Datenbank.

Zur Modellierung des Planungsproblems sind zunächst ausgehend von den in einer relationalen Datenbank abgelegten Gebäudestücklisten, Demontagereihenfolgen und Demontagekosten für jeden Gebäudetyp sogenannte Demontage-Vorrang-Graphen zu entwickeln. Für alle in den Wohngebäuden eingesetzten Baustoffe, Bauelemente und Bauteile sind mit Hilfe der ebenfalls in der relationalen Datenbank abgespeicherten Sortier- und Aufbereitungstechniken, Einsatzmöglichkeiten sowie zugehörigen Kapazitäts- und Kostendaten, Verwertungs-Kosten-Funktionen aufzustellen. Das dem Planungsproblem zugrundeliegende ganzzahlige lineare Optimierungsproblem wird automatisch generiert und mit Hilfe geeigneter Algorithmen gelöst, so daß als Ausgangsgrößen für jede im Oberrheingraben

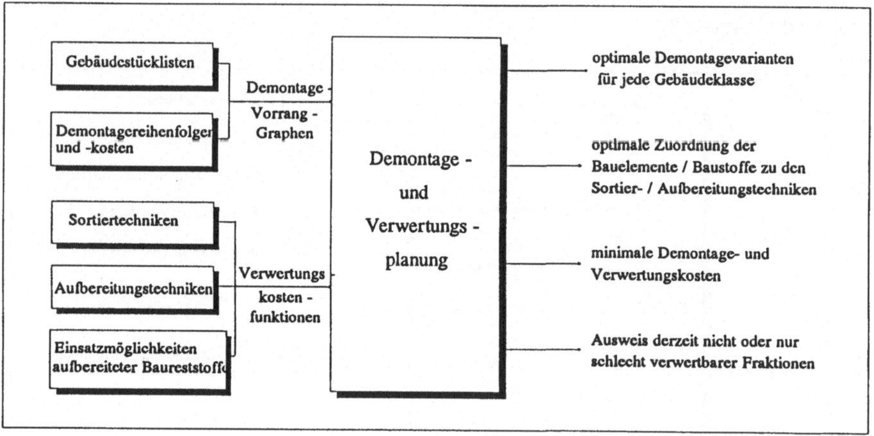

Abb.2: Eingangs-/Ausgangsgrößen des Planungssystems

relevante Gebäudeklasse die optimale Demontagevariante, die optimale Zuordnung der resultierenden Fraktionen zu den Sortier- und Aufbereitungstechniken, die minimalen Kosten zur umweltgerechten Demontage und Verwertung ermittelt werden. Mit den derzeitigen Aufbereitungstechniken nicht oder nur schwer verwertbare Bauteile werden ebenfalls ausgewiesen (vgl. Abbildung 2).

3. Demontage-Vorrang-Graphen

Zur Formalisierung des Planungsproblems läßt sich das im Maschinenbau bekannte Konzept der Montage-Vorrang-Graphen auf die Demontageplanung von Wohngebäuden übertragen und für jede im Oberrheingraben vertretene Gebäudeklasse der zugehörige Demontage-Vorrang-Graph entwickeln (vgl. Abbildung 3)

Zu seiner Konstruktion werden zunächst alle im Gebäude eingesetzten Baumaterialien nach Art und Menge erfaßt und mit Hilfe der vom Hauptverband der Deutschen Bauindustrie vorgeschlagenen bautechnischen Begriffe wie folgt strukturiert [Albrecht 81]:

Bauwerk:	Aus Bauteilen und/oder Baustoffen bestehende bauliche Einheit
Bauwerksteil:	Teil eines Bauwerks, das aus Bauteilen besteht
Bauteil:	Aus Bauelementen bestehende Einheit mit tragender und/oder raumteilender oder raumabschließender Funktion
Bauelement:	Kleinste, aus Baustoffen geformte Einheit mit festgelegten Abmessungen
Baustoff:	Für die vorgesehene Verwendung aufbereiteter Rohstoff oder aufbereitetes Rohstoffgemisch

Im nächsten Schritt werden die verschieden Demontageschritte technisch-wirtschaftlich analysiert und darauf aufbauend für jede Gebäudeklasse eine sinnvolle Demontagereihenfolge festgelegt.

Die Demontageaktivitäten $v_1,...v_6$ zerlegen die übergeordneten Bauteile bzw. Bauwerksteile in die untergeordneten Bauteile bzw. Bauelemente. Die Kantenbewertungen v_{ji} geben dabei an, wieviel Mengeneinheiten der untergeordneten Bauteile/Bauelemente i bei einmaliger Anwendung der Demontageaktivität v_j ausgebaut werden. Die Demontageaktivitäten sind hierbei den sich aus den Demontagereihenfolgen ergebenden Demontageebenen zugeordnet. Der selektive Rückbau eines Wohngebäudes kann entsprechend der Anordnungsbeziehungen im zugehörigen Demontage-Vorrang-Graphen geplant werden. Für jedes Bauwerksteil/Bauteil ist zu entscheiden, ob es weiter zerlegt oder unmittelbar einer Verwertungsoption zugeführt werden soll. Jeder Demontageaktivität werden hierzu Demontagekosten zugeordnet; für die Verwertung der Bauwerksteile/Bauteile/Bauelemente werden die im nächsten Abschnitt vorgestellten Verwertungs-Kosten-Funktionen zugrundegelegt.

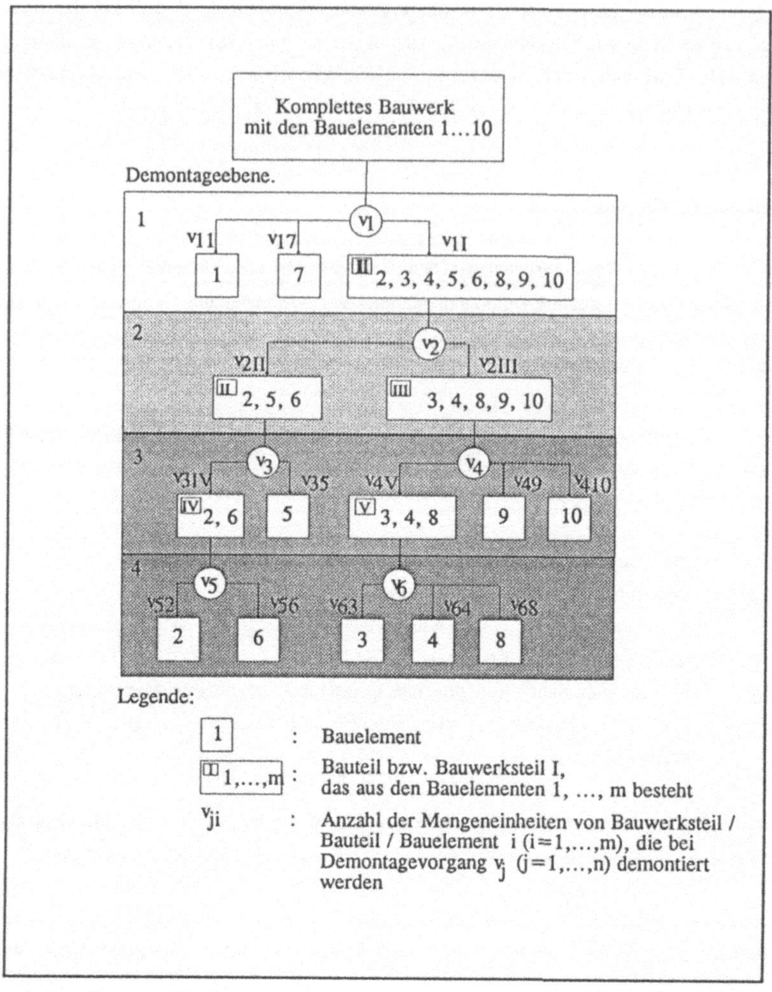

Abb.3: Demontage-Vorrang-Graph

4. Verwertungs-Kosten-Funktionen

Für jedes im Demontage-Vorrang-Graphen aufgeführte Bauwerksteil, Bauteil und Bauelement werden die gesamten Verwertungskosten in Abhängigkeit der insgesamt zu verwertenden Mengen bestimmt. Hierzu werden jeweils die technisch möglichen Verwertungsoptionen hinsichtlich technischer sowie insbesondere umweltrelevanter Kriterien analysiert und bewertet. Für die einzusetzenden Recycling-Baustoffe werden darauf aufbauend Qualitätsanforderungen formuliert, die im wesentlichen die

Bereiche Umweltverträglichkeit, technische Anforderungen und Prüfvorschriften zur Güteüberwachung umfassen. Zur Erfüllung dieser Qualitätsanforderungen sind für alle in Betracht kommenden Bauschuttfraktionen, unter Umweltgesichtspunkten technisch-wirtschaftlich optimierte Aufbereitungstechniken zu konzipieren. Für jede Verwertungsoption werden die Mengen und Preise der derzeit eingesetzten Naturbaustoffe bestimmt und die Substitutionspotentiale für die aufbereiteten Baureststoffe abgeschätzt (vgl. hierzu [Hammerschmid 90 a,b], [UMBW 90], [Winkler 92]).

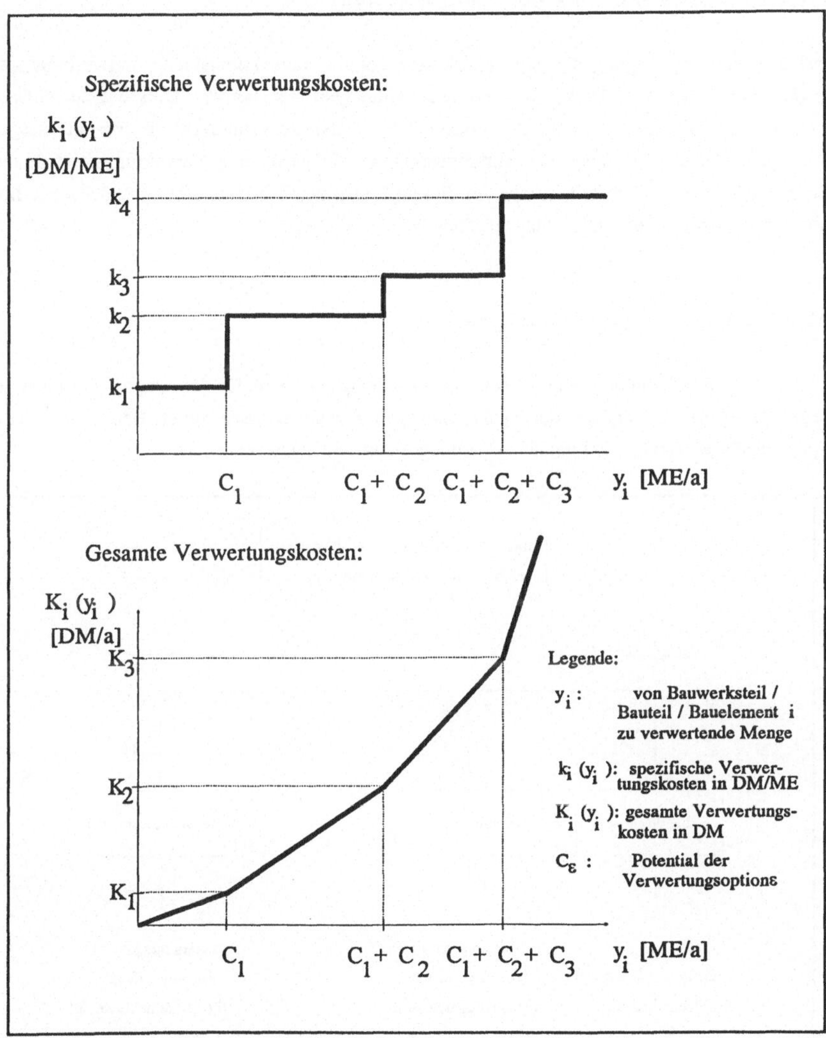

Abb.4: Verwertungs-Kosten-Funktionen

Die einer bestimmten Verwertungsoption zuzurechnenden spezifischen Verwertungskosten ergeben sich als Differenz der Aufbereitungskosten und der erzielbaren Verkaufserlöse der aufbereiteten Baureststoffe pro Mengeneinheit. Sortiert man die Verwertungsoptionen hinsichtlich steigender spezifischer Verwertungskosten, so erhält man die in Abbildung 4 dargestellten Verwertungs-Kosten-Funktionen. Die spezifischen Verwertungskosten in DM/Mengeneinheit stellen sich als Treppenfunktion dar; die sich durch Integration ergebenden gesamten Verwertungskosten in DM/Jahr lassen sich als stückweise lineare konvexe Funktion angeben.

Zur stärkeren Berücksichtigung der Umweltrelevanz der in Frage kommenden Verwertungsoptionen können diese auch gemäß fallender Verwertungsqualität geordnet werden. Dies hat zur Folge, daß unter Umweltgesichtspunkten qualitativ hochwertige Verwertungsoptionen bevorzugt ausgewählt werden, während kostengünstigere Verwertungsoptionen mit geringerer Verwertungsqualität nur bei Kapazitätsengpässen zum Einsatz kommen. In diesem Fall geht die Konvexität der stückweise linearen Verwertungs-Kosten-Funktion allerdings verloren.

5. Modellbildung für den Oberrheingraben

Zur Modellierung des Demontage- und Verwertungsplanungsproblems für den Oberrheingraben werden die Demontage-Vorrang-Graphen der rückzubauenden Gebäudeklassen unter Berücksichtigung der jeweiligen Anzahl v_{oi} ($i=1,\ldots,k$) gemäß Abbildung 5 zusammengesetzt.

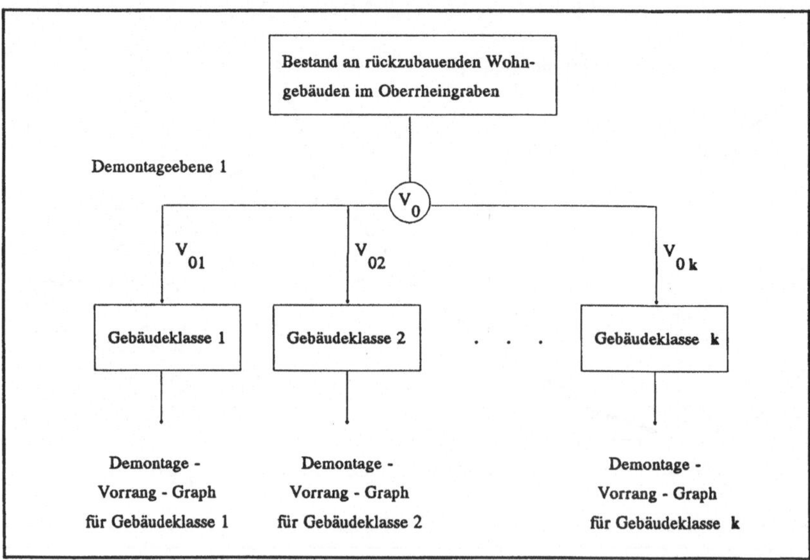

Abb.5: Demontage-Vorrang-Graph für den Oberrheingraben

Die einmalige Anwendung der künstlich eingeführten Demontageaktivität v_0 erzeugt hierbei die im Oberrheingraben vertretenen Gebäudeklassen in der jeweils rückzubauenden Anzahl. Für jedes Gebäude der entsprechenden Gebäudeklassen ist nun zu entscheiden, wie oft welche Demontageaktivität gemäß Demontage-Vorrang-Graph durchzuführen ist, bevor es unselektiv abgerissen werden soll. Die im vorangehenden Abschnitt eingeführten Verwertungs-Kosten-Funktionen, die für alle relevanten Bauelemente, Bauteile und Bauwerksteile aufzustellen sind, werden dabei, ebenso wie die für jede Demontageaktivität zu ermittelnden Demontagekosten, zugrunde gelegt. Die aus den Demontageaktivitäten resultierenden ausgebauten Bauelemente und Bauteile bzw. Baureststoffgemische sind den Sortier- und Aufbereitungstechniken der in Frage kommenden Verwertungsoptionen kostenminimal zuzuordnen.

Das hierzu zu lösende Optimierungsproblem läßt sich, wie im Anhang kurz erläutert ist, als ganzzahliges lineares Optimierungsmodell formulieren und ist etwa von folgender Gestalt:

Minimiere Demontagekosten + Sortierkosten + Verwertungskosten

u.d.N.
(1) Demontage-Reihenfolgen
(2) Fraktionsspezifische Sortierverfahren
(3) Stückweise lineare Verwertungs-Kosten-Funktionen
(4) Kapazitätsrestriktionen
(5) Technische Nebenbedingungen zur Linearisierung des Modells
(6) Ganzzahligkeitsbedingungen der Entscheidungsvariablen
(7) Nichtnegativitätsbedingungen

Das entwickelte Planungssystem beinhaltet für komplexe Problemstellungen ein heuristisches Entscheidungsbaumverfahren zum schnellen Auffinden einer möglichst guten zulässigen Anfangslösung als oberer Schranke für den Zielfunktionswert. Eine untere Schranke ergibt sich durch LP-Relaxation des ganzzahligen Optimierungsproblems. Zur Bestimmung der optimalen Lösung kann daran anschließend ein im Planungssystem implementierter Branch-and-Bound-Algorithmus eingesetzt werden.

Durch entsprechende Wahl der Nebenbedingungen (1), (2) und (3) lassen sich unter Umweltgesichtspunkten unzureichende Demontage- und Verwertungstechniken von vornherein ausschließen. Das Optimierungsziel "Kostenminimierung" resultiert aus der marktwirtschaftlichen Wirtschaftsordnung in Deutschland und Frankreich und hat zur Folge, daß nur kosteneffiziente Demontage-und Verwertungsstrategien vorgeschlagen werden.

Die zur Lösung prinzipiell einsetzbaren Verfahren sind in Abbildung 6 dargestellt (vgl. [Salkin 89]).

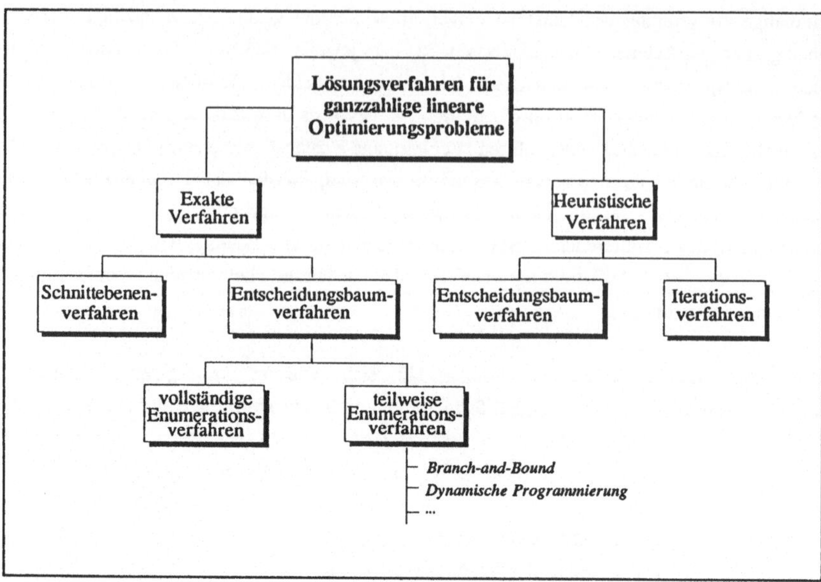

Abb.6: Lösungsverfahren für ganzzahlige lineare Optimierungsprobleme

6. Stand der Forschungsarbeiten und weitere Vorgehensweise

Ein Prototyp des Demontage- und Verwertungsplanungssystems ist auf einem Personal Computer implementiert und für kleinere Problemstellungen funktionsfähig (vgl. Abbildung 7).

Er ist zur Bearbeitung komplexer Planungsprobleme weiterzuentwickeln, so daß auch große Datenmengen mit vertretbaren Laufzeiten verarbeitet werden können. Die bisher noch nicht betrachteten Transportkosten sollen fraktionsspezifisch in die Verwertungs-Kosten-Funktionen integriert werden. Das Planungssystem ist zu evaluieren und zur Bestimmung umweltgerechter Demontage- und Verwertungsstragien für die im Oberrheingraben rückzubauenden Wohngebäude anzuwenden. Für unterschiedliche Bauschuttanfall- und -verwertungsszenarien ist eine Sensitivitätsanalyse durchzuführen, mit deren Hilfe Hinweise für eine recyclinggerechte Planung und Konstruktion von Wohngebäuden abgeleitet werden sollen.

Die mit Hilfe des Planungssystems berechneten kosteneffizienten Strategien zur umweltgerechten Demontage und Verwertung der im Oberrheingraben vertretenen Wohngebäudetypen können in Form von Regelwissen in eine Wissensbasis eingebracht werden. Eine Weiterentwicklung in Richtung Expertensystem ließe sich damit in einem nächsten Schritt realisieren.

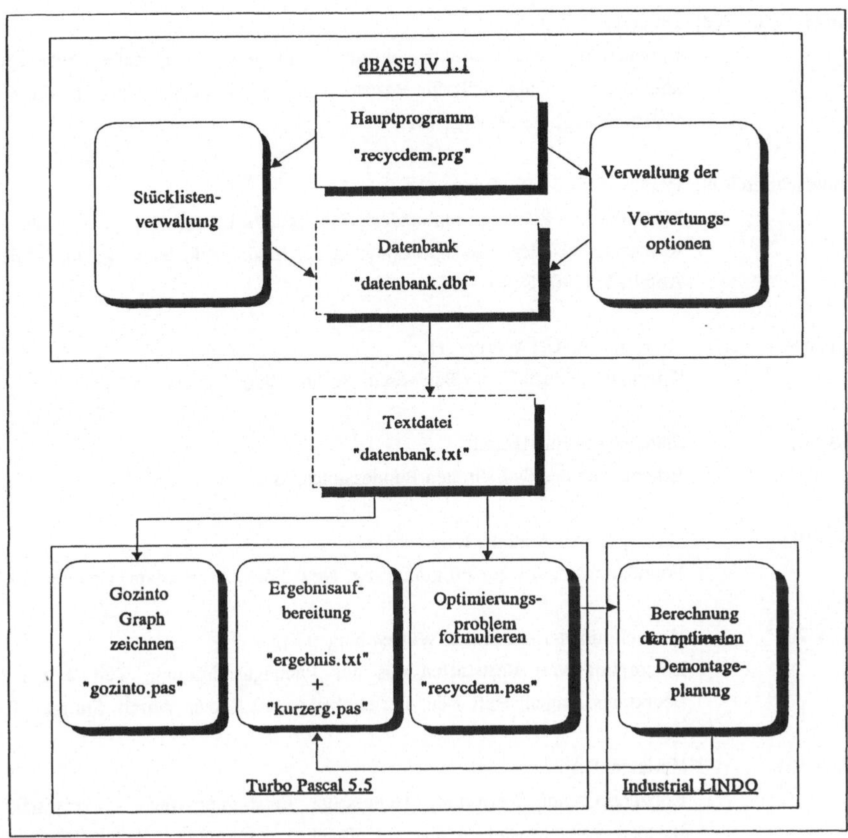

Abb.7: Software-Struktur des entwickelten Prototyps

7. Literatur

[Albrecht 81] Albrecht, R.:
Moderner Abbruch, Wiesbaden, 1981

[BuReg 91] Zielfestlegungen der Bundesregierung zur Vermeidung, Verringerung oder Verwertung von Bauschutt, Baustellenabfällen, Erdaushub und Straßenaufbruch (Entwurf), Bonn, 1991

[Hammerschmid 90a] Hammerschmid, R.:
Entwicklung technisch-wirtschaftlich optimierter regionaler Entsorgungsalternativen - Dargestellt für Reststoffe aus der Rauchgasreinigung für Baden-Württemberg, Heidelberg, 1990

[Hammerschmid 90b] Hammerschmid R., Rentz, O.:
Methodische Planung regionaler Entsorgungsalternativen - Dargestellt für Reststoffe aus der Rauchgasreinigung für Baden-Württemberg, in: Müll und Abfall, 7/1990, S. 451-457

[Hiersche 90] Hiersche, E.-U.; Wörner,Th.:
Alternative Baustoffe im Bauwesen, Berlin, 1990

[StaBA 90] Statistisches Bundesamt:
Erhebungen des Statistischen Bundesamtes, Wiesbaden, 1990

[Salkin 89] Salkin, H.M.; Mathur, K.:
Foundations of Integer Programming, New York, Amsterdam, London, 1989

[UMBW 90] Umweltministerium Baden-Würtemberg (Hrsg.)
Entsorgung von Reststoffen aus der Rauchgasreinigung, Teil 2 TA Luft-Feuerungsanlagen, Heft 7 der Berichtsreihe Luft,Boden, Abfall, Stuttgart 1990

[Winkler 92] Winkler, R.:
Konzeption und Bewertung technischer Entsorgungswege - Dargestellt am Beispiel von Reststoffen aus der Rauchgasreinigung in Baden-Württemberg, Heidelberg, 1992

Anhang: Mathematische Formulierung des Planungsmodells

Zur Verdeutlichung der Modellstruktur soll an dieser Stelle kurz auf die modelltechnische Umsetzung des Planungsmodells eingegangen werden. Hierzu sind zunächst die notwendigen Parameter zu definieren:

i : Index der Bauwerksteile / Bauteile / Bauelemente $(i=1,\dots,m)$
j : Index der Demontageaktivitäten $(j=1,\dots n)$

$y^T = (y_1,\dots,y_m)$: Vektor der demontierten Bauteile / Bauelemente / Baustoffe

$v_j^T = (v_{1j},\dots,v_{mj})$: Vektor der Demontageaktivität v_j ($j=1,\dots,n$)

$x^T = (x_1,\dots,x_n)$: Anzahl der Anwendungen der Demontageaktivität v_j

$\underline{y_i}$: Mindestverwertungsquote für Bauwerksteil / Bauteil / Bauelemant i

$\overline{y_i}$: maximale Verwertungskapazität für Bauwerksteil / Bauteil / Bauelement i

$\overline{x_j}$: maximale Demontagekapazität der Demontageaktivität v_j

$K_i(y_i)$: Sortier- und Verwertungskosten für y_i Mengeneinheiten von Bauwerksteil / Bauteil / Bauelement / Baustoffgemisch i

$D_j(x_j)$: Demontagekosten bei x_j-facher Anwendung der Demontageaktivität v_j

Mit Hilfe dieser Definitionen läßt sich eine einfache Grundversion des Planungsmodells wie folgt als ganzzahliges Optimierungsproblem formulieren:

Minimiere $K_{ges}(x) = \sum_{i=1}^{m} K_i(y_i) + \sum_{j=1}^{n} D_j(x_j)$

unter den Nebenbedingungen:

$$
\begin{aligned}
&(1)\ y_1 = 1 + v_{11}x_1 + \dots + v_{1n}x_n \\
&\quad\ y_i = 0 + v_{i1}x_1 + \dots + v_{in}x_n \quad , \ i = 2,\dots,m \\
&(2)\ y_i \geq \underline{y_i} \quad , \ i = 1,\dots,m \\
&(3)\ y_i \leq \overline{y_i} \quad , \ i = 1,\dots,m \\
&(4)\ x_j \leq \overline{x_j} \quad , \ j = 1,\dots,n \\
&(5)\ x_j \in Z_0^+ \quad , \ j = 1,\dots,n.
\end{aligned}
$$

Die Entscheidungsvariablen $x_1,\dots,x_n$ sind dabei so zu bestimmen, daß die Summe der gesamten Sortier- und Aufbereitungskosten gemäß Verwertungs-Kosten-Funktionen sowie die Summe der Demontage-kosten gemäß Demontage-Vorrang-Graphen minimal werden. Die hierbei auftretenden Demontage-zustände der Gebäude sind durch die entsprechenden Nebenbedingungen (1) festgelegt. Mit Hilfe der Restriktionen (2) können Mindestverwertungsquoten exogen vorgegeben werden. Das Vorliegen von Kapazitätsrestriktionen kann mit Hilfe der Nebenbedingungen (3) und (4) berücksichtigt werden. Die Ganzzahligkeit der Entscheidungsvariablen wird durch die Bedingungen (5) sichergestellt.

Entwicklung emissionsorientierter Produktionsabstimmungsmechanismen auf der Basis fuzzyfizierter Expertensysteme und Neuronaler Netze

A. Tuma, H.-D. Haasis, O. Rentz
Institut für Industriebetriebslehre und Industrielle Produktion (IIP)
Universität Karlsruhe (TH)
Hertzstr. 16, W-7500 Karlsruhe 21

In industriellen Produktionsprozessen werden zur Herstellung von Marktprodukten Stoffe und Energiearten bereitgestellt, umgeformt bzw. umgewandelt, gelagert und transportiert. Gemeinsam mit diesem Prozeß der Leistungserstellung werden als Kuppelprodukte Stoffe in flüssigen, gasförmigen und festen Aggregatzuständen emittiert. Dadurch ergeben sich umweltbelastende Auswirkungen im Verlauf des gesamten Stoff- und Energieflußprozesses. Da auf betrieblicher und überbetrieblicher Ebene Produktionsprozesse durch Stoff- und Energieströme miteinander verbunden sind, ist die Entwicklung von Produktionsabstimmungsmechanismen, welche diese unter Berücksichtigung vor- und nachgeschalteter Produktionsstufen so steuern, daß die zur Verfügung stehenden Ressourcen möglichst effizient ausgenutzt und durch den Produktionsprozeß enstehende Emissionen und Abfallstoffe, soweit dies technisch möglich ist, vermindert werden, von besonderer Bedeutung.

Entwicklung und Auswahl geeigneter Produktionsabstimmungsmechanismen hängen in erster Linie von der Art integrierter Produktionsprozesse ab. Insoweit als es unter Berücksichtigung produktionstechnischer Restriktionen möglich ist, Energie- und Stoffströme durch geeignete Auswahl von Produktionsverfahren bzw. Maschinen-/Aggregatebelegungsplänen signifikant zu beeinflussen, kann deren Entwicklung auf ein kombiniertes Scheduling- und Verfahrensauswahlproblem zurückgeführt werden. Hierbei ist es Aufgabe von Produktionsabstimmungsmechanismen, verschiedene Zielsetzungen, etwa betriebswirtschaftliche und emissionsorientierte, geeignet zu berücksichtigen.

Methodisch können Produktionsabstimmungsmechanismen sowohl auf optimierenden Verfahren (z. B. Dynamische Optimierung, Branch&Bound-Verfahren) oder Heuristiken (z. B. Prioritätsregelverfahren) sowie Methoden des Maschinellen Lernens basieren. Je nach Struktur des verfügbaren Planungswissens empfiehlt sich eine Verwendung von regelorientierten Ansätzen oder Neuronalen Netzen.

1 Anforderungsprofil emissionsorientierter Produktionsabstimmungsmechanismen

Aufgabe einer emissionsorientierten Produktionssteuerung ist es, unter Berücksichtigung der durch vor- und nachgeschaltete Produktionsstufen gegebenen Rahmenparameter zur Verfügung stehende Produktionsfaktoren so auszuwählen bzw. Aufträge so auf einzelne Produktionsanlagen zu verteilen, daß unter Beachtung prozeßspezifischer Restriktionen verfügbare Ressourcen effizient genutzt und Emissionen bzw. Abfallstoffe vermindert bzw. vermieden werden. Dabei sind sowohl betriebswirtschaftliche Zielsetzungen (z. B. hohe Auslastungsgrade der einzelnen Aggregate, kurze Durchlaufzeiten) als auch emissionsorientierte (z. B. Einhaltung von Grenzwerten, ressourcensparende Produktionsweise) zu berücksichtigen (vgl. Abbildung 1). Diese können zumindest teilweise zueinander in Konkurrenz stehen (z. B. kurzzeitiges Betreiben einer Anlage oberhalb des "optimalen" Betriebspunktes zur Erhöhung des Durchsatzes). Für eine solche Zielsetzung sind insbesondere multikriterielle Planungs- und Steuerungsalgorithmen gefordert.

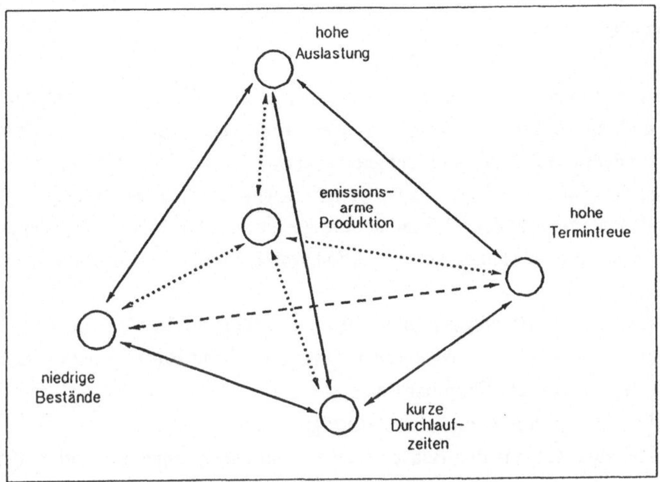

Abbildung 1: Zielpyramide der betrieblichen Produktionsplanung und -steuerung

2 Methodik zur Entwicklung emissionsorientierter Produktionsabstimmungsmechanismen

Das methodische Vorgehen zur Entwicklung emissionsorientierter Produktionsabstimmungsmechanismen ist entscheidend von der Art zur Verfügung stehender Daten bzw. Informationen abhängig. Zu untersuchen ist, ob beispielsweise bereits geeignete Maschinen-/Aggregatsbelegungsregeln für spezielle Produktionsstufen vorliegen oder diese erst durch Auswerten von Vergangenheitsdaten oder Simulationsläufen gewonnen werden müssen. Weitere Einflußfaktoren bei der Konstruktion von Produktionsabstimmungsmechanismen sind der Vernetzungsgrad des Produktionssystems (Art und Menge der Stoff- und Energieflußbeziehungen zu den vor-/nachgeschalteten Produktionsstufen, Anzahl paralleler Produktionslinien) sowie verfahrenstechnische Restriktionen (z. B. max. Anzahl parallel schaltbarer Färbeaggregate zum Färben einer Partie). Prinzipiell können Planungs- und Steuerungsalgorithmen durch optimierende Verfahren (z. B. LP-Ansätze, Branch&Bound-Verfahren, Dynamische Optimierung), Heuristiken (z. B. Prioritätsregeln) oder durch Einplanungsentscheidungen aus der Vergangenheit (z. B. mittels Neuronaler Netze) abgebildet werden. Jedoch sind hier aufgrund der Komplexität der Planungs- und Steuerungsentscheidungen (etwa impliziert durch Konflikte zwischen verschiedenen betriebswirtschaftlichen und emissionsorientierten Zielen) optimierende Verfahren i. allg. nicht anwendbar.

Die Eignung regelbasierter Ansätze oder Verfahren des Maschinellen Lernens (z. B. Neuronale Netze) hängt in erster Linie von der Struktur des zur Verfügung stehenden Planungswissens ab. Regelbasierte Ansätze eignen sich besonders in Fällen, in denen entscheidungsrelevantes Wissen in expliziter Form zur Verfügung steht. Liegt Planungswissen der Problemstellung nur implizit, beispielsweise in Form von Einplanungsentscheidungen aus der Vergangenheit vor, empfiehlt sich ein Einsatz Neuronaler Netze.

2.1 Regelbasierte Ansätze

Wesentliche Aufgabe bei der Entwicklung regelbasierter Produktionsabstimmungsmechanismen im Rahmen einer Verfahrensauswahl bzw. einer Auftragseinplanung ist die Konstruktion geeigneter Prioritätsregeln, welche in Abhängigkeit von Systemparametern (z. B. pH-Wert im Abwasserbecken oder Kapazität spezieller Versorgungseinrichtungen) sowie auftrags-/verfahrenbezogener Daten (z. B. Energiebedarfsfunktionen) eine geeignete Maschinen-/Aggregatebelegungsplanung ermitteln. Diese Regeln können eine Funktion verschiedener Parameter sein, etwa von:

- Betriebsdaten (z. B. Rauchgasvolumenstrom, pH-Wert im Abwasserbecken),
- verfügbaren Kapazitäten (einschließlich Lager-, Ver- und Entsorgungskapazitäten),
- Anfallprofile von Input-/Outputströmen,
- Energiebedarfsfunktionen einzelner Aufträge,
- Art und Menge der mit der Bearbeitung der potentiell einzuplanenden Aufträge implizierten Abwasserströme,
- terminliche Restriktionen.

Da Entscheidungen in realen Produktionssystemen zwangsläufig mit Unsicherheit behaftet sind, empfiehlt sich die Verwendung einer unscharfen Regelbasis bzw. der Einsatz eines fuzzyfizierten Expertensystems.
Im allgemeinen sind regelbasierte Verfahren effizient und leicht verifizierbar. Die Akquisition des benötigten Wissens erweist sich jedoch in vielen Fällen als problematisch, da es für zuständige Experten i. allg. schwierig ist, ihr implizites Wissen über Produktionsprozesse in explizite Regeln zu fassen. So ist es beispielsweise für einen Färbereimeister oftmals einfacher, in einer gegebenen Situation auf der Basis seiner Erfahrungen ein geeignetes Färbeverfahren zu bestimmen als allgemeingültige Regeln zur Auswahl von Färbeverfahren in Abhängigkeit beliebiger Rahmenbedingungen zu formulieren. Dies trifft insbesondere für vernetzte, dynamische Produktionsprozesse zu. So hängen die Planungsentscheidungen in dem in Abbildung 2 skizzierten Produktionssystem entscheidend von der Kapazität der Ver- und Entsorgungseinrichtungen ab, die wiederum eine Funktion exogener Faktoren (z. B. Smog-Lage) sind. Eine Möglichkeit diese Problematik zu lösen, besteht in der Kombination anwendungsorientierter Modellierungsmethoden wie Fuzzy-Expertensystemen und Simulationsansätzen. Fuzzy-Expertensysteme eignen sich besonders zur Modellierung "unscharfen Wissens". Ein Beispiel dafür ist die heuristische Regel: "das Brennstoffzuführventil eines Reaktors sollte gedrosselt werden, falls der Druck "über normal" und die

Temperatur "hoch" ist". Diese Modellierungsmöglichkeiten erleichtern die Kommunikation mit dem Fachexperten. Eventuell vorhandene Wissenslücken können gegebenenfalls mittels Simulationsansätzen geschlossen werden.

2.2 Neuronale Netze

In Neuronalen Netzen wird Wissen (z. B. bezügl. der geeigneten Verfahrensauswahl in Abhängigkeit gegebener System- und Auftragsparameter) nicht explizit (z. B. mittels Regeln), sondern implizit durch die zu lernenden Gewichtungsfaktoren des Netzes dargestellt. Nach Adaption dieser Gewichtungsfaktoren in einer Lernphase repräsentiert das Netz den entsprechenden Informationsgehalt der Trainingsbeispiele (z. B. Einplanungsentscheidungen aus der Vergangenheit). Dies ermöglicht es, implizit in Planungsentscheidungen aus der Vergangenheit enthaltenes Wissen direkt zu nutzen. Probleme ergeben sich insbesondere durch:

- Ermittlung geeigneter Trainingsdaten (Maschinen-/Aggregatebelegungspläne und deren Bewertung, etwa hinsichtich der Auslastung, der Durchlaufzeiten und der entsprechenden Emissionen),

- implizite Repräsentation des Planungswissens und dadurch bedingt mangelnde Erklärungsfähigkeit bzw. Verifikation getroffener Entscheidungen.

Eine Möglichkeit die Vorteile von regelbasierten Systemen und Neuronalen Netzen zu verbinden, liegt in einer Einschränkung des konnektionistischen Paradigmas (d.h. der Forderung, daß das Wissen im gesamten Netzwerk verteilt ist). Dies ermöglicht eine Bildung lokaler Bedeutungsschwerpunkte, welche etwa Regeln in Expertensystemen entsprechen. Dieser Ansatz erlaubt es, die Gewichtung einzelner Regeln und somit die Inferenzstruktur zu lernen.

3 Modellierung eines Systems zur Konstruktion und Analyse von Produktionsabstimmungsmechanismen am Beispiel eines vernetzten Produktionssystems aus der Textilindustrie

3.1 Beschreibung des untersuchten Produktionssystems

Die im Abschnitt 2 beschriebenen Ansätze zur Stoff- und Energieflußsteuerung werden exemplarisch auf ein reales Beispiel aus der Textilindustrie angewandt (vgl. Abbildung 2). Hierbei handelt es sich um eine Färberei mit vorgelagertem Kesselhaus und Wasserkraftwerk. Die Färberei umfaßt zwei Produktionsstufen, den Färbeprozeß sowie das "Trocknen" der gefärbten Garne. Für die Produktion wird u. a. Dampf/Heißwasser und Strom benötigt. Diese Ressourcen werden von den beiden Kraftwerken zur Verfügung gestellt. Das im Rauchgas des Kraftwerkes enthaltene CO_2 und SO_2 wird in einer nachgeschalteten Abwasseraufbereitungsanlage zur Neutralisation der alkalischen Abwässer der Färberei verwandt. Die Speichermöglichkeiten von Dampf/Heißwasser sowie das Fassungsvermögen des Abwasserbeckens vor dem Begasungsturm sind begrenzt. Die

Kapazitäten der Ver-/Entsorgungseinrichtungen verhalten sich dynamisch und sind eine Funktion exogener Einflußfaktoren (z. B. der Smog-Lage oder des Wasserpegels im Zufluß).

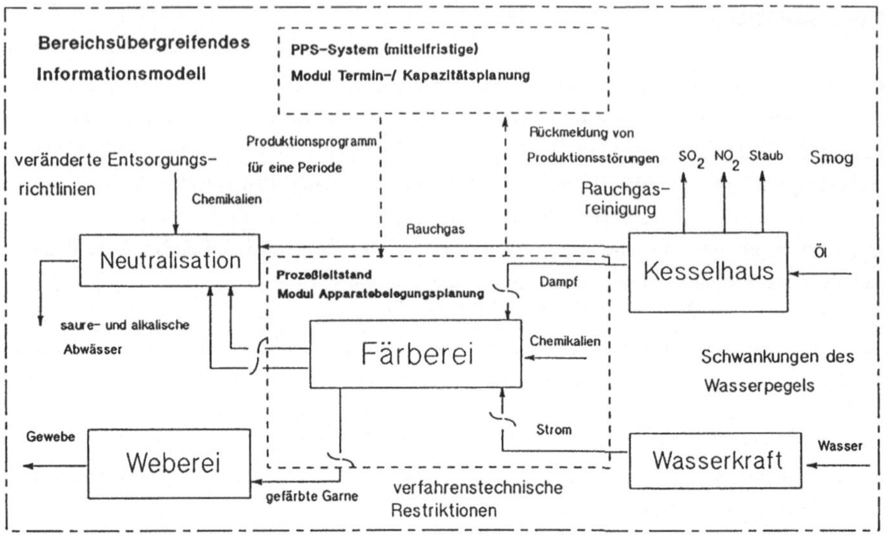

Abbildung 2: Exemplarische Struktur eines vernetzten Produktionssystems "Färberei"

3.2 Modellierung eines vernetzten Produktionssystems

Da die Überprüfung der beschriebenen Steuerungsansätze i. allg. nicht an realen Produktionssystemen durchgeführt werden kann, wird das zu analysierende Produktionssystem mit Hilfe eines Simulationsmodells abgebildet. Dieser Ansatz gewährleistet sowohl die für eine Analyse der Abstimmungsmechanismen notwendige Flexibilität als auch eine für die Übertragbarkeit der Untersuchungsergebnisse ausreichende Abbildung realer Produktionssysteme.

Modellierung und Implementierung des gesamten Systems erfolgt in zwei Stufen:

- Erstellung eines Simulationsmodells des Produktionssystems,
- Entwicklung und Implementierung von entscheidungsunterstützenden Systemen zur Auswahl einzuplanender Aufträge sowie zur Verfahrensauswahl (Diese Systeme sind on-line mit dem Simulationssystem gekoppelt und steuern die Simulation des Produktionsprozesses).

Die Modellierung des Produktionssystems umfaßt neben der Abbildung von:

- Produktionsstruktur (Typ und Anzahl der einzelnen Aggregate, Verknüpfungsbeziehungen zwischen den einzelnen Aggregaten),
- verfahrenstechnischen Größen (z. B. Energiebedarfsfunktionen, potentielle Produktionsverfahren, Reihenfolgebeziehungen),
- zur Verfügung stehenden Ressourcen (z. B. Kapazitäten der Aggregate sowie der Ver- und Entsorgungseinrichtungen) und
- systemtechnischen Größen (z. B. Warteschlangen)

auch die Entwicklung von Prozeduren zur Berechnung entscheidungsrelevanter Parameter. Dieses sind einerseits Parameter, die den aktuellen Systemzustand charakterisieren, wie z. B.:

- zur Verfügung stehende Kraftwerksleistungen(Kesselhaus, Wasserkraftwerk),
- pH-Wert im Abwasserbecken,
- Rauchgasvolumenstrom und
- Fertigungsfortschrittskennzahlen,

andererseits umfassen sie auftragsspezifische Werte, etwa:

- Energiebedarf (Strom, Heißwasser) und
- pH-Wert der durch einen speziellen Auftrag implizierten Abwasserfrachten.

Diese Parameter stellen Eingangsgrößen für das Fuzzy-Expertensystem bzw. das Neuronale Netz dar.

Eine Implementierung des Simulationsmodells erfolgt mittels des Simulationssystems SLAM II. Gründe hierfür sind:

- prozeßorientierter Simulationsansatz von SLAM II,
- Mächtigkeit der Sprachelemente,
- Möglichkeit einer Einbindung von benutzergeschriebenen FORTRAN-/C-Subroutinen,
- graphische Programmierung und
- Möglichkeit zur Animation von Simulationsergebnissen.

Diese Eigenschaften gewährleisten sowohl ein hohes Abstraktionsniveau bei der Modellierung als auch einen hohen Grad an Flexibilität und ermöglichen so eine effiziente, problembezogene Programmierung.

3.3 Stoff- und Energieflußsteuerung in vernetzten Produktionssystemen

Aufgabe von Produktionssteuerungssystemen ist es, eine Entscheidung über das einzusetzende Färbeverfahren zu treffen bzw. potentiell einplanbare Aufträge in Abhängigkeit der Produktionssituation mit Prioritätskennziffern zu bewerten. Dies erfolgt bei jeder Einplanungsentscheidung, also immer dann, wenn aufgrund der Produktionssituation ein Aggregat mit einem neuen Auftrag belegt werden kann. Diese Prioritätskennzahlen können direkt z. B. mit einem regelbasierten System (Fuzzy-Expertensystem) berechnet werden oder auf der Basis einer Projektion von Auswirkungen potentieller Planungsentscheidungen (z. B. mittels eines Neuronalen Netzes) bestimmt werden.

Diese Prioritäts- bzw. Projektionswerte werden an das Simulationssystem zurückgegeben, das im nächsten Schritt den Auftrag aus einer Warteschlange einplant, der von dem Fuzzy-Expertensystem bzw. Neuronalen Netz in Bezug auf die Erfüllung der Zielkriterien am erfolgversprechendsten bewertet wird. Beispielsweise wird ein Auftrag, dessen Abwassercharakteristik mit dem pH-Wert im Abwasserbecken korreliert und dessen Fertigungszeit unter den gegebenen Rahmenparametern voraussichtlich am kürzesten ist, mit einem hohen Prioritätswert versehen.

3.3.1 Stoff- und Energieflußsteuerung in vernetzten Produktionssystemen auf der Basis fuzzyfizierter Entscheidungsregeln

Wesentliche Aufgabe bei der Implementierung fuzzyfizierter Regelsysteme ist die Auswahl und Parametrisierung geeigneter Inferenzregeln, Membershipfunktionen und Verknüpfungsoperatoren. Diese wurden im Anwendungsbeispiel so konfiguriert, daß ein Auftrag dann einen relativ hohen Prioritätswert erhält, wenn sowohl sein Energiebedarf (Strom, Heißwasser) als auch die durch ihn implizierten Abwasserfrachten mit dem momentanen Systemzustand (Energieangebot, pH-Wert im Abwasserbecken etc.) korrelieren. Abbildung 3 stellt beispielhaft Membershipfunktionen und Regeln für eine Bewertung einzelner Aufträge hinsichtlich des Kriteriums "Minimierung der Abwasserbelastung" dar.

Die Implementierung des regelbasierten Systems erfolgt unter Zuhilfenahme einer Fuzzy-Shell. Gründe hierfür sind die Verfügbarkeit:

- einer graphischen Benutzeroberfläche,
- einer Bibliothek von Membershipfunktionen sowie Verknüpfungsoperatoren,
- umfangreicher Monitormöglichkeiten und
- einer Option zur direkten Erstellung eines precompilierten C-Codes.

Dies ermöglicht eine effiziente Programmierung und somit ein optimales Analysewerkzeug zur Identifikation geeigneter Regeln, Membershipfunktionen und Verknüpfungsoperatoren in Abhängigkeit verschiedener Produktionsszenarien.

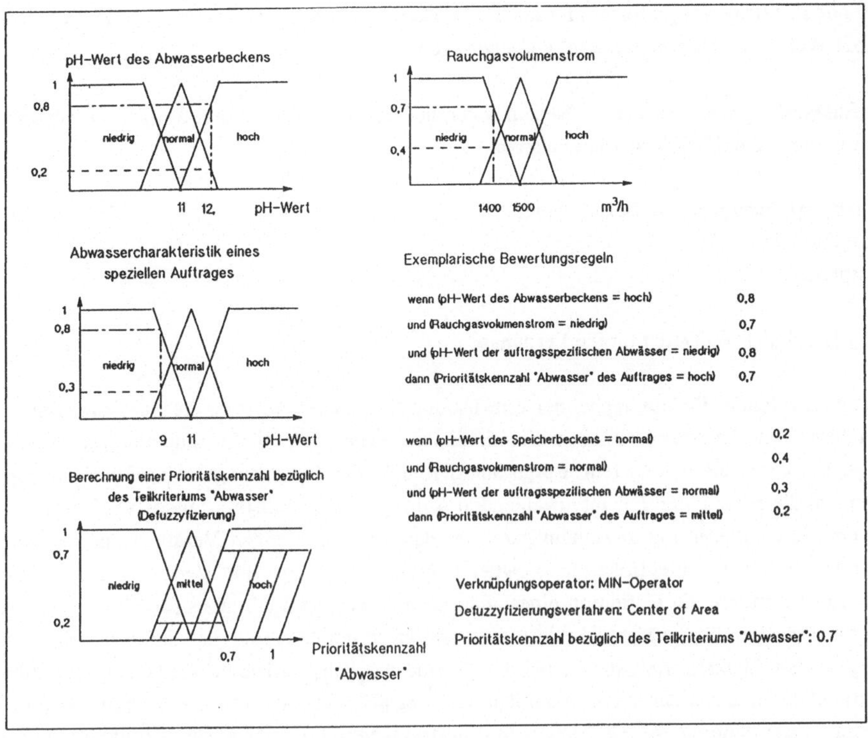

Abbildung 3: Exemplarische Regeln und Membershipfunktionen zur Bewertung von Aufträgen

3.3.2 Stoff- und Energieflußsteuerung in vernetzten Produktionssystemen auf der Basis Neuronaler Netze

Eine wesentliche Aufgabe Neuronaler Netze bei der Abstimmung von Stoff- und Energieflüssen ist die Projektion von entscheidungsrelevanten Planungsparametern, wie etwa:

- voraussichtliche Fertigstellungstermine,
- benötige Kapazitäten von Ver-/Entsorgunsanlagen und
- Systemvariablen (z. B. pH-Wert im Abwasserbecken)

in Abhängigkeit potentiell einplanbarer Aufträge bzw. auszuwählender Verfahren.
Diese Projektion basiert i. allg. auf einer Analyse von Systemparametern (z. B. verfügbare Kraftwerksleistungen, pH-Wert im Abwasserbecken, verfügbarer Rauchgasvolumenstrom) und auftragsabhängigen Parametern (z. B. Dampfbedarf, Strombedarf, pH-Wert der Abwässer). Ziel ist es, für jede Planungsentscheidung (z. B. Auswahl eines speziellen Färbeverfahrens bzw. eines einzu-

planenden Auftrages) signifikante Parameter (z. B. potentieller Fertigstellungstermin, Entwicklung des pH-Wertes im Abwasserbecken) vorherzusagen.

Die Entwicklung von Neuronalen Netzen untergliedert sich i. allg. in drei Stufen, die gegebenenfalls mehrfach durchlaufen werden müssen:

- Erhebung/Erzeugung von Beispieldaten,
- Lernphase und
- Testphase.

3.3.2.1 Erhebung von Daten für die Lernphase

Von entscheidender Bedeutung bei der Entwicklung Neuronaler Netze ist die Bereitstellung geeigneter Lerndaten. Strukurell bestehen diese i. allg. aus Daten potentieller Einplanungsentscheidungen (z. B. Daten, die den Systemzustand am Zeitpunkt der Einplanungsentscheidung charakterisieren und die einen potentiell auszuwählenden Auftrag bzw. ein entsprechendes Verfahren betreffen) und deren Bewertung in Abhängigkeit der daraus resultierenden Veränderung des Systemzustandes. Neben der Identifikation geeigneter System-, Auftrags- und Verfahrensparameter, ist hierbei insbesondere die Definition eines adäquaten Bewertungsmaßstabes sorgfältig durchzuführen und ständig zu überprüfen. Die Parameter sollten so definiert sein, daß sie in einem direkten Bezug zu den Zielkrieterien stehen (wird z. B eine möglichst effiziente Auslastung von Abwasserbehandlungsanlagen angestrebt, empfiehlt sich der pH-Wert des Abwasserbeckens als Inputparameter). Des weiteren sollten system- und auftrags-/verfahrensabhängige Parameter untereinander in Beziehung stehen (z. B. verfügbare Kapazität eines Kesselhauses als Sytemparameter und Dampfbedarf eines potentiell einplanbaren Auftrages in Abhängigkeit des auszuwählenden Produktionsverfahrens). Bei der Definition des Bewertungsmaßes empfiehlt es sich, entsprechende Parameter so zu wählen, daß sie sowohl einen direkten Bezug zu den Zielkriterien (z. B. effiziente Ausnutzung der Entsorgungsanlagen, hohe Auslastung der Produktionsanlagen) aufweisen als auch möglichst stark mit der Einplanungsentscheidung korrelieren (z. B. die durch einen speziellen Auftrag bedingte Veränderung des pH-Wertes im Abwasserbecken). Prinzipiell hat es sich im Laufe der bisherigen Untersuchung gezeigt, daß es einfacher ist relative Größen (z. B. Veränderung des pH-Wertes) zu lernen als absolute. Von besonderer Bedeutung bei der Bewertung von Beispieldaten ist der Systemzeitpunkt an dem die Auswirkungen einer Entscheidung (z. B. Auswahl eines speziellen Färbeverfahrens) überprüft werden. Es empfiehlt sich, diese möglichst unmittelbar, das heißt z. B. nach der Fertigstellung des betreffenden Auftrages, zu bewerten. Ein spätere Bewertung (z. B. Auslastung der Rauchgasneutralisationsanlage am Ende des Planungshorizontes) ist infolge der Überlagerung durch Einflüsse anderer Planungsentscheidungen problematisch. Die genaue Definition der Eingangs-/Bewertungsparameter sowie des Bewertungszeitpunktes ist jedoch fallspezifisch und hängt stark von der Komplexität des Produktionssystems (Anzahl der Produktionsanlagen in einer Produktionsstufe, Anzahl der Produktionsstufen, etc.) sowie von verfahrenstechnischen Restriktionen (z. B. Reihenfolgebeziehungen) ab.

3.3.2.2 Lernphase

Ziel der Lernphase ist es, auf Basis von Beispieldaten Muster zu erkennen. Spiegelt sich in den Lerndaten z. B. ein Zusammenhang zwischen Systemzustand, Auftragseinplanung und Verfahrensauswahl auf der einen Seite und potentiellen Fertigungszeiten und auftrags-/verfahrensbedingten Veränderungen des pH-Wertes im Abwasserbecken auf der anderen Seite wider, kann dieses Muster gegebenenfalls mittels eines geeigneten Netzes durch Adaption der Gewichte gelernt werden. Von Bedeutung ist hierbei die Architektur des Netzes sowie die Auswahl einer geeigneten Lernregel (z. B. "Delta-Rule", "kummulierte Delta-Rule") bzw. geeigneter Lernkoeffizienten für die einzelnen Phasen des Lernvorganges. Bei der Erstellung eines ersten Prototyps zur Steuerung des Produktionsystems "Färberei" hat sich die Verwendung eines Backpropagation Netzes mit einer Zwischenschicht als hinreichend zur Steuerung des Produktionssystems erwiesen. Als Lernregel wurde die "kummulierte Delta-Regel" ausgewählt. Weiter erwies es sich als sinnvoll, für die verschieden Typen von Aggregaten getrennte Netze zu trainieren. Abbildung 4 zeigt ein Neuronales Netz für die Belegung der 100-kg Färbeapparate. Dies gilt ebenso für Szenarien mit stark abweichenden Rahmenparametern (z. B. vorübergehender Ausfall eines Kraftwerkes).
Nach der Festlegung der prinzipiellen Architektur Neuronaler Netze müssen u.a. Eingangsfunktion, Übertragungsfunktion und Ausgabefunktion der einzelnen Prozeßelemente festgelegt werden. Im vorliegenden Fall wurde für die Eingabefunktion die gewichtete Summe der Ausgabewerte der jeweiligen Vorstufe, eine sigmoide Transferfunktion sowie die identische Abbildung als Ausgabefunktion ausgewählt.
Die Lernphase ist abgeschlossen, wenn die Summe der quadratischen Abweichungen zwischen Soll- und Ist-Output gegen Null konvergiert.

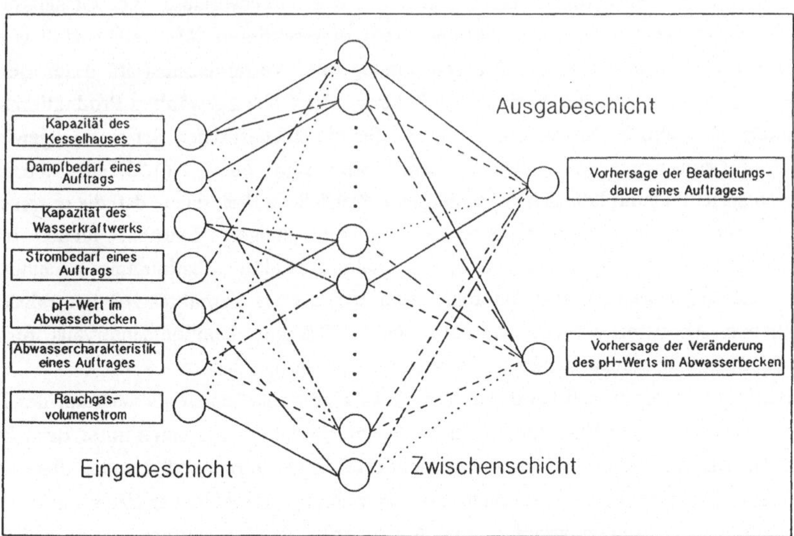

Abbildung 4: Neuronales Netz für die Belegung der 100-kg Färbeapparate

3.3.2.3 Testphase

Ziel der Testphase ist es, anhand bisher nicht verwendeter Beispieldatensätze den gelernten Musterdeduktionsalgorithmus zu testen. Weichen die vom Netz berechneten Projektionswerte signifikant von den Outputwerten der Testdaten ab, ist gegebenenfalls die Lernphase bzw. die Phase der Beispieldatenerhebung zu wiederholen.

Die Implementierung des Neuronalen Netzes erfolgt mittels einer Neuro-Shell. Gründe hierfür sind die Verfügbarkeit:

- einer graphischen Benutzeroberfläche,
- einer Bibliothek von Netzwerkarchitekturen, Lernregeln und Lernkoeffizienten,
- umfangreicher Analysemöglichkeiten und
- eine Option zur direkten Erstellung eines precompilierten C-Codes.

Dies ermöglicht eine effiziente Entwicklung Neuronaler Netze und bietet ein optimales Analysewerkzeug zur Identifikation geeigneter Netzwerkstrukturen.

4 Vergleich und Bewertung verschiedener Produktionsabstimmungsmechanismen auf der Basis regelbasierter Ansätze und Methoden des Maschinellen Lernens

In einem ersten Schritt wurden die verschiedenen Produktionsabstimmungsalgorithmen auf der Basis von 600 Simulationsszenarien verglichen. Diese Szenarien wurden gleichverteilt aus einer Menge von 6912 Szenarien gezogen, die die möglichen Ressourcenverläufe (d.h. verfügbare Kapazitäten der vor-/nachgelagerten Produktionsstufen) repräsentieren. Als Referenzfall wurden auf der Basis einer stochastischen Auftragseinplanung bzw. Verfahrensauswahl unter Berücksichtigung verfahrenstechnischer Restriktionen 70 Serien der 600 ausgewählten Produktionsszenarien simuliert. In einem X^2-Anpassungstest wurde für die stochastischen Serien nachgewiesen, daß die Produktionsmenge mit einer Sicherheit vom 95% einer N(1,75E+04;1,083E-01) Verteilung entspricht. Damit läßt sich mit mindestens 99,9% Sicherheit sagen, daß die untersuchte Neuronale Steuerung die Produktionsmenge signifikant steigert. Darüber hinaus wurde nachgewiesen, daß bei geeigneten Fuzzy- bzw. Neuronalen Produktionsabstimmungsmechanismen die Effizienz der Rauchgasneutralisationsanlage (definiert als das Verhältnis von neutralisierten zu angefallenen Abwasserfrachten) oberhalb des 99,99%-igen Konfidenzintervalls für das arithmetische Mittel der stochastischen Serien liegt (Abbildung 5).
Prinzipiell hat sich erwiesen, daß sowohl mittels Fuzzy-Expertensystemen als auch auf der Basis Neuronaler Netze Stoff- und Energieflüsse in vernetzten Produktionssystemen unter Berücksichtigung betriebswirtschaftlicher und emissionsorientierter Zielkriterien aufeinander abgestimmt werden können. Darüber hinaus kann auch eine Gewichtung verschiedener Zielkriterien (z. B Auslastung der Rauchgasreinigungsanlage bzw. Maximierung der Produktionsmenge) in die entsprechenden Planungsalgorithmen integriert werden. Aufgrund der hohen Komplexität vernetzter

Produktionssysteme und der Anzahl verfahrenstechnischer Restriktionen sowie des i. allg. im Verhältnis zur einzelnen Einplanungsentscheidung langen Planungshorizontes, läßt sich kein allgemeines Vorgehen zur Konstruktion entsprechender Fuzzy-Expertensysteme bzw. Neuronaler Netze angeben. Allgemein kann jedoch festgestellt werden, daß der Einsatz von Fuzzy-Expertensystemen problematisch ist, falls die Komplexität einem detailliertes Verständnis der Auswirkung einzelner Entscheidungen auf den gesamten Systemzustand entgegensteht. In diesen Fällen empfiehlt sich der Einsatz von Mustererkennungsalgorithmen wie z. B. Neuronale Netze.

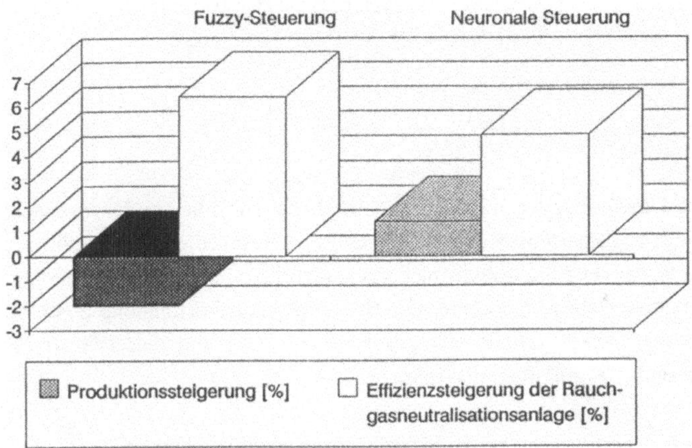

Abbildung 5: Vergleich von Produktionsabstimmungsmechanismen auf der Basis von Fuzzy-Expertensystemen und Neuronalen Netzen in Relation zu entsprechenden Durchschnittswerten aus 70 stochastischen Serien

Literatur:

Tuma, A.; Haasis, H.-D; Rentz, O.: Entwicklung einer Methodik zur Konzeption eines Prozeßleitstandes für die Planung und Steuerung von Energie-, Material- und Stoffflüssen. In: Proceedings der 7. Fachtagung Abfallwirtschaft der Deutschen Gesellschaft für Abfallwirtschaft e. V. , Magdeburg 1992, 12-15.

Tuma, A.; Haasis, H.-D.; Rentz, O.: Eine Methodik zur Auswahl emissionsorientierter Produktionssteuerungsmechanismen. In: Proceedings der 22. GI-Jahrestagung, Karlsruhe, 1992.

Haasis, H.-D.; Hackenberg, D.; Hillenbrand, R.: Betriebliche Umweltinformationssysteme. In: Information Management, 4(1989), 46-53.

Zimmermann, H.-J.: FUZZY SET THEORY AND ITS APPLICATIONS, Boston, Dordrecht, London 1991.

Rumelhart, D. E.; McClelland J. A. et al.: Parallel Distributed Processing: Exploration in the Microstructure of Cognition, Cambridge Mass., 1986.

Berenji, H.: Neural Networks and Fuzzy Logic in Intelligent Control. In: 5th IEEE International Sysmposium on Intelligent Control, Vol. 2, 1990, 916-920.

Pritsker, A.: Introduction to Simulation and SLAM, New York, Chichester, Brisbane, 1986.

Reiling, W: Prozeßoptimierung zur Minimierung der Umweltbelastung mit Hilfe der quasi-dynamischen Simulation am Beispiel eines Kohlekraftwerkes mit Rauchgasreinigung, Dissertation, Karlsruhe 1992.

Expertensysteme im Umweltbereich – Eine Zwischenbilanz

K.-H. Simon[✉], A. Manche[✉], B. Page[✉✉]

[✉] Gesamthochschule Kassel / FG Umweltsystemanalyse
Mönchebergstr. 11, W-3500 Kassel

[✉✉] Universität Hamburg / FB Informatik
Vogt-Kölln-Str. 30, 2000 Hamburg 54

Abstract

Im Auftrag des Umweltbundesamtes wurde eine Erhebung über in der Entwicklung und Anwendung befindliche Expertensysteme durchgeführt. Um einen ersten Überblick zu bekommen wurde ein weites Anwendungsspektrum berücksichtigt, wobei das wesentliche Kriterium die Umweltrelevanz der Systeme darstellte. Die Studie benennt vorfindliche Systeme und stellt einige ausgewählte Expertensysteme etwas genauer vor. Anhand dieser Systeme werden Entwicklungsstand und -perspektiven diskutiert.

Schlüsselwörter: Expertensysteme; Statusbericht; Entwicklungsperspektiven

1 Kontext und Vorgehen der Studie

Nachdem nunmehr mit einiger Verzögerung gegenüber der allgemeinen Entwicklung Expertensysteme auch im Umweltbereich häufiger zu finden sind, ist es Zeit für eine Zwischenbilanz. Mit der Studie »Expertensysteme auf dem Umweltsektor« (Simon et al. 1992), die für das Umweltbundesamt erstellt wurde, ist eine solche Zwischenbilanz erarbeitet worden. Insbesondere die folgenden Fragestellungen wurden dabei untersucht:

- Welche Projekte und Anwendungen sind vorhanden?
- Gibt es unterschiedliche Anforderungen im Anwendungsbereich?
- Gibt es genuine Unterschiede zu anderen Anwendungsbereichen?
- Sind Perspektiven für Entwicklung und Anwendung der Expertensystemtechnik im Umweltbereich auszumachen?

In der Studie stand zunächst die Erhebung von vorhandenen Systemen im Mittelpunkt. Aufgrund von Erfahrungen mit bereits durchgeführten Erhebungen wurde neben einer Literatur- und Datenbankauswertung vor allem auf das gezielte Ansprechen von Entwicklergruppen gesetzt, wobei insbesondere auch die bisherigen Tagungen »Informatikanwendungen im Umweltschutz« eine Vielzahl von Hinweisen ergaben. Über diese Auswertungen (vgl. z. B. die Übersichten in AI Applications 1989, 1991 und 1992; Page 1989; Arnold et al. 1991; sowie über 100 Nachweise in den Datenbanken des UBA, ENVIROLINE, POLLUTION, AGRIS) sind Hinweise auf mehr als 400 Systeme zusammengekommen. Man kann sicher sein, daß damit nur ein Ausschnitt aus dem gesamten Projekt- und Anwendungsspektrum erfaßt werden konnte, u. a. auch deshalb, weil damit hauptsächlich Nachweise aus USA, GB, z. T. Australien und natürlich Deutschland verarbeitet, andere Sprachräume aber so gut wie gar nicht hineingenommen werden konnten. Bisher sind nur vereinzelte Nachweise aus China, Indien, Südamerika usw. zu finden, die nicht das gesamte Spektrum an interessanten Entwicklungen abdecken dürften. Eine Ausweitung auf diese Bereiche sollte (eventuell auf der Basis von Korrespondenten) ins Auge gefaßt werden.

Mit der Studie sollte zuerst einmal ein Überblick über Entwicklungen und Anwendungen mit Umweltrelevanz gegeben werden. Dazu wurden Teilbereiche bestimmt, so daß möglichst die volle Breite von Anwendungen mit Umweltrelevanz Berücksichtung finden konnte, angefangen bei relativ eigenständigen Teilbereichen wie Land- und Forstwirtschaft, Geographie und Stadt-/Landschaftsplanung, über bestimmte Aspekte der Biologie, aus dem »civil engineering«, bis hin zu den engeren umweltbezogenen Bereichen der Umweltschutztechnik in Abfallwirtschaft, Wasserwirtschaft (z. B. Rückhalteanlagen, Kläranlagen) und dem Umweltrecht .

Wie bei der Auswahl von Anwendungen mit Umweltbezug auch, wurde bei den einzubeziehenden Projekten und Anwendungen auf eine restriktive Handhabung des Kriteriums »Expertensystem« verzichtet. So wurden neben unterschiedlich »expertenhaften« Expertensystemen auch Entscheidungsunterstützungssysteme, Frontends und Systeme an der Grenze zu Informationssystemen mit einbezogen. Schließlich wurde es für sinnvoll gehalten, auch auf neuere Entwicklungen einzugehen, die eher auf eine Kombination verschiedener Verfahren hinauslaufen (Expertensysteme der 2. Generation, z. B. modellbasierte Systeme).

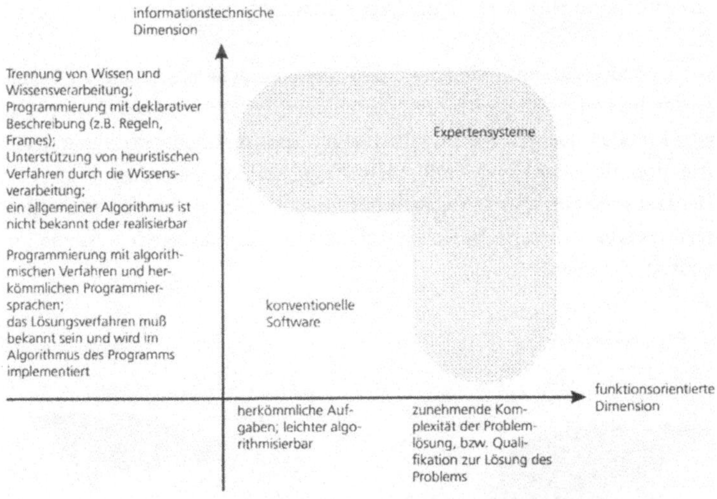

Abb. 1 Einordnung von Expertensystemen nach verschiedenen Gesichtspunkten

Diese tolerante Auslegung hat zunächst einen pragmatischen Grund, da wie weiter unten zu sehen ist, die Anzahl der »echten« Expertensysteme gering ist und zum anderen für den Begriff »Expertensystem« recht unterschiedliche Definitionsversuche zu finden sind. In der Literatur werden üblicherweise eine softwareseitige und eine anwendungsseitige Sicht auf die Systeme

dargestellt: Während die softwareseitige Sicht besonders auf die zur Realisierung erforderlichen Mittel und Methoden eingeht (Shells, KI-Sprachen, Wissensrepräsentationsformen, Problemlösungsmethoden usw.), geht die anwendungsbezogene Sicht eher vom Problemlösungspotential der Systeme (Kompetenz, Erklärungsfähigkeit, Benutzbarkeit usw.) aus, ohne der eigentlichen Realisierung ein besonderes Augenmerk zu widmen. In der vorliegenden Studie wurde die letztere Sichtweise zugrundegelegt, obwohl die Autoren die Vorteile einer Verwendung »höherer« Programmierkonzepte nicht gering schätzen, d. h. durchaus Belege für einen Zusammenhang zwischen eingesetzten Mitteln und Güte der erstellten Anwendungen sehen.
Um eine Strukturierung nach den Sichtweisen vorzunehmen, kann ein »Raum« mit den beiden Achsen »informationstechnische« und »funktionsorientierte« Dimension aufgespannt werden (vgl. Abb. 1 und Coy/Bonsiepen 1989).

Auch von einer anwendungsbezogenen Betrachtung her sind einige Minimalanforderungen zu stellen:

- Der Zugang zum Wissen des Systems muß für die Benutzer ohne Programmierkenntnisse möglich sein, d. h. die Spezifikation der Aufgabenstellung und ggf. die Modifikation der Wissensbasis muß in leicht verständlicher Form (z. B. deklarativ) vorgenommen werden können.
- Das System muß eine gewisse Erklärungsfähigkeit bezüglich des verarbeiteten Materials und zur Abarbeitung aufweisen.

2 Einige Ergebnisse der Erhebung zu Umweltanwendungen

In der uns vorliegenden Literatur sind rund 400 Systeme benannt, wobei zu vielen kein Name angegeben wurde und eine Unterscheidung nur anhand der Quelle möglich war. Für knapp 200 dieser Systeme konnten aus den Veröffentlichungen Informationen extrahiert werden. Als minimale Information über ein System wurden Angaben zur Einordnung im Umweltbereich (s. o.), eine Kurzbeschreibung und Angaben über den Reifegrad des Systems erfaßt. Die nachfolgenden quantitativen Aussagen beziehen sich auf die Verteilung der Systeme im Umweltbereich und den Reifegrad der Systeme.

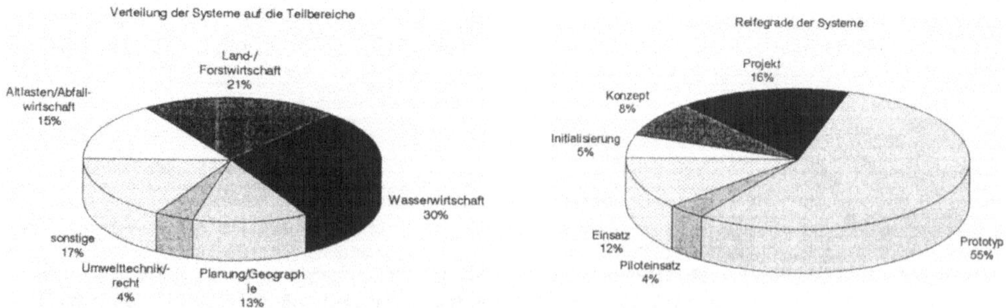

Abb. 2 Verteilung der Systeme nach Teilbereichen und Reifegraden

Diesen Zahlen muß aber mit einiger Skepsis begegnet werden, da die Darstellungen in den Quellen oft oberflächlich und zuweilen von einer euphorischen Sicht auf das eigene System und die Expertensystemtechnik selbst geprägt sind. So dürften besonders die Aussagen der Autoren über den Reifegrad in einigen Fällen einer kritischen Prüfung nicht mehr Stand halten. Der große Anteil an Berichten über Projekte und Prototypen ergibt sich aus der Tatsache, daß i. A. nicht zu allen Phasen eines Projektes veröffentlicht wird. Hierbei umfaßt die Projektphase »Prototyp« ein Spektrum, das von »Minimalprototypen« bis hin zu Prototypen an der Schwelle zum Piloteinsatz reicht. Es ist nicht anzunehmen, daß in den nächsten Jahren ein entsprechend großer Anteil in den Einsatz kommen wird, da davon ausgegangen werden kann, daß sich der größere Teil der Prototypen entweder in einem sehr rudimentären Stadium befindet oder nicht mehr weiterentwickelt wird.

Unter dem Gesichtspunkt der problembezogenen Leistungen der Systeme lassen sich nur wenige Systeme ausmachen, die die hohen Erwartungen an ein Expertensystem bezüglich Problemlösungs-, Erklärungsfähigkeit und Benutzbarkeit erfüllen. Die meisten Systeme lassen sich eher als Entscheidungsunterstützungssystem, Frontend oder erweitertes Informationssystem bezeichnen.

3 Problembereich Umwelt: Eignung für Expertensystemanwendungen

Die Ergebnisse belegen, daß auch der Anwendungsbereich Umwelt ein Abbild anderer Anwendungsbereiche ist, in denen eine ähnliche Vielfalt von Teilgebieten, Reifegraden und Qualitäten vorhanden ist. Andererseits ist der Umweltbereich nicht derjenige, in dem am frühesten die Entwicklung von Expertensystemen gefördert und »getestet« wurde, eventuell aufgrund eines fehlenden Marktes für »Massenprodukte«. Denn gerade in denjenigen Bereichen, die eher in Richtung einer Planungsunterstützung gehen (Umweltpolitik, Umweltplanung), dürfte die Anzahl von absetzbaren Systemen äußerst gering sein. Dagegen kann bei der Umweltschutztechnik allerdings ein größerer Bedarf angenommen werden. Die nicht zu übersehenden Unsicherheiten bzgl. einer Verwertung der Produkte kann ein Grund für die zögerliche Hinwendung der Expertensystemhersteller zu umweltbezogenen Problemstellungen sein.

Durch die inhaltliche Breite des Umweltbereichs läßt sich sicherlich nicht allgemein angeben, worin der erwartete Nutzen der jeweiligen Anwendung denn wirklich bestehen soll. Es kann generell gesagt werden, daß die Kluft zwischen den Kriterien, die z. B. von Slagle/Wick (1989) als Orientierung angegeben werden und dem Aufgreifen dieser Kriterien in der Praxis erschreckend groß ist. I. d. R. geben Entwickler keinerlei Rechenschaft darüber ab, welcher konkrete Nutzen von einem System erwartet wird und welche genauen Zielsetzungen verfolgt werden. Auch wird in den seltensten Fällen das institutionelle Umfeld dahingehend überprüft, ob überhaupt über einen relevanten Zeitraum Ressourcen für die aufwendige Entwicklung bereitstehen. Es wird ein impliziter Konsens darüber unterstellt, daß ein solcher Nutzen außer Frage steht. Bereits jetzt läßt sich schon sagen, daß von den verschiedenen Zielsetzungen (Wissenskonservierung, Ersetzen von Spezialisten in Teilgebieten, Unterstützung bei der Bearbeitung von Problemstellungen usw.) die eher pragmatisch orientierten Ziele, z. B. Unterstützungssysteme bereitzustellen, am ehesten konsensfähig sein dürften und eine relative Bescheidenheit bezüglich darüber hinausgehender Zielsetzungen bei den Entwicklern zu finden ist. Allerdings scheinen sich auch in der sonstigen KI-Szene ähnliche Einschränkungen der Ansprüche an die Systeme durchzusetzen (Voß 1992).

Gerade angesichts der meist nicht erfolgten Reflektion über die Anwendbarkeit der Expertensystemtechnik kommt einer Diskussion der Voraussetzungen für einen sinnvollen Einsatz eine große Bedeutung zu. An dieser Stelle können wir nur einige Hinweise dazu geben, wie eine solche Vorabverständigung aussehen könnte. So wird im Planungsbereich darauf hingewiesen (Han/Kim 1989; Kim et al. 1990), daß ein Einsatz von Expertensystemen nur in einigen Teilschritten des gesamten Planungsablaufs von Nutzen sein kann, z. B. beim Vergleich von verschiedenen Nutzungsvarianten oder der Standortfindung für bestimmte Anlagen. Die wesentlichen Schritte im Planungsprozeß sind aber eher auf der Ebene der Konsensfindung, der Vermittlung von unterschiedlichen Positionen, der Einbeziehung von historischen, kulturellen und sozialen Aspekten und Meinungen angesiedelt. Da sich diese Schritte z. T. nur schwerlich mit Hilfe von computergestützten Werkzeugen durchführen lassen, sind der Verwendbarkeit der Expertensystemen hier prinzipielle Grenzen gesetzt. Positive Beispiele wären etwa bei der Abwägung der Eignung von Flächen für verschiedene Nutzungsvarianten zu finden (Flächennutzungsplanung) (vgl. dazu die Systembeschreibungen in Kim et al. 1990). Ansätze zur Unterstützung der UVP im kommunalen Bereich werden z. Z. mit dem EXCEPT-Projekt ausgearbeitet; begonnene Anwendungsversuche u. a. für die Stadt Hannover lassen Resultate für eine weitere Standortbestimmung der Systeme erwarten.

Nun gibt es aber auch Anwendungen, die von vorne herein eine bescheidenere Zielsetzung aufweisen und/oder auch auf Problemstellungen aufsetzen, die selbst bereits eine begrenztere Komplexität aufweisen als die meisten Planungsaufgaben. Als Beispiel seien Systeme genannt, die den Nutzer bei der Aufstellung von bestimmten Katastern (z. B. bei der Erfassung von kontaminationsverdächtigen Flächen durch das System XHMA) oder bei der Anlagenplanung (z. B. die Unterstützung des Antragsverfahrens nach BImSchV durch das System IMMEX) unterstützen. Diese Aufgabenstellung zeichnet sich dadurch aus, daß ein bestimmter Verfahrensablauf empfohlen oder vorgeschrieben ist, der jeweils durchlaufen wird. Im Rahmen des Verfahrens sind »lediglich« Entscheidungen an verschiedenen Stellen nötig, welche weiteren Informationen erforderlich sind und welche weiteren »Rubriken« bearbeitet werden müssen. Das Expertensystem kann neben einer konsistenten Abarbeitung des Verfahrens und ggf. der Ermittlung einer Vorbewertung vor allem durch die Bereitstellung von Erläuterungen der einzelnen Stufen des Ablaufschemas und der benötigten Eingaben eine Verbesserung gegenüber herkömmlicher Software bedeuten, auch wenn diesbezüglich die Grenze zur herkömmlichen Software durchaus als fließend angesehen werden muß. Dies vor allem auch deshalb, weil hier i. d. R. ein determinierter Ablauf gegeben ist, der wenig Raum für heuristische Anteile läßt. Mehrere Systeme zur Unterstützung bei rechtlichen Verfahren sind von dieser Art. Allerdings sind auch solchen Systemen enge Grenzen gesetzt. Sobald nämlich Interpretationsspielräume auftreten, die gerade juristischen oder ingenieurwissenschaftlichen Sachverstand erfordern, sind bloße Erklärungs- bzw. Informationskomponenten i. d. R. nicht mehr ausreichend, um einen adäquaten Einsatz des Systems sicherzustellen. Man tut gut daran, entsprechende Hinweise in das System einzubauen, da ansonsten unzulässiger Anwendung Tor und Tür geöffnet werden. Oder aber ein System wird von vorne herein als »in-house« Lösung aufgefaßt und bleibt damit in den Händen derjenigen Experten, die die Grenzen der Systeme kennen.

Traditionell ist der Bereich der Land- und Forstwirtschaft ein wichtiges Anwendungsgebiet für Expertensysteme. Hier dominierten lange Zeit regelbasierte Systeme, insbesondere bei der Erkennung von Krankheiten bei einigen wichtigen US-amerikanischen Pflanzen (Baumwolle, Soya, Mais). Andererseits wurden auch zunehmend Probleme mit dieser einfachen Art der »Modellbildung« (über Regelmengen) benannt, so daß andere Arten der Wissensrepräsentation getestet wurden (vgl. Plant/Stone 1991). Vor allem bei der genauen Bestimmung von Pflanzenschutz- und Düngemaßnahmen ist die Kenntnis der »Vorgeschichte« eines Pflanzenbestandes (z. B. der bisherige Wetterverlauf, Düngergaben usw.) und des genauen Wachstumsverlaufs wichtig, Informationen also, die sich z. B. regelbasiert nur sehr unzureichend erfassen und darstellen lassen. Diese zusätzlichen Informationen erfordern i. A. weitere Repräsentationsformen, z. B. in durch Anbindung von Simulationsmodellen und Datenbanken. Das System PRO_PLANT (Anwendungen im Getreidebau) ist ein Beispiel für die Kombination einer regelbasierten Wissensbasis mit einer Reihe von andersartigen Modulen, mit denen Wachstumsphasen durchgerechnet (simuliert) und Massendaten (z. B. zu Schlageigenschaften und Wetterdaten) angekoppelt werden können.

Soweit einige Hinweise auf Fragen und anzugehende Probleme in einigen Anwendungsbereichen. Umfassendere Informationen sind im Abschlußbericht des genannten Vorhabens (Simon et al. 1992) zu finden.

Etwas stark allgemeinert und bewußt provokativ kann gesagt werden, daß der Aufwand, der für die Herstellung eines wirklich brauchbaren Expertensystems in vielen Fällen stark unterschätzt wird. Versuche, vor die eigentliche Entwicklungsphase eine Systemanalyse des Einsatzbereichs und darauf aufbauend eine genauere Spezifikation der Anforderungen an das Expertensystem zu stellen (vgl. dazu Arnold et al. 1991), sind i. A. nicht unternommen worden. Es besteht die Gefahr, daß derartige »nicht-fundierte« Projekte mit hoher Wahrscheinlichkeit nur zu »Spielsystemen« führen, die – außer einer didaktischen Funktion hauptsächlich für den Expertensystemhersteller, durchaus nicht völlig unlegitim – ohne jegliche Wirkung bleiben, d.h. überhaupt nicht zur Einsatzreife kommen und nach einiger Zeit wieder von der Bildfläche verschwinden. Auch werden Systeme bereits von vorne herein nur als »Demo« realisiert – sicherlich ebenfalls eine zu eingeschränkte Zielsetzung für eine so ambitionierte Technologie wie die Expertensystemtechnik, wie auch einem Anwendungsbereich, der echte anstelle von »Spiellösungen« verlangt.

Generell läßt sich sagen, daß eine Expertensystementwicklung ein Veränderungspotential für den jeweiligen Anwendungsbereich in sich birgt. Dies hat mit bestimmten minimalen Anforderungen an die Formalisierung des Gegenstandsbereichs zu tun. Formalisierung ist hier nicht im Sinne des logizistischen KI-Ansatzes (vgl. Genesereth/Nilsson 1989) zu verstehen, denn es sind andere Standards als die Rückführung auf formale Logik denkbar. Die bereits erwähnte Systemanalyse eines Anwendungsbereichs von Arnold et al. weist hier einen Weg und belegt daß erhebliche Anstrengungen im Vorfeld eines Expertensystemprojektes nötig sind, um für den Einsatz sinnvolle Expertensysteme (möglichst auch effizient) zu realisieren. Dazu muß auch im Auge behalten werden, daß es sich im Fall dieser Studie bereits um einen wohlverstandenen technischen Bereich gehandelt hat; ungleich schwieriger stellen sich die Aufgaben in anderen umweltrelevanten Bereichen dar. Um dort ein ähnliches Maß an Strukturierung und Vereinheitlichung zu erreichen, müssen Fortschritte zuallererst im Gegenstandsbereich selbst erfolgen. M.a.W. eine Lösung bislang offener fachwissenschaftlicher Fragen, wie dies oftmals auch eine mit Expertensystemprojekten verbundene Hoffnung zu sein scheint, ist selbstverständlich nicht zu erwarten.

Inwieweit mit Ansätzen zur Vereinheitlichung einer Wissensdomäne und einer systematischen Wissensakquisition (z.B. durch den Einsatz von KADS, vgl. Boose/Gaines 1988) auch bei Umweltanwendungen Fortschritte erzielt werden können – Unterstützung beim Aufbau der Wissensbasis unter Einbeziehung verschiedener Fachleute und Vereinheitlichung eines Gegenstandsbereichs – ist noch offen. Auch die Diskussionen in der KI-Community haben hier noch keine eindeutige Einschätzung ergeben.

4 Entwicklungslinien / Ausblick

Es erscheint den Autoren wenig sinnvoll, sich bei einem Statusbericht rein auf in der Anwendung befindliche Systeme zu beschränken. Denn es ist ja nicht so, daß einige der wahrgenommenen Defizite gänzlich ohne Wirkung auf die Entwickler geblieben wären. Wie bereits erwähnt, sind insbesondere im Bereich der Wissensrepräsentationstechniken Erweiterungen vorgeschlagen worden und auch z. T. bereits im Einsatz. Weitere Entwicklungen greifen die bereits früher (hauptsächlich für Mensch-Maschine-Schnittstellen) eingesetzten Konzepte des Fuzzy-Ansatzes auf, um in einer adäquateren Weise mit Unsicherheit umgehen zu können. Schließlich wird auch wesentlich mehr Augenmerk auf den Prozeß der Wissensakquisition gerichtet, als dies im ersten Entwicklungsschub bei den Expertensystemen der Fall zu sein schien. Deshalb werden kurz noch einige Entwicklungslinien angerissen, die in der Bestandsaufnahme sichtbar geworden sind.

Auch (oder gerade?) im Bereich der umweltbezogenen Systeme ist eine Erweiterung des Instrumentariums festzustellen. Die regelbasierten Expertensysteme der ersten Generation werden, obwohl sie immer noch den Großteil der vorfindlichen Systeme ausmachen, zunehmend durch »integrierte« Systeme ergänzt, und das nicht nur im Bereich der Grundlagenforschung. Einige Systeme setzen auf eine Kombination mit modellbasierten Techniken, wobei i. d. R. klassische Simulationsansätze verfolgt werden. Die in der KI-Grundlagenforschung diskutierten Modellansätze (qualitative Simulation, Nachbildung kausaler Strukturen im common-sense Wissen) sind bislang u. W. nicht aufgegriffen worden. (vgl. aber Systeme wie HOPPER, MOOSE usw.)

Die Ausweitung der Funktionalität der Shells wird im Umweltbereich von entscheidender Bedeutung sein. Neben der bereits erwähnten Integration der Simulation sind einige Entwicklungen auch mit der Ankopplung von GIS (vgl. z. B. SAFRAN) befaßt. Eine weitere Aufgabe besteht in der Erstellung von benutzerfreundlichen Frontends (vgl. z. B. das ECO-Projekt).

Ein weiteres interessantes Phänomen – eng mit dem ersten Punkt verknüpft – ist die Hinwendung zu Eigenentwicklungen und die Abwendung von kommerziellen Shells. Wird bei ernst zu nehmenden Projekten i. d. R. eine erste Phase mit PROLOG oder einer Shell (wie ART oder KEE) abgewickelt (im Sinne eines Prototyping, bei dem man sich nicht um den Aufbau der Verarbeitungs- und Darstellungsmethoden kümmern will), so wird in der zweiten Phase, nachdem sich die Konzeption stabilisiert hat und ein anwendungsorientiertes Produkt hergestellt werden soll, oftmals auf eine Eigenentwicklung gesetzt, die es erlaubt, gezielter und effizienter eigene Ideen in ein Produkt umzusetzen. Inwieweit dieser Trend, häufig bei Institutionen anzutreffen, die Grundlagenentwicklung betreiben, anhält, wird sicherlich zu einem großen Teil davon abhängen, welche Shell-Entwicklungen mit einem umfassenderen Methodenrepertoire Marktreife erlangen werden. Derzeit ist eine Vielzahl von Prototypen auch im deutschsprachigen Raum in der Diskussion (D3, MOLTKE, BABYLON u. v. a. m.) ohne daß sich bereits ein Standard herausgebildet hätte. Zumindest längerfristig wird sich der Entwicklungsgrad im Bereich der KI-Anwendungen daran messen lassen, welche Standardisierungsfortschritte erreicht worden sind.

Literatur

aus AI Applications in Natural Resource Management:

Moninger, W.R. / Dyer, R.M. (1988) *Survey of past and current AI work in the environmental sciences.* 2(1), S. 48 – 52

Lambert, D.K. / Wood, T.K. (1989) *Partial survey of expert support systems for agriculture and natural resource management.* 3(2), S. 41 – 52

Davis, J.R. / Clark, J.L. (1989) *A selective bibliography of expert systems in natural resource management.* 3(3), S. 1 – 18

Carrascal, M.J. / Pau, L.F. (1992) *A survey of expert systems in agriculture and food processing.* 6(2), S. 27 – 49

Arnold, U. / Bungers, D. / Hemmann, T. / Honert, R. / Otterpohl, R. (1991) *Anforderungen an Expertensysteme für den Gewässerschutz – Bedarfsanalyse, Systemkonzept und Machbarkeitsstudie.* DUV, Wiesbaden

Boose, J.H. / Gaines, B.R. (eds 1988) *Knowledge acquisition tools for expert systems.* Academic Press, London

Coy, W. / Bonsiepen, L. (1989) *Erfahrung und Berechnung – Kritik der Expertensystemtechnik.* Informatik Fachberichte Nr. 229, Springer Verlag, Berlin

Genesereth, M.R. / Nilsson, N.L. (1989) *Logische Grundlagen der Künstlichen Intelligenz.* Vieweg Verlag, Wiesbaden

Han, S.Y. / Kim, T.J. (1989) *Can expert systems help with planning?* In: J. Am. Planning Ass., 55(3), S. 296 – 308

Kim, T.J. / Wiggins, L.L. / Wright, J.R. (eds 1990) *Expert systems: Applications to urban planning*. Springer Verlag: New York

Page, B. (1989) *An analysis of environmental expert system applications with special emphasis on Canada and the Federal Republic of Germany*. Univ. Hamburg FB Informatik Bericht Nr. 144/89

Puppe, F. (1990) *Problemlösungsmethoden in Expertensystemen*. Springer-Verlag, Berlin

Plant, R.E. / N.D. Stone (1991): *Knowledge-based systems in agriculture*. Reihe: Biological Resource Management Series, McGraw Hill, New York

Simon, K.-H. / Manche, A. / Uhrmacher, L. / Page, B. (1992) *Abschlußbericht: Expertensysteme auf dem Umweltsektor*. Im Auftrag des Umweltbundesamtes, Kassel

Slagle, J.R. / Wick, M.R. (1989) *A method for evaluating candidate expert system applications*. In: AI Applications, 3 (2), S. 21 – 30

Voss, A. (1992) mündl. Diskussionsbeitrag auf der GWAI 92

Quellen zu den angegebenen Systemem

(ECO) Muetzelfeld, R. /Bundy, A. / Uschold, M. / Robertson, D. (1986) *ECO – An intelligent front end for ecological modelling*. In: Simul. Series, 1(18), S. 67 – 70

(HOPPER) Berry, J.S. / Kemp, W.P. / Onsager, J.A. (1991) *Integration of simulation models and an expert system for management of rangeland grasshoppers*. In: AI Applications, 5 (1), S. 1 – 14

(IMMEX) Frey, N. / Ebert, J. (1991) *Entwicklung eines Expertensystems für Umweltrecht*. In: Hälker, M, A. Jaeschke, Informatik für den Umweltschutz – 6. Symposium, München, Informatik Fachberichte 296, Springer, S. 606 – 617

(MOOSE) Saarenmaa, H. / Stone, N.D. / Folse, L.J. / Packard, J.M. / Grant, W.E. / Makela, M.E. / Coulson, R.N. (1988) *An artificial intelligence modelling approach to simulation animal habitat interactions*. In: Ecol. Modelling, 44, S. 125 – 141

(XHMA) Institut für Umweltinformatik (IUI) an der Hochschule für Technik und Wirtschaft des Saarlandes (HTWdS)

(PRO_PLANT) Nigge, V. / Volk, T. (1990) *Erste Erfahrungen mit dem Pflanzenschutz-Beratungssystem Pro_Plant im praktischen Einsatz*. In: Agrarinformatik 21, S. 23 – 29

(SAFRAN) Jäckel, T. / Hemker, H. / Burde, M. / Dieckmann R. (1992) *Kurzbeschreibung SAFRAN – System zur Aggregation von Flächendaten in Raumplanung und Naturschutz*. Univ. Kaiserslautern

Konzeption eines wissensbasierten Simulationssystems zur Unterstützung der Modellbildung und Simulation im Umweltbereich

A. Häuslein
Fachbereich Informatik, Universität Hamburg
Vogt-Kölln-Str. 30, 2000 Hamburg 54

Zusammenfassung: Die Unterstützung der Modellbildung und Simulation im Umweltbereich durch Simulationssoftware ist unbefriedigend. Dieser Bereich stellt hinsichtlich der Flexibilität und der Funktionalität der Software besondere Anforderungen. Ausgehend von diesen Anforderungen wird die Konzeption eines Simulationssystems vorgestellt, in dem auch wissensbasierte Ansätze zur Erhöhung der Flexibilität und Verbesserung des Unterstützungskomforts zur Anwendung kommen. Sie dienen vorrangig zur Bereitstellung von methodischem Modellierungswissen für Benutzer, die über solches Wissen nur in begrenztem Umfang verfügen. Weitere Charakteristika des Systems sind die Unterstützung der graphischen Modellierung sowie der modularen Modellerstellung. Teile des Systems sind prototypisch realisiert.

1 Einleitung

Eine große Zahl von Simulationsmodellen wird auch heute noch ohne jede Rechnerunterstützung entwickelt und mit Hilfe einer allgemeinen Programmiersprache implementiert. Diese, aus der Sicht der Informatik unbefriedigende Situation konnten auch die Ansätze, die eine bessere Softwareunterstützung der Modellbildung und Simulation anstreben, noch nicht grundlegend verändern. Gerade wenn die Modellbildung und Simulation in Anwendungsbereichen eingesetzt werden soll, in denen sie nicht auf einer formalen/mathematischen Theorie basieren kann, resultieren daraus besondere Anforderungen an die Unterstützungssoftware. Ein solcher Bereich ist der Umweltbereich, für den die Modellbildung und Simulation aufgrund der systemhaften Verknüpfung der Elemente der Umwelt prinzipiell große Bedeutung hat. Um diese Bedeutung in die Praxis umzusetzen, wäre ein verbessertes Unterstützungsinstrumentarium erforderlich. Vor dem Hintergrund der bisherigen Erfahrungen wird daher eine neue Konzeption für ein Simulationssystem zu entwickelt, das sich speziell an den Anforderungen der Umweltmodellierung ausrichtet.

2 Anforderungen an ein Simulationssystem für die Umweltmodellierung

2.1 Übergeordnete Anforderungen

Ein Simulationssystem, das die Modellbildung und Simulation im Umweltbereich wirksam unterstützen soll, muß – wie alle Software-Systeme – eine große **Benutzerfreundlichkeit** aufweisen. Zu den Eigenschaften, die ein benutzerfreundliches System aufweisen muß, gehören insbesondere seine *Aufgabenangemessenheit*, die *Transparenz*, die *Robustheit*, die *Konsistenz* und die *Flexibilität* des Systems (vgl. beispielsweise [DIN 88]). Das zu konzipierende Simulationssystem soll desweiteren den **Aufwand verringern**, der mit der Durchführung von Simulationsstudien verbunden ist. Der hohe Aufwand ist einer der Gründe für die relativ geringe Zahl von praktisch durchgeführten Simulationsstudien im Umweltbereich. Die Verringerung des Aufwandes ist eine zentrale Anforderung, da sie einerseits die Nützlichkeit des Systems bestimmt und andererseits zahlreiche weitere, konkretere Anforderungen nachsichzieht. Das Simulationssystem soll die **Qualität der Simulationsstudien verbessern**, um die Potentiale der Umweltmodellierung für die Bewältigung von Umweltproblemen voll auszuschöpfen. Von der Fehlervermeidung abgesehen, wird die Qualität von Simulationsstudien im wesentlichen durch die *Aussagekraft der Ergebnisse* bestimmt. Die Aussagekraft läßt sich zum einen durch *bessere Modelle*, d.h. umfangreichere, detailliertere Modelle mit größerer Validität, und zum anderen durch *bessere Experimente*, die mehr Simulationsläufe mit systematischeren und häufigeren Modifikationen der experimentellen Bedingungen beinhalten, verbessern. Außerdem wird die Aussagekraft durch eine *verbesserte Analyse* der Simulationsergebnisse erhöht.

2.2 Anforderungen an die Funktionalität des Simulationssystems

Da hier nicht auf alle Charakteristika eingegangen werden kann, die die Funktionalität des Systems für eine adäquate Unterstützung der Modellbildung und Simulation im Umweltbereich aufweisen sollte, konzentriert sich die Darstellung auf die Bedeutung der Flexibilität, die modulare Modellerstellung und die Bereitstellung von zusätzlichem Wissen für den Benutzer.
Flexibilität ist für eine leistungsfähige Unterstützung unverzichtbar, weil die Anforderungen an ein Software-System in einem komplexen und heterogenen Anwendungsgebiet wie der Modellbildung und Simulation im voraus nicht eindeutig und vollständig zu definieren sind (vgl. [Fähnrich & Ziegler 87]). Diese Problematik wird noch gesteigert, wenn es um den Bereich der Umweltmodellierung geht, der zum Teil durch sogenannte *Ill-defined Systems* gekennzeichnet ist (vgl. [Bossel et al. 89] u. [Hilty 85]). Hier kann nur durch eine große Flexibilität die notwendige *explorative Vorgehensweise* bei der Modellbildung und Simulation unterstützt werden.
Für den Umweltbereich ist die *Flexibilität hinsichtlich der vom System unterstützten Simulationsmethodik* besonders hervorzuheben. Im Umweltbereich fehlt eine generell einsetzbare Simulationsmethodik, die als alleinige methodische Grundlage für die Modellerstellung und damit als Basis für ein Simulationssystem dienen könnte. Es muß möglich sein, ein breites Spektrum von Simulationsmethodiken in einem System zu unterstützen. Aufgrund der zu erwartenden Weiterentwicklung der Umweltmodellierung soll darüber hinaus das spätere Einfügen von weiteren, neuen Methoden in das System problemlos erfolgen können. Die Flexibilität ist auch für die Darstellung der Modelle zu gewährleisten, so daß die Anpassung der Darstellungsweise an die im jeweiligen Fachgebiet übliche Symbolik möglich ist. Ein hoher Grad an

Interaktivität ist ebenfalls ein Beitrag zu der geforderten Flexibilität des Systems (vgl. [Fischlin & Ulrich 87] u. [Fischlin 91], S. 141):

> "Modeling and simulation of ill-defined systems substantially benefits from interactivity, since iterative system structure identification and systems behavior analysis are typical for these systems, especially also in the field of environmental systems."

Ein Teil der existierenden Simulationssoftware ist dadurch charakterisiert, daß er sehr flexibel ist, aber relativ geringen Unterstützungskomfort bietet (z.B. niedere Simulationssprachen), während andere Simulationssoftware durch einen hohen Unterstützungskomfort bei großer Inflexibilität gekennzeichnet ist. Zur letztgenannten Gruppe gehören die meisten Simulationssysteme. Die **Verbindung der Systemeigenschaften Flexibilität und Unterstützungskomfort** ist generell eine der Hauptschwierigkeiten beim Entwurf von Unterstützungssystemen. In der scheinbaren Unvereinbarkeit beider Eigenschaften liegt auch die mangelnde Akzeptanz von Simulationssystemen bei der praktischen Durchführung von Simulationsstudien begründet. Ihr spezieller, teilweise hoher Komfort ist aufgrund ihrer Inflexibilität in vielen Anwendungsfällen nicht nutzbar.

Bei einer **modularen Modellerstellung** wird das Prinzip der Modularisierung, das sich in der Informatik zur Bewältigung von Komplexität bewährt hat, auf Simulationsmodelle angewendet. Für umfangreiche Modelle ist eine Modularisierung der einzige erfolgversprechende Weg zur Reduzierung der Komplexität, wenn eine weitere Aggregation und Abstraktion die Aussagekraft der Modelle zu sehr einschränken würden (vgl. [Zeigler 87]).

Im Umweltbereich, insbesondere bei der Ökosystemanalyse, besteht aufgrund der problematischen Systemabgrenzung und der Komplexität der Realsysteme eine starke Tendenz zu umfangreichen, komplexen Modellen. Die Modularisierung der Modelle ist für diesen Anwendungsbereich daher dringend erforderlich (vgl. [Bossel et al. 89] u. [Häuslein & Page 88]). Die Modularisierung bietet auch Möglichkeiten zur Realisierung von *interdisziplinären Ansätzen* in der Modellbildung und Simulation, wie sie für den Umweltbereich von besonderer Bedeutung sind (sogenannte "Integrierte Modelle"). Für jede fachliche Sicht, die in einem Gesamtmodell relevant ist, kann ein Teilmodell (oder eine Gruppe von Teilmodellen) erstellt und mit den Teilmodellen der anderen Fachgebiete verbunden werden. Da existierende Modelle als Komponenten in anderen Modellen eingesetzt werden können, fördert die modulare Modellerstellung die *Wiederverwendbarkeit* von Modellen und trägt damit zu einer Reduzierung des Gesamtaufwandes einer Simulationstudie bei.

Es ist anzustreben, daß einem Wissenschaftler, der die notwendige Kompetenz bezüglich der Modellinhalte mitbringt, eine eigenständige, unabhängige Modellerstellung mit einem Simulationssystem ermöglicht wird. Kenntnisse über spezielle (Simulations-)Methoden, DV-Benutzung etc. sollten dabei von ihm nicht in größerem Umfang und Detaillierungsgrad erwartet werden.

Ein Simulationssystem sollte daher **notwendiges Zusatzwissen bereitstellen**, soweit dies technisch/methodisch möglich ist. Besonders wichtig erscheint die Bereitstellung von *Wissen über den methodisch korrekten Aufbau und die korrekte Nutzung von Simulationsmodellen*. Auch *Wissen über die Modellinhalte*, das beispielsweise für die Auswahl von existierenden Simulationsmodellen genutzt werden kann, sollte im System verfügbar sein. Die Bereitstellung von zusätzlichem Wissen darf jedoch die Bedienungskomplexität des

Systems nicht weiter erhöhen, was bei den existierenden Ansätzen zur wissensbasierten Unterstützung der Modellbildung und Simulation leider meist der Fall ist. Dennoch heben zahlreiche Autoren die Bedeutung der wissensbasierten Techniken und der Bereitstellung von Anwendungs- und Aufgabenwissen für die Verbesserung der Unterstützungsleistung der Systeme hervor (vgl. beispielsweise [Fähnrich & Ziegler 87], [Kerckhoffs & Vansteenkiste 86] u. [Häuslein 89]).

2.3 Anforderungen an die Repräsentation von Objekten

Bezüglich der Repräsentation von Objekten in einem Simulationssystem sind die Anforderungen einer *leistungfähigen Modellrepräsentation* und der *Trennung von Modellen und Experimenten* als eigenständige Objekte von zentraler Bedeutung.
Durch die Art der **Modellrepräsentation** wird festgelegt, welche Informationen zum Aufbau eines Modells genutzt und in das Modell aufgenommen werden können. Wie bei existierender Simulationssoftware üblich und vielfach bewährt, müssen quantitative numerische Angaben über Zustände von Modellgrößen und deren mathematische Relationen unterstützt werden.
Wenn die Modelle jedoch als Sammlung von (a-priori-)Wissen über einen Problembereich aufgefaßt werden sollen, reicht die gebräuchliche mathematisch-numerische Art der Repräsentation nicht aus. Im Umweltbereich spielt in wichtigen Teilbereichen (z.B. Ökosystemanalyse) aufgrund des Kenntnisstandes *qualitative Information* eine wichtige Rolle für den Aufbau von Modellen, da keine exakten numerischen Informationen vorliegen. Aus diesen Gründen ist die Repräsentation von qualitativen Zustandsbeschreibungen sowie von regelhafter Spezifikation des Modellverhaltens und der Beziehungen zwischen den Größen in den Modellen erforderlich (vgl. [Bossel et al. 89]). Ein Simulationssystem muß daher eine Repräsentationsform unterstützen, die als *hybride Repräsentation* mehrere Arten von a-priori-Wissen zu einem Modell verbinden kann. Es ist eine *Kombination der gebräuchlichen mathematisch-numerischen Repräsentation mit objektorientierter und regelbasierter Repräsentation* für die Modellinhalte notwendig.
Auch *Informationen über das Modell*, wie Informationen zur Klassifikation und eine zusätzliche Modelldokumentation, sollten als Teil des Modells von der Repräsentationsform handhabbar sein. Es entsteht eine Selbstdokumentation, die der Forderung nach Transparenz der Modelle entgegenkommt (vgl. [Bossel et al. 89] u. [Häuslein & Hilty 88]).
Experimente sind ausführbare Objekte, die eine Handlungsfolge und deren Rahmenbedingungen für die *Modellnutzung* spezifizieren. Modelle und Experimente unterscheiden sich somit bezüglich ihrer Charakteristika deutlich. In einem Simulationssystem sollte daher die **Trennung von Modellen und Experimenten** vorgesehen sein, um die konzeptionelle Klarheit des Systems und der in ihm existierenden Objekte zu erhöhen (vgl. [Page 88]). Diese Trennung gewährleistet außerdem die Flexibilität der Nutzung der Modelle, da sie in mehreren, unterschiedlichen Experimenten eingesetzt werden können. Als Konsequenz der Trennung von Modell und Experimente sind die Experimente ebenso wie die Modelle als eigenständige Objekte im System zu verwalten.

3 Konzeption eines Simulationssystems für den Umweltbereich

Bei der Konzeption des Simulationssystems (vgl. [Häuslein 92]) werden die beschriebenen Anforderungen zugrundegelegt, um eine besondere Unterstützung der Umweltmodellierung zu gewährleisten. Die wesentliche konzeptionelle Leitlinie ist dabei die **Verbindung von Flexibilität und Unterstützungskomfort**. Die angestrebte Flexibilität betrifft insbesondere die vom System unterstützten Simulationsmethodiken sowie die externe Repräsentation der Modelle in graphischer Form. Der Unterstützungkomfort soll durch graphische Modellierung, modulare Modellerstellung und Bereitstellung von zusätzlichem Wissen für den Benutzer erzielt werden.

3.1 Grundstruktur des konzipierten Systems

Das Simulationssystem wird als *Simulationskernsystem* konzipiert, in dem zwischen einem *Systemkern*, der eine allgemeine (Grund-)Funktionalität enthält, und *Systemerweiterungen* unterschieden wird. Jede Systemerweiterung dient zur Anpassung des Gesamtsystems an die Erfordernisse einer speziellen Simulationsmethodik. Durch einfaches Hinzufügen einer Systemerweiterung kann der Leistungsumfang des Simulationssystems um die Unterstützung einer Simulationsmethodik ergänzt werden. Prinzipiell kann eine beliebige Anzahl von Systemerweiterungen vorgesehen sein. Durch diese konzeptionelle Flexibilität der Systemstruktur kann die Anforderung nach methodischer Flexibilität weitgehend erfüllt werden.

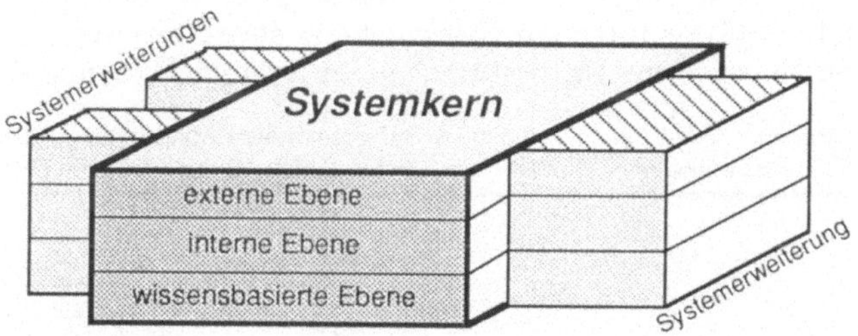

Abb. 1: Simulationskernsystem mit methodischen Erweiterungen

Zur weiteren Erhöhung der konzeptionellen Flexibilität ist das System in drei Ebenen aufgeteilt. Die *externe Ebene* beinhaltet alle Objekte und Funktionen, welche die Gestaltung der Benutzungsoberfläche und die Darstellung der Modelle betreffen. Eine Ebene darunter, auf der *internen Ebene*, sind die Objekte repräsentiert, welche die inhaltliche Funktionalität des Systems und der Modelle realisieren. Auf der *wissensbasierten Ebene* ist die wissensbasierte Funktionalität des Systems und die diesbezügliche Modellrepräsentation zusammengefaßt. Zwischen den Ebenen bestehen Schnittstellen in Form von direkten Referenzen zwischen Objekten unterschiedlicher Ebenen und in Form von Funktionen, die auf Objekte der anderen Ebenen zugreifen. Die Unterscheidung der Ebenen setzt sich auch in den Systemerweiterungen fort. Für den Benutzer ist die Aufteilung in Ebenen nicht sichtbar, da er ausschließlich über die externe Ebene mit dem System arbeitet.

Um die umfangreiche Funktionalität des Gesamtsystems zu strukturieren, ist das System in *drei Systemkomponenten* aufgeteilt:

- Modellkomponente
- Experimentkomponente
- Analysekomponente

Die *Modellkomponente* stellt alle Funktionen bereit, welche die Erstellung der Modelle und deren Verwaltung betreffen. Die *Experimentkomponente* umfaßt im wesentlichen die Funktionen, die zur experimentellen Nutzung der Modelle benötigt werden. Die Funktionen zur Auswertung und Darstellung der Simulationsergebnisse sind der *Analysekomponente* zugeordnet. Die folgende Darstellung beschränkt sich auf die Darstellung von Aspekten der Modellkomponente, wobei zahlreiche der generellen Merkmale auf die Experiment- und Analysekomponente übertragbar sind.

3.2 Konzeptionelle Gestaltung der externen und internen Systemebenen

Die externe und interne Systemebene sind *objektorientiert* aufgebaut. Dies gilt sowohl für das System als auch für die Modelle, die mit dem System erstellt werden. Für beide Ebenen sind im Systemkern Objektklassen und Methoden definiert, die als Ausgangspunkt für die Erweiterungen dienen, wobei die *Vererbung* von Eigenschaften die Erstellung der Erweiterungen vereinfacht. Eine genügend mächtige Funktionalität im Systemkern vorausgesetzt, müssen in den Erweiterungen lediglich die Abweichungen und Ergänzungen spezifiziert werden, die im Rahmen einer speziellen Simulationsmethodik notwendig werden. Die Abbildung zeigt die Objektklassen im Systemkern zur Repräsentation der Modelle auf der internen Systemebene sowie exemplarisch daraus abgeleitete Objektklassen zur Unterstützung der System Dynamics-Methodik.

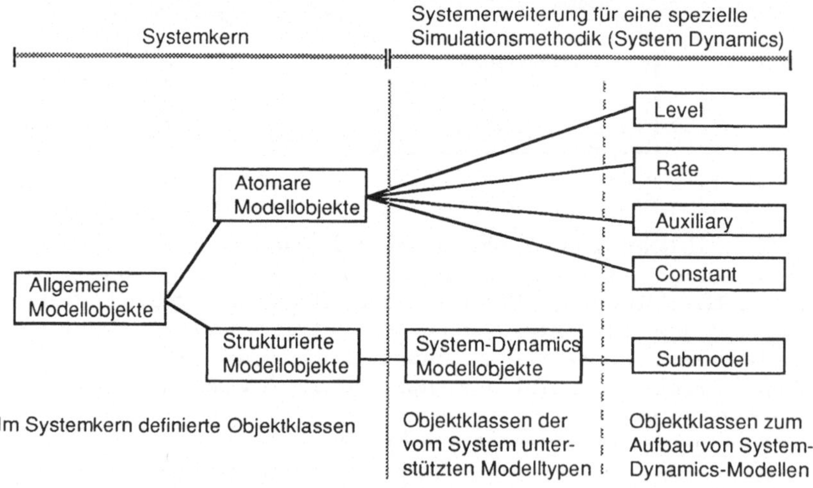

Abb. 2: Objektklassen auf der internen Systemebene (am Beispiel System Dynamics)

Die dargestellte Unterscheidung von *atomaren Modellobjekten* ohne interne Struktur und *strukturierten Modellobjekten*, die eine eigene interne Struktur aufweisen, ist für den Aufbau der Modelle grundlegend (vgl. Abschn. 3.5). Auch für die externe Ebene existiert im Systemkern eine entsprechende Hierarchie von Objektklassen, die für die Darstellung der Modelle in Form von Diagrammen notwendig sind (vgl. Abschn. 3.4). Aus diesen Klassen werden für spezielle Erweiterungen ebenfalls die erforderlichen Klassen abgeleitet. Ein konkretes Modell einer bestimmten Methodik besteht auf der internen und der externen Ebene aus Instanzen der in der Erweiterung definierten Objektklassen. Zwischen den Instanzen der externen und internen Ebene, die jeweils ein Modellobjekt repräsentieren, bestehen Referenzen.

3.3 Konzeptionelle Gestaltung der wissensbasierten Systemebene

Die wissensbasierte Systemebene stellt wissensbasierte Funktionalität bereit, die im Gesamtsystem für unterschiedliche Zwecke genutzt werden kann. Die wissensbasierte Systemebene soll durch die *Integration einer existierenden Expertensystem-Shell* gebildet werden. Diese Integration beruht auf einer Einbettung der Expertensystem-Shell in das Simulationssystem, da diese Konfiguration die größte Flexibilität hinsichtlich der Nutzbarkeit der Shell sicherstellt (vgl. [O'Keefe 86]).
Der Benutzer hat keinen direkten Zugriff auf die Funktionalität der Expertensystem-Shell, ihre Schnittstelle ist für ihn verborgen. Die Funktionalität der Expertensystem-Shell wird durch die anderen Ebenen des Systems (interne und externe Ebene) für den Benutzer gefiltert und auf eine problemorientierte Auswahl eingeschränkt. Damit läßt sich die Bedienungskomplexität, die durch die Integration der Expertensystem-Shell zusätzlich entsteht, sehr stark begrenzen. Außerdem wird aus Sicht des Benutzers eine völlige Integration von konventioneller und wissensbasierter Funktionalität erreicht.

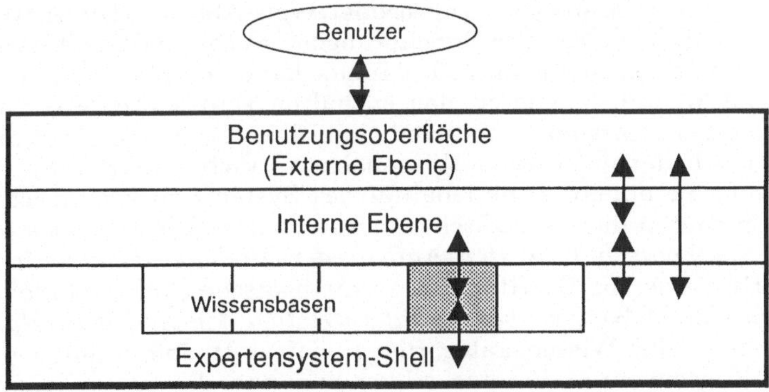

Abb. 3: Integration einer Expertensystem-Shell (aktuelle Wissensbasis hervorgehoben)

Die unterschiedlichen Nutzungsmöglichkeiten der wissensbasierten Ebene werden durch eine entsprechende *Sammlung von Wissensbasen* gewährleistet. Jede der Wissensbasen ist für eine bestimmte Art der Nutzung vorgesehen. Beim Lauf des Systems ist zu jedem Zeitpunkt genau eine Wissensbasis als *aktuelle Wissensbasis* des Systems ausgezeichnet (vgl. Abb. 3). Auf diese aktuelle Wissensbasis beziehen sich alle Aktionen der wissensbasierten Systemebene. Soll ein Wechsel der Nutzung der wissensbasierten Funktiona-

lität erfolgen, muß vom System für einen entsprechenden Wechsel der aktuellen Wissensbasis gesorgt werden.
Bei den Wissensbasen ist die Unterscheidung zwischen den im System vorgegebenen Wissensbasen und den Wissensbasen, die erst bei der Erstellung von Modellen entstehen, hervorzuheben. Jedem Modell ist eine *modellspezifische Wissensbasis* zugeordnet, die die Repräsentation des Modells auf der wissensbasierten Ebene übernimmt. Diese Wissensbasis wird als integraler Bestandteil des Modells betrachtet und ist nur im Kontext des Modells sinnvoll interpretierbar. Bei der Bearbeitung eines Modells wird dessen Wissensbasis immer als aktuelle Wissensbasis gesetzt.
In einer modellspezifischen Wissensbasis ist allgemeines (d.h. methoden- und modellübergreifendes) Wissen, methodenspezifisches Wissen und modellspezifisches Wissen zusammengefaßt. Das allgemeine Wissen umfaßt alle Angaben, die als generelle Eigenschaften des Systems bzw. der Modelle Geltung besitzen sollen (z.B. die eindeutige Benennung der Modellkomponenten). Das methodenspezifische Wissen betrifft die Simulationsmethodik, der das jeweilige Modell zuzuordnen ist. Das modellspezifische Wissen umfaßt die folgenden Punkte:

- Repräsentation der Modellstruktur in Form von Aussagen
- Zusätzliche Aussagen zu einzelnen Modellkomponenten und zum Modell insgesamt
- Regeln zur Beschreibung von Modellverhalten
- Regeln zur Überprüfung der inhaltlichen Konsistenz des Modells und seines Verhaltens
- Aussagen zum aktuellen Zustand/Verhalten des Modells

Der Objektklasse der strukturierten Modellobjekte ist eine Wissensbasis zugeordnet, die ausschließlich das allgemeine Wissen enthält. Den methodischen Modellklassen der Systemerweiterung ist jeweils das zugehörige methodische Wissen in einer Wissensbasis zugeordnet (vgl. Abb. 4). Die methodischen Wissensbasen sind ein Teil der Erweiterungen des Systems zur Unterstützung spezieller Simulationsmethodiken. Ihr Inhalt kann von Methodik zu Methodik stark variieren, wobei generell das enthalten sein sollte, was zur Unterstützung des Benutzers notwendig und sinnvoll erscheint. Im Extremfall kann auf eine methodenspezifische Wissensbasis auch vollständig verzichtet werden, ohne die andere Funktionalität des Systems zu beeinträchtigen. Im allgemeinen sollten die methodischen Wissensbasen jedoch *Wissen enthalten, das einen methodisch korrekten Aufbau der Modelle sicherstellt* und dem Benutzer Hinweise zur Beseitigung von methodischen Inkorrektheiten geben kann. Dazu kommt *Wissen über die Interpretation der Modellstruktur.*
Die Integration der Wissenskategorien findet statt, indem die separat vorliegenden Wissensbasen für das allgemeine und das methodenspezifische Wissen akkumulativ in die zunächst leere Wissensbasis eines Modells geladen werden. Diese enthält somit vor Beginn der Modellerstellung ausschließlich das allgemeine und das methodenspezifische Wissen. Dieser Inhalt wird im Verlauf der Modellerstellung inkrementell durch modellspezifisches Wissen ergänzt (z.B. durch Aussagen zu den Modellkomponenten).

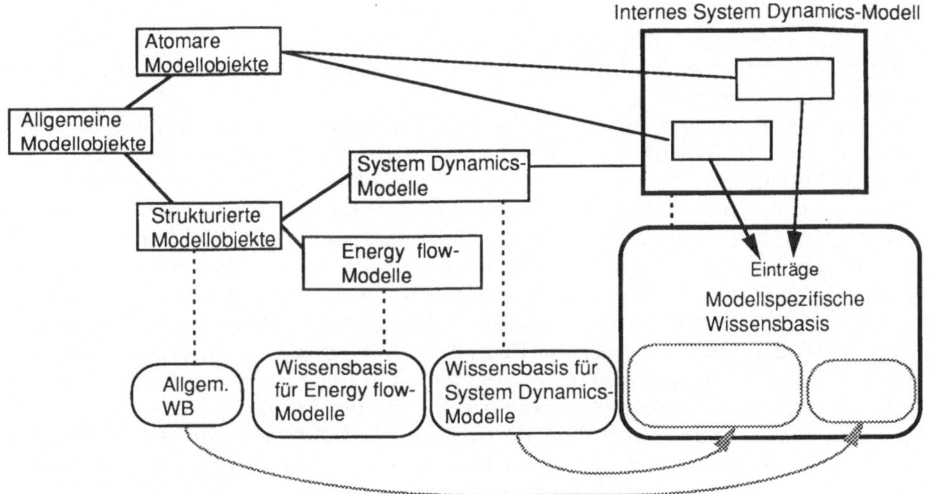

Abb. 4: Integration der Wissensbasen in der modellspezifschen Wissensbasis

Die Integration der verschiedenen Kategorien von Wissen in einer modellspezifischen Wissensbasis stellt sicher, daß innerhalb des Wissensbestands Inkonsistenzen erkannt und vermieden werden können. Die Verlagerung von Funktionalität, die einen wesentlichen Teil des Unterstützungskomforts des Systems ausmacht, in die Wissensbasen erlaubt eine Verbindung von Unterstützungskomfort und Flexibilität. Durch einen einfachen Austausch der aktuell benutzten Wissensbasis kann das System von der Unterstützung einer Methodik zur Unterstützung einer anderen umgeschaltet werden, ohne daß hierfür sonstige Veränderungen notwendig wären.

3.4 Graphische Modellierung

Das konzipierte Simulationssystem soll eine graphische Modellierung unterstützen. Die graphische Modellierung beinhaltet im wesentlichen die Erstellung eines *Modelldiagramms*, das die Elemente des Modells, Objekte und deren Verbindungen, in graphischer Weise repräsentiert. Die graphische Modellierung erlaubt aufgrund der damit verbundenen Anschaulichkeit eine relativ einfache, auch für DV-Laien zu bewältigende Modellerstellung. Für die Erstellung und Bearbeitung des Modelldiagramms gehört zu jedem Modell ein Bildschirmfenster, in dem das Diagramm in seinem aktuellen Zustand dargestellt wird und bearbeitet werden kann.
Die Funktionen, die vom System für die graphische Modellierung angeboten werden müssen, entsprechen teilweise denen eines Standard-Graphikprogramms, müssen in ihrer Leistungsfähigkeit jedoch über diese hinausgehen, um den vollen Komfort der graphischen Modellierung zu gewährleisten (z.B. das automatische Nachführen von Linienverbindungen beim Verschieben von Symbolen). Bei der Funktionalität, die zur Manipulation des Diagramms zur Verfügung steht, wird weitgehend das *Prinzip der direkten Manipulation* zugrundegelegt. Die Elementtypen, die in einem Modelldiagramm einer

bestimmten Methodik auftreten können, sind in der jeweiligen Systemerweiterung für die externe Ebene festgelegt. Sie werden in einem Menüfeld im Diagrammfenster angeboten, in dem der Benutzer die einzufügenden Diagrammelemente auswählen kann.
Für die Bearbeitung von existierenden Diagrammen stehen eine Reihe von Funktionen zur Verfügung, die im wesentlichen die Gestaltung des Diagramms betreffen (z.B. Verschieben von Symbolen, Einfügen von Eckpunkten in Verbindungslinien etc.). Jedem Diagrammsymbol kann zur Anpassung an eine bestimmte Problemstellung eine *benutzerdefinierte Symbolform* zugeordnet werden, ohne daß sich die methodische Rolle des Symbols verändert. Um die Transparenz der Diagrammdarstellung weiter zu erhöhen, sind eine Reihe von Funktionen vorgesehen, die lediglich die Anzeige betreffen, die Inhalte aber unverändert lassen. Eine Beispiel ist das *temporäre selektive Ausblenden von Diagrammelementen*, mit dem die Anzeige auf aktuell interessierende Diagrammelemente beschränkt werden kann.
Das Diagramm bietet auch *Zugriff auf die Modellinhalte*, die sich nicht mit graphischen Mitteln repräsentieren lassen. Von jedem Symbol im Diagramm können diese zusätzlichen Inhalte angezeigt werden. Für Modellobjekte ohne eigene Struktur (atomare Modellobjekte) erfolgt dies in einer Dialogbox, die die spezifischen Inhalte der jeweiligen Modellgröße angibt. Für Modellobjekte mit eigener interner Modellstruktur (Teilmodelle) wird diese in einem neu geöffneten Diagrammfenster für das Teilmodell angezeigt. Bei beiden Arten von Modellobjekten kann dann eine Modifikation der Inhalte erfolgen.
Bei der Erstellung und Bearbeitung des Modelldiagramms auf der externen Ebene durch den Benutzer wird auch die Repräsentation der Modells auf der internen und wissensbasierten Ebene verändert. Auf diesen Ebenen wird parallel eine Repräsentation des Modells aufgebaut, die die Aspekte des Modells wiedergibt, die auf der jeweiligen Ebene des Modells relevant sind. Auf der internen Ebene handelt es sich um Instanzen, welche die Modellstruktur befreit von allen Darstellungsaspekten und die nicht-graphischen Modellinhalte wiedergeben. Auf der wissensbasierten Ebene finden Eintragungen in die modellspezifische Wissensbasis statt, die die Aktivitäten des Benutzers auf der externen Ebene widerspiegeln. Da die Wissensbasis eines Modells jeweils das gesamte methodische Regelwerk, wie es in der Systemerweiterung festgelegt wurde, und die bereits existierende Modellstruktur enthält, kann jede Eintragung sofort auf ihre Konsistenz mit den bisherigen Inhalten geprüft werden. So führt eine neue Eintragung zum Feuern der entsprechenden Prüfregeln. Wird eine Inkonsistenz abgeleitet, war die Aktion des Benutzers auf der externen Ebene nicht zulässig. Dies wird ihm in Form einer Fehlermeldung mitgeteilt. Auf diese Weise können dem Benutzer zahlreiche Hinweise gegeben werden, um ein methodisch korrektes Modell aufzubauen. Da ein Modell im Zuge seiner Erstellung nicht immer insgesamt in einem methodisch korrekten Zustand sein kann, wird begleitend zur Modellerstellung nur ein Teil des methodischen Regelwerks geprüft, um die Modellerstellung nicht zu sehr zu behindern. Eine umfassende Prüfung des fertiggestellten Modells, die alle Regeln einbezieht, muß vom Benutzer explizit aufgerufen werden.

3.5 Modulare Modellerstellung

In jedem Modell können auch Komponenten eingesetzt werden, die intern eine eigene Modellstruktur aufweisen und *Submodelle* darstellen. Die Modell-

struktur der Submodelle bleibt auf der Ebene des übergeordneten Modells verborgen, sie kann jedoch angezeigt werden, wenn auf die Inhalte der Modellkomponente in der oben beschriebenen Weise zugegriffen wird. Da in einem Submodell wiederum Submodelle enthalten sein können, ergeben sich in der Modellstruktur *beliebig viele Aggregationsebenen*.
Um die Verbindungen eines Submodells mit den Modellgrößen des übergeordneten Modells herstellen zu können, hat jedes strukturierte Modell eine *Modellschnittstelle*, in der die Beziehungen zwischen dem Modellkern und der Modellumgebung spezifiziert werden können. In dieser Modellschnittstelle sind die Schnittstellengrößen enthalten, die eine Vermittlerrolle zwischen Größen des Modellkerns und den Größen der Modellumgebung spielen.

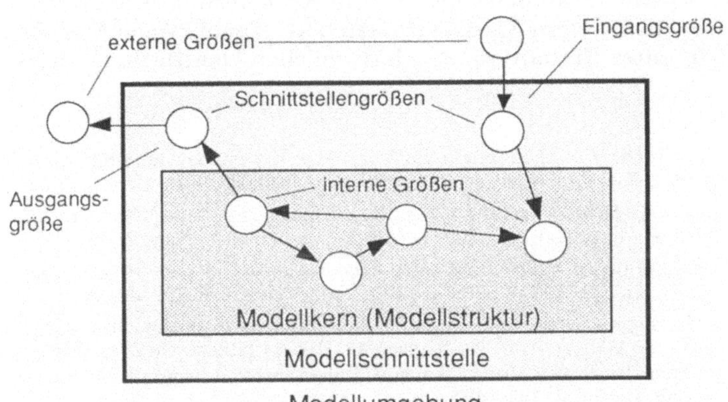

Abb. 5: Abgrenzung von Modellkern, -schnittstelle und -umgebung

Die Verknüpfung eines Teilmodells mit seiner Umgebung kann vollständig mit den Mitteln der graphischen Modellierung erfolgen. Zu diesem Zweck kann die Modellschnittstelle in das Modelldiagramm eingeblendet werden. Bei der Spezifikation der Schnittstellenbeziehungen finden ebenfalls Eintragungen und Prüfungen auf der wissensbasierten Ebene statt, so daß perspektivisch die Möglichkeit besteht, in den Wissensbasen Regeln zur Verknüpfung von methodisch heterogenen Modellen zu formulieren.
Die Inhalte von Submodellen müssen nicht zwangsläufig neu erzeugt werden, sondern es können auch bereits existierende Modelle als Komponenten eingebunden werden. Dies wird möglich, weil jedes Modell, das im Modellbestand des Systems existiert, sowohl als eigenständiges Modell als auch als Komponente (Submodell) in beliebig vielen anderen Modellen eingesetzt werden. Damit kann ein Modell beliebig viele Umgebungen besitzen, von denen jeweils eine aktuell gesetzt ist. Wird die Umgebung umgesetzt, müssen auch die Beziehungen zwischen Schnittstellengrößen und externen Größen angepaßt werden. Wenn ein Modell als eigenständiges Modell eingesetzt wird, werden seine Außenbeziehungen von der experimentellen Umgegung abgedeckt.

4 Prototypische Realisierung des Simulationssystems

Die beschriebene Konzeption ist bereits in wesentlichen Teilen prototypisch realisiert worden. Die Realisierung ist geeignet die Flexibilität des Systems und die Leistungsfähigkeit der wissensbasierten Ansätze zu demonstrieren. So wurden neben dem Systemkern drei Systemerweiterungen realisiert, um die Erweiterbarkeit des Systems nachzuweisen. Eine Erweiterung umfaßt die System-Dynamics-Methodik, eine die Energy-flow-Methodik nach Odum, bei der dritten handelt es sich um eine von System-Dynamics abgeleitete Methodik. Die Wissensbasis zur Unterstützung der System Dynamics-Methodik umfaßt beispielsweise ca. 35 Aussagen und 130 Regeln. Darüber hinaus wurde eine Wissensbasis zur inhaltlichen Klassifikation und Auswahl von Modellen im Modellbestand realisiert. Die Realisierung des Systems wird derzeit weiter fortgesetzt. Die Arbeiten zur Umsetzung der Experimentkomponente sind bereits aufgenommen, so daß die Modelle derzeit für einfache Simulationsexperimente genutzt werden können. Die Realisierung erfolgte mit der Programmiersprache Allegro Common Lisp auf einem Macintosh-Rechner der Firma Apple unter Einhaltung der dort üblichen Oberflächengestaltung.

Literatur

Bossel, H. et al. (1989): Zwischenbericht zur Vorstudie: Expertensystemprototyp im Umweltbereich (ESPU). Forschungsgruppe Umweltsystemanalyse, Gesamthochschule Kassel

DIN Deutsches Institut für Normung e.V. (1988): Bildschirmarbeitsplätze. Grundsätze ergonomischer Dialoggestaltung. DIN 66 234 Teil 8, Beuth Verlag, Berlin

Fähnrich, K.-P., Ziegler, J. (1987): Software-Ergonomie: Stand und Entwicklung. In: Fähnrich, K.-P. (Hrsg.) (1987): Software-Ergonomie. Oldenbourg , München, S. 9 - 28

Fischlin, A. (1991): Interactive Modeling and Simulation of Environmental Systems on Workstations. In: Möller, D. P. F., Richter, O. (Hrsg.) (1991): Analyse dynamischer Systeme in Medizin, Biologie und Ökologie. Proceedings, Informatik-Fachberichte 275, Springer-Verlag, Berlin, S. 131 - 145

Fischlin, A., Ulrich, M. (1987): Interaktive Simulation schlechtdefinierter Systeme auf modernen Arbeitsplatzrechnern - die Modula-2 Simulationssoftware ModelWorks. In: Treffen des GI/ASIM-Arbeitskreises "Simulation in Biologie und Medizin", Proceedings, Vieweg, Braunschweig, S. 1 - 8

Häuslein, A. (1989): Wissensbasierte Ansätze zur Unterstützung der Modellbildung und Simulation im Umweltbereich. In: Jaeschke, A. et al. (Hrsg.) (1989): Informatik im Umweltschutz. 4. Symp., Proceedings, Informatik-Fachberichte Bd. 228, Springer-Verlag, Berlin, S. 358 - 367

Häuslein, A. (1992): Wissensbasierte Unterstützung der Modellbildung und Simulation im Umweltbereich, Konzeption und prototypische Realisierung eines Simulationssystems. Eingereicht als Dissertation am Fachbereich Informatik, Universität Hamburg

Häuslein, A., Page, B. (1988): Anforderungen an interaktive Simulationssysteme für die Umweltanalyse. In: Jaeschke, A., Page, B. (Hrsg.) (1988): Informatikanwendungen im Umweltbereich. 2. Symp., Proceedings, Informatik-Fachberichte Bd. 170, Springer-Verlag, Berlin, S. 102 - 115

Hilty, L. M. (1985): Benutzergerechte Modellierungssysteme. Diplomarbeit, Fachbereich Informatik, Universität Hamburg

Kerckhoffs, E. J. H., Vansteenkiste, G. C. (1986): The Impact of Advanced Information Processing on Simulation - An illustrative Review. In: Simulation Vol. 46, No. 1, Jan. 1986, S. 17 - 26

O'Keefe, R. (1986): Simulation and Expert Systems - A taxonomy and some examples. In: Simulation Vol. 46, No. 1, S. 10 - 16

Page, B. (1988): Informatikkonzepte zur Unterstützung der Modellbildung und Simulation im Umweltbereich. In: GME Gesellschaft für Mikroelektronik (1988): Beitrag der Mikroelektronik zum Umweltschutz. Proc., GME-Fachbericht, vde-Verlag, Berlin, S. 465 - 478

Zeigler, B. P. (1987): Hierarchical, modular discrete-event modelling in an object-oriented environment. In: Simulation Vol. 49, No. 5, S. 219 - 230

The Use of Knowledge-Based Systems in Environmental Sciences: Some Practical Reflections

D. A. Swayne* and D.C.L. Lam**

* *Computing and Information Science / School of Engineering, University of Guelph, Guelph, Ontario, N1G 2W1 Canada.*

***National Water Research Institute, PO Box 5050, 867 Lakeshore Road, Burlington, Ontario, L7R 4A6, Canada.*

ABSTRACT

We outline the issues faced and the problems likely to be encountered in the implementation of comprehensive Environmental Information Systems (EIS). We describe our own efforts in implementing novel EIS components and systems, and research directions we consider promising.

KEYWORDS: Environmental Information Systems, Modelling Systems, Monitoring Systems, Knowledge-Based Systems, Software Engineering.

The Use of Knowledge-Based Systems in Environmental Sciences: Some Practical Reflections

D. A. Swayne* and D.C.L. Lam**

* *Computing and Information Science / School of Engineering, University of Guelph, Guelph, Ontario, N1G 2W1 Canada.*

***National Water Research Institute, PO Box 5050, 867 Lakeshore Road, Burlington, Ontario, L7R 4A6, Canada.*

1. Introduction

The information processing requirements of environmental sciences are varied and rigorous. Vast data collections have been created and assembled. Complex computer models have been constructed, both in air and in water, to identify sources or predict transport and fate of environmental contaminants. The results from, relative merits of, and even the existence of these models are not as widely circulated as might provide the optimum benefits to society. Most impoitantly, the results of inquiry are usually circulated in close-knit communities or described in paper reports, with essentially incomplete (to the outsider) reference to methodologies. Data is sometimes considered proprietary, hence it may be unavailable for other purposes or to other interest groups. There is a massive volume of result of inquiry spawned by environmental assessments, the public agencies' ongoing monitoring and modelling activities, and the academic and research agency scientific discourse. The value which may potentially be added to the ongoing environmental effort from ready availability and access to raw data, process and results Is tremendous. Yet, the so-called *information gridlock* which is a cumulative result of all of the complexity and variety of data sources and interpretations makes this value-adding enterprise a daunting one.

Financial transaction information is far simpler: it has a medium of expression (currency), preparation and disclosure procedures which have been centuries in development, and its contributors exhibit a common will to succeed. Relative to environmental concerns, financial wrongdoing is trivially discoverable, and the means to exact retribution is straightforward. Society has developed tools to safeguard the family Accepted July 1, 1992. fortunes, all the while playing "fast and easy" with the air for breathing and the water for drinking.

Environmental concerns are nowhere as simple to represent quantitatively and to prioritize. The only certainties in all of this is that there is not enough money to answer all concerns and that the scientific community has to avoid unnecessary delay by studying the issue rather than acting. Unfortunately, there is much to study before and during strategic definitive action.

2. Problems and the Need for Information

Individuals relate most readily to problems which affect them directly. Drinking water quality and quantity is affected adversely by population pressure, and industrial and agricultural activity. Positive action, usually in the form of alternative water supply, is the traditional remedy. This "solution" merely postpones the problem resolution, as though a longer pipeline successfully avoids the eventual need to protect and treat the local supply of water.

Problems of larger scale, such as the effect of industrial or municipal effluent or the need for landfill are typically not viewed with the same alarm. In fact a negative outcome is the most likely. Loss of employment is met with stiff opposition. Taxes on extra garbage or tires result in dumping along the roadside.

Studies which are required to examine the impact of a particular enterprise (land development or industrial) are not likely, even in the best of circumstances, to provide information on all of the impact in future time or downstream or downwind of a locale. Long term monitoring of the consequences of such activity requires the implementation of information systems for which adequate technologies exist, but which are not yet developed.

Effects of pollution on biota are studied extensively by scientists. Somehow, the effects of the environment on spotted owls or stickleback, or gulls or snapping turtles seem remote to the average person (and by extension to the average legislator).

Special environmental action is often initiated by adversarial scenarios, as when action against drift-netting is accomplished by strong physical interference. When strong justification is presented to the public, the outcomes are often surprisingly positive. The so-called "squeaking wheel" is not necessarily the most important environmental issue, though, and the general public may "tune out" to more prosaic but equally important problems.

To generalize, perhaps too broadly, we assert the following. The information overload, imbalance in impact, unavailability of key bits, and newness of the requirements all contribute to a compelling need for an environmental information systems on a broad scale. Such information systems exist, but a research effort to improve quality, universality, and availability is an important and worthwhile enterprise.

3. The Role of Information Processing

Information must be available to be useful. Knowledge of its existence is usually the issue. The same data may be repeatedly sampled. Data sampling techniques may change from time to time. Detection limits change as does scientific perception about the effects of some pollutants. New combinations and concentrations are often found to have different cumulative or combined effects. Information systems must ideally contain the best available knowledge. They must demonstratively present supporting evidence for scientific theory about the effects of particular pollutants. They must present this evidence with an accurate reflection of the uncertainty with which they support the conclusions. As new conjectures are verified or problems identified, the knowledge base must be updated. This updated understanding must be disseminated in a timely and reliable fashion.

Statistical techniques can reflect the uncertainty in observation and possibly even in the current outcomes of exposure to environmental risk.

Modelling and simulation techniques can provide detailed answers about past and future environmental conditions. These models are concerned with origins, transport and fate of contaminants in the environment. They have attendant uncertainties which are often extreme and difficult to quantify. As with any simulation scenario, they postulate a certain process dynamic. Estimates of inputs (often statistical) are required, and the outputs are presented as fact, which must be corroborated with as much supporting evidence as possible. The input data may be poorly distributed in space and time, and may contain or mask other effects which are not part of the postulated model. These data often are sampled over periods which are only a small fraction of the total life cycle of the effects being modelled (as with acid rain, global climate change or ozone depletion).

Other considerations may affect the success of the modelling enterprise. The transition from the simplistic to the accurate may be unbridgeable. Arguably, a chemical which could only be produced by human enterprise found in the Arctic had to be delivered through the medium of atmospheric circulation. Precision in describing the mechanism of delivery and the uptake of this chemical into the biota requires continued refinement in global climate modelling.

We would summarize by asserting that information systems have the potential to increase the utility and scope of environmental knowledge. Information systems must add value to existing data. To be useful, a new information system paradigm must shed new light on current problems.

Environmental information processing was once the domain of the FORTRAN enthusiast. Large volumes of code, for everything from storm water runoff to global climate change have been written, with attendant user guides and manuals, and with precise instruction for data preparation. Applicability considerations for these codes often require long learning cycles. Alternatively their use may be compromised or negated by inexpert handling. Increasingly, commercial spreadsheet and database software products which were originally developed for financial analysis are co-opted for environmental information processing. Program development cycles are short to nonexistent. presentation tools are readily available with little or no programming skill required. Some rigour is possible in information extraction. Calculations, however laborious, are visible to the reader of the spreadsheet, increasing the confidence in the implementation.

The geographical information systems (GIS) community has expanded beyond mere computer cartography. Together with satellite image analysis, GIS information processing permits large-scale assessment of the environment in a manner hitherto impossible. The success of GIS in predicting future scenarios remains to be seen, but for presentation and spatial analysis GIS is without peer.

So-called expert systems have proliferated in the environmental domain. From humble beginnings as examples of artificial intelligence by-product and then a separate study within that sub-discipline, they have become a major force in such diverse areas as: hazardous waste remediation advisors, well-water assessors, silviculture advisors, forest fire (burn versus fight) advisors, assistants in running the large FORTRAN models such as SWMM4 for stormwater management, reservoir advisors, and so on. In fact a new environmental use was probably instituted as this article was being written!

4. Expert Systems for Model-Building

The issues of model identification, data noise, and uneven distribution and depth of knowledge challenge environmental model builders. Phenomenological explanations of sources, transport and fate of environmental contaminants may be ambiguously represented in observation. They are, however, likely to be reasonably developed for localities (provided the localities are sufficiently small and/or homogeneous). The value of a contribution of a locality to a larger picture (or, for that matter of a single observation to a local picture) is based on assumptions - both implicit and explicit - concerning background rules for applicability of a process model or models. This detailed knowledge is fragmented and diverse (possibly missing). Yet, it is potentially as important as measured data.

There are two important aspects of model building for which we claim expertise: software engineering and construction, and environmental applications of artificial intelligence and knowledge-based systems. The semantic domains upon which the research is based will be determined by the ongoing priorities of collaborators in the environmental sciences.

RAISON (Regional Analysis by Intelligent Systems ON computer) began as an expert system - driven model for lake acidification in Eastern Canada.(Lam et al. 1992, Lam et al. 1988a, Lam et al. 1988b) A collection of six models consisting of two principal models and three sub-models were instituted to explain differences in behaviours. The main models were required to differentiate between acid lakes and lakes with more alkalinity in their natural state. The sub-model consisted of: 1. unmodified, 2. and 3. modified to explain away significant natural sources of acidity. The expert system controlled the models which back-cast to an original state and forecasting to future states consisting of no change, combined US and Canadian acid emissions reduction and Canada-only reduction. Added value, beside the combination of models, was attained by ongoing refinement and by the ability to set hypothetical critical loadings which would leave an acceptable environment.

Shortly thereafter the original RAISON team undertook to develop an information system to support the coliphage water quality project of International Development Research Centre in Malaysia. A team from University of Malaya implemented a test system. Independently the RAISON group, working with one of the principals of University of Malaya's team, developed an expert system for assessing the quality of water supplies, and the interrelationship with sanitary toilet facilities. (Swayne et al. 1992).

The next major project involved incorporation of classical models into an expert system for model selection for acid mine drainage (Wong et al. 1991). The expert system elicits conditional responses to a succession of models of increasing complexity, and assists in supplying data such as model precipitation histories. Various display and analysis options are made available.

This later project led to an interest on the part of the Ontario Ministry of the Environment to develop a diagnostic system for well water in Ontario. Using expertise from Environment Ontario we developed and implemented a knowledge base consisting of several hundred rules, covering the typical pollution in the wells in Ontario, central Canada. To further the objective of assessing water quality and quantity, we are expanding upon the work of others in advisors for remediation of hazardous waste sites and for water quality assessment.

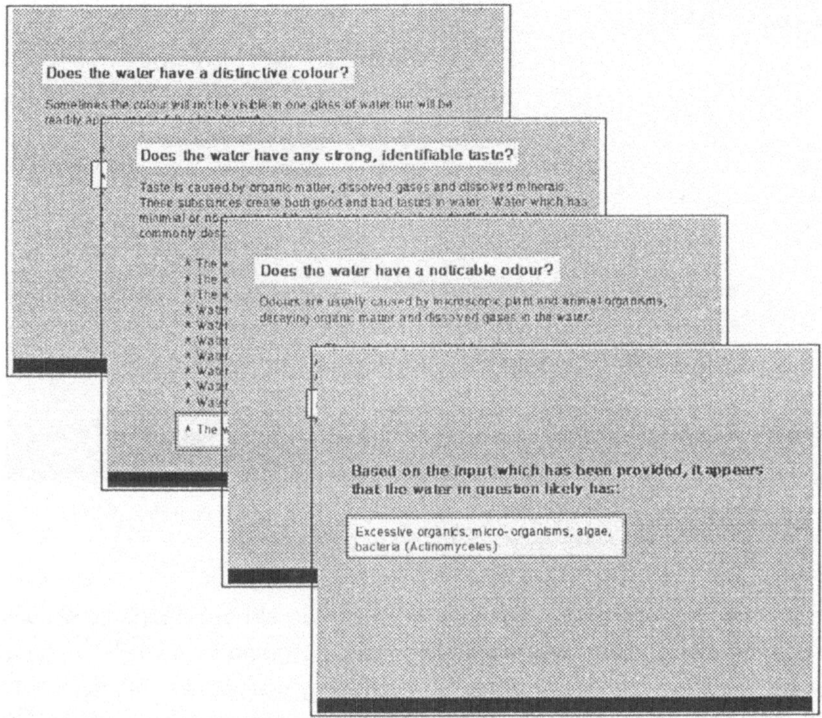

.FIGURE 1: DRINKING WATER EXPERT SYSTEM DIALOGUE

The well water collaboration has also led to the development of tools for mapping well data (bedrock, static pressure and other well data) to assess the state of

Ontario's water supply. When a diagnostic query is made, the well records (owner, past testing, geomorphological and hydrological records) are brought up for the operator to gain deep knowledge to augment the more generic information available from the rule base.

FIGURE 2: MAP VIEW OF DATABASE.

In another implementation, we have opted for an old and simplistic simulation device to describe another environmental event. Lagrangian particle simulation, whereby the flow of a waste water plume is modelled by a small, discrete point set in a flow field, has been used on a trial basis in two significant plumes in Lake Ontario (Wong et. al 1992, Wong et al. 1989). This simulation has then provided grist for a new project to increase the utility of trajectory modelling in the atmosphere, following coherent air masses in forward or backward time and to build into the simulation a window of uncertainty in source and / or fate.

We are building a query indexing subsystem and a workable natural language interface to our environmental information system. This system will be used to build queries into large text collections such as state of environment reports, wastewater and other discharge summaries and certificates, and text descriptions of data collections. This interface is built on the SMART system of Salton (Salton and McGill, 1983). It includes also a natural language parser developed by us. Future work will enhance the role of this early prototype version. It is currently loaded with three document sets. The first is a collection of wastewater discharge summaries. Using the SMART relevancy measures, the system measures the relevancy of each discharge to particular queries. Classes of query are being developed (expert, inexpert, inclusive, exclusive, browse). A second level of inquiry through a natural language to SQL is under development. The natural language layer will provide assistance to an investigator who is not certain of what is being sought or where it is located - much like UNIX man -k or SMART's version of the same.

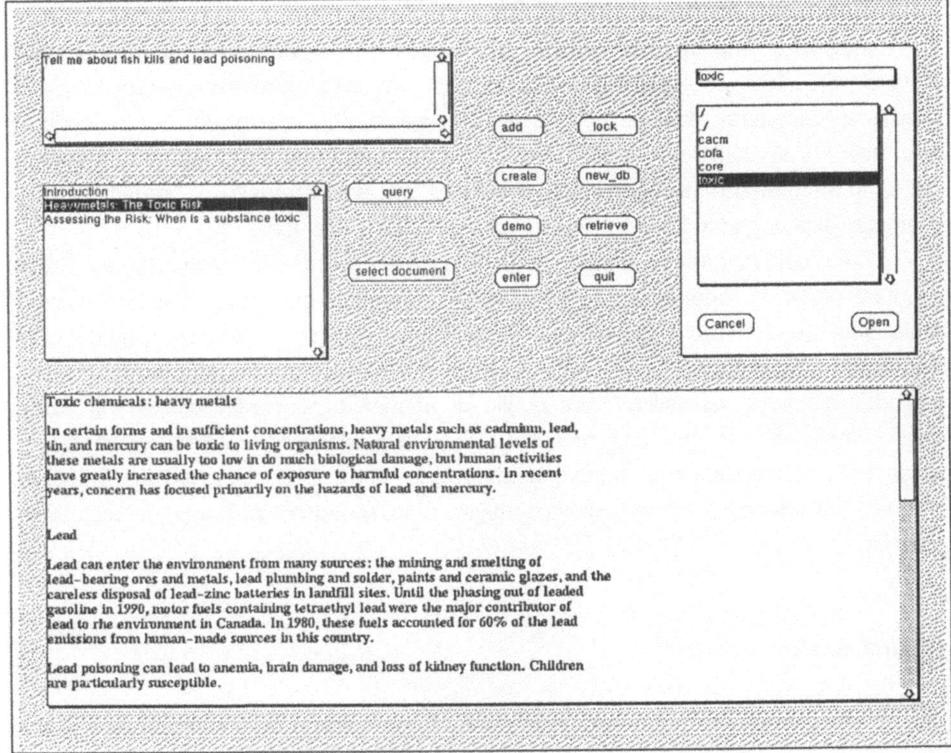

Figure 3. INTERFACE TO TEXT DATABASES

Another project with a high informatics content involved a neural network to replace missing data. Neural networks may mimic the behaviour of natural systems or measurements of this behaviour. There is not, however, much feedback in the way of explanation of underlying hypotheses or mechanisms provided by neural nets. We have attempted to implement a probabilistic version of the acid rain expert system. We have encountered difficulties building useful systems within these inherently more complex paradigms. The applicability of Bayesian inferencing as instantiated through the Hugin system (Andreassen et al. 1991) is hampered by the unevenness of data and the subtleties in the observed data, in the absence of a comprehensive overarching model for the environment.

5. Problems with Data Sources

Map and data sources remain problematic. We have found that many map archival collections are either outdated or corrupt. We have spent many person-days on supposed complete map collections which were either recorded or transcribed incorrectly. It is vitally important to maintain a "forensic" capability within a research group, to understand the most widely circulated GIS and database packages and the characteristics added to their output by incorrect or careless use.

Data populations for chemical or volume measurement have internal noise structure which is dependent on many factors. Chemical analyses differ in detection limits from generation to generation. Studies start and stop abruptly. Spatial data distribution (depending on the length scale of modelling) may be sparse or uneven. Opportunistic data acquisition from public or academic sources requires the same careful study as with the map collections. Datasets which have been "cleaned", or which have incomplete runs contained within them have to be checked for whatever internal consistencies model analysis might require (such as mass or molecular balance).

6. Hardware Environments

The typical environmental agencies or consultant organizations we have encountered have been equipped with MS-DOS microcomputers. Our experience with Macintosh or similar systems is somewhat limited. In many countries there are small hardware initiatives, usually in the PC clone market (Swayne et al. 1992). The various windowed environments are increasingly prevalent. Disk media, printers, plotters, and other peripheral devices are readily available in all but the most spartan settings, so that ongoing testing and support for a software system becomes an increasingly onerous, non-research task. Staying ahead of hardware and software developments has challenged us from the beginning. To reach the platform of next year, we have adopted some standards for programming (C, C++), test platforms (X, Borland C++ Applications Development Toolkit), hardware platforms (Silicon Graphics, IBM RISC System/6000, Sun). We have tried to stay research-oriented (a problem), and small (not a problem) to remain adaptable.

7. The Quest for Standardization

The construction of software systems for environmental modelling requires analysis and design of a collection of components whose interaction and interconnection conform to a set of standards which remain to be established. Much as graphics kernel standards or numerical software standards dictate the shape of their generic software, we propose enumeration and benchmark instantiation of the essential and desirable components for environmental software. These components would cover the data acquisition, representation, storage, retrieval, simulation and visualization aspects of environmental modelling and monitoring systems. An important addition to this collection, which would multiply the usefulness and versatility of the end product is the development of interconnect standards and interconnect software for instantiating individual systems for target applications. Benchmark software to determine suitable prototype standards would provide a marketable technology spin-off from projects.

The role of the software engineering standards research is well-understood in, for example, data communications (layered protocols, standards) and graphics. Environmental software projects have traditionally relied on components from the marketplace, with the understanding of individual research teams substituting for interconnect protocols. Environmental projects also are prone to unevenness in model applicability.

We have assembled a team uniquely suited to the pursuit of this research project. Expertise in the areas representing the physical environmental science is obtained from two of the premier Environment Canada laboratories. Demonstrated capability in the information sciences emanates from these laboratories as well, and is matched by component groups from two of Canada's best research-intensive universities, Waterloo and Guelph.

The role of artificial intelligence in this enterprise is to act as the matrix binding the various models, which may be incomplete and/or overlapping. This role is distinct from the that of statistical analysis. It encourages qualitative assessment from environmental experts. It requires a "correctness" and robustness of knowledge representation to satisfactorily express causal relationships, even under changes in inputs which are not measurable before the fact (possibly when the process is irreversible and the outcome regrettable). It seeks to define a plausible outcome where possible, even in the absence of sufficient data for complete affirmation or negation.

The interconnection process involves several layers of protocol whose exact nature will form part of the proposed research. At or near the top are two layers about which we are most concerned. One is a syntactical layer, defining the rules for combination of system components or objects. The other is conceptually a semantic layer, which would likely be developed as a sort of "expert system" shell along the lines of the investigations of the RAISON group at National Water Research Institute / University of Guelph.

Current software construction is still the domain of experienced programmers. End users must be given opportunity to build systems from components, using graphical tools, to support the data flow and model building from input to finished presentation.

8. Summary and Conclusions

We have given an overview of some seven years effort involving multiple agencies and many individuals. As objects of lasting value accumulate in our information system we are better capable than before to attack new modelling or evaluation problems. We are one of several groups participating in this effort, and we would be presumptuous in the extreme to claim that one (or one hundred) information systems projects could make a significant dent in our environmental problems. The RAISON group has, nonetheless, attracted attention by working in a number of seemingly disjoint application domains, and has abstracted from them a growing toolkit of methods and procedures which have common value for environmental monitoring and assessment. We have observed the development of a research paradigm, in which we are participants, which is problem- or goal-centred rather than discipline-centred. We see the proliferation of research to develop the "environmental workbench" containing the tools of analysis and design for information systems which enhance the environmental objective. Referring to the earlier assertions, we observe as this goal-centred research develops, continued enhancements and evaluations of the various possible contributions to the "environmental engine". The techniques we are investigating are expected to increase the power of environmental modelling, and hence degree to which results of modelling decisions are accepted. We will, through this research project contribute to the understanding of the construction of difficult, intricate and unique systems with highly complex interactions.

9. Acknowledgments

The authors are thankful for the contributions to RAISON applications made by J. Storey, J.P. Kerby, I. Wong, A. Storey, D.Kay, W.G. Booty, and many others too numerous to mention. Research supported in part by Industry, Science and Technology, Canada (Artificial Intelligence Research and Development Fund), Natural Sciences and Engineering Research Council, International Development Research Centre, and the Municipal and Industrial Strategy for Abatement Program of the Ontario Ministry of the Environment.

10.References

Steen Andreassen, Finn V. Jensen and Christian Olesen, 1991. *Medical Expert Systems based on Causal Probabilistic Networks.* Aalborg University Technical Report. R91-6.

D.C.L.Lam, D.A.Swayne, I.Wong, and John Storey, 1992. A Knowledge-based Approach to Regional Acidification Modelling. Accepted May 1991, *J. Environmental Monitoring and Assessment.* 15pp.

D.C.L. Lam, D.A. Swayne, John Storey and A.S. Fraser. 1989. Regional Acidification Models Using the Expert System Approach. *J. Ecological Modelling* 47(1989):131-152.

D.C.L. Lam, D.A. Swayne, John Storey, A.S. Fraser, and I. Wong, Regional Analysis of Watershed Acidification Using the Expert Systems Approach. *J. Environmental Software,* 3(3) 1988: 127-134.

M. Salton and M.J. McGill. 1983. *Introduction to Modern Information Retrieval.* McGraw-Hill.

D.A.Swayne, D.C.L. Lam, A.S. Fraser, E.D. Ongley. 1992. RAISON - Information Systems for Managing Water Resources Models and Data. *International Journal Of Water Resource Development.* Volume 8 Number 3 pp.166-172. September 1992.

D.A. Swayne, C.W. Wang, John Storey, D.C.L. Lam and Jane Kerby, 1992 An Expert

System for Assessing the Safety and Security of Heterogeneous Public Water Sources. Accepted May 1991 *J. Environmental Monitoring and Assessment.*
D.A.Swayne and D.C.L. Lam, A.S. Fraser, John Storey. 1992. Chemical Environmental Models Using Data of Uncertain Quality, Inter. *J. Man-Machine Studies* (1992) 36 pp.327-336.
I.Wong, D.A. Swayne, D.C.L. Lam. 1992. A Tight Package Wrapping for Planar Point-Sets. To appear, *Computers and Graphics* 16(3) 1992.
I. Wong, D.C. Lam, G. Bowen, R. McCrimmon and D.A. Swayne, 1991. A User Friendly Knowledge Based System for Modelling Mining Effluent. *International Journal for Modelling and Simulation* 14pp. (Accepted).
I. Wong, D.A. Swayne, C.R. Murthy and D. Lam. 1989. Fast Graphical Simulations of Spills and Plumes for Application to the Great Lakes. *Ecol. Model.* 47(1989): 161-173.

Expert System Development for Auto Oxidizable Compounds

Maria L. Wagner

University of Illinois, Urbana, IL 61801, USA

Abstract. Determining risk in hazardous waste management has become one of the highest priorities in this burgeoning field. Although there are many inherent problems in chemical handling, the more insidious dangers involve reactions which occur as a result of aging, such as auto oxidation. Many organic compounds with secondary and tertiary carbon structures or double bonds are vulnerable to peroxide formation and subsequent thermal decomposition under conditions of shock or elevated temperature. An expert system, DIRECTOR, has been developed to make risk management decisions about these compounds based upon chemical file information and information about individual containers. The development of such systems is very important in order to help transporters, technicians, and others who do not have a chemistry background make good decisions about handling these materials.

1 Risk Assessment and Hazardous Waste Management

There are several documented cases of explosion occurring as the result of handling peroxidizable compounds. Many of these incidents involved isopropyl ether, a common laboratory solvent with an aliphatic structure vulnerable to peroxide formation. In one case [1], a professor was attempting to open a container. While struggling with the cap, he held the bottle against his stomach. The bottle exploded, sending glass fragments into his abdomen and he died from internal injuries.

$$CH_3\underset{\displaystyle CH_3}{\underset{|}{C}}H-O-\underset{\displaystyle CH_3}{\underset{|}{C}}HCH_3 + O_2 \longrightarrow CH_3\overset{\displaystyle OOH}{\overset{|}{\underset{\displaystyle CH_3}{\underset{|}{C}}}}-O-\underset{\displaystyle CH_3}{\underset{|}{C}}HCH_3$$

Fig. 1. Isopropyl ether auto oxidizes to a hydroperoxide

Peroxides have a relatively low bond dissociation energy of between 20 and 50 kcal/mole, depending on the type of peroxides, compared with methane, which has a bond dissociation energy of 104 kcal/mole [2]. Peroxide residues form in the caps of bottles and can decompose due to the energy added to the peroxide crystals upon twisting the cap.

1.1 Quantitative Risk Calculation and Expert System Development

A good risk management philosophy considers causal sequences of conditions and events in order to determine the risks and benefits of certain actions [3]. In the case of hazardous waste management, the risks are generally to life and property and the benefits are largely monetary savings in disposal costs. In order to keep disposal costs down, acceptable risk must be determined and maintained. However, in order to use conventional statistical inference techniques to analyze health and safety issues, proper data analysis regarding these incidents must be accomplished. Every accident involves many variables and possible interpretations, however, the most important parameters can be determined and probability distributions for the possibility of accidents can be made *a priori* based upon them.

Expert system development for risk management takes a quantitative approach which is hidden to the user based upon chemical file information and user input. DIRECTOR is an expert system which assesses the probability that a peroxidizable compound will explode. Quantitative approaches to incident analysis use parameters such as accident precursor frequency, injury frequency, or societal risk to make determinations of risk. In the case of chemical risk management, one possible approach to accident likelihood is Bayesian analysis, which gives a probability distribution for both precursor frequency and the conditional probability of an accident given a precursor [4].

$$\phi = \sum_{n=1}^{N} \lambda_n P_n, \tag{1}$$

where ϕ is the frequency of the accident in question, λ is the frequency of the relevant accident precursor, P is the conditional probability of an accident given a precursor, and N is the number of precursors being considered. Increases in the precursor frequency produce a decline in the conditional probability, since an accident does not happen each time the precursor occurs. For example, each time the container of shock sensitive materials is moved, the likelihood of explosion is less. This type of analysis is useful to us after the chemical reaction is understood.

For the purposes of a chemical reaction, using a parameter based upon time dependent change gives us a method of showing increased (or decreased) risk as the compound reacts over time. With auto oxidation, the half life for peroxide formation by a compound is the most important parameter for accident prediction. The total change in peroxide amount within the container is a continuous curve defined by the half life formula for a first order reaction [5].

$$\frac{1}{2} = e^{-t_{\frac{1}{2}}/k} \tag{2}$$

$$t_{\frac{1}{2}} = \frac{0.693}{k} \tag{3}$$

where $t_{\frac{1}{2}}$ is the half life of peroxide formation and k is the reaction rate constant, determined experimentally. There is some experimental documentation of these half lives, many of them are complex reactions with many metastable intermediate states. A half life estimate can be made for room temperature reactions and this half life is part of the chemical file information for the expert system. The other half of this precursor is the age of the bottle, which is usually indeterminate. By talking to laboratory personnel where the bottle is found and by looking at the bottle style, an age range can be estimated. This piece of information is requested by DIRECTOR when it is asking the user for input. The amount of liquid organic solvent remaining after auto oxidation, evaporation, and use by the laboratory personnel gives us another parameter to consider.

Visible solids in the bottle are generally peroxides, unless the bottles have become contaminated with something else. Although the solids are very dangerous when completely dry, such as around a cap rim or in an evaporated bottle, they are less hazardous when some moisture is present. The probability distribution for explosion is continuous and concentrated at the upper end of age and dryness.

These probability distributions are used, in turn, to create an objective environment in which our expert system can make decisions. A chemist can make intuitive decisions based upon the same parameters, but the more objective knowledge-based system allows for less risk taking. Statistical standards exist which create a system in which risk taking is as low as reasonably possible. After combining the independent parameters that make up the probability distribution for peroxidizable compounds, DIRECTOR can advise the technicians on how to handle the materials.

1.2 The Chemistry of Peroxides

An organic peroxide is of the form ROOR′, where R and R′ are organic radicals. Hydroperoxides are of the form ROOH [6]. Peroxidation occurs when organic molecules oxidize after exposure to air and is accomplished in mild conditions, such as room temperature. Peroxides form as follows [6]:

Initiation:

$RH \longrightarrow R^* + H^*$

Propagation:

$R^* + O_2 \longrightarrow ROO^*$
$ROO^* + RH \longrightarrow ROOH + R^*$

Termination:

$2R^* \longrightarrow RR$
$ROO^* + R^* \longrightarrow ROOR$
$2ROO^* \longrightarrow O_2 + ROOR$

After the peroxides or hydroperoxides are formed, they readily decompose into radicals. This is the first step in thermal decomposition. It is usually initiated by an addition of energy, such as light.

$$ROOR + h\nu \longrightarrow RO^* + RO^* \tag{4}$$

These radicals react with one another, on undecomposed peroxide, or another solvent if part of a mixture. In the case of the isopropyl ether explosion described earlier, the radicals deflagrated, having a ready supply of oxygen to offer. Due to these ease of bond dissociation, these reactions are often used in industry to initiate polymerisation reactions.

At this step in the reaction,

$$ROO^* + RH \longrightarrow ROOH + R^* \tag{5}$$

it is possible to add a substance which will interrupt the chain reaction by addition or donation on the RO_2^* radical. Often, quinoline is added to diethyl ether to accomplish this and the nitrogen atom acts as a donor to the RO_2^* radical.

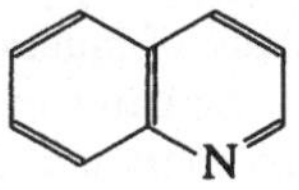

N

Fig. 2. Quinoline

If iron is a component of the metal container, it acts as an anti-oxidant [6]:

$$RO\cdot \; + \; Fe^{2+} \; \longrightarrow \; Fe^{3+} \; + \; RO^- \qquad (6)$$

Older bottles of peroxidizable compounds do not have these additives because these are safety measures taken only relatively recently. When waste technicians handle most containers, they must assume that these inhibitors have not been added unless otherwise marked on the containers.

Before a container of peroxidizable material is opened, it obviously cannot oxidize, but previously opened containers are vulnerable to barometric changes in pressure that allow oxygen to enter. Two processes occur-some evaporation of the organic liquid and auto oxidation of the remainder. Through auto oxidation, without an inhibitor, a chain reaction mechanism of auto oxidation occurs. The evaporation of liquid makes a difficult problem even worse. These are self-reinforcing procedures because as the liquid evaporates, the crystals that form become more hazardous.

If it is decided that a bottle could be opened, it is wise to soak the cap in a for a few days in a miscible liquid for the particular peroxide. Any peroxides that are dry in the cap can then be dissolved and the bottle safely opened. A determination of the amount of peroxide present upon opening can be made by testing with potassium iodide. The peroxide will oxidize the potassium to a hydroxide compound and the color of the solution will turn the characteristic brown-purple of the iodine [1].

$$ROOR \; + \; 2KI \; + \; H_2O \; \longrightarrow \; ROR \; + \; 2KOH \; + \; I_2 \qquad (7)$$

The depth of the color gives an approximation of the amount of peroxides present in parts per million. Treatment can then proceed. An acidified ferrous sulfate solution can effectively destroy peroxides with stirring at room temperature [1].

$$(CH_3)_3COOH \; + \; Fe^{2+} \; \longrightarrow \; Fe^{3+} \; + \; (CH_3)_3CO\cdot \; + \; OH^- \qquad (8)$$

There are a number of other treatment methods that have been developed, including a potassium iodide-glacial acetic acid mixture, sodium bisulfite, or sodium hydroxide. A column treatment method is also possible using an ion exchange resin [1].

2 The Making of DIRECTOR

After considering what the precursors to peroxide formation are, an expert system, DIRECTOR, was developed which asks for information from the user about the condition of the container. This, in combination with the chemical file information, creates the probability distribution for explosion which determines how the individual bottle of chemical should be handled. DIRECTOR was written in C programming language and contains a chemical file with information about the half life of reaction, bond dissociation energy, solubility and treatment options. A series of functions which ask the user for information are shown below. The user may input the name or formula, followed by other observable information about the condition of the container. All information asked of the user only requires observation. Since these are potentially shock sensitive materials, it is important that the risk be determined before they are disturbed in any way. The answers pertaining to the condition and type of container are useful for making a determination of risk before the risk calculator is activated. Certain answers will stop the program and automatically rate handling by anyone other than trained explosives personnel as too dangerous.

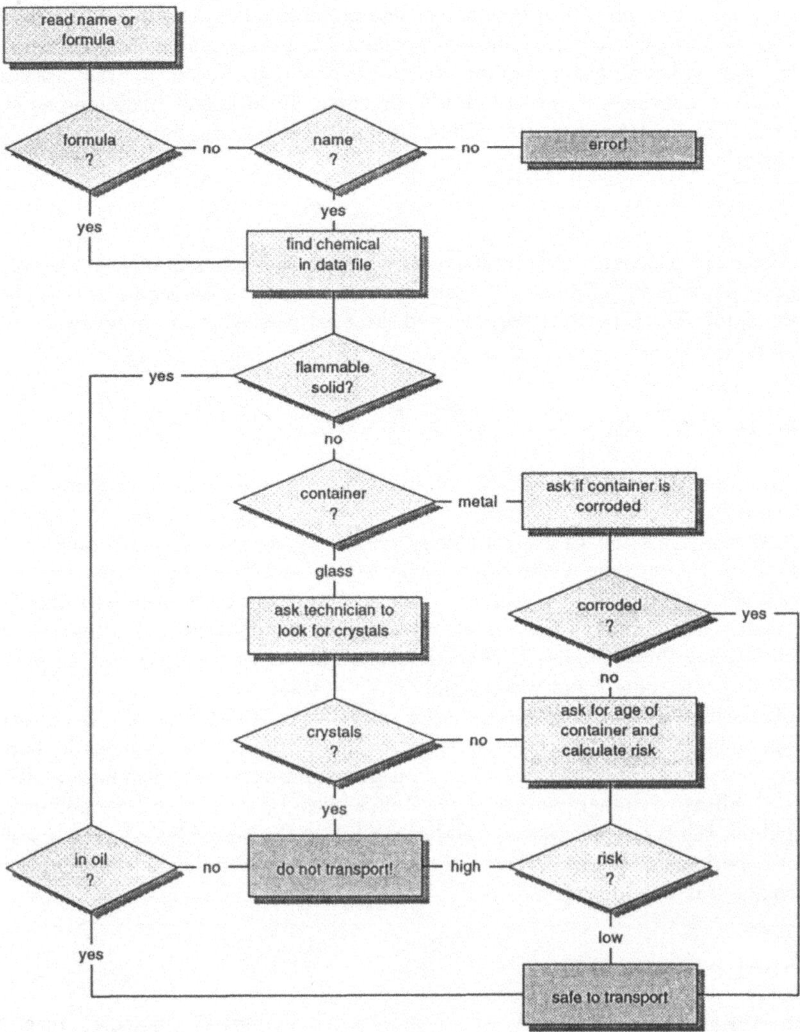

Fig. 3. Flowchart of the DIRECTOR expert system

Because elemental metals are often on the lists of peroxidizable chemicals, they are included in the chemical data file. The only information asked about them is if they are being stored under oil because as flammable solids, they are safe to transport when coated. If the metal is not under oil, it is declared unsafe for handling.

The type of container is the next consideration. If the container is metal rather than glass, one cannot know if there are shock sensitive solids inside without moving the container. If it is a relatively new container and contains an anti-oxidant additive or inhibitor, it is usually safe to transport. If the can is corroding, that is an indication that iron is present and it is safe to transport. Otherwise, an old metal container should only be handled by trained explosives personnel. If the container is glass, the user looks for crystals in the bottom of the container. If they are present, then it is not safe for handling.

For all containers that are still being considered for handling, the age of the container is guessed. As mentioned earlier, laboratory personnel can be helpful in these determinations. Then the risk calculator that makes the probability distribution for risk assessment is activated. The presence of peroxide is the precursor for accident likelihood as shown in equation 1. This is defined by the number of half lives that the bottle has run, λ in our Bayes equation,

$$\phi = \lambda P \tag{9}$$

The Pennwalt Corporation, a manufacturer of peroxides, has published hazard ratings for organic peroxides [7]. The risk assessment of a peroxide explosion given the half lives that have expired have been determined and these are used as our P value for the purposes of Bayes analysis.

3 Conclusion

This is the first attempt to write an expert system for auto oxidizable compounds. Because these compounds are not well known outside of organic chemistry research, it is easy for this information to be completely missed by technicians and unnecessary risks are taken. As the incident I described earlier shows and from my experience consulting with researchers, the hazards of peroxidizable compounds are not even well-known within the chemistry community. I have made an effort at the University of Illinois campus to make publicizing these dangers a safety priority. This was my motivation for researching peroxidizable compounds and writing the expert system.

I will continue my research by exploring the relative importance of other possible parameters, such as temperature dependency or humidity or local changes in barometric pressure. The importance of these effects on peroxidation is indeterminate at this point in time. Qualitative changes within the system's question cycle could include more information about the types of crystals, whether the use of the peroxide occurred in a nitrogen glove box, perhaps even describing in more detail to the technicians the overall effect of the peroxide if it was moved.

References

1. Steele, Norman: Safety in the Chemical Laboratory. University of Minnesota (1979) 68–70
2. Streitwieser, A., Heathcock, C.: Organic Chemistry (1981)1194
3. Covello, Vincent: Risk Evaluation and Management (1986) 25–67
4. Garrick, B., Gekler, W.: The Analysis, Communication, and Perception of Risk (1989) 87–104
5. Nebergall, W., Holtzclaw, H., Robinson, W.: College Chemistry (1980) 378–379
6. Meddard, Louis: Accidental Explosions. (1989) 486–487
7. Pennwalt Corporation: Safe Handling and Use of Organic Peroxides (1979)

This article was processed using the LaTeX macro package with a modified LLNCS style

S A F Ra N* – Ein Werkzeug zur wissensbasierten Verknüpfung von raumbezogenen Daten

Thomas Jäckel[1], Heiner Hemker[1],
Robert Dieckmann[2] und Michael Burde[2]
Universität Kaiserslautern

[1] AG Expertensysteme (Prof. Richter)
[2] FG Siedlungswasserwirtschaft (Prof. Jacobitz)
Postfach 3049, 6750 Kaiserslautern

Zusammenfassung. Die Expertensystemshell SAFRaN wurde entwikkelt, um in Entscheidungsprozessen der Raum- und Umweltplanung Daten, die in die Entscheidungen einfließen, zu verdichten, zu aggregieren. SAFRaN koppelt dazu ein Geographisches Informationssystem (ARC/Info) und ein hypermediabasiertes Expertensystemtool (HyperCAKE). ARC/Info verwaltet flächenbezogene Parameter (z.B. Niederschlagsmenge, Hangneigung, Bevölkerungsdichte, etc.). Diese Daten werden in SAFRaN durch Aggregationsregelmengen zu qualitativen Bewertungsgrößen zusammengefaßt. Die so abstrahierten Daten werden mit Hilfe des GIS visualisiert.
In einer praktischen Anwendung, die auch den Anstoß für die Entwicklung von SAFRaN gab, wird angestrebt, Gefährdungspotentiale für Boden und Grundwasser im Ökosystem Wald gegenüber potentiellem Luftschadstoffeintrag (bzw. Deposition von Säurebildnern) zu kennzeichnen.

1 Einleitung

Entscheidungsprozesse in der Raum- und Umweltplanung sind in vielen Fällen sehr komplex und vielschichtig. Eine große, oft unüberschaubare Anzahl von Daten und Informationen, die häufig sehr unterschiedlich vorliegen (Kartierungen, Datenbanken), muß zur Ableitung planungsverwendbarer Aussagen herangezogen, aufbereitet und miteinander verknüpft werden. Um möglichst alle Daten in eine Entscheidung einbeziehen zu können, müssen diese auf den relevanten Informationsgehalt verdichtet werden.

2 Planungspraktischer Hintergrund

Um die Anforderungen an ein Analysewerkzeug zur Unterstützung von Planungsentscheidungen festlegen zu können, ist es nötig, den Planungsvorgang selbst eingehender zu betrachten.

* System zur Aggregation von Flächendaten in Raumplanung und Naturschutz

Ziel der betrachteten Planungsentscheidungen ist es, Flächen einer Region für bestimmte Zwecke zu reservieren (Flächennutzung etc.) bzw. besondere Schutzmaßnahmen für gefährdete Flächen zu veranlassen. Dazu muß die gesamte Region auf qualitative Parameter wie Eignung bzw. Gefährdung der einzelnen Gebiete untersucht werden. Diese Parameter liegen gelegentlich noch aus früheren Untersuchungen vor, müssen aber im Normalfall aus quantitativen Daten (Meßwerten) hergeleitet werden.

Beim herkömmlichen Verfahren liegen die Daten in Form von Karten vor, die nicht für elektronische Datenverarbeitung aufbereitet wurden. Diese analogen[3] Karten müssen demnach manuell verschnitten werden.

Als Kartenverschneidung bezeichnen wir folgenden Vorgang:
Alle Linien, die die Flächen der zu verschneidenden Karten begrenzen, werden in eine neue Karte übertragen. Durch die dabei entstehenden Überschneidungen erhält man eine neue Flächenaufteilung (siehe Abb. 1).

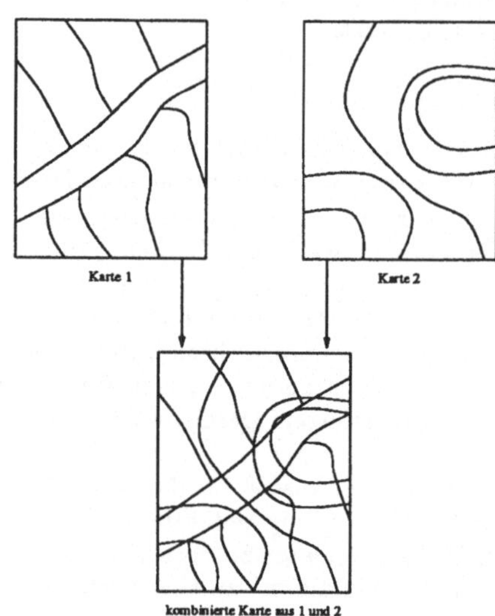

Abb. 1. Verschneidung von Karten

Jede der neu entstandenen Flächen vereinigt die Attribute der beteiligten Karten. Diese Attribute definieren ein neues Attribut, dessen Wert aus den Werten der Ausgangsattribute hergeleitet wird. Bei Verschneidung von zwei Karten zu einer neuen, wie bei der manuellen Methode üblich, werden die neuen Werte über eine Matrix bestimmt (siehe Abb. 2).

Finden Daten aus mehr als zwei Karten bei einer Analyse Verwendung, so werden diese gemeinhin schrittweise verschnitten. Aus zwei Karten wird jeweils eine neue gewonnen, die ihrerseits wieder miteinander verschnitten werden, etc.. Die Beschränkung auf zwei Karten pro Verschneidevorgang resultiert aus Schwierigkeiten beim manuellen Erstellen von Karten. Geo-Informations-Systeme bieten die Möglichkeit, Karten ohne Informationsverlust zu verschneiden, indem den neu entstandenen Flächen keine neuen, abgeleiteten Werte zugeordnet werden, sondern aus jeder der verwendeten Karten je ein Wert, so daß die Attribute jeder Fläche ein Tupel von Werten darstellen. Diese Tupel können nun unabhängig von der Topologie analysiert und zu aussagekräftigeren Informationen verdichtet werden.

[3] Die Ausdrücke *analog* und *digital* werden hier folgendermaßen benutzt:

- digital = für EDV-Zugriff aufbereitet
- analog = das Gegenteil (Karten, Bücher etc.)

	I	II	III	IV	← *Attribut 2 (Karte 2)*
I	I	I	II	II	
II	I	II	II	III	
III	II	II	III	III	
↑ *Attribut 1 (Karte 1)*				*Ergebnisattribut (Ergebniskarte)*	

Abb. 2. Verknüpfungsmatrix für zwei Attribute

Die Aggregation von drei oder mehr Karten gleichzeitig kann allerdings nicht mehr mittels Matrizen geschehen, da drei- und mehrdimensionale Matrizen schnell unüberschaubar groß werden und nicht anschaulich darstellbar sind.

Abbildung 3 stellt idealistisch dar, wie in einem logischen Schritt mehrere Attribute zu einer Aussage zusammengefaßt werden. Da mit steigender Anzahl von Attributen auch die Komplexität der Beziehungen und der damit zu beschreibenden logischen Zusammenhänge stark zunimmt und einige Attribute keine Beziehung zueinander haben, werden Attribute zu Attributgruppen zusammengefaßt. Aus ihnen wird eine Teilaussage hergeleitet, die wiederum mit anderen Teilaussagen oder weiteren Attributen verknüpft werden kann. Man erhält also eine hierarchische Auflösung des Aggregationsprozesses (siehe Abb. 4). Die Einführung von Hierarchieebenen soll gewährleisten, daß die einzelnen Attribute mit dem notwendigen Gewicht in das Gesamtergebnis einfließen.

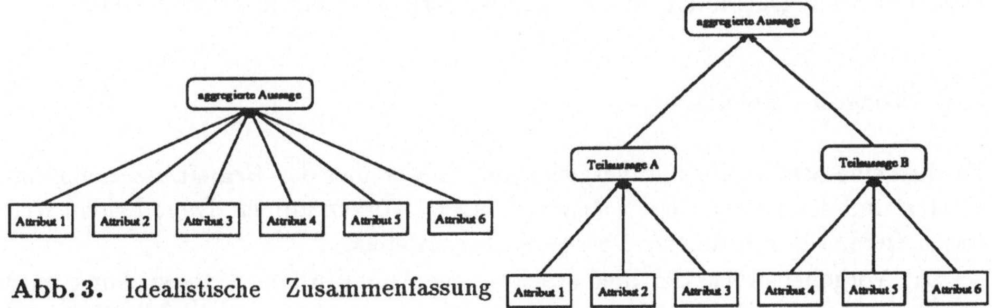

Abb. 3. Idealistische Zusammenfassung von Attributen

Abb. 4. Hierarchische Zusammenfassung von Attributen

3 Planungspraktische Problemstellung

3.1 Ziel

Es wird angestrebt, Gefährdungspotentiale für Boden und Grundwasser im Ökosystem Wald gegenüber potentiellem Luftschadstoffeintrag (bzw. Deposition von Säurebildnern) zu kennzeichnen.

3.2 Begründung

Das sogenannte „Waldsterben" ist ein großräumig ablaufender Prozeß, der mit technischen Mitteln kaum umkehrbar oder verhinderbar ist. Die bei diesem Vorgang oft entscheidenden Luftverunreinigungen werden aufgrund der Filterleistungen der Bäume in hohen Konzentrationen in den Boden eingetragen, schädigen Waldökosysteme und werden vor allem mit dem Niederschlagswasser in Grundwasser und Boden verlagert.

Der Eintrag versauernd wirkender Luftverunreinigungen führt zu einer Verminderung der Schutzfunktion des Ökosystems Wald für das Grundwasser[4]. Boden- und Grundwasserversauerung sind die Folge. Damit gehen pflanzenverfügbare Nährstoffe verloren, das Puffervermögen der Böden nimmt ab und es gelangen zunehmend bodenbürtige Metalle und anthropogene Schwermetalldepositionen bis in das Grundgestein [Frings et al 89].

Die vertikale Verlagerung atmogener Säuren hat in der Eifel teilweise Tiefen von mehr als zwei Metern erreicht. Ein Vordringen der Säurefront mit dem Sickerwasser in die gesättigte Zone des Untergrundes bewirkt eine hohe Schadstoffkonzentration im Grundwasser. Starke Niederschläge können zu umfangreichen vertikalen Schadstoffverfrachtungen (z.B. Aluminium) aus der ungesättigten Zone in das Grundwasser führen [Frings et al 89]. Dadurch ist die in der Vergangenheit vorhandene generell gute Eignung von Grundwässsern unter bewaldeten Einzugsgebieten für die Trinkwassergewinnung in Frage gestellt.

3.3 Vorgehensweise

Es wird eine qualitative und vergleichende Bewertung der *Grundwasserempfindlichkeit* und des *potentiellen Schadstoffeintrags* vorgenommen. Diese beiden Kriterien werden durch weitere Parameter beschrieben.

Die Vorgehensweise der hier beschriebenen qualitativen Untersuchung wird durch einschlägige Publikationen, so etwa [Hamm et al 89], [Plaul 88], [Plaul 89] sowie [MfUG-Rhld.-Pf. 88] in ihrer Grundkonzeption – insbesondere Auswahl der auf die Bewertung einflußnehmenden „Attribute" – bestätigt.

[4] Der Säureeintrag übersteigt beispielsweise in Teilbereichen von Rheinland-Pfalz das Puffervermögen der Waldböden um das 5 – 10 fache.

Bewertung, Klassifikation. Die Untersuchung erfolgt qualitativ auf ordinalem Meßniveau. Für jedes Attribut wird eine Klassifikation festgelegt. Die Grundlagendaten werden jeweils 3 bis 5 Klassen zugeordnet und in Karten dargestellt. Der Informationsgehalt der Karten wird dadurch vereinfacht und eine qualitative Überlagerung möglich.

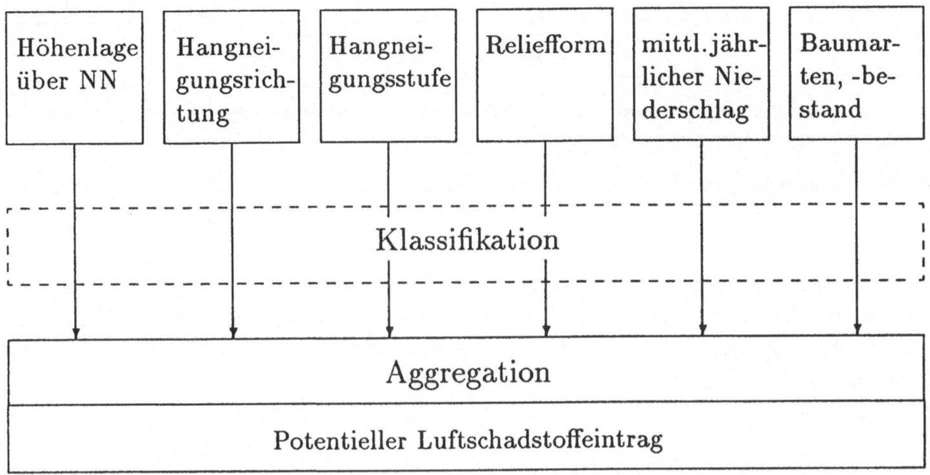

Abb. 5. Aggregation zur Ermittlung des potentiellen atmogenen Stoffeintrags

Schadstoffeintrag. Außerhalb von Verdichtungsgebieten werden in Rheinland-Pfalz nicht ausreichend Daten zur Immissionssituation erhoben, so daß keine flächendeckende Darstellung der Luftverschmutzung möglich ist. Für die Untersuchung wird von einer gleichmäßigen Belastung der Luft mit Verunreinigungen ausgegangen und eine Abschätzung des potentiellen Luftschadstoffeintrags über folgende Parameter vorgenommen (siehe auch Abb. 5):

- jährliche Niederschlagshöhe
- geographische Höhe ü. NN
- Hangneigungsstufe
- Hangneigungsrichtung
- Reliefform
- Baumarten und Waldbestand

Grundwasserempfindlichkeit. Die *Empfindlichkeit* des Grundwassers (gesättigte Zone) gegenüber Schadstoffeintrag wird im wesentlichen durch nachgenannte Parameter bestimmt (siehe auch Abb. 6):

- Ausgangsgestein, Ausgangssubstrat der Bodenbildung
- Bodenart, Bodentyp
- pH-Wert und Säurekapazität (K_s – Wert) des Bodens in zwei Tiefenstufen
- pH-Wert und Säurekapazität (K_s – Wert) des Grundwassers in zwei Tiefenstufen.

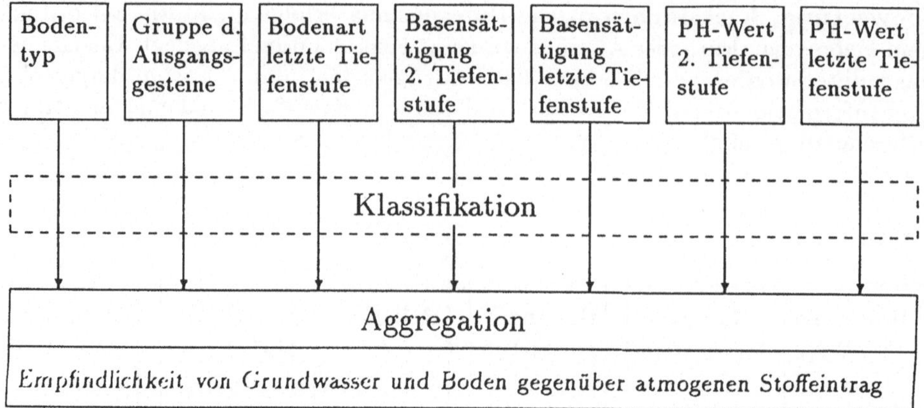

Abb. 6. Aggregationsverfahren zur Ermittlung der Empfindlichkeit des Grundwassers

Gefährdungspotential. Die aggregierten Parameter *Potentieller Schadstoffe-intrag* und *Grundwasserempfindlichkeit* werden gegenüber gestellt und in einem letzten Aggregationschritt der Parameter *Potentielle Gefährdung für Grundwasser- und Boden* abgeleitet.

Datengrundlage. Die Forstliche Versuchsanstalt Rheinland-Pfalz, FVA, hat zu den genannten Parametern (Attributen) an 143 Meßpunkten in Rheinland-Pfalz in den Jahren 1989 bis 1991 Daten erhoben,

- die Aufschluß über Ursache-Wirkungszusammenhänge beim Phänomen des Waldsterbens geben sollen,
- die das Ausmaß des Gefahrenpotentials für Vegetation, Boden und Grundwasser aufzeigen können und sollen.

Ohne Angabe der Gauß-Krüger-Koordinaten[5] wurden für jeden der 143 Meßpunkte ausgewählte Attribute, real gemessene und erfaßte Daten, von der FVA zur Verfügung gestellt.

4 Konzeption von SAFRaN

Anhand von Abb. 7 sollen der konzeptionelle Aufbau und einige Teile des entwickelten Systems SAFRaN erklärt werden.

[5] Aus Gründen des Datenschutzes hat die FVA die Ortslage der Meßpunkte anonymisiert.

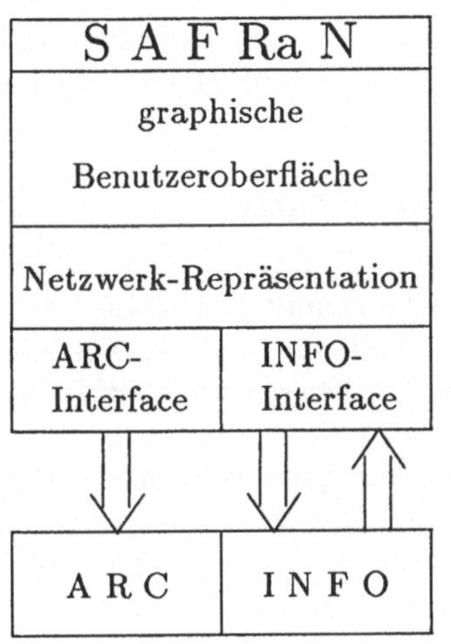

Abb. 7. Schematischer Aufbau von SAFRaN

Zur Handhabung digitalisierter Karten und anderer flächenbezogenen Daten wird das Softwarepaket ARC/Info eingesetzt. Es ist eines der meist verwendeten Geoinformationssysteme. Die benötigten Funktionen zum Aufbereiten der Daten (Eingabe, Manipulation, Verschneidung von Karten, etc.) bietet dieses umfangreiche Programm. Der Doppelname des Softwarepakets spiegelt den wesentlichen Aufbau von ARC/Info wider. Info ist ein einfaches, eigenständiges Datenbankprogramm. ARC nutzt es, um die Daten der Karten zu verwalten. Über eine spezielle Schnittstelle können auch andere Datenbankensysteme (z.B. SQL-Datenbanken) an Stelle von Info eingesetzt werden. Dies konnte bei der Entwicklung von SAFRaN allerdings nicht ausgenutzt werden, weil keine Zugriffsmöglichkeit auf ein entsprechendes Datenbanksystem bestand.

Auf ARC/Info setzt das in der objektorientierten Programmiersprache Smalltalk-80 entwickelte SAFRaN als selbständiges Programm auf. Wegen der Konstruktion von ARC/Info mußten zwei unterschiedliche Schnittstellen entwickelt werden, um die Verbindung herzustellen. Die ARC-Schnittstelle wird für die Darstellung der Ergebnisse in Form von Karten genutzt. Die Info-Schnittstelle ist für den Austausch von Daten zwischen den beiden Programmen notwendig. Aus Info werden die Eingabedaten für die durchzuführende Aggregation übertragen. Die Ergebnisse werden entsprechend zurückgeschrieben. Genaueres hierzu ist in [Hemker 92] dargestellt. Die Trennung in zwei unterschiedliche Schnittstellen hat den Vorteil, daß eine Anpassung auf andere Datenbankensysteme durch einfachen Austausch des Info-Interfaces durch eine entsprechende, neue Schnittstelle problemlos möglich ist.

Den Benutzern präsentiert sich SAFRaN durch eine komfortable graphische Benutzeroberfläche. Sie hat die Aufgabe, Attribute zu verwalten und Beziehungen zwischen ihnen herzustellen, die in Form von Regeln eingegeben werden können.

Intern werden Regeln und Attribute in Form von Knoten und Kanten repräsentiert. Sie bilden somit ein Netzwerk. Dieses objektorientierte Netzwerk basiert auf Elementen von HyperCAKE. Es stellt eine Verbindung von Hypermediasystem und Expertensystem dar. HyperCAKE wurde und wird von Maurer (Universität Kaiserslautern, AG Expertensysteme, Prof. Richter) [Maurer 92] entwickelt.

SAFRaN bietet die Möglichkeit, gleichzeitig mehrere Herleitungsnetze zu verwalten. Dadurch wird die Handhabung sowohl von Netzen verschiedener Bereiche als auch mehrerer Herleitungsvarianten zur gleichen Thematik ermöglicht. Somit kann sowohl die Meinung des Autors „X“ als auch die Auffassung des Wissenschaftlers „Y“ über die Ursachen und Wirkungsmechanismen bei einem bestimmten Problem mit geringem Zeitaufwand „durchgerechnet“ werden.

5 Repräsentation von Aggregationswissen

Die Aufgabe des Systems ist es, verschiedene Merkmale (Attribute) zu aggregieren, wobei sich die Attribute auf einen Punkt oder eine Fläche beziehen. Zur Verdichtung der Merkmale ist ein bestimmtes Fachwissen nötig, welches in geeigneter Form in das System eingegeben werden muß.

Die in der Planungspraxis verwendete Darstellung des Wissens (in Form von Matrizen) und die angestrebte hierarchische Aggregation sprechen für den Einsatz von Regeln mit vorwärtsgerichteter Abarbeitung (forward-chaining).

Bei einem Vergleich der bisherigen Repräsentation der Aggregation in Form einer Matrix mit den Repräsentationsmöglichkeiten von Regeln ist erkennbar, daß eine Matrix in trivialer Weise in Regeln transformierbar ist. Die generierten Regeln nutzen nur einen geringen Teil der prinzipiellen Ausdruckskraft von Regelsprachen: Vergleich und Konjunktion.

5.1 Tabellendarstellung

Matrizen können in eine tabellarische Form transformiert werden. In dieser Form ist es dann möglich, auch die Zusammenfassung von mehr als zwei Attributen darzustellen Diese erste Möglichkeit ist eine Weiterentwicklung des bisherige Vorgehens. Um die Anzahl der Zeilen einer solchen Tabelle zu reduzieren, werden folgende zwei Möglichkeiten angeboten:

1. Vergleichsbedingungen
2. Einsatz von „Wildcards“[6]

Da alle für ein Attribut zugelassenen Wertebereiche eine Ordnung haben, ist außer dem Test auf Gleichheit auch ein Größer/Kleiner-Vergleich erlaubt. Eine Tabelle könnte dann ungefähr so aussehen (* steht für „keine Bedingung“):

Attribut 1	Attribut 2	...	Ergebnisattribut
<= II	= I	...	I
<= II	> I	...	II
= III	*	...	III
⋮	⋮	⋮	⋮

[6] „Wildcards“ ist in diesem Fall ein Offenlassen der Bedingung bzgl. eines Attributs.

5.2 Regeln

Die Eingabe der Regeln erfolgt im Rahmen der Benutzeroberfläche, so daß sie sofort einem Attribut zugeordnet sind. Es wird eine vergleichsweise einfache Form von Wenn-Dann-Regeln benutzt. Die Bedingungen der Regeln bestehen dabei im wesentlichen aus Konjunktionen von Vergleichen ($=, <, >, \leq, \geq, \neq$) eines Attributs mit einem Wert. Dieser kann eine Konstante oder eine Berechnung in Form eines Terms sein. Die Aktion der Regeln stellt eine Wertzuweisung an das zu aggregierende Attribut dar.

Beispiele für Regeln:

Folgende Regeln beschreiben die Aggregation des Attibuts *Gefährdung* aus den beiden Attributen *Höhenlage* und *Niederschlag*. Für die Wertebereich von *Höhenlage* wird das Intervall 1 bis 1000 (mit der Einheit Meter) und von *Niederschlag* wird das Intervall 500 bis 1500 (mit der Einheit ml) angenommen.

Wenn *Niederschlag* $<$ 800 **dann** gering;
Wenn *Niederschlag* $>=$ 800 **und** *Höhenlage* $<$ 750 **dann** mittel;
Wenn *Niederschlag* $>=$ 800 **und** *Höhenlage* $>=$ 750 **dann** hoch;

Das Beispiel zeigt, daß bei dieser Art der Wissensrepräsentation die Attribute nicht explizit klassifiziert werden müssen (vgl. Abschnitt 3). Es wird durch die Vergleiche eine Klassifikation impliziert. Dadurch wird die Flexibilität erhöht, denn wenn ein Attribut in verschiedene Ergebnisattribute einfließt, können je nach Problemfeld andere Klassifikationen benutzt werden, ohne daß sie explizit in einem klassifizierten Attribut repräsentiert werden müssen.

6 Benutzeroberfläche

6.1 Beziehungen und Zusammenhänge zwischen den Attributen

Zwischen den Attributen kann eine hierarchische Beziehungsstruktur aufgebaut werden, d.h. Rückkopplungen sind nicht möglich. Eine Regelmenge beschreibt, wie aus einem oder mehreren Eingangsattributen ein neues Attribut abgeleitet wird. Dieses wiederum kann in anderen Regelmengen verwendet werden.

Die hierarchische Struktur der Attribute wird im Bereich C der Benutzeroberfläche visualisiert (siehe Abb. 8).

Die Oberfläche bietet drei Modi: **System**, **Edit** und **Run**. (Entsprechende Buttons sind im Bereich A der Oberfläche vorhanden.) Bereich B stellt den eigentlichen Arbeitsbereich dar. Der Systemmodus dient zum Verwalten der Netze (löschen, kopieren, erzeugen, usw) und zur Anpassung des Netzes an eine ARC/Info-Karte (siehe auch Abb. 8). Im Runmodus können Karten abgearbeitet und Ergebnisse betrachtet werden. Attribute und Regelmengen werden im Editmodus eingegeben. Dieser wird im folgenden näher beschrieben.

6.2 Attribut- und Regeleingabe

Für die Attributeingabe steht eine spezielle Eingabemaske zur Verfügung, in der – neben Name und Wertebereich – festgelegt wird, ob es sich um ein Eingabe-,

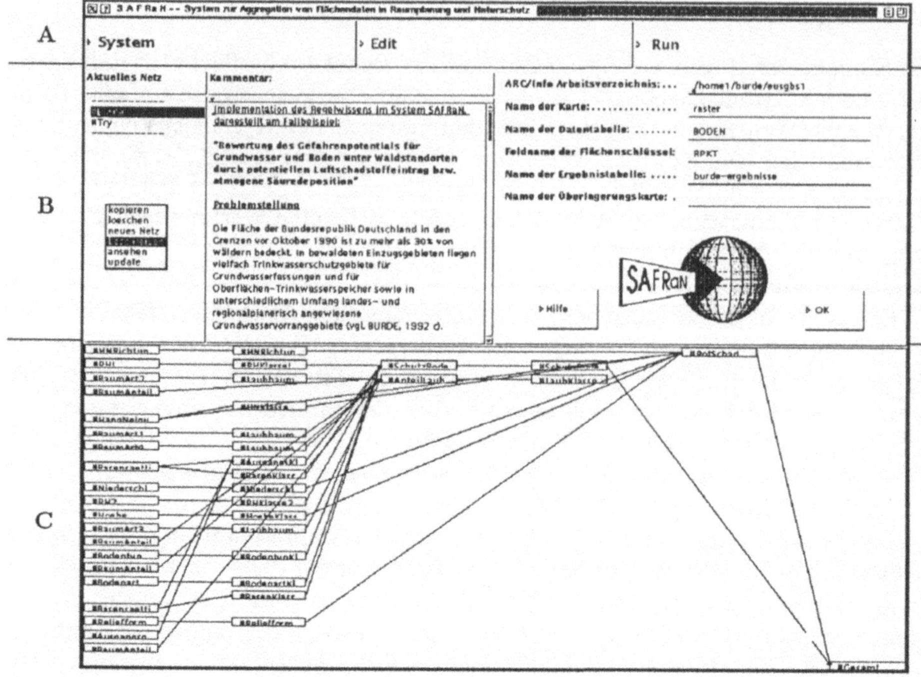

Abb. 8. SAFRaN User-Interface

Ausgabe- oder Zwischenattribut handelt. Für Ausgabe- oder Zwischenattribute werden Regelmengen definiert, welche die Herleitung aus anderen Attributen beschreiben. Durch Ausnutzung der Hypertextfähigkeiten von SAFRaN kann zu jedem Attribut zusätzlich ein beschreibender und erklärender Text eingegeben werden. Durch Querverweise ist der Zugriff auf andere Texte möglich.

Für Wertebereiche kann neben den numerischen Typen (ganzzahlige und realzahlige Intervalle) ein spezieller Aufzählungstyp verwendet werden, der es erlaubt, statt abstrakter Zahlenwerte, die erst einer Erklärung bedürfen, nominale und ordinale symbolische Werte zu benutzen (z.B. {*Erle, Buche, Fichte, ...*}, {*gut, mittel, schlecht*}).

Für Regelmengen gibt es drei Eingabemodi: Matrix-, Tabellen- und Textmodus. Sowohl Matrix- als auch Tabellenmodus stellen Vereinfachungen zum Textmodus dar. Im Textmodus (siehe Abb. 9) sind Regeln der Form „WENN Bedingung DANN Aktion“ vorgesehen. Dabei stellt die *Aktion* eine Zuweisung eines Terms oder konstanten Wertes an das Attribut dar. Sie wird ausgeführt, wenn die Bedingung zu *wahr* ausgewertet wird. Eine Bedingung besteht aus einem oder mehreren Vergleichen von einem Attribut mit einem Term, einer Konstanten oder einem Attribut. Sie können mit den logischen Operatoren *und*, *oder* und *nicht* verknüpft werden.

Im Tabellenmodus (siehe Abb. 10) stellen die Zeilen einzelne Regeln dar. Die letzte Spalte entspricht dem Aktionsteil einer Regel im Textmodus. Die anderen Spalten sind mit den Namen der Attribute überschrieben, die im Bedingungsteil verwendet werden. Im entsprechenden Feld wird eine Liste von Vergleichen angegeben.

Der Matrixmodus (siehe Abb. 11) ist nur für Regelmengen vorgesehen, die genau zwei Attribute in den Bedingungen enthalten. Diese Attribute dürfen jeweils höchstens sieben mögliche Ausprägungen haben, da für jede Ausprägungskombination eine Aktion angegeben werden muß.

Die Ergebnisse werden mittels ARC/Info menügesteuert präsentiert.

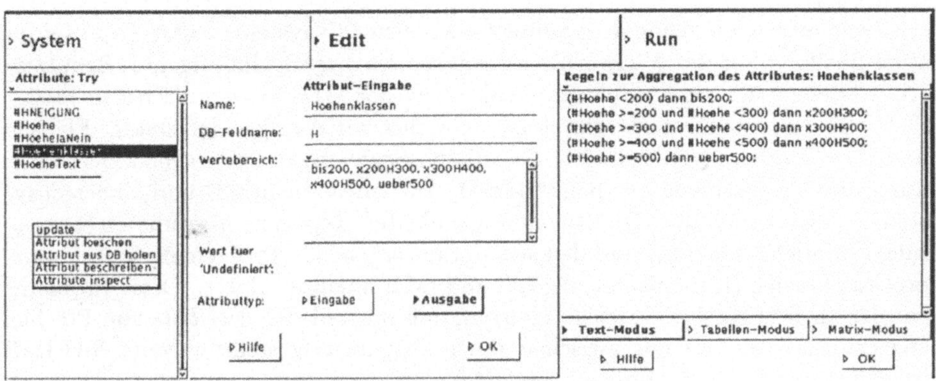

Abb. 9. User-Interface im Edit-Modus, Regeleingabe im Textmodus

Regeln zur Aggregation des Attributes: AnteilLaub

Laubbaum1	Laubbaum2	Laubbaum3	Laubbaum4	AnteilLaub
Ja	Ja	Ja	Ja	#BaumAnteil1 + #BaumAnteil2 +
Ja	Ja	Ja	Nein	#BaumAnteil1 + #BaumAnteil2 +
Ja	Ja	Nein	Ja	#BaumAnteil1 + #BaumAnteil2 +
Ja	Ja	Nein	Nein	#BaumAnteil1 + #BaumAnteil2
Ja	Nein	Ja	Ja	#BaumAnteil1 + #BaumAnteil3 +
Ja	Nein	Ja	Nein	#BaumAnteil1 + #BaumAnteil3
Ja	Nein	Nein	Ja	#BaumAnteil1 + #BaumAnteil4
Ja	Nein	Nein	Nein	#BaumAnteil1
Nein	Ja	Ja	Ja	#BaumAnteil2 + #BaumAnteil3 +
Nein	Ja	Ja	Nein	#BaumAnteil2 + #BaumAnteil3

Zeile löschen | Spalte löschen | Zeile einfügen | Spalte einfügen

Text-Modus | Tabellen-Modus | Matrix-Modus

Hilfe | OK

Abb. 10. Regeleingabe im Tabellenmodus

Regeln zur Aggregation des Attributes: Gesamt

PotSchad / SchutzBodenKlasse	1	2	3	4	5	6
1	'sehr gut'	'sehr gut'	'sehr gut'	gut	befriedigend	befriedigend
2	'sehr gut'	'sehr gut'	gut	befriedigend	befriedigend	ausreichend
3	'sehr gut'	gut	befriedigend	befriedigend	ausreichend	schlecht
4	gut	befriedigend	befriedigend	ausreichend	schlecht	schlecht
5	befriedigend	befriedigend	ausreichend	schlecht	schlecht	schlecht

Text-Modus | Tabellen-Modus | Matrix-Modus

Hilfe | OK

Abb. 11. Regeleingabe im Matrixmodus

7 Abschließende Betrachtung

Mit SAFRaN wurde ein System erstellt, das sinnvolle Anwendungsmöglichkeiten im Bereich der Raumplanung, sogenannten ökologischen Planung und im begrenzten Umfang auch in der Ökosystemmodellierung finden kann (siehe Abschnitt 3). Obwohl die Technik der Geographischen Informationssysteme, die die Grundlage für das beschriebene System bildet, immer häufiger zur Anwendung kommt, werden Werkzeuge wie dieses noch kaum in der Praxis eingesetzt. Viele Anwender modellieren ihr analytisches Vorgehen in herkömmlichen Programmen oder arbeiten manuell, d.h. sie führen nur die einzelnen Schritte ihrer Methodik mit Hilfe eines Geographischen Informationssystems durch (siehe z.B. [EGIS 92]).

Zwar existieren schon Kopplungen zwischen GI-Systemen und Expertensystem-Shells, aber ihr Hauptanwendungsbereich waren intelligente Benutzerschnittstellen für die komplexen Funktionen der GIS-Software. Erst in letzter Zeit wird Expertensystemtechnologie vermehrt zur Analyse der Daten, Flächen und ihrer Beziehungen benutzt. Technische Schwierigkeiten ergeben sich dabei durch die Unterschiede der benutzten Datenstrukturen in GI- und Expertensystemen sowie durch die vielfältigen Möglichkeiten Regeln zu formulieren (temporale, räumliche Aspekte) und den sich daraus ergebenen Problemen des Inferenzprozesses (siehe [Robinson et al 87b], und [Maidment et al 91]). Diese Probleme wurden in SAFRaN dadurch umgangen, daß nur auf die *Attribute* von Flächen zugegriffen wird und nur zwischen ihnen Regeln aufgestellt werden. SAFRaN ist somit nur für bestimmte Problemstellungen geeignet, aber gerade deswegen einfacher zu beherrschen als eine vollständige Integration von Expertensystemen und GI-Systemen.

Wir sind der Meinung, SAFRaN kann sich zu einem wertvollen Instrument der EDV-basierten (Raum-)Planung entwickeln, da es durch die einfache Integration mit einem Geographischen Informationssystem und die relativ unkomplizierte Möglichkeit, Aggregationsbeziehungen mit Hilfe von Regeln aufzustellen, auch für nicht EDV-Spezialisten zugänglich ist (vgl. [Densham et al 86] sowie [Parker 88]). Entscheidungsgrundlagen können einfacher und schneller geschaffen werden und somit die Planung verbessern und objektivieren.

Literatur

[Block et al 91] J. Block, O. Bopp, M. Gatti, N. Heidingsfeld, R. Zoth. Waldschäden, Nähr- und Schadstoffgehalte in Nadeln und Waldböden in Rheinland-Pfalz. Mitteilungen aus der Forstlichen Versuchsanstalt Rheinland-Pfalz, Nr. 17, 1991. Hrsg.: Rheinland-Pfalz, Ministerium für Landwirtschaft, Weinbau und Forsten.

[Burde 92] Michael Burde, Die langfristige Sicherung von Grundwasservorkommen – durch die Ausweisung von Grundwasservorranggebieten – als gemeinsame Aufgabe von Raumplanung und Fachplanung. Unveröffentlichtes Manuskript; Dissertation im Fachbereich ARUBI der Universität Kaiserslautern, 1992

[Burde et al. 92b] Michael Burde, Heiner Hemker, Thomas Jäckel & Robert Dieckmann. SAFRaN: System to Aggregate Spatial Data in Planning and Nature Protection. in: [EGIS 92]

[Densham et al 86] P.J. Densham, G. Rushton. Decision Support Systems for Locational Planning. in: Behavioral Modelling in Geography and Planning. Hrsg.: Reginald G. Golledge. Croom Helm, London 1986. Seite 56–90.

[EGIS 92] EGIS'92 Third European Conference and Exhibition on Geographical Information Systems – Conference Proceedings published by: EGIS Foundation, Faculty of Geographical Science, P.O.Box 80.115, 3508 TC Utrecht, The Netherlands, 1992

[Frings et al 89] H. Frings, W. Plaul, G. Römer. Auswirkungen der Luftschadstoffe auf das Grundwasser in Waldstandorten. in: Allgemeine Forstzeitung – AFZ –, 35 - 36. 1989 S. 957 - 959

[Hamm et al 89] A. Hamm, J. Wieting, P. Schmitt, R. Lehmann. Documentation of areas potentially inclined to water acidification in the FRG. Bavarian Institute for Water Research (Munich) and Federal Environment Agency (Umweltbundesamt). in: Water Research. Volume 23. No. 1, 1989

[Hemker 92] Heiner Hemker. Entwicklung und Implementierung eines Expertensystems mit GIS-Kopplung zur qualitativen Kartenüberlagerung. Universität Kaiserslautern, Fachbereich Informatik, unveröffentlichte Diplomarbeit, 1992

[Jäckel 92] Thomas Jäckel. Entwurf und Implementierung einer Benutzeroberfläche für ein Expertensystem unter Berücksichtigung planerischer Vorgehensweisen. Universität Kaiserslautern, Fachbereich Informatik, unveröffentlichte Diplomarbeit, 1992

[Maidment et al 91] David R. Maidment, Thomas A. Evans. ExpertGIS: Linking ARC/INFO to the Nexpert Object Expert System Shell. in: ARC News, Fall 1991, S. 3-4. published by: ESRI Inc., Redlands, USA

[Maurer 92] Frank Maurer, HyperCAKE - Ein Wissensakquisitionssystem für hypermediabasierte XPS. in: Wissensbasierte Systeme in der Betriebswirtschaft - Anwendung und Integration mit Hypermedia. J. Biethahn, R. Bogaschewsky, U. Hoppe, M. Schumann (Hrsg.). 1992

[MfUG–Rhld.-Pf. 88] Ministerium für Umwelt und Gesundheit – MfUG – Rheinland-Pfalz. Wald-, Boden-, Klima-, Oberflächen- und Grundwasserschäden sowie mögliche Gesundheitsschäden beim Menschen durch Luftverunreinigungen. Bericht der Arbeitsgruppe Boden und Wasserversauerung in Rheinland-Pfalz. Mainz 1988

[Parker 88] Venneson H. Parker. The unique qualities of a geographic information system: a commentary. in: Photogrammatric Engeneering & Remote Sensing. Volume 54. Nr. 11, S. 1547-1549, November 1988.

[Plaul 88] W. Plaul. Grundwasserversauerung in Rheinland-Pfalz. in: Gewässerversauerungen in Rheinland-Pfalz – Zwischenbericht laufender Untersuchungen. Hrsg.: Landesamt für Wasserwirtschaft. Mainz 1988

[Plaul 89] W. Plaul. Einfluß des „Sauren Regens“ auf das Grundwasser im Hunsrück. Grundwasserschutz (Seminarbericht). Hrsg.: Bund der Ingenieure für Wasserwirtschaft und Kulturbau – BWK. Mainz 1989

[Robinson et al 87b] Vincent B. Robinson, Andrew U. Frank, Hassan A. Karimi. Expert Systems for Geographic Information Systems in Resource Management. in: Artificial Intelligence Applications in Natural Resource Management, Vol. 1, Nr. 1, S. 47-57. 1987

[Ulrich 91] B. Ulrich. Grundzüge und Entwicklung eines forstökologischen Informationssystems, FIS-Ö. Rundschreiben vom 19.7.1991. Forschungszentrum Waldökosysteme, Universität Göttingen.

Dieser Artikel wurde mit dem LaTeX Makro-Paket und dem LLNCSGer-Style formatiert.

Wissensbasierte GIS-Werkzeuge zur Unterstützung fließgewässerökologischer Planungen

Albert Remke, Hardy Pundt, Matthias Bluhm, Ulrich Streit

Institut f. Geographie der Universität Münster
Forschungsschwerpunkt Geoinformatik
Robert-Koch-Str. 26/28
4400 Münster

Schlüsselbegriffe

Geoinformationssysteme, Wissensbasierte Systeme, Datengewinnung für Fachinformationssysteme, ökologischer Gewässerschutz, GIS-Einsatz im Gelände

Zusammenfassung

Von entscheidender Bedeutung für die Aussagekraft umweltbezogener Planungen sind Umfang und Qualität der verfügbaren Informationen über den Planungsgegenstand. Der vorliegende Beitrag erläutert das Problem der Erhebung ökologischer Grundlagendaten für Fachinformationssysteme und stellt die Konzeption eines wissensbasierten GIS-Werkzeugs zur Diskussion, das die Erfassung und Analyse des ökologischen Zustandes von Fließgewässern unterstützt.

1. Ökologische Planung benötigt Fachinformation (-ssysteme)

Die steigende Intensität der Inanspruchnahme der natürlichen Ressourcen (Wasser, Boden, Luft) durch den Menschen ist mit gravierenden Folgen für den Naturhaushalt verbunden. Ein Indikator für die zunehmende Beeinträchtigung der Umwelt ist der Rückgang an Pflanzen- und Tierarten. Als wesentlichste Ursache gilt die Zerstörung von Lebensräumen durch ihre strukturelle bzw. stoffliche Veränderung (Kaule 1986). Zahlen zum Landschaftsverbrauch und Artenrückgang belegen, daß ein tolerierbares Maß längst überschritten ist (Dahl & Hullen 1989).

Die heutige Naturschutzpolitik basiert auf der Erkenntnis, daß ein wirksamer Arten- und Biotopschutz nur durch die ganzheitliche, ökosystemare Betrachtung der Landschaft erreicht werden kann. Eine Konsequenz dieser Sichtweise ist die Ausweitung des Schutzgebietssystems auf einen netzförmigen Verbund von Biotopen, kombiniert mit einer gezielten Nutzungsextensivierung. Linienhafte Biotoptypen, insbesondere Fließgewässer, sind wichtige Elemente solcher Biotopverbundsysteme. Die Nutzungsextensivierung in der Aue, die Teil des Fließgewässer-Ökosystems ist, wird zu einem wichtigen Bestandteil des Schutzes und der Entwicklung der Fließgewässerlandschaft (Dt.Rat für Landespflege 1989; MURL 1990; Jedicke 1990).

Obwohl der Handlungsbedarf zur Verbesserung der ökologischen Situation der Fließgewässer unbestritten ist, fehlt es an flächendeckenden Grundlagendaten, die einerseits die Durchführung gezielter Maßnahmen und andererseits - durch ein permanentes Monitoring - die Erfolgskontrolle der diesbezüglichen Aktivitäten unterstützen (Lacombe 1992). Auf nahezu allen Planungsebenen sind derzeit Bemühungen erkennbar, diese Grundlagendaten bereitzustellen, wobei sachlich und räumlich unterschiedliche Auflösungen angestrebt werden. Welche Einzelmerkmale zur Beschreibung und Bewertung des ökologischen Zustandes und der Funktionen der Fließgewässer geeignet bzw. notwendig sind, ist Gegenstand der aktuellen Diskussion und in verschiedenen Kartier- und Bewertungsverfahren dokumentiert. Ein bundesweit einheitlicher Standard existiert zur Zeit noch nicht (vgl. LWA & LÖLF 1985, Werth 1987, Holm 1989, Cordes et al. 1992).

Bereits in den 70er Jahren wurden Datenbanksysteme zur Verwaltung und Auswertung fachspezifischer Grundlagendaten für die ökologische Planung eingesetzt. In den letzten Jahren kamen flächendeckende digitale Kartenwerke hinzu. Während z.B. Karten zur Topographie und Pedologie bislang ausschließlich analog zur Verfügung standen, werden diese Daten heute digital für die automatisierte Verarbeitung aufbereitet. Die Integration dieser Datenquellen zu Fachinformationssystemen (z.B. FIS- 'Landschaftsplanung' oder FIS- 'Bodenschutz') ist eine der vordringlichsten Aufgaben der kommenden Dekade (BSZ 1992).

2. GIS-Technologie - Basis für raumbezogene Fachinformationssysteme

Die zur Verwaltung und Auswertung raumbezogener Informationen eingesetzten kommerziellen GIS-Werkzeuge bieten die wesentlichen Grundfunktionen zur Speicherung, Auswertung und kartographischen Aufbereitung räumlicher Daten (Genkinger & Buhmann 1991). Für die Verwaltung der Sachdaten sind i.d.R. relationale Datenbankkonzepte integriert, objektorientierte Ansätze werden erst in wenigen Systemen unterstützt (Bill 1991, Freckmann 1991, Page et al. 1990).

Allerdings deckt die Funktionalität der kommerziellen Systeme die Anforderungen der Planungspraxis nur unzureichend ab (vgl. Kias 1991; Günther & Lamberts 1992). Als Hauptkritikpunkte werden angeführt, daß

- **fehlende Benutzerfreundlichkeit** den Einsatz DV-technisch hochqualifizierten Personals notwenig macht,
- **mangelnde Schnittstellen** zu anderen kommerziellen Systemen den Datenaustausch behindern,

- **geschlossene Systemarchitekturen** die Integration der GIS-Funktionalität in anwendungsbezogene Arbeits-Plattformen erschweren bzw. ihre Ergänzung durch fachspezifische Systemfunktionen unmöglich machen,
- die implementierten **Datenmodelle** die Handhabung komplexer räumlicher Objekte nur unzureichend unterstützen.

3. Datengewinnung

Die Gewinnung von Daten für Fachinformationssysteme kann in bestimmten Fällen durch den Einsatz automatisierter Verfahren unterstützt werden (z.B. Methoden der Fernerkundung, Messung von Zeitreihen chemischer Parameter). Bei vielen Fragestellungen, z.B. der Bewertung des ökologischen Zustandes von Fließgewässern oder der Erfassung schutzwürdiger Biotope, ist die aufwendige manuelle Datenerfassung im Gelände unumgänglich. Die Beschreibung des ökologischen Zustandes von Ökosystemen setzt spezialisiertes Fachwissen voraus (z.B. Artenkenntnis, Aut- und Synökologie bestimmter Pflanzen- und Tierartengruppen, Geomorphologie, Hydrologie) und ist durch qualifizierte Kartierer (Vegetationskundler, Zoologen, Geoökologen) zu leisten, die nur selten gleichzeitig DV-Spezialisten sind.

Die Erhebung von Informationen durch Kartierungen im Feld gehört zu den aufwendigsten Verfahren der Datengewinnung und birgt zudem eine Vielzahl von Fehlerquellen:

- Im Zuge der Geländearbeit werden die Beobachtungen zum Planungsgegenstand (z.B. Fließgewässerabschnitte) in Feldprotokollen notiert und durch Anmerkungen in Feldkarten ergänzt. Proben, die im Gelände entnommen werden, sind später zu analysieren und ergänzen die Beobachtungsdaten.
- In einem weiteren Schritt erfolgt die Übertragung der Feldprotokolle auf einen Datenträger. Sofern entsprechende Datenerfassungsprogramme verfügbar sind, können bereits einfache Plausibilitätsprüfungen vorgenommen werden (meist erfolgt nur die Prüfung der Syntax). Festgestellte Mängel sind durch den Kartierer zu beseitigen und machen häufig Nachkartierungen notwendig.
- Häufig werden erst bei der Übernahme der Daten in das zentrale Informationssystem Inkonsistenzen sichtbar, die nach Möglichkeit durch Rücksprachen mit den Kartierern und ggf. Nachkartierungen zu beseitigen sind.

Nach Bill & Fritsch (1991, S.195) stellt sich die Datenverifikation als das größte Problem bei der Datengewinnung dar: "... das bisher von GIS-Nutzern gezeigte unkritische Verhalten gegenüber der Datenqualität kann in naher Zukunft zu enormem Nachbearbeitungsaufwand und hohen Kosten führen."
Der für die Kartierung, Datenerfassung und Sicherung der Datenqualität notwendige Aufwand verursacht immense Kosten bei der Gewinnung planungsrelevanter Informationen. Da häufig nicht - wie gefordert - fachliche Aspekte sondern das verfügbare Budget über Art und Menge der in eine Planung einbezogenen Informationen entscheiden, sollte der

Effektivierung der Datengewinnung (Reduzierung der Kosten, Verbesserung der Datenqualität) größte Bedeutung beigemessen werden.

4. Geoinformationssysteme im Feld-Einsatz

Der Aufwand zur Gewinnung von Kartierungsdaten für ein Fachinformationssystem läßt sich erheblich reduzieren, wenn der Weg von der Feldbeobachtung zu dem zentralen Informationssystem verkürzt und durch geeignete Werkzeuge besser unterstützt wird. Dies ist zu bewerkstelligen, indem die bislang übliche doppelte Erfassung (Feldprotokoll/Feldkarte; Computer) durch eine direkte Datenerfassung auf Feld-Computern ersetzt wird.
Die notwendige Software sollte sowohl das Feldprotokoll als auch die Feldkarte in geeigneter Weise ersetzen. Die Geometrie der zu bearbeitenden Objekte sollte als Auszug aus dem Datenbestand des zentralen Fachinformationssystems zur Darstellung gebracht, durch fachlich-ökologische Sachinformationen ergänzt und an das zentrale System zurückgegeben werden können.

Bei der Realisierung des Feld-Systems sollten die Möglichkeiten der Informations- und Wissensverarbeitung ausgeschöpft werden, um dem Kartierer ein Maximum an Information in leicht erschließbarer Form zur Verfügung zu stellen (z.B. thematische Karten zur Geologie und Pedologie des Untersuchungsgebietes, Verwaltungseinheiten, Hintergrundinformationen zur Aut- und Synökologie ausgewählter Pflanzen- und Tiergruppen).
Die Dateneingabe sollte durch inferenzielle Hilfen bei der Bestimmung bzw. Schätzung von Merkmalsausprägungen unterstützt sowie durch logische Konsistenzprüfungen abgesichert werden, wobei festgestellte Mängel sofort und durch den Kartierer selbst abgestellt werden könnten.

Der Einsatz von GIS-Werkzeugen im Gelände ist durch die enorme Verbesserung der Leistung und Ausstattung von Kleinst-Computern möglich geworden. Kritische Größen sind neben der CPU-Leistung und Speicherkapazität der Geräte vor allem das Gewicht, die Dauer der Netzunabhängigkeit sowie die Resistenz gegenüber Witterungseinflüssen.

5. Konzeption eines wissensbasierten GIS-Werkzeugs zur Erfassung und Analyse des ökologischen Zustandes von Fließgewässern

Im Rahmen der Projektarbeiten des Forschungsschwerpunktes Geoinformatik wird derzeit ein GIS-Werkzeug entwickelt, das die Geländearbeit zur Erfassung und Fortschreibung von Informationen über den ökologischen Zustand von Fließgewässern unterstützt.
Es soll - als **Komponente** eines Fachinformationssystems 'Fließgewässer' - Teildatenbestände auf Feldcomputern verwalten und die Ergänzung vorhandener Objektbeschreibungen durch Sachdaten ermöglichen. Das System übernimmt damit die Aufgabe eines GIS-Frontends, das die zur Datenerfassung im Gelände notwendigen Funktionen der Darstellung, Manipulation und Auswertung digitaler Karten bietet. Wissensbasierte Komponenten des

Systems unterstützen die ökologische Bestandsaufnahme durch Bestimmungshilfen und Plausibilitätsprüfungen (s.u.) sowie die Analyse der erhobenen Daten noch im Gelände.

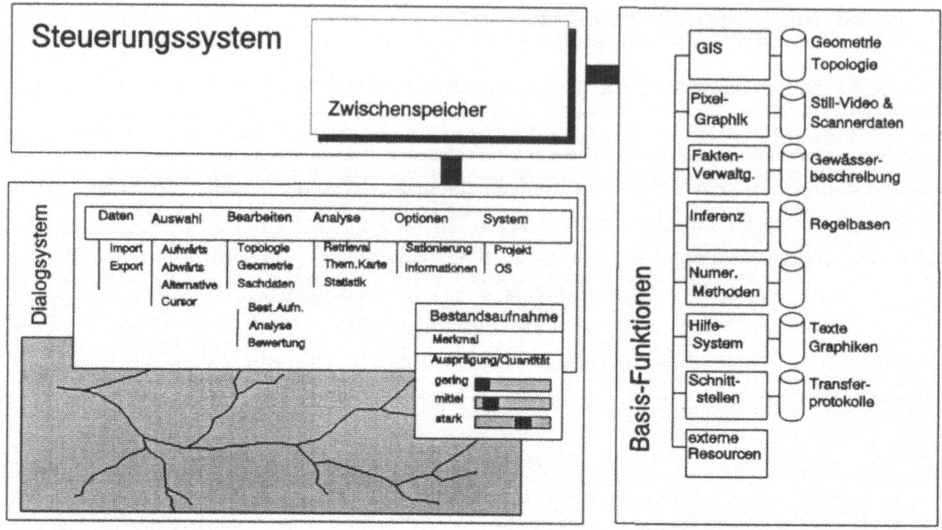

Abb.: 1 Komponenten des Feldsystems

Den Kern bildet ein zentrales Steuerungssystem, das im wesentlichen den Benutzerdialog und die Koordination der verschiedenen Basisfunktionen (z.B. Verarbeitung der Geometriedaten, Sachdatenverwaltung, Inferenz, Anwenderfunktionen) übernimmt. Es stellt ein zentrales Graphik-Fenster zur Verfügung und ermöglicht die Kommunikation der Basisfunktionen über einen gemeinsamen Datenbereich. Die Basisfunktionen werden als dynamische Funktionsbibliotheken (WINDOWS-DLLs) in den Programmiersprachen C++ und PDC-PROLOG realisiert.

Das System ist für den Einsatz auf netzunabhängigen Feld-Computern (insb. PEN-Computer, eingeschränkt auch NOTEBOOKs) unter MICROSOFT-PEN-WINDOWS konzipiert. Minimale Hardwarevoraussetzungen sind ein 80386-Prozessor, 2 MB RAM, 20 MB Festplattenkapazität sowie eine VGA-Graphik mit 16 Graustufen.

5.1 Das Datenmodell

Die Datenstrukturen des Systems greifen auf die Grundzüge des 'Digitalen Landschaftsmodells' (DLM) des 'Amtlichen Topographisch - Kartographischen Informationssystems' (ATKIS) zurück (ADV 1989). Die topographischen Objekte der Landschaft werden in diesem Modell durch DLM-Objekte repräsentiert, die die geometrischen und sachbezogenen Eigenschaften der Landschafts-Objekte zusammenfassen. Die für verschiedene Kartenmaßstäbe vorgesehenen Objektarten (z.B. 'Straße', 'Bach', 'Forst') und Attribute (z.B. 'Verkehrsbedeutung', 'Breite') sind im ATKIS-Objektartenkatalog definiert. Da zwischen den geometrischen Grundelementen und den DLM-Objekten eine 1:n Beziehung erlaubt ist, kann die Speicherung des Raumbezuges redundanzfrei erfolgen.

Analog zu den DLM-Objekten des ATKIS-Datenmodells existieren im hier vorgestellten Feldsystem Geo-Objekte, die die topographischen Objekte der Landschaft abzubilden vermögen. Die Attribute der Geo-Objekte lassen sich im Unterschied zu ATKIS zu Attribut-Klassen zusammenfassen, so daß auch komplexere Objektbeschreibungen in strukturierter Form dargestellt werden können. Darüberhinaus kann jeder Information neben ihrer qualitativen Aussage zur Merkmalsausprägung eine quantitative Angabe beigefügt werden, die den Geltungsbereich der Information innerhalb der Raumeinheit einschränkt (z.B. prozentualer Anteil an der Gewässerstrecke).
Die in einer Anwendung verwendeten Objektarten, Attributklassen und Attribute werden durch eine externe Datenbeschreibung definiert. Für die ökologische Kartierung von Fließgewässern sind in Ergänzung zu ausgewählten DLM-Objektarten der Objektbereiche Gewässer, Verkehrswege und Vegetation zunächst die Objektarten Fließgewässer-Abschnitt (im Rahmen der Geländekartierung untersuchte Teilstrecke eines Fließgewässers) und Fließgewässer-Standort (z.B. Standort einer vegetationskundlichen bzw. faunistischen Bestandsaufnahme) vorgesehen. Die Attributklassen und Attribute entsprechen den jeweils verwendeten Kartieranleitungen (z.B. Lacombe 1992, Franz 1992).

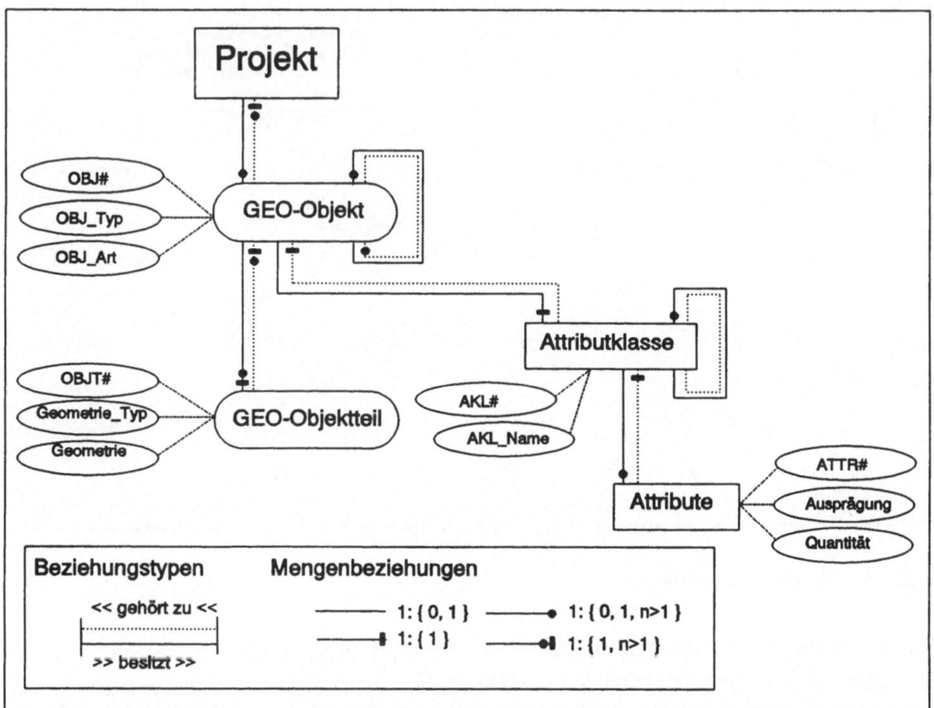

Abb. 2 Grundstruktur des Datenmodells

Durch die Bezugnahme auf das ATKIS-Datenmodell und die Unterstützung der von ATKIS angebotenen Datenaustauschformate läßt sich das Feldsystem in Fachinformationssysteme (unabhängig vom kommerziellen GIS-Kern) integrieren, die auf ATKIS-Datenbestände als topographische Grundlage zugreifen.

5.2 Die digitale Feldkarte

Als GIS-Frontend besitzt das Feldsystem Funktionen zur Darstellung und Auswertung geokodierter geometrischer Objektbeschreibungen auf der Basis von Vektor- und Rasterdaten. Dem Benutzer des Systems präsentiert sich zunächst eine digitale Karte der Fließgewässer als vektorbasierter Auszug des ATKIS, der sich verschiedene Karten (z.B.: Topographie, Pedologie, digit. Luftbildplan) der gleichen räumlichen Bezugsbasis hinterlegen lassen. So können im Rahmen von Vorverarbeitungsschritten mit Hilfe des zentralen Fachinformationssystems spezielle thematische Karten (z.B. feuchtes Grünland, Aueböden) generiert und auf dem Feldsystem angeboten werden.

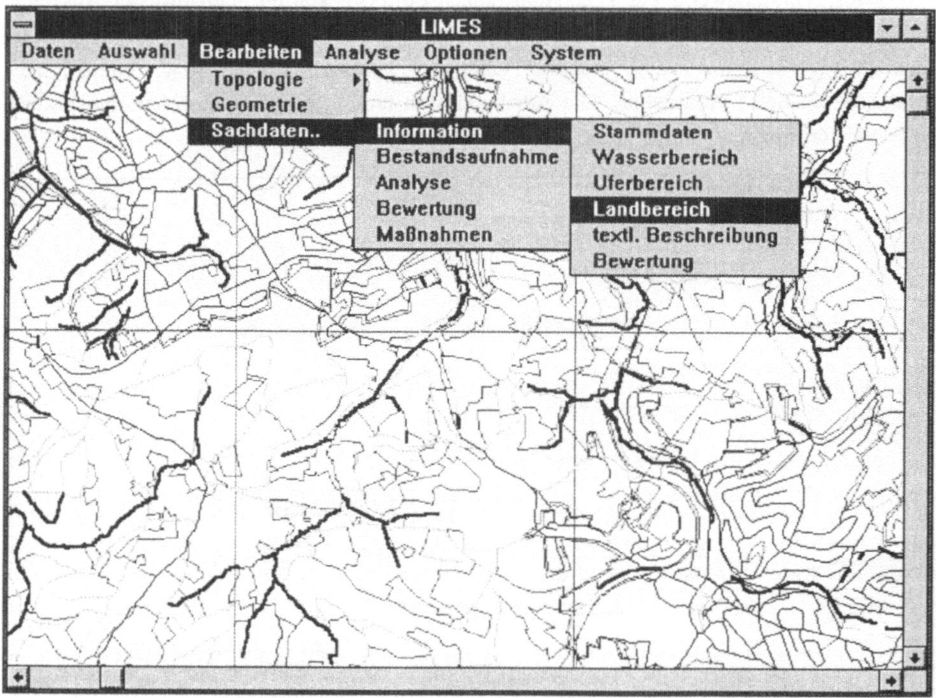

Abb. 3 Die digitale Feldkarte

Für die Bestandsaufnahme werden Segmente der vorhandenen Fließgewässergeometrie als 'Kartierabschnitte' bzw. als 'Standorte im Gewässerverlauf' definiert. Dabei entstehen neue Geo-Objekte auf der Basis der vorhandenen Geometrien. Die Realisierung eines Editors zur Veränderung der geometrischen Grunddaten ist in der ersten Ausbaustufe des Systems nicht vorgesehen. Die Manipulation des Datenbestandes beschränkt sich somit zunächst auf die Generierung thematischer Objekte sowie auf die Bearbeitung der Objekteigenschaften.

Im Rahmen der Auswertung des Datenbestandes können thematische Arbeitskarten erzeugt und als Hardcopy ausgegeben werden, die - bei einfacher kartographischer Ausgestaltung - zur Visualisierung der erhobenen Informationen geeignet sind.

5.3 Bestandsaufnahme

Die Erfassung der ökologischen Objekteigenschaften setzt voraus, daß zuvor Kartierabschnitte bzw. Standorte im Gewässerverlauf definiert wurden. Die Auswahl der zu bearbeitenden Objekte geschieht mit dem graphischen Cursor per Maus, Trackball oder Griffel.

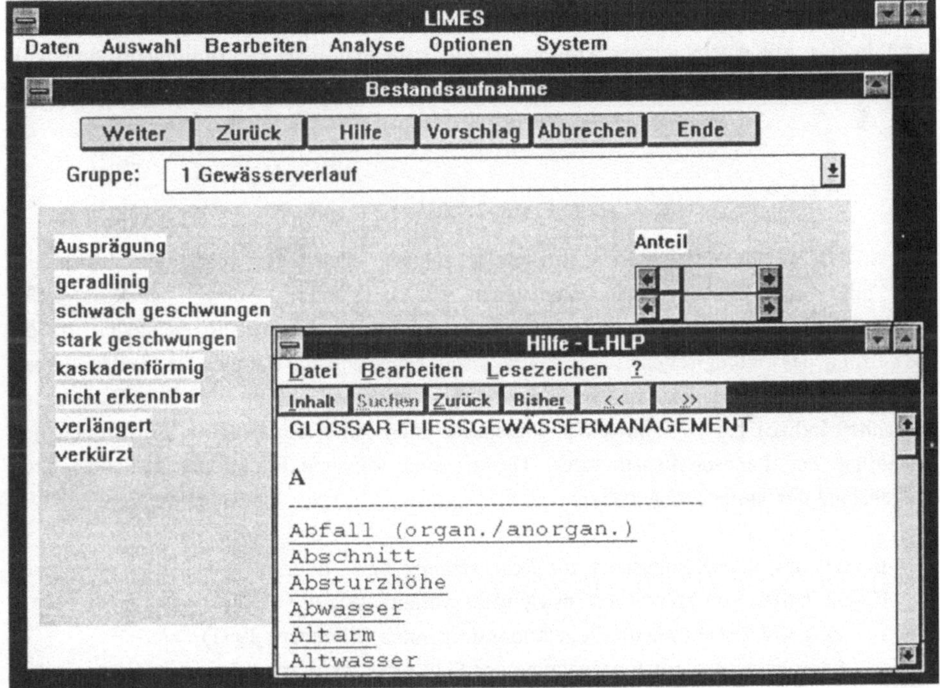

Abb. 4 Bestandsaufnahme und Hilfe-Funktion

Die Objektart-spezifischen Merkmale werden dem Benutzer in einheitlich aufgebauten Editoren präsentiert, die weitestgehend über Auswahlmenues und Ziehbalken zu bedienen sind. Freitexteingaben sind ebenfalls möglich, können bei reinen PEN-Computern aber nur durch OCR-Eingabefelder bzw. graphische Tastatur-Emulationen behelfsweise unterstützt werden.

Eine wichtige Komponente zur Unterstützung der Bestandsaufnahme ist das Hilfe-System.

Die Hypertext-HELP-Funktion von WINDOWS wird dazu verwendet, methodische Anleitungen zur Durchführung des Kartierverfahrens (Erfassungsvorschriften, exakte Definition der einbezogenen Merkmale) sowie ein Glossar der verwendeten Fachbegriffe anzubieten.

Eine weitergehende Unterstützung bei der Schätzung von Merkmalsausprägungen erfährt der Anwender durch die Funktion 'Vorschlag'. Die Anforderung dieser Funktion wird vom System als Aufforderung interpretiert, ein komplexes Beobachtungsproblem (z.B. Schätzung der 'Gewässerdynamik') in leichter zu bearbeitende Teile zu zerlegen. In spezifischen PROLOG-Wissensbasen sind Regeln abgelegt, die die Herleitung von Ausprägungen komplexer Merkmale aus Detailbeobachtungen ermöglichen.

Die Prüfung der Plausibilität der erhobenen Daten schließt die Bestandsaufnahme ab. Neben lokalen Syntax-Prüfungen finden hier vor allem Prüfungen auf der semantischen Ebene statt, wobei 'unwahrscheinliche' Kombinationen von Merkmalsausprägungen erkannt werden. Der Benutzer erhält Gelegenheit, die Daten zu verändern bzw. die angezeigte Merkmalskombination mit einem kurzen Kommentar zu bestätigen. Die Plausibilitätsprüfung wird ebenfalls durch eine wissensbasierte Komponente realisiert.

5.4 Analyse

Die Analyse der bei der Bestandsaufnahme erhobenen Daten liefert zusätzliche Informationen über den Zustand der untersuchten Gewässerstrecken bzw. -standorte. Die Analyseergebnisse sollten bereits während der Kartierung zur Verfügung stehen, da die Bewertung des ökologischen Zustandes in erster Näherung im Rahmen der Geländearbeit erfolgt. Der Katalog an vorgesehenen Analysefunktionen reicht von der Berechnung einfacher Indizes bis zu komplexen wissensbasierten Auswertungen der Funktionen und Potentiale des Landschaftshaushaltes. Derzeit sind folgende Funktionen realisiert bzw. Gegenstand der laufenden Arbeiten:

- Berechnung von Kennwerten zur Beschreibung bzw. Interpretation der ökologischen Eigenschaften von Standorten im Gewässerverlauf, z.B.:
  - Zeigerwertspektren für Vegetationsaufnahmen (Ellenberg 1991)
  - Saprobienindex zur Einschätzung der Belastung des Wasserkörpers mit organischen faulfähigen Stoffen (NAW 1990)
- Zusammenstellung der im Aufnahmematerial nachgewiesenen Taxa nach Gefährdungskategorien entsprechend ihrer Einstufung in der 'Roten Liste' (Blab et al. 1984)
- Unterstützung der Zuordnung von Vegetationsaufnahmen zu pflanzensoziologischen Einheiten durch die Klassifikation mit Neuronalen Netzen (Multilayer-Perceptrons & KOHONEN-Netze, realisiert am Beispiel von Wasserlinsen-Gesellschaften)
- Zugriff auf Fallbeispiele durch die Selektion 'ähnlicher' Kartiereinheiten aus dem bereits vorhandenen Datenmaterial
- regelbasierte Beurteilung der Habitateignung der untersuchten Kartiereinheit für ausgewählte Pflanzen- und Tierarten

- regelbasierte Analyse des 'floristisch-vegetationskundlichen Potentials' in Anlehnung an Schreiber et al. (1986)
- Analyse der Beeinflussung des aktuell zu bearbeitenden Kartierabschnittes durch anthropogene Beeinträchtigungen im Oberlauf bzw. Unterlauf des Gewässersystems (z.B. Einleitungen, Bauwerke)

Weitere Analysefunktionen beziehen sich auf größere Raumeinheiten (Gewässersystem, Verwaltungseinheit), z.B.:
- Ermittlung der Flußdichte
- Bilanzierung von Merkmalsausprägungen bzw. bestimmter Kombinationen von Merkmalsausprägungen
- Analyse der Wanderbarrieren zur Beurteilung der 'Durchgängigkeit' des Gewässers für ausgewählte Tierarten(-gruppen)

Die Analyseergebnisse können durch einfache thematische 'Arbeitskarten' visualisiert werden.

5.5 Stand der Realisierung

Gegenstand des seit 1990 von der Deutschen Forschungsgemeinschaft (DFG) geförderten Projektes LIMES war die Untersuchung der Einsatzmöglichkeiten wissensbasierter Systeme zur Unterstützung fließgewässerökologischer Planungen. Aufbauend auf einer Analyse der in diesem Rahmen eingesetzten Kartier- und Bewertungsverfahren wurden wissensbasierte Module entworfen und mit Hilfe der Expertensystem-Shell NEXPERT-OBJECT prototypisch ausgeführt, die einzelne Aspekte der Bestandsaufnahme, Analyse und Bewertung des ökologischen Zustandes von Fließgewässern unterstützen.
Das oben dargestellte Konzept integriert diese Ansätze sowie Ansätze der GIS-Technologie zu einem gemeinsamen System, das den gesamten Arbeitsablauf der Kartierung und Bewertung unterstützt und sich in bestehende Konzepte der Umweltdatenerfassung eingliedert. Die Realisierung des vorgestellten Ansatzes - insbesondere die Ausarbeitung und Integration der wissensbasierten Ansätze in das Gesamtkonzept - ist Gegenstand der laufenden Arbeiten.

Die Systemkomponenten 'Steuerung', 'Dialog', 'Feldkarte', 'Bestandsaufnahme' und 'Hilfe-System' sind bereits in einem Labor-Prototyp implementiert und auf Notepad-Computern unter PEN-WINDOWS lauffähig. Die Analysefunktionen sind z.T. in einer Vorläufer-Version des Prototyps unter DOS implementiert bzw. als eigenständige Programme/Wissensbasen realisiert oder Gegenstand der aktuellen Arbeiten.
Für erste Anwendungstests wurden Notepads der Firmen NCR (NCR-3125) und GRID (GRIDPAD-SL 2050) eingesetzt. Die Handhabung des Systems bei der Datenerfassung im Gelände erwies sich als grundsätzlich unproblematisch. Die weitere Entwicklung des Systems wird durch Praxistests begleitet, die vom Landesamt für Wasser und Abfall NW sowie von der Nationalparkverwaltung Berchtesgaden im Rahmen von Probekartierungen

durchgeführt werden. Für die freundliche Unterstützung durch diese Institutionen möchten wir uns an dieser Stelle herzlich bedanken.

6. Ausblick

Durch die Kopplung von KI- und GIS-Techniken lassen sich DV-Werkzeuge realisieren, die den Arbeitsablauf der Datengewinnung für Fachinformationssysteme in problemangepaßter und adäquater Form unterstützen. Sie tragen zur Minimierung des Arbeitsaufwandes und zur Verbesserung der Datenqualität bei.
Das für die Kartierung und Bewertung des ökologischen Zustandes von Fließgewässern dargestellte Konzept läßt sich ebenso auf andere Problembereiche (z.B.: ornithologische Kartierungen, Biotoptypen-Kartierung, Kartierung von Landschaftsschäden) übertragen.

Literatur

ADV - Arbeitsgemeinschaft der Vermessungsverwaltungen der Länder der Bundesrepublik Deutschland (Hrsg.)(1989): Amtliches Topographisch-Kartographisches Informationssystem (ATKIS). (aktualisiert zum 1.5.1991). Hannover.

Bill, R. (1991): Zur Erfassung raumbezogener Daten. In: A. Kilchenmann (Hrsg.): Technologie Geographischer Informationssysteme. Kongreß und Ausstellung KAGIS '91. S.13-32. Springer, Berlin-Heidelberg.

Bill, R., D.Fritsch (1991): Grundlagen der Geo-Informationssysteme. Karslruhe.

Blab, J.; E. Nowak; W. Trautmann & H. Sukopp (1984): Rote Liste der gefährdeten Tiere und Pflanzen in der Bundesrepublik Deutschland. Kilda-Verlag, Greven.

BSZ - Bodenschutzzentrum des Landes Nordrhein - Westfalen (Hrsg.)(1992): Vor- und Hauptuntersuchung zur Einrichtung des Bodeninformationssystems des Landes Nordrhein - Westfalen (BIS NRW). Abschlußbericht - Zusammenfassung der Untersuchungsergebnisse. BSZ, Oberhausen.

Cordes, U.; Pundt, H.; Remke, A.; Streit, U. (1992): Untersuchung zur DV-unterstützten ökologischen Bewertung von Fließgewässern. Wasser und Boden 3, S. 157 - 163.

Dahl, H.-J., M.Hullen (1989): Studie über die Möglichkeiten zur Entwicklung eines naturnahen Fließgewässersystems in Niedersachsen (Fließgewässerschutzsystem Niedersachsen). Naturschutz u. Landschaftspflege Niedersachsen, H.18.

Dt. Rat für Landespflege (Hrsg.)(1989): Wege zu naturnahen Fließgewässern, Gutachterliche Stellungnahme und Ergebnisse eines Kolloquiums. Schriftenreihe des Deutschen Rates für Landespflege, H. 58. Bonn.

Ellenberg, H.; H.E. Weber; R. Düll; V. Wirth; W. Werner & D. Paulißen (1991): Zeigerwerte von Pflanzen in Mitteleuropa. Scr.Geobot.XVIII. Goltze-Verlag, Göttingen.

Franz, H. (1992): Die Natürlichkeitsgrade der Fließgewässer im Nationalpark Berchtesgaden und seinem Vorfeld, ermittelt mit Hilfe eines Geographischen Informationssystems. In: Friedrich & Lacombe (Hrsg.)(1992): Ökologische Bewertung von Fließgewässern. Limnologie aktuell. Bd/Vol.3. Gustav Fischer Verlag, Stuttgart -New York.

Freckmann, P. (1991):
Objekt-orientierte Datenbanken. In: A. Kilchenmann (Hrsg.): Technologie Geographischer Informationssysteme. Kongreß und Ausstellung KAGIS '91. S.65-73. Springer, Berlin-Heidelberg.

Genkinger, R., E.Buhmann (1991):
Forschungsgruppe Landschaftsentwicklung Landschaftsbau e.V. (Hrsg.): Graphische Datenverarbeitung in der Umweltplanung - Ergebnisse einer vergleichenden Softwareübersicht für Personal Computer. Bonn.

Günther, O. & J. Lamberts (1992):
Objektorientierte Techniken zur Verwaltung von Geodaten.
In: Günther, O. & W.-F.Riekert (Hrsg.): Wissensbasierte Methoden zur Fernerkundung der Umwelt. Wichmann-Verlag, Karlsruhe. S. 55-90.

Holm, A. (1989):
Ökologischer Bewertungsrahmen Fließgewässer (Bäche) für die Naturräume der Geest und des östlichen Hügellandes in Schleswig-Holstein. Landesamt für Naturschutz und Landschaftspflege Schleswig-Holstein, Kiel.

Jedicke, E. (1990):
Biotopverbund. Grundlagen und Maßnahmen einer neuen Naturschutzstrategie. Verlag Eugen Ulmer, Stuttgart.

Kaule, G. (1986):
Arten- und Biotopschutz. Verlag Eugen Ulmer, Stuttgart.

Kias, U. (1991):
Geo-Informationssysteme als Arbeitsinstrument in der Landschafts- u. Umweltplanung. In: A. Kilchenmann (Hrsg.): Technologie Geographischer Informationssysteme. Kongreß und Ausstellung KAGIS '91. S.283-300. Springer, Berlin-Heidelberg.

Lacombe, J. (1992):
Ökologische Bewertung von Fließgewässern: Ein Kompromiß zwischen Anspruch und praktischer Durchführbarkeit. In: Friedrich & Lacombe (Hrsg.)(1992): Ökologische Bewertung von Fließgewässern. Limnologie aktuell. Bd/Vol.3. Gustav Fischer Verlag, Stuttgart -New York.

LWA & LÖLF (1985):
Bewertung des ökologischen Zustandes von Fließgewässern. LWA Düsseldorf/LÖLF Recklinghausen. Düsseldorf.

MURL (1990):
Natur 2000 in Nordrhein-Westfalen. Protokoll der Anhörung am 29. und 30. Nov. 1990 beim Naturschutzzentrum Recklinghausen. Min. für Umwelt, Raumordnung und Landwirtschaft, Düsseldorf.

NAW (Hrsg.)(1990):
Deutsche Einheitsverfahren zur Wasser-, Abwasser- und Schlammuntersuchung. Biologisch-ökologische Gewässeruntersuchung (Gruppe M). Bestimmung des Saprobienindex (M 2). Normenausschuß Wasserwesen (NAW) im Deutschen Institut für Normung e.V. (DIN). Beuth-Verlag, Berlin.

Page, B.; A.Jaeschke & W.Pillmann (1990):
Angewandte Informatik im Umweltschutz. Teil 2. In Zeitschrift: Informatik-Spektrum. Bd.13, H.2, S.86-97. Springer. Berlin-Heidelberg.

Schreiber, K.-F. u. Mitarbeiter (1986):
Landschaftsökologisches Gutachten "Sander Bruch/Dreihausen". Gutachten im Auftrag der Stadt Paderborn.

Werth, W. (1987):
Ökomorphologische Gewässerbewertungen in Oberösterreich (Gewässerzustandskartierungen). Österreichische Wasserwirtschaft, Jg. 39, Heft 5/6, S. 122 - 128.

Luftbildgestützte Erfassung von Schottergruben unter Verwendung eines Hypercard-Systems

Andreas Dieberger
Institut für Photogrammetrie und Fernerkundung
Technische Universität Wien
Gusshausstraße 28-30, 1040 Wien
email: dieberger@epfvs1.una.ac.at

Schlüsselworte: Luftbildauswertung, Hypertext, HyperCard, Informationssystem

Zusammenfassung

Bei einer luftbildgestützten Erfassung von Schottergruben wurde versucht, alle bei der Luftbildauswertung anfallenden Daten (Beiblätter, Skizzen, Notizen) ausschließlich auf einem Notebook-Computer zu erheben. Dieser Rechner wurde auch bei Feldbegehungen eingesetzt. Informationen über das Projektumfeld wurden als Hypertext in einem Informationssystem bereitgestellt. Das Erhebungssystem wurde in dieses Informationssystem integriert. Damit kann dieses einerseits als Informationsbasis bei der Luftbildauswertung verwendet werden, die Daten der Luftbildauswertung sind andererseits eine Erweiterung des Informationssystems. Die Benutzerschnittstelle kann in zwei Betriebsarten verwendet werden - als Auswertungstrument und als Informationssystem.

1. Umfeld der Arbeit

Das Marchfeld östlich von Wien ist die Kornkammer Österreichs. In diesem Gebiet wird auch intensiver Schotterabbau betrieben. Nach erfolgtem Abbau werden Schottergruben meist wieder verfüllt und landwirtschaftlich genutzt oder bebaut. Zur Verfüllung wird nicht immer nur Bauschutt oder Erdaushubmaterial verwendet, sondern es wurden (und werden noch immer) gefährlichere Substanzen eingebracht.

Das Marchfeld ist eine niederschlagsarme Region - die landwirtschaftlichen Flächen müssen ständig bewässert werden. Das Wasser dazu wird aus dem Grundwasser entnommen. Durch die intensive Grundwassernutzung sinkt der Grundwasserspiegel ständig [HaNE89]. Da die landwirtschaftlichen Flächen des Marchfeldes von großer Bedeutung sind, wurden schon im vorigen Jahrhundert erste Planungen für Bewässerungsprojekte durchgeführt. Der sogenannte Marchfeldkanal wurde 1992 teilweise fertiggestellt. Ziel des Kanals ist in erster Linie die Grundwasserstabilisierung -

dazu wird Donauwasser in den Grundwasserkörper eingespeist [PeNe86], [KaPe88]. Diese Einspeisung wird stellenweise sogar zu einer Anhebung des Grundwasserspiegels führen, wodurch manche der alten Schottergruben bis in den Grundwasserstrom reichen werden. Dies kann zu Auswaschungsvorgängen und damit zu einer Kontaminierung des Grundwassers führen.

Im Rahmen der Planungen zum Marchfeld-Kanal war es daher notwendig, einen möglichst genauen Überblick über die Situation der (potentiellen) Altlasten im Marchfeld zu haben. Das Marchfeld als sehr flache Landschaft kommt einer luftbildgestützen Erfassung von Schottergruben und Altablagerungen sehr entgegen. In einer Studie des Umweltbundesamtes in Wien [UBA87] wurde daher mit Hilfe von Luftbildern aus mehreren Jahrgängen die zeitliche Entwicklung der Schottergruben erfaßt und so auf Altlasten-Verdachtsflächen geschlossen. In den verschiedenen Luftbildjahrgängen wurden jeweils die Umrißlinien der Gruben erfaßt und in eine Orthofotokarte (Österreichische Luftbildkarte 1:10.000) eingetragen. Auch zum jetzigen Zeitpunkt bereits verfüllte Gruben, die in der Landschaft nicht mehr erkennbar sind, konnten so erfaßt werden (vor allem diese Gruben sind im Rahmen dieses Projektes von Interesse).

2. Auswertung von Luftbildern

2.1. Konventionelle Vorgangsweise

Bei einer Luftbildauswertung wird das zu bearbeitende Gebiet in den Luftbildern stückweise stereoskopisch untersucht. Alle Beobachtungen werden auf sogenannten Beiblättern informell erfaßt. Je nach Ziel der Auswertung werden weitere Informationen direkt in Formulare und Karten eingetragen bzw. Skizzen angelegt. Bei jeder Luftbildauswertung sind Feldbegehungen durchzuführen, um stichprobenartig die gefundenen Daten zu überprüfen, Unklarheiten vor Ort aufzuklären oder die Beurteilungsschlüssel zu verifizieren bzw. zu verfeinern. Dazu ist es notwendig, alle Unterlagen (Luftbilder, Beiblätter usw.) bei sich zu haben [EPA81], [STEI87]. Für eine brauchbare Luftbildinterpretation ist eine möglichst umfassene Ortskenntnis wünschenswert.

2.2. Neuartiges Vorgehen

In unserem Projekt wurde die in Abschnitt 1 erwähnte Studie des Umweltbundesamtes mit neuem Bildmaterial fortgesetzt. Es wurden sowohl neue Schottergruben gesucht, als auch die Zeitreihen für die schon in der älteren Studie gefundenen Gruben fortgesetzt.

Da die erhobenen Daten schließlich ohnehin elektronisch erfaßt werden sollten, wurde versucht, die Beiblätter direkt auf dem Computer zu erheben und zu verwalten. Damit diese Beiblätter nicht nur für die Feldbegehung ausgedruckt werden müssen, wurde ein tragbarer Rechner (Notebook) eingesetzt. Statt der üblichen Beiblätter und Erhebungsformulare wurde ein HyperCard-Stapel [1] vorgesehen, in welchem die Beiblattdaten in Formularen erfaßt werden. Diese Daten können durch Skizzen ergänzt werden. In diesen sind Annotationen [2] vorgesehen, die beliebige Nebenbemerkungen aufnehmen können.

Im Rahmen des Projektes entstand auch ein Informationssystem über die Schottergruben im Marchfeld. Ein möglichst umfassendes Wissen über das Projektgebiet und -umfeld ist Voraussetzung für eine brauchbare Luftbildauswertung. Ein weiteres Ziel unseres Projektes war es daher, dem Auswertenden Grundwissen über das Bearbeitungsgebiet in leicht zugänglicher Form zur Verfügung zu stellen. Dieses Wissen wurde als Hypertext abgelegt. Die Informationsbasis und das Erfassungssystem wurden so integriert, daß nach Abschluß des Projektes ein Informationssystem über das gesamte Projekt vorlag.

Die Nutzung als Informationssystem erfordert eine leicht bedienbare Benutzerschnittstelle. Es wurde ein Rechner mit graphischer Oberfläche gewählt (Apple Macintosh). Die Handhabung des Systems sollte so einfach sein, daß auch Computerlaien möglichst ohne Einschulung Informationen vom System abfragen können (siehe auch Abschnitt 6).

Ein System wie unseres, bei dem ein Informationssystem mit einem Erfassungssystem gekoppelt ist, wird sinnvoll bei solchen Projekten eingesetzt, bei denen ein Teil der Auswerter nur geringe Ortskenntnisse besitzt. Ihnen wird zur Einschulung und als Unterstützung das Informationssystem zur Verfügung gestellt.

3. Warum Hypertext

Umweltrelevante Themen weisen meist stark vernetzte Zusammenhänge auf, die sich einer einfachen Analyse entziehen. Ein gutes Beispiel dafür ist das Waldsterben: es ist nicht möglich, eine einzige Ursache für dieses Phänomen anzuführen, da es sich um ein Netzwerk von Kausalzusammenhängen handelt. Diese Vernetztheit umweltrelevanter Themen prädestiniert Hypermedien [3] dazu, solche Sachverhalte darzustellen [ADOR90], [ISEN91], [KUHL91], [DIEB92].

---

1) HyperCard-Dokumente werden als Stapel (Stacks) bezeichnet. Jeder Stapel besteht aus einer beliebigen Zahl von Karten (Cards), die auf beliebig viele Hintergründen (Backgrounds) aufgeteilt sein können.

2) Annotationen sind Symbole im Text, bei deren Anklicken ein Textfenster mit weiteren Informationen geöffnet wird.

3) Hypermedien stellen Informationen in kleinen, oft voneinander ziemlich unabhängig stehenden Informationseinheiten so dar, daß der Benutzer / Leser mittels sogenannter Links zwischen diesen "navigieren" kann. HyperText bzw. HyperMedia, die Verallgemeinerung auf beliebige Informationsarten (Graphik, Ton, Video,...), ist damit ein nicht-lineares Medium. Der Einfachheit halber wird in diesem Paper Hypertext und Hypermedia synonym verwendet.

Abgesehen von der Vernetztheit des Themas ist Hypertext ein geeignetes Mittel um Text mit inkludierten Bildern zu verwalten. Hypertext-Systeme weisen normalerweise eine sehr einfache Benutzerschnittstelle auf, die das Navigieren im Informationsmaterial mit wenigen Mausklicks bzw. Tastendrücken ermöglicht [MaSh88]. Die Reihenfolge des Lesens in Hypertexten ist im Gegensatz zu normalen "linearen" Texten nicht strikt vorgegeben und ermutigt so den Benutzer / Leser auf eigene Faust das Material zu erforschen. Der Interessantheitsgrad des angebotenen Materials ist dadurch in der Regel höher. Der erzielte Lerneffekt kann ebenfalls als höher angenommen werden (noch nicht wissenschaftlich belegt), weshalb Hypertext-Systeme oft für computer-based-Training eingesetzt werden.

Viele bestehende Hypertext-basierte Informationssysteme stellen lediglich einen begrenzten Themenbereich als Hypertext dar - es handelt sich um reine Informationssysteme. Andere Systeme sind nur Werkzeuge z.B. zur Klassifikation von Standorten oder zur Datenerhebung [POHL90], [RöTa91].

In unserem System wurde versucht, ein Informationssystem mit einem Werkzeug zur Erfassung neuer Daten zu koppeln, indem das System um datenbankähnliche Funktionen (Formularbögen - siehe weiter unten) erweitert wurde. Die einzelnen Teile des Gesamtsystems stehen nicht getrennt nebeneinander, sondern durchdringen sich. Es sind Hypertext-Links aus dem Text des Informationssystems zu Daten der Erhebung realisierbar, sowie umgekehrt Verweise zum Beispiel von einer Skizze auf einen juristischen Text oder eine Literaturangabe (dieses Konzept wurde im Prototyp allerdings nicht voll realisiert). Beispiele für weitere gekoppelte Systeme sind [IsRS91] und [NHaB90].

Der Informationsteil eines solchen gekoppelten Systems wird in der Regel schon vor Beginn der Auswertungen erstellt, muß aber nicht unverändert bleiben. Erweiterungen und Korrekturen können auch während der Auswertung vorgenommen werden. Prinzipiell gibt es zwei Möglichkeiten für solche Modifikationen:

- man läßt Modifikationen des Informationssystemes selbst zu
- man läßt nur Annotationen (oder Notizen) im Informationssystem zu

Bei der zweiten Methode ist durch Deaktivierung der Annotationen jederzeit der ursprüngliche Text rekonstruierbar. Arbeiten mehrere Personen mit dem gleichen Informationssystem, kann so ein System darauf ausgelegt sein, daß jeder Benutzer nur seine eigenen Annotationen zu Gesicht bekommt und damit den Eindruck hat, das System für sich allein zu nutzen.

4. Realisierung

Als Hardware wurde ein Apple Powerbook 170 mit 40 MB Harddisk gewählt. Diese Hardware gibt zwei Limits vor:

- Platzbeschränkungen auf der Festplatte
- Schwarz/Weiß-Bildschirm ohne Graustufen

Die Platzbeschränkung war bei unserem Projekt kein Problem - bei großeren Projekten sollte aber eine größere Festplatte vorgesehen sein. Der Schwarz/Weiß-Schirm ist deshalb ein Nachteil, weil es ohne Farbe und Graustufen nicht sinnvoll ist, Skizzen in Landkarten zu zeichnen. Es war ursprünglich geplant, die Umrisse der Schottergruben in digitalisierten Landkarten einzutragen. Wegen des Schwarz/Weiß-Schirmes mußte darauf verzichtet werden [4].

Die Implementierung erfolgte in HyperCard 2.1. Das System ist in mehrere HyperCard-Stapel gegliedert. Eine zentrale Stellung nimmt der Stapel "Info-Marchfeld" mit den allgemeinen Informationen (Abbildung 1) ein. Er ist weiter in mehrere Hintergründe gegliedert, welche Textseiten, Glossar und spezielle Übersichten (Netz-Darstellung, Stichwortverzeichnis usw.) enthalten. Der weitere Aufbau von "Info-Marchfeld" erfolgte in Analogie zu einem konventionellen Buch in Kapitel und Unterkapitel, die aus einem Inhaltsverzeichnis direkt angesprungen werden können. Diese Grundstruktur erleichterte die Übernahme der Texte in einen parallel zum System entstandenen Informationstext. Weiters erleichtert diese Analogie zu einem konventionellen Buch für Laien den Zugang zum System. "Info-Marchfeld" enthält geographische Informationen, einfache Bodentypkarten, Niederschlags- und Grundwasserdaten usw. (siehe Abbildung 2). Eine Erweiterung um juristische Texte wie Raumordnungsgesetze, Genehmigungsbescheide für einzelne Schottergruben usw. wäre bei einem Ausbau des Systems sinnvoll und leicht möglich. Ergänzt werden die Informationen durch Links auf weiterführende Literatur sowie auf Kontaktpersonen in den Stapeln "Literaturliste" bzw. "Kontaktpersonen".

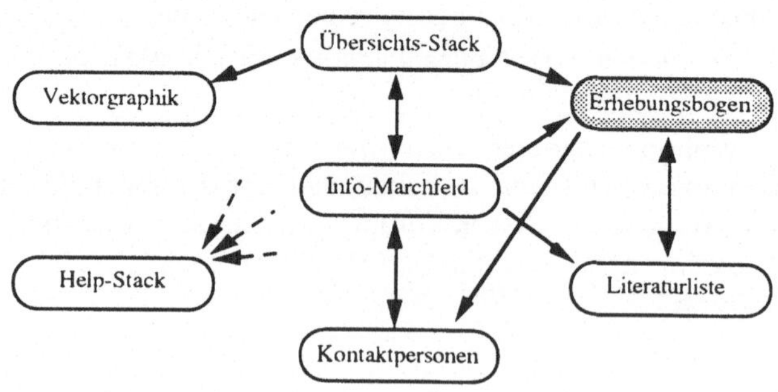

Abbildung 1 - Struktur des Gesamtsystems

[4] Es gibt seit Ende 1992 auch Powerbook-Modelle mit Graustufen.

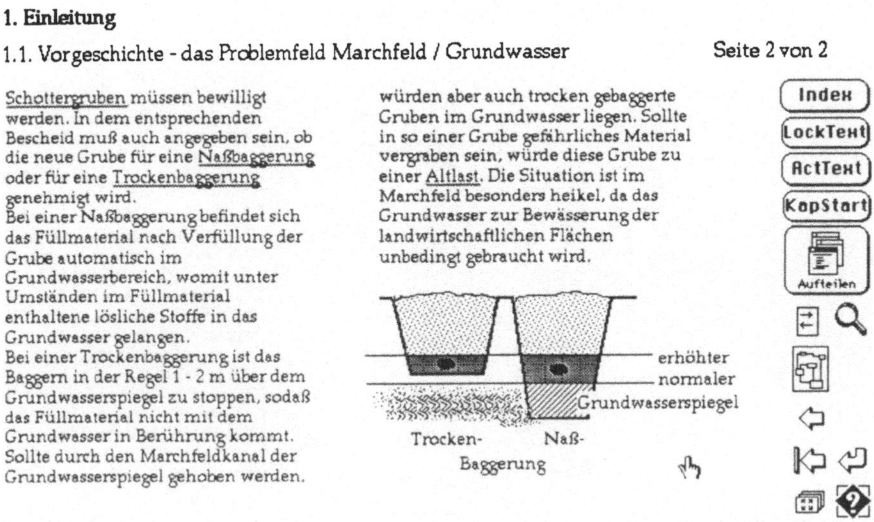

1. Einleitung

1.1. Vorgeschichte - das Problemfeld Marchfeld / Grundwasser Seite 2 von 2

Schottergruben müssen bewilligt werden. In dem entsprechenden Bescheid muß auch angegeben sein, ob die neue Grube für eine Naßbaggerung oder für eine Trockenbaggerung genehmigt wird.
Bei einer Naßbaggerung befindet sich das Füllmaterial nach Verfüllung der Grube automatisch im Grundwasserbereich, womit unter Umständen im Füllmaterial enthaltene lösliche Stoffe in das Grundwasser gelangen.
Bei einer Trockenbaggerung ist das Baggern in der Regel 1 - 2 m über dem Grundwasserspiegel zu stoppen, sodaß das Füllmaterial nicht mit dem Grundwasser in Berührung kommt.
Sollte durch den Marchfeldkanal der Grundwasserspiegel gehoben werden, würden aber auch trocken gebaggerte Gruben im Grundwasser liegen. Sollte in so einer Grube gefährliches Material vergraben sein, würde diese Grube zu einer Altlast. Die Situation ist im Marchfeld besonders heikel, da das Grundwasser zur Bewässerung der landwirtschaftlichen Flächen unbedingt gebraucht wird.

Abbildung 2 - Eine Textseite von "Info-Marchfeld" (im Auswertungsmodus)

Während "Info-Marchfeld" einen textuellen Einstieg in das System bietet, ist über den Stapel "Übersichtsstack" ein geographisch orientierter Einstieg möglich. Es wird eine Karte des Marchfeldes präsentiert, in der das Untersuchungsgebiet hervorgehoben ist. Durch Anklicken des markierten Bereiches kommt man zu einer Landkarte, in welche der Raster der zwölf bearbeiteten Blätter der Österreichischen Luftbildkarte (ÖLK) eingezeichnet ist. Anklicken eines Rasterfelder führt zu Detailskizzen dieser ÖLK-Blätter. Wegen der Probleme mit dem Schwarz/Weiß-Bildschirm wurden hier statt digitalisierter Karten nur Skizzen der Karten vorgesehen. In diesen sind die bearbeiteten Schottergruben durch Kreuze markiert (siehe Abbildung 3). Anklicken eines solchen Kreuzes zeigt genauere Informationen zu der entsprechenden Grube - entweder in einem kleinen Pop-Up-Fenster, oder durch Link in den Stapel "Erhebungsbogen".

Der Stapel "Erhebungsbogen" ist das Erfassungwerkzeug der Luftbildauswertung und besteht aus einer Sammlung von Formularen (semi-structured-nodes [CONK87]). Zu jedem Formular ist es möglich, eine Skizzen-Karte anzulegen, auf welcher beliebig viele Annotationen eingetragen werden können. Durch den "Erhebungsstack" war es in unserem Projekt möglich, auf die Beiblätter in der Luftbildauswertung vollkommen zu verzichten (Abbildungen 4 und 5). Für Erhebungen vor Ort sind in erster Linie die Notiz-Felder im "Erhebungsbogen", sowie die Annotationen in den Skizzen vorgesehen.

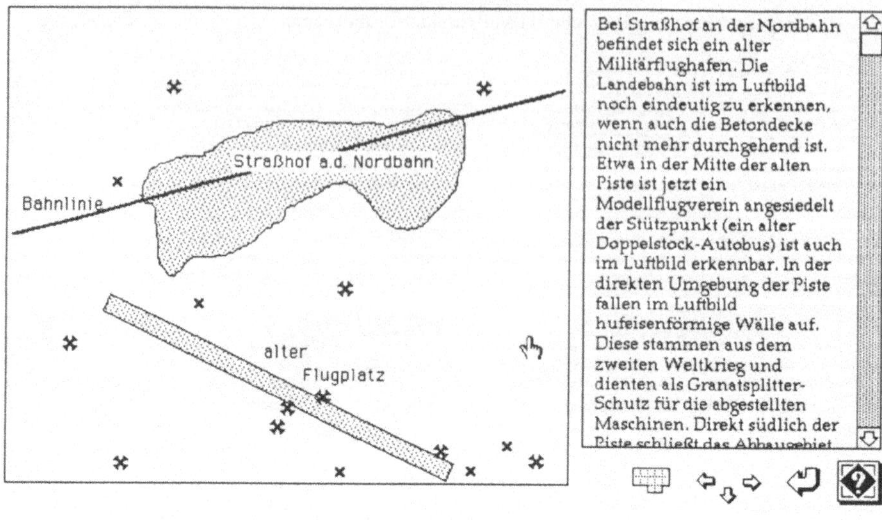

Abbildung 3 - Skizze eines Blattes der Österreichischen Luftbildkarte im "Übersichtsstack"

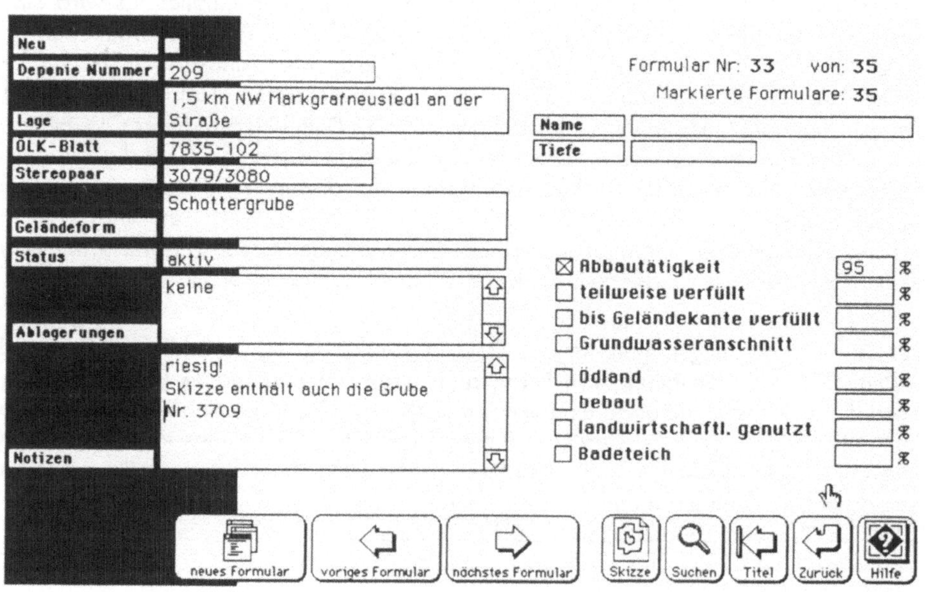

Abbildung 4 - Ein Formular aus dem "Erhebungsbogen" (Auswertungsmodus)

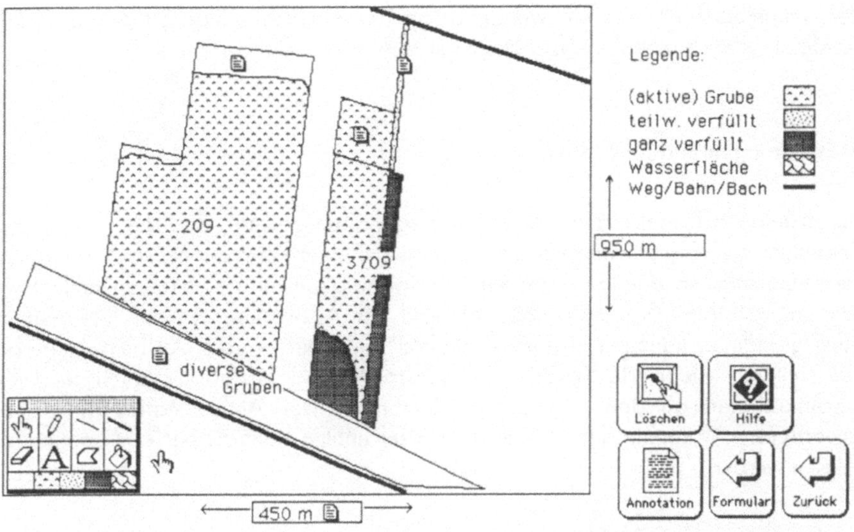

Abbildung 5 - Skizze mit zwei Schottergruben im "Erhebungsbogen"

Im Stapel "Info-Marchfeld" wurde aktiver Text implementiert, das sind grau unterstrichene Textstellen, die beim Anklicken einen Link zu einer anderen Textstelle oder zu Informationsseiten in den anderen Stapeln des Systems aktivieren. Aktiver Text ist auch in den Annotationen im "Erhebungsbogen" und in den Texten der anderen Stapel realisierbar, wurde aber bei diesem Prototypen nicht implementiert.

In einem weiteren Stapel "Vektorgraphik" sind die Umrißlinien aller in der alten Umweltbundesamt-Studie erhobenen Schottergruben enthalten und von einer Vektorplot-Routine auf dem Schirm darstellbar. "Vektorgraphik" sollte ursprünglich in den "Übersichtsstack" integriert werden, was aufgrund des Schwarz/Weiß-Monitors nicht durchgeführt wurde.

Vervollständigt wird das System über einen "HelpStack" auf den von allen anderen Stapeln aus über einen einheitlichen Button (Schaltfläche) zugegriffen werden kann und der abhängig von der eingestellten Betriebsart Hilfstexte zur jeweils angezeigten Karte bietet.

Das System kann in zwei Betriebsarten betrieben werden: Auswertung und Lesen. Je nach eingestellter Betriebsart sind das Anlegen von neuen Grubenkarten und Skizzen, das Modifizieren von Text usw. unterbunden oder nicht. Weiters verändert sich das Aussehen der Benutzerschnittstelle ein wenig, da im Lese-Modus einige Buttons ausgeblendet werden und auch manche Informationsseiten nicht abrufbar sind.

5. Erfahrungen und Bewertung

Die bisherigen Erfahrungen mit dem System haben gezeigt, daß die Auswertung von Luftbildern etwas langsamer vor sich geht als bei einer konventionellen Auswertung. Das liegt einerseits an der langsameren Geschwindigkeit mit der Skizzen erstellt werden können, andererseits daran, daß während der Auswertung oft aus Interesse in den Hintergrundinformationen in "Info-Marchfeld" geblättert wurde. Der beim Powerbook in die Tastatur integrierte Trackball ("Integral-Maus") erlaubt es auch im Gelände Modifikationen an den Skizzen vorzunehmen. Der Active-Matrix-Bildschirm des Powerbook 170 konnte durch seinen ausgezeichneten Kontrast auch im Sonnenlicht gut gelesen werden.

Die Erfassung der Luftbilddaten mittels "Erhebungsbogen" stellte kein Hindernis dar, sondern förderte eher eine vollständige Auswertung, da durch die Formulare seltener auf auszuwertende Aspekte vergessen wurde. Von den Annotationen wurde häufig Gebrauch gemacht. Die Angst, daß der Mehraufwand für das Anlegen einer Annotation verglichen mit dem in-die-Hand-nehmen eines neuen Blattes Papier häufige Annotationen unterbinden würde, hat sich nicht bestätigt. Feldbegehungen sind mit dem Rechner umständlicher als mit einigen Blättern Papier; dies schon allein deshalb, weil ein Blatt Papier auch mehrmaliges Fallenlassen weniger übel nimmt, als ein Computer. Der Strombedarf des Rechners erlaubt längere Feldbegehungen derzeit nur mit Reservebatterien.

Was in diesem Prototypen zuwenig beachtet wurde war die Möglichkeit, Daten auszutauschen. Der Grund dafür ist, daß ein Hypertext auch als Hypertext gelesen werden sollte und nicht dafür gedacht ist, ausgedruckt oder in eine Datenbank konvertiert zu werden. Für die "Literaturliste" gibt es dennoch eine einfache Exportfunktion, die Listen erstellt. Für den "Erhebungsbogen" ist ein solcher Export (ohne Skizzen) auch leicht realisierbar. Mit dem Hilfsprogramm ConvertIt können Hypercard-Stapel in Toolbook-Dateien konvertiert werden. Toolbook ist ein HyperCard-ähnliches System und läuft unter MS-Windows. Das Austauschformat ist HIFF (Hypertext-Interchange-format) und kann wahrscheinlich auch von anderen Hypertext-Systemen gelesen werden. Die Skizzen im "Erhebungsbogen" werden derzeit nur ausgedruckt und archiviert - für eine Erfassung der Grubenumrisse sind die Skizzen zu ungenau. In unserem Projekt wurden die Umrisse aus den ÖLK-Blättern mit Autocad digitalisiert und in arc/info importiert. Die so erfaßten Polygone könnten über den Stapel "Vektorgraphik" im System verfügbar gemacht werden. Möchte man die Grubenumrisse direkt im System genau erfassen, müßte man von HyperCard aus einen Link zu einem externen Zeichenprogramm vorsehen oder die Zeichenroutinen in den Skizzen-Karten entsprechend adaptieren.

6. Notizen zur Benutzerschnittstelle

Ein wichtiger Punkt des Projektes war die Benutzerschnittstelle. Diese hat sich bei Tests als nicht optimal herausgestellt. Ein wesentlicher Kritikpunkt ist, daß die einzelnen HyperCard-Stapel zu unterschiedliche Benutzerschnittstellen aufweisen. Diese Unterschiede waren eigentlich beabsichtigt, um dem Benutzer die Orientierung im System zu erleichtern - man sollte am Design sofort erkennen, in welchem Stapel man sich befindet. Die meisten Tester waren dadurch aber eher verwirrt. Das Fehlen von weiteren Navigationshilfen [5] macht sich so noch stärker bemerkbar.

Weitere Kritikpunkte sind:

- die Vielzahl der Buttons
- Ausblenden der Menüleiste
- Retour- und Hilfe-Buttons nicht immer an derselben Stelle

Die Benutzerschnittstelle ist unserer Ansicht nach im Anwendungsbereich Umwelt ein besonders wichtiger Aspekt von Informationssystemen, da gerade hier Benutzer aus sehr unterschiedlichen Disziplinen mit einem System arbeiten müssen. Unser Projekt hat gezeigt, daß allein der Wille ein benutzerfreundliches System zu erstellen nicht ausreicht. Ohne entsprechende Erfahrung ist es äußerst schwer, ein konstistentes und leicht handhabbares Benutzerinterface zu entwerfen, selbst wenn man sich weitgehend an Richtlinien hält, wie es sie zum Beispiel für Macintosh Computer gibt. Auch hat sich wieder einmal gezeigt **wie** wichtig es ist, schon in einer sehr frühen Projektphase Benutzertests durchzuführen, was bei diesem Projekt versäumt wurde. Bei früherer Kenntnis von [TOGN92] hätten ebenfalls viele Fehler vermieden werden können.

7. Zukunftsaussichten

Die Luftbildauswertung mit Systemen wie diesem ist sicher nicht in allen Fällen sinnvoll. Sollten sich aber Systeme wie Pen-Computer durchsetzen ist es absehbar, daß in näherer Zukunft Feldbegehungen häufiger mit Computern durchgeführt werden. Das wäre vor allem bei Kopplung der Rechner mit Meßgeräten sinnvoll - bei einer Feldbegehung könnten vor Ort mit dem selben Gerät Meßdaten erfaßt werden und diese automatisch in Karten oder Skizzen (zum Beispiel als Annotationen) eingetragen werden. Heute schon erhältliche tragbare Positionsbestimmungsgeräte (Satellitennavigation) würden eine grobe Vermessung von Paßpunkten erleichtern. Über Funk-Modems (auch schon für Powerbook-

---

[5] Ein gravierendes Problem von Hypertext-Systemen ist, daß sich Leser fast immer in der Informationsvielfalt verirren. Dieses Phänomen tritt auch bei umfangreichen linearen Texten auf, macht sich aber bei Hypertext besonders stark bemerkbar. In der Fachliteratur wird dieses Phänomen oft als "Lost in Hyperspace" bezeichnet. Navigationshilfen sollen dem Leser helfen, sich im Hypertext zu orientieren.

Rechner erhältlich) oder Modems und Mobiltelephon könnten mehrere Auswerter bei der Feldbegehung "vernetzt" werden. Damit derartige Visionen aber sinnvoll eingesetzt werden können, müssen die Rechner noch leichter und widerstandsfähiger (zum Beispiel gegen Fallenlassen) werden, die Batterien längeres Arbeiten im Feld erlauben und die Bildschirme Farbe mit genug Kontrast auch bei direktem Sonnenlicht bieten.

Literatur

[ADOR90] Adorf H.-M.: "Hypermedien für den Umweltschutz - Ein Fallbeispiel", 5. Symposium Informatik für den Umweltschutz, Wien 1990

[CONK87] Conklin J.: "Hypertext: An Introduction and Survey", IEEE Computer, Sept. 1987

[DIEB92] Dieberger A.: "Darstellung vernetzter Zusammenhänge im Marchfeld - eine Hypertext-Anwendung", Diplomarbeit an der Technischen Universität Wien, 1992

[EPA81] United States Environmental Protection Agency: "Using Aerial Photography for Locating and Investigating Hazardous Waste Sites", 1981

[HaNe89] Harreiter H., Neudorfer W.: "Regional Water Balance in the Marchfeld Plain 1974 to 1988", Österreichische Wasserwirtschaft, Vol. 41 (1989), Heft 11/12

[ISEN91] S. Isenmann , "Hypertext als Werkzeug für das Informationsmanagement im Umweltbereich", in: Proceedings zur Tagung "Konzeption und Einsatz von Umweltinformationssystemen", 1991

[IsRS91] Isenmann S., Reuter W.D., Schulz K.-P.: "HyperIBIS - ein Informationssystem zur Umweltplanung", 6. Symposium Informatik im Umweltschutz, München 1991

[KaPe88] Kaupa H., Peschl H.: "The Marchfeld Canal System", Österreichische Wasserwirtschaft, Vol. 40 (1988), Heft 3/4

[KUHL91] R. Kuhlen, "Hypertext", Springer Verlag 1991

[MaSh88] Marchionini G., Shneiderman B.: "Finding Facts vs. Browsing Knowledge in Hypertext Systems", IEEE Computer, January 1988

[NHaB90] C.J. Newell, J.F. Haasbeck, P.B. Bedient, "OASIS: A Graphical Decision Support System for Ground-Water Contaminant Modeling", Ground Water, Vol. 28, No. 2, 1990

[PeNe86] Peschl H., Neudorfer W.: "Der Marchfeldkanal - Ein komplexes Sanierungsprojekt", Raumordnung aktuell 1986/3

[POHL90] Pohlmann J.M.: "Wissensbasiertes Hypermedia System zur Erkennung von Ackerpflanzen und Beurteilung von Standorten", 5. Symposium Informatik für den Umweltschutz, Wien 1990

[RöTa91] Röhrich E., Taeger J.: "Gewässerschutz - ein integriertes Informationssystem zum Umweltrecht", 6. Symposium Informatik im Umweltschutz, München 1991

[STEI87] Steiner J.: "Erfassung und Überwachung von Deponien mit Luftbildern", Diplomarbeit an der Technischen Universität Wien, 1987

[TOGN92] Bruce "Tog" Tognazzini, "Tog on Interface", Addison-Wesley, 1992

[UBA87] Umweltbundesamt Wien: "Luftbildgestützte Erfassung von Altablagerungen", Wien 1987

[UBA91] Umweltbundesamt Wien, "Großflächige Erfassung und Bewertung von Verdachtsflächen im Grazer Feld", 1991

GI-Arbeitskreis
Ausbildung im Bereich Umweltinformatik

Armin Doll
Sauerackerweg 1
6000 Frankfurt am Main 71

Deskriptoren: Umweltinformatik, Geoinformatik, Ausbildung, Didaktik

Zusammenfassung

Der GI-Arbeitskreis "Ausbildung im Bereich Umweltinformatik" schlägt vor, den Begriff "Umweltinformatiker" nur für Systementwickler von Umweltschutzanwendungen zu verwenden. Es werden Ausbildungsmöglichkeiten für Umweltinformatiker und Anwender aufgezeigt. Ziel des Arbeitskreis ist die Entwicklung einer Fachdidaktik für Umweltinformatik.

1. Einleitung

Informatikanwendungen nehmen im Umweltschutz einen wichtigen und festen Platz ein. Ihre Bedeutung wird auch in Zukunft weiter wachsen. Es besteht Bedarf an gut ausgebildeten Anwendern und Systementwicklern.

Der Arbeitskreis "Ausbildung im Bereich Umweltinformatik" der Gesellschaft für Informatik will die Diskussion über Inhalte, Lernziele und Aufbau einer Umweltinformatik-Ausbildung anregen.

2. Definition Umweltinformatik (Vorschlag)

Umweltinformatik befaßt sich mit Anwendungen der Informatik für den Umweltschutz.

Sie sammelt, ordnet, bewertet und entwickelt Methoden, Verfahren und Techniken der Informatik und bietet sie den Anwendern an. Vereinfacht ausgedrückt findet sie ihre fachlichen Erkenntnisfragen in der Umwelt- und Naturschutzpraxis, -verwaltung und

-planung sowie den ihnen zugrunde liegenden Wissenschaften, neue Methoden und Instrumente (Computer, Mikroelektronik) in der Informatik und Kommunikationstechnik. (in Anlehnung an DWORATSCHEK 1986: 451)

Der Begriff "Umweltinformatik" ist umstritten. Einige Informatiker sprechen lieber von "Informatik für den Umweltschutz", um die Zugehörigkeit zur Informatik zu unterstreichen, doch ist diese Formulierung in Zusammensetzungen recht umständlich.

3. Berufsbild Umweltinformatiker

Das Berufsbild der Umweltinformatiker läßt sich über Tätigkeitsmerkmale definieren (Vorschlag):

Umweltinformatiker sammeln, ordnen, bewerten und entwickeln Methoden, Verfahren und Techniken der Informatik und Kommunikationstechnik und bieten sie den Anwendern im Umweltschutz an.

Umweltinformatiker sind alle, die eine dieser Tätigkeiten ausüben. Hierzu zählen insbesondere Systementwickler, die Anwendungen für den Umweltschutz erstellen oder zumindest modifizieren. Reine Anwender sind in diesem Sinne keine Umweltinformatiker, auch wenn sie gelgentlich kleinere Programme für den eigenen Bedarf entwickeln.

3.1. Fachkenntnisse

Zur Entwicklung von Umweltschutzanwendungen sind neben guten Kenntnissen und Fertigkeiten in Informatik und Kommunikationstechnik, insbesondere aus der Angewandten Informatik, Kenntnisse im Umweltschutz und in Fachinformatik (Informatikanwendungen für den Umweltschutz) erforderlich. Ein Hochschulstudium der (Kern-) Informatik ist für Umweltinformatiker weder hinreichende noch notwendige Voraussetzung.

3.2. Ausbildungsmöglichkeiten Informatik

Es gibt zahlreiche Möglichkeiten, Informatik-Kenntnisse zu erwerben. STAHLKNECHT (1988) gibt einen tabellarischen Überblick über Bildungsangebote im Bereich Datenverarbeitung. Hochschulen bieten geeignete Möglichkeiten vor allem in der Informatik, Wirtschaftsinformatik und Geoinformatik an.

Informatik ist zusammen mit Nachrichten- und Kommunikationstechnik einer der Grundpfeiler der Informationstechnologie. Sie wird unterteilt in Kerninformatik (Theoretische, Technische und Praktische Informatik) und Angewandte Informatik (Methodenteil und Fachinformatik). (BRAUER et al. 1988)

Das Studium der Informatik an den wissenschaftlichen Hochschulen ist recht theoretisch. Kerninformatiker, die von der Universität kommen, tun sich manchmal schwer, die Wünsche der Anwender zu erfüllen. Überspitzt ausgedrückt: Anwender suchen intelligente Möglichkeiten, die Masse ihrer realen Umweltdaten zu verwalten und zu verarbeiten, während (Kern-) Informatiker lieber virtuelle Welten bauen.

Wirtschaftsinformatik ist nach KURBEL (1988) ein eigenständiges, sozial- und wirtschaftwissenschaftliches Fachgebiet. Sie behandelt die Nutzung der Informations- und Kommunikationstechnik in Wirtschaft und Verwaltung. Informatik und Wirtschaftswissenschaften, insbesondere Betriebswirtschaftslehre, sind in diesem Sinne Grundlagenwissenschaften der Wirtschaftsinformatik.

Umweltschutz wird in Planungsbüros, Wirtschaftsbetrieben und in der öffentlichen Verwaltung betrieben. Da Verwaltungs- und Betriebsinformatik Kernbereiche der stärker anwendungsorientierten Wirtschaftsinformatik sind, liegt es nahe, die Umweltinformatik-Ausbildung dort anzusiedeln. Wichtige gemeinsame Anwendungsgebiete von Wirtschaftsinformatik und Umweltinformatik sind die Verwaltung von Massendaten in Datenbanken, Simulation (Operations Research), Wissensbasierte Systeme, Prozeßsteuerung (betrieblicher Umweltschutz), Online-Datenbankdienste und Statistik.

Geoinformatik oder Geo-Informationsverarbeitung befaßt sich mit raumbezogenen Daten, mit Karten. Wichtige Anwendungen sind Telemetrie, Fernerkundung, Bildverarbeitung und Geographische Informationssysteme. Geoinformatik und Umweltinformatik sind zum Teil deckungsgleich. Kenntnisse der Geoinformaikt werden unter anderem in Studiengängen der Landespflege, Geodäsie, Geographie, Kartographie und Planung vermittelt. Das Ziel dieser Studiengänge ist jedoch die Ausbildung von Anwendern. (vgl. KILCHENMANN 1992 und DURWEN & KIAS 1989).

Fachhochschulen: Neben den wissenschaftlichen Hochschulen stehen die stärker anwendungsorientierten Fachhochschulen.

3.3. Umweltschutz als Ergänzungsfach

Anwendungsentwickler benötigen Grundkenntnisse im Umweltschutz. An den Hochschulen gibt es in der Regel kein Integrationsfach Umweltplanung oder Umweltwissenschaft, so daß die Wahl eines umweltrelevanten Ergänzungsfachs nicht leicht ist.

Die Umwelt des Menschen kann in eine unbelebte (Boden, Wasser, Luft) und eine belebte Umwelt (Flora, Fauna) unterteilt werden, zu der auch der Mensch gehört. Viele verschiedene Wissenschaften befassen sich mit Teilaspekten der Umwelt. Hierzu zählen Biologie, Bodenkunde, Chemie, Geologie, Hydrologie, Meteorologie, Ökologie, Soziologie, Volkswirtschaftslehre und andere. Eine Integration wird am ehesten von der Geographie geleistet.

Umweltschutz ist weniger erkenntnis- als handlungsorientiert. Für die Umweltverwaltung sind Rechts- und Vewaltungswissenschaften, für den betrieblichen Umweltschutz die Verfahrenstechnik von Bedeutung. Städtebau, Raumplanung, Forst- und Agrarwissenschaften liefern wichtige Beiträge zur Umweltplanung. Als "Umweltwissenschaft" im engeren Sinne können Umweltsicherung, Naturschutz und Landschaftspflege gelten.

3.4. Weitere Kenntnisse

Es gibt weitere, umweltinforamtikspezifische Lerninhalte, die in keinem der bisher genannten Fachbereiche untergebracht werden können. Hierhin gehört die Recherche in Online-Datenbanken zur Umweltdokumentation.

Umweltinformatiker sollten die Auswirkungen der Informationstechnologie auf die Umwelt kennen, wissen, welche Gestaltungsspielräume sie haben und welche Zielkonflikte beim Einsatz der Informationstechnik auftreten können.

4. Berufsbild Umweltinformatik-Anwender

Es gibt einen großen Bedarf an Umweltinformatik-Anwendern, also Umweltfachleuten, die in der Lage sind, die Werkzeuge der Informationstechnologie für ihre fachliche Arbeit intelligent und effektiv einzusetzen. Diese Umweltinformatik-Anwendungsspezialisten bleiben Geographen, Landesplaner und so weiter, schöpfen aber die Möglichkeiten der Informationstechnik voll aus.

Da in vielen Institutionen keine geeigneten Umweltinformatiker zur Verfügung stehen, müssen die Anwender oft (Teil-)Aufgaben aus dem Bereich Umweltinformatik mit übernehmen. Hierzu gehören:
- Auswahl, Installation und Wartung von Informationssystemen,
- Anpassung von Informationssystemen,
- Mitarbeit bei der Neuerstellung von Informationssystemen,
- Anleitung und Beratung von Fachkollegen.

Möglichkeiten, sich Informatik-Kenntnisse anzueignen:
- spezielle Kurse im Hauptfachstudium (z.B. Geoinformatik),
- Nebenfach Informatik oder Wirtschaftsinformatik,
- Selbststudium und Abendkurse (z.B. Volkshochschule),
- training-on-the-job, Praktikum,
- hausinterne Weiterbildung (firmen- bzw. behördenintern),
- Produktschulungen der Anbieter von Hard- und Software,
- Kongresse, Seminare,
- berufliche Weiterbildungsmaßnahmen (Vollzeitkurse),
- Ergänzungsstudium.

Berufliche Weiterbildungsmaßnahmen werden von verschiedenen Bildungsträgern angeboten und in der Regel (jedenfalls bisher) vom Arbeitsamt gefördert. Die Kurse wenden sich an Naturwissenschaftler, Ingenieure, Planer und andere Hochschulabsolventen und wollen in mehrmonatigen Kursen ein theoretisch fundiertes, praxisnahes Wissen in Datenverarbeitung vermitteln. Wieweit hier Fertigkeiten zur Systementwicklung ausgebildet werden, hängt von den Lerninhalten und den einzelnen Teilnehmern ab.

6. Ziele des AK

Der GI-Arbeitskreis "Ausbildung im Bereich Umweltinformatik" erstellt zur Zeit einen Katalog der Haupteinsatzgebiete der Informatik im Umweltschutz (vgl. PAGE 1989) und will danach Mindestanforderungen für eine Fachinformatik-Ausbildung festlegen. Für jedes Gebiet sollen benannt werden 1. die vorausgesetzten Grundlagen in der Informatik und 2. wie darauf aufgebaut werden kann (Inhalte und Reihenfolge).

7. Literatur

Zur Ausbildung siehe BRAUER et al. 1989, BUNDESANSTALT FÜR ARBEIT 1985, DURWEN & KIAS 1989, KILCHENMANN 1992, HEINRICH & KURBEL 1989. Einen Überblick über Umweltinformatik geben PAGE 1989, PAGE et al. 1990a, 1990b sowie KILCHENMANN 1992.

ARBEITSKREIS AUSBILDUNG IM BEREICH UMWELTINFORMATIK (1992): Protokoll des Treffens am 1.10.1992 in Karlsruhe. -- [mit Beiträgen von Armin Doll, Bernd Page, Hans-Reiner Simon, Peter Ludäscher und Eberhard Stark; unveröffentlicht].

BRAUER, Wilfried; HAACKE, Wolfhart; MÜNCH, Siegfried (1989): Studien- und Forschungsführer Informatik. -- Berlin, Heidelberg usw. (Springer). -- [unter Mitarbeit von Gert Böhme].

BUNDESANSTALT FÜR ARBEIT (Hrsg.) (1985): Datenverarbeitungsberufe. Blätter zur Berufskunde Band 2. -- Bielefeld (Bertelsmann).

DURWEN, Karl-Josef; KIAS, Ulrich (1989): EDV-Ausbildung für Landespfleger. -- In: Garten und Landschaft: 51-54.

DWORATSCHEK, Sebastian (1986): Grundlagen der Datenverarbeitung. -- Berlin usw. (Walter de Gruyter).

HEINRICH, Lutz J.; KURBEL, Karl: Studien- und Forschungsführer Wirtschaftsinformatik. -- Berlin, Heidelberg usw. (Springer).

KILCHENMANN, André (Hrsg.) (1992): Technologie Geographischer Informationssysteme. Kongreß und Ausstellung KAGIS'91. -- Berlin, Heidelberg usw. (Springer).

KURBEL, Karl (1988): Was ist Wirtschaftsinformatik? -- In: HEINRICH, Lutz J.; KURBEL, Karl: Studien- und Forschungsführer Wirtschaftsinformatik: 3-9. -- Berlin, Heidelberg usw. (Springer).

PAGE, Bernd (1989): Zum Stand der DV- und Informatikanwendungen auf dem Umweltsektor. -- In: PAGE, Bernd: Bibliographie Umwelt-Informatik: VII-LVII. -- Berlin (Erich Schmidt).

PAGE, Bernd; JAESCHKE, Andreas; PILLMANN, W. (1990a): Angewandte Informatik im Umweltschutz. Teil 1. -- In: Informatik Spektrum, **13** (1): 6-16. -- Berlin, Heidelberg usw. (Springer).

PAGE, Bernd; JAESCHKE, Andreas; PILLMANN, W. (1990b): Angewandte Informatik im Umweltschutz. Teil 2. -- In: Informatik Spektrum, **13** (2): 86-97. -- Berlin, Heidelberg usw. (Springer).

STAHLKNECHT, Peter (1988): Der Arbeitsmarkt für Wirtschaftsinformatiker. -- In: HEINRICH, Lutz J.; KURBEL, Karl: Studien- und Forschungsführer Wirtschaftsinformatik: 10-19. -- Berlin, Heidelberg usw. (Springer).

Kommunale Umweltinformationssysteme
- Die Position des Arbeitskreises -

Horst Kremers
Senatsverwaltung für Stadtentwicklung
und Umweltschutz
Lindenstr. 20-25
D- 1000 Berlin 61

Zur Betrachtung des Begriffes "Kommunales Umweltinforamationssystem" vom Standpunkt der Informatik her ist vorab eine Abgrenzung gegenüber Umweltinformationssystemen im allgemeinen geboten. Eine Typisierung muß von den besonderen Anforderungen und Realisierungsbedingungen begründet sein. Daraufhin sollen die speziellen Aspekte der hier anzuwendenden Methoden und Techniken der Informatik betrachtet werden. Eine Übersicht zu diesem Themenbereich wird in [PIET92] gegeben; von der Kommunalen Gemeinschaftsstelle für Verwaltungsvereinfachung (KGSt) wird entsprechende Information aufbereitet und den Kommunen zur Verfügung gestellt [KGST91]. Eine Aufzählung des weiteren Handlungsbedarfes für den Arbeitskreis schließt diesen Bericht ab.

1. Abgrenzung

Umweltinformationssysteme werden von der Öffentlichen Verwaltung auf allen ihren Stufen administrativer Hierarchie und fachlicher bzw. regionaler Zuständigkeit betrieben.

Die arbeitsteilige Verwaltungsorganisation sieht für die kommunale Ebene die Zuständigkeiten für bestimmte Verfahren vor, die nicht nur in dem vertikalen und horizontalen Kontext der Fachorganisation sondern auch in der Differenziertheit des räumlichen und eigentumsrechtlichen Bezuges zu sehen sind.

Wenn man also für alle Kommunen eine gleichartige Aufgabenstruktur als vorgegeben ansieht, dann ist ein wesentliches Unterscheidungskriterium bereits die räumliche Ausdehnung der einzelnen Gebilde dieser administrativen Stufe - eine Einteilung wird amtlicherseits jedoch oft nach der Einwohnermengenklasse getroffen. Es bestehen hier entsprechende Arbeitskreise, bis hin zur 'Union der größten Metropolen der Welt'. Eine Zusammenstellung der in der Bundesrepublik von Kommunen eingerichteten Umweltinformationssysteme findet sich in einem Anhang der aktuellen "Daten zur Umwelt" [DATUM]. Eine Zusammenfassende Übersicht der in einem städtischen Ballungsraum realisierten und geplanten Verfahren ist beispielhaft in [UMBALL] auf wissenschaftlicher Basis begründet und erläutert worden.

Die Aufgabenstellung der Erarbeitung von Lösungen für vorgegebene Handlungsbereiche läßt das Tätigkeitsgebiet als ingenieurwissenschftliche Disziplin erscheinen.

2. Typisierung

Eine Typisierung kommunaler Umweltinformationssysteme ist in der Diskussion. Derzeit wird dieser Begriff undifferenziert für Verfahren benutzt, die mehrere Größenordnungen bezogen auf Mengen und Komplexität auseinanderliegen. Bezüglich des Einsatzbereiches lassen sich die folgenden Ebenen aufzählen: Arbeitsebene, Managementebene, (politische) Leitungsebene, Öffentlichkeit. Diese Ebenen sind durch jeweils andere Anforderungen an die Verarbeitungsfunktionalität, an den Detaillierungsgrad der Informationen (Generalisierung) bzw. an den Datenschutz gekennzeichnet. Auf der einen Seite sind die entsprechenden Systemvorgaben daher Input-orientiert: Vorgaben aus der Umsetzung rechtlicher bzw. gesetzlicher Vorgaben; andererseits werden Anforderungen Output-orientiert gestellt, wo ausgewählte situationsbedingte Entscheidungsgrundlagen geschaffen werden sollen. Besondere Komplexität erreichen diese Verfahren dann, wenn sie zu Aussagen über integrierte Entwicklungsplanungen, ökologische Folgenbewertungen etc. eingesetzt werden sollen (medien- und verfahrenübergreifende Anwendungen) [BOCK90].

Anwendungen der Informatik für den Umweltschutz müssen die besonderen Anforderungen des Organisationsmodells der kommunalen Verwaltung und die damit verbundenen Realisierungsbedingungen berücksichtigen.

2.1 Besondere Anforderungen

Die Aspekte der Integration von (Teil-)Systemen betreffen nicht nur die Fragen des Datenaustausches sondern in wesentlichen Teilen die hiermit in konsistenter Weise zu beschreibende Sematik und Funktionalität als beschreibende Merkmale des fachlichen und administrativen Kontextes. Für große Verwaltungseinheiten kommt man schnell auf die Erfordernisse, eine 'unternehmensweite' Datenmodellierung vorzunehmen, die organisatorische, funktionale und regionale Strukturen aufweist.

Die aus den administrativen Aufgaben sich ergebenden besonderen Anforderungen entstehen aus der zwangsläufigen Berücksichtigung folgender Begriffe:

> Recht, öffentliche Ordnung, Information, Planung, Vollzug, Richtigkeit, Vollständigkeit, Aktualität.

Die besonderen Aspekte der Öffentlichkeitsarbeit (Bürgerinformation) werden in absehbarer Zeit erhöhte Aufmerksamkeit erfordern, wenn die EG-Richtlinie über den freien Zugang zu Informationen über die Umwelt [EG90], [TAEG92] in nationales Recht umgesetzt wird.

2.2 Realisierungsbedingungen

Die Planung und Realisierung kommunaler Umweltinformationssysteme richtet sich bei Vergabe an Auftragnehmer nach den formalen Vorgaben der "Besonderen Vertragsbedingungen für die Planung bzw. für das Erstellen von DV-Programmen" [BVB].

Die in diesen Richtlinien vorgegebenen Phasenkonzepte geben einen sehr detaillierten Anhalt für das entsprechende Projektmanagement. Die Erfahrung zeigt allerdings, daß es nach der Phase der Beschreibung des Grobkonzeptes schwierig wird mit der durchgreifenden Realisierung der hier festgelegten Anforderungen an Entwicklung, Spezifikation und Dokumentation. Vielfach wird in dieser im Sinne der konkreten Realisierung des Auftrages mit den Methoden und Techniken der Informatik entscheidenden Phase den nachvollziehbaren Details nicht mehr die erforderliche Aufmerksamkeit gewidmet. Auf die sich hier ergebenden Anforderungen an die Problemstellungen des Software-Engineering im allgemeinen sei hingewiesen.

Randbedingungen methodischer und technischer Art werden vielfach durch die 'Einbettung' des Verfahrens in das Handlungskonzept anderer Verwaltungsbereiche gesetzt. Dies gilt sowohl horizontal (Nutzbarkeit in anderen Ämtern der kommunalen Ebene) als auch vertikal (Einbettung in ein Landessystemkonzept - einschließlich Nutzung von Elementen der Bürokommunikation).

Eine wesentliche Rolle spielen auch die Ver- und Entsorgungsbetriebe der Kommunen (Gas, Wasser, Elektrizität, Abfall etc.), die teilweise privat betrieben werden und in ihrer DV-technischen und fach-personellen Ausstattung oft eine sehr hohe Kompetenz nachweisen können. Die bei diesen Betrieben bzw. Unternehmen verarbeiteten Informationen sind im überwiegenden Maße als umweltrelevante Informationen anzusehen. Die praktischen Erfahrungen über Nutzungskonzepte dieser Informationen und deren Realisierung ist von besonderem Interesse.

Als technisches Verfahren der Administration ist eine laufende Funktionstüchtigkeit des Systems zu gewährleisten. Diese Anforderung hat auch bezüglich des erforderlichen Personaleinsatzes (Anzahl, fachliche Qualifikation, Weiterbildung etc.) eine sehr hohe Bedeutung.

Standardisierte Lösungen liegen in den wenigsten Anwendungsbereichen vor. Entwicklungsaufträge im Rahmen von Gutachten finden nicht die erwünschte offene fachliche Verbreitung. Informationsdefizite auf methodischer bzw. technischerEbene bei allen Beteiligten führen oft zu erweitertem (ggf. wiederholtem) Forschungs- und Entwicklungsbedarf.

3. Besondere Methoden und Techniken

Methodik und Technik des Informationseinsatzes in kommunalen Informationssystemen richten sich nach den generellen Prinzipien komplexer verteilter, heterogener Informationssysteme. Besonderheiten können in den spezifischen Erfordernissen gesehen werden,

den die hier zu betrachtenden Verfahren im Detail des Raumbezuges und dem damit verbundenen Aspekten des Datenschutzes erfordern. Eine gemeinsame Darstellung von Datenbeschreibung, Datenstruktur und Funktionsstruktur hilft, Mehrfacherfassungen aufzudecken, Mehrfachnutzungen zu ermöglichen und im Sinne datenschutzrechtlicher Vorgaben den Gebrauch der gesammelten Informationen nachvollziehbar zu machen.

Anforderungen für den Aufbau und Erfahrungen beim Einsatz von Datenkatalogen, "Repositories" und CASE-Tools zur fachlichen Unterstützung dieser ämterübergreifenden Querschnittsaufgabe werden im Arbeitskreis zu besprechen sein.

3.1 Raumbezogene Kommunale Informationssysteme

Die identifizierenden Elemente kommunaler Informationssysteme werden dort, wo ein expliziter Raumbezug vorausgesetzt werden kann, durch Koordinaten der Lage oder durch die Hierarchie der im kommunalen Rahmen auftretenden Flächenobjekte gebildet:

> Gebäude, Grundstück, Adresse, Straße, Statistischer Block, Verkehrszelle, Statistisches Gebiet, Ortsteil, Bezirk.

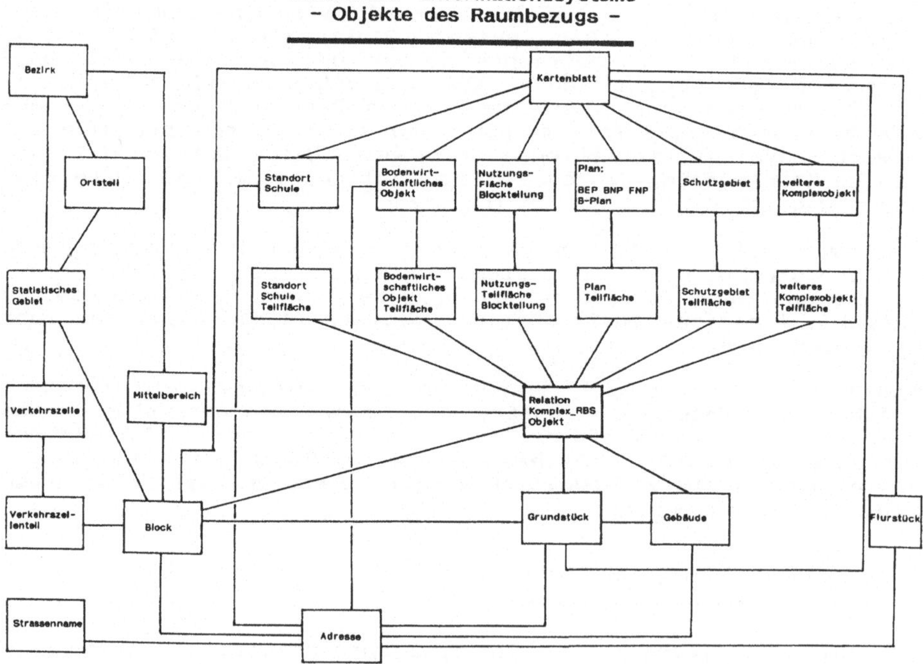

Dies sind auch die Basiselemente des liegenschaftsrechtlichen Nachweises und der amtlichen Statistik. Die Grundlage bildet das bei den Vermessungsverwaltungen geführte "Automatisierte Liegenschaftsbuch ALB", die "Automatisierte Liegenschaftskarte ALK" und das darauf aufbauende, oft von den statistischen Ämtern geführte Regionale Bezugssystem, das insbesondere die Statistischen Blöcke und deren Aggregate nachweist (vgl. [DÜRR]).

Die aus rechtlichen, administrative oder planerischen Aspekten sich ergebenden Komplexobjekte (z.B. Standorte, Schutzgebiete, Landschaftspläne etc.) können als zusammengesetzt aus den vorgenannten Flächenobjekten modelliert werden und bilden damit in ihrer Heterogenität oftmals aufwendige Komplexobjekte (vgl. vorstehende Abb.).

Es wird deutlich, daß bereits in der Zuständigkeit für die aktualisierte Führung der identifizierenden Elemente der Lage ein Zusammenwirken verschiedener Verwaltungseinheiten erforderlich ist. Aus den Aspekten der steten Änderung dieser identifizierenden Elemente ergeben sich strenge Anforderungen an entsprechende Kommunikationsmechanismen, die eine diesbezügliche Konsistenz der Verfahren bei den unterschiedlichen Anwendern - insbesondere daher auch im Umweltschutz - sicherstellen müssen. Hier bieten sich transaktionsbezogene Verfahrensweisen an, da diese auch generell den Strukturen des Verwaltungshandelns entsprechen. Basiskenntnisse ausgewählter Verfahren anderer Ämter bzw. Dienststellen der Kommune sind für die Arbeit in Umweltinformationssystemen daher zwingend erforderlich.

3.2 Datenschutzrechtliche Aspekte

Die Erfassung von Primärinformationen im kommunalen Bereich erfolgt grundsätzlich auf einem äußerst differenzierten Niveau, so daß sich hier prinzipiell Ansätze für eine strikte Berücksichtigung datenschutzrechtlicher Aspekte ergeben. Entsprechend den Datenschutzgesetzen der Länder besteht eine Pflicht des Nachweises der hier angelegten Dateien und der eingesetzten Verfahren. Datentechnische Regelungen des Gebrauchs von Teilinformationen (Sichten) auf Datenbanken gehören zu den hier noch weiter zu behandelnden Entwicklungen. Die rechtlichen Aspekte müssen unter dem gesellschaftspolitisch hohen Stellenwert der Information über die Umwelt kritisch auf die mit dem Datenschutz konkurrierenden Belange hinterfragt werden [ABELO].

4. Handlungsbedarf für den Arbeitskreis

Der Arbeitskreis befaßt sich auf seinen Sitzungen und in seinen Rundbriefen mit den Details exemplarischer Entwicklungen zu den vorgenannten Problembereichen. Die sich aus dem Verwaltungsvollzug ergebenden rechtlichen und organisatorischen Problemstellungen bilden hierbei besondere Schwerpunkte und grenzen damit auch den Handlungsbereich dieses Arbeitskreises gegenüber den anderen Arbeitskreisen des Fachausschusses "Informatik für den Umweltschutz" der Gesellschaft für Informatik ab.

Das starke, steigende Interesse an diesem Arbeitskreis zeigt auch, daß aus der Informatik heraus die fachliche Behandlung technisch-wissenschaftlicher Problemstellungen erwartet wird. Auftraggeber und Auftragnehmer aus dem kommunalen Bereich finden auf dieser Basis eine Plattform der Diskussion, die miteinander geführt einen Beitrag zum besseren Verständnis von Methoden und Techniken der Informatik und deren praxisrelevanten Anwendungen leisten kann.

6. Literaturhinweise

[ABELO] Abel-Lorenz, E.; Brandt, E.: Rechtsfragen der Bodenkartierung. Ermächtigungsgrundlagen, Kollidierende Rechtsgüter, Kartiergesetz. 208 S., E. Blottner Verlag, Taunusstein 1990.

[BOCK90] Bock, M. et al.: Ökologisches Planungsinstrument Naturhaushalt/Umwelt. Senatsverwaltung für Stadtentwicklung und Umweltschutz, 183 S., Berlin 1990.
Mit: DV-Handbuch in 11 Teilen.

[BVB] Besondere Vertragsbedingungen für die Planung von DV-Programmen (BVB-Planung) und: Besondere Vertragsbedingungen für das Erstellen von DV-Programmen (BVB-Erstellung).

[DATUM] Daten zur Umwelt 1990/91. E. Schmidt Verlag, Berlin 1992.

[DIFU] Kommunale Unmweltinformationssysteme I, II und III. DIfU Materialien 5/90, 4/91 und 1/92. Deutsches Institut für Urbanistik, Berlin.

[DÜRR92] Dürr, K.; Schmitt, M.: Aktueller Digitaler Atlas München - Aufbau und Einsatz eines Kommunalen GIS nach dem MERKIS-Konzept. Zeitschrift f. Vermessungswesen 117(1992)386-395.

[EG90] Freier Zugang zu Informationen über die Umwelt. EG-Richtlinie vom 7. Juni 1990. Amtsblatt der EG No. L 158 vom 23.06.1990, S. 56-58.

[EXKON] Internationale Expertenkonferenz "Förderung des kommunalen Umweltschutzes - Strategien und Handlungsansätze". Dokumentation. Bundesministerium für Umwelt, Naturschutz und Reaktorsicherheit.183 S., Bonn 1992.

[KGST91] Kommunale Umweltinformationssysteme - Empfehlungen zu ihrem schrittweisen Aufbau. Kommunale Gemeinschaftsstelle für Verwaltungsvereinfachung, Köln 1991.

[LBWÜ] Landessystemkonzept Baden-Württemberg. Statusbericht '92, Schriftenreihe der Stabsstelle Verwaltungsstruktur, Information und Kommunikation. Innenministerium BW, Stuttgart 6'1992.

[MARA] Stadt und Umwelt. W. Marahrens, Ch. Ax, G. Buck, (Hrsg.), Stadtforschung Aktuell Bd. 32. Ergebnisse der europäischen Fachtagung "Umwelt und Stadtentwicklung", Bremen 1990. Birkhäuser Verlag, Basel 1991.

[PIET92] Pietsch, J.: Kommunale Umweltinformationssysteme - eine Standortbestimmung. in [UMDAT], S. 207-221.

[TAEG92] Taeger, J.; Weyer, A.: Freier Zugang zu Informationen über die Umwelt. Rundbrief Nr. 12 des GI FA 4.6, Dez. 1992, S. 12-18.

[UMBALL] Lee, Y.H.: Umweltpolitik und Umweltinformationen in Ballungsräumen. Vergleichende Fallstudie der Umweltinformationssysteme in Berlin (West) und Seoul (Republik Korea). Diss., TU Berlin, Nomos Universitätsschriften, Reihe: Politik, Bd. 19. Nomos Verlag, Baden-Baden 1991.

[UMDAT] Umweltdaten in der kommunalen Praxis. Datenbeschaffung und Datenverarbeitung für Umweltplanung, Überwachung und UVP, Kommunale Umweltinformationssysteme. W. Du Bois, K. Otto-Zimmermann (Hrsg.), E. Blottner Verlag, Taunusstein 1992.

[VERWI] Verwaltungsinformatik. H.E.G. Bonin, (Hrsg.), BI Verlag, Mannheim 1992.

Anmerkung: Ich danke den Mitgliedern des Arbeitskreises für die aktive Mitwirkung an bisherigen Fachgesprächen, insbesondere Herrn Dipl.math. A. Loos und Herrn Prof. J. Pietsch.

DV–Unterstützung

für ein

integriertes Abfallmanagement

im Unternehmen

Chr. Roenick
PSI GmbH
Bernsaustr. 4–6
5620 Velbert 15

Das Thema Abfall hat sich in den letzten 20 Jahren zu einem wesentlichen Aufgabengebiet innerhalb der Umweltpolitik entwickelt. Trotz einer sich laufend verschärfenden Umweltgesetzgebung, die für alle Medien, wie Boden, Wasser und Luft, aber auch für den Abfallbereich neue Gesetze, Technische Anleitungen und Verordnungen bewirkte, konnte das Tempo der wachsenden Müllberge kaum gebremst werden. Da gleichzeitig die Akzeptanz für die Schaffung neuer Entsorgungskapazitäten immer weiter abnimmt, nähern wir uns tatsächlich dem vielbeschworenen "Müllnotstand". Mit der Neufassung des Bundes–Abfallgesetzes von 1986 <1> werden durch die Verpflichtung zum Vermeiden oder Verwerten von Abfall vor der Entsorgung neue Prioritäten gesetzt. Flankierende Maßnahmen, wie die geplante TA Siedlungsabfall oder die neuen Abfallentsorgungspläne einzelner Bundesländer gehen dabei so weit, daß sowohl die entsorgungspflichtigen Gebietskörperschaften als auch Industrie, Gewerbe und Handel Abfallwirtschaftskonzepte erstellen müssen, die eine Planung, Durchführung und Kontrolle aller abfallwirtschaft–lichen Aktivitäten gemäß den neuen Prioritäten sicherstellen soll <2>.
Diese neuen Ansätze würden ohne massiven Einsatz der Informationstechnik kaum durchführbar sein. Um Abfälle vermeiden und verwerten zu können, müssen die Entstehungsorte, die Mengen, Zusammensetzung und die Entsorgungswege der Abfälle bekannt sein. Es müssen Vermeidungs– und Verwertungspotenitale aufgezeigt werden können. Produktions–, Vermeidungs– und Entsorgungsverfahren sind auf ihre Abfallrelevanz und Umweltverträglichkeit zu durchleuchten. Der Strom der besonders über–wachungsbedürftigen Abfälle muß bundesweit gesteuert und kontrolliert werden <3>. Im folgenden soll erläutert werden, welche DV–gestützten Ansätze und Lösungen sowohl im öffentlichen als auch im industriellen Bereich angedacht oder bereits realisiert worden sind.

1. Die Industrie braucht eine integrierte Abfallwirtschaft

Für die Industrie wird das Vermeiden und Verwerten von Abfällen zukünftig Priorität haben. Die Landesregierung in Nordrhein-Westfalen will mit ihrem Entwurf zu einem neuen Landesabfallgesetz NRW, neben den Kreisen und Städten, auch die Industrie verpflichten, die Verwertungsraten in den Betrieben von 50% auf 70% in den nächsten zehn Jahren zu steigern.
Um dieses Ziel zu erreichen, sind in Zukunft alle Betriebe, in denen über 500 kg Sondermüll anfallen, verpflichtet, betriebliche Abfallwirtschaftskonzepte vorzulegen. Außerdem müssen laut Landesregierung zum ersten Mal in der Bundesrepublik alle Industriebetriebe in einem Konzept konkret darstellen, daß ihre Produkte umweltverträglich entsorgt werden können. Vermeidung und Verwertbarkeit von Abfällen sollen immer mehr bereits in der Planung und Steuerung der Produktion berücksichtigt werden. Die Konzepte, die von den Betrieben dazu erstellt werden müssen, werden genauso der oberen Abfallwirtschaftsbehörde zur Überprüfung vorgelegt <2>.

Diese Vorgaben werden in ähnlicher Form auch in anderen Bundesländern durchgesetzt werden, so daß davon ausgegangen werden kann, daß Abfallwirtschaftskonzepte für die Betriebe mit relevanten Abfallaufkommen allgemein zur Verpflichtung werden.

Diese Ansätze sind durchaus gerechtfertigt, da das Abfallaufkommen des produzierenden Gewerbes den größten Anteil am Gesamtaufkommen ausmacht <10>. Somit ist auch das Vermeidungs- und Verwertungspotential von Abfall erheblich größer, verglichen mit den Potentialen im kommunalen Bereich.

Betrachtet man die möglichen Maßnahmen zur Vermeidung und Verwertung von Abfall im industriellen Bereich, so kann die industrielle Abfallvermeidung durch eine Summe stoffbezogener bzw. anlagenbezogener Einzelmaßnahmen erreicht werden. Zu den stoffbezogenen Vermeidungsmaßnahmen zählen unter anderem:

- geringer Ressourcenverbrauch,
- Einsatz schadstoffarmer Hilfs- und Betriebsstoffe,
- Herstellung abfall- und schadstoffarmer Erzeugnisse,
- Herstellung verbrauchsarmer Produkte,
- recyclinggerechtes Konstruieren,
- recyclinggerechte Werkstoffauswahl bei der Produktplanung.

Zu der anlagenbezogenen Abfallvermeidung zählen unter anderem:

- abfallarme Gewinnungs- und Fertigungsverfahren,
- abfallarme Recyclingverfahren,
- abfallarme Behandlungs- und Entsorgungsanlagen.

Als Abfall-Verwertungsverfahren ist das Produktions-Reststoff-Recycling einzuordnen, bei dem zwischen Wiederverwertung, Weiterverwertung und Aufbereitung zu unterscheiden ist <11>.

Die aufgeführten Verfahren verdeutlichen, daß ohne Änderung der Produkte, der Roh-, Hilfs- und Betriebsstoffe, der Produktionsverfahren kaum Einfluß auf Veränderungen des Abfallaufkommens möglich sind. Eine rein "abfalltechnische" Sicht verbietet sich geradezu. Nur integrierte Umwelt-Konzepte können zur Vermeidung und Verwertung von Abfall in der Industrie beitragen.

1.2 Ökobilanzen als Bestandteil einer integrierten Abfallwirtschaft

Ausgangspunkt für die Bestandsaufnahme der Umweltwirkungen eines Unternehmens ist die Erfassung der Stoff- und Energieflüsse im Zusammenhang mit den Aktivitäten des Unternehmens. Diese Erfassung erfolgt zweckmäßigerweise mit Hilfe der EDV. Hierfür befindet sich ein Prototyp eines computergestützten Umwelt-Controlling-Systems (UCS1) in Entwicklung. Die Stoff- und Energieströme werden mittels des DV-Systems systematisch erfaßt und bewertet, und aus diesen wird die Ökobilanz des Unternehmens abgeleitet. Die Systematik der Ökobilanz umfaßt vier Elemente:

- Input-Output-Bilanz - Sie dient als Ausgangspunkt der Betrachtung. Auf der einen Seite werden die betrieblichen Inputs getrennt nach Roh-, Hilfs und Betriebsstoffen und Energien dargestellt. Auf der Outputseite werden die Produkte und die stofflichen -auch die Abfälle- und energetischen Emissionen erfaßt. Mittels dieser Darstellungsform wird erstmals ein vollständiger quantitativer Überblick über die im Betrieb vorhandenen Stoffe erreicht.

- Prozeßbilanz - Die Prozeßbilanz soll den ökologischen Einblick in die betriebsspezifischen Abläufe sichern.

- Produktbilanz - Diese Bilanzform dient der ökologischen Bewertung der einzelnen Produkte über ihren gesamten ökologischen Produktlebenszyklus hinweg. Sie reicht von der Rohstoffgewinnung über den Produktionsprozeß und den Produktgebrauch bis zur Entsorgung.

- Substanzbetrachtungen - Diese umfassen die strukturellen Eingriffe wie Nutzung der Bodenfläche, Eingriffe in die Landschaftsstruktur etc.

Mit der betrieblichen Öko-Bilanz werden auf diese Weise systematisch Stoff- und Energieeinsatz, Produktionsprozesse, Produkte, Abfall, Abwasser und nichtstoffliche Emissionen erfaßt, dargestellt und bewertet.

Zur Beurteilung der Stoffe, Energien, Produkte, der Emissionen in Form von Abfall, Abwasser, Abluft und der Produktionsprozesse wurde ein Kriterienkatalog aufgestellt. Dieser Kriterienkatalog berücksichtigt die gesetzlichen Auflagen und Grenzwerte. Weitere Kriterien sind die Umweltwirkungen wie Wassergefährdungspotential, Toxizität etc.. Die Beurteilung der Stoff- und Energieströme erfolgt mit Hilfe eines ABC-Rasters, das die Einstufung nach der Umweltrelevanz und Dringlichkeit des Handlungsbedarfs ermöglicht. Die vorgenommenen Einzelanalysen können zu betrieblichen Problemfeldern zusammengefaßt und in die Maßnahmenplanung, auch in Form von Abfallwirtschaftskonzepten, aufgenommen werden <12>.

Es zeigt sich, daß das Erstellen eines Abfallwirtschaftskonzeptes ohne eine ganzheitliche Umweltbetrachtung nicht gelingen kann, da eine alleinige Betrachtung der Abfallfragen, insbesondere der Aspekt der Abfallvermeidung, mögliche Problemfelder nur verlagern kann.

1.3 Abfallmanagement im Unternehmen

Die ordnungsgemäße und wirtschaftliche Entsorgung der bei der Produktion nicht vermeidbaren anfallenden Abfälle wird durch die wachsende Anzahl und Menge von Sonderabfällen und die damit verbundenen verschärften Gesetze immer umfangreicher. Zudem kommt auf die für die Entsorgung der Abfälle zuständigen Abteilungen in Industrieunternehmen ein stetig steigender Verwaltungsaufwand zu.

Für die Umsetzung von Abfallwirtschaftskonzepten im Industriebetrieb erscheint es daher zweckmäßig, ein systematisches DV-unterstütztes Abfallmanagement aufzubauen.
Eine zentrale Rolle im Abfallmanagement wird das Entsorgungszentrum des Betriebes übernehmen. Ein wesentliches Ziel dabei ist es, die Kosten für die Entsorgung den entsprechenden Erzeugern zuzuordnen. Bisher konnte dies nur prozentual auf Basis der Gemeinkosten geschehen.

Als eigenes Profit-Center im Unternehmen ist das Entsorgungszentrum verpflichtet, die Abfallentsorgung für die angeschlossenen Betriebe kostengünstig zu gestalten. Da das Verursacherprinzip auch im Unternehmen für den Abfall gelten soll, müssen die Entsorgungskosten dem produzierenden Verursacher, und damit einem Kostenträger -letztlich dem Produkt- zugeordnet werden. Dies kann positive Einflüssen auf die Vermeidung von Abfall bewirken. Im gleichen Zuge muß der Anteil der wiederzuverwertenden Stoffe erhöht werden. Stoffe, die nicht im eigenen Betrieb wieder zu verwerten sind, können eventuell anderweitig verwertet werden. Für diesen Zweck müssen innerbetriebliche Abfallbörsen eingerichtet werden, denn die Wiederverwertung kann ebenso die Kosten der Entsorgung verringern.

Den gestiegenen Anforderungen des Gesetzgebers hinsichtlich Dokumentation und Nachweis muß Rechnung getragen werden. Nicht nur der Nachweis der geordneten Entsorgung ist von Bedeutung, sondern auch der ständige Nachweis über Art, Menge und Ort der zwischengelagerten Sonderabfälle. Dies dient auch einer Erhöhung der Sicherheit, insbesondere im Störfall, z. B. bei einem Brand in einem Sonderabfall-Zwischenlager. Sicherheitsrisiken bei der Lagerung, beim Transport, bei der Behandlung von Abfällen und im Störfall zu minimieren, ist aufgrund der komplexen Wirkungszusammenhänge ein wesentliches Ziel nicht nur der Betroffenen am Arbeitsplatz sondern auch der Anwohner.

Für die rationelle Bearbeitung der oben aufgeführten Nachweispflichten und der technischen und betriebwirtschaftlichen Anforderungen entwickelt die PSI derzeit das Umweltinformationssystem PSIoecos.

2. Das Umweltinformationssystem PSIoecos

PSIoecos ist das übergreifende Umweltinformationssystem für Industrie und öffentliche Verwaltung. Es stellt die notwendigen Hilfsmittel für die vom Gesetzgeber geforderten Nachweise zur Verfügung. Gleichzeitig wird die entsprechende Unterstützung gegeben, um die innerbetrieblichen Belange von Entsorgung, Emission- und Abwasserüberwachung zu organisieren.

PSIoecos ist als DV-Bausteinsystem so aufgebaut, daß ein umfangreicher Datenbestand an Gesetzen und Verordnungen mit betriebsindividuellen Informationen gekoppelt wird, um das Gesamtsystem auf die speziellen Umweltschutzbelange des einzelnen Auftraggebers zuzuschneiden. Dies ermöglicht einen überaus variablen Einsatz von PSIoecos. Das System kann an die Aufgaben der verschiedensten Branchen, an unterschiedliche Unternehmensgrößen und differenzierte Aufgabenstellungen angepaßt werden.

Grundlage des auf UNIX basierenden Systems ist eine Faktendatenbank mit umweltrelevanten Gesetzen und Stoffinformationen. Auf Basis dieser Datenbank können die verschiedensten Verfahren wie Entsorgungs-, Verwertungsnachweise, Emissionsüberwachung oder Abwasserkontrollen durchgeführt werden. Durch vielfältige Schnittstellen zu anderen informationstechnologischen Systemen, z. B. CIM-Sektor, in der Kostenrechnung, aber auch zu Laborinformationssystemen und externen Datenbanken, ist ein entsprechender Informationsfluß problemlos zu organiseren <4>.

2.1 Die Bausteine von PSIoecos

Grundlage des Bausteinsystems ist eine Faktendatenbank, in der die verschiedensten Informationen zusammengetragen und gepflegt werden. Zu ersten können darin die relevanten Gesetze und Verordnungen gespeichert und aufbereitet werden. Die umfangreiche Gesetzgebung im Umweltschutz bildet den Rahmen für die Planung aller Aktivitäten. Hier findet man z. B.:

- Das Gesetz über die Vermeidung und Entsorgung von Abfällen (Abfallgesetz - AbfG).
- Das Wasserhaushaltsgesetz (WHG).
- Das Chemikaliengesetz (ChemG).
- Das Gesetz über die Umweltverträglichkeitsprüfung (UVPG).
- Das Bundesimmissionsschutzgesetz (BImSchG).

Um eine hohe Variabilität zu gewährleisten, können in diesem Bereich auch länderspezifische, brachenspezifische und kommunale Verordnungen selektiert abgespeichert werden.

Zum zweiten enthält die Faktendatenbank Stoffe und Produkte mit ihren umweltrelevanten Informationen. Hier werden individuell unternehmensinterne oder externe Stoffdatenbanken angebunden. Durch die komfortablen Schnittstellen und Kommunikationsmöglichkeiten kann man auf Informationen aus den verschiedensten Datenbanken zugreifen.

Zum dritten beinhaltet die Datenbank objektbezogene Daten zu Betriebsstätten, Anlagen, Lägern, Transportmitteln und Entsorgungseinrichtungen.

All diese Informationen stehen zugriffsgerecht aufbereitet auf dem System zur Verfügung. Diese drei großen Bereiche (Gesetze/Verordnungen, Stoffe/Produkte sowie Objektdaten) bilden die Faktendatenbank, die Grundlage des Systems.

Die folgende Abbildung 1 gibt eine Übersicht über die Bausteine des Systems:

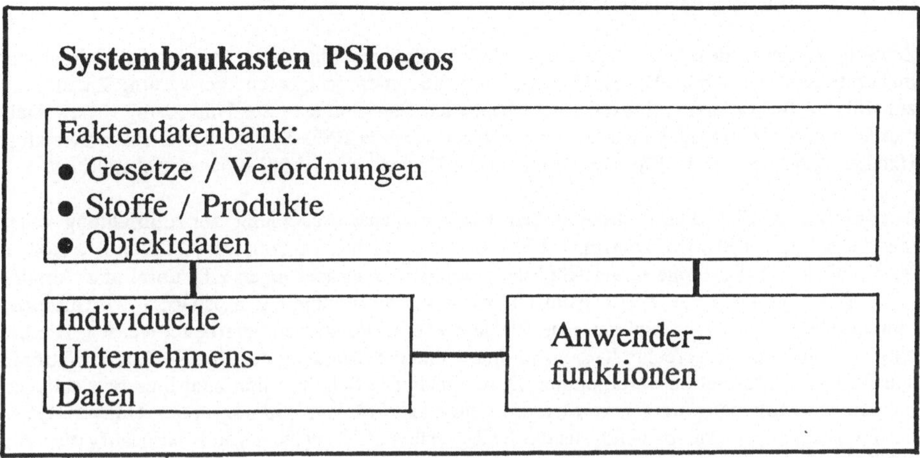

Abb. 1: Bausteine des Systems

Den zweiten großen Baustein bilden die individuellen Unternehmensdaten. Hier werden z. B. im Breich der Stammdaten verschiedene Betriebsstätten, Genehmigungsdaten, Informationen über Produktionsprozesse und eingesetzte Stoffe erfaßt und abgelegt. Spezifische Ereignisdaten, wie individuelle Meßdaten und Überwachungsdaten, runden die Information in diesem Bereich ab.

Als zentrale Dienste stellt PSIoecos eine Reihe von Hilfs- und Auswertefunktionen sowie verschiedene Möglichkeiten für die Ablage und eine vorgangsorientierte Bearbeitung bereit.

Als dritten großen Baustein realisiert PSIoecos die verschiedensten Anwenderfunktionen. Auch hier zeigt das Bausteinsystem seine Ausgewogenheit und seinen individuellen Komfort. Zum einen stellt es eine Reihe von anwendungsorientierten Grundfunktionen bereit, die weitestgehend standardisiert sind. In diesem Bereich ist z. B. das gesamte Gebiet des Entsorgungsnachweisverfahrens für die unterschiedlichsten Abfall- und Reststoffe zu erwähnen. Sämtliche Formulare und Begleitscheine sind bei PSIoecos anwendergerecht gespeichert und müssen nur ausgefüllt und ausgegeben werden.

2.2 Der Baustein AR (Abfall/Reststoff)

Mit PSIoecos werden die verschiedensten Aufgaben im Umweltschutz unterstützt. Exemplarisch soll hier auf den Baustein Abfall-Reststoff eingegangen werden. Auf der Basis dieses Bausteins wurde mit der Firma Boehringer Mannheim im Rahmen der Errichtung eines Reststoff-Zentrums das DV-Projekt "Reststoffzentrum-System (RSZ-System)" realisiert.

Ziele und Aufgaben des RSZ-Systems

Zentrale Aufgabe des Reststoffzentrums bei Boehringer Mannheim ist die Bündelung der innerbetrieblichen Abfall/Reststoffströme, um sie einer geeigneten Verwertung/Entsorgung zuzuführen. Neben den technischen und baulichen Einrichtungen zur Umsetzung dieses Ziels wurde ein EDV-System konzipiert und realisiert. Dieses RSZ-System leistet die notwendige Unterstützung bei den vielfältigen Aufgaben im Rahmen des Abfall-/Reststoffehandlings.

Übergreifendes Ziel dieser strategischen Unternehmensentscheidung zur Einrichtung eines innerbetrieblichen Reststoffzentrums (RSZ) ist der effiziente Umgang mit Abfällen/Reststoffen im Hinblick auf derzeitige und zukünftige gesetzliche Anforderungen z.B. durch das Abfallgesetz (AbfG) oder die Abfall/Reststoffüberwachungsverordnung (AbfRestÜberwV). Um diese Zielvorgaben umzusetzen, müssen eine Vielzahl von Informationen verarbeitet werden. Hierbei bilden die verursachergerechte Kostenzuordnung und die Erfassung der Abfall-/Reststoffströme den Kern der Informationsverarbeitung. Durch geeignete Schnittstellen zum innerbetrieblichen Finanz- und Rechnungswesen werden die Grundlagen für ein wirkungsvolles Umwelt-Controlling geschaffen. Daneben entlastet das RSZ-System die Anwender von Routineaufgaben und erfüllt die vom Gesetzgeber vorgeschriebenen Aufgaben der verschiedenen Verfahren z.B. Begleitscheinverfahren.

Vorgehen

Nach einer Marktsichtung von Standardlösungen ist man bei Boehringer zur Überzeugung gelangt, daß keine verfügbare Lösung über einen entsprechenden Erfüllungsgrad verfügt. Daher hat man sich entschlossen, auf der Basis eines Lastenheftes dieses EDV-System auszuschreiben. Im Wettbewerb mit verschiedenen anderen Bietern erhielt PSI den Auftrag für die Konzeption und Realisierung dieses RSZ-Systems. Hierbei wurde ein partizipativer Weg beschritten, auf dem Boehringer Mannheim und PSI gemeinsam ihr Wissen in dieses Projekt eingebracht haben. Auf der Basis eines detailierten Fachkonzeptes wurde das Gesamtsystem in drei Stufen realisiert. Dieses Vorgehen ermöglichte ein frühzeitiges Feedback und vollständiges Testen der Software.

Funktion des RSZ-Systems

Die folgende Abbildung zeigt die im RSZ-System enthaltenen Funktionen im Überblick.

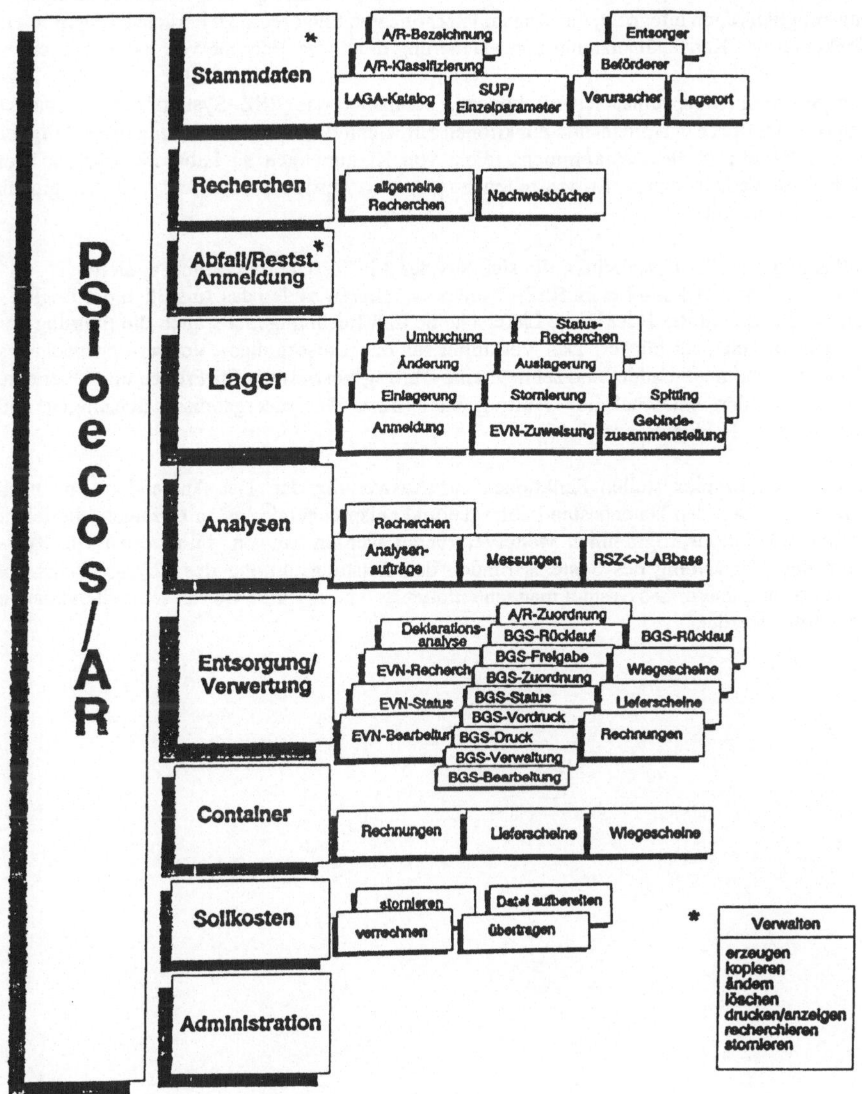

Abb. 2: Funktionsstruktur des RSZ-Systems

Dabei sei besonders auf die Bandbreite der zu erfüllenden Aufgaben hingewiesen, die sich aus dem Ziel der verursachergerechten Kostenverfolgung und gleichzeitiger Bündelung der Abfälle/-Reststoffe ergibt. Es müssen geeignete Stammdaten über Stoffe, Art und Häufigkeit des Vorkommens und über Lagerungsmöglichkeiten und Lagerbestände geführt werden. Hierbei sind Planungsmöglichkeiten integriert, um Annahmetermine von Entsorgern zu berücksichtigen sowie Möglichkeiten der Kapazitätsplanung und -steuerung durch die Vergabe von Kontingenten.

Um die Stoffbündelung umsetzen zu können, beinhaltet das RSZ-System ein komplettes Lagermodul, das durch entsprechende Funktionen z.B. Gebindezusammenstellung diese Aufgabe erfüllt. Die Bandbreite des Vorkommens reicht von Kleinmengen an Laborchemikalien über Container, die verschiedenen Kostenstellen zugeordnet werden können, bis hin zu großen Mengen an Bauschutt.

Die Entlastung von Routinearbeiten, die sich aus der AbfRestÜberwV ergeben, stellt einen weitern Funktionskomplex im RSZ-System dar. Hierzu zählen das Ausfüllen der Begleitscheine, die Erfassung der Rückläufe, Lieferscheine und Rechnungen als auch die Führung der entsprechenden Nachweisbücher. Das Verfahren für den Entsorgungs-/Verwertungsnachweis (EVN) ist im System abgebildet und schließt eine Auftragsverwaltung für Proben ein. Über eine Schnittstelle werden entsprechende Auftragsdaten bzw. Analyseergebnisse übertragen und können in den EVN eingetragen werden.

Den dritten Teilkomplex stellen Funktionen zur Auswertung dar. Der Anwender kann nach vielfältigen Kriterien den Datenbestand abfragen und entsprechende Listen erzeugen, die leicht in Tabellenkalkulationsprogrammen weiterverarbeitet werden können. Funktionen zur Konfiguration und Verwaltung des Systems runden den Leistungsumfang des RSZ-Systems ab. Hierbei sei betont, daß dieses System mandantenfähig ist d.h., mehrere Betriebseinheiten können separat geführt werden.

2.3 Architektur und Integration von PSIoecos

PSIoecos beruht auf einer offenen Systemarchitektur. Es basiert auf dem Betriebssystem UNIX und wird in den Programmiersprachen C und C++ erstellt.

PSIoecos unterstützt unterschiedliche Benutzeroberflächen:

- Moderne graphische Oberflächen wie MS-DOS/Windows und OSF-Motif.
- Die graphischen Oberflächen (GUI) entsprechen dem X/Open-Standard.

PSIoecos nutzt die Möglichkeit relationaler Datenbanken aus. Darüber hinaus können auch Daten aus anderen Kundensystemen in PSIoecos eingelesen und weiterverarbeitet werden. Hierdurch wird die Bedienung erheblich vereinfacht, da auf dem Bediengerät nur eine einheitliche komfortable Oberfläche erscheint und nicht die unterschiedlichen Oberflächen der verschiedenen Systeme.

Durch die Integration in unternehmensindividuelle CIM-Systeme, z. B. im PPS- und BDE-Bereich sowie in Kostenrechnungssysteme, kann ein innerbetrieblicher Informationsfluß in beide Richtungen organisiert werden.

Die Einbindung unseres Dokumenten- und Textretrievalsystems TRIP in PSIoecos garantiert eine umfassende Dokumentenverwaltung. Umfangreiche Archivierungsfunktionen werden sicherstellen, daß alle Ergebnisse ordnungsgemäß dokumentiert sind und man sie jederzeit im Rahmen einer vororganisierten Bearbeitung weiterverwenden kann.

Die Integrationsmöglichkeit mit Labor- und anderen Informationssystemen dient als Basis, um Daten und Informationen aus dem Umweltschutz nahestehenden Bereichen sowohl an PSIoecos zu übergeben als auch umgekehrt an diese Systeme zur weiteren Analyse und Aufbereitung zu transferieren.

Das modulare und flexible Konzept sorgt dafür, daß das System anwenderindividuell zusammengestellt werden kann. PSIoecos wird ein Werkzeugkasten, aus dem individuell die einzelnen Module kombiniert werden. Nach differenzierten Aufgabenstellungen im öffentlichen oder privatwirtschaftlichen Bereich, z. B. bei der Abfallwirtschaft und der Abwasserüberwachung, werden einzelne Module selektiert und zusammengebunden. Darüber hinaus ist es möglich, innerhalb der einzelnen Module eine kundenspezifische Anpassung durchzuführen, in dem z. B. kundeneigene Stoffdatenbanken in das System integriert werden.

Literaturverzeichnis

<1> Gesetz über die Vermeidung und Entsorgung von Abfällen (AbfG) vom 27. August 1986. Bundesgesetzblatt I S. 1410

<2> VDI-Nachrichten: NRW will Ökobewußtsein belohnen. Düsseldorf, 12.04.91

<3> AbRestÜberwV: Verordnung über das Einsammeln und Befördern sowie über die Überwachung von Abfällen und Reststoffen
Abfall- und Reststoffüberwachungs-Verordnung vom 03.04.1990, BGB1 S. 648

<4> PSI GmbH: Informationsschrift zu PSIoecos

<10> Umweltbundesamt: Daten zur Umwelt 1988/1989; Erich Schmidt Verlag, Berlin 1989

<11> Fleischer, G.: Primäre Abfallvermeidung in der Industrie, in "Vermeidung und Verwertung von Abfällen";
EF-Verlag für Energie- und Umwelttechnik, 1989

<12> Hendric Hallay: Die Ökobilanz - ein betriebliches Informationssystem; Institut für ökologische Wirtschaftsforschung (IÖW), Berlin, 1989

GEMIS-2.0:

Objektorientierte Energie- und Materialfluß-Bilanzierung zur Berechnung von Umweltbeeinträchtigungen

L. Rausch+), K.-H. Simon+), U. Fritsche++)

+) **Gesamthochschule Kassel / FG Umweltsystemanalyse**
Mönchebergstr. 11, W-3500 Kassel
0561/804 2273 od. 2443 FAX 804 3176
EMail: rausch@usys.informatik.uni-kassel.de

++) **ÖKO-Institut Büro Darmstadt**
Bunsenstr. 14, W-6100 Darmstadt
06151/819124 FAX 819133

Abstract

Mit dem Programm GEMIS wird ein leistungsfähiges System zur Unterstützung der Bilanzierung von Umweltauswirkungen insbesondere von Energiesystemen geboten. Grundlage sind sogenannte Prozesse und daraus gebildete Prozeßketten, die sowohl Systeme im Energie- und im Verkehrsbereich, als auch im Materialbereich analysieren helfen. Auf der Basis der umgesetzten Energie- und Materialmenge werden sowohl Luftschadstoff-Emissionen, als auch Rückstände u. a. Beeinträchtigungen ermittelt. Diese können dazu herangezogen werden, verschiedene Versorgungsvarianten miteinander zu vergleichen.

Schlüsselwörter: Bilanzierungssystem; Umweltbeeinträchtigung; Energiesysteme; Verkehrssysteme; Materialbilanzen; Objekt-Orientierte Programmierung

Die Arbeiten wurden in weiten Teilen vom Hessischen Ministerium für Umwelt, Energie und Bundesangelegenheiten finanziert.

1. Einleitung

Bereits anläßlich der Umweltinformatik-Tagung 1991 wurde von einem Programm GEMIS berichtet, das zur Erstellung von Energiebilanzen und der Berechnung der mit dem Energieeinsatz verbunden Emissionen und anderer Umweltaspekte herangezogen werden kann. Mehrere Anwendungsbereiche, z. B. Energiekonzepte (ÖKO-Institut 1991), Klimaschutz (ÖKO-Institut 1989; ÖKO-Institut / Gh Kassel 1992) bis hin zur Stadtökologie (Simon/Fritsche im Ersch.) können benannt werden, so daß die Brauchbarkeit und Relevanz des Instruments belegt werden kann. In einem Folgeprojekt für den Hess. Minister für Umwelt, Energie und Bundesangelegenheiten konnte eine Überarbeitung des Instrumentes durchgeführt werden, so daß nunmehr neben den bereits früher abgedeckten Energiesektor auch der Verkehrssektor berücksichtigt werden kann; zudem erfolgte eine Ausweitung auf die Stoffbilanzierung. Neben der Vorstellung des computergestützten Werkzeugs soll auch das methodische Vorgehen, das nach Überzeugung der Autoren für die Bearbeitung einer weiten Klasse von Problemen geeignet ist, im folgenden andiskutiert werden.

Die Aufgabenstellung besteht in der Bereitstellung eines Werkzeugs, das einen Vergleich zwischen verschiedenen Entwicklungsvarianten erlaubt und zwar in einer Art und Weise, daß ein einheitlicher Standard geschaffen wird, der für verschiedene Bearbeiter verbindlich ist. Z. T. konnte dies im Rahmen der staatlich geförderten Energiesparpolitik in Hessen erreicht werden. Primär handelt es sich also um ein **Hilfsmittel** bei der Umweltanalyse. Eine Vielzahl von zu beachtetenden Kenngrößen und Datenverknüpfungen lassen es sinnvoll erscheinen, ein rechnergestütztes Werkzeug einzusetzen, obwohl i. d. R. lediglich lineare Verknüpfungen eine Rolle spielen.

2. Die Grundbausteine der Modellierung

Wie bereits in dem früher dokumentierten Ansatz (Fritsche et al 1989) auch, steht im Mittelpunkt der Bilanzierung die sogenannte Prozeßkette, in der möglichst alle für die Bereitstellung einer bestimmten Energie- oder Stoffmenge benötigten Stufen ("Prozesse" genannt) zusammengefaßt werden. In der Abb. 1 ist dies für die Bereitstellung einer bestimmten Strommenge skizziert. Dabei wird bei der Analyse von Energiesystemen in einer "Hauptlinie" die Bereitstellung der jeweils benötigten Energieträger verfolgt. Es ergeben sich dabei Verzweigungen, z. B. dann, wenn Energieträger aus mehreren Quellen herangeführt werden (z. B. Steinkohleimport und eigene Förderung). Ebenfalls müssen i. d. R. Hilfsenergien oder -produkte bereitgestellt werden, für die wiederum auch eigene Bereitstellungsketten berücksichtigt werden müssen. Schließlich sollen auch die sog. Materialvorleistungen mit erfaßt werden, d. h. der Aufwand bei der Herstellung der jeweiligen Anlagen. Eine Aufgabe kann es dann z. B. sein, die gesamten Emissionen zu erfassen, die bei einer bestimmten nachgefragten Energiemenge, über eine solche Kette anfallen.

Werden einmal nur die Emissionen betrachtet, dann können in GEMIS zwei Arten unterschieden werden: direkte (am Ort der Energieumsetzung anfallende) Emissionen und vorgelagerte Emissionen (die bei der Bereitstellung der Energieträger und der Hilfsenergien anfallen). Neben Emissionen (d.s. z.B. die Luftschadstoffe SO_2, NO_x und Reststoffen) werden auch Flächenbedarf und Kosten berücksichtigt.

Abbildung 1: Beispiel Prozeßkette Stromerzeugung (vereinfacht)

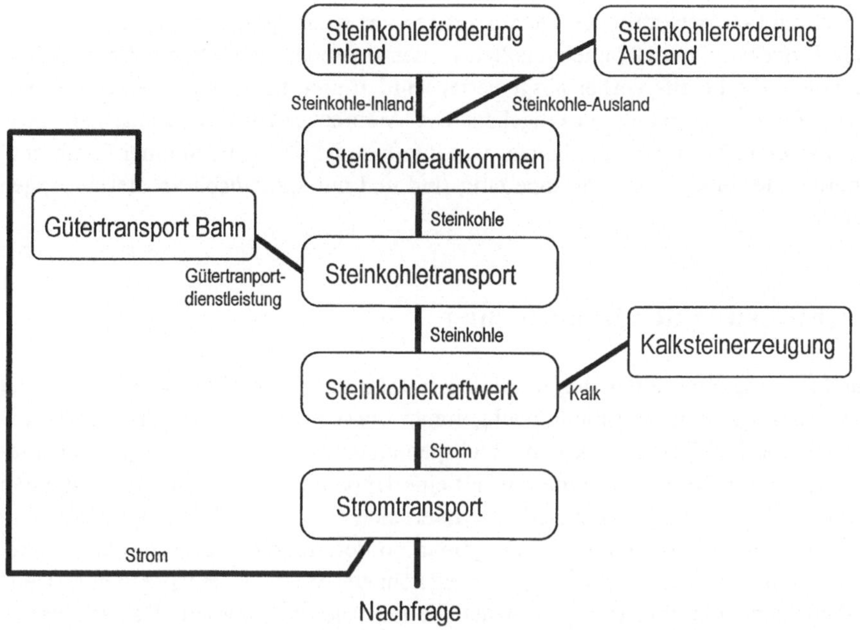

Allgemein ist jede der beteiligten Stufen anhand folgender Angaben beschrieben:

- Name und Art des "Prozesses"
- bereitgestelltes Produkt und benötigte Energieträger und Hilfsenergien und -produkte, sowie benötigte Materialien zur Herstellung
- der Umwandlungsgrad zwischen Output und Input.

Anhand der Ein- und Ausgänge können nun ganze Versorgungs- oder Bereitstellungsketten aufgebaut werden, bzw. Netzstrukturen, da immer wieder Stellen in den Ketten auftreten, an denen entweder Energieträger über mehrere Eingänge nachgefragt werden, oder aber eine Verteilung auf mehrere Ausgänge stattfindet. Auf die Rolle der Hilfsprodukte und Hilfsenergien wurde bereits hingewiesen.

Um das oben skizzierte Ziel einer Vergleichbarkeit der Bilanzierungsergebnisse zu erreichen, sind mehrere Datensammlungen mit anlagenbezogenen ("prozeßbezogenen") Kenngrößen Bestandteil des Programms, bei denen die Datensätze IST (Bezugsjahr 1989), STANDARD (typische Neuwerte 1995-2000) und ZUKUNFT (erwartbare Neuerungen ab dem Jahr 2000) unterschieden werden. Darüber hinaus werden aber selbstverständlich Möglichkeiten geboten, die den Nutzer in die Lage versetzen, jederzeit eigene Datenbestände aufzubauen, z. B. um lokal vorfindliche Anlagen genauer nachzubilden als es bei Anwendung der Standarddefinitionen möglich wäre, oder aber um z. Z. noch nicht genauer beschreibbare Neuentwicklungen in GEMIS zukünftig berücksichtigen zu können.

Um auch diejenigen Nutzer zu unterstützen, die nicht selbst an den globalen energietechnischen und -wirtschaftlichen Details interessiert sind, werden neben den aus den einzelnen Prozeßstufen zusammengefaßten Ketten nunmehr auch "kompaktierte" Ketten angeboten, die bereits vorher ausgewertet wurden und die in der Bilanzierung nur mit diesen Zwischenergebnissen eingehen. Die Autoren gehen davon aus, daß diese Fassung vor allem für diejenigen Nutzer von Interesse ist, die z. B. in einer kommunalen Behörde oder einer Umweltgruppe tätig sind und nur sporadisch an diesen Fragen arbeiten.

3. Durchführung der Bilanzierung

Die Durchführung einer Bilanzierung läuft wie folgt ab: Es wird (wieder im Fall der Energieversorgung) eine bestimmte nachgefragte Energiemenge vorgegeben, z. B. der Bedarf nach 100 MWh Strom aus dem Hochspannungsnetz (wie sie z. B. ein Industriebetrieb benötigen würde). Der Nutzer wählt eine vorhandene Prozeßkette aus, die den nachgefragten Energieträger liefert oder definiert sich eine solche Kette (ggf. auch einzelne Prozeßstufen) neu, falls die im Programm vordefinierten Ketten für den konkreten Anwendungsfall nicht verwendet werden können. Steht die entsprechende Kette bereit, dann kann die sog. Energieflußanalyse durchgeführt werden. Das Programm sucht sich für alle Komponenten die gespeicherten Kennwerte zusammen und reicht die Energienachfrage vor einer Stufe zur jeweils nächst-zurückliegenden weiter. Entsprechend werden auch Verzweigungen (dort ist die prozentuale Aufteilung der Nachfrage festzulegen) und die Nachfrage nach Hilfsenergien mit in die Bilanz einbezogen. Zusätzlich werden die Materialvorleistungen berücksichtigt, d. h. die für die Herstellung der Anlagen benötigten Energie- und Materialmengen. Nach Abarbeitung der gesamten Ketten sind sämtliche mit der Nachfrage verbundenen Emissionen, Rückstände, Kosten u. a. m. erfaßt und können abgerufen werden, wobei verschiedene Ausgabemöglichkeiten und Filter angeboten werden, z. B. um als Berechnungsergebnis nur diejenigen Emissionen anzuzeigen, die von besonderer Klimarelevanz sind. Die Ergebnisse von exemplarischen Analysen von Energiesystemen sind als Anlage beigegeben.

Der Algorithmus, nach dem die Bilanzierung der Energie- bzw. Materialströme erfolgt, läßt sich folgendermaßen beschreiben:

```
procedure EinObjekt.AddNachfrage (ZusätzlicheMenge:real);
{ Variablen von EinObjekt sind kursiv dargestellt }
var
  temp : real;
begin
  NeuNachfrage:=NeuNachfrage+ZusätzlicheMenge;
  if NeuNachfrage < NachgefragteMenge * eps then exit; { Abbruch }
  temp := NeuNachfrage;
  NachgefragteMenge := NachgefragteMenge + NeuNachfrage;
  NeuNachfrage := 0;
  Vorlieferant^.Addnachfrage (temp * eta);1
  Hilfsenergielieferant^.AddNachfrage (temp * Hilfsenergieverbr);
  Hilfsproduktlieferant^.AddNachfrage (temp * Hilfsproduktverbr);
  Koppelproduktabnehmer^.AddNachfrage (-temp * Koppelfaktor);
  for prozess in Materialliste do
    prozess.AddNachfrage (temp * prozess.Baumenge
                         /(Jahresleistung * Lebensdauer));
end;
```

Obwohl die vielfältigen Details der Bilanzierung hier nicht weiter ausgeführt werden können (vgl. dazu die Arbeitsberichte /1/ und /3/) soll noch kurz auf den Unterschied zwischen einer Netto- und einer Bruttobetrachtung eingegangen werden. Eine wichtige Unterscheidung muß bei Energiesystemen zwischen gekoppelten und ungekoppelten Anlagen getroffen werden. Während bei den ungekoppelten Systemen z. B. nur "Wärme produziert" wird, werden bei der Kraft-Wärme-Kopplung sowohl Wärme als auch Strom produziert. Bei der Nettobetrachtung - das Standardverfahren in GEMIS - werden nun für das zusätzliche Produkt (also z. B. eine bestimmte Strommenge, die zusätzlich zur nachgefragten Wärmemenge bei einem Heizkraftwerk oder einem Blockheizkraftwerk) Gutschriften mit eingerechnet, d. h. z. B. bei den Emissionen, daß von den zu erwartenden Luftschadstoffen diejenige Menge abgezogen wird, die bei Erzeugung der zusätzlich anfallenden Strommenge durch ein Referenzsystem anfallen würde. So kommt es in der Bilanz oftmals zu negativen Ergebnissen (vgl. Anlage); in diesem Fall schlagen die Gutschriften höher zu Buche als die Emissionen des betrachteten Systems. Auf die weiteren methodischen Schritte, z. B. für die Auswahl eines geeigneten Referenzsystems kann hier nicht eingegangen werden.

Die Bruttobetrachtung verzichtet auf den Einsatz von Gutschriften. Um aber eine Vergleichbarkeit zu gewährleisten muß dann dem Wärmeerzeuger eine stromproduzierende Anlage an die Seite gestellt werden, die die gleiche Menge Strom wie in der gekoppelten Anlage bereitstellt. Somit haben dann beide Variante sowohl die gleiche Wärme- als auch Stromproduktion und können hinsichtlich der Emissionen und Kosten miteinander verglichen werden.

Neuerungen gegenüber GEMIS 1.0 betreffen zum einen eine Aktualisierung der Datenbestände und die Aufnahme von Verkehrssystemen in Datensammlungen und die Auswertungsroutinen. Darüber hinaus wurden Erfahrungen aus den Studien zur Produktlinienanalyse und zu Öko-Bilanzen /7/ genutzt, um auch die Analyse von materialbezogenen Prozeßketten zu ermöglichen.

Bei den Verkehrssystemen ist die einheitliche Bezugsbasis nicht die nachgefragte Energiemenge sondern die sog. Verkehrsdienstleistung, d. h. es werden z. B. Emissionen pro gefahrenen Kilometer zugrundegelegt. Hauptproblem ist die Ermittlung der spezifischen Verbräuche, für die sich bislang keine einheitlichen Standards herausgebildet haben; in GEMIS wurden durch Auswertung vorhandener Studien einige typische Verbrauchswerte zugrundegelegt (vgl. die Belege in Fritsche et. al. 1992). Liegen diese Verbräuche fest, dann kann auf die vorliegenden Datensammlungen zu den Emissionsfaktoren insbes. der Vorketten für Kraftstoffe zurückgegriffen werden.

In der älteren GEMIS-Version wurden die materialbezogenen Vorleistungen über Festwerte in Form eines vorgegebenen Vektors erfaßt, d.h. es wurde angegeben, wieviel Stahl, Beton, Aluminium z. B. zur Herstellung einer Anlage benötigt wurde und dies konnte in Emissionen umgerechnet werden. In der neuen Version wird auch die Materialbereitstellung über eigene Prozeßketten erfaßt, so daß flexibel auf Veränderungen reagiert werden kann. Dabei werden die folgenden Angaben benötigt:

- der bei der Herstellung der Materialien (direkt und indirekt) benötigte Energie- und Stoffaufwand, sowie die zugehörigen Schadstoffemissionen;
- die jeweilige Materialzusammensetzung der Anlagen
- die Jahresproduktion der jeweiligen Anlage (wieviel Strom wird produziert, welche Stoffmengen werden hergestellt)
- die Lebensdauer der Anlage.

Hinzu kommen weitere Angaben, z. B. für den Abriß von Anlagen, die Entsorgung von Reststoffen und die Rezyklierung von Materialien, die die Bilanzierung erheblich komplizieren.

4. Einige Hinweise zur Realisierung

Wie bereits in der ersten Version auch, wurde entschieden, den PC als Hardwareplattform zu nehmen und eine Realisierung in TURBO-Pascal (nunmehr Version 6.01) vorzunehmen. Gegenüber der früheren Version wurden nunmehr die Möglichkeiten einer objekt-orientierten Programmierung genutzt. Mit inzwischen über 500 vordefinierten Prozessen und über 30 Prozeßketten, sowie der Möglichkeit, 20 Szenarien zu definieren (d. s. die gegenübergestellten Versorgungsvarianten) sind die Möglichkeiten von TURBO-Pascal in der vorliegenden Version weitgehend ausgeschöpft. Spätere Versionen werden entweder unter WINDOWS implementiert oder nutzen eine Compiler-Version, die Code für den Protected Mode erzeugt.

5. Ausblick: Nutzen, Verfügbarkeit

Im Projekt GEMIS stehen sowohl methodische Fragen (Prozeßkettenanalyse, Gutschriftenproblematik usw.), Erhebungsgesichtspunkte (möglichst umfassende Erfassung relevanter Energie- und Verkehrssysteme und der zugehörigen Kenngrößen) als auch die Programmentwicklung gleichberechtigt nebeneinander. Das Computerprogramm kann als leistungsfähiges Werkzeug für die Unterstützung der Analysen und darauf aufbauend der Entscheidungsvorbereitung in Energieplanung und Energiepolitik angesehen werden. Aufgrund der Vielzahl von zu berücksichtigenden Anlagen und Verknüpfungen und der unterschiedlichen Bilanzierungsmöglichkeiten, als auch durch die vielfältigen Verzweigungen, z. B. bei der Berücksichtigung der eingesetzten Stoffe und Materialien, kann mit dem Einsatz des Programms ein erheblicher Effizienzgewinn gegenüber anderen Auswertungsmethoden erreicht werden. Das Programm kann dazu beitragen, komplizierte Versorgungssysteme transparenter zu machen und Entscheidungen – gerade hinsichtlich der Umweltgesichtspunkte – besser vorzubereiten. Damit steht ein leistungsfähiges Analyse- und Entscheidungsunterstützungssystem im Energiebereich zur Verfügung.

Nachdem die Lieferung der 1. GEMIS Version Anfang 1992 eingestellt wurde, soll die neue, erweiterte und verbesserte Version ab Dezember 1992 zur Verfügung stehen. Zumindest für Forschung und Lehre, aber auch für Non-profit-Unternehmungen ist eine kostengünstige Verfügbarkeit des Programms angestrebt. Nähere Informationen können über die Autoren oder das Referat V beim Hessischen Minister für Umwelt, Energie und Bundesangelegenheiten abgerufen werden.

Literatur:

/1/ Fritsche, U.; Rausch, L.; Simon, K.-H. (1989/1991): Umweltwirkungsanalyse von Energiesystemen: Gesamt-Emissions-Modell Integrierter Systeme (GEMIS). 4. Auflage, Hess. Minister f. Umwelt, Energie und Bundesangelegenheiten: Wiesbaden

/2/ Simon, K.-H. / Rausch, L. (1991): GEMIS - Ein effizientes Computerinstrument zur Analyse von Umweltfolgen von Energiesystemen. In: Pillmann, W. / Jaeschke, A. (Hrsg.) Informatik für den Umweltschutz, 5. Symposium. Informatik-Fachberichte 256, Springer Verlag, Berlin

/3/ Fritsche, U.; Leuchtner, J.; Matthes, F. C.; Rausch, L.; Simon, K.-H.; Thomas, S. (1992) Umweltanalyse von Energie-, Transport und Stoffsystemen: Gesamt-Emissions-Modell integrierter Systeme (GEMIS) Version 2.0. Projektbericht im Auftrag des Hess. Ministers für Umwelt, Energie und Bundesangelegenheiten, Darmstadt/Kassel

/4/ ÖKO-Institut (1991) Anpassung des GEMIS-Programms an die Energie- und Umweltdaten für Berlin (West und Ost). Projektbericht im Auftrag des Umweltsenators Berlin, Darmstadt

/5/ ÖKO-Institut (1989) Emissionsmatrix für klimarelevante Schadstoffe in der BRD. In: Enquete-Kommission (Hrsg.) Energie und Klima Bd 2. Economia Verlag Bonn

/6/ ÖKO-Institut / Gh Kassel (1992) Using TEMIS to analyze greenhouse-gas emissions - User guide for the Urban CO2 Project Group. Projektbericht im Auftrag von ICLEI und Umweltamt Hannover, Darmstadt/Kassel

/7/ Umweltbundesamt (1992) Ökobilanzen für Produkte, Berlin, Juli 1992

Anmerkung: Umfangreiche Literaturangaben zum Stand der Technik, der Umweltwirkungen von Energiesystemen und der Methodendiskussion zur Bewertung und Analyse sind in den beiden Projektberichten /1/ und /3/ zu finden.

Anlage 1: Menuestruktur des Programms

Diskette	Produkte	Prozesse	Szenarien	Analyse	Dokumentation	System
Laden Produkte	Eingeben	Eingeben	Definieren	Brennstoffbilanz	Dateinamen	Einheit
Hinzuladen	Energieträger	Verbrennung	Bilanz	Vergleich	Ergebnisse	Dateipfad
Produkte	Nutzer-Emi	Energieumwandlung	Quant. Umweltasp.	Relevanz	Relevanz	Genauigkeit
Speichern Produkte	Material	Produktumwandl.	Kosten		Produkte	Einstellungen
Laden Prozesse	Reststoff	Gewinnung	Ressourcen		Prozesse	Directory
Hinzuladen	Ressourcen	Transport	Qual. Umweltaspek.		Szenarien	Kostenbilanz
Prozesse	Filtern	Verkehrsmittel	Grafik			Externe Kosten
Speichern Prozesse	Aufräumen	Dispatcher				Klima
Laden Szenarien	Bezug	Prozeßketten				DOS
Speichern Szenarien		Filtern				Programmrechte
Laden Ext. Kosten		Ersetzen				Quit
Spe. Externe Kosten		Aufräumen				
Laden Klima						
Speichern Klima						
Import DBF						
Export DBF						

Anlage 2: Exemplarische Analysen im Wärme- und Verkehrsbereich

Annahmen für Haushalt 1

Art	Menge	Lieferant
Nichtbrennstoff	20000.00 kWh	Öl-Heizung-atmosph
Personentransport	30000.00 Pkm	Pkw-Diesel-neu
Immat. Energietr.	3000.000 kWh	Netz-el-lokal

Annahmen für Haushalt 2

Art	Menge	Lieferant
Nichtbrennstoff	20000.00 kWh	Gas-Etage-atmosph
Personentransport	30000.00 Pkm	Pkw-Benzin-neu
Immat. Energietr.	3000.000 kWh	Netz-el-lokal

Ergebnisdarstellung Tabelle

Schadstoffbilanz Standort <s>, global <g> und Total <t>

Nr	Szenario		Schadstoff [kg] SO2	NOx	Staub	HCl	HF
1	Haushalt 1	s	11.09	21.39	2.44	0.00	0.00
		g	7.41	13.28	1.02	0.10	0.01
		t	18.50	34.67	3.46	0.10	0.01
2	Haushalt 2	s	0.92	14.49	0.31	0.00	0.00
		g	5.97	9.90	0.78	0.11	0.01
		t	6.89	24.39	1.09	0.11	0.01

Ergebnisdarstellung Grafik

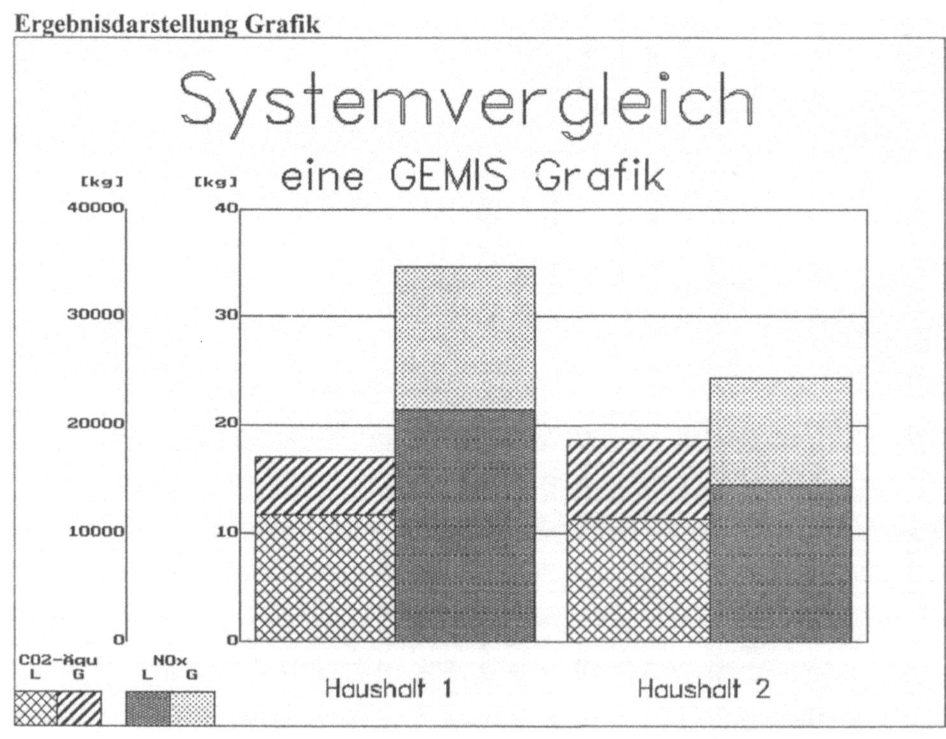

Die Vorgangsverwaltung als ein Instrument zur ganzheitlichen Bearbeitung von Vorgängen im Umweltschutz

Uwe Höll, Ralf Schneider
ISB GmbH
Kriegsstr. 39
7500 Karlsruhe 1
Tel. 0721/373069
Fax 0721/377858

Schlüsselbegriffe: Vorgangsverwaltung, Vorgangsbearbeitung, Vorgangsautomatisierung, Bürokommunikation, Terminüberwachung

Keywords: Process management, process handling, process automation, office communication, timed reminder service

Zusammenfassung: Die Bearbeitung und Verwaltung der in Umweltbehörden anfallenden, komplexen Arbeitsabläufe kann durch eine automatisierte Vorgangsverwaltung unterstützt werden.
Der folgende Beitrag beschreibt am Beispiel der Gewerbeaufsicht ein System, mit dessen Hilfe die Bearbeitung sowie die Verwaltung von Vorgängen im Umweltschutz erleichtert, verbessert und beschleunigt werden kann.

Abstract: The handling and administration of complex sequences of operations incurring within the work of Environmental Authorities can be supported by an automised process management.
Taking the Industrial Inspection Board as an example the following article give an outline of a system by which the handling and administration of operations within the field of environmental protection can be made easier, improved and accelerated.

1. Problemstellung

Das Landesamt für Umweltschutz und Gewerbeaufsicht (nachfolgend LfUG genannt) in Rheinland-Pfalz plant den Aufbau eines Informationssystems in der Gewerbeaufsicht (ISGA). Dieses Informationssystem soll den für den Bereich Gewerbeaufsicht zuständigen Institutionen des Landes die Möglichkeit geben, ihre Planungs- und Vollzugsaufgaben in der Gewerbeaufsicht effektiver durchzuführen.
Hierfür soll in diesem System der größte Teil der im LfUG und den Gewerbeaufsichtsämtern (GAA's) benötigten Informationssysteme wie z.B. eine Betriebsdatenverwaltung, ein Emissionskataster, eine Strahlenschutz-, eine Gefahrstoff- und eine Literaturdatenbank sowie eine gewerbeärztliche Datenbank zusammengefaßt und dem Benutzer in einer integrierten Form bereitgestellt werden.

Nach Durchführung einer Schwachstellenanalyse und der Zusammenstellung allgemeiner Anforderungen an ein integriertes Informationssystem stellten sich die Erleichterung der Arbeitsabläufe, sowie die Verbesserung der Verwaltung dieser Abläufe als eines der Hauptziele dar. Zur effektiveren Gestaltung dieser Tätigkeiten wurde dieses Konzept zur ganzheitlichen und automatisierten Vorgangsbearbeitung und -verwaltung entwickelt.

Dieses Konzept beruht in seinen Grundzügen auf einer EDV-gestützten Führung der Vorgänge, sowie der Posteingangs- bzw. ausgangsjournale und beinhaltet das Management von internen Terminen (Wiedervorlage-, Berichtstermine, etc.).

2. Anforderungen an eine ganzheitliche Vorgangsbearbeitung und -verwaltung

Im Rahmen der Anforderungsanalyse wurden die innerhalb der Gewerbeaufsicht anfallenden Arbeitsabläufe (Vorgänge) im Umweltschutz zusammengestellt (im folgenden beispielhaft aufgeführt):

- Luftreinhaltungsmaßnahmen
- Bearbeitung von Emissionserklärungen
- Messungen
- Überwachungstätigkeiten im Strahlenschutz
- Überwachung der Abfallbeseitigung
- Gewässerschutzmaßnahmen
- Umweltschutzbedingte Bauleitplanungen
- Umweltschutzrelevante Bußgeldverfahren

- Revisionen
- Anordnungen
- Genehmigungsverfahren

Zur effektiveren Gestaltung dieser Arbeitsabläufe wurden die folgenden Anforderungen an eine ganzheitliche Vorgangsbearbeitung und -verwaltung zusammengestellt:

- Integrierte Speicherung und Verwaltung aller zur Bearbeitung von Vorgängen notwendigen Informationen
- Effektive und komfortable Datenerfassung und Datenpflege zur Verbesserung der Aktualität und Korrektheit der Vorgangsdaten
- Bereitstellung aller Daten und Funktionen unter einer einheitlichen Benutzeroberfläche
- Vermeidung von Medienbrüchen während der Vorgangsbearbeitung
- Entlastung von der aufwendigen manuellen Informationsverarbeitung
- Entlastung von Routinetätigkeiten
- Verkürzung der Durchlauf- und Bearbeitungszeiten
- Direkter und aufgabenorientierter Zugriff auf die benötigten Informationen
- Möglichkeit der schnellen Übersicht über alle Akten, Schreiben, Notizen, etc. eines Vorgangs
- Unterstützung bei der Planung und Durchführung von Tätigkeiten bzgl. der Vorbereitung und Nachbereitung von Aktionen (z.B. Revisionen, Schwerpunktaktionen, etc.)
- Management interner Termine (Wiedervorlagetermine, regelmäßig wiederkehrende Termine)
- Einfacher Abruf des Stands der Vorgangsbearbeitung
- Komfortable Bereitstellung, Aufbereitung und Auswertung von Daten
- Möglichkeit zur Graphikausgabe
- Automatische Erstellung von Jahresberichtsstatistiken
- Möglichkeit der Verknüpfbarkeit der Informationen für alle Instanzen der Gewerbeaufsicht
- Verbesserung des Informationsaustausches und der Kommunikation zwischen den beteiligten Stellen
- Gewährleistung des Zugriffsschutzes
- Offene Konzeption des Systems

3. Konzeption einer integrierten Vorgangsverwaltung

Nach REICHWALD90 (S.70) stellt jeder Büroarbeitsplatz eine Mischung der drei Grundtypen

- Einzelfall-orientierte, nicht formalisierbare Büroarbeit
- Sachfall-orientierte, teilweise formalisierbare Büroarbeit
- Routinefall-orientierte, vollständig formalisierbare Büroarbeit

dar. Für die einzelnen Tätigkeiten bzw. Arbeitsplätze existieren i.d.R. bereits Lösungen, die die einzelnen Aufgaben EDV-technisch unterstützen (z.B. Textverarbeitungs-, Adreßverwaltungssysteme). Zur Vermeidung von System- oder Medienbrüchen und zur Integration der verschiedenen Teilsysteme unter einer einheitlichen Benutzeroberfläche kann ein marktgängiges Bürokommunikationstool eingesetzt werden (PISSOT91, S.16).

Der multidisziplinäre Charakter und die lange Bearbeitungsdauer der in Umweltbehörden bearbeiteten Verfahren lassen aber eine Beschränkung auf eine rein aufgaben-/arbeitsplatzorientierte Sichtweise nicht zu. Diese Sichtweise muß um eine prozeßorientierte Sichtweise ergänzt werden. Der Kern dieser Betrachtungsweise stellt die Disaggregation der Aufgaben bis auf festzulegende Elementaraufgaben, die nicht mehr weiter zerlegbar sind, dar (FUHRMANN;PIETSCH90, S.218).

Das vorliegende Konzept der Vorgangsverwaltung versucht diese Anforderungen an Integration (Arbeitsplatzorientierung) und Kommunikation (Prozeßorientierung) zu vereinen.

Die verschiedenen Arbeitsabläufe und Tätigkeiten werden dabei als Vorgänge beschrieben, wobei sich jeder Vorgang wiederum aus einer Menge von Teilvorgängen (Elementartätigkeiten) zusammensetzen kann. Ein Vorgang wird durch eine Initiative ausgelöst und schließt am Ende seiner Bearbeitung mit einem Ergebnis ab.

Für diese kann nun mittels der Vorgangsverwaltung u.a. angegeben werden, von welcher Abteilung und/oder von welchem Sachbearbeiter der (Teil-)Vorgang zu bearbeiten ist, welche Termine und Vorschriften einzuhalten sind, an welche Abteilung oder Sachbearbeiter der Vorgang weitergegeben werden muß, wie der Bearbeitungsstand des Vorgangs ist, etc..

Die Vorgangsverwaltung unterstützt damit den Sachbearbeiter während allen Stufen der Vorgangsbearbeitung, indem z.B.

- alle zur Vorgangsbearbeitung und -verwaltung benötigten Werkzeuge unter einer Oberfläche bereitgestellt werden,
- die immer wiederkehrenden Standardfunktionen direkt zur Verfügung gestellt werden,
- der Vorgang automatisch an die richtige Stelle weitergeleitet wird,
- der Stand einer Vorgangsbearbeitung zu jeder Zeit einzusehen und nachvollziehbar ist,
- interne Termine automatisch gemanagt werden,
- die Ab- und Mitzeichnung von Vorgängen unterstützt wird.

4. Realisierung des Konzepts

Die Vorgangsverwaltung wird auf der Basis des Bürokommunikationstools OBJECTworks der Firma "Digital Equipment Corporation" (DEC) unter dem Datenbanksystem ORACLE, dem Betriebssystem ULTRIX und der Benutzeroberfläche WINDOWS im LfUG Mainz sowie in den GAA's des Landes Rheinland-Pfalz realisiert.
Im Rahmen einer Client-Server-Architektur werden als Server Rechner des Typs DECsystem 5000/240 sowie als Clients AT 386-PC's unter MS-DOS eingesetzt.

OBJECTworks ist ein auf einer graphischen Benutzeroberfläche (DOS-Windows, Unix-Motif oder OS/2-Presentation Manager) basierendes Tool, das als Arbeitsumgebung eines Benutzers ein sogenanntes "Schreibtisch-Fenster", das auch als "Schreibtisch" bezeichnet wird, vorsieht (siehe: Abb. 1). Ein "Schreibtisch" stellt in OBJECTworks - analog zur konventionellen Arbeitsumgebung eines Büros - die grundlegende Arbeitsplattform von OBJECTworks dar, die dem Benutzer alle für die Vorgangsbearbeitung benötigten Objekte (z.B. Texte, Graphiken, Kalkulationen, etc.) und Werkzeuge (Papierkorb, Posteingang, Wiedervorlage, etc.) bereitstellt. Dabei können in dieser Benutzeroberfläche die benötigten Objekte durch entsprechende Menüfunktionen erzeugt, mit Zugriffsprofilen versehen und durch Sinnbilder (Icons) auf dem "Schreibtisch" dargestellt werden. Darüberhinaus ist für die Selektion ein spezielles zusammengesetztes Werkzeugobjekt, das Suchobjekt, vorgesehen.

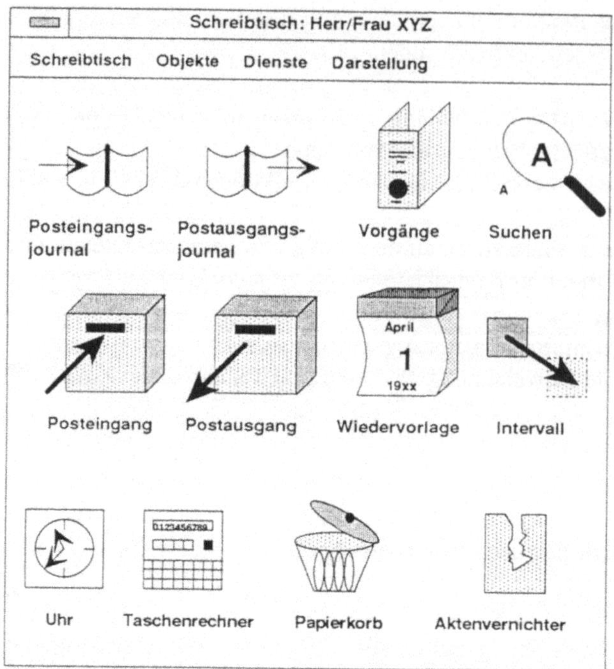

Abbildung 1: "Schreibtischfenster" in OBJECTworks

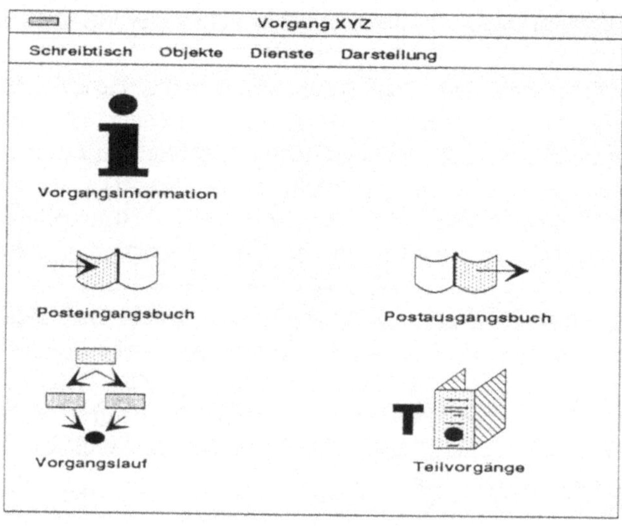

Abbildung 2: Vorgangsfenster

Die Integration der Vorgangsverwaltung in diese Bürokommunikationsumgebung gewährleistet dabei nicht nur die einheitliche Bereitstellung aller zur Vorgangsbearbeitung benötigten Informationen und Werkzeuge unter einer einheitlichen Benutzeroberfläche, sondern ermöglicht dem Benutzer auch, aus der laufenden Anwendung des BK-Systems Datensätze aus der Datenbank einzulesen (z.B. zum Erstellen von Serienbriefen) oder umgekehrt Daten aus der BK-Anwendung (z.B. Hilfstexte zu Datenbankdateien anderer Fachanwendungen) in der Datenbank abzuspeichern.

Da die Daten der Vorgangsverwaltung und der Fachanwendungen in einer ORACLE-Datenbank abgespeichert sind, ist desweiteren eine vollständige Integration der Vorgangsverwaltung in die übrigen Fachanwendungen des LfUG und damit auch die Einbindung sowie der Austausch von Daten aus anderen Fachanwendungen gewährleistet. Dadurch ist es beispielsweise möglich, Anschriftendaten aus der Betriebsdatenverwaltung oder Stoff- und Emissionsdaten, wie z.B. Massenströme, aus dem Emissionskataster in die Vorgangsbearbeitung einzubinden.

5. Einsatz der Vorgangsverwaltung zur Bearbeitung von Vorgängen im Umweltschutz

Im folgenden wird ein Überblick über die in der automatisierten Vorgangsverwaltung eingebundenen Teilfunktionen sowie über deren Einsatzmöglichkeiten bei der Bearbeitung von Vorgängen im Umweltschutz gegeben. Die einzelnen Abläufe werden dabei am Beispiel des Immissionsschutzrechtlichen Genehmigungsverfahrens erläutert.

Die Errichtung und der Betrieb von Anlagen, die aufgrund ihrer Beschaffenheit oder ihres Betriebes im besonderen Maße geeignet sind, schädliche Umwelteinwirkungen hevorzurufen oder in anderer Weise die Allgemeinheit oder die Nachbarschaft zu gefährden, bedürfen nach § 4 BImSchG (Bundes-Immissionsschutzgesetz) einer Genehmigung. Als Genehmigungsbehörden treten in der Regel die Kreis- und Stadtverwaltungen, bzw. die Bezirksregierungen auf. Da diese oft nicht über das erforderliche immissionsschutztechnische Fachwissen verfügen, kommt der Stellungnahme der Staatlichen Gewerbeaufsicht als der im Genehmigungsverfahren zu beteiligenden technischen Fachbehörde besondere Bedeutung zu. Darüberhinaus sind die Gewerbeaufsichtsämter auch als Genehmigungsbehörden tätig, da für die Genehmigung von Feuerungsanlagen ausschließlich die Gewerbeaufsichtsämter zuständig sind.
Die Bearbeitung solcher Genehmigungen kann durch den Einsatz einer automatisierten Vorgangsverwaltung erheblich erleichtert und beschleunigt werden.

- *Unterstützung bei der Führung von Posteingangs- und -ausgangsjournalen*

Der Ablauf der Vorgangsbearbeitung beginnt in der Regel mit dem Eingang eines Schriftstücks in der Poststelle. So wird der Ablauf eines förmlichen Verfahrens zur Genehmigung von Feuerungsanlagen in der Regel durch das Eintreffen des entsprechenden Genehmigungsantrags ausgelöst. Falls dieses Schriftstück einen bereits bestehenden Vorgang betrifft, wird er diesem Vorgang beigelegt, z.B. kann der Genehmigungsantrag einem evtl. laufenden Erlaubnisverfahren für die Region oder für den Gesamtbetrieb beigelegt werden. Falls noch kein Vorgang zu dem Antrag existiert, wird ein neuer Vorgang initiiert.

Alle eingegangenen Schriftstücke, z.B. der Genehmigungsantrag, werden innerhalb der automatisierten Vorgangsverwaltung dokumentiert, indem ein dem Schriftstück entsprechendes Objekt im "Eingangsjournal" (siehe: Abb. 1) erzeugt und die Informationen des Schriftstücks, wie beispielsweise die Identifikation des Schreibens, das Datum des Eingangs, das Datum des Schriftstücks, die Anschrift des Absenders oder der Inhalt des Schreibens, in eine (dem Objekt des eingegangenen Genehmigungsantrags hinterlegte) Maske eingetragen werden. Damit stehen alle benötigten Informationen über den Antrag jedem dazu berechtigten Sachbearbeiter zur Verfügung.
Dieses dem Genehmigungsantrag entsprechende Objekt kann dann an andere Instanzen weitergeleitet, anderen Vorgängen beigelegt, über das "Suchobjekt" gesucht, geändert oder gelöscht werden.

Entsprechend den eingehenden Schreiben, werden auch die das Amt verlassenden Schreiben in ein "Ausgangsjournal" eingetragen. Dabei wird u.a. das Datum der Absendung, das Datum des Schreibens, der Empfänger, der Inhalt, etc. festgehalten.

- *Bearbeitung von Vorgängen*

Alle Informationen, die einen Vorgang betreffen, werden in dem Objekt "Vorgang" gesammelt. Im Falle des Genehmigungsverfahrens wird z.B. das "Vorgangs"-Objekt "Genehmigungsverfahren: Feuerungsanlage XYZ" (siehe: Abb. 2) erzeugt, das alle Informationen zu diesem Genehmigungsverfahren enthält. Dieses "zusammengesetzte" Objekt beinhaltet die "Teil-Objekte"

- "Vorgangsinformation"
- "Teilvorgangsordner"
- "Vorgangslauf"
- "Eingangsbuch"
- "Ausgangsbuch"

und kann als "Gesamt-Objekt" wie alle anderen Objekte verschoben, weitergeleitet, gesucht, bearbeitet oder gelöscht werden.

Die *Vorgangsinformation* beschreibt dabei einen Vorgang mit seinen wesentlichen Mekmalen. Für das Genehmigungsverfahren sind dies u.a.

- o Aktenzeichen (des Genehmigungsverfahrens)
- o Anschrift (des Antragstellers)
- o Inhalt der Genehmigung (z.B. Art und Besonderheiten der zu genehmigenden Anlage)
- o Rechtsvorschrift (z.B. die der Genehmigung zugrundeliegenden Rechtsvorschriften)
- o Federführung (z.B. Paraphe des federführenden Sachbearbeiters)
- o Vorgabe-, Schlußverfügungstermine
- o Schlußverfügung (der Genehmigung)

Der *Teilvorgangsordner* beinhaltet alle bei der Bearbeitung des Genehmigungsantrags auszuführenden Elementarschritte (Teilvorgänge) mit einer konkreten Arbeitsaufgabe. Ein Elementarschritt ist ein Bearbeitungsschritt, der sich nicht mehr weiter in feinere Bearbeitungsschritte aufteilen läßt, bzw. dessen Aufteilung nicht sinnvoll erscheint. Für diese Teilvorgänge ist anzugeben, von welcher Abteilung und/oder von welchem Sachbearbeiter der Teilvorgang zu bearbeiten ist, was konkret in diesem Teilschritt des Vorgangs zu tun ist und welche Termine und Vorschriften einzuhalten sind.

Im Rahmen eines Immissionsschutzrechtlichen Genehmigungsverfahrens sind dabei die folgenden Teilvorgänge denkbar:

- o Anlegen einer Aktennotiz zum Genehmigungsantrag im GAA
- o Einholen von fachtechnischen Stellungnahmen beim LfUG (bzgl. der Einhaltung allg. Sicherheitsvorschriften, der Einhaltung von Immissionsgrenzwerten, der Statik und Zusammensetzung der Anlage, etc.)
- o Zusammenstellung der verschiedenen Stellungnahmen seitens des LfUG und Zurücksenden des Antrags an das betreffende GAA
- o Entwurf eines Genehmigungsbescheids im GAA
- o Einholen der Zustimmung beim LfUG
- o Erstellung des Genehmigungsbescheids und Zurücksenden des Bescheids an das betreffende GAA
- o Erteilung oder Ablehnung der Genehmigung durch das GAA

Der *Vorgangslauf* gibt die Bearbeitungsfolge eines Vorgangs wieder, indem alle Stationen (Bearbeiter und/oder Organisationseinheiten), die das Verfahren während seiner Bearbeitung durchläuft, bzw. durchlaufen hat, und die zugehörigen Bearbeitungsstati (z.B. in Bearbeitung, Rückfragen erforderlich, abgeschlossen, etc.) und Bearbeitungstermine dargestellt werden. Damit wird jederzeit ein Überblick über den aktueller Bearbeitungsstand eines Vorgangs gewährleistet.

Das *Eingangsbuch* enthält einen Hinweis auf alle eingehenden Schriftstücke, die den Vorgang betreffen. So enthält das Eingangsbuch des Genehmigungsverfahrens Informationen bzw. Verweise über alle Schreiben, z.B. weitere Anträge, Anfragen, Stellungnahmen, etc., die das Genehmigungsverfahren initiieren oder dem Verfahren beigelegt werden.

In analoger Weise enthält das *Ausgangsbuch* einen Hinweis auf alle abgehenden Schreiben, bzw. Schriftstücke, die den jeweiligen Vorgang, in unserem Beispiel das Genehmigungsverfahren, betreffen.

Desweiteren können auch alle erstellten Texte, Grafiken, Tabellen, etc. direkt dem betreffenden Vorgang beigelegt werden. Damit können z.B. fachtechnische Stellungnahmen (Texte), Blockfließbilder der Anlage (Grafiken), Ausbreitungsrechnungen über die von der Anlage betroffene Region (Tabellen), etc. direkt dem betreffenden Genehmigungsverfahren zugeordnet werden, so daß dadurch alle relevanten Informationen über dieses Genehmigungsverfahren verfügbar sind.

- *Vorgangstypen/Teilvorgangstypen nutzen*

Vorgangstypen (Standardvorgänge) sind allgemeine Prototypen von Vorgängen und stellen damit den vordefinierten Bearbeitungsweg möglicher Vorgänge durch die Behörde dar. Sie beinhalten alle verschiedenen Möglichkeiten, einen bestimmten Vorgang vollständig zu bearbeiten. Die im Vorgangstyp enthaltenen Teilvorgangstypen enthalten dann Vorschläge, was in diesen Schritten zu tun ist, welche Rechtsverordnungen zugrunde liegen, etc. Der Vorgangstyp beinhaltet aber keine Informationen über den realen, (konkreten) späteren Vorgang, sondern stellt ein soweit wie möglich vordefinierter Vorgang dar. Ein Vorgang eines entsprechenden Vorgangstyps wird also immer dann erzeugt, wenn der Benutzer auf vordefinierte Felder (in der "Vorgangsinformation"), Stationen (im "Vorgangslauf") oder auf vordefinierte Teilvorgänge zurückgreifen möchte.

Da sich die oben beschriebenen Immissionsschutzrechtlichen Genehmigungsverfahren für verschiedene Feuerungsanlagen bzgl. des Ablaufs oder der zugrundeliegenden gesetzlichen Rechtsvorschriften nur geringfügig unterscheiden, bietet es sich für den Bearbeiter eines solchen Vorgangs an, auf den entsprechend vordefinierten Standardvorgang für ein solches Genehmigungsverfahren (mit vorbelegten Rechtsvorschriften, Sachgebieten, Zuständigkeiten in der "Vorgangsinformation" und mit vordefinierten Stationen und Teilvorgängen) zurückzugreifen, wodurch die Bearbeitung der Genehmigung vereinfacht werden kann.

- *Management interner Termine*

Vorgänge oder auch andere Objekte, die erst wieder zu einem bestimmten (späteren) Zeitpunkt benötigt werden, können auf "Wiedervorlage" gelegt und mit einem entsprechenden "Wiedervorlagetermin" versehen werden. Falls beispielsweise innerhalb eines Genehmigungsverfahrens aufgrund von erforderlichen Rückfragen eine Verzögerung eintritt oder eine fachtechnische Stellungnahme außerhalb der Gewerbeaufsicht (z.B. beim TÜV) eingeholt werden muß, wird das Genehmigungsverfahren auf "Wiedervorlage" gelegt. Nach Ablauf der "Wiedervorlagefrist" erscheint eine entsprechende Hinweismeldung und der Vorgang kann aus der "Wiedervorlage" genommen und weiterbearbeitet werden.

Desweiteren können für (Teil-)Vorgänge, die sich in bestimmten Zeitabständen regelmäßig wiederholen, sogenannte "Intervallobjekte" definiert werden. Diese gewährleisten, daß der jeweilige (Teil-)Vorgang, wie z.B. eine Messung oder eine andere Besichtigung der zu genehmigenden Anlage, in definierten regelmäßigen Zeitabständen automatisch zur Bearbeitung zur Verfügung gestellt wird.

- *Vorgangsauswertung*

Bei der Bearbeitung eines komplexen Vorgangs, wie ihn das Genehmigungsverfahren darstellt, können aggregierte Informationen in Form von Listen oder Auswertungen über den Gesamtvorgang von hohem Stellenwert sein.

Diese ermöglichen dem Benutzer über die flexible Selektion und Sortierung die Anzeige und den Ausdruck von Vorgangsdaten bzgl. der verschiedensten Fragestellungen, z.B.:

- Aggregation von Vorgangsdaten
- Informationen über den Stand der Vorgangsbearbeitung
- Terminverfolgungslisten
- Verfolgung der Arbeitsabläufe während der Vorgangsbearbeitung
- Automatische Erstellung von Jahresberichtsstatistiken
- Listen zur Überwachung der Erfüllung von Auflagen und Maßnahmen.

- *Archivierung*

Die Archivierung bietet die Möglichkeit, den aktuellen Bestand der Vorgangsdaten auf externen Datenträgern (Magnetband, optische Platten etc.) zu sichern und gleichzeitig ungültig gewordene Daten oder Daten, die die vorgeschriebene Aufbewahrungsfrist überschritten haben, aus dem aktuellen Bestand zu löschen. Die so ausgelagerten Daten können natürlich auch wieder in die Datenbank eingespielt werden. Damit können abgeschlossene Genehmigungsverfahren archiviert oder im Falle erneuter Relevanz wiedereingespielt werden.

Aufgrund seiner Offenheit und seiner objektorientierten Struktur erlaubt dieses Konzept die schnelle Weiterentwicklung von Funktionen und garantiert damit in Zukunft die Nutzung der aktuellsten Methoden und Werkzeuge der Informationstechnologie.

6. Ausblick

Die Integration wird eine zentrale Forderung bleiben und sogar an Bedeutung gewinnen. Diesbezüglich sind zahlreiche Trends und Anforderungen, wie die Entwicklung von herstellerunabhängigen Standards und Normen zur Kommunikationsübermittlung oder der gegenseitige Zugriff auf verteilte Datenbestände erkennbar.

Während im bisherigen Konzept nur Informationen über Schreiben oder Schriftstücke gespeichert werden, werden in Zukunft viele Unternehmen und Behörden dazu übergehen, durch den vermehrten Einsatz von Scannern und Jukeboxen die ein- und abgehenden Schriftstücke selbst einzulesen und abzuspeichern.

Literatur:

FUHRMANN, S.; PIETSCH, T. (Hrsg.): Büroautomation im betrieblichen Umfeld, Erich Schmidt Verlag, Berlin 1990

PISSOT, H.: Bürokommunikation im Umfeld der Vorgangsbearbeitung, in: Diebold Deutschland GmbH: Bürokommunikation - Gegenwart und Zukunft, Eschborn 1991

REICHWALD, R.: Büroautomation, Bürorationalisierung und das Wirtschaftsproblem - Kostenorientierte und strategische Analyse, in: Preßmar, D. (Hrsg.): Büroautomation, Gabler Verlag, Wiesbaden 1990, S. 65-92

Das Umweltinformationssystem Baden-Württemberg Zielsetzung und Stand der Realisierung

Mayer-Föll, Roland, Umweltministerium Baden-Württemberg, W 7000 Stuttgart 1

Zusammenfassung: *Das Umweltinformationssystem des Landes Baden-Württemberg (UIS) ist der aufgabenorientierte, informationstechnische, organisatorische und personelle Rahmen für die Bereitstellung von Umweltdaten und die Bearbeitung von fachbezogenen und fachübergreifenden Aufgaben im Umweltbereich in der Landesverwaltung. Zur Bewältigung der aus den Erfordernissen eines vorsorgenden und effektiven Umweltschutzes resultierenden Aufgaben sind Politik und Verwaltung auf eine Vielzahl von möglichst umfassenden, problembezogenen und aktuellen Informationen angewiesen. Vielfältige Informationen aus unterschiedlichen Quellen müssen systematisch aufgearbeitet und an die verschiedenen Interessenten schnell und anwenderfreundlich weitergegeben werden. Das UIS wird als Teil des Landessystemkonzepts Baden-Württemberg entwickelt, realisiert und betrieben.*

Summary: *The Environmental Information System provides a task-oriented, technical and organizational framework for supplying environmental data and handling specialized and general tasks. To cope with the requirements of a task requiring preventive and effective environmental conservation, government and administration must have reliable comprehensive, problem-related and up-to-date information at its disposal. The varied data from different sources must be systematically organized and capable of being forwarded to interested parties rapidly and in a userfriendly form. It will be developed, implemented and operated as a part of the Land systems concept Baden-Wuerttemberg.*

Resumé: *Le système d'information sur l'environnement est un cadre d'ordre fonctionnel, technique et organisateur qui sert à fournir des informations sur l'environnement et à traiter des tâches spéciales et générales. Il sera developé, realisé et opéré comme part du conception du système du Land Baden-Wuerttemberg.*

Schlüsselbegriffe: Umweltschutz, Umweltinformatik, Verwaltungsreform, Bürgernähe, Datentransparenz

Laufende und umfassende Informationen über den Zustand und die Entwicklung der Umwelt sind die unabdingbaren Voraussetzungen für einen vorsorglichen Umgang mit unseren natürlichen Lebensgrundlagen. In Baden-Württemberg wurden und werden im Bereich der Umweltverwaltung tagtäglich eine Menge von Meßdaten, Analysedaten, Verwaltungsdokumente, statistische Erhebungen und Berechnungen erzeugt. Diese Informationen zu sammeln, zu sichten, zu bewerten und bedarfsgerecht aufzuarbeiten, ist mit den herkömmlichen Methoden der Verwaltungsarbeit nicht möglich. Eine effiziente Aufgabenerledigung in einer modernen öffentlichen Verwaltung setzt die Möglichkeiten neuer Technik, insbesondere der Informationstechnik, voraus. Sie sollen die Leistungsfähigkeit der Verwaltung steigern, mehr Wirtschaftlichkeit der Verwaltung verwirklichen, die Mitarbeiter von Routinetätigkeiten entlasten, die Produktivität besonders durch Verkürzung der Durchlaufzeiten verbessern sowie die Dienstleistungen für den Bürger erweitern.

Nach Erarbeitung der zunächst nur auf das Ministerium für Ernährung, Landwirtschaft, Umwelt und Forsten beschränkten Konzeption erhielt dieses Ministerium am 23. Juni 1986 von der Landesregierung den weiterführenden Auftrag, ein Konzept für ein ressort-übergreifendes Umweltinformationssystem des Landes Baden-Württemberg zu entwickeln. Diese Aufgabe ging auf das zum 1. Juli 1987 neu gebildete Umweltministerium über.

Aufgaben und Ziele des Umweltinformationssystems sind:

1. Planung und Verwaltungsvollzug - Einsatz der Informationstechnik zur effektiven Erledigung der Verwaltungsaufgaben mit Umweltbezug.
2. Umweltbeobachtung - Ermittlung, Analyse und Prognose der punktuellen und landesweiten Umweltsituation.
3. Integration und Investitionsschutz - Koordination und Integration der vorhandenen Verfahren zur Umweltinformation.
4. Notfall - Unterstützung der Bewältigung von Not-, Stör- und Vorsorgefällen, insbesondere durch Nachrichtenübermittlung und -verarbeitung.
5. Information - Information der politischen und administrativen Führung in Landtag, Regierung und Verwaltung sowie der Öffentlichkeit und Schaffung des freien Zugangs des Bürgers zu Informationen über die Umwelt.

Die Rahmenkonzeption

In der Landesverwaltung werden Aufgaben mit Umweltbezug in allen Ressorts wahrgenommen (*Abbildung 1).*

Die aufgrund der vielfältigen Anforderungen und Erwartungen hohe Komplexität des Systems wurde durch Strukturmodelle abgebildet. Mit einem "Ökologie-Modell" werden die Informationen erfaßt und strukturiert, die für das Umweltmanagment benötigt werden. Eine sogenannte "allgemeine Aufgabenstruktur" - von reinen Führungsaufgaben bis hin zu den praktischen täglichen Arbeiten im Vollzug - definiert die notwendigen Systeme, zusammengeführt zu einer "Systemlandschaft".

Abb. 1: Aufgaben mit Umweltbezug in den Geschäftsbereichen der Ministerien des Landes Baden-Württemberg

Staats-ministerium	Innen-ministerium	Kultus-ministerium	Wissen-schafts-ministerium	Justiz-ministerium	Finanz-ministerium	Wirtschafts-ministerium
- Strategie - Grundsatz - Europäische Umwelt-agentur - Grenzüber-schreitende Umwelt-projekte	- Katastrophen-schutz - Kommunal-wesen - Feuerwehr-wesen - Polizei mit Wirtschafts-kontrolldienst	- Umwelt-erziehung - Angelegen-heiten des Sports, Wandern	- Forschungs-förderung - Studiengänge mit Umwelt-bezug an Hochschulen usw.	- Umweltrecht inkl. Umwelt-strafrecht	- Statistik - Landeseigene Grundstücke - Hochbau - Steuern, Kfz- und Mineralölsteuer	- Energie - Technologie - Geologie - Raumordnung und Landes-planung - Bau-, Woh-nungs- und Siedlungs-wesen - Vermessungs-wesen - Denkmalpflege - Touristik - Wirtschafts-förderung

Ministerium Ländlicher Raum	Sozial-ministerium	Umweltministerium	Verkehrs-ministerium	Ministerium für Familie, Frauen, Weiterbildung und Kunst
- Entwicklung des ländlichen Raumes - Landschaftserhaltung - Biotopvernetzung - Landwirtschaft inkl. produktionsbezogener Bodenschutz - Agrarplanung - Extensivierung/ Flächenstillegung - Forstplanung - Pflanzenschutz - Veterinärwesen inkl. Fleischhygiene - Forstwirtschaft - Flurneuordnung und Landentwicklung	- Gesundheits-wesen inkl. Umwelthygiene und Epidemio-logie - Arbeitsschutz - Strahlenschutz außerhalb kern-technischer Einrichtungen	- Grundsatzfragen des Umweltschutzes - Beurteilung der ökologischen Situation/ Umweltverträglichkeit - Koordination der Umweltforschung - Naturschutz - Artenschutz - Landschaftspflege - Landschaftsplanung - Biotope - Wasserwirtschaft inkl. Grundwasser- und Gewässerschutz - Abfallwirtschaft - Bodenschutz - Bewirtschaftungsbeschränkungen - Lebensmittelwesen - Immissionsschutz - Umweltüberwachung - Umweltinformation - Reaktorsicherheit - Umweltradioaktivität - Strahlenschutz - Gewerbeaufsicht - Gentechnik - Klimaschutz	- Verkehrs-planung - Straßenbau - Post- und Fern-meldewesen - Eisen- und Bergbahnen - Öffentlicher Personennah-verkehr - Luftverkehr - Beförderung gefährlicher Güter	- Weiterbildung

ⓒ Umweltministerium Baden-Württemberg 1992, Projekt Umweltinformationssystem

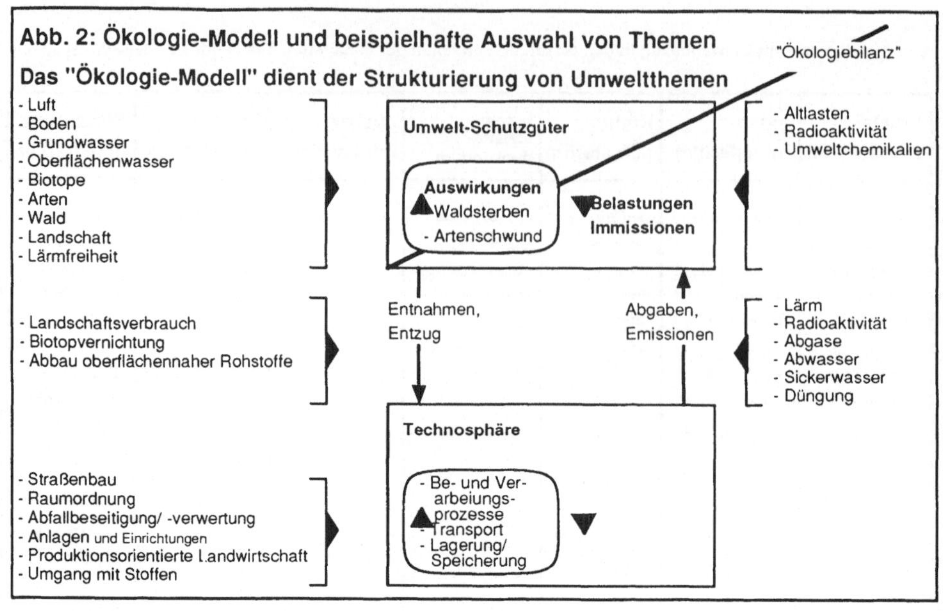

Das *Ökologie-Modell* (*Abbildung 2*) dient dazu, Umweltthemen und entsprechend geeignete Informationskategorien zu ermitteln und zu strukturieren. Grundgedanke dabei ist, die Umwelt in Schutzgüter und in dieTechnosphäre (einschließlich Land- und Forstwirtschaft) zu unterteilen und die Beziehungen zwischen beiden zu definieren. *Umweltschutzgüter* sind die Medien Luft, Wasser und Boden, aber auch Biotope und Lärmfreiheit. Die Beobachtung der Schutzgüter liefert Daten und Informationen, die zu Schutz- und Pflegemaßnahmen verwendet werden können, um auf diese Weise die Qualität der Schutzgüter zumindest zu erhalten bzw. teilweise zu verbessern. Die Elemente der *Technosphäre* umfassen die Gesamtheit der technischen Anlagen und Einrichtungen, Infrastrukturelemente (z.B. Straßen, Brücken), Abläufe und Prozesse (z.B. Transportvorgänge, Lagerung, Verarbeitung) sowie die Land- und Forstwirtschaft. Sie sind mit den Schutzgütern auf zweierlei Weise verbunden: Einmal über Entnahme/Entzug (z.B. Wasserentnahme aus Gewässern, Verbrauch von Naturfläche), zum anderen über Belastung durch Abgase/Emissionen (z.B. Eintrag von Schadstoffen in Schutzgüter über Abgase, Abwasser, Abfälle, Kontaminierung von Produkten durch Schadstoffe, Überdüngung usw.).

Die Einflußnahme auf diese Beziehungen ist der entscheidende Hebel für die nachhaltige Verbesserung der Schutzgüter und damit der Umweltqualität. Kernstück des Umweltinformationssystems sind deshalb Informationen über die Bestände und den Zustand von Schutzgütern einschließlich bereits getroffener Schutzmaßnahmen sowie über die Elemente der Technosphäre. Beide Informationsarten lassen sich vor allem über einen einheitlichen Ortsbezug verknüpfen. Ergänzt werden diese Informationen durch "Hintergrundinformationen", wie etwa den Angaben über rechtliche Grundlagen, Bevölkerungsstatistik, Stand der Technik oder Forschungsprojekte und -ergebnisse.

Die *Aufgaben mit Umweltbezug* ("allgemeine Aufgabenstruktur") bestimmen Umfang und Art der Systemunterstützung. Auf diese Weise ist sichergestellt, daß die Systemlandschaft unabhängig ist von der heutigen Aufgabenverteilung und Organisation der beteiligten Ressorts und ihrer Geschäftsbereiche. Das Umweltinformationssystem ist also dienststellenunabhängig und damit weitgehend stabil gegenüber organisatorischen Veränderungen. Gleichzeitig wird dadurch eine Informationsverknüpfung mit Systemen der Kommunen, anderer Bundesländer, des Bundes und internationalen Institutionen erleichtert.

Die Einzelaufgaben von Politik und Landesverwaltung lassen sich fünf Aufgabenblöcken zuordnen:

- Bei der *strategischen Früherkennung* geht es darum, aus Grundlagenforschung und technisch-wissenschaftlichen Entwicklungen Schlußfolgerungen für die vorsorgende Umweltpolitik zu ziehen und Handlungsbedarf abzuleiten.
- Zur *strategischen Konzeptentwicklung* gehören im Sinne einer langfristigen Ausrichtung des Umweltmanagements zum Beispiel die Entwicklung von Nutzungsplänen und Maßnahmeprogrammen sowie die Gestaltung von Förder- und Ausgleichszahlungsprogrammen.
- Das *politische Handeln* konzentriert sich auf die Festlegung von umweltpolitischen Zielen, die Schaffung des Ordnungsrahmens und die Setzung von Prioritäten bei der Maßnahmendurchführung.
- Bei der *Umsetzung* in Verwaltungsmaßnahmen werden politische Ziele zu klaren Handlungsanweisungen für den Vollzug formuliert.
- Im *Vollzug* schließlich werden die Umweltaufgaben wahrgenommen. Hierzu zählen beispielsweise die Planung von Einzelmaßnahmen, die Genehmigung von technischen Anlagen und Einrichtungen sowie die Erteilung nachträglicher Auflagen, technische Beratungsleistungen für Projekte mit Umweltbezug, fachliche Planung von Schutz- und Pflegemaßnahmen und insbesondere die Überwachung von Umweltschutzgütern und Elementen der Technosphäre.

Bei der Entwicklung der Rahmenkonzeption war zunächst die Rolle des Umweltinformationssystems beim *Management von Umwelt-Störfällen* von besonderem Interesse. Auswertungen vergangener Störfälle haben allerdings gezeigt, daß Systemunterstützung hier nur begrenzt möglich und sinnvoll ist. Sie beschränkt sich im wesentlichen auf die Zugriffsmöglichkeit zu aktuellen Daten für die Lageeinschätzung, auf die Bereitstellung einer leistungsfähigen Kommunikations-Infrastruktur und auf eine Erfahrungs-Datenbank zur systematischen Nacharbeitung der Störfälle. Die bestimmenden Größen einer erfolg- reichen Störfallbewältigung sind ein vorgegebener organisatorischer und luK-technischer Rahmen sowie die straff durchgeführte Abwicklung, das heißt klare Regelung der Verantwortlichkeiten, Fachkompetenz und ausreichende Ressourcen.

Regeln und Standards

Für das Umweltinformationssystem als fach- und ressortübergreifendes Informationssystem sind Regeln und Standards erforderlich, die die einzelnen Komponenten des UIS verbinden und ein reibungsloses Zusammenspiel zwischen ihnen ermöglichen. Diesem Zusammenwirken wird zum einen durch die Entwicklung eines durchgängigen *Berichtswesens*, zum anderen durch eine abgestimmte *Systemarchitektur* für alle Komponenten des Umweltinformationssystems Rechnung hergestellt.

Ein Leitgedanke der UIS-Berichtsphilosophie ist der Grundsatz der *Führungsorientierung*: Informationen für Führungskräfte sind situations- und bedarfsgerecht zur Verfügung zu stellen, das heißt es sollen nur diejenigen Informationen bereitgestellt werden, die zur Lösung einer Führungsaufgabe unbedingt notwendig sind. Die Inhalte des Berichtswesens beziehen sich auf alle Glieder der sogenannten technologisch-ökologischen Wirkungskette: Maßnahmen in Politik und Verwaltung werden ergriffen, um auf die Technosphäre, unter Umständen auch direkt auf Schutzgüter einzuwirken, damit sich schließlich die Qualität und gegebenenfalls der Bestand von Schutzgütern verbessern. Informationen über diese Wirkungskette einschließlich Bestand und Zustand der Schutzgüter und Technosphäre sollen die verantwortliche Führungskraft in die Lage versetzen, Handlungsbedarf zu erkennen und geeignete Maßnahmen zu ergreifen. Hierfür können Trendbeobachtungen, Vergleiche und Meldungen über besondere Ereignisse dienlich sein. Ergriffene Maßnahmen sollen schließlich durch eine Erfolgskontrolle auf ihre Wirksamkeit, die Effizienz ihrer Durchführung und die relative Position im Vergleich zum Beispiel verschiedener Dienststellen beurteilt werden. Das Berichtswesen soll auf diese Weise Rückkopplungen zwischen Legislative und Exekutive sowie zwischen verschiedenen Führungsebenen der Verwaltung erleichtern.

Grundlegende Architekturmerkmale des UIS sind die *Durchgängigkeit* von Daten (der "vertikale Zugriff" auf Daten innerhalb der Verwaltungs- und Systemhierarchie) und ihre Verknüpfbarkeit (die Möglichkeit "horizontaler Verschneidungen" von Daten gleicher Aggregationsstufen). Die Verknüpfbarkeit spiegelt vor allem den fach- und ressortübergreifenden Charakter von Umweltaufgaben wider. Mit der Durchgängigkeit der Daten in der Systemarchitektur läßt sich gewährleisten, daß Führungsinformationen für die Ministerien bzw. die Regierungspräsidien ohne weitere manuelle Eingriffe direkt aus den Primärdaten, wie sie bei den Fachdienststellen vorliegen, erzeugt werden können (*Abbildung 3*).

Berichtssysteme, die speziell für den Informationsbedarf von Entscheidungsträgern entwickelt werden, müssen zum einen Zugriffsmöglichkeiten auf Informationen aus dem gesamten Verantwortungsbereich der Führungskraft zur Verfügung stellen, zum anderen müssen diese Systeme mit einer besonders benutzerfreundlichen Bedieneroberfläche ausgestattet sein.

Die logische und physische Verknüpfbarkeit von Daten ist Voraussetzung dafür, daß gesamtökologische Zusammenhänge erfaßt und bewertet werden können, statt ausschließlich mediale (sektorale) Betrachtungen (z.B. für Wasser, Boden oder Luft) an-

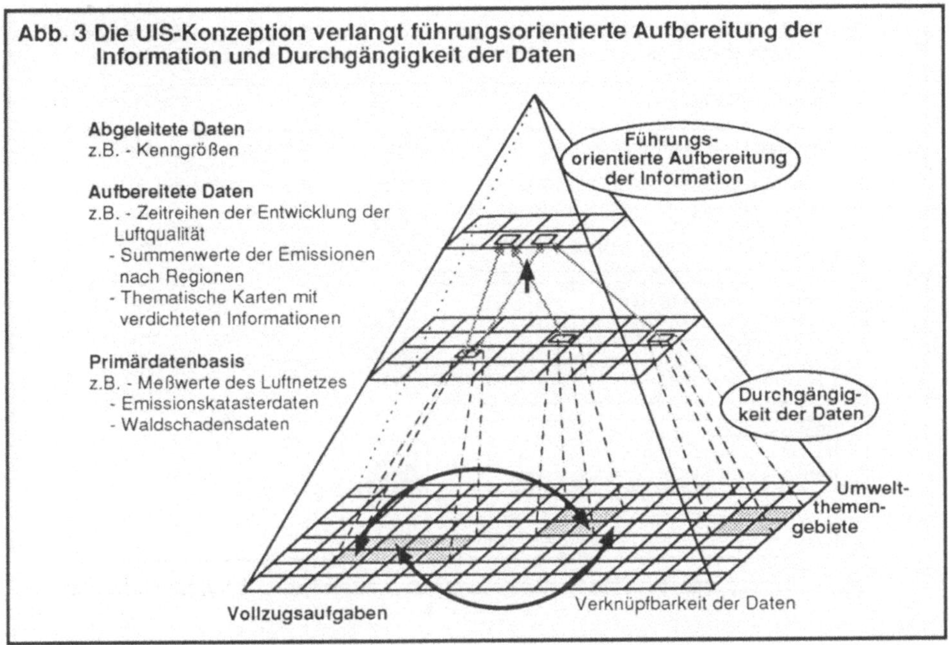

Abb. 3 Die UIS-Konzeption verlangt führungsorientierte Aufbereitung der Information und Durchgängigkeit der Daten

zustellen. Allerdings sind der Verknüpfbarkeit und Durchgängigkeit von Daten durch die gesetzlichen Vorschriften zum *Datenschutz* und zur Geheimhaltung Grenzen gesetzt. Zudem ist im Einzelfall zu prüfen, inwieweit Verknüpfbarkeit und Durchgängigkeit von Daten sinnvoll und fachlich gerechtfertigt sind und unter Kosten/Nutzen-Gesichtspunkten wirtschaftlich realisiert werden können.

Systemkategorien

Das UIS unterscheidet generell drei Systemkategorien: Übergreifende UIS-Komponenten, UIS-Grundkomponenten und Basissysteme (*Abbildung 4*).

Übergreifende UIS-Komponenten sind Systeme, die im Sinne der Durchgängigkeit und Verknüpfbarkeit von Umweltdaten fachspezifische Informationsbestände für übergeordnete Zwecke zusammenführen. Zum einen sind es *Berichts- und Managementsysteme* zur Unterstützung von Entscheidungsträgern auf der mittleren und oberen Führungsebene durch Bereitstellung von aggregierten Umweltdaten bzw. entscheidungsrelevanten Kenngrößen. Zum anderen sind es *Regelwerke* und Instrumentarien zur Organisation von Datenerfassung, Datenhaltung und Datenweitergabe sowie zur Kommunikation zwischen verschiedenen Datennutzern. Informationen der übergreifenden UIS-Komponenten werden im wesentlichen aus den Daten der UIS-Grundkomponenten und der Basissysteme abgeleitet.

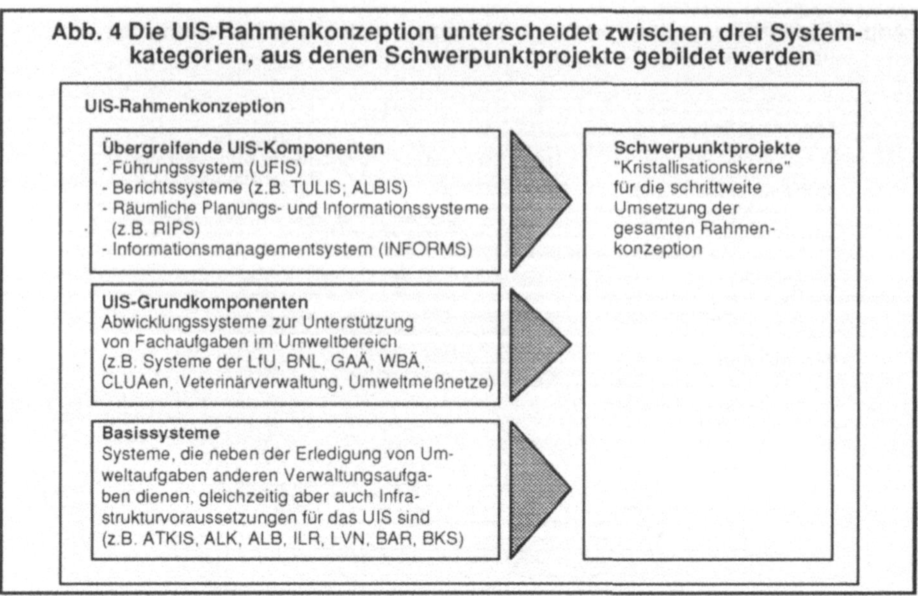

Abb. 4 Die UIS-Rahmenkonzeption unterscheidet zwischen drei Systemkategorien, aus denen Schwerpunktprojekte gebildet werden

Die Entwicklung von Berichts- und Managementsystemen bildet derzeit einen Schwerpunkt in der Umsetzung der Rahmenkonzeption:

- Das *Umwelt-Führungs-Informationssystem (UFIS)* soll die Führung der Ministerien des Landes mit bedarfsgerecht aufbereiteten Informationen über den Zustand von Schutzgütern, die Technosphäre und die Wirkung von Maßnahmen in allen Umweltbereichen unterstützen.

- Das *Technosphäre- und Luft-Informationssystem (TULIS)* soll der mittleren Führungsebene, Referats- und Dienststellenleitern im Umweltministerium, in den Regierungspräsidien und in den Staatlichen Gewerbeaufsichtsämtern als Berichts- und Steuerungsinstrument im Aufgabenbereich Luftreinhaltung, Technosphäreüberwachung und Gewerbeaufsicht dienen.

- Das *Arten-, Landschafts- und Biotop-Informationssystem (ALBIS)* soll die mittlere Führungsebene, Referats- und Dienststellenleiter im Umweltministerium, des Ministeriums Ländlicher Raum, der Landesanstalt für Umweltschutz (LfU) sowie der Regierungspräsidien, der Bezirksstellen für Naturschutz und Landschaftspflege (BNL) und anderer Dienststellen bei ihren Führungsaufgaben im Bereich Arten, Landschaft und Biotope unterstützen.

Von großer Bedeutung für die Durchgängigkeit und Verknüpfbarkeit der Umweltinformationen sind zentrale Regelwerke, Steuerungsinstrumente und Auskunftssysteme:

- Das *Räumliche Informations- und Planungssystem (RIPS)* soll die fachübergreifende Nutzung raumbezogener Informationen ermöglichen. Es faßt auf der Basis des landeseinheitlichen Graphikkonzeptes die Graphikanwendungen im Umweltbereich zusammen und dient Nutzern in der gesamten Umweltverwaltung unter anderem als Verbindung zu den einheitlichen raumbezogenen Basisdaten der Vermessungsverwaltung.

- Das *UIS-Informationsmanagement* wird zur Organisation und Pflege eines einheitlichen Informationsbestandes sowie zur laufenden bedarfsgerechten Informationsversorgung aller Dienststellen mit Umweltaufgaben aufgebaut. Hierzu gehört auch die Bereitstellung datenbankgeschützter Hintergrundinformationen, die mit allgemein zugänglichen, lexikalischen oder statistischen Daten die bei der Wahrnehmung von Umweltaufgaben anfallenden Fachinformationen ergänzen.
- Das *Labor-Informations- und Planungssystem (LIPS)* hat zur Aufgabe, die fach- und ressortübergreifend anfallende Fülle von Labordaten aufbereitet darzustellen, um einen raschen Überblick und eine sinnvolle Planung mit den erhobenen Informationen gewährleisten zu können.

Grundkomponenten des UIS sind im wesentlichen Systeme zur Unterstützung der einzelnen *Fachaufgaben mit Umweltbezug* wie die Meßnetze für Boden, Wasser, Luft und Radioaktivität, die informations- und kommunikationstechnischen Verfahren in Fachbereichen wie Wasser- und Abfallwirtschaft, Bodenschutz, Gewerbeaufsicht, Lebensmittelüberwachung, Veterinärwesen, Flurneuordnung und Landentwicklung, Naturschutz und Landschaftspflege, Landwirtschaft und Forsten. Diese Systeme haben einen unterschiedlichen Bearbeitungsstand. Ihr Aufbau erfordert teilweise viele Jahre.

Derzeit wird eine Vielzahl solcher Grundkomponenten unter Zugrundelegung der UIS-Systemarchitektur und damit für eine verbesserte horizontale und vertikale Informationsweitergabe erstellt bzw. weiterentwickelt. Als Beispiele seien genannt: Vielkomponenten-Luftmeßnetz, Bioindikatorenmeßnetz, Emissionskataster, Radioaktivitätsmeßnetz, Kernreaktorfernüberwachungssystem, Bodenmeßnetz, Bodenbelastungskataster, Bodendatenbank, Grundwassermeßnetz, Grundwasserdatenbank, Gewässergütemeßnetz, Trinkwasserdatenbank, Wasser- und Abfallwirtschaftliche Arbeitsdatei, Altlastenkataster und Informationsverarbeitung in der Flurneuordnung.

Basissysteme für das UIS sind Systeme, die neben der Erledigung von Umweltaufgaben auch anderen Zwecken dienen. Obwohl diese Basissysteme überwiegend nicht durch das UIS initiiert wurden, sind sie notwendige *Infrastrukturvoraussetzungen* für das UIS, wie beispielsweise das Amtliche Topographisch-Kartographische Informationssystem (ATKIS), das Automatisierte Liegenschaftsbuch (ALB), das Landesverwaltungsnetz (LVN) mit Dokumentenverwaltung, das Informationssystem Ländlicher Raum (ILR) und die Büroautomation in den Regierungspräsidien (BAR). Die vielfältigen Nutzungsmöglichkeiten der Basissysteme tragen wesentlich zum wirtschaftlichen IuK-Einsatz bei.

Die *Abbildung 5* zeigt die Pyramide der UIS-Rahmenkonzeption mit den auf den verschiedenen Ebenen angesiedelten Aufgaben und Themengebieten und die durch die Komponenten des Umweltinformationssystems unterstützten Bereiche.

Die Nutzung des Umweltinformationssystems

Die Dienststellen der Landesverwaltung nutzen direkt die für die Unterstützung ihrer Verwaltungsaufgaben geeigneten UIS-Komponenten und erhalten hierfür unmittelbaren Zugang zu den benötigten Daten sowie zu den informationstechnischen Aus-

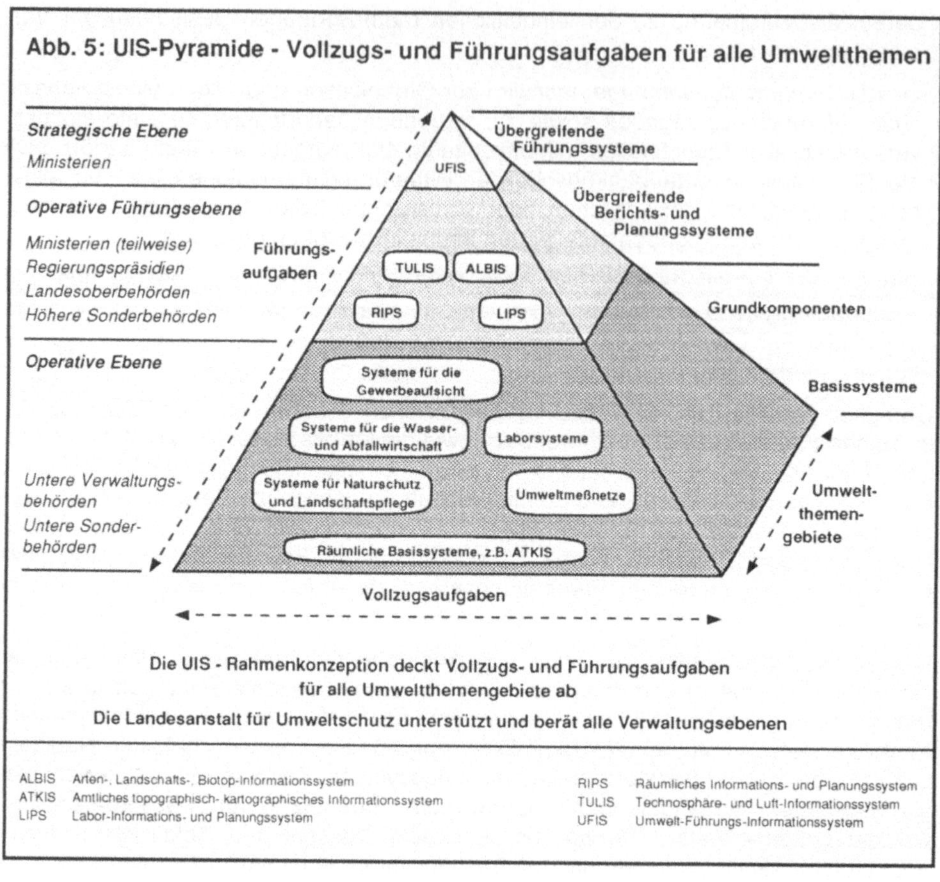

Abb. 5: UIS-Pyramide - Vollzugs- und Führungsaufgaben für alle Umweltthemen

werte- und Darstellungssystemen. Die Information anderer Institutionen und der Öffentlichkeit erfolgt dagegen grundsätzlich durch das Statistische Landesamt. Dieses betreibt mit dem *Landesinformationssystem (LIS)* ein Auskunftssystem, zu dessen Datenbanken unter anderem alle Nutzer des Landesverwaltungsnetzes (LVN) und des kommunalen Verwaltungsnetzes unmittelbaren Zugang erhalten können.

Insbesondere die zur Veröffentlichung bestimmten statistischen Daten aus dem UIS werden sukzessive an das Statistische Landesamt übergeben und dort in das Landesinformationssystem eingespeist. Als erster Schritt werden aktuelle Immissionsdaten aus dem Vielkomponenten-Luftmeßnetz des Landes durch die Gesellschaft für Umweltmessungen und Umwelterhebungen mbH (UMEG) in Karlsruhe mehrmals täglich über das Landesverwaltungsnetz an das Landesinformationssystem übermittelt.

Um Datenhaltungs- und Zugriffskonzepte für das Umweltinformationssystem ableiten zu können, müssen die Daten nach bestimmten inhaltlichen Kategorien klassifiziert werden: Der Datenbestand wird in Hintergrunddaten und raumbezogene Basisdaten, anwendungsspezifische Daten sowie Berichtsdaten eingeteilt, für die jeweils unterschiedliche Anforderungen gelten.

Hintergrunddaten und *raumbezogene Basisdaten* sind Daten, auf die von zahlreichen UIS-Anwendern ausschließlich lesend zugegriffen wird. Im ersten Fall handelt es sich überwiegend um lexikalische oder statistische Informationen aus externen Datenbanken. Als Datenquelle von besonderer Bedeutung für das Umweltinformationssystem ist hier die Struktur- und Regionaldatenbank des Statistischen Landesamtes zu nennen. Die wichtigsten Quellen raumbezogener Basisdaten sind das Amtliche Topographisch-Kartographische Informationssystem (ATKIS), die Automatisierte Liegenschaftskarte (ALK) und das Automatisierte Liegenschaftsbuch (ALB) des Landesvermessungsamtes.

Anwendungsspezifische Daten oder Fachdaten sind Daten, die bei der Wahrnehmung von Umweltaufgaben entstehen bzw. verändert werden. Sie dienen primär den individuellen Anwendern in den Fachdienststellen zur Erledigung ihrer Fachaufgaben. Beispiele sind Einzelmeßwerte aus Meßreihen, anlagenspezifische Daten oder Protokolle von Betriebsrevisionen.

Berichtsdaten sind Daten, die in der Regel durch Verdichtung oder Auswahl anwendungsspezifischer Daten entstehen. Durch Kombination und Bewertung werden sie zu Kenngrößen oder komplexen Übersichtsdarstellungen, wie zum Beispiel thematischen Karten, aufgearbeitet, die Führungskräften zur Entscheidungsunterstützung dienen. Berichtsdaten sind bezüglich der Kommunikationsanforderungen die anspruchsvollsten Datensegmente. Sie haben einen breiten Nutzerkreis und hohen Aktualisierungsbedarf, so daß sich besondere Zugriffs- und Konsistenzanforderungen ergeben.

Die Informationen, die den unterschiedlichen Datenbeständen des UIS zu entnehmen sind, dienen in erster Linie der *Aufgabenerledigung* der mit Umweltfragen befaßten Dienststellen der Landesverwaltung. Ihre Nutzung und Weitergabe werden entsprechend den Vorschriften zum Datenschutz und zur Geheimhaltung durch festgelegte Verwaltungsverfahren geregelt.

Die Weitergabe von Informationen an andere Institutionen (Landtag, Kommunen, andere Bundesländer, Bund, EG) sowie an die Öffentlichkeit erfordert neben der Anonymisierung eine besondere fachliche Prüfung und Bewertung. Diese *"Reine Information"* wird in der Regel in aggregierter Form weitergegeben. Für diesen Nutzerkreis werden daher in erster Linie Berichtsdaten zur Verfügung gestellt, während die einzelnen Fachverwaltungen überwiegend detaillierte Fachdaten (anwendungsspezifische Daten) benötigen (*Abbildung 6*).

Der Stand der Umsetzung der Rahmenkonzeption: Übergreifende UIS-Komponenten

Die übergreifenden Komponenten UFIS, TULIS, ALBIS und RIPS sind "Kristallisations-kerne" des UIS; ihrer Umsetzung kommt damit besondere Bedeutung zu.

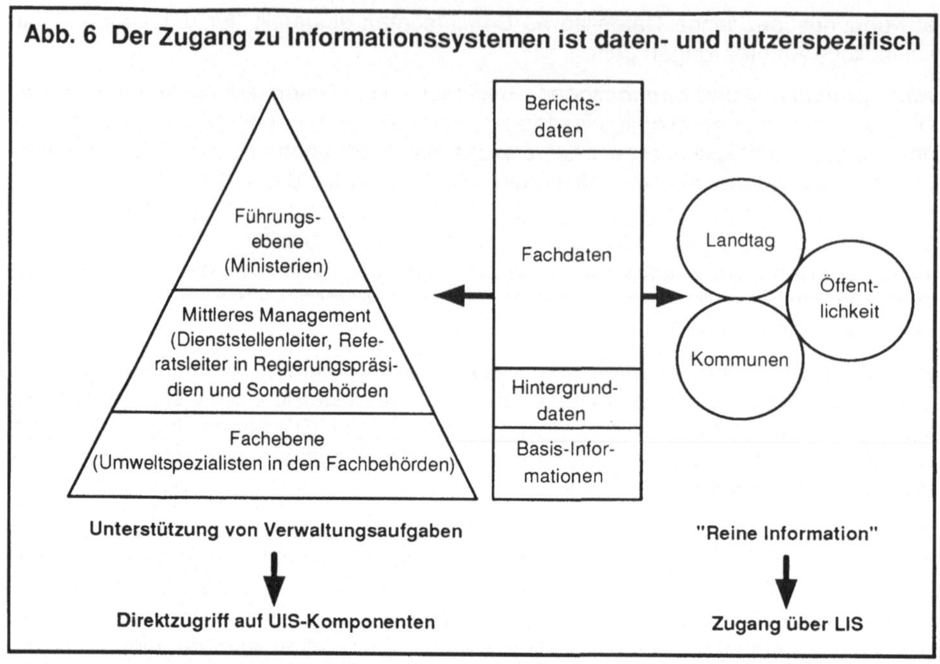

Abb. 6 Der Zugang zu Informationssystemen ist daten- und nutzerspezifisch

Das *UFIS* soll die Führungskräfte des Landes mit bedarfsgerecht aufbereiteten Informationen über den Zustand von Schutzgütern, über die Technosphäre und die Wirkung von Maßnahmen in allen Umweltthemenbereichen versorgen. Derzeit befindet sich der Prototyp 2.0 im Umweltministerium in der Testnutzung. Er ist charakterisiert durch

- eine komfortable Benutzeroberfläche mit Ausgabefunktionen sowohl für schriftliche Berichte als auch für die Weitergabe von Ergebnissen an andere Rechnersysteme als Karten, Tabellen oder Präsentationsgraphiken,
- ein erweitertes Kenngrößensystem und damit eine einheitliche Benutzerführung für alle Umwelt-Kenngrößen,
- Direktzugriffsfunktionen auf aktuelle Daten des Meßreihen-Operationssystems (MEROS) der Landesanstalt für Umweltschutz (z.B. Immissionsdaten aus dem Vielkomponenten-Luftmeßnetz).

Ein Beispiel einer UFIS-Kartendarstellung mit dem zugehörigen Bearbeitungsmenü zeigt *Abbildung 7*.

TULIS wurde als Berichtssystem zum Informationskomplex Luftqualität, Schadstoffbelastung, Emissionen, Technosphäre-Objekte sowie Maßnahmen der Gewerbeaufsicht konzipiert.

Aufgrund der Datenanalyse und einer Nutzerbefragung wurden, geordnet nach Kenngrößen-Gruppen, 26 Nutzersichten definiert, von denen fünf für den ersten Prototyp ausgewählt wurden: Dienststellen/Behörden, Betriebe, Anlagen, Emissionen

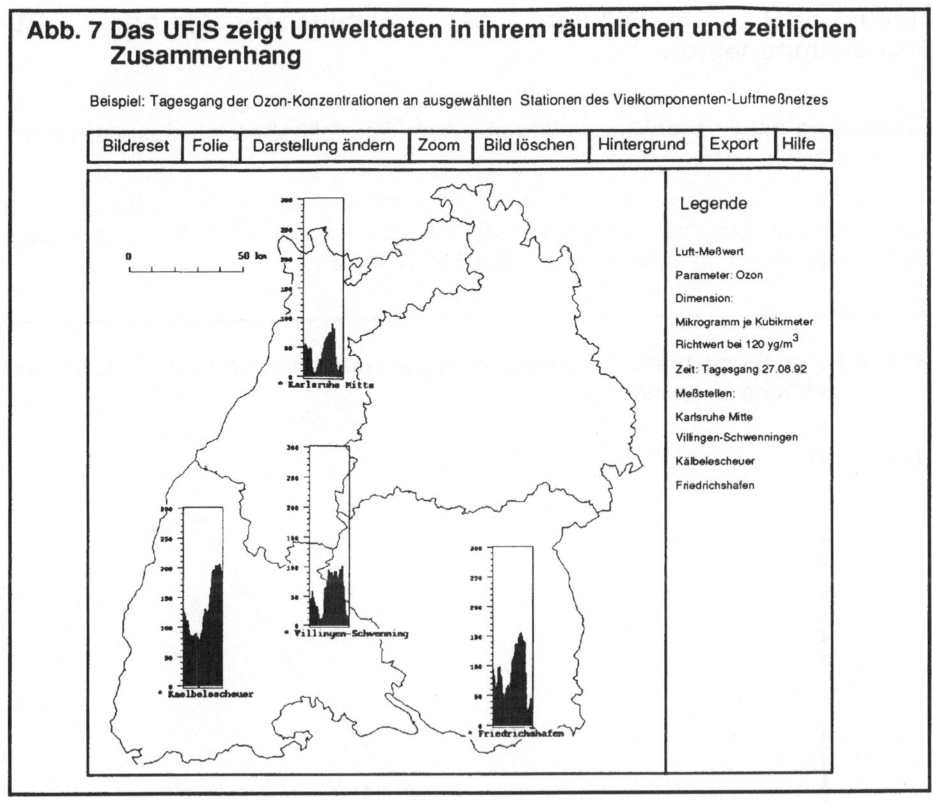

Abb. 7 Das UFIS zeigt Umweltdaten in ihrem räumlichen und zeitlichen Zusammenhang

und Immissionsbelastung. Für diese fünf Nutzersichten wurde ein einheitliches Datenmodell als Basis der Version 1.0 entwickelt.

ALBIS wurde als Berichtssystem für die Bereiche Naturschutz, Artenschutz und Landschaftspflege entwickelt. Gesteuert von einer ressortübergreifend besetzten Arbeitsgruppe wurde eine Feinkonzeption und ein Lastenheft für einen Prototyp 1.0 entwickelt. Für die hohen Anforderungen an geographische Funktionalitäten mußte die Entwicklung auf einem Geographischen Informationssystem (GIS) aufbauen. Testinstallationen sind seit 1992 im Einsatz.

Die UIS-weite Nutzung von raumbezogenen Basisdaten, insbesondere den Zugriff auf umweltrelevante Geometrie- und Sachdaten regelt das *Räumliche Informations- und Planungssystem (RIPS)*. Inzwischen wurde gemeinsam mit externen Spezialisten (u.a. vom Forschungsinstitut für anwendungsorientierte Wissensverarbeitung an der Universität Ulm (FAW), vom Institut für Photogrammetrie der Universität Stuttgart (IFP) sowie vom Institut Photogrammetrie und Fernerkundung der Universität Karlsruhe (IPF)) eine Fein-konzeption erstellt und ein Prototyp entwickelt. Einen breiten Raum nahmen dabei die Ermittlung der Anforderungen an ein umweltbezogenes Geoinformationssystem ein.

Stand der Umsetzung der Rahmenkonzeption: UIS-Grundkomponenten

Ausstattung mit Bildschirmarbeitsplätzen im Geschäftsbereich des Umweltministeriums

In der Umweltschutzverwaltung sind seit 1987 insgesamt rund 1500 Arbeitsplätze mit Bildschirmen ausgestattet worden, so daß im Dezember 1992 rund 2000 Bedienstete mit IuK-Technik vor Ort unterstützt werden *(Abbildung 8)*.

Abb. 8 Bildschirmarbeitsplätze im Geschäftsbereich des Umweltministeriums: zeitliche Entwicklung

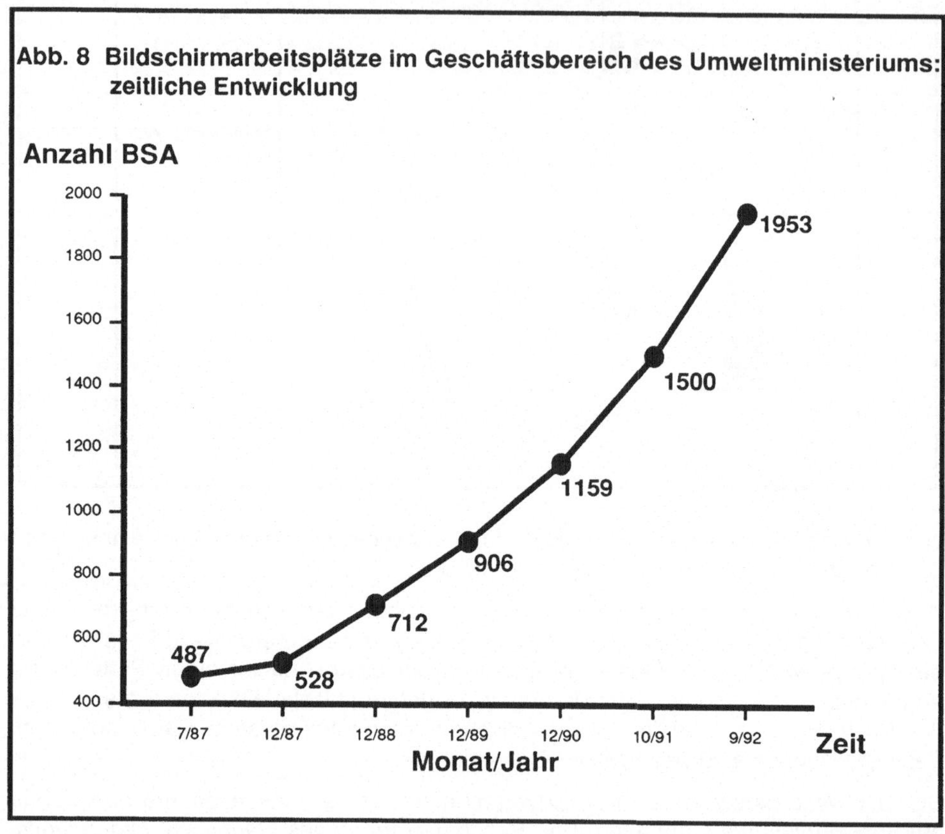

Die *Abbildung 9* schlüsselt die aktuellen Zahlen nach der Art der Bildschirmarbeitsplätze, deren Verteilung auf die Fachverwaltungen und Dienststellen sowie den Ausstattungsgrad der einzelnen Verwaltungsbereiche im Geschäftsbereich des Umweltministeriums auf.

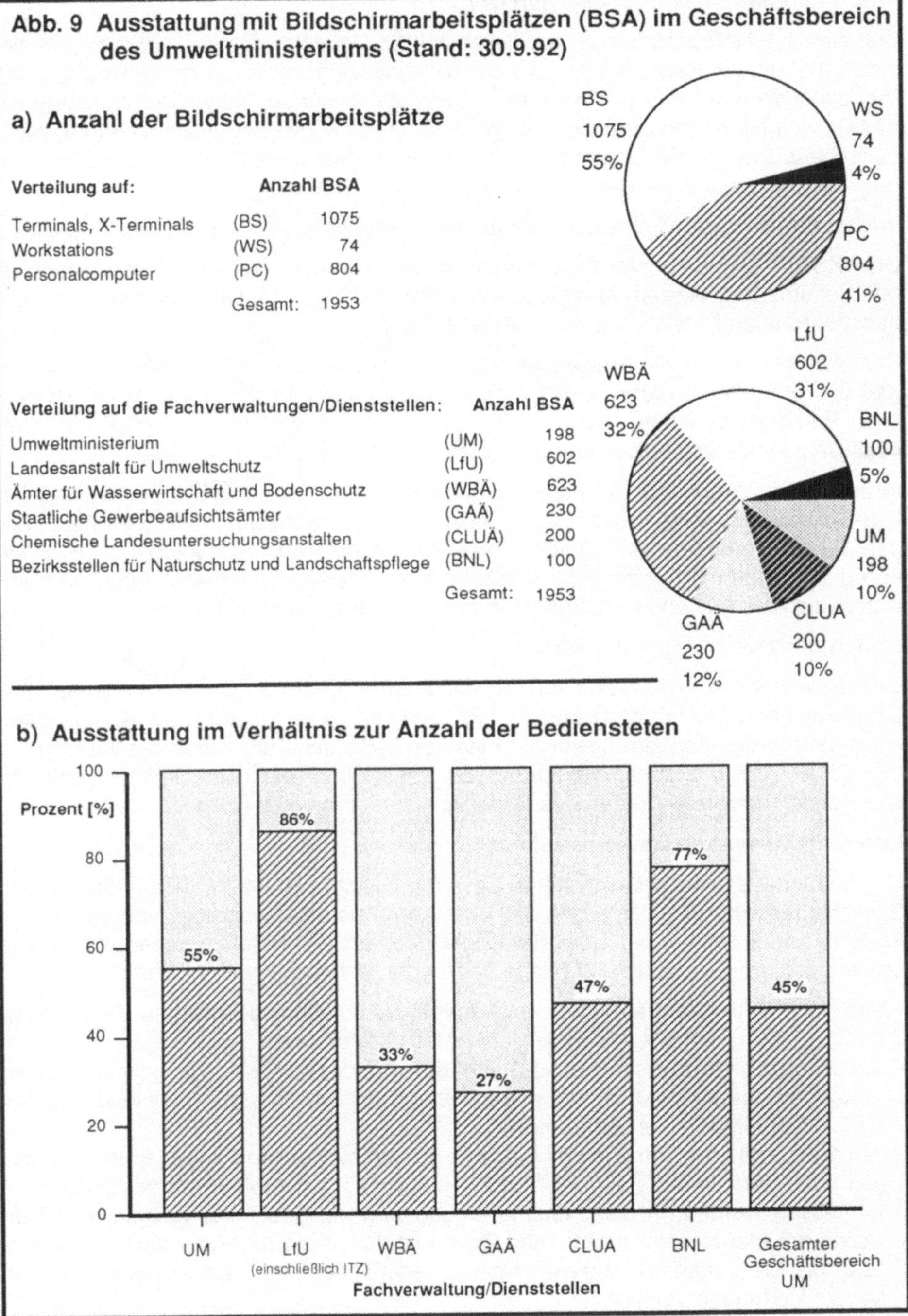
Abb. 9 Ausstattung mit Bildschirmarbeitsplätzen (BSA) im Geschäftsbereich des Umweltministeriums (Stand: 30.9.92)
a) Anzahl der Bildschirmarbeitsplätze
Verteilung auf: Anzahl BSA
Terminals, X-Terminals (BS) 1075
Workstations (WS) 74
Personalcomputer (PC) 804
Gesamt: 1953
BS 1075 55%
WS 74 4%
PC 804 41%
Verteilung auf die Fachverwaltungen/Dienststellen: Anzahl BSA
Umweltministerium (UM) 198
Landesanstalt für Umweltschutz (LfU) 602
Ämter für Wasserwirtschaft und Bodenschutz (WBÄ) 623
Staatliche Gewerbeaufsichtsämter (GAÄ) 230
Chemische Landesuntersuchungsanstalten (CLUÄ) 200
Bezirksstellen für Naturschutz und Landschaftspflege (BNL) 100
Gesamt: 1953
LfU 602 31%
WBÄ 623 32%
BNL 100 5%
UM 198 10%
CLUA 200 10%
GAÄ 230 12%
b) Ausstattung im Verhältnis zur Anzahl der Bediensteten
Prozent [%]
100
80
60
40
20
0
55%
86%
33%
27%
47%
77%
45%
UM
LfU
(einschließlich ITZ)
WBÄ
GAÄ
CLUA
BNL
Gesamter Geschäftsbereich UM
Fachverwaltung/Dienststellen

Informationstechnisches Zentrum (ITZ)

Seit dem 1.1.1991 sind bei der Landesanstalt für Umweltschutz im Informationstechnischen Zentrum Produktions- und Entwicklungszentren eingerichtet worden. Die Produktionszentren des ITZ werden stufenweise bedarfsorientiert insbesondere für das Umwelt-informationssystem und das Informationssystem Ländlicher Raum weiter ausgebaut. Die Entwicklungszentren haben die Entwickung und Betreuung von großen, komplexen und dienststellenübergreifenden Anwendungen übernommen.

Informations- und Kommunikationssystem des Umweltministeriums (IKS-UM)

Das IKS-UM bildet die informationstechnische Infrastruktur für alle Anwendungen im Ministerium. Das System dient auch der Beschaffung von Umweltdaten aus dem nachgeordneten Bereich und deren Aufbereitung.

Stufenweise werden alle Arbeitsplätze bedarfsorientiert mit luK-Technik ausgestattet. Ziel des IKS-UM ist dabei, ein durchgängiges Gesamtsystem unter einer einheitlichen Bedieneroberfläche und unter Beachtung der Rahmenbedingungen des Landessystemkonzepts und der Standards und Regeln des UIS zu schaffen.

In den Jahren 1993 und 1994 soll der stufenweise Ausbau, die Einbindung weiterer UIS-Grundkomponenten und übergreifender UIS-Komponenten vorangetrieben werden. Zu den vorhandenen 200 sollen bis 1995 weitere 150 Arbeitsplätze mit window- und grafikfähigen Bildschirmen zur effizienteren Erledigung der vernetzten und umweltmedienübergreifenden Aufgaben in der Umweltverwaltung hinzukommen.

Bodeninformationssystem (BIS)

Das Bodeninformationssystem soll die relevanten Ergebnisse der vorhandenen UIS-Grundkomponenten Bodenmeßnetz, Bodendatenbank, Bodenbestandsaufnahme, Bodenbelastungs-Kataster sowie mit Hilfe von RIPS auch die Daten der Basissysteme ATKIS, ALK u.a. zusammenführen. Es soll ein luK-gestütztes Berichtswesen für den Bereich Boden zu Fragen des Bodenschutzes aufgebaut werden.

Informationssystem Gewerbeaufsicht

Der Aufbau des Informationssystems Gewerbeaufsicht umfaßt im Endausbau ca. 500 Bildschirmarbeitsplätze. Aufgrund des erreichten Ausstattungsgrades von annähernd 50 % in den 9 Staatlichen Gewerbeaufsichtsämtern (GAÄ) ist zwischenzeitlich eine umfangreichere Erfassung und Pflege der für die Ämter relevanten Daten möglich:

- Sämtliche Betriebsstättendaten wurden vom Informationstechnischen Zentrum auf den zentralen Rechner des jeweiligen Amtes übernommen.
- Zwischenzeitlich sind sämtliche nach der Bundes-Immissionsschutzverordnung (BImSchV) genehmigungsbedürftige betriebliche Einrichtungen sowie deren Nebeneinrichtungen in den Ämtern erfaßt.
- Seit März 1991 werden alle der Gewerbeaufsichtsverwaltung zugehenden Messun gen nach der BImSchV (§§ 26, 28, 29) bis hin zu den Stoffen, deren Emissionen gemessen wurden, in die Systeme eingegeben. Aufgrund der gesetzlichen Vorschrift der Messung im dreijährigen Zyklus ist davon auszugehen, daß im Frühjahr 1994 die Messungen aller genehmigungsbedürftigen Einrichtungen maschinenlesbar zur Verfügung stehen.
- Außer Daten mit Umweltbezug werden auch Daten aus dem Bereich des Arbeitsschutzes Zug um Zug gespeichert.

Informationstechnik in den Ämtern für Wasserwirtschaft und Bodenschutz (WBÄ)

Die 23 Ämter für Wasserwirtschaft und Bodenschutz mit Außenstellen wurden in den Jahren 1986 bis 1988 mit Mehrplatzsystemen ausgestattet. In der Einführungsphase wurden über die Systeme Anwendungen der Bürokommunikation und Ingenieurprogramme verarbeitet. Die Auslegung wurde für einen gleichzeitigen Betrieb von rd. 15 Bediensteten je Dienststelle vorgenommen.

Mit Inbetriebnahme der wasser- und abfallwirtschaftlichen Arbeitsdatei bei den WBÄ seit Januar 1990 ist erstmals ein umfassendes Programmsystem im Einsatz, das eine ganzheitliche Datenverarbeitung auf dem Amt erlaubt. Damit soll im Verbund mit den Regierungspräsidien und der Landesanstalt für Umweltschutz mit organisatorischen Änderungen eine Effektivierung der Aufgabenerledigung erreicht werden. Viele Aufgaben der Wasser- und Abfallwirtschaft im Rahmen der gesetzlich vorgegebenen Überwachung können nur mit Hilfe der Informationstechnik durchgeführt werden.

Das bisher installierte System hat seine Leistungsgrenze erreicht. Die bisher eingesetzten Rechner werden derzeit durch leistungsfähigere Systeme ersetzt, weitere Endgeräte für die Bearbeiter werden installiert.

Die Ämter für Wasserwirtschaft und Bodenschutz müssen in den nächsten Jahren rund 500.000 wasser- und abfallwirtschaftliche Objekte erheben, informationstechnisch erfassen und weiterpflegen. Diese Basisdatenerhebung ist wesentliche Voraussetzung, um aggregierte Daten im Umweltinformationssystem bereitstellen zu können.

Grundwasserüberwachung

Der Aufbau des Grundwassermeßnetzes als eine Grundkomponente des UIS soll bis 1996 ca. 5.000 Meßstellen umfassen. Bisher werden das Basismeßnetz, das Grobraster, die Verwaltungsmeßnetze Wasserversorgung, Industrie und Landwirtschaft sowie das Quellenmeßnetz betrieben, die einen ersten repräsentativen Überblick der Grundwasserbeschaffenheit erlauben. Das Grundwassermeßnetz soll systematisch um weitere Meßstellen und Teilmeßnetze ergänzt werden.

Informations- und Kommunikationstechnik bei den Bezirksstellen für Naturschutz und Landschaftspflege (IuK-BNL)

Entsprechend dem vorliegenden Sollkonzept ist ein mehrstufiges Vorgehen bei der Einführung der Informationstechnik in den BNL vorgesehen. Die Grundausstattung für die Bürokommunikation ist an allen BNL installiert worden. Zur Erfassung und Bearbeitung raumbezogener Daten sind bei den BNL Stuttgart, Karlsruhe und Tübingen planmäßig zwei, in Freiburg ein grafischer Arbeitsplatz eingerichtet worden.

In den Jahren 1993/1994 soll die Entwicklung von Fachverfahren zügig vorangetrieben werden. Schwerpunkte liegen hier in der Programmierung zur Umsetzung des neuen Biotopschutzgesetzes (§ 24 a) und in den Arbeitsbereichen Grunderwerb, Landschaftspflege, Schutzgebietsplanung, Biotopkartierung, Artenkataster und Artenlexikon. Entsprechend dem Bedarf und den weiterhin steigenden Anforderungen durch übergreifende UIS-Komponenten ist eine Ausweitung der Rechnerkapazitäten, der Netzwerkkomponenten und Peripherie erforderlich. Ferner sollen pro BNL je zwei komplette graphisch-interaktive Arbeitsplätze (GIAP) mit entsprechender Peripherie zum Einsatz kommen.

Labordatenverarbeitung in den Chemischen Landesuntersuchungsanstalten (CLUA)

Das vorhandene Labor-Konzept und die Bürokommunikation müssen nach den Vorgaben des UIS weiterentwickelt und ausgebaut werden. Vorgesehen sind die Beschaffung neuer Software für den gesamten Bereich der Trinkwasserdatenbank und für die Bürokommunikation sowie von ca. 300 Bildschirmarbeitsplätzen mit Arbeitsplatzdruckern und Erweiterungsmodulen der vorhandenen Labor-Rechner und Verwaltungsrechner.

Überwachung von Sonderabfällen und deren Transporte

Aufgabe der Überwachungsbehörden ist die Überwachung der Sonderabfallbeseitigung. Die derzeit zur Verfügung stehenden DV-Systeme reichen für eine weitgehend gestützte Überwachung nicht mehr aus. Erforderlich sind der weitere Ausbau des Abfallbegleitscheinverfahrens und der Aufbau eines umfassenden Abfall-Informationssystems.

Informationssystem Atomrechtliches Aufsichts- und Genehmigungsverfahren

Das Informationssystem des atomrechtlichen Genehmigungsverfahrens und der atomrechtlichen Aufsicht soll als ein Teil des Umweltinformationssystems (UIS) eingerichtet werden. Zu den Aufgaben, die vom Umweltministerium wahrzunehmen sind, gehört insbesondere die Überwachung der Einhaltung

- der Bestimmungen der Genehmigungsbescheide,
- des Atomgesetzes und der aufgrund dieses Gesetzes erlassenen Rechtsverordnungen,
- der hierauf beruhenden aufsichtlichen Anordnungen und Verfügungen bei folgenden kerntechnischen Einrichtungen:
  - 5 Kernkraftwerke
  - 1 Wiederaufarbeitungsanlage
  - 1 Versuchsreaktor
  - 1 Forschungsreaktor
  - 4 Unterrichtsreaktoren
  - sonstige Verwender (Institute, Labors) von Kernbrennstoffen.

Zu den Aufgaben gehört weiter die Aufsicht über den Transport von Kernbrennstoffen sowie die Fachaufsicht über die Staatlichen Gewerbeaufsichtsämter im Rahmen der Abfallflußkontrolle radioaktiver Stoffe. Hinzu kommt die Erstellung zahlreicher atomrechtlicher Genehmigungen.

Zu den Möglichkeiten der informationstechnischen Unterstützung im atomrechtlichen Genehmigungs- und Aufsichtsverfahren hat das Umweltministerium im Jahr 1990 ein Grobkonzept und darauf aufbauend im Jahr 1991 ein Feinkonzept erstellen lassen. Mit den Vorarbeiten zur Umsetzung wurde begonnen.

Einbindung der Meßnetze zu Reaktorsicherheit und Strahlenschutz in das UIS

Über das Radioaktivitätsmeßnetz des Landes (RAM) hinaus betreibt bzw. nutzt das Umweltministerium weitere Meß- und Informationssysteme zur Reaktorsicherheit und Umweltradioaktivität:

- Das Kernreaktorfernüberwachungssystem (KFÜ) als Instrument der atomrechtlichen Aufsicht,

- das Integrierte Meß- und Informationssystem des Bundes nach dem Strahlenschutzvorsorgegesetz (IMIS).
  Die Integration dieser Systeme in das UIS soll begonnen (IMIS) bzw. weiter ausgebaut werden (KFÜ), um die Infrastruktur des UIS zur Funktionsverbesserung zu nutzen.
- Errichtung eines in das IMIS integrierten Landeslagezentrums mit Anbindung an das IKS-UM.

Entsprechend den Vorgaben des Strahlenschutzvorsorgegesetzes errichtet der Bund in Zusammenarbeit mit den Ländern derzeit das "Integrierte Meß- und Informationssystem" mit den Funktionalitäten Landesmeßstellen und Landesdatenzentrale. Zur Integrierung der obersten Landesbehörden in das IMIS in Form von Landeslagezentren wird zur Zeit ein bundeseinheitliches Konzept erstellt. Um die in IMIS gewonnenen Meßwerte und Informationen anforderungsgerecht zusammenführen zu können, müssen die Systeme des IMIS wie UIS-Komponenten in das Informations- und Kommunikationssystem des UM eingebunden werden. Die Arbeiten wurden begonnen.

Informationsmanagement

Mit dem Ausbau der einzelnen UIS-Komponenten wird die Zahl der zur Verfügung stehenden und benötigten Daten stark ansteigen. Die Feinkonzeption des UIS-*Informationsmanagements* erarbeitet das Umweltministerium und die Landesanstalt für Umweltschutz zusammen mit der Unternehmensberatung Diebold Deutschland GmbH. Es soll den Datenaustausch zwischen Datenquellen und Nutzern regeln sowie Qualität, Transparenz, Verknüpfbarkeit und Zugreifbarkeit der Daten sicherstellen (*Abbildungen 1 und 3*).

Ziel des geplanten Informationsmanagements ist es zum einen, den UIS-Nutzern einen Überblick über die verfügbaren Daten, ihre Quellen und ihre Interpretationsmöglichkeiten zu verschaffen. Hierzu wird der Grund-Datenkatalog des Bund-Länder-Arbeitskreises Umweltinformationssysteme herangezogen. Darüber hinaus ist Baden-Württemberg der Entwicklungskooperation anderer Länder beigetreten, die derzeit unter Federführung Niedersachsens ein Umweltdaten-Auskunftssystem entwikkeln.

Zum anderen sollen im Rahmen des Projekts "UIS-Informationsmanagement" die organisatorischen Regelungen getroffen werden, um Datenbeschaffung, -fortschreibung und -bereitstellung auf Dauer zu sichern. Im UIS entstehen keine Datenfriedhöfe, weil nachgewiesen wird, wer wann wo welches spezielle Datum für was und wen mit welcher Genauigkeit erhoben und gespeichert hat.

Anwendungsorientierte Forschungsvorhaben

Im Rahmen der UIS-Rahmenkonzeption wurde eine Reihe von Forschungs- und Entwicklungsvorhaben in Auftrag gegeben, um für zukünftige, womöglich ganz neue Anforderungen an Informationssysteme rechtzeitig die entsprechenden Trends neuer Systemlösungen zu erkennen.

Am Forschungsinstitut für anwendungsorientierte Wissensverarbeitung (FAW) an der Universität Ulm werden gemeinsam mit den Stiftern aus der Industrie und in enger Abstimmung mit potentiellen Nutzern im Umweltministerium und bei der Landesanstalt für Umweltschutz fünf umweltrelevante Entwicklungsprojekte durchgeführt:

- Mit dem "Zentralen Umwelt-Kompetenz-System" (*ZEUS*) sollen organisatorische (Verwaltungs-) Informationen und zum Teil hochspezielle Fachinformationen aus dem Bereich des Grundwasserschutzes sinnvoll verknüpft werden.

- Das Projekt "Wissensbasierter natürlichsprachlicher Zugriff auf verteilte heterogene Datenbanken" (*WINHEDA*) soll die Abfrage von Datenbeständen ermöglichen, die an verschiedenen Orten auf verschiedene Rechner mit verschiedenen Betriebssystemen und verschiedenen Datenbanksystemen verteilt sind. Das Vorhaben wurde 1991 beendet.

- Die "Wissensbasierte Auswertung von Rasterbilddaten" (*RESEDA* - Remote Sensor Data Analysis) soll Umweltfachleute, die nicht über Datailwissen von der Bildverarbeitung verfügen, in die Lage versetzen, digitale Luftbild- und Satellitendaten selbständig auszuwerten. Das Vorhaben konnte 1992 abgeschlossen werden.

- Im Projekt "Wissensbasierte Auswertung von Sensorinformationen in der Wasseranalytik" (*WANDA* - Water Analysis Data Advisor) wird ein Expertensystem erstellt, das Analytik-Experten bei der Auswertung von Spurenstoff-Analysen unterstützen soll. Ein erster Prototyp befindet sich bereits bei der Landesanstalt für Umweltschutz im Test.

- Das Projekt "Natürlichsprachlicher Zugang zu Umwelt-Datenbanken" (*NAUDA*) hat zum Ziel, Mitarbeitern in Verwaltung und Wirtschaft den Zugang zu Datenbanken zu ermöglichen, ohne daß hierzu spezielle Abfragesprachen und -techniken beherrscht werden müssen.

- Im Projekt "Geodatenhaltung mit objektorientierten Techniken" *(GODOT)* wird der Prototyp eines objektorientierten Geoinformationssystems (GIS) konstruiert, das direkt auf einem objektorientierten Datenbanksystem aufsetzt. Durch die Kombination von objekt-orientierter Programmiersprache und Datenbanksystem werden u.a. die Speicherung komplex strukturierter Objekte und die Definition von anwendungsspezifischen Datentypen und Operatoren erleichtert.

Bei allen Entwicklungen des FAW werden wissensbasierte Methoden ("künstliche Intelligenz") eingesetzt.

Des weiteren entwickelt das Institut für Industriebetriebslehre und industrielle Produktion der Universität Karlsruhe mit Unterstützung des Umweltministeriums das Pilotprojekt "Datenbank Rauchgasreinigung" als Vorstufe einer Technologie-Datenbank. Der erste Prototyp, die "Testdatenbank für Emissionsminderungstechniken" (*TEMITEC*), wurde inzwischen fertiggestellt.

Außerdem entwickelt das Kernforschungszentrum Karlsruhe gemeinsam mit der Landesanstalt für Umweltschutz ein "Expertensystem Umweltgefährlichkeit von Altlasten" (*XUMA*). Eine Prototypversion befindet sich bei der Landesanstalt für Umweltschutz im Test.

Das Institut für Kernenergetik und Energiesysteme der Universität Stuttgart (IKE) ist mit der modellbasierten Analyse von Umweltdaten beauftragt. In mehreren Vorhaben werden Schnittstellen zur Einbindung von Großrechnern (zum Beispiel CRAY 2) und zur Integration von Simulationsdaten am Beispiel der Ursachenanalyse von Immissionen luftgetragener Schadstoffe realisiert und die Übertragbarkeit auf andere Bereiche untersucht.

Das Institut für Energiewirtschaft und rationelle Energieanwendung der Universität Stuttgart (IER) entwickelt ein IuK-Konzept zur Kartenerstellung für die Fortschreibung des Landschaftsrahmenprogramms.

Inzwischen erfolgreich abgeschlossen wurde eine Untersuchung über die grundsätzlichen Möglichkeiten zur Nutzung von Fernerkundungsdaten im Umweltbereich sowie in der Land- und Forstwirtschaft. Die Studie wurde gemeinsam vom Institut für Forsteinrichtung und Forstliche Betriebswirtschaft der Universität Freiburg, dem Institut für Photogrammetrie und Fernerkundung der Universität Karlsruhe sowie dem Institut für Navigation der Universität Stuttgart erarbeitet.

Ausblick, Nutzen

Das Umweltinformationssystem erleichtert und verbessert die Wahrnehmung von Umweltaufgaben. Dieses Nutzenpotential läßt sich nur schrittweise realisieren, abhängig von den Investitionen in wichtige UIS-Komponenten und von Voraussetzungen für die Datenbereitstellung.

Am 7.6.1990 ist die Richtlinie über den freien Zugang zu Informationen über die Umwelt vom Rat der Europäischen Gemeinschaften verabschiedet worden. Zentrales Ziel dieser Richtlinie ist, den freien Zugang zu den bei den Behörden vorhandenen Informationen über die Umwelt zu gewährleisten. Als "Informationen über die Umwelt" sind alle in Schrift-, Bild-, Ton- oder Datenverarbeitungsform vorliegenden Informationen über den Zustand der Gewässer, der Luft, des Bodens, der Tier- und Pflanzenwelt und der natürlichen Lebensräume zu verstehen. Als "Behörden" definiert die Richtlinie alle Stellen der öffentlichen Verwaltung, die auf nationaler, regionaler oder lokaler Ebene Aufgaben im Bereich der Umweltpflege wahrnehmen und über diesbezügliche Informationen verfügen. Die Richtlinie ist von den Mitgliedsstaaten bis zum 31.12.1992 umzusetzen, ansonsten gilt sie unmittelbar. Der Bund hat unter Beteiligung der Länder inzwischen den Entwurf eines Umweltinformationsgesetzes (UIG) vorgelegt. Die Verschneidung ist im Jahr 1993 vorgesehen. Das Umweltinformationssystem Baden-Württemberg und das Landesinformationssystem - Teil Umwelt - decken mit ihrem fach- wie ressortübergreifenden Ansatz einen wesentlichen Teil der Anforderungen der EG-Richtlinie ab.

Der Nutzen des Umweltinformationssystems ergibt sich u.a. aus der Zeitersparnis bei der Bearbeitung und Bereitstellung von Informationen. Dies bedeutet, daß bei vorgegebenen Personalressourcen eine wesentliche Steigerung von Qualität und Quantität der verfügbaren Informationen erreicht werden kann.

Anhand von drei Beispielen soll der durch das UIS erreichbare Fortschritt aufgezeigt werden:

- Bei raumbezogenen Planungen kann mit erheblich geringerem Zeit- und Personalaufwand als bisher auf topographische Basisdaten und thematische Fachkarten zugegriffen werden. Zum Beispiel kann sehr schnell die Lage verschiedener Schutzgebiete in die Planungsunterlagen eines Verkehrswegeplans übernommen werden.

- Daten, die in einem inhaltlichen Zusammenhang stehen, aber aus verschiedenen Quellen stammen, sind schnell und einfach zu einem Gesamtbild zu kombinieren. Beispielsweise können Daten aus der Kraftfahrzeugstatistik des Kraftfahrtbundesamtes, über den Energieverbrauch hochgerechnete Emissionsdaten des Statistischen Landesamtes, für einen Luftreinhalteplan erhobene regionale Emissionsdaten und aktuelle Immissionsmeßwerte an einem Bildschirmarbeitsplatz zusammengestellt werden.

- Umwelt-Zustandsdaten und einschlägige Informationen aus dem Verwaltungsvollzug können mit ihren gegenseitigen Abhängigkeiten übersichtlich zusammengestellt werden, wodurch eine wichtige Voraussetzung für die Erfolgskontrolle erfüllt wird. Zum Beispiel kann im Zusammenhang dargestellt werden, wo in welchem Umfang Fördermittel zum Kläranlagenbau eingesetzt worden sind, wieweit die Anlagenleistungen tatsächlich gesteigert wurden und ob bei den betreffenden Gewässerabschnitten die erwünschte Verbesserung der Gewässergüte eingetreten ist.

Zahlreiche UIS-Systeme wurden und werden auf- bzw. ausgebaut. Die Unterstützung der Aufgaben mit Umweltbezug in den Geschäftsbereichen der Ministerien des Landes Baden-Württemberg ist im Rahmen des Landessystemkonzepts wesentlich vorangekommen (*Abbildungen 1 und 10*).

Im Vordergrund der künftigen Entwicklung des Umweltinformationssystems wird aufgrund der knappen Ressourcen die zügige Durchführung der begonnenen Projekte stehen. Darüber hinaus müssen noch offene Themen und Vorhaben aus früheren Projektphasen angegangen werden.

Derartige Themen und Vorhaben sind:

- Aufbau eines Humaninformationssystems (*HUMIS*) zur Unterstützung des Berichtswesens, zum Beispiel umweltrelevante Daten aus der Gesundheitsberichterstattung der Gesundheitsverwaltung,

- Aufbau des Bodeninformationssystems (*BIS*) als IuK-unterstütztes Berichtswesen im Bereich Boden und Bodenschutz,

- Aufbau des Wasser- und Abfallwirtschaftlichen Informationssystems (*WAWIS*) für das Berichtswesen in diesen Bereichen,

- Unterstützung des Berichtswesens im Lebensmittelbereich mit einem Informationssystem *(LEBIS)*, insbesondere für Dokumentation und Berichterstattung,

- Aufbau eines Veterinär-Informationssystems (*VETIS*) für die Staatliche Veterinärverwaltung,

- Anpassung weiterer vorhandener Grundkomponenten und Basissysteme an die UIS-Rahmenkonzeption sowie Einbindung dieser Systeme,

- Austausch von Umweltdaten und freier Zugang zu Informationen über die Umwelt zur Erhöhung der Datentransparenz im Umweltschutz,
- Einführung eines Projektmanagements- und -controllingsystems für die vorhandenen, in Entwicklung befindlichen und geplanten UIS-Komponenten..

Eine weitere konzeptionelle Vertiefung erfordert die Gestaltung der Austauschbeziehungen zu privaten Einrichtungen, zum kommunalen Bereich, zum Bund und zu anderen Ländern, zu der EG und zu weiteren Staaten einerseits und des freien Zugangs des Bürgers zu Umweltdaten andererseits. Stellvertretend seien hier die Vorhaben zur Errichtung einer Europäischen Umweltagentur und eines Europäischen Umweltinformations- und Umweltbeobachtungsnetzes sowie zum Aufbau kommunaler Umweltinformationssysteme genannt.

Entscheidende Voraussetzung für den fach- und ressortübergreifenden Aufbau des Umweltinformationssystems Baden Württemberg ist die Zusammenarbeit von Wirtschaft, Wissenschaft, Politik und Verwaltung sowie die Motivation und Akzeptanz bei den dort Beschäftigten und den Bürgern.

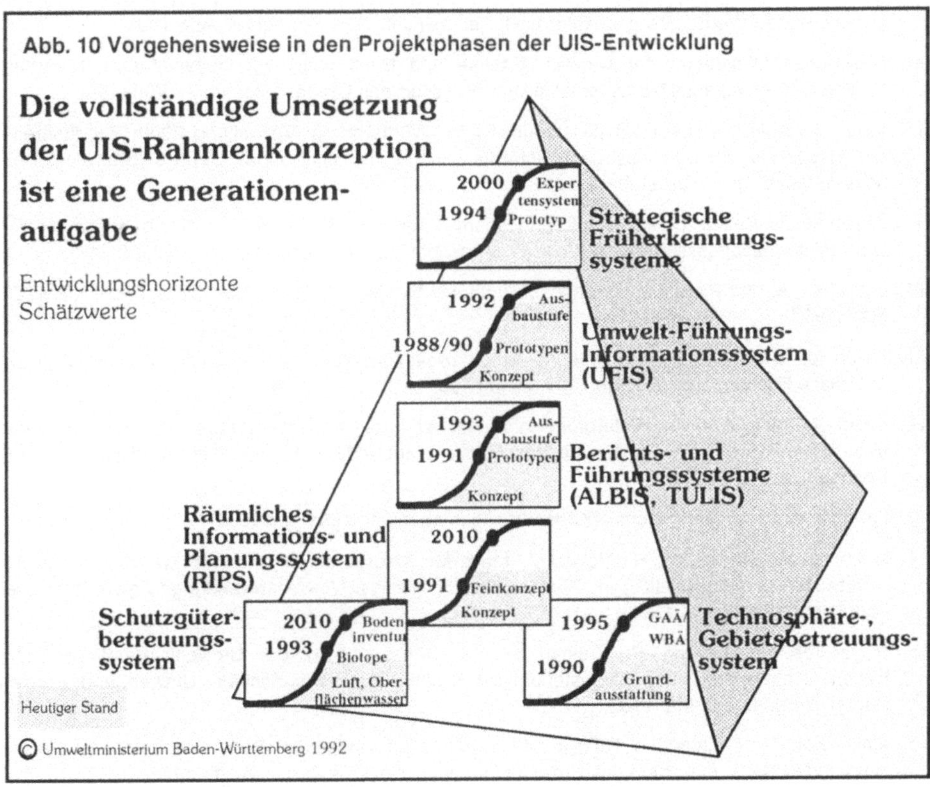

Abb. 10 Vorgehensweise in den Projektphasen der UIS-Entwicklung

Quellen

1. Arbeitsgemeinschaft für Umweltforschung und Entwicklungsplanung e.V.: Fachliche und inhaltliche Anforderungen an das NUIS-SH (Abschlußbericht zur Vorstudie eines Natur- und Umweltinformationssystems Schleswig-Holstein), Oktober 1991
2. Bayerisches Staatsministerium für Landesentwicklung und Umweltfragen: Umweltpolitik in Bayern, Fortschreibung des Umweltprogramms und Umweltbericht 1990 der Bayerischen Staatsregierung, April 1990
3. Bund/Länder-Arbeitskreis Umweltinformationssysteme: Statusbericht zur Thematik "Raumbezogene Umweltinformationssysteme, Übersicht über Umweltanwendungen von Geoinformationssystemen", Juli 1992
4. Günther, O./ Schulz, K.-P./ Seggelke, J.: Umweltanwendungen geographischer Informationssysteme, Verlag Wichmann 1992
5. Henning, I.: Das Umwelt-Führungs-Informationssystem Baden-Württemberg, in: Informatik-Fachberichte Nr. 228, Springer-Verlag 1989
6. Henning, I. und Schmidt, F.: Datenaufbereitung und modellbasierte Analyse - Neue Funktionalitäten im Umwelt-Führungs-Informationssystem (UFIS) des Umweltinformationssystems (UIS) des Landes Baden-Württemberg, in: Informatik-Fachberichte 296, Springer-Verlag 1991
7. Hessisches Ministerium für Umwelt, Energie und Bundesangelegenheiten/Mummert+Partner: Weiterentwicklung des IT-Einsatzes im Umweltressort des Landes Hessen, Februar 1992
8. Innenministerium und Umweltministerium Baden-Württemberg: Verwaltung 2000 (Schriftenreihe der Stabsstelle Verwaltungsstruktur, Information und Kommunikation), Band 6: Umweltinformationssystem Baden-Württemberg, 1991
9. Jaeschke, A./ Keitel, A./ Mayer-Föll, R./ Radermacher, F.J./ Seggelke, J.: Metawissen als Teil von Umweltinformationssystemen, in: Informatik-Fachberichte 301, Springer-Verlag 1992
10. Jaeschke, A. und Page, B. (Herausgeber): Informatikanwendungen im Umweltbereich, KfK 4223, März 1987
11. Kaufhold, G.: Informationsverwaltung im Umweltinformationssystem Baden-Württemberg, in: Informatik-Fachberichte 301, Springer-Verlag 1992
12. Keitel, A.: Integration von Hintergrund-Informationen in der Konzeption für das Umwelt-Führungs-Informationssystem (UFIS) des Landes Baden-Württemberg, in: Informatik-Fachberichte 296, Springer-Verlag 1991
13. Landesanstalt für Umweltschutz Karlsruhe: Jahresberichte 1991 und 1992
14. Leichnitz, M./ Mayer-Föll, R./ Müller, M./ Mutz, M.: Anforderungen an ein umweltbezogenes Geoinformationssystem (UGIS), in: Günther, O. u.a. (Hrsg.): Umweltanwendungen geographischer Informationssysteme, 1992
15. Mayer-Föll, R./ Schilling, P./ Weigert, D. u.a.: Konzeption für das Umweltinformationssystem Baden-Württemberg, Hrsg.: Ministerium für Ernährung, Landwirtschaft, Umwelt und Forsten Baden-Württemberg, Mai 1986
16. Mayer-Föll, R.: Fachtagung 1986 der Flurbereinigungsverwaltung Baden-Württemberg: Zielsetzung und Entwicklungsstand des Umweltinformationssystems Baden-Württemberg, 01.07.1986
17. Mayer-Föll, R.: Das Umweltinformationssystem Baden-Württemberg, Zeitschrift für Vermessungswesen (ZfV) Juli/August 1989

18. Mayer-Föll, R.: Konzeption des ressortübergreifenden Umweltinformationssystems Baden-Württemberg, in: Informatik-Fachberichte Nr. 228, Springer-Verlag 1989

19. Mayer-Föll, R.: Zur Rahmenkonzeption des Umweltinformationssystems Baden-Württemberg, in: Informatik-Fachberichte 301, Springer-Verlag 1992

20. Minister für Natur, Umwelt und Landesentwicklung des Landes Schleswig-Holstein/ Mummert+ Partner: Vorstudie zum Aufbau eines Natur- und Umweltinformationssystems Schleswig-Holstein, 1991

21. Ministerium für Umwelt, Raumordnung und Landwirtschaft des Landes Nordrhein-Westfalen: DIM - ein modernes Informationssystem für den Umweltschutz in NRW, 1992

22. Ministerium für Umwelt, Raumordnung und Landwirtschaft des Landes Nordrhein-Westfalen/ Kienbaum: Ergebnisdokumentation Vor- und Hauptuntersuchung für das Daten- und Informationssystem (DIM), 1992

23. Ministerium Ländlicher Raum Baden-Württemberg - Landesforstverwaltung: Pflichtenheft für das Forstliche Geographische Informationssystem (FOGIS), 1991

24. Niedersächsisches Umweltministerium: NUMIS-Führungsinformationssystem, Dezember 1991

25. Rat der Europäischen Gemeinschaften: Richtlinie über den freien Zugang zu Informationen über die Umwelt - vom 7. Juni 1990, in: Amtsblatt EG L 158/56, Luxemburg 1992

26. Sächsisches Staatsministerium für Umwelt und Landesentwicklung: Grobkonzept für ein Umweltinformationssystem in Sachsen, August 1992

27. Umweltbundesamt Berlin/ Page, B.: Studie über DV-Anwendungen in den Umweltbehörden des Bundes und der Länder, UBA-Texte 35/1986

28. Umweltministerium Baden-Württemberg/ McKinsey and Company, Inc.: Konzeption des ressortübergreifenden Umweltinformationssystems im Rahmen des Landessystemkonzepts Baden-Württemberg (Phase I: Bestandsaufnahme und inhaltliche Konzeption; Phasen II/III: Systemkonzeption und Umsetzungsplanung; Phase IV: Weiterentwicklung der Rahmenkonzeption; Phase V: Umsetzung der Rahmenkonzeption), 1987-1990

29. Umweltministerium Baden-Württemberg/ Mummert+Partner u.a.: Konzeption des Informationstechnischen Zentrums des Ministeriums Ländlicher Raum und des Umweltministeriums bei der Landesanstalt für Umweltschutz, März 1990

30. Umweltministerium Baden-Württemberg/ Roland Berger+Partner: Feinkonzeption des Technosphäre- und Luftinformationssystems (TULIS) im Rahmen des UIS Baden-Württemberg, November 1990

31. Umweltministerium Baden-Württemberg/ Planungsbüro Dr. Schaller/ Mummert+Part-ner: Feinkonzeption des Arten-, Landschafts-, Biotopinformationssystems (ALBIS) im Rahmen des UIS Baden-Württemberg, Juni 1991

32. Umweltministerium Baden-Württemberg/ Firma Schleupen Computersysteme/ Institut für Photogrammetrie und Fernerkundung der Universität Karlsruhe/ Institut für Photogrammetrie der Universität Stuttgart/ Forschungsinstitut für anwendungsorientierte Wissensverarbeitung an der Universität Ulm: Feinkonzeption des Räumlichen Informations- und Planungssystems (RIPS) im Rahmen des UIS Baden-Württemberg, Dezember 1991

33. Umweltministerium Baden-Württemberg/ Landesanstalt für Umweltschutz/ Roland Berger+Partner: Labor-Planungs- und Managementsystem im Rahmen des UIS Baden-Württemberg (Vorstudie), August 1992

34. Umweltministerium Baden-Württemberg/ Landesanstalt für Umweltschutz: Umweltdaten 91/92, September 1992

Von der Bildung von Datenmodellen zum Informationsmanagement im Umweltinformationssystem Baden-Württemberg

Gerhard Kaufhold
Umweltministerium Baden-Württemberg
Kernerplatz 9, 7000 Stuttgart 1

1. Einleitung

Das Umweltinformationssystem Baden-Württemberg ist ein fach- und ressortübergreifendes Einzelszenario des Landessystemkonzepts, wie es seit dem Jahre 1987 federführend vom Umweltministerium für die Landesverwaltung Baden-Württemberg konzipiert worden ist und umgesetzt wird. Das System liefert Daten und Informationen für die Erledigung von Führungsaufgaben und von Fachaufgaben der Verwaltung. Diejenigen Daten und Informationen, die keinen besonderen Schutzbedürfnissen unterliegen, werden in Baden-Württemberg aus dem verwaltungsinternen Umweltinformationssystem in das öffentliche Informationssystem des Landes, das Landesinformationssystem Baden-Württemberg, übertragen und stehen dort der Öffentlichkeit zum Abruf zur Verfügung. Daten über die Umwelt weisen gegenüber anderen Datenkategorien Be sonderheiten auf, die bei der Modellierung oder gar der Aufbereitung zu Informationen über die Umwelt besondere Anstregungen erforderlich machen. Umweltdaten sind in der Regel

- heterogen,
- zeitkritisch,
- raumbezogen.

Daten über die Umwelt fallen in großen Mengen an. Es handelt sich um Datenmengen, die besondere Erfordernisse an die Kapazität der Datenbanken stellen, in der die Daten abgelegt wer den. Neben der Kapazität spielt die Heterogenität der aus den Daten abzuleitenden Informationen eine zentrale Rolle. Am schwierigsten sind dabei die Probleme, die auf der semanti schen Ebene auftreten, wenn nämlich die unterschiedlicnen Datenbestände miteinander verknüpft werden sollen.

Eng mit dem Problem der Datenaufbereitung, das heißt die Aggregation der Daten zu komplexen semantischen Einheiten, ist das Problem verbunden, daß die Aggregationen zeitlich auseinanderfallen und später durch geeignete Algorithmen in Zusammenhang zu bringen. Dies ist eine Aufgabe der Umweltinformatik, für die bislang nur Lösungsansätze im Bereich der Forschung erkennbar sind.

2. Daten, Datenstruktur, Datenmodelle

Für die im Umweltinformationssystem Baden-Württemberg als Informationssystem der Umweltverwaltung relevante Datenmenge wurde eine Datenklassifikation entwickelt, die drei Grundtypen von Daten unterscheidet:

1. Datenkategorie: Anwendungsdaten
   Daten, die bei der Wahrnehmung von Umweltaufgaben entstehen oder verändert werden.
   Z.B. Einzelmeßreihen, Protokolle von Betriebsrevisionen

2. Datenkategorie: Berichtsdaten
   Daten, die durch Verdichtung von Anwendungsdaten entstehen. Berichtsdaten sollen einem größeren Nutzerkreis zur Verfügung stehen.
   Z.B. aufbereitete Fachdaten, Umweltkenngrößen

3. Datenkategorie: Hintergrunddaten und raumbezogene Basisinformationen
   Daten aus umweltverwaltungsexternen Datenbanken und Daten aus karthographischen und raumbezogenen Systemen, auf die viele UIS-Nutzer lesend zugreifen können.
   Z.B. Basissysteme der Vermessungsverwaltung

Wichtige Voraussetzung für die Informationsversorgung der Umweltverwaltung für die Erledigung von Fach- und Führungsaufgaben ist die interaktive Kommunikation.

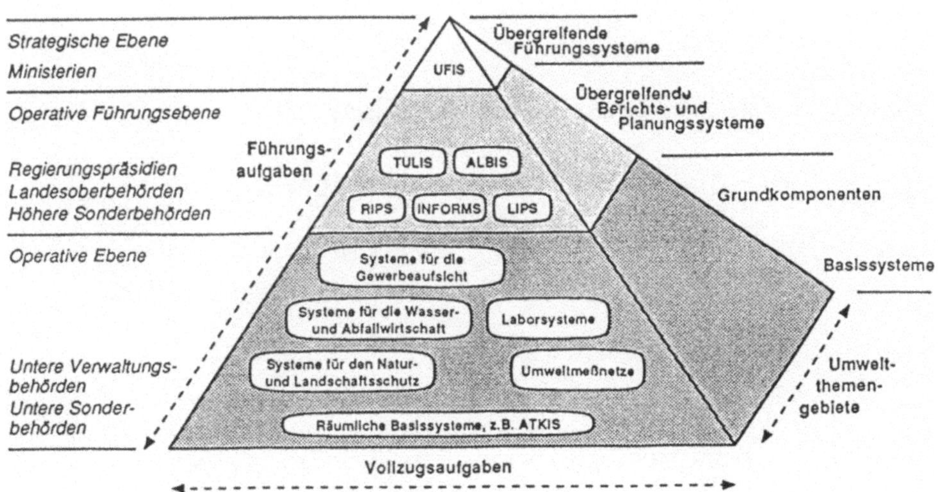

Abbildung 1: Die UIS-Rahmenkonzeption deckt Vollzugs- und Führungsaufgaben für alle Umweltthemengebiete ab

Um interaktive Kommunikation innerhalb des Umweltinformationssystems zu gewährleisten, müssen die Daten nach einer einheitlichen Methodik strukturiert werden. Als Methodik der Beschreibung wurde das Entity-Relationship-Modell gewählt. Die Angabe von Operatoren und Objekten wie die Angabe zu dem Kontext, in dem das System angewandt wird, bilden für die Individual-Datenmodelle die wichtige Voraussetzung für das darauf aufsetzende Informationsmanagement.

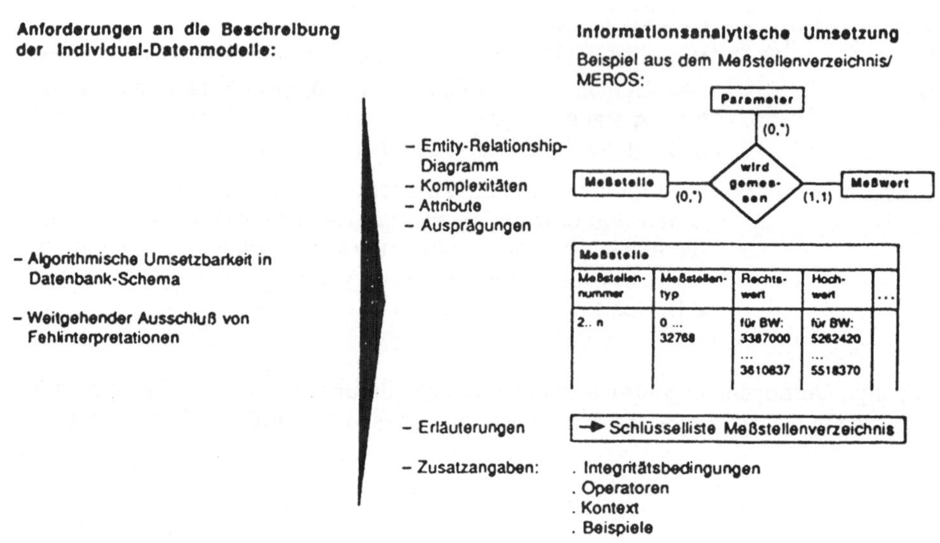

Abbildung 2: Anforderungen an Individual-Datenmodelle

Um kompatible Umweltinformationen zu erhalten, ist aus den Individual-Datenmodellen ein Gesamtdatenmodell zu bilden.

Stellen bzw. Positionen in den Individual-Datenmodellen, die denselben Sachverhalt beschreiben, müssen dazu durch Substitution einzelner Elemente ineinander überführt werden.

Inkompatibilitäten zwischen einzelnen Schemata können schrittweise beseitigt werden

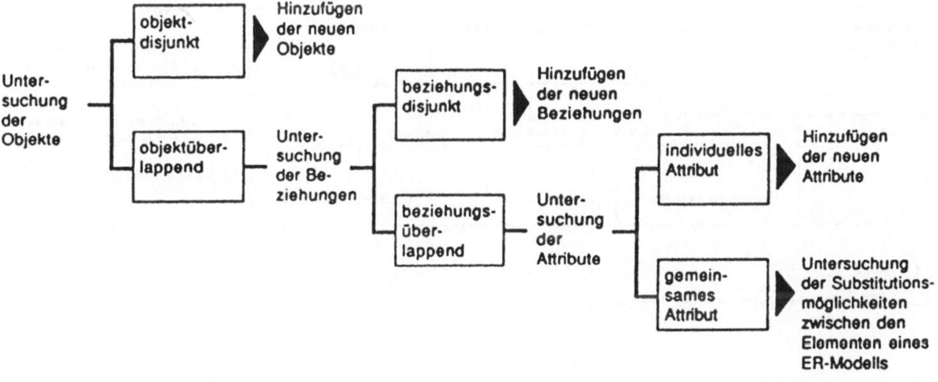

Abbildung 3: Inkompatibiliät und Substitution von Datenmodellen

Da der Aufbau und die Integration von Datenkörpern im Bereich der Umweltverwaltung viel Zeit und Ressourcen in Anspruch nimmt, wurde zunächst der Akzent der Entwicklngsarbeit auf die Erhebung der Datenquellen und Datenelemente sowie die Schaffung von Datenstrukturen durch Datenbankentwürfe gelegt. Da das Informationsmanagement in erster Linie Metainformationen zu verwalten hat, lag der Schwerpunkt der Entwicklung auf der Erfassung der Struktur von Metadaten.

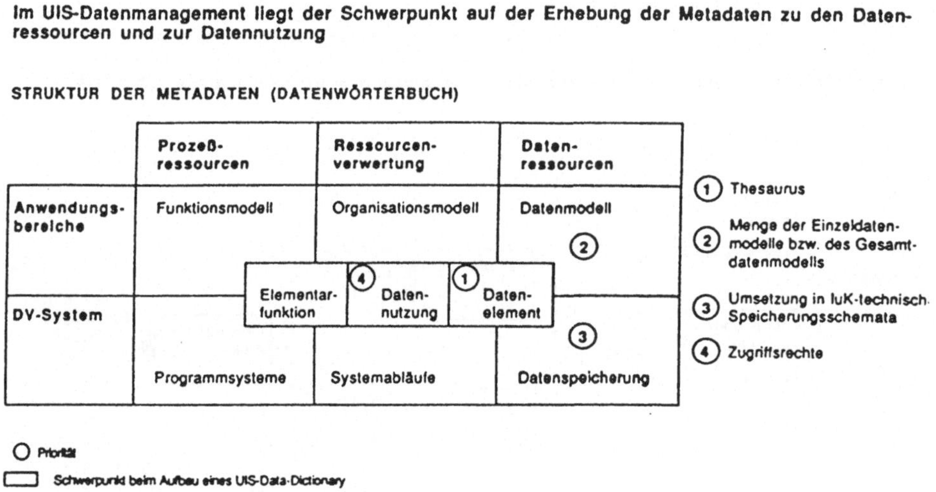

Im UIS-Datenmanagement liegt der Schwerpunkt auf der Erhebung der Metadaten zu den Datenressourcen und zur Datennutzung

STRUKTUR DER METADATEN (DATENWÖRTERBUCH)

	Prozeß-ressourcen	**Ressourcen-verwertung**	**Daten-ressourcen**
Anwendungs-bereiche	Funktionsmodell	Organisationsmodell	Datenmodell (2)
	Elementar-funktion	(4) Daten-nutzung	(1) Daten-element
DV-System	Programmsysteme	Systemabläufe	(3) Datenspeicherung

(1) Thesaurus

(2) Menge der Einzeldatenmodelle bzw. des Gesamtdatenmodells

(3) Umsetzung in IuK-technisch. Speicherungsschemata

(4) Zugriffsrechte

○ Priorität

▭ Schwerpunkt beim Aufbau eines UIS-Data-Dictionary

Abbildung 4: Struktur der Metadaten

Von den drei Evolutionsphasen, die ein Informationssystem durchlaufen kann wie

- Nachweis,
- Analyse,
- Modellierung und Simulation

sind bezüglich der Individual-Datenmodellen zumindest die ersten beiden Evolutionsphasen beispielhaft für die übergreifenden Komponenten des Umweltinformationssystem, das Technosphäre- und Luft-Informationssystem (TULIS) und das Arten-, Landschafts- und Biotopinformationssystem (ALBIS), durchschritten werden. Für die gemeinsame Nutzung derselben Datenbestände durch mehrere Applikationen sind zwei Wege denkbar:

- der Datenaustausch mittels Konvertierungsroutinen,
- die gemeinsame Nutzung gleicher Datenbestände auf der Grundlage identischer Datenstrukturen.

Für das Technosphäre- und Luft-Informationssystem wurde der zweite Weg gewählt.

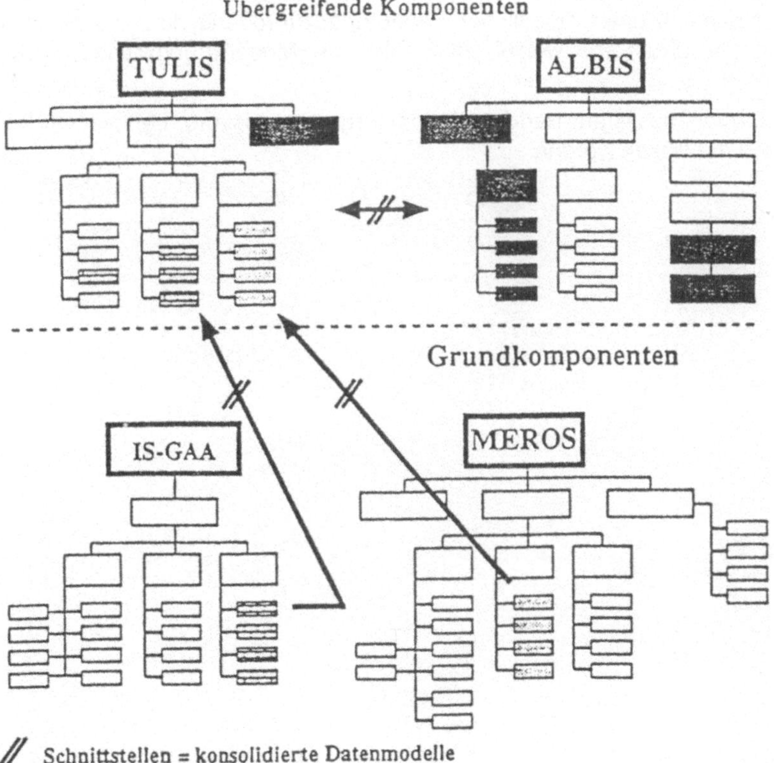

Abbildung 5: Schnittstellen bei der Integration von Individual-Datenmodellen (J. Kohm a.a. O.)

Die dritte Evolutionsphase eines Informationssystems, die Modellbildung und die Simulation, wurde in der Entwicklungsarbeit des Umweltinformationssystem beispielhaft im Umwelt-Führungs-Informations-System (UFIS) realisiert.

3. Von den Daten zu den Informationen

Der Schritt von den Daten zu den Informationen erschließt sich über Modelle. Idealtypisch ließe sich ein Globalmodell vorstellen, dem sich dann die Teilmodelle nach wiederum funktionalen Gesichtspunkten zuordnen ließen. Damit entstünden in den Teilmodellen aus der Modellierung von Daten Informationen. Diese wiederum stellten für die funktional übergeordneten Modelle wiederum Daten dar.

Solange sich der gesamtfunktionale Zusammenhang nicht erschließen läßt, ist der Modellierungsprozeß auf Teilsysteme und Hinweissysteme angewiesen. In diesem Zusammenhang ist auf die zeitraubende Arbeit des Aufbaus einer ökologischen Gesamtrechnung durch das Statische Bundesamt hingewiesen. Zur Erschließung von Informationen aus Daten können Metainformationen oder gar Metainformationssysteme helfen. Je nach Nutzersicht, im Technosphäre- und Luftinformationssystem beispiels weise wurden 26 Nutzersichten identifiziert, stellt sich der Begriff der Metainformation in unterschiedlicher Bedeutungszuordnung dar. Die einzelne Nutzersicht schließlich ist es, welche letztendlich die Modellierungsregeln für die Daten vorgibt.

Im Umweltinformationssystem Baden-Württembergs sind bislang beispielhaft Metadatensysteme entwickelt worden.

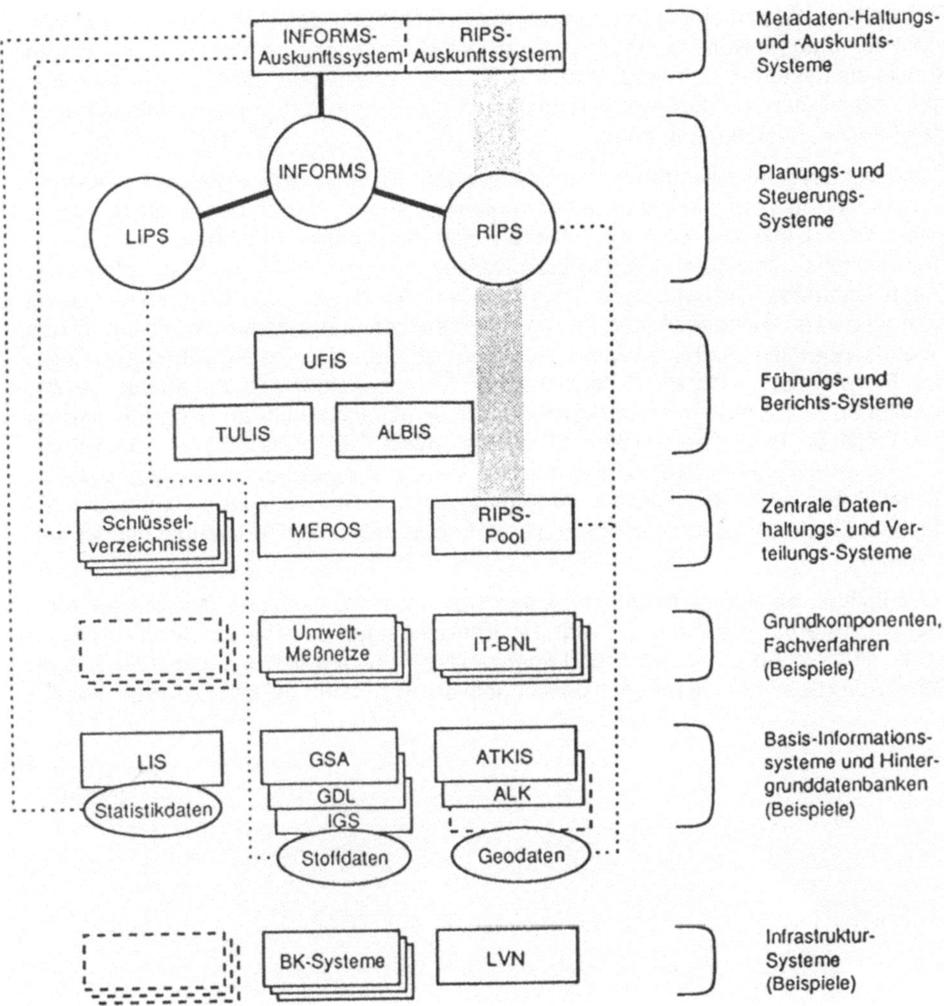

Abbildung 6: Gliederung von UIS-Komponenten aus Sicht des Datenmanagements (A. Keitel, a.a.O.)

Der weitere Weg zu einem Informationsmanagement für das Umweltinformationssystem für das Umweltinformationssystem ergibt sich dann aufbauend auf einem konsisten System der Metadatenhaltungs- und Auskunftssystemen über ein "Begriffsystem" hin zu den Metainformationen und schließlich zum Funktionsmodell des Informationsmanagements.

Das Begriffsystem stellt dabei eine Übergangsperiode zu den eigentlichen Metainformationen. Das System baut auf dem Gedan ken auf, daß in den Fachverwaltungen der Umweltverwaltung stabile Begriffsgerüste bestehen, in denen (Informations-)Objekte zu identifizieren wären und operational zu verknüpfen sind. Die existierende Umweltdatenkataloge bieten für diese Begriffssystematisierung eine wertvolle Ausgangsbasis. Für den Prozeß der funktionalen Modellierung des Begriffsapparates stellt sich damit die Frage, ob die eingangs erwähnten Ansätze der Entity-Relation-Modellierung nicht an Grenzen stößt. Im Gegensatz zu der strukturierten Programmierung können bei der objektorientierten Programmierung die Objekte manipuliert werden, mit denen sowohl Daten als auch - was bei der Bildung von Metainformationen wichtig ist - auch die Methoden zur Manipulation dieser Daten assoziiert werden. Abfragen beschränken sich dann nicht allein auf das Retrieval von Daten, sondern die Abfragen selbst können wieder model liert werden.

Der Einsatz objektorientierter Methoden stellt in der Umsetzung des Umweltinformationssystems eine neue Qualität der Entwicklungsarbeit dar. Es wird zu prüfen sein, mit welchen personellen und finanziellem Aufwand in der Landesverwaltung Baden-Württemberg dieser sachlogisch notwendige Schritt geleistet werden kann.

Literaturverzeichnis

Dirk Findeisen, Datenstruktur und Abfragesprachen für raumbezogene Informationen, Heft 19 der Schriftenreihe des Instituts für Kartographie und Topographie der Rheinischen Friedrichs-Wilhelms-Universität-Bonn, Bonn 1990

I. Henning, F. Schmidt, Datenaufbereitung und modellbasierte Analyse-Neue-Funktionalitäten im Umwelt-Führungs-Informationssystem (UFIS) des Umweltinformationssystems (UIS) des Landes Baden-Württemberg, Aufsatz Stuttgart 1992

O. Günther, H. Kuhn, R. Mayer-Föll, Prof. F. J. Rademacher (Hrsg.), Konzeption und Einsatz von Umweltinformationssytemen, Berlin Heidelberg-New York 1991

O. Günther, K.-P. Schulz, J. Seggelke (Hrsg.), Umweltanwendungen geographischer Informationssysteme, Karlsruhe 1992

A. Keitel, Aufbau des Informationsmanagements im Rahmen des Umweltinformationssystems Baden-Württemberg, noch unveröffentlichtes Manuskript, Karlsruhe 1992

J. Kohm, Das Technosphäre- und Luft-Informationssystem als Instrument für die Entscheidung der Umweltverwaltung, Aufsatz Stuttgart 1992

Innenministerium Baden-Württemberg, Landessystemkonzept Baden-Württemberg Statusbericht 1992, Band IV der Schriftenreihe der Stabsstelle Verwaltungsstruktur, Information und Kommunikation, Stuttgart 1992

Ilya Shindyalov, Philip E. Bourne, Datenbanken der Zukunft in: DEC Professionell, November 1992, S. 14-19

Umweltministerium Baden-Württemberg, McKinsey & Company, Konzeption des ressortübergreifenden Umweltinformationssystems im Rahmen des Landessystemkonzepts Baden-Württemberg, Phase V: Umsetzung der Rahmenkonzeption, Band 10: Text Stuttgart 1990

Umweltministerium Baden-Württemberg, McKinsey & Company, Konzeption des ressortübergreifenden Umweltinformationssystems im Rahmen des Landessystemkonzepts Baden-Württemberg, Phase V: Umsetzung der Rahmenkonzeption, Band 11: Schaubilder, Stuttgart 1990

Umweltministerium Baden-Württemberg, McKinsey & Company, Konzeption des ressortübergreifenden Umweltinformationssystems im Rahmen des Landessystemkonzepts Baden-Württemberg, Phase IV: Weiterentwicklung der Rahmenkonzeption, Band 7: Text, Stuttgart 1989

Umweltministerium Baden-Württemberg, McKinsey & Company, Konzeption des ressortübergreifenden Umweltinformationssystems im Rahmen des Landessystemkonzepts Baden-Württemberg, Phase IV: Weiterentwicklung der Rahmenkonzeption, Band 8: Schaubilder, Stuttgart 1990

Abkürzungen:

ALBIS	Arten-, Landschafts-, Biotop-Informationssystem	IT-BNL	Informationstechnik der Bezirksstellen für Naturschutz und Landschaftspflege
ALK	Automatisierte Liegenschaftskarte	LIPS	Labor- Informations- und Planungssystem
ATKIS	Amtliches Topographisch-Kartographisches Informationssystem	LIS	Landesinformationssystem beim Statistischen Landesamt Baden-Württemberg
BK	Bürokommunikation	LVN	Landesverwaltungsnetz mit Dokumentenverwaltung
GDL	Gefahrstoffdatenbank der Länder	MEROS	Meßreihen-Operations-System bei der LfU
GSA	Gefahrstoffschnellauskunft des Umweltbundesamtes	RIPS	Räumliches Informations- und Planungs-System
IGS	Informationssystem Gefährliche Stoffe der Firma Siemens-Nixdorf-Informationssysteme	TULIS	Technosphäre- und Luft- Informationssystem
INFORMS	Informationsmanagement-System	UFIS	Umwelt-Führungs-Informationssystem
		UIS	Umweltinformationssystem Baden-Württemberg

"Von Sachdaten zur Führungsinformation" Das Umwelt-Führungs-Informationssystem Baden Württemberg

Inge Henning, Umweltministerium,Baden-Württemberg, W 7000 Stuttgart 1

Zusammenfassung:

Das Umwelt-Führungs-Informationssystem (UFIS) soll die Führungskräfte des Landes mit bedarfsgerecht aufbereiteten Informationen über den Zustand von Schutzgütern, über die Technosphäre und die Wirkung von Maßnahmen in allen Umweltthemenbereichen versorgen.

Die Vielfalt von umweltrelevanten Daten zu geeigneten Führungsinformationen aufzubereiten, bedarf der Regeln und Standards des UIS, der Anwendung von Methoden und Modellen und fortschrittlicher Hardware- und Softwaretechnologie. Im UFIS sind bereits umfangreiche Datenbestände zu Führungsinformationen durch Abstraktion, Selektion und Aggregation aufbereitet. Die Information wird in Form von thematischen Karten, Tabellen oder Businessgrafik dargestellt, um die Meinungsbildung der Entscheider zu unterstützen.

Summary:

The Environmental-Management-Informationsystem (German abbreviation : UFIS) s to provide Baden-Württemberg ministry executives with information relating to the condition of environmental assets, the technosphere and the effect of measures taken in all areas of the environment in a form suitable for use.

Processing the variety of environmental data to usefull management informations needs the rules and standards of the Environmental Information System (German abbreviation UIS), the application of models and methods and progressive Hardware and Softwaretools. With UFIS extensive databases have been processed to managementinformation by abstraction, selection and aggregating. The Information is epresented by thematical maps, spreadsheets or businessgrafik to support the decision-process of responsable people.

1. Einleitung

Al Gore sagt in seinem kürzlich erschienenen Buch : Wege zum Gleichgewicht, ein Marshallplan für die Erde:

"Eine ökologische Sichtweise beginnt mit einer Betrachtung des Ganzen, mit dem Verständnis dafür, wie die verschiedenen Bereiche der Natur in Wechselwirkung miteinander stehen und nach Prinzipien funktionieren, die ein Gleichgewicht anstreben und die Zeit überdauern".

Umweltplanung und -überwachung erfordert von Führungskräften in der öffentlichen Verwaltung ein immer größer werdendes Maß an Entscheidungen, Planung und Informiertsein. Die Informationstechnik kann helfen, Daten zu Informationen zusammenzustellen, die eine problembezogene Sicht bieten und das Ergebnis mit dem nötigen Informationsumfeld ergänzen. Dabei spielen Zeit, Raum und Umweltqualität die wichtigsten Rollen. Ziel ist es, der tatsächlichen Zustandsbeschreibung der Situation im realen Weltbild möglichst nahe zu kommen.

Der Umweltminister des Landes Baden-Württemberg gibt u.a. in Abständen von zwei Jahren einen Situationsbericht zur Umwelt im Land heraus, um seiner Verpflichtung zur Unterrichtung der Öffentlichkeit nachzukommen. Diese Zusammenstellung der Umweltdaten bedeutet eine Momentaufnahme der Umweltsituation in Baden-Württemberg über den Zustand der Medien Luft, Boden und Wasser sowie Wald, Natur und Landschaft und über allgemeine Daten wie Bevölkerungsentwicklung, Flächennutzung, Verkehr, Energie und Umwelt, Lebensmittel, Lärm usw. Die gemessenen Daten über die Konzentration unterschiedlichster Stoffe in den Medien sagen nur wenig über die Umweltsituation im Ganzen aus. Sie müssen in Verbindung mit der Gesamtheit der technischen Anlagen und Einrichtungen der Technosphäre (z.B. Straßen, Kläranlagen, Kraftwerke) gebracht werden. Erst der Vergleich, die Bewertung und Kenntnisse über Wechselwirkungen bilden die Informationsgrundlage.

Das UIS hat mit seinen Regeln und Standards innerhalb der Rahmenkonzeption notwendige Voraussetzungen geschaffen, im Umwelt-Führungs-Informationssystem Daten unterschiedlichster Herkunft mit Hilfe der Informationstechnik zusammenzuführen, nach Bedarf umzuformen und zu ergänzen und der Führungskraft in verständlicher, übersichtlicher Form darzustellen. Die besondere Herausforderung an ein solches System liegt darin, die Komplexität der Informationen in einer einfachen Dialogoberfläche anzubieten.

Derzeit ist im Umweltministerium Baden-Württemberg der zweite Prototyp des Umwelt-Führungs-Informationssystems im Einsatz. Im Jahre 1993 soll die Datenbasis weiter ausgebaut und das System in die Betriebversion überführt werden .

2. Sachdaten als Umwelt-Informationsbasis

Daten sind "Bausteine für Information". Sie passen nicht alle für jedes "Informationsgebäude", das man bauen möchte.
Die Landesanstalt für Umweltschutz Baden-Württemberg und private Unternehmen betreiben im Auftrag des Landes eine Reihe von Meßnetzen und Meßstationen. Dabei werden -entsprechend den Bedürfnissen der Anforderungen an die Meßdaten und den technischen Möglichkeiten- die Meßgrößen in unterschiedlicher räumlicher und zeitlicher Dichte nach unterschiedlichen Meßmethoden bestimmt. Zusätzlich zu diesen regelmäßigen Messungen erfolgen Sondermeßreihen auf Grund von besonderen Aufträgen oder Einzelmessungen mit mobilen Meßstationen.
Die Hauptmeßnetze sind:

- das Luftmeßnetz
- das Gewässergütemeßnetz
- das Radioaktivitätsmeßnetz
- das Bodenmeßnetz.

Die in diesen Meßnetzen erfaßten Werte werden von Fachleuten validiert und in einer Datenbank des Meßreihenoperationssystems (MEROS) bei der Landesanstalt für Umweltschutz in Karlsruhe archiviert. Das Meßreihenoperationssystem sorgt für eine einheitliche Meßdatenhaltung mit Definition in bezug auf eine allgemeine Meßstellen-Stammdaten-Relation und auf eine einheitliche Messdatenstruktur. Dadurch bietet sich die Möglichkeit, mit wenigen einheitlichen Grundmodulen auf Meßdaten unterschiedlicher Umweltbereiche zuzugreifen und Meßreihen (kontinuierliche / quasikontinuierliche, diskontinuierliche) zu definieren. Darüberhinaus wurden Meßreihenoperationen geschaffen, die von externen Anwendungen über Schnittstellen genutzt werden können.
Weitere "Bausteinlieferanten" bilden

- Erhebungen des Statistischen Landesamtes,
- das Begleitscheinverfahren für Sonderabfall
- Vollzugsaufgaben in den nachgeordneten Behörden des Umweltministeriums (z. B. die wasserwirtschaftliche Arbeitsdatei auf den Ämtern für Wasser- und Bodenwirtschaft).

Alle diese Daten stellen einen großen Anteil der Basis für fachübergreifende Umweltinformationen dar . Die Probleme dabei sind

- Daten haben oft unterschiedlichen Raum- und Zeitbezug (UTM, Gauß-Krüger Koordinate, Gemeinde-Kennziffer)
- die Dimensionsangaben haben meistens keinen einheitlichen Schlüsselkatalog als Grundlage,
- die Datenhaltung erfolgt räumlich verteilt auf unterschiedlichen physischen Datenträgern (Karteikarten, Disketten, und Platten),
- die logische Struktur reicht von sequentiellen Dateien bis hin zu relationalen Datenbanken,

Die bisher beschriebenen Daten liefern nur statische Umweltinformation. Das bedeutet, die Umweltsituation kann zwar in Zeitverläufen dargestellt werden, aber immer nur punktuell (z.B. gemäß den Meßstellen).

Für Umweltinformationen in der Fläche und über Ausbreitungen von Schadstoffen benötigt man eine erweiterte Datenbasis, z.B.

- die Biotopkartierung (Biotopumrisse, Arten mit Namen, ...)
- Waldschadensdaten (Ergebnisse der terrestrischen Waldschadensinventur)
- Topographische Karten
- Geologische Karten
- digitale Geländemodelle

....

Diese Daten liegen im Vektor oder Rasterformat vor, und können nicht beliebig untereinander oder mit der "alphanumerischen Welt" der Meßdaten zu Informationen zusammengefügt werden.

Wichtig ist, daß die Sachdatenbasis für ein Umwelt-Führungs-Informationssystem nicht neu erhoben, höchstens in Zusammenarbeit mit den Fachleuten ergänzt wird. Die Daten kommen aus der operativen Ebene des Vollzugs, im nachgeordneten Bereich des Umweltministeriums, aus der Vermessungsverwaltung etc. Dort werden die Daten organisatorisch und fachlich betreut. Durch Abstraktion, 1:1 Selektion, Aggregation, vorgegebene Regeln, Methoden und Modelle können aus den "Momentaufnahmen" Umweltinformationen erzeugt werden, die eine zeitnahe umfassendere Informationsbasis für das Planen und Handeln von Führungskräften in der Umweltpolitik des Landes Baden-Württemberg ermöglichen.

3. Umwelt- Führungsinformation

Die Anforderungen der Führungskräfte an Umweltinformationen kommen sowohl aus den aktuellen Fragen des Tagesgeschäftes als auch aus den vorsorgenden Maßnahmen der Umweltpolitik. Die bereitgestellten Informationen können dabei den Entscheidungsprozess unterstützen, aber nie selber eine Entscheidung darstellen. Die Entscheidungsfindung sollte durch Bewertung der Führungsinformation, durch Ergänzung und Analyse im Gespräch mit dem Fachreferenten geschehen. (s.Abb1).

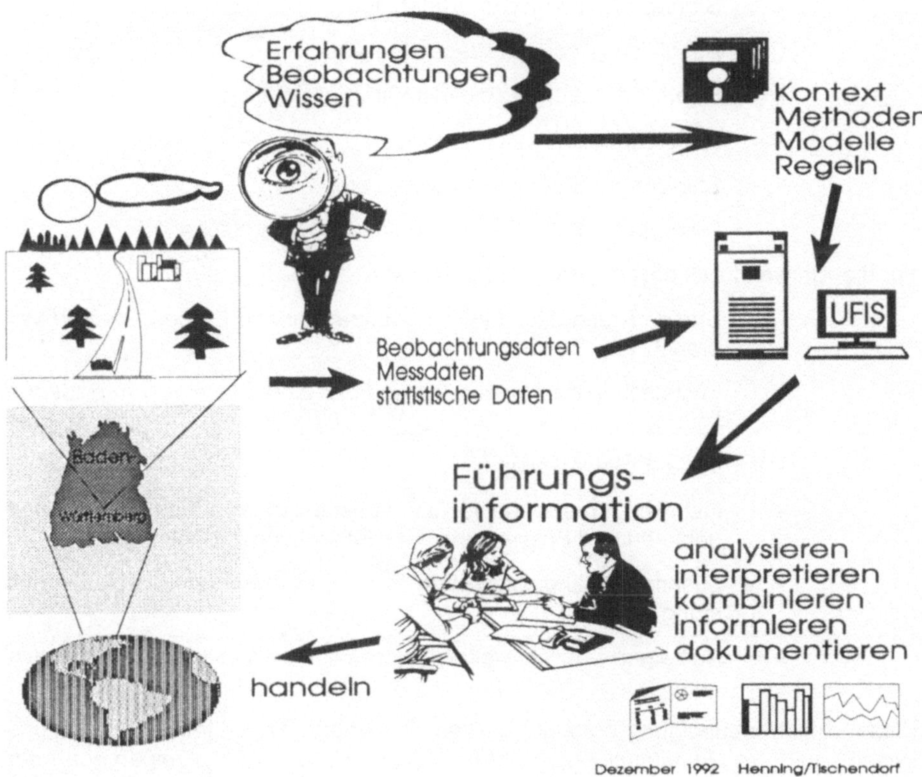

Abb.1 Führungsinformation

Der Informationsbedarf verlangt eine oft wechselnde Sicht auf die große Menge der heterogenen Sachdaten. Die Information muß möglichst schnell verfügbar sein und übersichtlich das Wesentliche dokumentieren. Die Skala reicht zum Beispiel beim Medium Luft vom aktuellen Schadstoffwert an einer Meßstelle, über den Vergleich dieser Information mit zurückliegenden Werten bis hin zu störfallbegleitenden Fragestellungen nach der Ausbreitung des Schadstoffes.

Fragestellungen nach der Ausbreitung des Schadstoffes.

Die Aufgaben der Führungskräfte in der Umweltpolitik werden immer komplexer und dementsprechend nimmt der Bedarf nach "vernetzter" Information zu.

Am Thema Boden soll hier einmal grob skizziert werden, wie vielfältig sich ein Aufgabengebiet darstellt. Boden ist neben Luft und Wasser das dritte wichtige Umweltmedium. Die Bodeneigenschaft entscheidet über die Nutzung durch den Menschen und dadurch indirekt über die Belastung . Mit dem Boden verbinden sich folgende Funktionen

- Lebensraum für Bodenorganismen,
- Standort für natürliche Vegetation,
- Ausgleichskörper im Wasserkreislauf,
- Filter und Puffer für Schadstoffe,
- Rohstoffquelle,
- Standort für Siedlung, Gewerbe etc.,
- Deponiefläche, Schadstoffsenke, Recyclingfläche.

Für die Umweltpolitik ergeben sich Aufgaben wie

- Standort- und flächenminimierende Planung für den Ge- und Verbrauch von Boden,
- Feststellung des Ausmaßes und der Gefährlichkeit von Bodenbelastung,
- Bodenüberwachung,
- fachliche Vorschläge für die Ausweisung von Bodenbelastungsgebieten und Festsetzung von Nutzungsbeschränkungen,
- Zusammenhänge zwischen Luft-, Grundwasser-und Bodenbelastung ermitteln,
- Aufzeigen von Umweltindikatoren für bestimmte Umweltsituationen.

Diese Aufgabenerledigung braucht die Dienstleistungen eines Umweltinformationssystems mit der Bereitstellung von Führungsinformation und Aufzeigen von Informationslücken zur Beurteilung der augenblicklichen Situation, Erkennen von Zusammenhängen für Planungen und Prognosen.

4. Die Informationstechnik als Vermittler von Informationen

Die Verarbeitung von Daten ist keine Erfindung der Datenverarbeitung.
Solange die Menschen denken, sehen und empfinden können, nehmen unsere Sinne die Informationen unserer Umwelt auf. Im Gehirn werden sie verarbeitet und im Gedächtnis gespeichert. Sofern sie das Bedürfnis haben oder gefragt werden, teilen sie ihr Wissen und ihre Erfahrung den Mitmenschen mit, Erlebnisse verarbeiten sie zu Erinnerungen und Erfahrungen und geben sie in Form von Berichten weiter.
Die Informationstechnik hilft Informationen zu übertragen, umzuformen, nach Regeln aufzubereiten, darzustellen, zu dokumentieren,zu archivieren.
Die Vorgaben hierzu kommen immer vom Menschen.

So wie Stadtplaner oder Architekten sich ihre Baupläne machen, ist es unerläßlich auch für ein Umwelt-Führungs-Informationssystem einen Plan zu erstellen. (Abb.2)

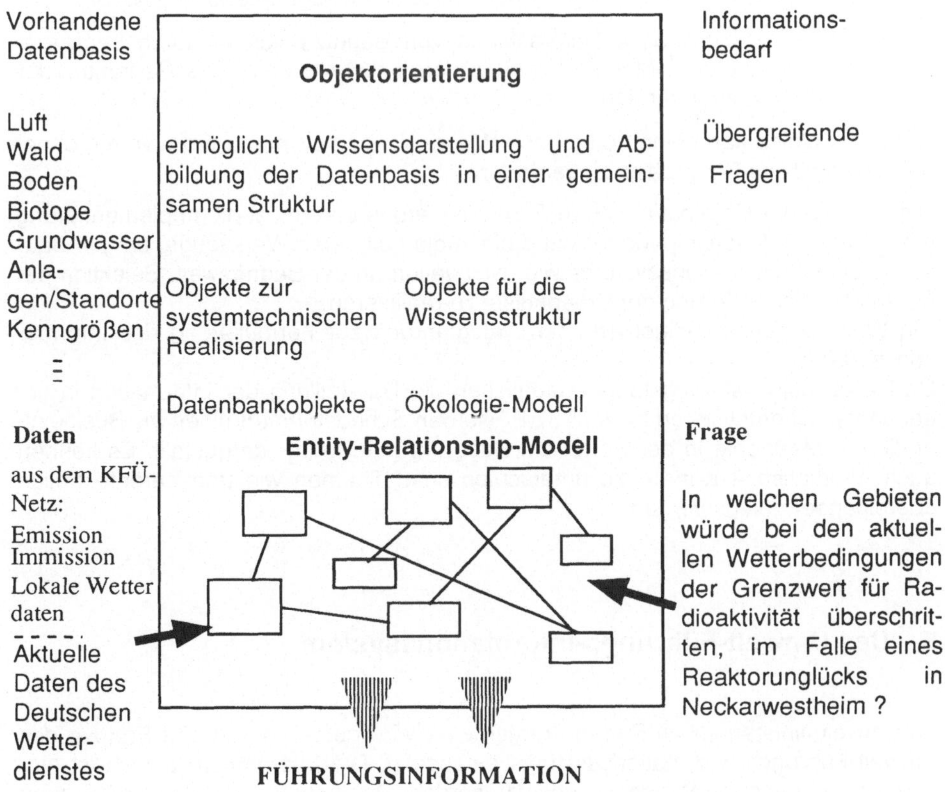

Abb 2 Informationsdesign

Informationsverarbeitung im Umweltbereich bildet ein Feld, in dem ein dringender Bedarf nach Informationsverdichtung besteht.
Die Erzeugung von Führungsinformation aus großen Mengen von Sachdaten geschieht auf vielen Stufen der Abstraktion, wobei die Datenquellen thematisch und räumlich zum Teil weit getrennt sind.
Daher muß zunächst der Bestand, die Struktur und der Informationsgehalt der Sachdatenbasis analysiert werden. Die themenspezifischen Sichten der Information müssen in den Kontext des themenübergreifenden Informationsbedarf gestellt werden.
Eine für das Informationsdesign geeignete Struktur ist die Entitiy-Relationship-Struktur. Ein Entity-Relationship-Modell besteht aus sogenannten Entities, die abzubildende Begriffe repräsentieren. Zum Beispiel wären dies "Schadstoffe", "Luft", "Kläranlage" oder "Biotop". Diese Begriffe werden im Sinne eines Netzes verbunden mit sogenannten Relationen, die Zusammenhänge ausdrücken. Der Begriff "NOx" kann mit dem Begriff "Schadstoff" durch die Relation "ist ein" verbunden werden.
Das Modell erlaubt

- beliebige Mengen unterschiedlicher Begriffe und Relationen.
- individuelle Unterschiede von Benutzersichten durch begrenzte Modell-Modifikationen zu ermöglichen, ohne das Gesamtmodell zu verändern.

Auf diese Weise kann eine heterogene Wissensbasis neu modelliert werden, ohnedie ursprüngliche Datenbasis zu verändern.

Die Technik der Objektorientierten Programmierung unterstüzt die Implementierung eines Entity-Relationship-Modells und bietet die geigneten Werkzeuge, um die Bausteine eines Informationssystems wie Navigation in der Begriffswelt, Selektion der Daten und Visualisierung der Ergebnisse zu realisieren.
Die Window Technik eleichtert die Dialogführung zur Formulierung des Informationsbedarfs.
Grafische Visiualisierungstools ermöglichen die Darstelllung der Information in sogenannten "thematischen Karten" , z.B werden Schadstoffmeßreihen als Businessgrafik am Meßpunkt in der Karte von Baden-Württemberg dargestellt. Es können auch "thematische Karten" zu unterschiedlichen Themen wie transparente Folien übereinander gelegt werden.

5. Das Umwelt-Führungs-Informationssystem

Im Umweltministerium in Baden-Württemberg wird derzeit der zweite Protoyp des Umwelt-Führungs-Informationssystems eingesetzt. Die Informationstechnik ist hier in der beschriebenen Weise eingesetzt worden. Der Anwender stellt seine Fragen durch die Auswahl der angebotenen Menubegriffe, grenzt mit Hilfe von Zeit, Raum und Parameterangaben den Datenbestand ein und bekommt die Information in-Form von Tabellen, Business Grafik oder "thematischen Karten."

Der nachstehende grobe Überblick zeigt die heute verfügbare Datenbasis (Abb. 3)

Boden		
Bodenmeßnetz	Blei Cadmium ...	ca. 150 Meßstellen 1988
Soziodemographische Daten		
Bevölkerungsentwicklung	Bevölkerung Bevölkerungsdichte ...	Länder 1970-1989
Verkehr	Bestand Neuzulassungen ...	Länder 1986-1990
Natur und Landschaft		
Geschützte Landschaftsteile	Naturschutzgebiete Landschaftschutzgebiete ...	Krs, Regn, RegB, Ba-Wü 1990
Biotope	Biotopgruppe Gefährdungsart ...	Gmde, Krs, ... 1990
Wald		
Waldschäden	Nadel-/Blattverluste ...	4x4/8x8 km-Raster B-W 1985, 88, 89
Abfall		
Öffentliche Abfallwirtschaft	Hausmüllaufkommen Deponierte Müllmenge ...	Krs/Land 1989/1990
Produzierendes Gewerbe	Sonderabfall-Aufkommen Abfall-Entsorgung ...	Gmde, Krs, Land 1977-1987
Abfallentsorgungsanlagen	Deponien Verbrennungsanlagen ...	Gmde, Kreis, Land 1977-1987
Luft		
Emissionen	SO2-Gesamtemission SO2-Emission durch Verkehr ...	Land 1978-1988
Luftmeßnetz	Ozon Niederschlag ...	64 Meßstellen Halbstundenmittelwerte
Wasser		
Grundwasser	metallische Schadstoffe Spurenelemente ...	Land 1989
Flächennutzung		
Flächenerhebung Flächenanteile	Gemarkungsfläche Gebäude- und Freifläche ...	Gmde, Land 1981-1989
Radioaktivität/Strahlung		
Radioaktivitätsmeßnetz	Geiger-Müller-Zählrohr Ortsdosisleistung ...	32 Meßstellen Halbstundenmittelwerte

Abb.3 Datenbestand des Umwelt-Führungs-Informationssystems, Stand 1992

Quellen

Computer Magazin Sonderhefte, Chefsache Informationsstrategie, Computer Magazin Publishing GmbH Marketing KG, Heft 101

Digital Equipment GmbH: DEC Professionell, Ilya Shindyalov und Philip E.Bourne, Datenbanken der Zukunft

Enzyklopädie Natur, Wissenschaft und Technik, Verlag Moderne Industrie, Landsberg am Lech

Gore, A.: Wege zum Gleichgewicht - ein Marshallplan für die Erde, S. Fischer-Verlag

Henning, I.: Realisierung des Umweltinformationssystems (UIS) am Beispiel des Projektes Umweltführungs-Informationssystem, in: Informatik-Fachberichte 228, Springer-Verlag

IBM Deutschland GmbH: Wie erklären Sie jemand, der Sie fragt, wie man einen Computer programmiert?

Jaeschke, A./ Keitel, A./ Mayer-Föll, R./ Radermacher, F.J./ Seggelke, J.: Metawissen als Teil von Umweltinformationssystemen, in: Informatik-Fachberichte 301, Springer-Verlag

Umweltministerium Baden-Württemberg und Landesanstalt für Umweltschutz: Umweltdaten 91/92

Umweltministerium Baden-Württemberg: Das Umweltinformationssystem - ein Szenario des Landessystemkonzeptes Baden-Württemberg

Umweltministerium Baden-Württemberg: Umweltschutz in Baden-Württemberg, Böden

Entwicklung des Räumlichen Informations- und Planungsystems (RIPS) als übergreifende Komponente des Umweltinformationssystems Baden-Württemberg

Manfred Müller
Landesanstalt für Umweltschutz Baden-Württemberg,
Bannwaldallee 24, 7500 Karlsruhe 21

1. Zusammenfassung

Im Rahmen des Aufbaus eines ressortübergreifenden Umweltinformationssystems (UIS) für Baden-Württemberg wurde zur einheitlichen Versorgung anderer UIS-Komponenten mit Geometriedaten ein "Räumliches Informations- und Planungssystem" (RIPS) definiert. Die Konzeption und Systemspezifikation basierte auf ca. 40 Interviews mit repräsentativen Nutzern sowie einer umfassenden Marktanalyse für Geoinformationssysteme (GIS) und wurde durch eine ressortübergreifende Arbeitsgruppe gesteuert.

In der vorliegenden Basisversion des RIPS wurden bislang drei Komponenten implementiert : Auskunftsoberfläche, Datenhaltungssystem und Grundfunktionen einer Geo-Methodenbank. Die Auskunftskomponente mit den benötigten Metadatenbeständen, wie z.B. Objektartenschlüsseln, räumlichen Deskriptoren etc. wurde in Oracle realisiert. Zur Datenhaltung der Vektor- und Rasterdaten mit einem zu erwartenden Datenvolumen von ca. 10 Gigabyte wurde das objektorientierte GIS Smallworld eingesetzt. Die Funktionen der Methodenbank wie Geo-Abfragen, Kartenerstellung und Datenexport können von der Auskunftsoberfläche aus über ASCII-Terminals angestoßen werden; für übergreifende UIS-Komponenten ist eine Kommunikation entsprechend dem "Client-Server-Modell" vorgesehen.

Gemäß den Standards des Landessystemkonzepts wird RIPS auf UNIX-Basis entwickelt, der Einsatz im Geschäftsbereich des Umweltministeriums erfolgt hauptsächlich unter VMS.

2. Einleitung

Als Ergänzung zu den sektoralen Komponenten des Umweltinformationssystems (UIS) für Naturschutz, Luft, Boden, Wasser etc. wurde eine querschnittsorientierte Komponente "Räumliches Informations- und Planungssystem" (RIPS) konzipiert [1]. Damit sollte dem wachsenden Bedarf an raumbezogener Informationsverarbeitung Rechnung getragen werden.

Aufgabenschwerpunkte des RIPS liegen sowohl im organisatorischen Bereich als auch in der Datenhaltung und -bereitstellung ("RIPS-Pool") sowie im Aufbau einer Funktionsbibliothek ("Methodenbank"). Die identifizierten Themenschwerpunkte sind in Tab. 1 aufgeführt.

RIPS soll sowohl großmaßstäbige Daten (ca. 1:500 bis 1:10.000) als auch kleinmaßstäbige Daten (bis 1:1 Mio.) organisieren und bereitstellen.

3. Rahmenbedingungen

Beim Aufbau des RIPS ergeben sich Schnittmengen mit den Basissystemen der Vermessungsverwaltung ATKIS, ALK und auch mit den Fachinformationssystemen z.B. AROK , Straßendatenbank, Bodeninventur u.a. Mit dem im Rahmen des Landessystemkonzepts Baden-Württemberg erstellten "Graphischen Gesamtkonzept" [2] wurde ein Orientierungsrahmen für den Einsatz von GIS-Produkten sowie der Nutzung von Basisdaten definiert.

• **organisatorisches Regelwerk:** - Begriffsdefinitionen für Umweltobjekte - Objektbildungsvorschriften (in Anlehnung an ATKIS) - Regeln zur Schlüsselbildung für Objektarten und Objekte - Auskunftssystem für (raumbezogene) Metadaten - Regelwerk zum Konsistenzerhalt (Orginaldaten, sekundäre Daten) - Nutzungsberechtigungen und Datenschutz
• **Datenhaltung und -bereitstellung** - Geometriedatenspeicherung (blattschnittfrei) - Datenerfassung und Fortschreibung - Schnittstellen (Import, Export)
• **Funktionalitäten/Methodenbank** - Verknüpfung von Geo- und Sachdaten - Selektion über alle Daten - Vektor-Raster-Integration - Verschneidungen/Überlagerung - Kartographische Darstellung

Tab. 1: Themenschwerpunkte des RIPS

Ein stark in Entwicklung befindliches, fachliches und DV-technisches Umfeld einerseits, sowie historisch bedingte Strukturen andrerseits, definieren für den Aufbau des RIPS weitere wichtige Rahmenbedingungen:

- Verfügbarkeit

Zwar werden bereits seit mehr als 10 Jahren in den Verwaltungen raumbezogene Daten digital erfaßt und verwaltet, dennoch existieren kaum brauchbare Übersichten, wo welche Informationen in welchem Maßstab und mit welcher Aktualität verfügbar sind. Mit der Erstellung digitaler amtlicher Basisdatenkataster wurde inzwischen begonnen, mit der landesweiten Fertigstellung kann allerdings erst in ca. 5 Jahren (für ATKIS) gerechnet werden. Dies bedeutet, daß noch auf Jahre hinaus mit Vorstufenlösungen z.B. auch gescannter Rasterinformation, Satellitenbilddaten und digitalen Geländemodellen gearbeitet werden muß. Diese automatisiert erhobenen Daten liefern zwar flächendeckende Übersichten, die z.B. als Hintergrundsdarstellungen einsetzbar sind, enthalten aber nur geringe semantische Informationen, i.a. nur einen Farbwert. Außerdem stellt die Verarbeitung der großen Datenmengen erhebliche Anforderungen an die Rechner- und Speicherressourcen sowie an die bereitgestellte Netzinfrastruktur.

- **Verknüpfbarkeit der Geometrien**
  Falls doch Daten aus unterschiedlichen Quellen zur Verfügung stehen, können diese im allgemeinen nicht zur Deckung gebracht werden. Abgesehen davon, daß unterschiedliche Abtastvorlagen mit unterschiedlicher Generalisierung in Abhängigkeit vom Maßstab benutzt werden, reicht bereits der mittlere Fehler bei der manuellen Digitalisierung bzw. unterschiedlicher Transformation aus, um inkompatible Geometrien zu erzeugen.

- **Fehlendes fachliches Klassifikations- und Verschlüsselungssystem**
  Zur inhaltlichen Definition und konsistenten Begriffsbildung sind häufig noch größere fachliche Vorarbeiten erforderlich; gerade im Umweltbereich werden im Rahmen von gesetzgeberischen Maßnahmen auf Landes-, Bundes- und EG-Ebene derzeit wesentliche Normierungsarbeiten betrieben. Beispiele hiefür finden sich bei Abfall, Altlasten, Bodenschutz und Biotopschutz oder bei der Umweltverträglichkeitsprüfung (UVP). Auf absehbare Zeit ist daher für die umweltrelevanten Fachdaten nicht mit einem konsolidierten Schlüsselkatalog zu rechnen, wie er z.B. mit dem ATKIS-Objektartenkatalog (ATKIS-OK) für die Basisdaten zur Verfügung steht.

- **Verknüpfbarkeit der Geometrien mit den Sachdaten**
  Bislang werden Sachdaten und Geometrien fast immer in unterschiedlichen Systemen erfaßt, wobei in der Regel keine abgestimmten Objektschlüssel verwendet werden. Da sich die Datenherren zudem häufig in unterschiedlichen Geschäftsbereichen befinden, müssen konsistente Regelsysteme für Schlüsselvergabe, Erfassung und Fortschreibung der sich ändernden Datenbestände landeseinheitlich festgeschrieben werden (siehe Abb.1).

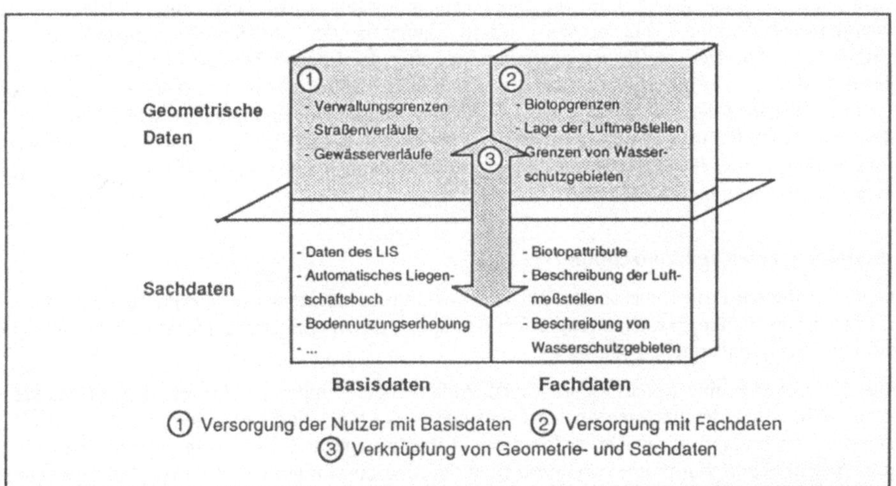

Abb. 1 : Aufgaben des RIPS bei der Haltung von Sach- und Geometriedaten

- **Verschiedene UIS-Komponenten arbeiten mit denselben Daten (Redundanzproblem)**
  RIPS muß v.a. aus Konsistenzgründen dafür sorgen, daß keine Daten redundant erfaßt und verwaltet werden. Diese Forderung gilt für die Basisdaten der Vermessungsverwaltung und entsprechend auch für die Fachdaten. In der Praxis finden sich allerdings zahlreiche Beispiele für die redundante Erfassung geometrischer Objekte, wie z.B. bei Biotopkartierungen. Abgesehen da-

von, daß bislang noch nicht alle Nutzer über GIS-Arbeitsplätze verfügen, stellt der geringe Durchsatz der verfügbaren Kommunikationsnetze für den schnellen Austausch von Geodaten eine Einschränkung dar.

- **Technische und organisatorische Probleme**
  Ein "optimales" Geoinformationssystem (GIS) zur blattschnittlosen Speicherung von Vektor- und Rasterdaten und zur effektiven Bearbeitung aller möglichen Aufgaben von der großmaßstäbigen Erfassung bis zur einfachen schnellen Übersichtspräsentation gibt es (noch) nicht. Vor allem in den analytischen oder statistischen Fähigkeiten, der Verknüpfung und Darstellung von Daten etc. bestehen größere Unterschiede zwischen den kommerziell angebotenen Systemen. Wesentliche technische Auswahlkriterien für GIS-Produkte liegen außerdem in der Verarbeitung großer Datenmengen, der Benutzerfreundlichkeit der Systemoberfläche, der Systemoffenheit z.B. für eigene Schnittstellen, Mehrbenutzerfähigkeit und vielen anderen, sich häufig widersprechenden Anforderungen. Historisch bedingt sind daher im Geschäftsbereich des UM inzwischen sechs unterschiedliche GIS-Produkte im Einsatz.

  Alle Produkte haben sicher ihre speziellen Stärken, bei fast allen Produkten besteht aber auch die Tendenz zur Komplettierung im Sinne eines allgemeinen GIS. Dazu gehören Funktionen wie Verschneidungen, Raster/Vektor-Konvertierung oder Integration mit der Sachdatenhaltung durch die Entwicklung von Schnittstellen zu relationalen Datenbanken (SQL) oder der EDBS.

  RIPS sollte aus Effizienzgründen das verfügbare Spektrum an GIS-Systemen für bestimmte Aufgaben einengen. Dies ist nicht nur wegen der Beschaffungs- und Pflegekosten erforderlich, sondern vor allem auch aus Gründen fehlender Personalressourcen für Bedienung, Betrieb und Anwendungsentwicklung anzustreben. Trotz zunehmender Standardisierungserfolge und verbesserter Benutzeroberflächen dürfte auch künftig der Engpaß für einen breiten GIS-Einsatz beim Aufbau des erforderlichen Fachwissens liegen. Selbst ein routinemäßiger Einsatz eines GIS für Aufgaben der Erfassung, einfachen Auswertung und kartographischen Darstellung erfordert eine Ausbildung im Umfang mehrerer Wochen, die Einarbeitungszeit bis zur selbständigen Bearbeitung von GIS-Projekten mit Anlage neuer Planungsgebiete und Datentypen liegt bereits in der Größenordnung von Monaten.

4. Erstellung einer Feinkonzeption

Bereits in früheren Projektphasen der UIS-Entwicklung wurde der ressortübergreifende Aufbau eines räumlichen Planungssystems empfohlen und später durch eine Bedarfsermittlung bei allen betroffenen Geschäftsbereichen begründet.

Mitte 1990 konnte eine ressortübergreifende RIPS-Arbeitsgruppe aus Vertretern des UM, MLR, IM und WM sowie den nachgeordneten Dienstellen LfU, GLA und LFL eingerichtet werden. Die erste Aufgabe bestand in der Definition eines Anforderungskatalogs für eine externe Ausschreibung. Anschließend wurde unter Federführung des UM zusammen mit externen Auftragnehmern eine Feinkonzeption erstellt, in der aufbauend auf eine Nutzerbefragung Lösungsvarianten für die Datenhaltung und Modellierung erarbeitet wurden und eine Marktanalyse für GIS-Produkte durchgeführt wurde [3].

Wesentliches Ergebnis der Nutzerbefragung bei ca. 40 repräsentativen Anwendern war eine detaillierte Aufgabenbeschreibung für den GIS-Bereich und die Ermittlung der Kommunikations- und Austauschbeziehungen zwischen den Dienststellen.

Aus den Nutzerprofilen konnte eine Einteilung in 4 Nutzerkategorien abgeleitet werden (siehe Abb. 2) und diese mit den Ergebnissen aus der Marktuntersuchung abgeglichen werden. Als weitere Kategorie wurden die Anforderungen des RIPS-Pools in die Untersuchung mit aufgenommen und ein geeignetes GIS-Werkzeug ausgewählt. Für jede Nutzerkategorie steht als Empfehlung eine Auswahlliste einsetzbarer GIS-Produkte zur Verfügung. Besondere Berücksichtigung findet v.a. die Verwendung von Standards wie UNIX, X/OPEN (XPG 2/3), X-Windows und SQL für die Sachdatenanbindung.

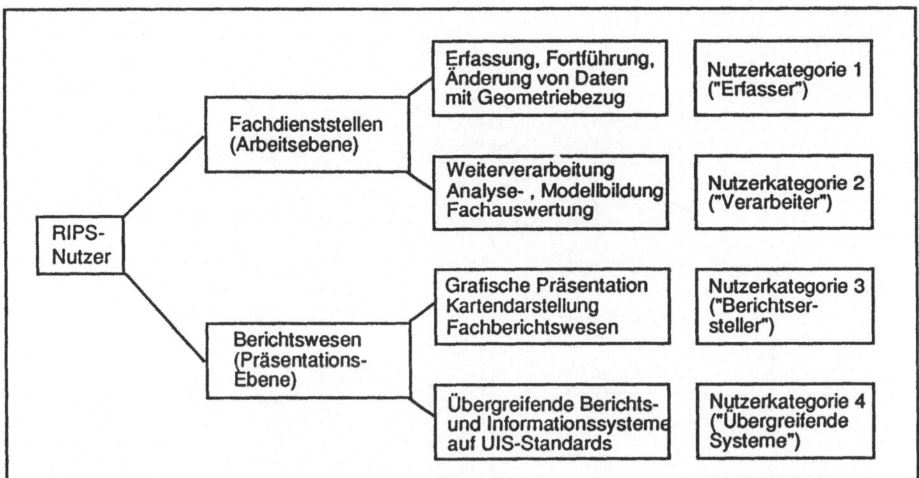

Abb. 2: Grobe Kategorisierung von RIPS-Nutzern

In Abhängigkeit vom Maßstab der gewünschten Basis- und Fachgeometrien können vom RIPS-Pool unterschiedliche Dienstleistungen angeboten werden . Während für die großmaßstäbigen Daten (ALK) über ein Auskunftssystem die speichernde Stelle, Verfügbarkeit, Aktualität etc. der Daten bekannt gemacht wird, ist bei kleinmaßstäbigen Daten eine Orginal- oder Sekundärhaltung der Geometrien sinnvoll und möglich.

Die Nutzer können damit entweder über die angebotenen Schnittstellen Komplettbestände oder Gebietsauszüge aus dem RIPS-Pool abrufen, oder erhalten detaillierte Hinweise zur Übernahme der bei der Vermessungsverwaltung bzw. Dritten gespeicherten Basisdaten.

5. Entwicklung einer Basisversion für RIPS

Auf Grundlage einer Systemspezifikation wurde inzwischen eine erste RIPS-Version zusammen mit externen Entwicklern erstellt. Als Entwicklungsumgebung dienten UNIX-Workstations, das objektorientierte Werkzeug Smallworld-GIS sowie die Datenbank Oracle mit den zugehörigen Lizenzprodukten [4].

RIPS 1.0 setzt sich aus den Komponenten Datenpool, Methodenbank, Auskunftssystem sowie einer Ausgabeschnittstelle für den Export von Dienstleistungen zusammen (siehe Abb. 3).

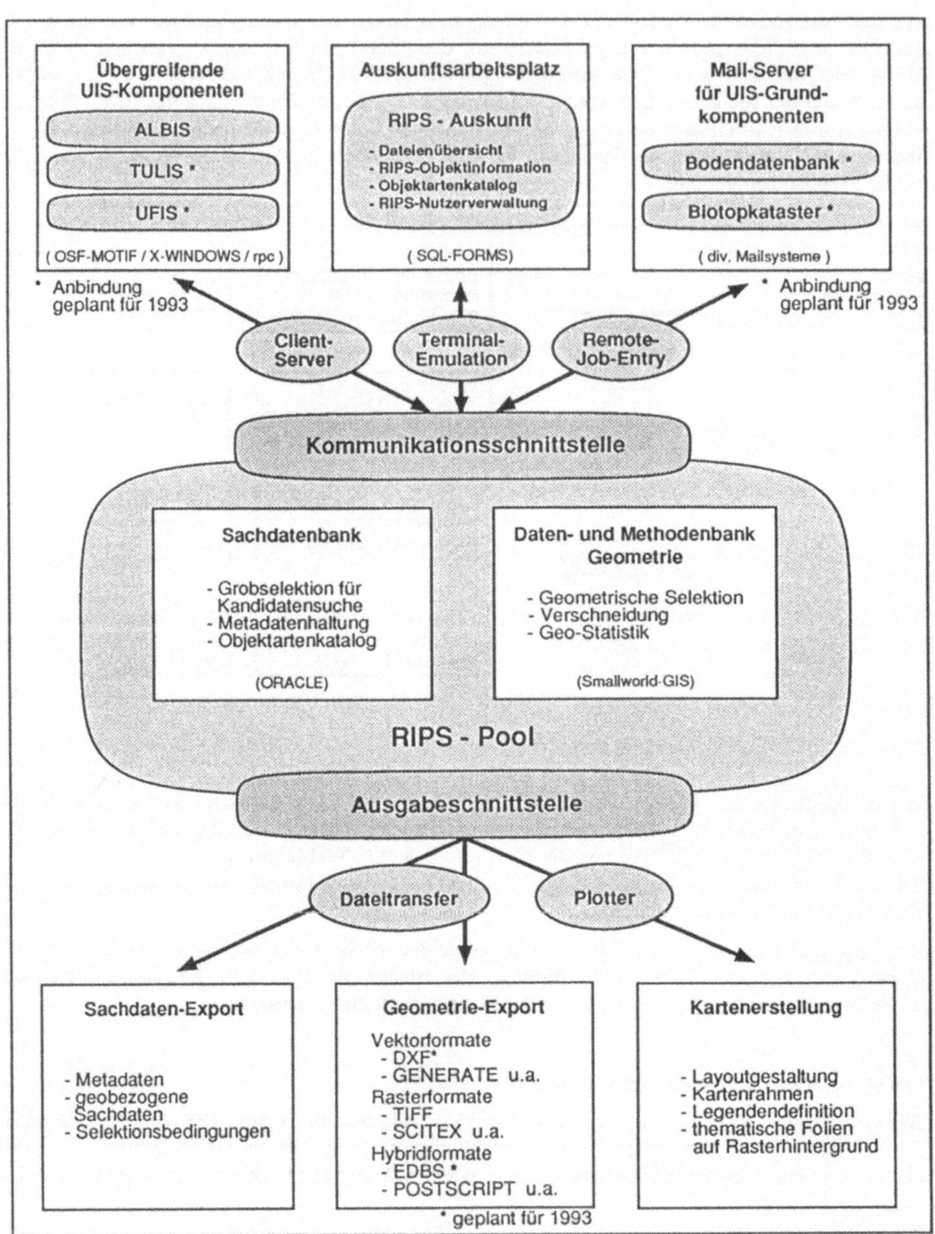

Abb. 3: Aufbau und Nutzung der RIPS-Systemkomponenten

Mit dem Datenspeicher des GIS wurde ein ATKIS-kompatibles Datenmodell zur blattschnittfreien Verwaltung von Vektordaten bereitgestellt. Rasterdaten werden folienweise als Bitebenen organisiert. Zusätzlich stehen die geometrischen Methoden des GIS in der SMALLTALK-ähnlichen Sprache MAGIK zur Verfügung.

Da ca. 80 % der Nutzer derzeit über einfache ASCII-Terminals oder PCs mit einer Anbindung über V.24-Schnittstelle verfügen, wurde für die Entwicklung des Auskunftssystems Oracle/Forms eingesetzt. Damit können auch die auf X-WINDOWS bzw. OSF-MOTIF basierenden UIS-Systeme RIPS-Metadaten abrufen. Über einen Datenkatalog sind Informationen zur thematischen Einordnung ("Parameter") , Gebietsabgrenzung ("Ort"), Erhebungsdatum ("Zeit"), dem Datenerzeuger, der Datenstruktur sowie kompletten Zugriffspfaden mit Rechneradressen und Speichermedien abrufbar. Bei Vorliegen der erforderlichen Zugriffsberechtigung ist ein automatisierter Datentransfer über die verfügbaren Ausgabeschnittstellen möglich.

Zur Identifikation und Beschreibung der RIPS-Objekte wurde auf Basis des ATKIS-Objektartenkatalogs (ATKIS-OK) ein erweiterbares Katalogsystem aufgebaut. Der "eineindeutige" Objektidentifikator stellt den Primärschlüssel zwischen den Goemetrie- und den Sachdaten dar.

In der Sachdatenbank wird neben wesentlichen Objektattributen (z.B. Objektname, Fläche etc.) zusätzlich ein minimales einschließendes Rechteck ("MER") abgespeichert; für flächenhafte Objekte lassen sich dadurch mit sehr geringem Suchaufwand die an einer Selektion beteiligten "Kandidaten" feststellen. Exakte geometrische Operationen erfolgen auf Grundlage der kompletten Objektkoordinaten in der Methodenbank des GIS. Zwischen Oracle/Forms und Smallworld wurde dazu eine "task to task"- Kommunikation implementiert, die mit einer einfachen parametrisierten Anfrageschnittstelle operiert. Der Anfrager spezifiziert einen Auftrag wie z.B. eine Suchanfrage über die Kriterien Ort, Zeit, Parameter etc. und erhält die selektierten Ergebnismengen vom RIPS-Pool in Form von Schlüssellisten mit Objektidentifikatoren zur Weiterverarbeitung zurück.

Für dezentrale Anwendungen in den UIS-Grundkomponenten ist die Nutzung des RIPS-Pools über bestehende Netzinfrastrukturen (z.B. das Landesverwaltungsnetz) mit den entsprechenden Mailfunktionen in einer losen Kopplung ("Remote-Job-Entry") vorgesehen. Eine geeignete Sprache zur Formulierung kombinierter Sach- und Geoanfragen ("Geo-SQL") soll künftig aus parallel betriebenen Forschungsprojekten übernommen werden.

Die ebenfalls auf den Produkten Oracle und Smallworld basierende UIS-Komponente Arten-Landschafts-Biotop-Informationssystem (ALBIS) kann den RIPS-Pool entsprechend dem Client-Server-Modell bereits als kompletten Server für Vektor- und Rasterdaten nutzen. Zur Formulierung einer kombinierten Anfrage über Geo- und Sachattribute kann der Nutzer themenspezifische Menüoberflächen einsetzen. Die benötigten Methoden zur Verschneidung etc. werden bei Bedarf transparent ausgeführt. Für die UIS-Systeme TULIS und UFIS sollen künftig ähnliche Schnittstellen zur Versorgung mit Geo-Funktionen eingesetzt werden.

Ein wesentliches, bislang allerdings noch nicht hinreichend spezifiziertes Aufgabengebiet des RIPS ergibt sich aus dem Anspruch als "Planungssystem". Als erster Beitrag hierzu wurde ein Modul zur benutzergestützten Kartendarstellung integriert.

Als Ausblick auf den künftigen Funktionsumfang der RIPS-Methodenbank wird in Abb. 4 die Zusammenführung und Auswertung von Geometriedaten im Rahmen einer Fachplanung dargestellt. Der dargestellte Verarbeitungsweg zur Erstellung einer digitalen Gewässergütekarte wurde prototypisch bei der LfU implementiert, das Ergebnis liegt als landesweite Karte im Maßstab 1:250.000 vor. Die eingesetzten Algorithmen z.B. zum Splitten von Linien, der Ableitung von Bändern etc. können beim weiteren RIPS-Aufbau übernommen werden.

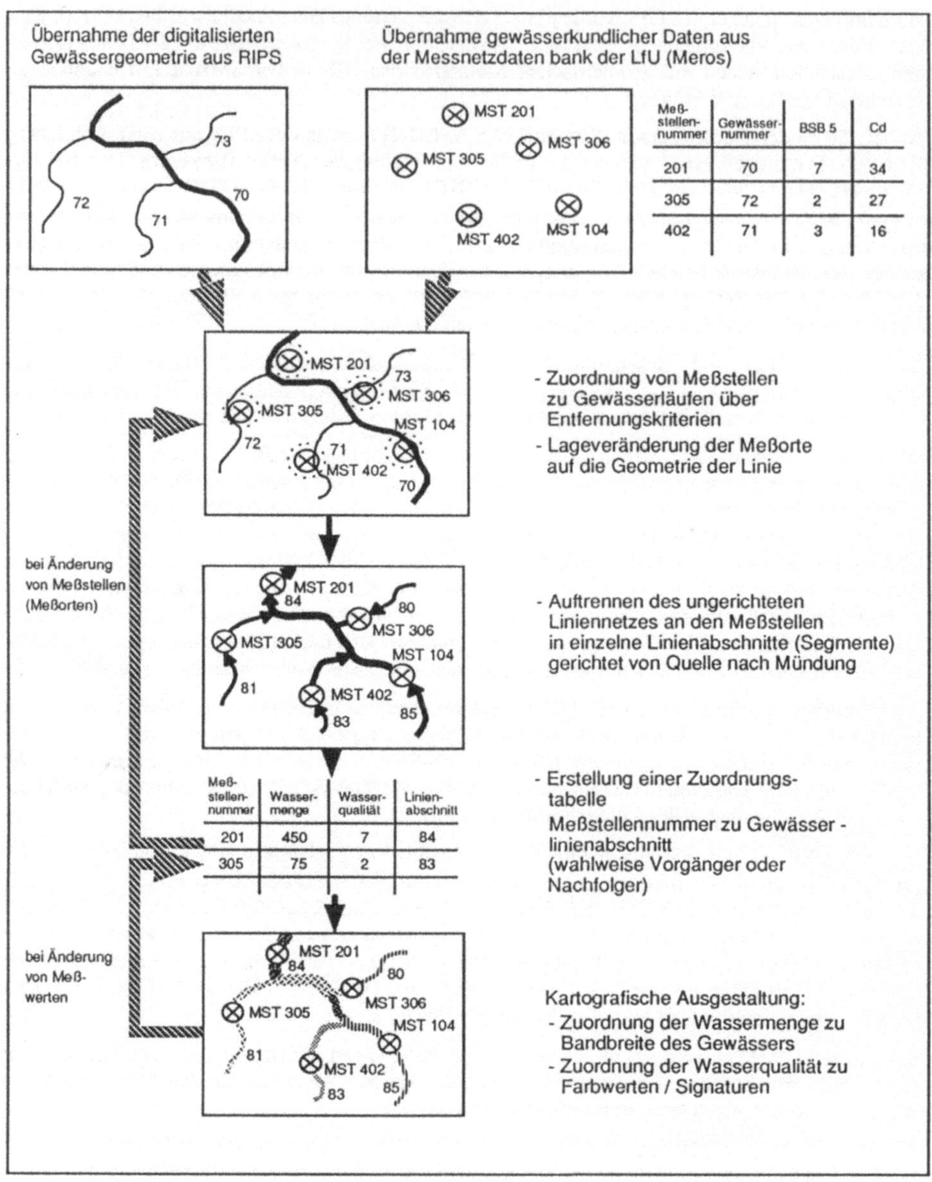

Abb. 4: RIPS-Methoden für Fachplanungen (Beispiel: Gewässergütekarte)

RIPS soll dann neben der Bereitstellung der Basis- und Fachgeometrien v.a. Methoden zur kombinierten Verarbeitung von Punkt-, Linien- und Flächen- und Rastergeometrien liefern und mittelfristig auch Fachmodelle zur Geostatistik, Isolinienerstellung und Digitalen Höhenmodellierung unterstützen.

Zum Erreichen eines kurzfristigen Nutzenpotentials müssen den Anwendern sehr schnell flächendeckend Daten angeboten werden. Neben Basisdaten zu den Verwaltungsgrenzen, Gewässergeometrien, Straßen etc. wurden bereits wertvolle Datenbestände aus Fachkartierungen, wie z.B. ca. 40 000 Biotope, Naturraumgrenzen, Bodeneinheiten sowie erste Daten aus dem ATKIS-DLM in den RIPS-Pool übernommen. Das UM hat zusätzlich Nutzungsrechte an den bereits verfügbaren gescannten Daten der TK 50 erworben und das Scannen der TK 25 bei der Vermessungsverwaltung in Auftrag gegeben. Die nach Ebenen getrennten Rasterfolien der TK 25 stellen für die Erfassung und Darstellung von Fachgeometrien wie z.B. Schutzgebieten eine einheitliche Basisinformation bereit, die als Vorstufenlösung für ein "Digitales Kartenmodell" (DKM) Verwendung findet. Eine spätere Umsetzung dieser Fachgeometrien auf ein flächendeckend verfügbares DLM bzw. DKM aus ATKIS über weitestgehend automatisierbare Transformationsregeln soll ebenfalls Aufgabe der weiteren RIPS-Entwicklung werden.

6. Literaturverzeichnis

[1]

Umweltministerium Baden-Württemberg / McKinsey and Company : Konzeption des ressortübergreifenden Umweltinformationssystems im Rahmen des Landessystemkonzepts Baden-Württemberg, Phasen II/III : Systemkonzeption und Umsetzungsplanung, 15.12.1988

[2]

Stabstelle Verwaltungsstruktur, Information und Kommunikation beim Innenministerium Baden-Württemberg: Graphisches Gesamtkonzept der Landesverwaltung Baden-Württemberg, Januar 1990

[3]

Umweltministerium Baden-Württemberg (Hrsg.): Feinkonzeption des Räumlichen Informations- und Planungssystems (RIPS) im Rahmen des ressortübergreifenden Umweltinformationssystems Baden-Württemberg (UIS). Bearbeitet von Fa. Schleupen Computersysteme, Inst. f. Photogrammetrie u. Fernerkundung Uni. Karlsruhe, Inst. f. Photogrammetrie Uni. Stuttgart, Forschungsinst. f. anwendungsorientierte Wissensverarbeitung a. d. Uni. Ulm, Dezember 1991

[4]

Umweltministerium Baden-Württemberg (Hrsg.): Systemdokumentation und Benutzerhandbuch zum Räumlichen Informations- und Planungssystem (RIPS). Bearbeitet von Smallworld Systems, isys software gmbh, Lehrgebiet Praktische Informatik, FernUniversität Hagen, Oktober 1992

7. Verwendete Abkürzungen

ATKIS:	Amtlich Topographisch-Karthographisches Informationssystem
ATKIS-OK:	ATKIS-Objektartenkatalog
ALBIS:	Arten-, Landschafts-, Biotopinformationssystem
ALK:	Automatisierte Liegenschaftskarte
AROK:	Automatisiertes Raumordnungskataster
DKM:	Digitales Kartenmodell
DLM:	Digitales Landschaftsmodell
EDBS:	Einheitliche Datenbank-Schnittstelle
GLA:	Geologisches Landesamt
IM:	Innenministerium
LDB:	Landschaftsdatenbank
LFL:	Landesamt für Flurneuordnung und Landentwicklung
LfU:	Landesanstalt für Umweltschutz
MLR:	Ministerium Ländlicher Raum
RIPS:	Räumliches Informations- und Planungssystem
TULIS:	Technosphäre- und Luft-Informationssystem
UFIS:	Umwelt-Führungs-Informations-System
UM:	Umweltministerium
WM:	Wirtschaftsministerium

Das Technosphäre- und Luft-Informationssystem als Instrument für die Entscheider in der Umweltschutzverwaltung

Jörgen Kohm
Landesanstalt für Umweltschutz Baden-Württemberg
Informationstechnisches Zentrum
Griesbachstraße 3
7500 Karlsruhe

Zusammenfassung:

Das Land Baden-Württemberg baut ein umfassendes Umweltinformationssystem (UIS) auf. Das UIS unterscheidet generell 3 aufgabenbezogene Systemkategorien: Übergreifende Komponenten, Grundkomponenten und Basissysteme. Das Technosphäre- und Luft-Informationssystem (TULIS) ist als Berichtssystem aus dem Bereich der "Übergreifenden Komponenten" für die mittlere Führungsebene der Umweltverwaltung konzipiert und deckt pauschal die Umweltbereiche Technosphäre und Luft ab. Mit Hilfe des Ökologiemodells wurden technologisch-ökologische Kausalitätsmodelle aufgestellt, die mit administrativen und politischen Steuerungsmechanismen beeinflußbar sind. Zur Verfolgung der Gesamtzusammenhänge bedurfte es eines umfassenden Planungs-, Steuerungs- und Beobachtungsinstrumentariums für den Technosphäre- und Luftbereich.
Mit der Realisierung einer ersten Betriebsversion des TULIS für 5 ausgewählte Themenbereiche von insgesamt 26 identifizierten Fachthemen und der Installation an ausgesuchten Teststellen wurde der erste Schritt für eine flächendeckende Einführung des TULIS für die mittlere Führungsebene der Umweltverwaltung vollzogen. Die dem System zugrunde liegende Mehrplatz-Systemarchitektur erlaubt den Zugriff auf unterschiedliche Datenhaltungssysteme sowie eine benutzerfreundliche grafische Visualisierung der Ergebnisse.

Schlüsselbegriffe:

Umweltinformationssystem
Verwaltungsmäßiger Umgang mit Umweltinformationen
Umweltthemen Technosphäre und Luft

1. Einleitung

Ausgangspunkte für den stufenweisen Aufbau des UIS waren die große Zahl vollzugsorientierter und technisch/wissenschaftlicher Fachanwendungen mit starker sektoraler Ausprägung und wachsender Eigendynamik. Aufgrund ihrer oftmals isoliert gewachsenen Strukturen und engen medialen Zielsetzungen waren fachübergreifende Analysen und Auswertungen zur Aufdeckung von Wechselwirkungen zwischen Schützgütern und Technosphäreobjekten i.d.R. nur mit großem Aufwand möglich. Um in diesem Bereich Verfahrensstransparenz und Informationsdurchgängigkeit zu schaffen, waren Standards und Regeln erforderlich. Die UIS Rahmenkonzeption als Ordnungsrahmen für den gesamten Umweltbereich ist ein geeignetes Instrument, mittels Definition von allgemeingültigen Maßnahmen- und Verhaltenskatalogen und Datenhaltungs- und Informationsaustauschkonzepten die fach- und ressortübergreifende Durchgängigkeit über die gesamte Verwaltungshierarchie zu ermöglichen.

Das Technosphäre- und Luft-Informationssystem (TULIS) ist ein Berichtssystem für die mittlere Führungsebene in der Umweltschutzverwaltung, das die konkurrierenden Umweltbereiche Technosphäre und Luft in einen kausalen Gesamtzusammenhang stellt. Die Nutzer des TULIS sind Verantwortungsträger in den mit Luftreinhaltung und Technosphäreüberwachung betroffenen Führungsebenen im Umweltministerium (UM), der Landesanstalt für Umweltschutz (LfU), den Regierungspräsidien (RP) und den Staatlichen Gewerbeaufsichtsämtern(GAA).
Wesentliche Zielsetzung des Informationssystems TULIS ist die sach- und fachgerechte aktuelle Berichterstattung über den Zustand der Technosphäre- und Luftsituation sowie den Sachstand des relevanten Verwaltungshandelns durch Schaffung durchgängiger Informationspfade über den gesamten Instanzenzug.

2. Rahmenbedingungen und Aufgabenbeschreibung

Die UIS-Konzeption des Landes Baden-Württemberg stellt den inhaltlichen, organisatorischen und informationstechnischen Rahmen für die Bereitstellung von führungsorientierten Umweltdaten und die Bearbeitung von fachbezogenen und fachübergreifenden Aufgaben im Umweltbereich dar.
Wesentliche Inhalte des UIS sind das Berichtswesen, das Informationen für alle Führungsebenen der Umweltverwaltung in aggregierter Form, d.h. situations-, sach- und fachgerecht bereitstellen soll. Substanzielle Grundlage für die Berichtsinhalte bildet das Modell der technologisch-ökologischen Wirkungskette.

Ihre drei identifizierten Bestandteile - Maßnahmen aus Politik und Verwaltung, Einwirkungen auf Technosphäre und Schutzgüter, Wirkungen auf Qualität und Bestand der Schutzgüter - sowie die Zusammenhänge zwischen ihnen sind daher Gegenstand des Berichtswesens [siehe 2]. Aus der Gesamtschau auf die Glieder dieser Kette muß das jeweils betroffene Umweltmanagement aktive und reaktive Handlungsoptionen ableiten können.

Im organisatorischen und rechtlichen Bereich liegen vergleichsweise günstige Voraussetzungen für die Wahrnehmung von Betreuungsaufgaben zu den Themen Luftreinhaltung (LfU) und Technospäreüberwachung (GAA) vor. Die Schutzgut-Betreuung (Luft u.a.) ist insbesondere Aufgabe der LfU, während der Bereich der Technosphäre primär in den Zuständigkeitsbereich der Gewerbeaufsicht fällt. Rechtsgrundlage für die aufgabenrelevanten Sachverhalte beider Themenbereiche bildet das Bundesimmissionsschutzgesetz (BImSchG) mit seinen Verordnungen sowie die "Technische Anleitung Luft" (TA-Luft). Daneben gibt es - insbesondere für den Tätigkeitsbereich der Gewerbeaufsicht - eine Reihe weiterer Vorschriften wie beispielsweise die Gefahrstoffverordnung, die Störfallverordnung und das Chemikaliengesetz.
TULIS als führungsorientiertes Berichtssystem ist durch seinen hierarchischen Zielgruppenbezug durchgängig in die Organisationsstrukturen der relevanten Teilbereiche der Umweltverwaltung eingebettet (Abb. 1).

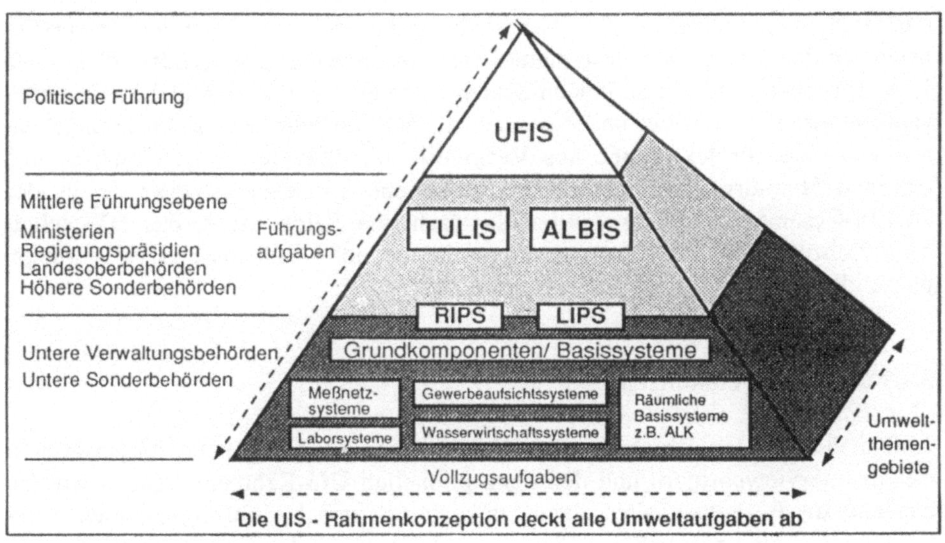

Abbildung 1: UIS-Rahmenkonzeption

Für die informationsstechnische Unterstützung des Berichtswesens liegen gute Grundvoraussetzungen vor. Parallel mit dem konzeptionellen Aufbau des TULIS wurde die IuK-technische Ausstattung der Gewerbeaufsichtsämter sowie das Informationssystem der Gewerbeaufsicht (IS-GAA) als Grundkomponente konzipiert. Diese Arbeiten erfolgten in enger Abstimmung mit der TULIS-Systemkonzeption. Dadurch konnte einerseits eine klare System- und Aufgabentrennung zwischen operativer Grundkomponente und übergreifendem, führungsorientiertem Berichtssystem erreicht werden. Zusätzlich konnte schon frühzeitig die "Schnittstelle" zwischen beiden Systemen definiert werden, beispielsweise durch Identifizierung der TULIS-relevanten Datenbereiche und deren integrierende Berücksichtigung in beiden Datenmodellen. Die schwerpunktmäßige Bearbeitung des Datenmodells bei der TULIS-Entwicklung begünstigte auch die Definition der "horizontalen Schnittstellen", die für die Verbindung zu weiteren übergreifenden Komponenten (z.B. ALBIS, RIPS) erforderlich sind.

3. Betriebliches Umsetzungsverfahren

Das Anforderungsprofil für das Informationssystem TULIS wurde mit dem identifizierten Nutzerkreis in zahlreichen Interviews und unter Zugrundelegung der allgemeinen UIS-Rahmenkonzeption (hierarchische Führungsorientierung) erarbeitet.
Als Basis einer fachlichen Feinkonzeption, welche die zur Anwendung kommenden fachlichen Verfahren näher beschreibt, stehen deshalb neben den übergeordneten strategischen Gesichtspunkten das Anforderungsprofil der potentiellen Nutzergruppen. Auf diesen beiden Säulen aufbauend wurde das TULIS-Fachkonzept entwickelt. Begleitet und gesteuert werden die gesamten Entwicklungsphasen von einer Projektgruppe aus Vertretern der betroffenen Dienststellen und externen Beratern. Als wesentliche inhaltliche Umsetzungsmerkmale in der TULIS-Gesamtentwicklung wurden das fachliche Feinkonzept, das DV-technische Konzept und eine erste prototypische, jedoch ausbaubare, Realisierungsphase identifiziert.

3.1 Fachliches Feinkonzept

Aufbauend auf den Ergebnissen mehrerer Interviewbefragungen mit insgesamt ca. 50 Interviewpartnern und den konzeptionellen UIS-Rahmenvorgaben wurden zunächst die Berichtsinhalte genauer präzisiert. Typische führungsorientierte Berichtsformen sind regelmäßige Statusberichte zu laufenden Programmen, Projekten und Maßnahmen. Sie geben einen Überblick über einzelne Elemente der technologisch-ökologischen Wirkungskette. Neben den Fachinformationen aus den Bereichen Technosphäre und Luft dienen sie deshalb auch der Unterstützung von Verwaltungsaufgaben, wie Angaben zu politischen Programmen, Verwaltungsmaßnahmen und zur Ressourcensteuerung in der Umweltverwaltung wie z.B. Übersichten über:

- Summarische Aufgabenerledigung
- Einsatz und Verfügbarkeit personeller, materieller und finanzieller Ressourcen
- Abwicklungsstand begonnener Aufgaben
- Bestand und Zustand schadstoffemittierender Anlagen
- schutzgutspezifische Informationen
- Trendentwicklungen

Neben der automatisierten Bereitstellung kontinuierlicher Status- und Projektberichte muß auch die Möglichkeit gegeben sein, gezielte Auswertungen und Abfragen zur Abdeckung eines akuten Informationsbedarfs vorzunehmen. Ein solcher Informationsbedarf kann z.B. durch externe Anfragen (Landtag, Öffentlichkeit, Presse) oder im Zuge des Studiums eines konkreten Problems initiiert werden.

Angesichts der Heterogenität von Technosphäre- und Schutzgutobjekten einerseits und den komplexen Austauschbeziehungen andererseits ist es erforderlich, eine einheitliche Systematik zur Beschreibung der Technosphäre und der Stoffe sowie der ablaufenden Prozesse zu entwickeln, die eine Aggregation und führungsorientierte Aufbereitung ermöglicht. Hierzu ist ein erster Schritt mit dem Kenngrößensystem und dem Umweltdatenkatalog unternommen worden.

Umweltrelevante Informationen können an Aussagekraft erheblich gewinnen, wenn die Fachdaten mit Raumbezug auf kartografischer Basis dargestellt werden können. Für das TULIS sind deshalb derartige Kartenwerke als vordefinierte thematische Hintergrundkarten (Verwaltungsbereichsgrenzen, Bundesstraßennetz, Wasserstraßennetz usw.) als fester Bestandteil vorgesehen. Darüber hinaus läßt sich aus heutiger Sicht in begrenztem Umfang auch ein Bedarf an GIS-Funktionalitäten feststellen, z.B. wenn im Rahmen von Genehmigungsverfahren die Einflußbereiche von Emissionen mit schützenswerten Gebieten verschnitten werden müssen. Die mittel- bis langfristige Strategie beim Aufbau des UIS geht jedoch davon aus, daß derartige und darüber hinausgehende GIS-Funktionalitäten im Rahmen der noch zu definierenden Schnittstelle zum RIPS-System [siehe 7] als Dienstleistung angeboten werden.

Im Rahmen der Erstellung des Fachlichen Feinkonzepts wurde auch die Datenmodellierung durchgeführt. Grundlage hierfür waren die bei den Nutzerbefragungen der potentiellen Anwender erhobenen Informationen. Für die modellmäßige Bearbeitung der Daten standen generell zwei Alternativen zur Auswahl:

- die datenorientierte Vorgehensweise

sowie

- die funktionsorientierte (ablauforientierte) Vorgehensweise

Bei der datenorientierten Vorgehensweise stehen die Daten im Mittelpunkt der Betrachtungen. In einem ersten Schritt wird ein grobes Datenmodell entwickelt, das dann sukzessive bis auf Attributebene verfeinert wird. Bei der funktionsorientierten Entwicklung werden zuerst die systemrelevanten Funktionen ermittelt. Im zweiten Schritt werden dann die funktionsrelevanten Daten festgestellt. TULIS als Berichtssystem der mittleren Führungsebene hat jedoch i.d.R. keine datenerzeugenden operativen Funktionalitäten. Als Überwachungs-, Planungs- und Steuerungswerkzeug beschränkt es sich im wesentlichen auf die Manipulation (Aggregation) der Daten aus den datenerzeugenden Grundkomponenten, wie beispielsweise Selektion, Aufbereitung und Darstellung dieser Daten; diese aufbereitende Datenbearbeitung bewirkt keine Veränderung der Primärdatenbasis. Für die Datenmodellierung wurde deshalb unter Zuhilfenahme eines CASE-Tools die datenorientierte Vorgehensweise gewählt, da der Komplexitätsgrad der Daten wesentlich höher war als der der Funktionen.
Zur methodischen Unterstützung der Datenmodellierung wurden die Konzepte der top-down und bottom-up orientierten Modellierung herangezogen. Diese auch als Jo-Jo-Modell bezeichnete alternierende Vorgehensweise war notwendig, da die Datenbereiche des TULIS sehr heterogen und komplex waren. Mit der reinen top-down-Methode war die Abgrenzung zu anderen relevanten Umweltmedien (z.B. anlagenbezogene Bodenbelastung) nicht immer leistbar. Andererseits hätte auch die ausschließliche Verwendung des bottom-up-Verfahrens eine zentrale Zielverfolgung des TULIS-Projekts, nämlich die Integration der Datenmodelle der einzelnen Benutzersichten zu einem konzeptionellen (logischen) TULIS-Gesamtdatenmodell, behindert. Die Strukturierung der Datenbereiche in Benutzersichten (Abb. 2) brachte die notwendige Reduktion der Informationsaspekte auf einen handhabbaren Komplexitätsgrad. Das konzeptionelle Datenmodell mit seinen ausschließlich datentypmäßig modellierten Realitätsausschnitten bildete einerseits die Grundlage für die weitere Verfeinerung und Konkretisierung in Richtung auf ein relationales Zielsystem mit dem ORACLE-DBMS. Andererseits war es auch Ausgangsbasis für die reale Integration der verteilten Datenbestände und damit Grundlage für die Definition der Schnittstellen zu den datenerzeugenden Grundkomponenten sowie den übergreifenden UIS-Komponenten.

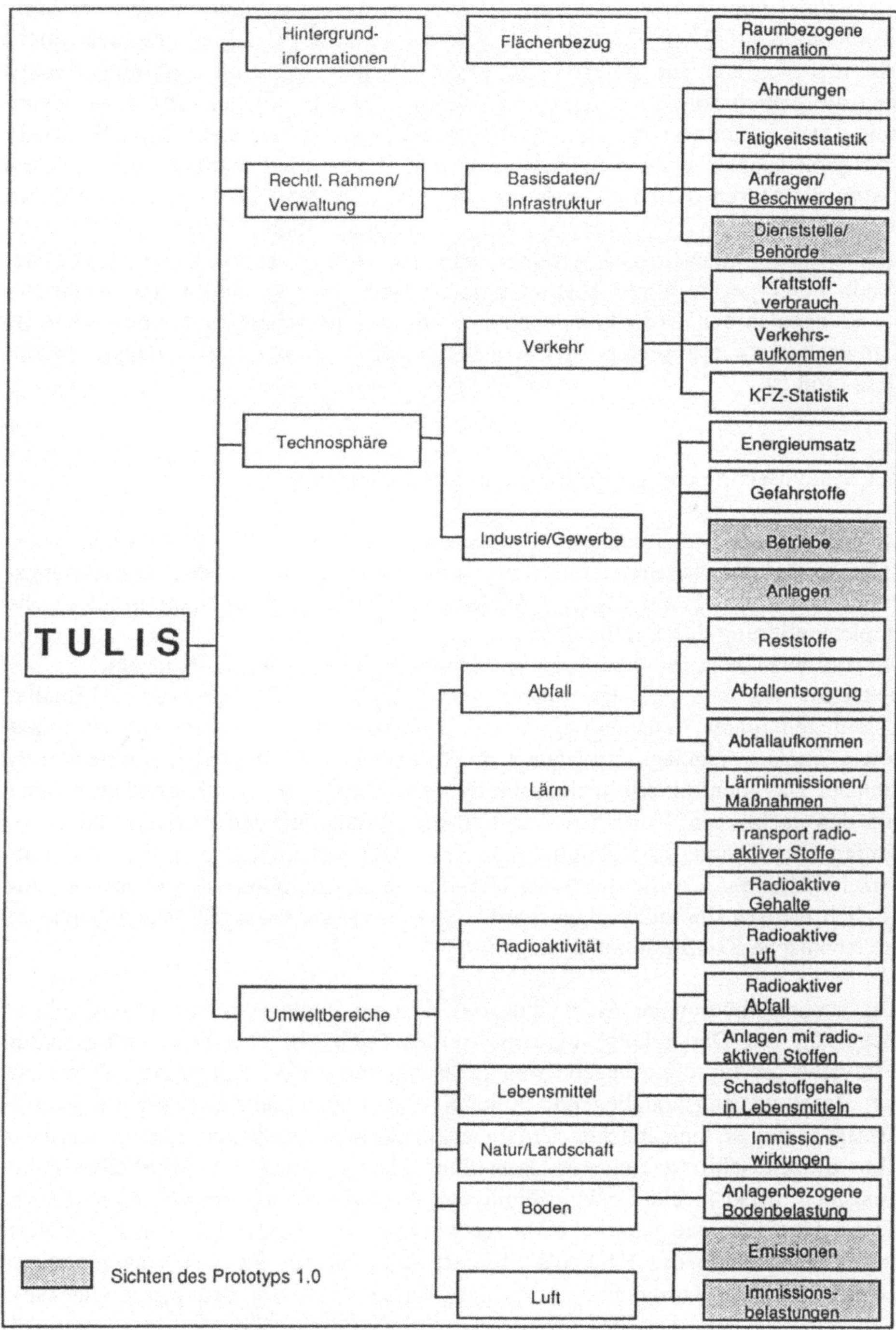

Abbildung 2: TULIS Benutzersichten

Für die gemeinsame Nutzung derselben Datenbestände durch mehrere Applikationen (TULIS, IS-GAA, ALBIS) waren zwei prinzipiell unterschiedliche Ansätze möglich: der elektronische Datentausch mittels Konvertierungsroutinen und die gemeinsame Nutzung gleicher Datenbestände auf der Grundlage identischer Datenstrukturen. Für das TULIS-Konzept wurde der zentralistische Ansatz mit gemeinsamer Datenbankstruktur in den relevanten Datenbereichen gewählt (Abb. 3). Durch dieses Vorgehen wird ein hohes Maß an Integration mit den Vorteilen maximal erzielbarer Datenkonsistenz und "unternehmensweiter" gleichhoher Datenaktualität erreicht. Auf der anderen Seite ist jedoch der laufende hohe gegenseitige Abstimmungsaufwand, bedingt durch die Weiterentwicklungen in den Grundkomponenten nicht zu unterschätzen, der besonders im Umweltbereich mit seiner starken gesetzesmäßig bestimmten Dynamik, besonders groß ist.

3.2 Systemtechnische Spezifikation und Realisierung

Im Rahmen der Erstellung des "Fachlichen Feinkonzepts TULIS" wurden insgesamt 26 thematische Benutzersichten identifiziert. In einer ersten Realisierungsstufe wurde für 5 ausgewählte Sichten (s. Abb. 2) eine erste prototypische Implementierung durchgeführt.
Die systemtechnische Spezifizierung beschreibt die technischen Konzepte zur Implementierung des TULIS, indem sie Funktionalitäten beschreibt, Modularisierungen unter Systempflege- und Benutzerbetreuungsaspekten vornimmt sowie Tools vorschlägt, mit denen die technischen Konzepte realisiert werden können. Das identifizierte technische Design als Ergebnis der Spezifikation setzt auf den fachlichen Vorgaben der Feinkonzeption auf und berücksichtigt außerdem die Standards (X-Windows, OSF/MOTIF, SQL, graphische Benutzerschnittstelle u.a.), die durch die UIS-Rahmenkonzeption vorgegeben sind; zusätzlich werden die zukünftigen hard- und softwaremäßigen Zielumgebungen in die technische Konzeption einbezogen.

Aus grober funktionaler Sicht kann das System in die Bereiche Datenbanken, Steuerung und Darstellung aufgeteilt werden (Abb. 4). Das Darstellungsmodul Dataviews ist für die Ausgabearten (Präsentationsgrafik, Kartographie) zuständig. Durch das zugrundeliegende Folienprinzip können einzelne Darstellungen zu aussagekräftigen thematischen Ergebnisdarstellungen aufeinandergelegt werden. Über die bildschirmgebundene Darstellung hinaus besteht die Möglichkeit, die Ausgaben direkt in ein Desktop-Publishing-Produkt zu exportieren; hier können sie als Grafikobjekte weiter bearbeitet werden. Das Modul Steuerung, welches unter Verwendung des KI-Tools Mercury mit objektorientierten Programmiertechniken erstellt wurde, übernimmt die gesamte Benutzerführung, die Datense-

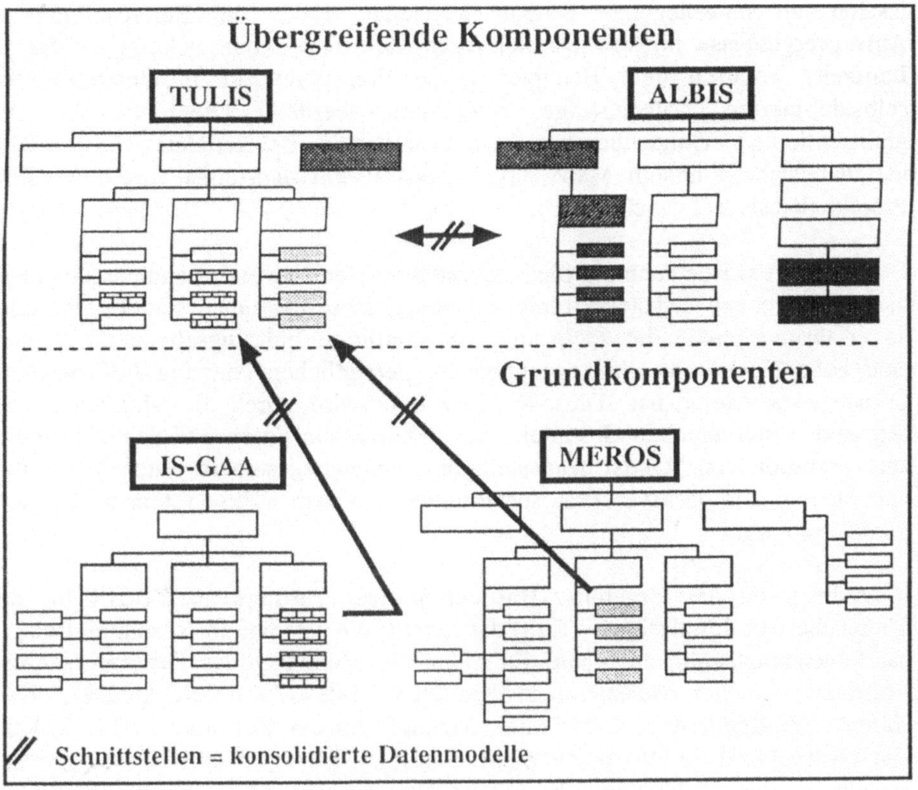

Übergreifende Komponenten

TULIS

ALBIS

Grundkomponenten

IS-GAA

MEROS

// Schnittstellen = konsolidierte Datenmodelle

Abbildung 3: TULIS-Schnittstellenkonzept in Teilbereichen

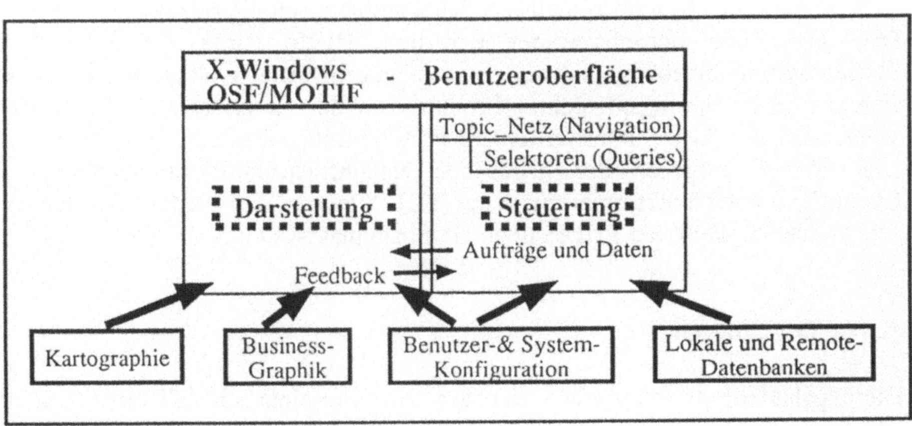

Abbildung 4: TULIS-Systemdesign

lektion auf unterliegende Datenbanksysteme, sowie die Bereitstellung der Anfrageergebnisse für das Darstellungsmodul. Die Datenselektion erfolgt zur Laufzeit, wodurch dem Benutzer große Freiräume zur problembezogenen, selbstdefinierten Datenabfrage eingeräumt werden. Die interne Anfrageformulierung erfolgt über eine SQL-Schnittstelle. Bei der Auswahl der Tools hat man sich in hohem Maße auf die positiven Erfahrungen aus dem UFIS-Projekt abgestützt [siehe 5].

Großer Wert wurde auch auf die Ausgestaltung der Anwenderschnittstelle gelegt, die weitestgehend selbsterklärend und tätigkeitsbezogen ausgestaltet sein sollte, da erfahrungsgemäß die Zielgruppe der mittleren Führungsebene i.d.R. noch eine hohe Hemmschwelle gegenüber der persönlichen Nutzung IuK-gestützter Informationssysteme hat. Diesem Sachverhalt wird durch die Möglichkeit der begrenzten individuellen Gestaltung der Benutzeroberfläche und der Gelegenheit zur Definition von Standardfragestellungen entgegengesteuert. Auch hier stützte man sich auf die positiven Praxiserfahrungen mit dem UFIS-System im Umweltministerium ab.

In Abb. 5 ist das Ergebnis (Hardcopy) einer Anfrage an TULIS für den Themenbereich Immissionen (Luft) dargestellt; die Anfrage im gezeigten Beispiel hat folgenden fachlichen Inhalt: Es sollen die Meßwerte des Parameters Stickstoffdioxid von den Meßstationen "Karlsruhe Mitte", "Kaelbelescheuer", "Kehl Hafen", "Stuttgart Mitte" und "Edelmannshof" für den Zeitraum 19.11.92 00:00 Uhr bis 19.11.92 22:30 Uhr als Säulengrafik auf kartografischer Grundlage dargestellt werden. Derartige u.ä. Fragestellungen können als benutzerdefinierte Standardfragestellungen abgelegt werden. Routinemäßig wiederkehrende Fragenkomplexe können so ohne tiefere Bedienkenntnisse bei Bedarf an das TULIS gestellt werden; das System aktualisiert dabei automatisch die Bezüge.
Die vorliegende Betriebsversion 1.0 des TULIS wurde auf einer VMS-Betriebssystemumgebung realisiert und ist gegenwärtig in 4 Gewerbeaufsichtsämtern, im Regierungspräsidium Freiburg, in der Landesanstalt für Umweltschutz und im Umweltministerium im prototypischen Einsatz. Im UM und der LfU können aufgrund der gegebenen Netzinfrastrukturvoraussetzungen die Client-Server-Architekturmerkmale des TULIS ausgenutzt werden. An den übrigen Teststellen läuft das TULIS noch als Einzelplatzsystem.

4. Weiteres Vorgehen

Die angelaufene prototypische Testphase wird von einer speziell für diesen Projektabschnitt eingerichteten Arbeitsgruppe begleitet. Mitglieder der Arbeitsgruppe sind im wesentlichen die Testnutzer des TULIS. Primäre Aufgabe der Arbeitsgruppe ist es, an Hand der betrieblichen Nutzung die im fachlichen Fein-

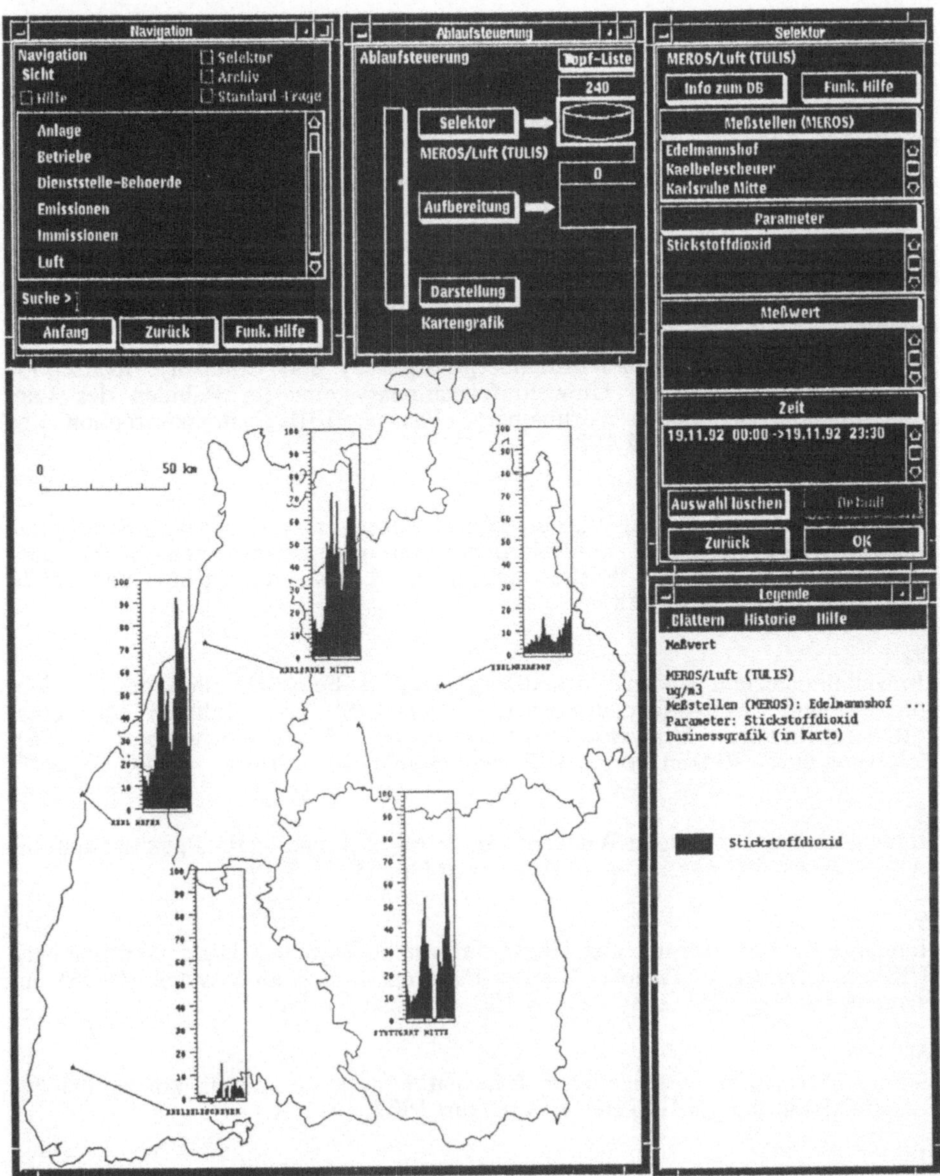

Abbildung 5: TULIS-Benutzerschnittstelle

konzept definierten Zielsetzungen und deren IuK-technische Realisierung zu überprüfen und zu bewerten. Die hier gewonnenen Erfahrungen werden in die Fortentwicklung des TULIS zur Betriebsversion 1.5, die bis Mitte 1993 verfügbar sein soll, einfließen. Darüber hinaus ist es vordringliches Ziel der TULIS-Projektleitung, den Datenbestand weiter auszubauen, um dadurch weitere Nutzersichten und übergreifende Themenbereiche verfügbar zu machen.

5. Literaturverzeichnis

[1]
Umweltministerium Baden-Württemberg/McKinsey and Company: Konzeption des ressortübergreifenden Umweltinformationssystems im Rahmen des Landessystemkonzepts Baden-Württemberg, Phasen II/III Systemkonzeption und Umsetzungsplanung, 15.12.1988.

[2]
Umweltministerium Baden-Württemberg/McKinsey and Company: Konzeption des ressortübergreifenden Umweltinformationssystems im Rahmen des Landessystemkonzepts Baden-Württemberg, Phase I Bestandsaufnahme und inhaltliche Konzeption, 29.4.1988.

[3]
Umweltministerium Baden-Württemberg (Hrsg.): Feinkonzeption des Technosphäre- und Luft-Informationssystems (TULIS) im Rahmen des ressortübergreifenden Umweltinformationssystems Baden-Württemberg (UIS). Bearbeitet durch Roland Berger & Partner GmbH, 30.11.1990.

[4]
Umweltministerium Baden-Württemberg (Hrsg.): Funktionale Spezifikation für TULIS. Bearbeitet durch Digital Equipment GmbH, 22.3.1991.

[5]
Henning, I.: Realisierung des Umweltinformationssystems Baden-Württemberg (UIS) am Beispiel des Projekts Umwelt-Führungs-Informationssystem (UFIS). Informatik-Fachberichte 228(1989), S.190. Springer Verlag.

[6]
Vetter, M.: Aufbau betrieblicher Informationssysteme mittels konzeptioneller Datenmodellierung. B.G. Teubner, Stuttgart 1987.

[7]
Umweltministerium Baden-Württemberg (Hrsg.): Feinkonzeption des Räumlichen Informations- und Planungssystems (RIPS) im Rahmen des ressortübergreifenden Umweltinformationssystems Baden-Württemberg (UIS). Bearbeitet von Fa. Schleupen Computersysteme, Inst. f. Photogrammetrie u. Fernerkundung Universität Karlsruhe, Inst. f. Photogrammetrie u. Fernerkundung Universität Stuttgart, Forschungsinstitut f. anwendungsorientierte Wissensverarbeitung a.d. Universität Ulm, Dezember 1990.

Das Umweltinformationssystem Baden-Württemberg (UIS) als kooperatives und integrierendes System - Stand und Ausblick

Birn H., Umweltministerium Baden-Württemberg, W-7000 Stuttgart 1,
Radermacher F.J., FAW Ulm, Postfach 2060, W-7900 Ulm,
Schmidt F., IKE Universität Stuttgart, Pfaffenwaldring 31, W-7000 Stuttgart 80.

Kurzfassung

Umweltinformationssysteme mit dem Anspruch des UIS Baden-Württemberg sind eine Herausforderung für Wissenschaft, Politik, Verwaltung und Industrie und eine Chance für die Umwelt und die in ihr agierende technische Zivilisation. Es ist daher wichtig, daß - wie in Baden-Württemberg geschehen - zur Realisierung solcher Systeme ein Weg gewählt wird, der das Potential hat, die anstehenden Aufgaben zu lösen und flexibel genug ist, sich an wachsende Anforderungen anpassen zu lassen. In diesem Beitrag zeigen wir, daß der in Baden-Württemberg eingeschlagene Weg gute Chancen hat, zum Ziel zu führen. Wir versuchen, einige Hinweise dazu zu geben, wie dieser Weg weiterentwickelt werden kann.

1 Einleitung

Am Anfang der hier betrachteten Entwicklungen in Baden-Württemberg stand die Vision einer fortschrittlichen, die Interessen der Bürger wahrenden, vorsorgenden Umweltpolititk. Diese Vision konkretisierte sich in der Konzeption des ressortübergreifenden Umweltinformationssystems (UIS). Durch die Entwicklung wichtiger Teilsysteme konnte die Konzeption getestet und in ersten, wesentlichen Teilen realisiert werden. Mittlerweile liegen zu diesen Basisarbeiten bereits Erfahrungen und Ergebnisse vor. Sie zeigen, daß die Konzeption trägt, daß der gewählte Zugang ein großes Potential besitzt und daß die Komponenten mit den gewünschten Funktionalitäten tatsächlich erstellt werden können. Es ist daher an der Zeit, sich darüber Gedanken zu machen, wie die Arbeiten weiter in Richtung auf ein Gesamtsystem fortgeführt werden können, wie dieses System in der täglichen Arbeit am besten genutzt werden kann und welche Abwägungsentscheidungen hinsichtlich der weiteren Realisierung anstehen. Dieser Beitrag beschreibt einige mögliche Vorgehensweisen für die weitere Arbeit. In diesen Text sind viele Ideen eingeflossen, die im Februar 1992 während eines UIS-Workshops am Umweltministerium in Baden-Württemberg formuliert wurden.

2. Konzeption - das UIS als integrierendes System

Die Konzeption des UIS läßt sich anschaulich durch das Bild einer Pyramide darstellen. Sowohl aus Sicht der Daten (Abb.1), als auch aus Sicht der Aufgaben (Abb.2), werden integrierende und kooperative Funktionen des UIS deutlich.

Aus Sicht der Daten sind grundlegende Architekturmale des UIS die Durchgängigkeit des Zugriffs (der "vertikale Zugriff" auf Daten innerhalb der Verwaltungs- und Systemhierarchie) und die Verknüpfbarkeit (die Möglichkeit "horizontaler Verschneidung" von Daten gleicher Aggregationsstufen). Die Verknüpfbarkeit spiegelt vor allem den fach- und ressortübergreifenden Charakter von Umweltaufgaben wider. Mit der Durchgängigkeit des Datenzugriffs in der Systemarchitektur läßt sich gewährleisten, daß in geeigneten Themenbereichen - bei ausreichendem Einbezug einer fachlichen Absicherung sowie bei Beachtung von Datenschutzaspekten - Führungsinformationen für die Ministerien bzw. die Regierungspräsidien aus den Primärdaten, wie sie bei den Fachdienststellen vorliegen, mit Hilfe geeigneter Verfahrensschritte abgeleitet werden können.

Aus Sicht der Aufgaben unterscheidet die UIS-Konzeption drei Systemkategorien: übergreifende Komponenten, Grundkomponenten und Basissysteme. Basissysteme sind Systeme, die neben der Erledigung von Umweltaufgaben anderen Verwaltungsaufgaben dienen, gleichzeitig aber auch Infrastrukturvoraussetzungen für das UIS sind. Beispiele hierfür sind die automatisierte Liegenschaftskarte (ALK), das Landesverwaltungsnetz (LVN) oder das Kernkraftwerksüberwachungssystem (KFÜ). UIS-Grundkomponenten sind Abwicklungssysteme zur Unterstützung von Fachaufgaben im Umweltbereich. Sie sind typischerweise bei den Fachbehörden angesiedelt.

Aus den Daten der Basissysteme und der UIS-Grundkomponenten werden die Informationen der übergreifenden UIS-Komponenten abgeleitet. Übergreifende UIS-Komponenten führen fachspezifische Informationen für übergeordnete Zwecke zusammen. Dies geschieht zum einen in Berichts- und Managementsystemen, zum anderen durch Regelwerke und Instrumentarien zur Organisation von Datenerfassung, Datenhaltung und Datenweitergabe sowie zur Kommunikation zwischen verschiedenen Datennutzern.

Die Datenzusammenfassung führt zu Informationen. Sie kann sich über mehrere Aufgaben und Themenbereiche erstrecken und erfordert daher die Entwicklung einer Gesamtschau, die in der Regel fach- und ressortübergreifend sein muß und zu einer hohen Systemkomplexität führt. Der im Rahmen einer solchen Gesamtschau erfolgenden Analyse von Basisdaten liegen Modellvorstellungen zugrunde. Entsprechend der Komplexität der zu analysierenden Umweltsysteme sind die entsprechenden Modelle häufig ebenfalls komplex. Daraus folgt in der Regel, daß sie von Spezialisten zu entwickeln und einzusetzen sind. In vielen konventionellen Ansätzen bedeutet dies zentralistische Systeme, die nur von einer (zentralen) Stelle nutzbar sind. Solche Formen der (Wissens-)Zentralisierung können in besonderen Fällen begründbar und notwendig sein. Vor dem Hintergrund des demokratischen Grundverständnisses unserer Gesellschaft sind solche Situationen jedoch oft mit erheblichen Akzeptanzproblemen behaftet. Viel günstiger und wirkungsvoller ist es demgegenüber, wenn auch solche komplexen Systeme in integrierte Informationsverbände einbezogen werden können, - gegebenenfalls unter Einbeziehung spezifischer Filter- und Aggregationsfunktionen.

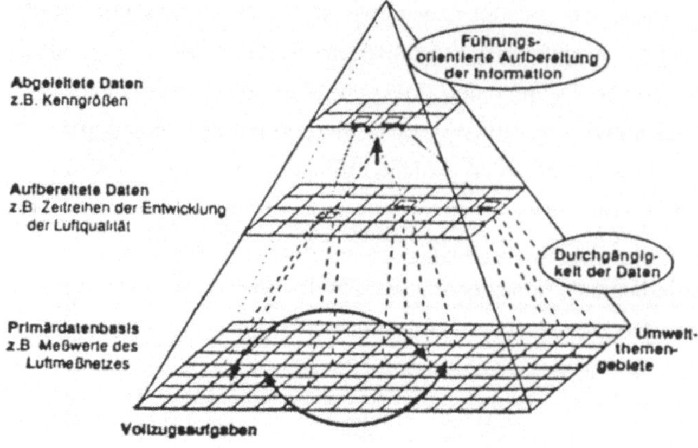

Abb. 1 Die UIS-Konzeption aus Sicht der Daten: der Integrationsaspekt

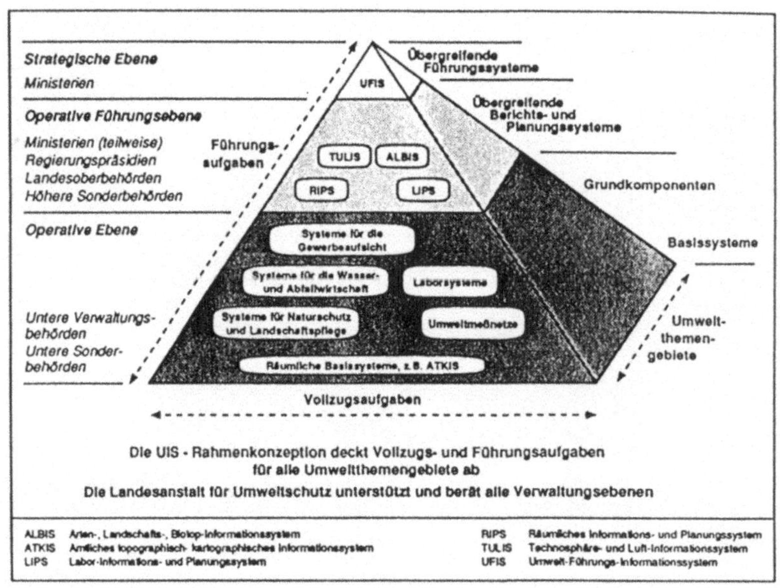

Abb. 2 Die UIS-Konzeption aus Sicht der Aufgaben: der Kooperationsaspekt

3. Die Entwicklung der Konzeption - das UIS als kooperatives System

Im UIS wurde von Anfang an versucht, die unterschiedlichen Aspekte der gewählten Zielsetzung weitestgehend zu berücksichtigen. Deswegen wurden schon in die ersten Überlegungen fachspezifische Fragen (Aufgabenstellungen), technische Fragen (Realisierungsmöglichkeiten mit verfügbarer Hand- und Software), organisatorische Fragen (Datenbeschaffung, Datenverteilung, Kommunikation) und Anforderungen der späteren Nutzer mit einbezogen. Grundidee ist, das UIS in Zusammenarbeit von Verwaltung (Nutzeraspekt), Wirtschaft (Realisierungsaspekt) und Wissenschaft (Entwicklungsaspekt) zu erstellen. Die Kooperation dieser unterschiedlichen gesellschaftlichen Gruppen ist eine der Säulen des UIS und sein bisheriger Erfolg liegt nicht zuletzt gerade in dieser Kooperation begründet.

Als eine Konsequenz dieses Ansatzes hat man sich bei der Entwicklung der UIS nicht am Status Quo der Datenverarbeitung, sondern an der Notwendigkeit und den Anforderungen einer qualifizierten Entscheidungsfindung im Umweltbereich orientiert. Nur so ist das Ziel des langfristigen Schutzes aller, insbesondere der geistigen Investitionen und der generellen Verfügbarmachung des Wissens der im Umweltmanagement Tätigen erreichbar. Das UIS bietet dazu dem Benutzer in Ergänzung seiner eigenen Fähigkeiten eine Reihe von Diensten an. Typische Dienste, die im täglichen Arbeitsleben benötigt werden, sind:

- Bereitstellung von Daten;
- Verfügbarmachung von Wissen, etwa zur Interpretation von Daten, ihrer Qualität, ihrer Gültigkeitsgrenzen und ihrer Zusammenhänge untereinander;
- Anwendung von Methoden zur Ableitung neuer Informationen;
- Zugang zu Ressourcen von Textverarbeitung über Graphikdienste bis hin zur Benutzung von Großrechnern.

Solche Dienste sind teilweise am Arbeitsplatz, im Referat, an der Dienststelle, mindestens aber im Einflußbereich eines Bundeslandes verfügbar. Ein landesweites UIS sollte den Zugang zu diesen Diensten in ihren gewachsenen Strukturen unterstützen. Daraus folgt, daß ein UIS seinen Benutzern ein Basissystem und eine Vielzahl von möglicherweise verteilten Diensten anbieten sollte. Der Benutzer kann sich daraus die zur Erledigung seiner spezifischen Aufgaben nötige Umgebung erzeugen.

Diese Entwicklung der Konzeption des UIS zu einem kooperativen und integrierenden System verlangt die Betonung aller Aspekte, die den Benutzer unterstützen, die Dokumentation von Umgebungswissen, den Austausch von Daten, Modellen und Methoden ohne Systembrüche, eine wesentliche Stärkung der Kommunikationskomponenten und die

Bereitstellung von Metawissen zum besseren Zugriff auf die Einzelkomponenten. Ein möglicher Ansatzpunkt zur besseren Erreichung all dieser Ziele scheint auf der systemtechnischen Seite eine verstärkte Orientierung hin zu objektbasierten Ansätzen zu sein.

Hilfsmittel wie Systemarchitekturen, Schnittstellenbeschreibungen, Beschreibung von Standarddatentypen, Begriffssysteme oder Thesauri können dann allerdings nicht mehr völlig der Zuständigkeit Einzelner überlassen werden. Sie sind zentral zu koordinieren und abzustimmen. Dies muß aber so offen geschehen, daß lokale Daten, Modelle und Methoden relativ einfach in das Gesamtsystem eingebunden werden können und ein erheblicher Teil lokaler Autonomie erhalten bleibt (kooperativer Ansatz). Wir glauben, daß diese Aufgabe in den nächsten 5-10 Jahren in sukzessiv immer größerem Umfang gelöst werden kann. Auch wenn zur Zeit noch viele Schritte nötig und einengende Randvorgaben zu beachten sind, müssen dennoch schon jetzt Weichen richtig gestellt werden. Im nächsten Abschnitt zeigen wir einige dieser Weichenstellungen auf.

4. Wege zur Realisierung des UIS als integrierendes und kooperatives System

Nach dem im letzten Abschnitt Gesagten ist einsichtig, daß ein zukünftiges UIS Dienste, die teils über Hochgeschwindigkeitsnetze verfügbar gemacht werden, integrieren sollte. Mit dem Landesverwaltungsnetz und seinem Anschluß an das Landesforschungsnetz stehen in Baden-Württemberg wichtige technische Basiskomponenten für solch ein System schon jetzt zur Verfügung. Aus der geschilderten Perspektive sind Dienste darin als Methoden in geeigneter Koppelung mit Objekten zu realisieren. Die Kommunikation zwischen den Objekten erfolgt über Netzwerkdienste und beinhaltet einen kontrollierten Zugriff auf verteilt liegende Datenbanken (kooperativer Ansatz). Technische Grundlage ist eine Verteilung nach dem Client-Server-Prinzip, aufbauend auf einer Ablage von Kommunikationsinfrastrukturwissen und anderen Formen von Metawissen. Der prinzipielle Lösungsweg ist in Abb.3 dargestellt.

Jeder integrierte Nutzer oder Fachexperte hat einen (begrenzten) Zugang zum Gesamtsystem über eine Benutzeroberfläche und eine Steuerung. Der Zugriff auf die Systeme erfolgt über einen Filter, der den Zugang auf eine für den jeweiligen Nutzer zulässige Art beschränkt. Die jeweiligen nutzerspezifischen Systeme greifen auf Dienste zu, die unter anderem für die Bereitstellung von Daten zuständig sind. Daten und Methoden sind objektorientiert realisiert und können sich auf verschiedenen Rechnern befinden. Durch solch einen Ansatz wird es im Prinzip möglich, die Integration von externen Daten und Produkten vorzunehmen, ohne diese substantiell zu ändern. (Allerdings ist die Schnittstellenproblematik dabei bisher nicht in voller Breite gelöst).

Auf einige weitere Fragen, die mit der Realisierung solch eines Systems verbunden sind, wird im weiteren detaillierter eingegangen.

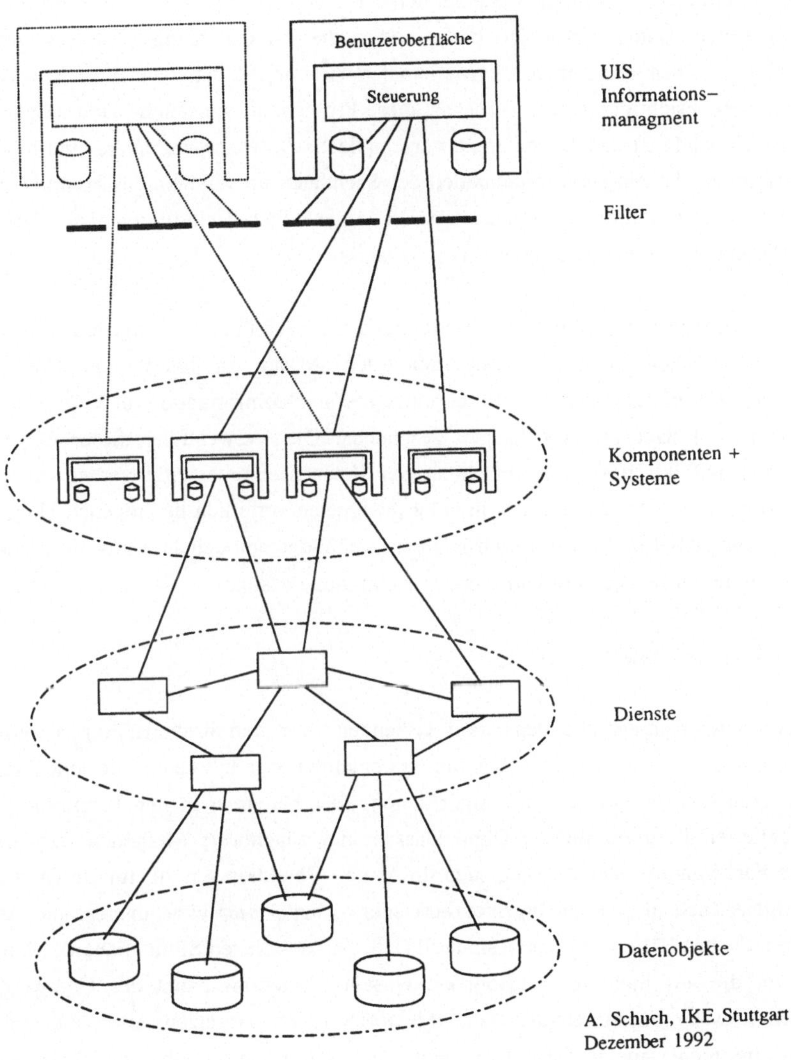

Abb.4 Das UIS als kooperatives System

4.1 Datenmodelle und Datenhaltung

Die Sachdaten des UIS werden bisher primär durch relationale Datenbanken verwaltet. Entsprechend liegt dem UIS das Datenmodell "Tabelle" zugrunde. Für die meisten Anwendungen der Vergangenheit war dies ausreichend. Ein UIS der angestrebten Art kommt aber mit diesem Datenmodell alleine nicht aus. Wichtige Aspekte, wie etwa die Semantik der Daten, die Unterstützung räumlicher und zeitlicher Konzepte, die Möglichkeit, komplexe und zusammengesetzte Datenobjekte zu bilden oder die Unterstützung ereignisgesteuerter Verarbeitung (z.B. der Reaktion auf Schwellenüberschreitung) können auf diese Weise nicht ausreichend berücksichtigt werden. Bisher ist diese Problematik vor allem dann aufgetaucht, wenn es galt, Sachdaten und Geodaten zu verschneiden. Zeitweise wurde als eine mögliche Lösung diskutiert, das einfache Datenmodell der Sachdaten im Rahmen des komplizierteren Modells der Geoinformationen zu realisieren. Die vorgestellten Ziele führen aber letztlich zu der Einsicht, daß dies kein ausreichender Ansatz ist.

Nach unserer Auffassung geeignet wäre es vielmehr, wie auch in Abb. 3 angedeutet, Modelle, Methoden und Daten in einen objektorientierten Ansatz zu integrieren. Dies sollte aufgabenorientiert in Objekten zur Beschreibung von Geoinformation und Objekten zur Beschreibung von Sachzusammenhängen geschehen. Die Verwendung dieser Objekte in einem System muß durch Verfügbarmachung von Metawissen unterstützt werden. Außerdem ist dafür Sorge zu tragen, daß all dies in einer geeigneten verteilten heterogenen Umgebung geschehen kann. Als Ergebnis erwarten wir ein Gesamtdatenmodell, das aus einer Vielzahl vernetzter und teilweise auch konkurrierender Teilmodelle besteht.

4.2 Modularisierung

Wie bei den Daten sind auch bei den darauf wirkenden Methoden Strukturierungen nötig. Das führt zu modularen Konzepten, die für die Systementwickler besondere Vorteile besitzen. Verbindet man Datenstrukturen und Algorithmen, so erhält man in der Terminologie der objektorientierten Programmierung Objektklassen und zugehörige Methoden. Das objektorientierte Paradigma ordnet die Methoden direkt den Objektklassen zu. Im Umweltbereich - wie übrigens auch in anderen Ingenieurbereichen -, bietet dies viele interessante Ansatzpunkte. In manchen Fällen ist es auch sinnvoll (z.B. bei komplexen Simulationen), Methoden einzuführen, die auf mehrere Datenobjekte wirken. Insgesamt bietet der Übergang von klassischen Beschreibungsmethoden zu objektorientierten Ansätzen eine Vielzahl von Vorteilen, die nicht zuletzt darin begründet sind, daß Menschen bei der Beschreibung komplexer Zusammenhänge in der Regel Strukturierungs- und Abstraktionsmechanismen verwenden, die eher dem Objektansatz als dem Tabellenansatz entsprechen.

Gelingt es, komplexe Systeme in entsprechender Weise in Teilsysteme und Komponenten zu zerlegen, so bewerten wir solch ein System als ein System aus einem Guß, wenn seine Teilsysteme vergleichbare Qualität haben, ihre Integration fehlerfrei erfolgte und das Erscheinungsbild konsistent ist. Dies motiviert neben anderen Gründen dazu, Systeme nach einem ganzheitlichen Entwurf zu erstellen und möglichst viele Teilkomponenten wieder zu verwenden.

4.3 Informationsmanagement

Voraussetzung für den erfolgreichen Einsatz von Systemen der beschriebenen Komplexität ist ein effektives Informationsmanagement. Wie bei Daten und Methoden gilt, daß hierbei Ansätze verwendet werden sollten, die verschiedenen Sichten gerecht werden. Zentral sollten die globalen Aspekte (z.B. Synchronisation, Begriffssysteme, Thesauruspflege oder Schnittstellen) behandelt werden. Die Anwendungen, die Datenbestände und die Modellierungen dagegen sollten dezentral, nach generellen Regeln und mit lokaler Autonomie vorgehalten werden (kooperativer Ansatz). Man erhält dann eine Sammlung von Einzelmodellen, die in ihrem Zusammenspiel eine erste Näherung des Gesamtmodells ergeben. Es ist wichtig, daß bei dieser Aufgabe alle Informationsträger beteiligt werden, das Informationsmanagement also als kommunikativer Prozeß bewältigt wird. Die zur Zeit hierzu verfügbaren informationstechnischen Hilfsmittel, z.B. verteilte Repositories, sind noch begrenzt. Data Dictionaries können zur Beschreibung der Datenbestände (als Teil der Metainformation im Rahmen des Kommunikationsinfrastrukturwissens) Verwendung finden. Sie sind allerdings in der Regel an ein Datenbankprodukt gebunden. Derartige Dictionaries sollten in der Lage sein, Integritätskontrollen automatisch durchzuführen. Repositories dagegen unterstützen primär die Programmentwicklung. Sie sind in der Regel auf eine bestimmte CASE-Umgebung abgestimmt und sollten mit automatischen Code Generatoren ausgestattet sein.

5. Chancen für die Realisierung

Die ersten Synchronisierungen der übergreifenden UIS-Komponenten des UIS mit Fachanwendungen wurden erfolgreich durchgeführt. Besonders weit sind die Verbindungen der Systeme UFIS und TULIS mit den Anwendungen der Kernkraftwerkfernüberwachung gediehen. In diesem Themenumfeld konnte gezeigt werden, daß es mit den vorgestellten Ansätzen nicht nur möglich ist, Daten zu analysieren, sondern daß dies auch so geschehen kann, daß neue Fragestellungen beantwortet werden können. Damit ist ein weiterer Schritt in Richtung auf das Ziel der Realisierung der UIS-Vision getan. Erfolge dieser Art bringen die Realisierung des UIS vorwärts, da durch sie über inhaltliche Fortschritte Beiträge zur Meinungsbildung von Entscheidungsträgern geleistet, die notwendigen Ressourcen erschlossen und die notwendigerweise anfallenden hohen Aufwendungen vor Politikern, der Verwaltung und den Bürgern gerechtfertigt werden.

Literatur

Endrikat, A.; Michalski, R.: The WINHEDA Prototype: Knowledge-Based Access to Distributed Heterogeneous Knowledge Sources, in: Proceedings der 15. Jahrestagung - Gesellschaft für Klassifikation e.V., Universität Salzburg, "Analyzing and Modeling Data and Knowledge", Springer-Verlag, Berlin-Heidelberg-New York, 1991

Günther, O.: Data Management in Environmental Information Systems, in: Informatik für den Umweltschutz, Informatik-Fachberichte No. 256, Springer-Verlag, berlin 1990

Günther, O.; Scheuer, K.: Expertensysteme im Umweltschutz, in: Informatik für den Umweltschutz, Informatik-Fachberichte No. 256, Springer-Verlag, Berlin, 1990

Günther, O.: Zur Ambivalenz des technischen Umweltschutzes und der Umweltinformatik, in: M. Faßler, W. Halbach (Hrsg.), Inszenierungen von Information - Motive elektronischer Ordnung, Focus-Verlag, 1991

Günther, O.; Kuhn, H.; Mayer-Föll, R.; Radermacher, F.J. (Hrsg.): Konzeption und Einsatz von Umweltinformationssystemen, Informatik-Fachberichte, Springer-Verlag, Berlin, 1992

Günther, O.; Lamberts, J.: Objektorientierte Techniken zur Verwaltung großer Mengen von Geoinformation, in: O. Günther, W.-F. Riekert (Hrsg.), Wissensbasierte Methoden zur Fernerkundung der Umwelt, Wichmann, Karlsruhe, 1992

Günther, O; Riekert, W.-F. (Hrsg.): Wissensbasierte Methoden zur Fernerkundung der Umwelt, Wichmann, Karlsruhe, 1992

Günther, O.; Schulz, K.-P.; Seggelke, J. (Hrsg.): Umweltanwendungen geographischer Informationssysteme, Wichmann, Karlsruhe, 1992

Henning, I.; Schmidt, F.: "Datenaufbereitung und modellbasierte Analyse im Umwelt-Führungs-Informationssystem (UFIS) des Umweltinformationssystems UIS des Landes Baden-Württemberg". Informatik-Fachberichte 296, S. 256, Springer-Verlag, 1991

Jaeschke, A.; Keitel, A.; Mayer-Föll, R.; Radermacher, F.J.; Seggelke, J.: Metawissen als Teil vom Umweltinformationssystemen, in: Günther, O.; Mayer-Föll, R.; Kuhn, H.; Radermacher, F.J. (Eds.), Konzeption und Einsatz von Umweltinformationssystemen, Informatik-Fachberichte Nr. 301, Springer-Verlag, 1991

Kämpke, T.: "Meßprogramme und Gruppierung von Daten", Landesanstalt für Umweltschutz Baden-Württemberg, Karlsruhe, Heft 6, S. 101-107, 1992

Kämpke, T.; Mund, J.; Schulz, K.-P.: "Erhebung und mehrkriterielle Bewertung von Grundwassergefährdungspotentialen", Wasserwirtschaft, erscheint 1993

Keitel, A.: Integration von Hintergrund-Informationen in der Konzeption für das Umwelt-Führungs-Informationssystem im Umweltministerium Baden-Württemberg, 1990

Keune, H.; Murray, A.B.; Benking, H.: Harmonization of Environmental Measurement, in: GeoJournal 23.3, p. 249-255, Kluwer Academic Publishers, Dordrecht, Boston, 1991

Mayer-Föll, R.; Zur Rahmenkonzeption des Umweltinformationssystems Baden-Württemberg, in: Günther, O.; Mayer-Föll, R.; Kuhn, H.; Radermacher, F.J. (Eds.), Konzeption und Einsatz von Umweltinformationssystemen, Informatik-Fachberichte Nr. 301, Springer-Verlag, 1991

Michalski, R.; Radermacher, F.J.: Challenges for Information Systems: Representation, Modeling, and Metaknowledge, in: Proceedings der 15. Jahrestagung - Gesellschaft für Klassifikation e.V., Universität Salzburg, "Analyzing and Modeling Data and Knowledge", Springer-Verlag, Berlin-Heidelberg-New York, 1991

Radermacher, F.J.: Model Management: The Core of Intelligent Decision Support. In: Knowledge, Data and Computer-Assisted Decisions, M. Schader and W. Gaul (eds.), NATO ASI Series F, 61:393-406, Berlin, Heidelberg, New York, Springer-Verlag, 1990

Riekert, W.-F.; Hess, G.; Günther, O.: Architecture of a Knowledge-Based System for Remote Sensor Data Analysis, in: Proc. Third ACM International Conference on Industrial & Engineering Applications of Artificial Intelligence and Expert Systems IEA/AIE-90.

Scheuer,K.; Spies, M.; Verpoorten, U.: Wissensbasierte Meßdateninterpretation in der Wasseranalytik, in: Informatik für den Umweltschutz, Informatik-Fachberichte No. 256, Springer-Verlag, 1990

Schmidt, F.; et al.: "Konzepte zur DV-gestützten Überwachung der Umweltradioaktivität im Rahmen des integrierten Meß- und Informationssystems (IMIS) des BMU". Stuttgart: IKE, 1988 (IKE 4-128)

Schmidt, F.: "Integration of Knowledge Based Reasoning into Complex Simulation Systems". International Conference on System Simulation and Scientific Computing, Beijing, October 1989

Schmidt, F.: "Test und Validierung integrierter Realtime Software". Bericht im Rahmen des IMIS-Projektes. Stuttgart, IKE, März 1989

Schmidt, F.: "Umweltdaten - Sammeln, Verstehen, Entscheiden". München: Vogelverlag, Labor 2000, Sonderheft der Labor Praxis, Dezember 1989

Schmidt, F.; et al.: "Verarbeitung von Umweltdaten unter Real-Time-Bedingungen - Konzept und prototypische Realisierung". GI-Fachtagung Visualisierung von Umweltdaten in Supercomputersystemen, Karlsruhe, November 1989, in: Informatik-Fachberichte, Springer-Verlag, 1990

Schmidt, F.: "Model Based Interpretation of Environmental Data". in: A. Sydow (Ed.): Computational Systems Analysis, 1992, p. 529, Elsevier Sci. Pub.

Schmidt, F.; Tischendorf, M.: "Dienstorientierte, verteilte Anwendungen im Umweltinformationssystem (UIS) des Landes Baden-Württemberg". Stuttgart: IKE, Juli 1992 (IKE 4-135)

Tischendorf, M.; Schweizer, S.; Schmidt, F.: "Modellbasierte Interpretation von Umweltdaten am Beispiel radiologischer Meßwerte". Informatik-Fachberichte 301 S. 194, Springer-Verlag, 1991

Umweltministerium Baden-Württemberg und McKinsey & Company, Inc.: "Konzeption des ressortübergreifenden Umweltinformationssystems (UIS) im Rahmen des Landessystemkonzeptes Baden-Württemberg". 12 Bände, Stuttgart 1987-1990

Umweltministerium Baden-Württemberg, Schleupen Computersysteme GmbH, Institut für Photogrammetrie und Fernerkundung der Universität Karlsruhe, Institut für Photogrammetrie der Universität Stuttgart und Forschungsinstitut für anwendungsorientierte Wissensverarbeitung an der Universität Ulm: "Feinkonzeption des Räumlichen Informations- und Planungssystems (RIPS) im Rahmen des ressortübergreifenden Umweltinformationssystems Baden-Württemberg (UIS), Stuttgart 1991

Der Zielkonflikt der Umweltinformatik
- Eine kritische Selbstreflexion -

Peter Friedrich, Bernd Page, Arno Rolf
Fachbereich Informatik, Universität Hamburg
Vogt-Kölln-Str. 30, 2000 Hamburg 54

1. Einleitung

Seit etwa sechs Jahren gibt es die Umweltinformatik. Zumindest als Begriff. Eine eigenständige wissenschaftliche Disziplin bildet sich dagegen erst langsam heraus. Folglich gibt es noch hinreichend Gestaltungsraum, um ihre Inhalte und Ziele zu entwickeln und zu formulieren. Oder ist es bereits zu spät?

Die Informatik hat in der Vergangenheit mit den von ihr zur Verfügung gestellten Methoden und Verfahren einige (für die Umwelt) positive als auch negative Entwicklungen überhaupt erst ermöglicht. Natürlich wird immer wieder darauf verwiesen, die Informatik "an sich" sei wertfrei und es läge nur an den gesellschaftspolitischen und ökonomischen Rahmenbedingungen, daß die Produkte der Datenverarbeitung für vieles verantwortlich gemacht werden (können). Warum sollte es also der Umweltinformatik 'erspart' bleiben, ähnlich gegensätzliche Ausprägungen zu erhalten. Bereits jetzt wird an vielen Stellen deutlich, daß mit Hilfe der Methoden der Umweltinformatik eben nicht ein generelles Umdenken und Umhandeln einher geht, sondern weiter (auf leicht modifizierten) Wegen "fortgeschritten" wird. Hinzu kommt, daß gerade ein vermehrter Einsatz von Informationstechnologie alles andere als umweltfreundlich ist, weil sowohl bei der Produktion, als auch bei Betrieb und Entsorgung noch lange nicht alle Probleme gelöst sind.

Was liegt also näher, als bereits während des Aufbaus einer eigenständigen wissenschaftlichen Disziplin den Blick für diese (und andere) Probleme zu weiten, um damit einer Entwicklung vorzubeugen, die sich in der Zukunft als falsch herausstellen könnte. Es wird zwar immer wieder betont, daß die Umweltinformatik überhaupt erst die notwendigen Voraussetzungen für einen effektiven Umweltschutz bietet, andererseits wird dabei "vergessen", daß

- die von ihr produzierte bzw. eingesetzte Technik nicht umweltfreundlich ist;
- die Entscheidung über den Einsatz ihrer Methoden (zur Zeit anscheinend) nicht in ihrer Hand liegt;
- dabei den Menschen suggeriert wird, es gäbe Wege zur Lösung der anstehenden Probleme ohne gravierende Verhaltensänderungen.

Darin besteht unserer Meinung nach der Zielkonflikt der Umweltinformatik. Doch auch ohne Kenntnis der "weiteren Umstände", vor deren Hintergrund technische Lösungen zum Einsatz gelangen, kann eine Integration dieser Lösungen nur schwer gelingen. Lösungen werden nicht "irgendwie" für andere gemacht, sondern jede/r ist mit ihren/seinen Vorstellungen Bestandteil der Lösung. Denn:

> "Umweltschutz führt unmittelbar zu den Fragen nach Menschenbild und Menschenwürde. Für wie beschaffene Menschen wollen wir Umwelt schützen, bereitstellen, manipulieren, 'erhalten' oder gestalten. Alle Optionen und Szenarien enthalten überwiegend subjektive Maßstäbe zur Zielbestimmung. Erst wenn diese Zielbestimmung erfolgt und akzeptiert ist, kann der wissenschaftlich fundierte 'technische' Umweltschutz aktiviert werden und erfolgreich wirken"[1].

---

[1] Kinzelbach 89, S. 141

2. Entstehung und Ziele der Umweltinformatik

Einzelne Anwendungen der Informatik im Umweltbereich (i.w.S.) gab es schon sehr lange. Interessant ist nun, worin der "qualitative Sprung" von der "Anwendung der Informatik" zur "Umweltinformatik" besteht. Sicher ist es schwierig, diese Entwicklung geschichtlich zu betrachten. Wir geben dem Österreicher Ernst R. Reichl recht, wenn er meint:

> "Eine solche Darstellung würde Abstand zum Thema und Muße zum Betrachten voraussetzen. Beides hat der Umweltinformatiker derzeit noch nicht. Er steht nicht betrachtend, sondern helfend (...) mitten in jenem erregenden Kampf um die Erhaltung einer lebenstauglichen und lebenswerten Umwelt, der zu den wichtigsten Aufgaben unserer Generation gehört"[2].

Eine - zugegeben recht formale - Annäherung an dieses Thema ist über die Tagungen und zusammenfassenden Artikel/Bücher in diesem Bereich möglich. Die Gesellschaft für Informatik gründete 1987 im Fachbereich 4 einen neuen Arbeitskreis "Informatik im Umweltschutz"[3]. Ein Jahr vorher begann die Reihe der Symposien:

1.-3. Symp.:	Informatikanwendungen im Umweltbereich	(1986-1988)
4. Symp.:	Informatik im Umweltschutz	(1989)
5.+6. Symp.:	Informatik für den Umweltschutz	(1990+1991)

Interessant ist hierbei zweierlei: Zum einen die Abkehr von den Anwendungen hin zur Informatik. Darin kommt zum Ausdruck, daß es zu Beginn darum ging, bereits bekannte und erprobte Methoden in einem Bereich einzusetzen (was im übrigen auch in den Titeln der Beiträge deutlich wird), während Informatik mehr für das Entwickeln neuer Methoden und Verfahren steht. Zum anderen mutiert der Umweltbereich zum Umweltschutz, erst zaghaft ("im"), dann deutlich ("für den"). Während also der Umweltbereich noch offen ist für jede Art der Anwendung, wird mit dem Umweltschutz bereits das Ziel angegeben.

Der Begriff "Umwelt-Informatik" findet erstmals im Geleitwort (Seggelke) und im Vorwort des Herausgebers (Page) zu Page 86 Verwendung. Beide spannen den Bogen von der angewandten Informatik zur Umwelt-Informatik, wobei durchaus schon die Idee eines eigenen Fachgebietes formuliert wird[4]. Inzwischen scheint sich die "Umweltinformatik" (ohne Bindestrich!) etabliert zu haben.

Worin bestehen nun die Ziele der Umweltinformatik? Grundsätzlich kann zwischen Informatik- und Umweltzielen unterschieden werden. Zu Ersteren zählen:

* "Die Schaffung einer soliden wissenschaftlich-methodischen Basis"[5].
* Die Zusammenführung der (Einzel-)Aktivitäten zu einem Gesamtkonzept.
* Ersetzen bzw. Ergänzen der reinen Praxisentwicklungen (z. T. von NichtinformatikerInnen) durch neue Systeme, welche auch theoretisch und methodisch dem Stand von Forschung und Entwicklung entsprechen.
* Die Sicherstellung des "Methodentransfers" von der "Kerninformatik" in die Anwendung[6].
* Förderung der internationalen Zusammenarbeit und Integration auf dem Gebiet.

---

[2] Reichl 89, S. 9

[3] Informatik-Spektrum, Band 10 (1987), S. 173

[4] Bernd Page geht zuvor noch den Umweg über eine "interdisziplinäre Forschungsrichtung 'Informatik und Umweltforschung'" (Page 86, S. 13)

[5] Page 87, S. 27

[6] ebd.

* Bereicherung der (Gesamt-)Informatik um eine aktuelle, sinnvolle, gesellschaftlich anerkannte und schließlich auch wirtschaftlich sich auszahlende Facette.
* Und nicht zuletzt: Die Einrichtung eines eigenen "Forums", d. h. auch kontinuierliche Veröffentlichungen und Tagungen/Konferenzen.

Die Umweltziele können wie folgt charakterisiert werden: Als erster oder gar übergeordneter Punkt gilt der Schutz der Umwelt. Danach kann dann zwischen der Vorsorge für die Umwelt und der Schadensminderung unterschieden werden. Die Vorstellungen reichen sogar soweit, daß die Umweltinformatik eine der Voraussetzungen für den Umweltschutz bzw. die Behebung der Umweltkrise darstellt.

3. Probleme und Auswirkungen

Die Umweltinformatik hat sich die Aufgabe gestellt, die Umwelt (im weitesten Sinne) zu schützen. Dazu entwickelt sie Methoden, welche in den Anwendungsbereichen zum Einsatz kommen (sollen). Der Forschungs- und Entwicklungsprozess ist dabei den unterschiedlichsten Interessen und Zielvorstellungen ausgesetzt. Nur die Umwelt redet nicht mit. Sie reagiert nur - oder überhaupt nicht mehr. Fast zwangsläufig ergibt sich also die Frage, ob die Verfahren und Methoden der Umweltinformatik den Ansprüchen gerecht werden, die an sie gestellt werden; und ob die Umsetzung immer so gelingt, wie der Mensch (und die Umwelt?) sich das vorgestellt hat. Weiterhin ist zu untersuchen, inwieweit Begleiterscheinungen auftreten, welche sich eher kontraproduktiv auswirken.

In diesem nun folgenden Abschnitt wird es nun darum gehen, sowohl realen als auch befürchteten Problemen und Auswirkungen des Einsatzes von Methoden und Verfahren der Umweltinformatik nachzugehen, sowie deren Ursachen aufzuzeigen[7].

Automation = Umweltschutz?

Offensichtlich nein! Viele der eingesetzten Verfahren werden zwar als (inzwischen) notwendige Voraussetzung für umweltschützende Maßnahmen angesehen, aber eine direkte Wirkung stellt sich zunächst nicht ein (ausgenommen vielleicht die Prozesssteuerung). D. h., egal auf welcher Ebene automatisiert wird, es handelt sich nur um sozusagen vorbereitende Maßnahmen. Entscheiden und Handeln muß in den überwiegenden Fällen der Mensch. Demgegenüber steht aber die Art und Weise, wie die Methoden der Umweltinformatik nach außen dargestellt werden:

* Überall werden Umweltinformationssysteme entwickelt und zum Einsatz gebracht, womit der Eindruck entsteht, wer informiert ist, schützt die Umwelt.
* Luftmeßnetze überziehen das Land, ohne das z. B. die Schadstoffemissionen des Kfz-Verkehrs in irgendeiner Weise davon betroffen sind.
* Auf der Basis von Satellitenbilddaten entstehen Waldschadensberichte, während der Wald weiter stirbt.

Eine löbliche Ausnahme bilden in diesem Zusammenhang viele Fachveröffentlichungen zum Thema Umweltinformatik. Dort ist häufig von Möglichkeiten, unterstützendem Einsatz oder einem Beitrag zum Umweltschutz die Rede.
Wie ist diese Diskrepanz zu erklären?

Der Schutz der Umwelt ist schon längst keine Privatangelegenheit mehr. Wer mit Umwelt bzw. die Umwelt schädigende Tätigkeiten in Zusammenhang zu bringen ist, bewegt sich

[7] vgl. Friedrich 92

an exponierter Stelle. Ansprüche und Erwartungen der unterschiedlichsten Art müssen befriedigt werden. Was liegt also näher, als Maßnahmen zu ergreifen. Diese können jedoch zunächst nur vorbereitender Natur sein, dienen also im weitesten Sinne der Informationsgewinnung.

Wie in vielen anderen Bereichen auch, wird also zunächst "auf EDV umgestellt". Das kostet Zeit, Geld und beruhigt die Öffentlichkeit. Vor allem entbindet es zunächst von der Pflicht, u. U. unpopuläre Maßnahmen zu ergreifen. Das Wort von der Alibifunktion drängt sich da auf. Gerade von aktiven Umweltschützer/innen wird beklagt, daß ein Handlungsdefizit vorliegt. Eigentlich müßten aber in vielen Bereichen inzwischen auch mit Hilfe der Informatik gewonnene Informationen vorliegen, die Entscheidungen ermöglichen. Ist also der Druck (Handlungszwang) noch nicht groß genug[8]?

Dies scheint jedoch nicht der Grund zu sein. Vielmehr stellt sich in solchen Situationen die Frage nach dem politischen Willen, sei es unternehmenspolitisch oder staatspolitisch. Genährt wird diese Auffassung durch ein weiteres zu beobachtendes Phänomen: Der Suche nach der Vollständigkeit, der umfassenden Datenbasis, m. a. W. der "gesicherten Erkenntnis". Und das sowohl im kleinen wie im großen.

Für die Umweltinformatik bedeutet dieses zweierlei:

* Einerseits nimmt der Bedarf an ihren Verfahren und Methoden ständig zu. Aus den verschiedendsten Gründen (Renommee, Geld, Interesse, Entwicklungsdrang) wird also versucht, die Nachfrage zu befriedigen, in dem immer komplexere, "intelligentere" und umfangreichere Systeme entwickelt und zur Verfügung gestellt werden.

* Andererseits scheint die Entwicklungsseite relativ wenig bis überhaupt keinen Einfluß auf die Handlungen zu haben, welche ja erst den praktizierten Umweltschutz darstellen.

Sicherlich können nicht die UmweltinformatikerInnen die alleinige Verantwortung für die Diskrepanz übernehmen. Doch ein erster Schritt könne darin bestehen, sich dieser Situation bewußt zu werden. Nur ein offensives Eintreten für die Belange der Umwelt kann hier weiterhelfen. Das heißt aber auch, notwendige Wege aufzuzeigen, die das Handlungsdefizit überbrücken helfen.

Grenzwertproblematik

Die "Zuflucht zu staatlich verordneten Grenzwerten"[9] setzt immer dann ein, wenn es darum geht, einer Nutzungskonkurrenz von Umwelt zu begegnen. Folglich haben Grenzwerte bereits eine über 100jährige Tradition[10], obwohl ihre Wirkung nicht ganz unumstritten ist: "Neutrale, funktions- und folgenlose Vorgänge gibt es in der Natur nicht. Jeder Eingriff hat Konsequenzen. Und die Erhaltung eines wie auch immer definierten Status quo ist durch die Einhaltung von Grenzwerten a priore nicht möglich"[11]. Dennoch stellen sie nach wie vor eines der wesentlichen Instrumente zur Schadensbegrenzung dar, weil eine sog.

---

[8] Lorenz Hilty konstatiert hier eine "Verschleppungstaktik" anstelle von konsequentem umweltpolitischem Handeln (Hilty 86, S. 57).

[9] Weizsäcker 91, S. 331

[10] Maximaldosen für Arzneimittel (1882) und MAK-Werte (1886); aus: Handelskammer 89, S. 41

[11] Maier-Rigaud 88, S. 145

Nullemission "praktisch die Forderung nach 'Nullemission' menschlicher Aktivitäten"[12] darstellen würde. Folglich geht es also um die Frage, was für wen zumutbar ist; aber auch: Wie groß ist die Risikofreudigkeit unserer Gesellschaft?

Der Umgang mit Grenzwerten läßt sich von seiner Entstehung bis zur Anwendung in vier Phasen aufteilen (wobei Auslassungen und Rückkopplungen natürlich jederzeit möglich sind):

1. Informationsgewinnung,
2. Informationsverdichtung und Interpretation,
3. Entscheidung (Grenzwertfindung),
4. Anwendung des Grenzwertes und Überwachung.

Die Methoden der Umweltinformatik sind hierbei (mit Ausnahme der Entscheidung) inzwischen unverzichtbar geworden. Sowohl die Vorbereitung der Empfehlung als auch schließlich deren Einhaltung wird entscheidend ermöglicht. Dabei entsteht der Eindruck, der ganze Prozess wäre objektiv, d. h. wissenschaftlich exakt und genau nachvollziehbar. Das mag an dem Bild liegen, welches mit der zunehmenden "Informatisierung" der Gesellschaft einher geht, ändert aber nichts an der Tatsache, daß dem nicht so ist. Zwei Fragen muß sich die Umweltinformatik in diesem Zusammenhang gefallen lassen:

1. Inwieweit ist es sinnvoll, sich mit großem Forschungs- und Entwicklungseinsatz an der Grenzwertfindung und -überwachung zu beteiligen, wenn deren Umsetzung sowohl wissenschaftlich als auch gesellschaftspolitisch nicht unumstritten ist?

2. Wie kann dazu beigetragen werden, den gesamten Prozess der Grenzwertfindung transparent zu machen?

Eng mit der Grenzwertproblematik verbunden ist die "Schadensoptimierung". Bei bestehenden Grenzwerten ist es ohne weiteres möglich, Umweltbelastungen auf diesen hin zu optimieren. Sei es durch entsprechend ausgelegte Prozesssteuerungen oder mit Hilfe von Simulationsverfahren. Gerade letzteres kann erheblich dazu beitragen, die im Rahmen der Schadensbehandlung interessante Frage "Was passiert, wenn ..." in ihr Gegenteil "Was muß ich machen, damit ..." zu verkehren. Auch wenn wir auf Grenzwerte angewiesen sind, sollten wir dennoch ein Minimierungsgebot anstreben!

Unterstützung erfährt die Befürchtung der Schadensoptimierung aus dem Bereich der Umweltökonomie. Dort hat sich der Begriff "optimaler Verschmutzungsgrad" eingebürgert[13], dessen Konzept von der Umweltpolitik übernommen worden ist. Es geht dabei um den Ausgleich von Kosten, welche durch Umweltschutz entstehen im Vergleich zu jenen, die anfallen würden, wenn keine Schutzmaßnahmen eingeleitet werden.

Daten und Informationen - welche für wen

Ein wesentlicher Bereich, in dem die Methoden der Umweltinformatik zum Einsatz gelangen, stellt die Informationsgewinnung dar. Entscheidend ist dabei, welchem Prozess der Aggregation und Interpretation die anfallenden Datenmengen unterworfen sind, und wem die Daten bzw. die Informationen in welcher Form zur Verfügung stehen.

Egal, ob es sich um Meßreihen oder Satellitenaufnahmen handelt, zunächst liegt in den überwiegenden Fällen eine enorme Menge von Einzeldaten (sog. Rohdaten) vor. Diese

---

[12] Bundesumweltminister Töpfer in Handelskammer 89, S. 17

[13] vgl. Maier-Rigaud 88, S. 64 ff

werden mit den unterschiedlichsten Verfahren behandelt: Meßfehlererkennung, Validitätsprüfung, Zeit-, Strecken- und Flächenintegration, um nur einige zu nennen. Jetzt taucht aber schon die erste Frage auf: Was soll mit den Rohdaten bzw. den Zwischenergebnissen geschehen? In der Regel ist das Ziel der Informationsgewinnung dafür ausschlaggebend. Geht es um die Dokumentation eines Zustandes oder Prozesses mit möglichen finanziellen oder juristischen Konsequenzen, wie z. B. bei der Indirekteinleiterüberwachung oder der Prozesszustandsdokumentation nach dem neuen Produkt-Haftungsgesetz, so sind aussagekräftige Einzeldaten unabdingbar. Ähnliches müßte gelten, wenn aufgrund von Daten eine unmittelbare Handlung zu erfolgen hätte. Das dieses in den seltensten Fällen mit der notwendigen Konsequenz erfolgt, haben wir bereits dargelegt. Von daher kann die Datenaggregation auch als "willkommenes" Hilfsmittel angesehen werden, den nötigen Handlungsdruck zu vertuschen. Tagesmittelwerte oder Jahresverlaufskurven können zwar einen notwendigen Informationswert beinhalten, sind jedoch mit Sicherheit nicht ausreichend.

Direkt mit der Präsentation von Information ist das Problem verknüpft, für wen diese zugänglich sein soll bzw. geeignet ist. Was ist also *öffentliches* und was ist *nicht-öffentliches (geheimes?)* Wissen. Das Schlagwort "Wissen ist Macht" hat auch im Umweltbereich große Bedeutung, bietet es doch die Möglichkeit, Umweltschäden nachzuweisen und in der Konsequenz Handlungen zu erzwingen. Die Umweltinformatik ist mit ihren Methoden und Verfahren auf allen Ebenen daran beteiligt, sowohl geeignete Darstellungsformen zu ermöglichen, als auch für eine entsprechende Transparenz bzw. einen Schutz zu sorgen. In der Praxis sind jedoch zwei gegensätzliche Sichtweisen zu beobachten:

1. Unter dem Hinweis auf Betriebsgeheimnis oder Datenschutz werden entsprechende Informationen überhaupt nicht oder nur sehr spärlich preisgegeben. Die in der Folge des sog. Volkszählungsurteils entfachte Datenschutzdiskussion hat auch in diesem Bereich ihre Spuren hinterlassen. Aber auch aus politischen Gründen werden Informati-onen zurückgehalten ("unerfreuliche" Gutachten sind Verschlußsache oder unliebsame Informationen werden nicht öffentlich gemacht).

2. Demgegenüber ist in der Öffentlichkeit ein zunehmendes Interesse an vollständiger und umfassender Information festzustellen (Demokratisierung von Information). Bereits 1985 brachte die Fraktion DIE GRÜNEN im Bundestag einen "Entwurf eines Gesetzes über das Einsichtsrecht in Umweltakten" (AERG) ein[14]. Dieser wurde aber (erwartungsgemäß) nicht verabschiedet.

Aber auch wenn Informationen veröffentlicht werden, ist ihr Wert bzw. ihre Darstellung nicht unumstritten. Sicherlich haben Einzeldaten mitunter recht wenig Aussagekraft. Und nicht jeder Mensch ist ExpertIn. Dennoch sollte es eine Entscheidung jedes/r Einzelnen bleiben, welche Information er/sie bekommen, oder welche Hilfen er/sie zur Bewertung in Anspruch nehmen will. Die Umweltinformatik bietet jedenfalls die entsprechenden Möglichkeiten.

Netze und Schnittstellen

Eng verknüpft mit der Informationsgewinnung und -darstellung ist die Frage der angemessenen und effizienten Informationsverbreitung. Umweltrelevante Daten liegen häufig bereits digitalisiert vor, so daß auch die Verbreitung und Übertragung auf diesem Wege vorzunehmen wäre. Entsprechende Netze sind vorhanden bzw. werden von der Bundespost/telecom weiter ausgebaut (ISDN).

---

[14] Kneifel 85, Grüne 85

Uns interessieren hier

* Informationssysteme von Behörden für die Öffentlichkeit (z. B. Btx); und
* Kommunikationssysteme für die Allgemeinheit untereinander (z. B. Mailboxen);

In der Natur der Sache liegt bereits das erste Problem: Ohne Hardware (TV oder PC) und Netzanschluß geht nichts. Wer also nicht über eine entsprechende Ausrüstung verfügt oder nicht mit ihr umgehen kann, dem/der bleiben diese Informationskanäle verschlossen. Sicherlich, es verfügen heutzutage nahezu alle Haushalte über Fernsehgeräte und Telefonanschluß, auch die Zahl der Homecomputer (PC's) nimmt ständig zu. Ob diese aber genutzt werden (können), ist damit nicht gesagt. Und die Anzahl der Btx-Anschlüsse hinkt hoffnungslos hinter den Zielvorstellungen der Bundespost/telecom hinterher. Wie aber bereits aus anderen Zusammenhängen bekannt (Girokonto, Telefonkarte), werden mit dem Angebot an Dienstleistungen Sachzwänge erzeugt, dem sich auf Dauer nur schwer entzogen werden kann.

Allerdings ist auch ein umgekehrter Trend festzustellen: Eine zunehmende Akzeptanz von Informationstechnologie hat bereits zu ersten "alternativen" Mailboxsystemen geführt[15], welche sowohl dem Informationsaustausch zwischen Organisationen (Öko-Institut, BUND, Grüne) als auch mit Einzelpersonen dienen. Und das nicht nur auf nationaler Ebene. Dennoch gilt auch hier: Mehr Information ist nicht automatisch gleichbedeutend mit besserer Information. Nur "wenn statt der Quantität die Qualität in den Vordergrund tritt, kann der Informationsflut entgegengetreten werden" [16].

Planung - von wem für wen

In den letzten Jahren werden vermehrt die Methoden der Umweltinformatik zur Planung eingesetzt, um Schäden an der Umwelt möglichst gering zu halten. Zum Teil ist ein solches Vorgehen sogar gesetzlich vorgeschrieben (Umweltverträglichkeitsprüfung). Gerade bei bautechnischen Großprojekten (z. B. Autobahn- und Eisenbahntrassen, Talsperren, Industrieprojekten) erscheint es nahezu unmöglich, deren Planung - sowohl im Hinblick auf die technische Durchführung als auch der potentiellen Umwelteinflüsse - ohne geeignete unterstützende DV-Verfahren abzuwickeln. Während des sich i. d. R. über Monate oder Jahre hinziehenden Prozesses von Entwicklung, Prüfung und Entscheidung werden u. a. Planungsvarianten durchgespielt (simuliert), der "Rechtsdschungel" mit Hilfe von Informationssystemen sortiert und gelichtet, Risikoabschätzungen vorgenommen und Beeinträchtigungen der Umgebung (Umwelt) dargestellt. Die Effekte eines solchen Vorgehens sind die Folgenden:

* **Sachzwang:** Aus der Komplexität eines Projektes ergibt sich fast zwangsläufig die Notwendigkeit, alle nur erdenklichen und zur Verfügung stehenden technischen und methodischen Verfahren bereits in der Planungsphase einzusetzen, damit dem "Gelingen" möglichst wenig im Wege steht. Dabei entsteht von außen der Eindruck, bei so viel "geballtem Sachverstand" gäbe es keine Alternative.
* **Objektivität:** Eine vollständige Prüfung der Umweltverträglichkeit ist nicht möglich. Gleichzeitig wird aber durch die Präsentation der Ergebnisse z. B. von Modellierungen und Simulationen der Eindruck erweckt, es könnten "gesicherte" Aussagen über die Wirkungen eines Vorhabens getroffen werden. Das dem aber nicht so ist, wird u. E. immer wieder daran deutlich, wie strittig die Richtigkeit von Gutachten und Gegengutachten ist, obwohl beide für sich in Anspruch nehmen, einen Sachverhalt absolut objektiv dargestellt zu haben.

---

[15] vgl. Schröder 90; "Natur am Netz" in : DIE ZEIT Nr. 4 vom 19.1.90

[16] Schröder 90, S. 671

* **Methodenzwang:** Der massive Einsatz von Methoden der Umweltinformatik macht es für KritikerInnen eines Projektes nahezu unmöglich, sich ohne die Verwendung ebensolcher Verfahren Gehör zu verschaffen. Die Glaubwürdigkeit von Argumenten steht und fällt mit der überzeugenden Präsentation wissenschaftlich nachweisbarer Fakten. In diesem Sinne muß quasi eine "technische und methodische Aufrüstung" erfolgen, damit entsprechend reagiert werden kann[17].

Doch nicht nur die o. g. "Effekte" treten auf. Umweltverträglichkeitsprüfung und Variantensimulation deuten bereits darauf hin, daß ein Projekt Auswirkungen auf die Umwelt haben wird. Es kann also nur darum gehen, diese zu minimieren. Nur in den seltensten Fällen kann von einer Schadensvermeidung gesprochen werden. Folglich stellt sich auch der umweltschützende Charakter einer Maßnahme (und damit auch indirekt der verwendeten Methode) selbst in Frage.

Verwissenschaftlichung von Politik und Recht

Die Umwelt mit ihren vernetzten Strukturen und Wechselbeziehungen ist nicht einfach zu durchschauen. Mit der wachsenden Einsicht, daß gerade menschliches Handeln massiv in diese Zusammenhänge eingreift, werden langsam aber stetig die Bemühungen gesteigert, möglichst umfassendes Wissen über diese Vorgänge zu erlangen. Inzwischen scheint ein Zustand erreicht worden zu sein, der es nahezu unmöglich macht, dieses noch "im Kopf" zu haben, geschweige denn, die "richtigen" Schlüsse ziehen zu können. Informationsverarbeitende (entscheidungsunterstützende) Systeme sollen dazu beitragen, diese Situation zu bewältigen. Zumal (wie bereits erläutert) die Entscheidungen in der Regel auf politischer Ebene gefällt werden, wo nicht nur ExpertInnen agieren. Dazu Otto Ulrich:

> "Dabei wollen alle, wie so oft, nur das Beste: der Wissenschaftler ein dicht verflochtenes, seinen Vorstellungen von Realität nahekommendes, computergerechtes Abbild der Entscheidungsabläufe, um 'querschnittliche' Probleme besser zu lösen. Die Ministerialbürokratie wünscht ein realistisch und plausibel reagierendes Instrument zur Entscheidungshilfe bei der Abschätzung alternativer Lösungswege"[18].

Dieser Vorgang der "Verwissenschaftlichung der Politik"[19] wird auch von der Umweltinformatik unterstützt, wenn nicht gar vorangetrieben. Aufgrund unterschiedlicher (politischer?!) Einschätzungen eines Sachverhaltes, also z. B. ob die Belastung von Menschen "*schon* oder *eben noch nicht*"[20] zum Handeln zwingt, wird nach entsprechender Unterstützung durch die Wissenschaft gerufen. Sie soll die notwendigen Voraussetzungen dafür schaffen, damit (für die Allgemeinheit u. U. nicht nachvollziehbare) Entscheidungen gefällt werden können. Das verleiht zwar der Politik den Hauch von Objektivität, täuscht aber darüber hinweg, daß sich der Prozess der Entscheidungsfindung auch der Kenntnis der EntscheidungsträgerInnen entzieht.

Doch auch aus einer anderen "Ecke" wird diese zweifelsfreie Objektivität gefordert. Gerade die Umweltrechtssprechung steht immer vor der Aufgabe, Urteile über Sachverhalte zu fällen, deren Kausalitäten nur schwer nachweisbar sind bzw. dessen schädliche Wirkungen nicht allgemeingültig bestimmt werden können. Der Begriff der Bandbreite (oder des juristischen Ermessenspielraumes) gerät zunehmend unter Druck:

---

[17] Vor diesem Hintergrund ist auch das Entstehen der Ökologischen Forschungsinstitute zu sehen, die inzwischen (auch aufgrund personeller und technischer Ausstattung) den Part der "objektiven, wissenschaftlich, untermauerten Gegenöffentlichkeit" einnehmen.

[18] Ulrich 88

[19] ebd.

[20] ebd.

"Der Richter sucht für seine Entscheidungsfindung einen Fixpunkt in der Skala der Wirkungen, bei dessen Überschreitung Bestrafung, bei Unterschreitung Freispruch festgeschrieben wird. (...) Die Wissenschaft leidet unter der Tatsache, daß Gerichte und Behörden die wissenschaftlichen Sachverhalte mißachten und Grenzwerte für Entscheidungen zur Schuldfrage im Einzelfall heranziehen"[21].

Ob die Umweltinformatik auch leidet, sind wir uns nicht so sicher. Immerhin steckt sie enorme Forschungs- und Entwicklungsarbeit in Methoden, die eine Präzesierung bisher unklarer Sachverhalte und Entscheidungsgrundlagen ermöglichen (sollen!). Aber es gibt auch Bestrebungen, die klassischen binären Entscheidungsmuster, z. B. aufgrund ungewisser oder zweideutiger Datenlage, zu durchbrechen, um den Erfordernissen des Wissens über die Umwelt gerecht zu werden. Dem entspräche in etwa der Versuch in den Rechtswissenschaften, mit Hilfe einer sog. "Deontischen" Logik hier Abhilfe zu schaffen[22].

Doch nicht nur Grenzwerte halten Einzug in das Rechtswesen. In der TA-Luft ist das Gauß'sche Rauchfahnenmodell als Norm aufgenommen worden. Es dient also auch im (juristischen) Streitfall als maßgebendes Modell dafür, ob unter den gegebenen Randbedingungen eine Immission angreifbar ist, oder nicht. Damit gewinnt eine Rechtsnorm eine Art von Autorität, welche ihr im Prinzip überhaupt nicht eigen ist (Ermessensspielraum, s. o.). Von der Unzulänglichkeit eines analytischen gegenüber einem kontinuierlichen Simulationsmodells einmal ganz abgesehen.

Technik und Reparaturtechnik

Die enge Verzahnung von Technik(-einsatz) und Umweltschaden wird immer wieder hervorgehoben. Mit einer gewissen zeitlichen Verzögerung, bedingt durch technischen Fortschritt und Ansteigen des Problembewußtseins, werden in der Regel technische Lösungen für technisch-bedingte negative Begleiterscheinungen entwickelt. Diese Form der Reparaturtechnik ist auch noch heute weit verbreitet. Lenkt sie doch von der Frage ab, ob die Grundpfeiler unserer technisch-wissenschaftlichen Zivilisation (z. B. Fortschritt, Wachstum, Wohlstand und Bequemlichkeit) nach wie vor Gültigkeit haben. Zweifellos würde es (auf den ersten Blick) ohne Reparaturtechnik wesentlich schlimmer um die Umwelt stehen. Auch die Umweltinformatik trägt dazu bei, die Umweltschäden nicht in's Unermeßliche steigen zu lassen. Bietet sie doch bisher ungeahnte Möglichkeiten der Kontrolle, Information und Planung. Auch für die Bereiche, in denen die traditionellen Anwendungen der Informatik Auslöser oder Verstärker sind.

Dabei gibt es auch andere Tendenzen. "End-of-pipe"-Denken ist out. Zumindest in den Köpfen. Bei der Realisierung wird sich jedoch zeigen, inwieweit integrative Konzepte, auch mit Hilfe von Methoden der Umweltinformatik, zum Zuge kommen. Was natürlich auch Konsequenzen für Arbeits-, Produktions- und Verwaltungsstrukturen beinhaltet. Sowohl im privaten wie auch im öffentlichen Sektor. Zwar würde auch hier "repariert" werden, aber im Sinne einer konzeptionellen Erneuerung. Und mit Aussicht darauf, nicht in ein paar Jahren wieder reparieren zu müssen. Allerdings hätte letzteres den Effekt, sich u. U. positiver auf das Wirtschaftswachstum auszuwirken. Womit sich die Frage aufwirft: "Steigert die Umweltinformatik das Bruttosozialprodukt?". Nach herkömmlicher Berechnungsart sicherlich.

Und auch von staatlicher Seite wird nichts unterlassen, die eigenen Anstrengungen herauszustellen. Sei es durch indirekte Kostenerstattung (Steuer- und Subventionspolitik) oder direkt durch Finanzierung von Forschungsprojekten. Sicherlich profitiert auch die Umweltinformatik von diesen Geldern (wenngleich noch unterproportional) - und trägt

---

[21] Dietrich Henschler (UBA) zur Grenzwertproblematik, in: Handelskammer 89, S. 53

[22] vgl. Voogd 82

damit zum Wirtschaftswachstum bei. Konsequent wäre es nun, diese Gelder nicht für herkömmliche Reparaturtechnik einzusetzen, sondern die Forschungs- und Entwicklungsarbeit gezielt auf den bereits angedeuteten Weg voranzutreiben. Getreu dem Motto des Hamburger Verkehrsbundes: "Einfach umsteigen". Nur die Projekte weiter verfolgen, die auch langfristig eine Lösung der Umweltprobleme versprechen. Also auch "Umdenken" in der Umweltinformatik? Für sie gilt sinngemäß, was auch für die sozialorientierte Informatik gilt: "Grundsätzliche Probleme werden übersehen, weil wir auf unserer Parzelle hocken und immer tiefer graben"[23].

4. Zielkonflikt und Zielbestimmung

"Fröhliche Zeiten scheinen nicht bevorzustehen"[24]. Diese nun schon über 10 Jahre alte Schlußfolgerung des Atomwissenschaftlers Klaus Traube hat nach wie vor Gültigkeit. Die damals aufgestellte Forderung nach dem "Umschalten" hat nichts an ihrem Wert verloren. Macht sie doch nur zu gut deutlich, worin das eigentliche Problem besteht: Umschalten - wohin oder worauf? Genau in dieser Frage manifistiert sich der von uns postulierte Zielkonflikt der Umweltinformatik.

Bereits auf dem 2. Symposium "Informatikanwendungen im Umweltbereich" (1987) forderte E. U. v. Weizsäcker dazu auf, sich insbesondere mit der "Problematik von Wirkungen, Wirkungsbäumen, Erfolg und Zerstörungskraft von pragmatischer Information auseinanderzusetzen"[25]. Dieses Verstehen der "philosophischen Grundlagen der Informatik"[26] erfordert aber *mehr* als nur technisch-methodisches Wissen. Doch selbst wenn es gelingt, ein "eigenes Ziel" aus dem Verstehen abzuleiten, so gerät dieses allzuschnell in Konflikt mit den Zielen anderer gesellschaftlicher, wirtschaftlicher und politischer Gruppen.

Wir denken jedoch nicht, daß eine Lösung der anstehenden Probleme darin bestehen kann, einfach alles "hinzuschmeißen". Das gilt natürlich ebenso für die Umweltinformatik. Also was tun? Immer wieder taucht die Formulierung auf, die Informatik sei eine "Gestaltungswissenschaft". Dieses gestaltende Element ist demzufolge auch in der Umweltinformatik zu finden. Doch was wollen (oder sollen?!) die Umweltinformatikerlnnen wie gestalten? Vieles steht zur Auswahl: ein Programm (-system), den Arbeitsplatz, unsere Umwelt, die Umwelt, etc. Leider aber "(...) haben Wissenschaftler ganz allgemein die beunruhigende Neigung, sich von den Sorgen ihrer Zeit fernzuhalten"[27].
Diese Aussage ist jedoch nicht dahingehend mißzuverstehen, daß diese Menschen nichts für ihre/unsere Umwelt übrig haben. Die "kritischen Geister" haben wir bereits erwähnt. Aber das reicht eben nicht aus. Neben einer "diffusen" Sorge um die Umwelt muß auch daran gedacht werden, ob ein entwickeltes System (dem rein theoretisch ein umweltschützendes Moment innewohnt) wirklich in der Praxis so eingesetzt wird, daß es einen größtmöglichen Nutzen bringt. Es wird (und wurde) immer wieder versucht, eine Trennung zwischen der Entwicklung (Forschung) und Anwendung vorzunehmen: Auf der einen Seite die methodisch-technischen Probleme, und andererseits die politisch-soziale Komponente. Inzwischen sind zwar einige Brückenschläge versucht worden (z.B. Wirkungsforschung, Folgeabschätzung, Verträglichkeitsprüfung), aber sie werden in der Regel immer von denen vorgenommen, die entweder "nicht vom Fach" sind, oder aber (etwas abseits der breiten

---

[23] Rolf 91, S. 37

[24] Traube 78, S. 333

[25] Weizsäcker 88, S. 5

[26] ebd.

[27] Laszlo 91, S. 131

Masse) eine konstruktiv-kritische Nische gefunden haben. Im Grunde aber sind sie lästig:

- der Politik verlangen sie uneigennütziges Handeln ab,
- in der Wirtschaft werden zusätzliche Kosten verursacht, und
- die Wissenschaft fühlt sich um ihren wertfreien Ansatz betrogen.

Die Gründe dafür liegen auf der Hand. Solange, wie

- die WissenschaftlerInnen nach dem Motto "Politik-danke, nein!" [28] verfahren,
- in der Wirtschaft nur die eigenen Gewinne zählen, und
- die PolitikerInnen ausschließlich auf die nächste Wahl schauen,

wird sich daran nichts Wesentliches ändern. Zumal diese "Brückenschläge" inzwischen auch in soweit institutionalisiert worden sind, als daß sie nicht mehr ausschließlich den GegenexpertInnen vorbehalten sind. Und selbst für sie kommt Rainer Brämer zu der Erkenntnis:

> "Wer die eindimensionale wissenschaftlich-technische Rationalität der Industriegesellschaft lediglich um eine ökowissenschaftliche Perspektive ergänzt, dient damit eher der Reparatur, als der Veränderung des Systems"[29].

Nun ist die Umweltinformatik keine "Ökowissenschaft". Aber sie befaßt sich mit ökologischen Problemen. Dabei darf sie aber keinesfalls in die Ecke der Reparaturwissenschaften gelangen. Und sie muß sich über die Folgen des Einsatzes der von ihr entwickelten Methoden und Systeme im Klaren sein. Ihr langfristiges Ziel sollte es jedoch sein, sich selbst überflüssig zu machen[30].

5. Literatur

Brämer 83: Rainer Brämer: Rückzug ins Allgemeine. Ökologische Wissenschaft wehrt sich gegen Politisierung. In: WW Nr. 16 (1983), S. 40-42.

Ecker 90: Franz S. Ecker, Ernst R. Seidel: Die bayerischen Btx-Informationssysteme zur Strahlenschutzvorsorge und über Luftschadstoffe. In: Pillmann 90, S. 452-460.

Friedrich 92: Peter Friedrich: Der Zielkonflikt der Umweltinformatik. Hamburg 1992 (unveröffentlichte Diplomarbeit).

Grüne 85: Fraktion "Die Grünen" im Bundestag: Entwurf eines Gesetzes über das Einsichtsrecht in Umweltakten. - Akteneinsichtsrechtsgesetz - AERG. In: Dana Heft 5/6 (1985), S. 42-47.

Handelskammer 89: Handelskammer Hamburg, Hauptabteilung Industrie (Hrsg.): Auf dem Wege zur Nullemission? - Risiken, Grenzwerte und politische Prioritäten -, Vortrags- und Diskussionsveranstaltung. Hamburg 1989.

Hilty 86: Lorenz Hilty, Bernd Page: Computeranwendungen im Umweltschutz. Einsatzbereich und Methoden - Ein Überblick. In: Page 86, S. 30-60.

Jaeschke 87: A. Jaeschke, B. Page (Hrsg.): Informatikanwendungen im Umweltbereich, Kolloquium, KfK-Bericht Nr. 4223. Karlsruhe 1987.

Jaeschke 88: A. Jaeschke, B. Page (Hrsg.): Informatikanwendungen im Umweltbereich, Proceedings, 2. Symposium Karlsruhe 1987, Informatik-Fachberichte 170. Berlin 1988.

---

[28] Brämer 83, S.41

[29] a. a. O., S. 40

[30] Die bisherige Entwicklung der Menschheit läßt aber eher die Vermutung aufkommen, daß Umweltschutz (und damit auch Umweltinformatik) eine Daueraufgabe sein wird.

Jaeschke 89: A. Jaeschke, W. Geiger, B. Page (Hrsg.): Informatik im Umweltschutz, Proceedings, 4. Symposium Karlsruhe 1989, Informatik-Fachberichte Nr. 228. Berlin, New York, Heidelberg 1989.

Kinzelbach 89: Ragnar K. Kinzelbach: Ökologie - Naturschutz - Umweltschutz. Darmstadt 1989.

Kneifel 85: Reiner Kneifel: Akteneinsicht und Amtsgeheimnis. In: Dana, Heft 5/6 (1985), S. 40-42.

Laszlo 91: Ervin Laszlo: Global Denken. Die Neu-Gestaltung der vernetzten Welt. München 1991.

Maier-Rigaud 88: Gerhard Maier-Rigaud: Umweltpolitik in der offenen Gesellschaft. Opladen 1988.

Michelsen 91: Gerd Michelsen, Öko-Institut (Hrsg.): Der Fischer Öko-Almanach 91/92. Frankfurt/M. 1991.

Page 86: Bernd Page (Hrsg.): Informatik im Umweltschutz. Anwendungen und Perspektiven. München + Wien 1986.

Page 87: Bernd Page: Informatikanwendungen auf dem Umweltsektor - Realisierungsstand und Forschungsperspektiven. In: Jaeschke 87, S. 5-32.

Pillmann 90: W. Pillmann, A. Jaeschke (Hrsg.): Informatik für den Umweltschutz, Informatik-Fachberichte Nr. 256. Berlin + Heidelberg 1990.

Reichl 89: Ernst Reichl: Umweltinformatik in Österreich. In: Jaeschke 89, S. 9-13.

Rolf 91: Arno Rolf: "Grundsätzliche Probleme werden übersehen, weil wir auf unserer Parzelle hocken und immer tiefer graben" Für eine sozialorientierte Informatik. In: FIFF Kommunikation, Heft 3/91, S. 37-39.

Schröder 90: Wolfgang Schröder: Mailboxnetzwerkzeuge als Werkzeuge im Umweltschutz. In: Pillmann 90, S. 666-672.

Traube 78: Klaus Traube: Müssen wir umschalten? Von den politischen Grenzen der Technik. Reinbek 1978.

Ulrich 88: Otto Ulrich: Politik aus der Maschine. In: Die Zeit Nr. 18. vom 29.4.1988.

Voogd 82: Gerd Voogd: Mathematisierung des Rechts. In: WW Nr. 15 (1982), S. 14-16.

Weizsäcker 88: Ernst Ulrich von Weizsäcker: Ganzheitlicher Umweltschutz - eine Herausforderung für Politik und Informatik. In: Jaeschke 88, S. 1-7.

Weizsäcker 91: Ernst Ulrich von Weizsäcker: Binnenmarkt und Umwelt. In: Michelsen 91, S. 329-335.

Umweltinformation als verteiltes System

Reiner Güttler

Institut für Umweltinformatik
an der Hochschule für Technik
und Wirtschaft des Saarlandes

Goebenstr. 40
6600 Saarbrücken

Ralf Denzer

Universität Kaiserslautern
Fachbereich Informatik
AG Computergraphik

Postfach 3049
6750 Kaiserslautern

Abstract

Vorliegendes Papier diskutiert alternative Ansätze zur Konzeption integrierter verteilter Umweltinformationssysteme (UIS). Ausgehend von der Beschreibung, wie verteilte Umweltinformation benötigt wird, bzw. genutzt werden könnte, beschreiben wir die grundlegenden Fragestellungen. In der Folge stellen wir ein erstes Konzept eines offenen, verteilten Ansatzes vor (das sog. "Zielsystem"), welcher derzeit im Rahmen eines DFG-Forschungsprojektes erarbeitet wird. Zum Abschluß zeigen wir auf, über welche Teilschritte man in der Praxis zu diesem oder einem ähnlichen Zielsystem gelangen kann.

Keywords: Umweltinformationssystem, offenes System, Metainformationssystem

1. Einleitung

Seit einigen Jahren entstehen auf allen Ebenen computergestützte Anwendungen in den Umweltverwaltungen. Dies sind Systeme, welche zunächst für sich stehen, aber durch zunehmende praktische Zwänge immer mehr mit Anwendungen aus anderen Teilsystemen kooperieren müssen. Spätestens seit dem 5. Symposium Informatik für den Umweltschutz in Wien 1990 wird das Thema "Insellösungen" auch öffentlich diskutiert, wenn auch viele der anstehenden Probleme eher in den Gerüchteküchen gehandelt werden.

Nach unserer Auffassung ist eine grundlegende Umkehr bei Konzeption und Entwurf übergeordneter Umweltinformationssysteme vonnöten. Die klassischen Ansätze werden für solche Systeme mit Sicherheit in eine oder mehrere Sackgassen führen, weil man Systeme der Größe, wie sie zu erwarten sind, weder zentral organisieren, noch konzeptionieren, noch koordinieren, noch pflegen kann und zwar in der Art und Weise, daß jeder Sachbearbeiter an jeder beliebigen Stelle für seine spezifische Aufgabe eine für ihn optimal angepaßte Lösung bekommt. Den Grundgedanken der "Führungsorientierung" halten wir für fragwürdig, da er die Aufgaben im Gesamtsystem einer kleinen Menge von Aufgaben an der Spitze der Hierarchie unterwirft.

Darüberhinaus begegnen wir in der Praxis oft der Forderung, mögliche Inkonsistenzen in UIS durch einheitliche Hardware- und Softwarekomponenten zu vermeiden [1]. Auch dies halten wir nicht für eine Lösung, da unberücksichtigt bleibt, daß es für spezifische Aufgaben in der Regel viel sinnvoller ist, andere als die vorgeschriebene Software/Hardware zu verwenden.

2. Integration verteilter Umweltinformation

2.1 Warum werden integrationsfähige Lösungen benötigt?

Bei der Entwicklung von Softwarelösungen im Umweltbereich treten eine Reihe von besonderen Problemen auf, die man in dieser Art und Ausprägung zumeist bei anderen Anwendungsentwicklungen nicht findet. Die wesentlichen Faktoren sind dabei die folgenden :

- das enorm breite Spektrum von betroffenen Gebieten
- die besonders zahlreichen Abhängigkeiten zwischen diesen Gebieten (fast jede Anwendung bringt Daten aus sehr vielen Gebieten miteinander in Verbindung)
- die dynamische Entwicklung des gesamten Systems (die einzelnen Gebiete weiten sich aus oder ändern sich, es kommen ständig neue Gebiete hinzu)

Die Entwicklung als ein Gesamtsystem ist von vorne herein zum Scheitern verurteilt, denn

- Teillösungen könnten nicht kurzfristig verfügbar gemacht werden
- die Belange der Anwender von Teilsystem lassen sich nicht optimal berücksichtigen
- die Komplexität wäre nicht mehr überschaubar

- die dynamisch auftretenden inhaltlichen Änderungen würden die Entwicklung des Gesamtsystems "überholen".

Aus diesem Grund kann nur ein Vorgehen zum Ziel führen, das

- die relativ unabhängige Entwicklung von Teillösungen erlaubt gemäß den Anforderungen der Anwender dieses Teilsystems
- die Integration derart entwickelter Teillösungen in ein Gesamtsystem erlaubt zur Nutzung durch Anwender anderer Teilsysteme
- die Anpassung der Teilsysteme an die sich ständig ändernden Anforderungen erlaubt.

2.2 Welche Probleme machen die Integration so schwierig?

Es wird versucht, wichtige bei der Integration auftretende Probleme aufzulisten. Die Auflistung ist in verschiedene Stufen hinsichtlich der Komplexität der Probleme unterteilt.

a) Häufig liegen Verwaltung und Nutzung von Daten bei unterschiedlichen Stellen (fachlich und räumlich). Dies bedeutet, daß im System für die gleichen Grunddaten unterschiedliche Sichten hinsichtlich Ausprägung und Strukturierung der Daten existieren. Insbesondere haben viele zu einem Teilsystem externe Anwender eine sehr viel grobere Sicht, d.h. sie benötigen aggregierte Daten und sind vielfach gar nicht in der Lage, sich in den Basisdaten "zurechtzufinden". Dies bedeutet, daß man auch verschiedene Benutzeroberflächen benötigt, wenn die Oberflächen exakt an die Arbeitsabläufe bei den verschiedenen Anwendern angepaßt sein sollen.

So hat sicherlich der Verwalter eines Altlastenkatasters eine andere Sicht seiner Daten als etwa ein mit der Flächennutzungsplanung Beauftragter, der ja auch Altlasteninformationen mitberücksichtigen muß. In diesem Zusammenhang ist natürlich trotzdem angestrebt, daß keine Daten redundant gespeichert werden sollen, um Inkonsistenzen zu vermeiden.

b) Insbesondere bei den Datennutzern besteht ein hoher Bedarf an Visualisierungstechniken für die in den Teillösungen verwalteten Daten. Dies bedeutet, daß (wiederum ohne redundante Speicherung) die gleichen Daten sowohl durch "normale" Datenbankanwendungen genutzt werden als auch in geografischen Informationssystemen visualisiert und abgefragt werden.

c) Die verschiedenen Nutzer befinden sich häufig an räumlich verschiedenen Stellen. Diese Stellen müssen durch Netze miteinander verbunden sein. Viele Daten und Methoden müssen netzweit zugreifbar sein. Konsistenz- und Performanceprobleme können hierbei auftreten, insbesondere, wenn auch die grafischen Daten räumlich verteilt sind (und hierfür gibt es viele Beispiele). Hier sind allerdings erhebliche Fortschritte bei der zugrundeliegenden Basissoftware (Netze, Datenbanken) zu verzeichnen.

d) Bei vielen Nutzern ist zur Lösung der anstehenden Probleme eine Kombination von Daten verschiedener Stellen nötig (inkl. Grafikdaten). Die Daten kommen also aus heterogenen Systemen, auf verschiedenen Aggregationsstufen (insbesondere unterschieden von denen der direkten Nutzer). Darüberhinaus kennt ein externer Nutzer nicht immer die o.a. Kombination mit den jeweiligen Aggregationsstufen. So kann es vorkommen, daß er eine Größe benötigt, die aus seiner Sicht ein Basisdatum ist, im betroffenen Teilsystem aber durch Aggregation erst entsteht. Wichtig ist dabei auch, von Anfang an mit einzubeziehen, daß sich die Kombinations- und Aggregationsvorschriften dynamisch ändern können. Dies kann notwendig werden sowohl aufgrund von Anforderungen des externen Nutzers (z.B. aufgrund von neuen gesetzlichen Vorschriften) als auch durch Änderungen in den betroffenen Teilsystemen. Besonders anzustreben ist dabei, daß eine Änderung beim Datenlieferanten, soweit inhaltlich möglich, keine Änderung beim Datennutzer erfordert und umgekehrt.

2.3 Fazit

Es wird ein integrierendes verteiltes System benötigt, welches in der Lage sein muß

- räumlich verteilte Daten
- verschiedenster Aggregationsstufen
- mit zugehörigen Grafikdaten
- für verschiedene Anwender

zu kombinieren bei

- ausreichender Performance
- gesicherter Konsistenz
- Angepaßtheit an die Arbeitsabläufe bei jedem Nutzer.

Dabei können sich

- die Teilsysteme selbst
- Kombinations- und Aggregationsvorschriften
- räumliche Verteilung
- Arbeitsabläufe

dynamisch ändern.

2.4 Alternative

Die Alternative zu den klassischen Konzepten basiert auf einfachen Grundgedanken:

- Teilsysteme werden prinzipiell nur nach den Gesichtspunkten der Anwender vor Ort entwickelt und nicht nach den Gesichtspunkten übergeordneter Stellen (Nur dann werden diese Systeme auch genutzt! Nur dann wird valide Umweltinformation auch für übergeordnete Gesichtspunkte auf breiter Basis verfügbar!)
- die Teilsysteme dürfen auf beliebiger Hard- und Software aufgebaut sein, aufgabenangepaßt für die Aufgaben vor Ort
- die Teilsysteme werden in ein Metainformationssystem eingebettet, welches die einzelnen Datenpools (vielleicht später auch einmal Methodenpools) im Gesamtsystem online verfügbar macht

Ausgehend von den ersten beiden Erkenntnissen ist der Gegenstand unserer Überlegungen das verteilte Metainformationssystem. Der grundlegende Unterschied einer solchen Konzeption zu klassischen Ansätzen besteht in der Tatsache, daß wir vorschlagen, bewußt mit inhomogenen Teilsystemen zu leben. Nur so kann ein derart großes System wie die geplanten UIS überhaupt für den einzelnen vor Ort so flexibel gehalten werden kann, daß das UIS die Arbeit nicht behindert sondern im Gegenteil neue Möglichkeiten bei der Berücksichtigung von Gefährdungen der Umwelt bietet.

3. Grundlegende Überlegungen zu verteilten Umweltinformationssystemen

3.1 Offene Systemkonzeption

Die erste und wichtigste Forderung an ein verteiltes UIS ist, daß es eine *offene Systemarchitektur* besitzen muß. Kaum ein Begriff in der Informatik wird zur Zeit insbesondere von manchen Herstellern derart mißbraucht wie der Begriff der Offenheit. Daher wollen wir zunächst definieren, was wir darunter verstehen (siehe auch [2,3]). Unter einem offenen System versteht man ein System, welches

- *unbegrenzt* ist,
- (mehr oder minder) frei zugänglich ist,
- aus *heterogenen* und *autonomen* Teilsystemen besteht und
- in jeglicher Hinsicht *dezentral aufgebaut* ist *und operiert* wird.

Die zweite Forderung nach Zugänglichkeit ist an sich für die Systemeigenschaften die unwichtigste. Wir möchten sie hier nur dahingehend relativieren, daß es sich dabei eben nicht darum handelt, daß jedermann auf beliebige Datenbestände zugreifen kann. Freie Zugänglichkeit bedeutet zunächst nur, daß von der Systemarchitektur her die Wege nicht verbaut sind.

Die anderen Eigenschaften sind genau jene, wie wir sie in der Praxis der Umweltbehörden vorfinden bzw. sinnvollerweise vorfinden müßten: Unbegrenztheit (es können zu jedem Zeitpunkt neue Teilsysteme hinzukommen, neue Datenstrukturen, etc.), Heterogenität (siehe Kapitel 1 und 2), Autonomie (z.B. Autonomie über bestimmte Daten oder Verfahren per gesetzlicher Beschlüsse) und Dezentralität (es ist nicht möglich, solch große Systeme zentral zu betreiben, siehe auch Kapitel 1 und 2).

Kooperation zwischen Teilsystemen wird nicht durch globale Entwurfsentscheidungen für Teilsysteme erzwungen sondern erfolgt einzig und alleine durch Kommunikation. Für den Austausch von Information muß man allerdings im Gegensatz zu der Freiheit aller Teilsysteme *syntaktische Homogenität* fordern, d.h. es wird durch eine Konvention festgelegt, wie der Datenaustausch statt findet. In [2] wird die zusätzliche Forderung nach *semantischer Homogenität* aufgestellt, d.h. einer Übereinkunft darüber, welche Bedeutung die ausgetauschten Daten haben. Im Umweltbereich wird es allerdings notwendig sein, auch dann eventuell Daten auszutauschen und in Beziehung zu setzen, wenn sie semantisch nur verwandt und nicht identisch sind. Voraussetzung hierfür ist, daß der Anwender sich über diese Verletzung der semantischen Homogenität im klaren ist. Das System muß den Anwender darauf aufmerksam machen.

3.2 Anforderungen und Aufgaben

An ein funktionierendes *offenes* UIS müssen im wesentlichen drei Hauptforderungen gestellt werden:

- das UIS muß Metainformation zur Verfügung stellen (wer hat von wo welche Daten, etc.)
- das UIS muß in der Lage sein, die lokalen Spezifika (Datenrepräsenation, Software, Hardware) ineinander zu überführen (Entkopplung), soweit dies geht
- das UIS muß in der Lage sein, gewünschte Daten automatisch zu besorgen. Dazu gehört:
  - Analyse der gewünschten Daten: welche Basisdaten sind hierfür notwendig, wie sind sie "zusammenzubauen"
  - automatischer Transport von Basisdaten bzw. schon aggregierter Daten
  - vollständiger Zusammenbau und die Einbettung in die lokale Umgebung

Dabei ist wichtig, daß sämtliche in das UIS eingebrachten Metainformationen selbst wieder *dezentrale Informationsbestände* sein müssen, d.h. sie werden von jedem Datenbesitzer gepflegt. Wäre das nicht der Fall, so hätte man wieder zentralistische Konzepte nur bei den Metadaten anstatt den Originaldaten.

3.3 Metainformationsinhalte

In der Forschung werden derzeit Konzepte entwickelt, wie man offene Systeme organisieren kann. Diese Bemühungen fließen auch schon in die Standardisierung ein (ODP - open distributed processing). In [2] werden für die Metainformation verschiedene Gesichtpunkte angegeben, die an Metainformation für jeden Knoten bereitgestellt werden sollten. Auch wenn wir nicht in jedem Punkt mit diesen Vorschlägen übereinstimmen, so gibt es doch große Übereinstimmungen mit einem früher veröffentlichten Artikel [4].

Bei der Metainformation handelt es sich um eine Reihe von Katalogen (oder um einen Katalog), die an jedem Knoten aufgebaut werden müssen. Die Kataloge in Ihrer Gesamtheit bilden im Prinzip das Rückgrat des Metainformationssystems. Auch hier wollen wir nochmals zum Ausdruck bringen, daß das Gesamtkonzept verteilt sein muß, das heißt Metainformation wird vor Ort eingebracht, denn derart große Datenbestände und Metainformationsbestände lassen sich zentral nach unserer Auffassung nicht warten.

4. Architektur eines Zielsystems

Es ist klar, daß auf dem Weg zu offenen UIS viele Fragen stehen und daß wir von brauchbaren Konzepten für die Organisation riesiger Informationssysteme noch weit entfernt sind [5]. Dennoch sind Konzepte in Sicht.

In diesem Kapitel wollen wir kurz auf ein Architekturmodell eingehen, welches derzeit in einem DFG-Projekt erarbeitet wird [6]. Eine grundlegende Forderung dieser Architektur ist die Fähigkeit der Integration von Teilsystemen bzw. Insellösungen mit möglichst geringem Aufwand. Abb. 1 zeigt ein Bild dieser Architektur.

Es wird davon ausgegangen, daß zwei Schnittstellen benötigt werden. Die Schnittstelle $\mathbf{S_0}$ ist die Schnittstelle zum Umweltnetzwerk hin. An ihr müssen die Transformationen durchgeführt werden, die für die Überführung der lokalen Gegebenheiten ineinander notwendig sind. An der Schnittstelle wird eine einheitliche Konvention über Beschreibung und Austausch von Umweltinformation und Metainformation definiert, das sog. **Umweltdatenprotokoll**. Dieses Protokoll muß sehr flexibel, allgemein gehalten und mächtig sein und dennoch an die gegebenen Fragestellungen angepaßt werden (z.B. Raumbezug der Daten). Es muß selbst auf verfügbaren Standards aufbauen.

Auf dem lokalen Knoten werden nun standisierte Programme eingesetzt, welche den Ablauf des Metainformationssystems gewährleisten, also z.B. Server für die Daten und Server für die Kataloge. Diese sog. **Knotenunabhängigen Dienste** müssen nur einmal für jeden Typ von in Frage kommenden Betriebssystemen entwickelt werden, was den Aufwand immens reduziert.

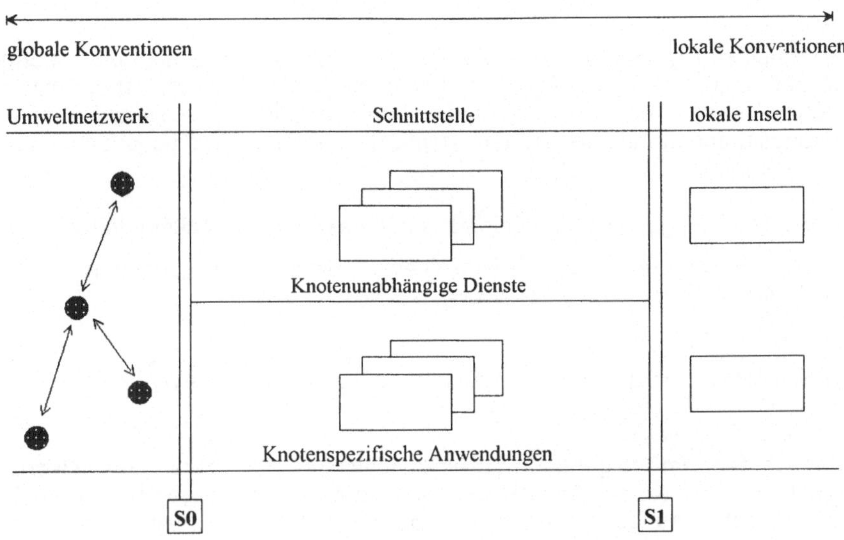

Abbildung 1: Schnittstellen im offenen UIS

Sobald Umweltdatenprotokoll und Knotenunabhängige Dienste funktionsfähig sind, haben wir zumindest schon die Metainformationsinhalte überall zur Verfügung (auch wenn sie dann eventuell noch von Hand eingebracht werden würden).

Die zweite Schnittstelle $\mathbf{S_1}$ ist die Schnittstelle zwischen diesen Diensten und der lokalen Datenhaltung, also insbesondere auch die Schnittstelle der lokalen Datenhaltung zum Katalog. Die Anforderungen an diese Schnittstelle sind vollkommen anders. Von ihr muß man verlangen, daß sie möglichst minimal ist, da diese Anpassung an jedem Knoten gemacht werden muß. Der Aufwand für die Verknüpfung der Insellösungen mit dem offenen UIS muß sich in Grenzen halten.

Desweiteren werden in Abb. 1 noch die sog. **Knotenspezifischen Anwendungen** angegeben. Hierbei handelt es sich um Anwendungen, die ganz gezielt auf bestimmte Datenbestände im Netzwerk zu einem spezifischen Zweck zugreifen. In [6] wurde für diese Anwendungen gefordert, daß Integrationswerkzeuge bereitgestellt werden sollen, die die Programmierung solcher Anwendungen erleichtern. Natürlich wäre es auch schon sinnvoll, die Knotenunabhängigen Dienste mit Hilfe solcher Werkzeuge zu erstellen, aber es steht zu erwarten, daß die Integrationswerkzeuge erst nach einiger Erfahrung mit dem verteilten Betrieb konzipiert werden können. Die Darstellung im Rahmen dieses Artikels ist recht krz und für detailliertere Informationen sei auf die Originalliteratur verwiesen.

5. Mögliche Entwicklungsstufen

Da die Realisierung des beschriebenen Idealkonzepts auf Grund der enormen Komplexität einen riesigen Aufwand bedeutet, die Anwender aber mit der Entwicklung ihrer Teillösungen unter enormem Zeitdruck stehen, müssen Entwicklungsstufen für das Metasystem vorgesehen werden. Wichtig ist dabei, daß

- die Teillösungen sich unabhängig von Metasystem entwickeln dürfen
- die Entwicklung des Metasystems weitgehend unabhängig vom Realisierungsstand der Teillösungen erfolgen kann.

Beide Forderungen werden durch die Architektur des Zielsystems erfüllt.

Es werden im folgenden Entwicklungsstufen hin zum Gesamtkonzept vorgestellt. Es wird jeweils beschrieben, welche Einschränkungen bestehen. Dies können Einschränkungen hinsichtlich der Handhabung sein, aber auch Einschränkungen hinsichtlich der Anwender, da bei den niedrigeren Entwicklungsstufen wesentlich höhere Anforderungen an das Knowhow der Anwender gestellt werden müssen, und zwar sowohl an das inhaltliche Knowhow hinsichtlich der Anwendungen als auch an das EDV-Knowhow.

I. Stufe

Beschreibung:

Es existiert ein logisch zentraler Datenkatalog. In ihm sind alle im gesamten System vorhandenen Daten beschrieben und zwar ausschließlich in der Detaillierungsstiefe und der Strukturierung, wie sie im jeweiligen Teilsystem vorliegen. Der Katalog liefert zu jedem Datum die Information, wo (in welchem Teilsystem, welcher Datenbank, welcher Tabelle usw.) das Datum beschafft werden kann.

Einschränkungen:

1.) von der Handhabung her

Der Benutzer muß

a) genau aufschlüsseln, aus welchen "Basisdaten" sich die "Objekte" zusammensetzen, mit denen er arbeitet

b) alle diese Basisdaten jeweils im Katalog suchen

c) sich diese Daten "von Hand" über das Datennetz beschaffen

d) diese Daten in seine Datenbasis einbringen, d.h. in seine lokale Darstellung des Objekts überführen

e) die beschafften Daten zusammensetzen, damit daraus die Informationen zu den Objekten entstehen, mit denen er eigentlich arbeitet

2.) hinsichtlich der Anwender

Die meisten Anwender haben in der Regel eine eigene "Sicht" der vorhandenen Daten im Sinn von "Objekten". Benötigt ein Anwender A für seine Arbeit Informationen über ein Objekt, die nicht in seinem eigenen Teilsystem verfügbar sind, dann hat er hinsichtlich dieses Objekts häufig eine völlig andere Sicht als diejenigen, die über die Basisdaten zu diesem Objekt verfügen.

Insbesondere sehen diese "Datenlieferanten" dieses Objekt häufig gar nicht als Objekt, sondern haben eine viel detailliertere Sicht, die wiederum vom Anwender A häufig gar nicht überschaubar ist. Aus diesem Grund werden viele Anwender die Teile des zentralen Datenkatalogs, die nicht zu ihrem eigenen Teilbereich gehören, gar nicht im einzelnen verstehen und deshalb auch nicht befragen können. Darüberhinaus erfordert natürlich auch das "Beschaffen von Hand" erhebliche EDV-Kenntnisse, was den Anwenderkreis weiter einschränkt.

Hinsichtlich der Organisation der Aktualisierung des logisch zentralen Katalogs sind bei dieser Lösung die Einschränkungen relativ gering. Da die Strukturierung der Daten exakt die der Teilsysteme ist, können die Verantwortlichen der Teilsysteme die Aktualisierung vornehmen, ohne daß dies andere Anwender betrifft.

II. Stufe

Beschreibung:

Es gibt wie in Stufe **I** einen logisch zentralen Datenkatalog. Es gibt dazu pro Anwender **i** ein Programm $\mathbf{P_i}$ für die anwenderabhängige Abfrage des Katalogs. Diese bietet dem Anwender seine Objektsicht an, d.h. nur die Objekte, die für ihn eine Rolle spielen, auf dem Aggregationsniveau, das er benötigt. Die Tatsache, daß zur Bildung der gewünschten Information eventuell Basisdaten aus verschiedenen Teilsystemen beschafft und aggregiert werden müssen, wird *beim Durchsuchen* des

Katalogs vor dem Benutzer verborgen. Diese Information wird ihm vielmehr vom Katalog als Antwort geliefert :

a) aus welchen Basisdaten (aggregiert oder nicht) setzt sich "seine" Objektinformation zusammen ?

b) wie können diese Basisdaten beschafft werden ? (wie bei **I**, Punkt c), d) und e))

Einschränkungen:

Der Anwender braucht also nur noch "seine" Objekte zu kennen. Er muß allerdings immer noch Punkte c), d) und e) von **I** ausführen können.

Bei dieser Lösung gibt es hinsichtlich der Aktualisierung schon erheblichen organisatorischen Aufwand. Jede Änderung des Datenbestands in irgendeinem Teilsystem kann sehr viele Programme $\mathbf{P_i}$ berühren. Die Aktualisierung der $\mathbf{P_i}$ kann wiederum nicht von den Verantwortlichen der Teilsysteme der Basisdaten vorgenommen werden, da diese die Objektsicht des Anwenders **i** evtl. gar nicht kennen bzw. gar nicht "verstehen".

III. Stufe

Beschreibung:

Wie Stufe **II**. Zusätzlich existiert pro Anwender **i** und Objekt **j** ein Programm $\mathbf{P_{ij}}$, welches die vom Anwender **i** zur Bildung der Objektinformation für **j** beschafften Basisdaten zusammensetzt und sie dem Anwender präsentiert, d.h. die Punkte d) und e) aus **I** erfüllt.

Einschränkungen:

Die Einschränkungen sind die gleichen wie bei **II**.

IV. Stufe

Beschreibung:

Ähnlich wie **III**, allerdings gibt es kein allgemeines Abfrageprogramm $\mathbf{P_i}$ für den Katalog mehr. Ein Programm $\mathbf{P_{ij}^1}$ wird aufgerufen, wenn Anwender **i** nach Objekt **j** fragt. $\mathbf{P_{ij}}^1$ befragt den zentralen Datenkatalog und liefert eine Liste von zu beschaffenden Daten. Der Anwender beschafft nach wie vor die Daten "von Hand". Ein Programm $\mathbf{P_{ij}}^2$ (wie $\mathbf{P_{ij}}$ in **III**) setzt zusammen und präsentiert. Dies ist besonders dann interessant, wenn z.B. in einer graphischen Visualisierung die Identifikation des Objektes **j** direkt erfolgt.

Einschränkungen:

Wie bei **II** und **III**.

V. Stufe

Beschreibung:

$\mathbf{P_{ij}}^1$ befragt wie in **IV** den zentralen Datenkatalog und übergibt in standardisierter Form die Liste inklusive aller zur Beschaffung der Daten notwendigen Informationen an ein Transportprogramm. Dieses beschafft mit Hilfe dieser Informationen die Daten und übergibt sie an $\mathbf{P_{ij}}^2$ (wie oben). Es ist zu beachten, daß hierbei das Transportprogramm unabhängig sein kann von Anwender **i** und Objekt **j**.

Einschränkungen:

Hier existieren natürlich geringere Einschränkungen hinsichtlich der Benutzer, da wesentlich weniger EDV-Kenntnisse benötigt werden. Andererseits hat sich das organisatorische Problem hinsichtlich der Aktualisierung des Gesamtsystems ausgeweitet.

Der entscheidende Schritt zum Zielsystem wird der Übergang sein zu

- logisch dezentralisierten Katalogen
- und zu allgemein verfügbaren Diensten, welche sowohl für Anwender als auch Betreiber zur Verfügung stehen.

Dienste beinhalten z.B. Katalog-Visualisierungskomponenten, Update-Komponenten, Aggregations- und Statistikfunktionen etc.

6. Abschlußbemerkungen

In der Umweltinformatik ist zu beobachten, daß an vielen Stellen immer wieder die gleichen Probleme neu angegangen werden und Lösungen in Form von "Schnellschüssen" versucht werden. Verkannt wird häufig, daß vielmehr dringend Forschungsarbeiten zu den auch in diesem Artikel aufgeführten grundlegenden Problemen vonnöten sind. Ein Ansatz in diese Richtung zeigt sich etwa in der Bildung des Arbeitskreises "Integration von Umweltdaten" innerhalb der Fachgruppe 4.6 der Gesellschaft für Informatik, in der Informatiker und Anwender zusammenarbeiten. In der Regel haben aber solche Ansätze mit einer unzureichenden Infrastruktur zu kämpfen. Darüberhinaus ist nicht zu verkennen, daß die aufgezeigten Realisierungsansätze nur bei einem Umdenken hinsichtlich der EDV-Strukturen in Behörden zum Erfolg führen können.

Literatur

[1] R. Mayer-Föll, Zur Rahmenkonzeption des Umweltinformationssystems Baden-Württemberg, in: O. Günther (ed.), Konzeption und Einsatz von Umweltinformations-systemen, Informatik-Fachbericht 301, Springer, 1992

[2] V. Tschammer et al., OAI - Concepts for Open Systems Cooperation, in: W. Schröder-Preikschat (ed.), Progress in Distributed Operating Systems and Distributed Systems Management, Lecture Notes in Computer Science 433, Springer, 1989, pp. 174-192

[3] R. Denzer, Offene Systeme für die Informationsverarbeitung im Umweltschutz, Informatik im Umweltschutz, No. 10, February 1992, pp. 17-18

[4] G. Schimak, R. Denzer, Komplexe Inhalte eines Umweltinformationssystems, in: R. Denzer, H. Hagen, K. H. Kutschke (eds.), Visualisierung von Umweltdaten, Workshop, Rostock, November 1990, Informatik-Fachbericht 274, pp. 9-21, Springer, 1990

[5] R. van Rennesse, Position Paper, in: W. Schröder-Preikschat (ed.), Progress in Distributed Operating Systems and Distributed Systems Management, Lecture Notes in Computer Science 433, Springer, 1989, pp. 193-194

[6] R. Denzer, Architektur offener Umweltinformationssysteme, Projektbericht UIS/1991-1, Universität Kaiserslautern, 1991

[7] R. Denzer, Möglichkeiten eines Immissionsdatenverbundes in Österreich, Studie, Projektbericht UIS/1992-2, Universität Kaiserslautern, 1992

ROBOTERSYSTEME FÜR DIE BIOINFORMATIK UND UMWELTINFORMATIK

Ralf Hofestädt[a] und Dieter Schütt[b]
[a]Universität Koblenz-Landau
Rheinau 3-4, 5400 Koblenz
[b]Siemens AG, München
Otto-Hahn-Ring 6, 8000 München 83

Zusammenfassung:
Bio- und Umweltinformatik sind neue Forschungsgebiete, die für die Gesellschaft von Bedeutung sind. In diesem Papier werden Berührungspunkte und Perspektiven exemplarisch anhand von Leitungssystemen (Rohrleitungssysteme, Blutgefäßsysteme und Geosysteme) diskutiert.

Schlüsselworte: Bioinformatik, Umweltinformatik, Blutgefäßsysteme, Rohrleitungssysteme, Ökosysteme, Biotechnologie, Bioprozessoren

1 EINLEITUNG

Die Informatik ist eine anwendungsorientierte Wissenschaft. In ihr sind Bio- und Umweltinformatik neue Forschungsdisziplinen, die bezüglich ihrer Methoden und Konzepte in enger Verbindung stehen [1]. Die Bioinformatik ist im Vergleich zur Umweltinformatik globaler definiert, indem sie auch die Wechselwirkungen zwischen Biologie und Informatik gezielt diskutiert.

In diesem Papier werden Berührungspunkte und Perspektiven dieser beiden Forschungsgebiete angesprochen. Die Diskussion beginnt auf der Mikroebene, indem Blutgefäßsysteme in ihrer Funktion diskutiert werden. Auf der Makroebene werden Rohrleitungs- und Ökosysteme betrachtet. Ausgehend vom Ist-Zustand dieser Systeme werden Basismechanismen der ihnen zugrundeliegenden 'Sicherheitskomponenten' vorgestellt und Systemtransformationen diskutiert (Synergieeffekt). Basierend auf den in der Bioinformatik zu entwickelnden Werkzeugen und den Methoden der Biotechnologie werden Perspektiven der Sicherheit in Leitungssystemen herausgearbeitet.

2 BLUTGEFÄßSYSTEME

Das Blut (Plasmaproteine) wird durch das Gefäßsystem an alle Teile des Körpers transportiert [2]. Zu den Aufgaben des Blutes gehört der Transport vieler Stoffe (z.B. Vitamine), der Transport von Wärme, die Signalübermittlung, die Pufferung und die Abwehr körperfremder Stoffe.

Außer zur Immunabwehr dienen die Plasmaproteine der Aufrechterhaltung des kolloidosmotischen Druckes, dem Transport wasserlöslicher Stoffe und dem Schutz mancher Substanzen vor dem Abbau im Blut oder der Ausscheidung durch die Nieren.

2.1 Immunabwehr

Der Organismus besitzt mehrere Abwehrsysteme gegen Fremdstoffe (Antigene). Zum einen das unspezifische System, das u.a. Makrophagen umfaßt. Zum anderen spezifische Abwehrsysteme, wobei zelluläre Faktoren (Lymphozyten etc.) und humorale Abwehrstoffe in Form spezifischer Plasmaproteine kooperieren.

Dringen Fremdstoffe ein, so bildet der Körper gerichtete Abwehrstoffe (Antikörper). Die Makrophagen und die Granulozyten dienen der unspezifischen Abwehr. Sie werden im Knochenmark gebildet und zählen zu den Leukozyten. Die Granulozyten stehen rasch und in großer Zahl am Infektionsort zur Verfügung. Jedoch ist ihre chemische Abwehrkraft schwach und ihre Lebensdauer kurz. Die weitere Abwehr übernehmen die Makrophagen. Sie stammen von den Monozyten ab und sind langlebiger als die Granulozyten.

Das Phagozytensystem ist gegen eine ganze Reihe von Bakterien sehr wirksam, doch sind einige Erreger im Laufe der Evolution gegen dieses Abwehrsystem resistent geworden. Gegen solche Erreger und gegen Viren sind die spezifischen Immunabwehrsysteme wirksam, bei denen Makrophagen, humorale Antikörper und verschiedene Typen von Lymphozyten zusammenarbeiten.

Gegen bestimmte Erreger (Viren etc.) ist die humorale Immunabwehr nicht voll wirksam. Diese Lücke schließt die sogenannte zelluläre Immunabwehr. Dabei wird sogar die Zerstörung des körpereigenen Gewebes durch die Killerzellen in kauf genommen (z.B. Hepatitis). Die Virusvermehrung wird durch das von der infizierten Zelle gebildete Interferon geblockt. Trotzdem gelingt es verschiedenen Viren im Körper zu überleben.

2.3 Blutstillung

Die Blutstillung wird durch das Zusammenspiel von Gewebs- und Plasmafaktoren mit den Thrombozyten bewirkt. Dadurch können undichte Stellen im Gefäßsystem innerhalb weniger Minuten geschlossen werden.

Weist z.B. die innerste Gefäßauskleidung (Endothel) Defekte auf, dann kommt das Blut mit den unter dem Endothel liegenden Kolagenfasern in Verbindung. Dieser Kontakt führt zum Verkleben der Thrombozyten (Aggregation) und zur Anlagerung (Adhäsion) an die defekten Endothelstellen. Dieser Thrombozytenkomplex führt bei kleinen Defekten zu einer vorläufigen Abdichtung des Lecks. Gleichzeitig wird die Blutgerinnung durch ein endogenes und exogenes System aktiviert. Diese Systeme wiederum aktivieren den Plasmafaktor X, der die Produktion von Fibrin stimuliert. Fibrin bildet zusammen mit Thrombozyten und Erythrozyten den endgültigen Thrombus. Dieser zieht sich zusammen (Netzreaktion), später wächst Bindegewebe (Organisation) und schließlich ist der Defekt vernarbt.

3 ROHRLEITUNGSSYSTEME

Ähnlich wie das Geflecht von Adern im lebenden Körper dienen Rohrleitungssysteme der Versorgung und Entsorgung. So bilden u.a. intakte Gas-, Öl-, Strom-, Trinkwasser- und Abwasserleitungen die Basis unserer zivilisatorischen Infrastruktur.

Daneben spielen Rohrleitungssysteme bei vielen industriellen Prozessen eine fundamentale Rolle. Hier unterliegen Kernkraftwerke, chemische Laboratorien und Biolaboratorien strengsten Kontrollgesetzen.

Die Überwachung und das rechtzeitige Erkennen von Lecks in Rohrleitungssystemen spielen eine zentrale Rolle im Bereich Sicherheit und Umweltschutz.

3.1 Problemstellung

Verschleiß und Schäden lassen sich in komplexen Rohrleitungssystemen nicht verhindern. Aus diesem Grund sind für spezifische Prozesse mehr oder weniger aufwendige Überwachungssysteme entwickelt worden. Besonders schwierig ist dies bei hochsensiblen Prozessen und Rohrleitungssystemen, die weit entfernte Punkte verbinden.

Die Techniken zum Erkennen, Melden und Abdichten schon kleinster Risse im Rohrleitungssystem befinden sich in den unterschiedlichsten Entwicklungsabschnitten. Heute werden Risse etc. durch sekundäre Ereignisse registriert (z.B. Wasseraustritt) [3]. Bei hochsensiblen Prozessen wird durch elektronische Überwachungssysteme, die sich aus elektronischen Meßfühlern (z.B. Druck) sowie Prozessoren zusammensetzen, das System überwacht [4]. Dabei werden die Ursachen von Störungen indirekt ermittelt. Über die verteilt vorliegenden Meßfühler kann die Stelle grob lokalisiert werden. Diese indirekte Ermittlung führt zu einer zeitverzögerten Erkennung, die gravierende Konsequenzen haben kann. Aus diesem Grund werden Robotersysteme zur Überwachung der Rohrleitungssysteme entwickelt.

3.2 Überwachungsroboter

Die Informatik spielt bei der Entwicklung solcher Systeme eine wichtige Rolle. Mikroelektronik und Mikromechanik erlauben die Produktion von Robotersystemen, die in der Lage sind, Rohrleitungssysteme zu überwachen. Solche Systeme werden bereits entwickelt und eingesetzt [3]. Sie müssen ihre Arbeit autonom verrichten und in der Lage sein, auch Ecken und Abzweigungen zu überwinden. Dabei sind verschiedene Robotersysteme entwickelt worden und noch zu entwickeln, um mit den unterschiedlichen Bedingungen der existierenden Rohrleitungssysteme fertig zu werden. Sie müssen über die Innenseite des Rohrleitungssystems gleiten und dies systematisch absuchen. Dies ist aufgrund der Strömungen, der unterschiedlichen Rohrdicke und der Beugungen des Rohrleitungssystems schwer zu verwirklichen. Die Erkennung der Risse ist durch Mikrokameras oder/und Meßfühler zu realisieren.

In Abhängigkeit zum im Rohrleitungssystem transportierten Stoff herrscht ein spezifischer Druck sowie eine spezifische Strömung und Temperatur. Unabhängig davon muß der Roboter in der Lage sein, die Innenseite zu inspizieren und nach der Identifikation eines Schadens die Stellen lokalisieren und vor Ort reparieren (falls möglich).

Die in der Literatur diskutierten sowie bereits eingesetzten Systeme verwenden Raupen oder Räder zur Fortbewegung, die von Federn an die Rohrwände gepreßt werden. Einen neuen Ansatz diskutiert Neubauer [4].
Der hier gemachte Vorschlag diskutiert den Einsatz gliedriger Beine, die sich gegen die Rohrwände spreizen, um den Körper zu halten. Dieses Robotersystem kann sich in einem beliebig geformten Rohr oder Schacht bewegen und dabei Hindernisse, Y- und T-Abzweigungen überwinden. Die Fortbewegung dieser Robotersysteme steht derzeit im Mittelpunkt der Forschungen. Ein weiterer Diskussionspunkt ist die Identifikation der Schäden. Sie ist über Mikrokameras und/oder spezifische Meßfühler realisierbar.

4 ÖKOSYSTEME

Fließgewässer und landwirtschaftlich genutzte Bodenregionen sind zu primären Schutzgebieten geworden. Ihre Überwachung gewinnt in der Geologie bzw. Agrarwissenschaft zunehmend an Bedeutung. Hier steht u.a. die Frage nach Schadstoffquellen und der ökologischen Bewertung zur Diskussion. Zur Überwachung der Ökosysteme sind Umweltinformationssysteme (UIS) um spezifische Komponenten zu erweitern [5].

4.1 Überwachung von Fließgewässern

Die differenzierte Untersuchung, Beschreibung, Analyse und Bewertung des aktuellen Zustandes des Gewässers, bzw. der zu erwartenden Folgen eines Eingriffs, ist die Grundlage jeder ökologischen Planung. Solche Untersuchungen sind zeit- und kostenintensiv. Außerdem stellen sie hohe Anforderungen an die naturwissenschaftliche Fachkompetenz der Bearbeiter.

Die Voraussetzung für eine Unterstützung des Auswerte- und Planungsvorganges durch DV-Werkzeuge ist die Standardisierung der Untersuchungs- und Bewertungsverfahren. UIS sind um spezifische Komponenten zu erweitern, die Sachzusammenhänge erkennen und z.B. die Bearbeitung von Diagnose-, Bewertungs- und Entscheidungsproblemen unterstützen können. Wissensbasierte Komponenten sind in der Lage die wesentlichen Einheiten solcher Systeme zu erstellen. Zur Überwachung von Fließgewässern wurde bereits ein UIS-Prototyp entwickelt [6].

4.2 Untersuchung von Bodenregionen

Die Überwachung der Bodenregionen ist nicht nur für die Ökosysteme von Bedeutung, sondern bildet die Basis der gesunden Ernährung unserer Gesellschaft. Eine solche Überwachung findet heute quasi nur in gefärdeten Regionen statt, indem gezielt Bodenanalysen stichprobenartig durchgeführt werden. Andererseits wurden im Bereich des Einsatzes von Pflanzenschutzmitteln erste Schritte zur Vermeidung von Gefärdungen unternommen. Hier wurden EDV-Systeme implementiert, die für die Dosierung der einzusetzenden Pestizide etc. benutzt werden. Mit Hilfe des Expertensystems Pro-Plant [7,8] soll der Einsatz von Pflanzenschutzmitteln in der Landwirtschaft verringert werden. Der Landwirt kann seine Produktionskosten senken und gleichzeitig die Umwelt schonen.

Realisiert wurde bereits ein Beratungssystem für die Bekämpfung von Pilzkrankheiten in Getreide [9]. Zur Diagnose dieser Getreidekrankheiten werden, neben schlagspezifischen Informationen aus der Schlagdatenbank und Benutzerabfragen, vor allem aktuelle Wetterdaten automatisch ausgewertet. Wird ein kritischer Befall nicht erreicht oder spricht die Wetterlage gegen eine weitere Ausbreitung, so kann auf einen Fungizideinsatz verzichtet werden. Falls eine Behandlung unumgänglich ist, so wird für den konkreten Fall das günstigste Mittel in der geringstmöglichsten Menge und Konzentration sowie dem kürzesten Anwendungszeitraum.

5 TRANSFORMATION

Die innovative Wechselwirkung zwischen Biologie und Informatik stellt einen Teilbereich der Bioinformatik dar. Neben dem Einsatz der Methoden und Konzepte der Informatik in der Biologie hat auch die Biologie in der Informatik bereits sichtbare Spuren hinterlassen. Transformationen von analysierten biologischen Komponenten führten zu biologischen Paradigmen in der Informatik (z.B. genetische Algorithmen und neuronale Netze). Um Synergieeffekte im Bereich der Bio- und Umweltinformatik diskutieren zu können, wurde zunächst das Blutgefäßsytem vorgestellt. Die in diesem Rahmen vorgestellten Mechanismen haben sich evolutionär in Jahrmillionen entwickelt. Moleküle übernehmen hier spezifische Aufgaben und werden z.B. für die Abdichtung undichter Stellen verbraucht. Dabei scheint die Natur verschwenderisch umzugehen (z.B. Antikörperproduktion).

In den vom Menschen geschaffenen Rohrleitungssystemen und in den betrachteten Ökosystemen haben wir ähnliche Probleme zu bewältigen. Unsere heutigen Methoden zur Lösung dieser Aufgaben arbeiten indirekt, indem Kontrollmessungen stichprobenartig durchgeführt werden. Die notwendigen Reaktionen finden dann mit Zeitverlust statt.

Aus Sicherheitsgründen verlangt die Steuerung und Überwachung komplexer Prozesse komplexe Überwachungsmethoden. Hier bietet die Mikroelektronik und die Mikromechanik die Möglichkeit, spezifische Robotersysteme zu entwickeln.

Die Forschungen auf dem Gebiet der Überwachungsroboter stecken in den Anfängen und zeigen, daß bereits das systematische Abschreiten der Leitungssysteme Probleme bereitet. Experimente zeigen, das die Zentralisierung und die Multifunktionalität der Robotersysteme zu komplexen Einheiten führen, deren Realisierung heute als schwierig und teuer gilt.

Die Natur demonstriert ein einfacheres Vorgehen, indem Stammzellen (Produktionszentren) spezifische Moleküle synthetisieren, die durch Selbsteinsatz das Problem direkt lösen. D.h., weg vom komplexen Robotergedanken hin zu im System gleichmäßig verteilten Produktionsstätten, die spezifische 'Bioroboter' für die zu lösenden Aufgaben synthetisieren.

6 PERSPEKTIVEN

In diesem Abschnitt werden zunächst Forschungsbereiche vorgestellt, die zum Teil realisiert sind bzw. in den nächsten Jahren realisiert werden. Auf dieser Basis erfolgt die Entwicklung von Visionen im Rahmen der angesprochenen Problemstellung.

6.1 Forschungsschwerpunkte der Bioinformatik

Ein wesentliches Teilgebiet der Bioinformatik ist das molecular design [1]. Das Ziel dabei ist es, Moleküle mit wohldefinierter Funktion im Rechner zu konstruieren. Ein so konstruiertes Molekül ist aufgrund der zugrundeliegenden Aminosäuresequenz mittels biotechnologischen Verfahren in cDNA überführbar. Die cDNA kann über geeignete Vektoren (z.B. Viren) in Bakterien transformiert werden. Dadurch sind die im Rechner konstruierten Proteine biotechnologisch in beliebiger Stückzahl synthetisierbar.

Die Aufgabe eines Biosensors besteht in der Messung kleinster Konzentrationen einer bestimmten Substanz in einer Lösung [1]. Seine Funktionsfähigkeit beruht auf der Wechselwirkung zwischen biologischen und mikroelektronischen Komponenten. In einer Membran, die den mikrobiologischen Schaltkreis überzieht, sind Enzyme oder Antikörper integriert. Diese sind so gewählt, daß sie eine spezifische chemische Reaktion mit der zu kontrollierenden chemischen Substanz eingehen und dabei geladene Teilchen freisetzen. Durch die Ladungsverteilung wird ein Strom induziert, der vom mikroelektronischen Schaltkreis gemessen wird.
Die molekularen chips repräsentieren Transistorschaltkreise in Form von Biomolekülen. Dieser Forschungsbereich steckt heute in den Anfängen, doch konnten erste Teilerfolge erzielt werden. Die molekularen chips werden als Interface zwischen DVA und lebenden Systemen Bedeutung erlangen.

6.2 Visionen

Für das hier betrachtete Beispiel des Blutgefäßsystems wird das molecular design zum einen helfen die analysierten körpereigenen Enzyme effizienter zu gestalten, andererseits werden völlig neue Wirkstoffe konstruiert werden können. So lassen sich spezifische Antikörper im Rechner konstruieren, die dem Körper gezielt zugeführt werden können. Dadurch erfährt das Immunsystem eine externe Unterstützung. Gefäßkrankheiten wie z.B. die Gefäßverengung (eine Ursache für Herzinfarkte) lassen sich durch die Konstruktion und biotechnologische Produktion spezifischer Proteine enzymatisch aufheben. Möglich ist auch die Transformation ihrer cDNA in Produktionszellen des Körpers [2].

Neben der externen Unterstützung des Immunsystems ist es denkbar Biosensoren dem Plasma beizufügen, die dann spezifische Überwachungsfunktionen ausüben und ihre Daten an molekulare chips, die im Körper implementiert sind, oder externe DVA zu senden.
Der Einsatz von Biosensoren und der im Rechner konstruierten Enzyme wird auch im Bereich der angesprochenen Roboter- und Ökosysteme weitreichende Veränderungen bewirken. Robotersysteme, die Rohrleitungs- und Ökosysteme überwachen, sind mit Biosensoren zu bestücken, die bereits geringste Konzentrationsunterschiede messen und diese Daten an den Prozessor des Roboters weiterleiten. Das Robotersystem kann diese Daten dann auswerten und an eine zentrale Instanz (z.B. UIS) weiterleiten. Ein solches zentrales System übernimmt die globale Überwachung und kann seinerseits das Robotersystem mit Instruktionen steuern.

Darüber hinaus kann das Robotersystem mit spezifischen molekularen Werkstoffen ausgestattet werden, die dem Robotersystem gezielt zur Schadensbekämpfung zur Verfügung stehen.
In Rohrleitungssystemen, in denen das zu transportierende Medium geeignet ist, und den angesprochenen Ökosystemen kann vom Konzept des universellen Überwachungsrobotersystems abgewichen werden. Hier lassen sich Biosensoren dem zu transportierenden Medium beifügen, die das Gesamtsystem überwachen und ihre Daten an ein UIS übersenden. Daneben sind Bakterienzellen etc. beizufügen, die konstruierte Reparaturproteine synthetisieren (Bioroboter). Diese Proteine besitzen eine Affinität zu den Fehlerquellen und binden an diesen Stellen.

In Fließgewässern und in Bodenregionen ist dies durch Biosensoren und Proteine realisierbar. Sie werden dem Wasser (Abwasser) bzw. Boden beigefügt und überwachen bzw. reparieren permanent und vor Ort. Außerdem können Daten ans UIS übermittelt werden, das dann globale Entscheidungen trifft und Reaktionen einleitet.

7 SCHLUßWORT

In diesem Papier haben wir die Berührungspunkte und Perspektiven der Umwelt- und Bioinformatik anhand eines exemplarischen Beispiels diskutiert. Gegenstand der Diskussion waren Leitungssysteme, die für den Menschen direkt bzw. indirekt lebensnotwendige Funktionen haben. Ausgehend vom Ist-Zustand dieser Systeme haben wir den zentralen Gedanken der Bioinformatik diskutiert (Transformation - Synergieeffekt).
Anschließend wurden Perspektiven ausgearbeitet, die auf der Basis der bereits existierenden Möglichkeiten der Biotechnologie sowie der zu gestaltenden Werkzeuge der Bioinformatik basieren. Die Diskussion zeigt, daß das Immunsystem schon in Kürze durch molecular design und Methoden der Biotechnologie externe Unterstützung erfahren wird, indem Antikörper im Rechner konstruiert werden. Außerdem sind neue Wirkstoffe konzipierbar, die spezifische Überwachungsaufgaben und Reparaturaufgaben ausüben werden (z.B. enzymatischer Abbau von Gefäßverengungen).
In Rohrleitungs- und Ökosysteme werden Biosensoren und Bakterien, die spezifische Biomoleküle synthetisieren, zur Überwachung und Reparatur eine wichtige Rolle spielen. Die

von den Biosensoren ermittelten Daten können über molekulare chips ausgewertet und über Satelliten an UIS übermittelt werden, die dann globale Schritte einleiten können.

LITERATUR:

[1] Hofestädt, R., Schütt, D.: Bioinformatik und Umweltinformatik - neue Aspekte und Aufgaben der Informatik, Informatik Forsch. Entw., 7, 175-183 (1992)

[2] Lewin, B.: Genes. John Wiley & Sons, New York (1990)

[3] Okada, T., Karade, T.: Three-Wheeled Self-Adjusting Vehicle in Pipe. Journal of Robotic Research, 6, 60-75 (1987)

[4] Neubauer, W.: Rohrkrabbler mit gliedrigen Beinen. Siemens Bericht, München (1992)

[5] Haugeneder, H., Schütt, D., Suda, P., Wimmer, K.: Umweltschutz und Informatik. In: Schlichter, B. (Hrsg.): Geo-Informationssysteme, 15-24, Wichmann Verlag (1989)

[6] Cordes, U., Pundt, H., Remke, A., Streit, U.: Untersuchung zur unterstützten ökologischen Bewertung von Fließgewässern. Wasser und Boden, 3,157-164 (1992)

[7] Frahm, J., Volk, T., Streit, U.: Konzeption eines Expertensystems für die Pflanzenschutzberatung der Landwirtschaftskammer Westfalen-Lippe. Agrarinformatik, 18, 143-153, (1990)

[8] Nigge, V., Volk, T.: Erste Erfahrungen mit dem Pflanzenschutz-Beratungssystem PRO-PLANT im praktischen Einsatz. Agrarinformatik, 21, 23-29 (1991)

[9] Estenfeld, K., Schütt, D., Voges, D.: WIFEX - Ein Expertensystem zur Bestimmung von Einsatzzeitpunkt und Wirkstoff bei der Bekämpfung von Pilzerkrankungen in Winterweizen. In: Nebendahl, F. (Hrsg.): KI Aktuell, Siemens AG (1990)

Systemökologische Anforderungen an ein Umweltforschungs-Informationssystem (UFIS) als operationale Basis für Scaling-Konzepte in der Umweltplanung

R. Lenz
gsf-Forschungszentrum für Umwelt und Gesundheit
Projektgruppe Umweltgefährdungspotentiale von Chemikalien (PUC)
Ingolstädter Landstr. 1
D-8042 Neuherberg

Einführung

In der derzeitigen Diskussion zunehmender Umweltrisiken einerseits, technologischer Möglichkeiten zur Abwehr andererseits sowie erhöhter Aufmerksamkeit der Gesellschaft, wird verstärkt der Begriff des "Scalings" oder auch des "Scaling Up" bzw. der "Regionalisierung" verwendet. Der Wunsch nach vermehrter Interpretation punktuell gewonnener Erkenntnisse, deren Generalisierung zumindest für einzelne Regionen sowie deren Inwertsetzung für gesellschaftliche Ansprüche erscheint nur allzu verständlich: die drei Bereiche quantitative Wissenschaft, Technologie und gesellschaftliches Wertesystem beeinflussen sich wechselseitig, und ihre bestmögliche Kopplung kann in einer sich rasch verändernden aber begrenzten Welt geradezu zur Überlebensfrage werden. Jede Disziplin für sich und in jedem dieser 3 Bereiche hat zugegebenermaßen auch eigene Zielvorstellungen, deren Erreichen von der internen Konsequenz und ihren spezifischen Möglichkeiten abhängt. Daher muß für ein Zusammenführen dieser drei Ausrichtungen eine Art Klammer gefordert werden, will man die global nachhaltige Bewirtschaftung unserer Ökosysteme tatsächlich optimieren. Gleichzeitig muß über Fördermöglichkeiten für einen Wissens-, Daten- und Abstimmungstransfer im Umweltforschungsbereich nachgedacht werden. Die Anforderungen an ein Umweltforschungs-Informationssystem wie auch die Fragen des Scalings werden im folgenden in diesen Zusammenhang gestellt.

Definitionen des Scalings

Scaling(Up) bedeutet das Einbringen von Erkenntnissen und Theorien in einen "höheren" Maßstab, sei es von einem einzelnen Standort in eine Region oder in längerfristige Gültigkeiten, sei es als Synthese der wissenschaftlichen Erkenntnis für weitere Hypothesen- und Theoriebildungen oder bzgl. Fragen der technologischen Nutzbarmachung, oder sei es als Bewertung wissenschaftlich-technologischer Erkenntnisse für die Gesellschaft.

a) Zur raum-zeitlichen Maßstabsübertragung
Experimente der quantitativen Wissenschaften sind i. a. entweder räumlich oder zeitlich präzise; beides gemeinsam ist von einer Versuchsanordnung an sich nicht leistbar.
Der Nitrataustrag aus landwirtschaftlicher Nutzung z. B. ist entweder räumlich differenzierbar: verschiedene Kulturen, Produktionsmitteleinsätze sowie standörtliche Bedingungen ergeben meßbare Unterschiede - oder in ihrem zeitlichen Geschehen differenzierbar: Ausbringungszeit-

punkt stickstoffhaltiger Produktionsmittel sowie Aufnahmeraten durch die Vegetation, Umsetzungsvorgänge im Boden und Austragsraten durch Sickerwässer u. ä. ergeben einen diffizilen Zeitverlauf der jeweiligen Prozesse, die letztlich zur Erkenntnis der nur punktuell bzw. fallspezifischen zeitlichen Auflösung der vorherrschenden Prinzipien führen. Schon allein die Verbindung von sowohl zeitlich wie auch räumlich präzisen Aussagen setzt eine Vielzahl von Fallstudien, die noch dazu repräsentativ sein sollten, voraus. Eine mögliche Lösung für das i. d. R. auch maßstabsspezifische Raum-Zeit-Dilemma stellt die sogenannte Systemtypenbildung dar, die je nach Kenntnisstand und Fragestellung verschieden ist. Beispiele sind Bodentypen, Standortstypen, aber auch Stoffhaushaltstypen, Reaktionstypen u. ä.. Einige Beispiele werden später erläutert.
Deren Scaling(Up) in kleinere Maßstäbe wie ganze Regionen bzw. Jahrzehnte kann jedoch mit Fehlern behaftet sein. Oft entscheiden übergeordnete Rahmenbedingungen, die häufig nur empirisch erfaßt wurden oder erfaßbar sind, über die Steuerung derartiger höher aufgelöster Prozesse. Damit können die Schwankungsbreiten dieser höher aufgelösten Prozesse nicht einfach hochgerechnet werden (weil sie evtl. überlagert werden von Steuerprozessen übergeordneter Art, die bei der spezifischen Analyse noch gar nicht ausreichend erfaßt werden konnten). Diese übergeordneten Prozesse können ausgleichend wirken, wenn Anpassungen an diese erfolgen. Es ist z. B. durchaus plausibel und auch nachgewiesen, daß erhöhte Verfügbarkeiten von Stickstoff über Wachstumsprozesse - und Einwanderungen diesbezüglich effektiverer Arten - kompensiert werden können: ein neues Gleichgewicht kann sich einstellen. Freilich nur, wenn das System an sich geändert wird; und das muß von einer übergeordneten Systemebene ausgehend analysiert und beurteilt werden.
So betrachtet ist Scaling(Up) als bloße Extrapolation eines punktuell oder kürzerfristig analysierten Sachverhalts nicht möglich: übergeordnete, rahmengebende Ordnungsprinzipien sind oft genauso bestimmend, ob sich etwas hochschaukelt oder in gewisser Weise durch Anpassung kompensiert wird.
Damit erwächst die Herausforderung, kleinermaßstäbliche Zustände und Prozesse ebenso zu analysieren und in ihrer Relevanz einer Rahmengebung oder Stabilisierung für höher aufgelöste Zustandsbeschreibungen und Prozesse zu interpretieren: kein Scaling Up ohne Scaling Down wäre die logische Forderung!
Dies bedeutet allerdings, daß Systemfunktionen verschiedener raum-zeitlicher Abläufe bekannt sind und damit tatsächlich geklärt werden kann, ob Systemübergänge oder spezifische in sich geschlossene systemare Vorgänge ablaufen. Sollten tatsächlich Systemübergänge stattfinden, also Einflüsse in anders organisierte Systeme auftreten, ist ohne deren Kenntnis kein Scaling Up möglich. Die Relevanz und damit die Übertragbarkeit ergibt sich erst aus der Kontextanalyse von i. d. R. übergeordneten Systemen. Der Fall, daß die Aktion eines Individuums globale Relevanz hat und ohne Hinzuziehen globaler Ausgleichsmechanismen extrapolierbar ist, stellt immer noch die Ausnahme von der Regel dar (Bsp. für die Ausnahme: FCKW-Emission und Ozonschild-Zerstörung).

b) Eine weitere Definition des Scaling(Up) bietet sich an, nämlich die Verfügbarmachung wissenschaftlicher Erkenntnisse für deren technologische (im weitesten Sinne) Umsetzung. Dies stellt eine klassische Form des Beitrags der quantitativen Wissenschaft für ein Management unserer Ökosysteme und unserer Umwelt dar. Es bedeutet eine Art Vorhersagemöglichkeit für die Entwicklung und Nutzbarkeit unserer Ökosysteme auf wissenschaftlicher Grundlage. Dabei muß vorausgesetzt werden, daß bereits raum-zeitlich extrapolierbare Erkenntnisse in Form von Theorien und Modellen aus der wissenschaftlichen Forschung ableitbar sind und auch aufgestellt wurden - wie z. B. die Stoffhaushaltsgleichung von ULRICH (1987). Derartiges kann als Generalisierung in Managementkonzepte eingebracht werden - es ist sozusagen systemübergreifend, wird aber im Detail bzw. regional und zeitlich erneut differenziert, jeweils abhängig vom System als solchem bzw. vom Systemtyp im speziellen (z. B. Stoffhaushaltstypen nach ULRICH 1989, Reaktionstypen nach HAUHS 1989b). Hierbei wird besonders deutlich, daß solchermaßen abgeleitete Theorien regional und entwicklungsstadienspezifisch angepaßt werden müssen - damit ist dies eher eine Frage des Scaling Down, wenn technologische Anwendungen erwünscht und geplant sind. Das Scaling Up in Prognose und Management beruht hier also auf allgemeingültigen Theorien, die zumindest anfangs Systemtypen übergeordnet sind, und erst durch fallspezifische Interpretationen (Scaling Down) wieder konkretisiert werden. Hier ergeben sich Verbindungsmöglichkeiten mit Erfahrungen aus Bewirtschaftungsmaßnahmen von Ökosystemen und mehr empirischen Wissenschaften, die beim unter a) genannten Scaling an sich nicht vorgesehen waren.

c) Im gesellschaftlichen Kontext kann Scaling(Up) eine weitere zusätzliche Bedeutung erlangen. Je nach Wahrnehmungsfähigkeit und gerade existierendem Wertesystem der Gesellschaft wird ganz spezifisch nach der gesellschaftlichen Relevanz von wissenschaftlichen Erkenntnissen und Managementmaßnahmen gefragt. Letztlich ist diese Instanz auch dafür verantwortlich, - wenn die politischen Instanzen dies aufgreifen - inwieweit Wissenschaft und Ökosystemmanagement finanziell und ideell gefördert werden! Scaling(Up) so interpretiert bedeutet eine Art Übersetzung von dem, was gut (bestmöglich und transparent) begründet (wissenschaftlich und quantitativ) in unseren Ökosystemen durchgeführt wird (empirisch, qualitativ und nutzenorientiert).
Dieser Blickwinkel schlägt sich z. B. in EIA(Environmental Impact Assessment)-Studien, Subventionspolitik und Forschungsförderung deutlich nieder, und er verläßt damit gelegentlich sowohl den empirisch- wissenschaftlich-technologischen wie auch den quantitativ-wissenschaftlichen Rahmen. Scaling(Up) in diesem Sinne verstanden ist damit ein zeitgemäßer Machbarkeitstest, ein Szenario für Entscheidungsträger und die Gesellschaft. Für Wissenschaftler wie auch "Umsetzer" wird damit eine Analyse des gesellschaftlichen Wertesystems erforderlich, z. B. Grenzwerte, Umweltstandards, Umweltqualitätsziele und ihr Zustandekommen. Diese Art von Scaling Down müßte sich daher erneut mit Aspekten des Scaling Up aus wissenschaftlich-technologischer (= anwendungsorientierter) Sicht treffen und wäre damit vom Scaling(Up) unter a) und b) deutlich verschieden.

Neben diesen drei verschiedenen, sich aber auch ergänzenden Definitionen des Scaling muß ein Pflichtbereich der Wissenschaft, nämlich die Hypothesen- und Theoriebildung, als wichtige Voraussetzung erfolgreichen Scalings genannt werden. Dabei ist die Hypothesen- und Theoriebildung gleichzeitig auch eine Art Produkt eines aufeinander abgestimmten Scaling Down und Up: Erfahrungswissen in Bezug gesetzt zu Ergebnissen aus Falsifizierungsexperimenten ergibt verbesserte Hypothesen und letztlich Theorien. Wissenschaftliche Konsequenz und umfassende Literaturstudien bzw. Diskussionen mit Wissenschaftlern ähnlicher Disziplinen sind dabei unabdingbar. Erst auf dieser Basis kann ein Übertragen, Extrapolieren oder Bewerten in andere Sinnzusammenhänge - wie hier Scaling(Up) definiert wurde - erfolgen.

Die vorgeschlagenen Definitionen und sich ergänzenden Blickwinkel können durchaus als eine Art Einheit gesehen werden. Diese Art Einheit könnte man am ehesten mit den Intentionen eines Integrated Assessment, Environmental Impact Assessment oder Risk Assessment vergleichen. Damit kann verdeutlicht werden, daß eine Verbesserung der Handlungskompetenz bei Bewirtschaftung und Pflege unserer Ökosysteme und ihrer Umwelt das letztliche Ziel ist. Definitionen und Zielsetzung lassen sich mit Abb. 1 veranschaulichen.

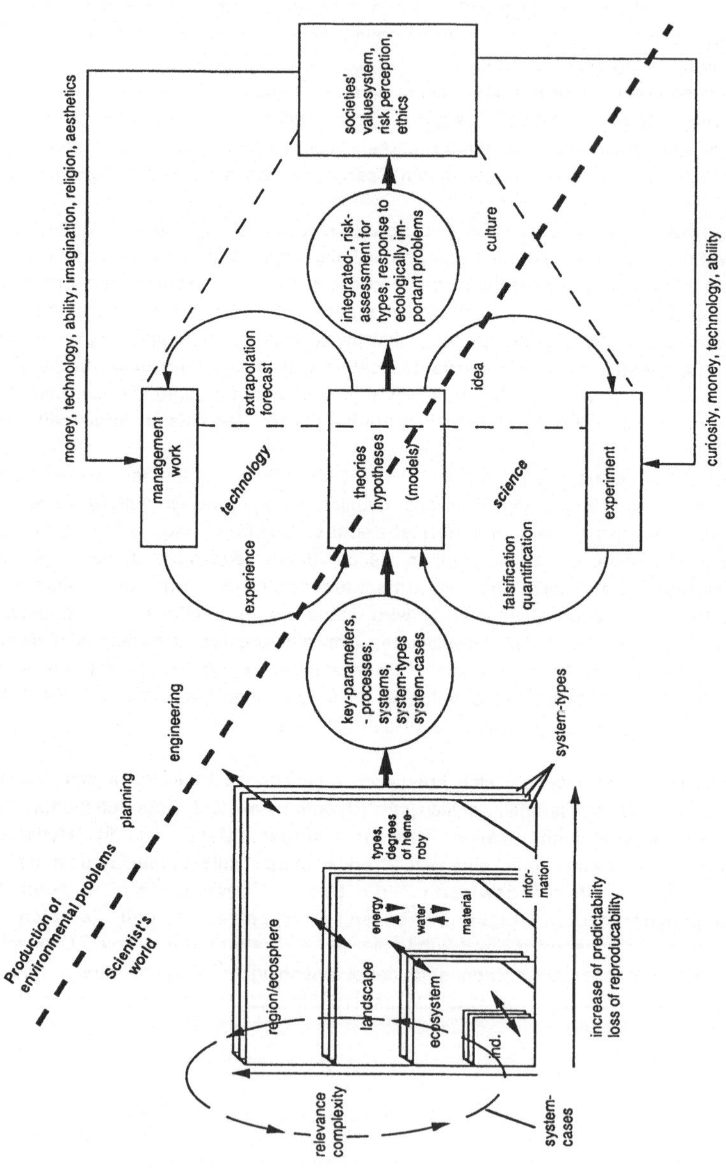

Faßt man diese drei Bereiche: Ökosystemmanagement bzw. Technologie, quantitative Wissenschaft - modifiziert durch die jeweilige Betrachtungsebene belebter Systeme, jeweiliger Systemtypen und -fälle - sowie gesellschaftliches Wertesystem weiter zusammen, um die Zielsetzung - Handlungskompetenz bei Umweltproblemen - herauszustreichen, ergibt sich folgendes Dreiecksschema (Abb.2):

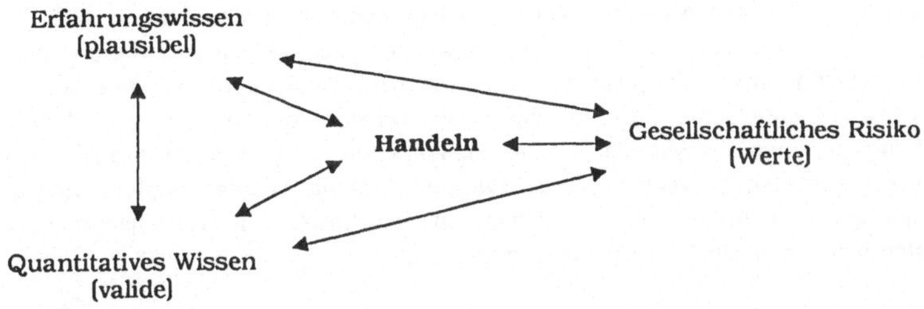

Bei dieser einführenden Charakterisierung verschiedener Aspekte des Scaling(Up) soll nicht der Eindruck entstanden sein, daß ein spezifisches Scaling(Up) - z. B. die räumliche Extrapolation - zu wenig oder an sich wertlos ist. Natürlich ist das Gegenteil der Fall! Nur sollte nicht vergessen werden, welche Ergänzungsmöglichkeiten - davon ist das Scaling Down geradezu Pflicht - sich ergeben können, wenn dies vorab diskutiert und strukturiert wird. Es erscheint angesichts der enormen Umweltprobleme, der sensibilisierten Bevölkerung und der (noch) steigenden Forschungsförderung angebracht, auf diese Ergänzungsmöglichkeiten deutlich hinzuweisen. Als Überbegriff bzw. gemeinsamer Inhalt zum oben beschriebenen kann "Scaling" genannt werden. Dieser Begriff trifft die Kernproblematik ökologischer Forschung und ihres Beitrags gesellschaftsrelevanter und maßnahmenorientierter Fragestellungen, nämlich die Ausarbeitung von Schnittstellen und der Analyse der an ihnen ausgetauschten "Währungen" (vgl. FBW 1989, LIKENS 1991, SEITZ 1991).

Auf dieser mehr konzeptionellen Grundlage sind jetzt verschiedene Vertiefungen denkbar. Eine sinnvolle und in diesem Kontext zu sehende Aufgabe ist der Aufbau eines Umweltforschungs-Informationssystems. Dieses kann dazu beitragen, Hypothesenbildungen und wissenschaftliches Scaling zu fördern und gleichzeitig die Schnittstellen zu weiteren die Handlungskompetenz prägenden Disziplinen zu fördern.

Aufbau eines Umweltforschungs-Informationssystems

Obwohl der Beitrag eines solchen Informationssystems hauptsächlich in der Verbesserung ökologischer Forschung durch Dokumentation und Austausch von Meta-Informationen zu Modellen und Daten zu sehen ist, ist die Schaffung einer Grundstruktur für ein "Scaling" mindestens gleichrangig. Diese Grundstruktur wurde bereits bei einigen integrativen Forschungsvorhaben beschrieben; z. B. und sehr anschaulich, aber prinzipiell nur sehr allgemein und auf die Bearbeitung des Mensch-Umweltsystems bezogen, mit der Hierarchischen Systemmethode des MAB 6 Projekts "Der Einfluß des Menschen auf Hochgebirgsökosysteme im Alpenpark Berchtesgaden" (HABER et al. 1990).

Hier werden deduktive (Scaling Down) und induktive (Scaling Up) Vorgehensweisen als zwei Seiten einer Medaille gesehen und letztlich wissenschaftstheoretisch untermauert (TOBIAS 1990). Erweitert man dieses Konzept um die Hierarchie ökologischer Systeme - im Sinne einer Funktions- und Strukturhierarchie (HABER 1991) - nach O'NEILL et al. (1986), sowie um die Komponente, daß Systeme über Organisationsebenen hinweg existieren können (hier als Systemfälle bezeichnet, s. Abb. 1), läßt sich je nach Fragestellung eine Art "Treppenschema" erstellen (hier als für Systemtypen aggregierbare Wirkungsnetze beschrieben, s. Abb. 3), um die Grundstruktur zu veranschaulichen. Dominiert werden solche Kategorisierungen von der jeweiligen Fragestellung **und** den geltenden Theorien bzw. Hypothesen ökologischer Forschung. Da diese variabel sind und variabel gehalten werden sollen, ist der Aufbau eines Umweltforschungs-Informationssystems darauf abzustimmen. Die zentrale Frage ist demnach, wie Daten und Kenntnisse (= Wirkungswege zwischen Kompartimenten, insb. Input-, Zustands- und Outputvariable) so gehalten werden können, daß sie sowohl für Systemcharakterisierungen an sich, Systemtypen und Systemfälle auswertbar sind.

Ein datengeleitetes Vorgehen muß hier sinnvoll mit theorie- und fragestellungsbezogenen Vorgehensweisen kompatibel gemacht werden - angesichts der Datenflut und Theoriedefinition sowie wechselnden Fragestellungen ein schier unmögliches Unterfangen!
Der bedeutsamste Einstieg hierzu erscheint mir der Weg über Fragestellungen und Theorien bzw. Hypothesen: sie sollen die Grundstruktur der Datenorganisation festlegen, wenngleich sie mittels unabhängig abfragbarer Datenlage hinterfragbar bleiben müssen. Beispiele hierfür gibt es nicht wenige: pflanzensoziologische Einheiten können erst dann aufgestellt werden, wenn Theorie und Methodik eine klar beschreibbare Erfassung der Primärdaten ermöglichen; gleichzeitig kann aus den aufgenommenen Daten (in zunehmendem Maße) ersichtlich werden, welche andersartigen Einheiten zumindest übergangsweise oder systemtypenspezfisch (und auch fragestellungsbezogen) existieren, und die damit ein neues Klassifizierungssystem erforderlich zu machen scheinen.
Diese theoretischen Erläuterungen sind an sich nicht neu - schon immer mußte in den empirischen und beschreibenden Wissenschaften typisiert und klassifiziert werden. In aller Regel vermitteln Typen zwischen Raum und Zeit, wobei in natürlichen und halbnatürlichen Systemen eine zeitliche Kontinuität der Umweltfaktoren zu räumlich und strukturell klar abgrenzbaren Einheiten führten. Je geringer bzw. zeitlich konstanter die Einflußfaktoren wie Klima, Bodengenese, Einwanderung und Konkurrenz von Arten o.ä. waren, umso leichter waren Typisierungen aufgrund von allein strukturellen Merkmalen möglich. Dies führte u.a. zu den bereits erwähnten Bodeneinheiten, -typen, Vegetationszonen, -einheiten etc.. Auch dies sind letztlich Systemtypen auf den jeweiligen Ebenen der Organisationen bzw. Kompartimentierungen. Ihr Entstehen, d.h. die theoretische Grundlage für ihre Abgrenzung leitet sich aus Fallstudien und Fallbeispielen ab und führte z.B. in der Vegetationskunde zum Klassifizierungssystem der Vegetationseinheiten nach Braun-Blanquet, Tüxen u.a.. Damit verbunden war immer auch eine Methodik sowohl zur Aufnahme dieser Strukturen bzw. ihrer Indikatoren wie auch zur Klassifizierung. Die Tabellenarbeit in der Pflanzensoziologie sowie neuerer Verfahren der Ordination sind klassische Beispiele.
Einige Autoren, z.B. WALTER (1979) oder neueren Datums DRACHENFELS (1986), gehen z.B. soweit, daß sie diese auch als Ökozonen und Ökosystemtypen bezeichnen, also strukturelle Ergebnisse von Standortsfaktoren und ihrer Lebensgemeinschaften. Vorausgesetzt, diese stehen in einer Art Fließgleichgewicht, ist diese Systemtypisierung das Produkt generalisierender Theorien **und** standorts- bzw. fallspezifischer Analyse.

Abb. 3: Hierarchie von Strukturen und Prozessen für Organismen und Ökosysteme zur Simulation von Zielerfüllungsgraden bei ausgewählten Schlüsselprozessen

Reaktionszeit / Organisationsebene	Sek. - h	h - Wochen	Wochen - Jahre	1 - 10^2 Jahre	Ziele (Bsp.)	Indikatoren für Zielerfüllungsgrade
Organ (cm^2) *(Öko-) Physiologie*	Assimilation Respiration Stoff-allokation	Biomasse-kompartimente			Keine Mangelerscheinungen und direkte toxische Effekte	Chlorosen, Nekrosen, Stoffwechselstörungen
Organismus (m^2) *Autökologie*		Haushalte: Kohlenstoff Wasser Stoffe	Biomasse-kompartimentierung Wurzel-/Spoß-verhältnis		Vitalität, Erfüllung physiologischer Ansprüche	Mangelerscheinungen Resistenz, Entwicklungs-zyklen und Lebensformen
Population (a) *Dem-/ Synökologie*			Bestands-dichte Bestands-masse	Demökologische Ansprüche	Zielarten und Erfüllung der physiologischen und demökolog. Ansprüche	Vitalität, Rote Liste, Aufenthaltsorte, Wanderung, Fortpflanzung, Genaustausch
Biozönose/ Ökosystem (ha) *Biozönologie, Ökosystem-forschung*			Temperatur-amplitude Nährstoffver-sorgung Wasserver-sorgung	Strahlung Temperatur-regime Wasserhaus-halt Nährstoff-haushalt	Zielartenkollek-tive und Minimalareale sowie Habitate, Erfüllung der biozönotischen Ansprüche, abiotischer Ressoucen-schutz	Critical Loads, Kritische Eingriffe, Habitatqualität, Input/Output-Bilanzen und Raten medialer Veränderungen (Boden, Wasser, Luft)
Landschaft/ Region (km^2) *Landschafts-ökologie Physische Geographie, Sozioöko-nomie*			Wasser- und Stoffhaushalt, Eingriffsrhyth-men, -intensitäten, -extrema Energieeinsatz	Menschliche Ansprüche und Aktivi-täten, natur-räumliche Rahmenbe-dingungen, Lage im Raum	Umweltqualitäts-ziele, -standards, Umwelt-funktionen Lebensstandard	Ökosystemtypendiversität, Standorteignung, Ressourcenstandards, Umwelt- und Naturschutzgesetzgebung Landschaftsästhetik kulturelles Erbe

Die zeitliche Konstanz der Umwelt, des Standorts und damit auch anthropogener Eingriffe ist allerdings heutzutage immer weniger gegeben. Teilweise beginnen auch kürzerfristige Einflüsse die "Standortskonstanz" zu überlagern und eher bzw. zuerst funktional zu verändern - "Relikttypen" unter gänzlich veränderten Umweltbedingungen können die Folge sein. Zudem sind diese Typen über ihre Strukturen (die ja mittel- bis langfristige Anpassungen an funktionale Prozesse darstellen) nicht mehr ausreichend charakterisierbar. Sie beginnen, sich anders als angenommen bzw. bisher beobachtet zu verhalten und auf Einflüsse zu reagieren, die als solche oft unerkannt blieben bzw. noch nicht ausreichend in ihrer Dosis-Wirkungsbeziehung beschreibbar und quantifiziert sind. Es entstehen immer mehr Fälle, die z.T. wieder typisch sind, wenn man Strukturen, Prozesse und Steuerungen ausreichend lange und genau genug beobachtet und analysiert.
Diese zunehmende Veränderung der Einflüsse ist insbesondere auf stofflicher Ebene (chemisches Klima) bedeutsam geworden - und wird vermutlich gesamtklimatisch betrachtet noch zunehmen. Alte, klassische Typisierungen und Klassifizierungen brechen geradezu zusammen - die Vegetation korreliert nicht mehr mit den bisher als relevant erachteten Standortsfaktoren und umgekehrt!
Zu diesen Erkenntnissen hat auch die intensive Erforschung der Waldschäden - auch wenn nicht alle Kausalitäten ausreichend ermittelt und quantifiziert werden konnten - entscheidendes beigetragen. Bevor diese Beispiele diskutiert werden, sei nochmals kurz auf die zugrundeliegende Hierarchie-Theorie in Bezug auf Maßnahmenplanungen, Restaurationsforschung und Monitoringkonzepten hingewiesen. Diese wird erneut von ALLEN & HOEKSTRA (1987) in diesem Zusammenhang erläutert und ähnlich definiert, was Organisationsebenen und "Fälle" (= Systemfälle) anbelangt. Sie betonen auch, daß in der Regel die Organisationsebenen

spezifisch und robust sind, wobei die empirische Erfassung dieser Ganzheiten im Sinne einer holistischen Herangehensweise für die pragmatischen Ansätze einer Restauration besonders zielführend erscheint. Hierfür spricht auch die dann oft hervorragende Prognosefähigkeit, die allerdings nur dann überprüft werden kann, wenn tatsächlich ganz überwiegend natürliche maßstabsübergreifende Interaktionen vorliegen. Dies muß angesichts tiefgreifender Veränderungen kontextuell bedeutsamer Maßstabsebenen wie chemisches Klima, Lebensraumzerstückelung und -verluste, o. ä. zumindest teilweise und in ihrer langfristigen Auswirkung angezweifelt werden (LENZ & HABER 1992).

Das Beispiel Waldsterben

Die Erkenntnisse der Waldschadensforschung legen nahe, daß ein global bzw. überregional existierender Einfluß zu sowohl regional wie auch lokal differenzierten Reaktionen unserer Waldökosysteme führt. Diese raum-zeitspezifischen Reaktionen werden desweiteren durch typenspezifische Reaktionsmuster - z. B. abhängig von der Baumartenzusammensetzung und der Altersklassenverteilung - überlagert.
Die hierbei zu betrachtenden Wirkungswege gehen also von der überregionalen Verbreitung von Luftschadstoffen (chemisches Klima) bis hin zu artspezifischen Reaktionen auf der Ebene der Assimilationsorgane - jeweils eingebettet in die standörtliche Situation. Folgt man der vorgeschlagenen Definition von biologischen Systemen (orientiert an den Betrachtungsebenen biologischer Organisation), Systemtypen (z. B. Fichtenökosystemtypen) und Systemfällen (z. B. Dominanz von überregionalen bzw. externen Einflußfaktoren), so findet sich für die sog. neuartigen Waldschäden eine Überlagerung aller drei System-Kategorisierungen. Wer dominiert wen? Was sind die "Wechselkurse" der Schnittstellenübergänge? Welches ist überhaupt die typische zugrundeliegende Systemstruktur?
Auf der Ebene der Ökosysteme bietet sich folgende Charakterisierung an:
Normalzustände oder Zustände in einem naturnahen langfristigen Fließgleichgewicht zeichnen sich durch eine gute Charakterisierbarkeit ihrer selbst durch Zustandsgrößen aus. Diese können z. B. Artenzusammensetzungen der Vegetation sein - Ungestörtheit bzw. langfristige Kontinuität von Einflußfaktoren (also der Umwelt) vorausgesetzt. Hier wäre das Klassifizierungskonzept der Pflanzensoziologie eine prinzipiell anwendbare Vorgehensweise. Gleichzeitig muß sichergestellt sein, daß systeminterne Regulationen des Energie-, Wasser- und Stoffumsatzes sowie des Informationshaushalts im Gleichgewicht zur Umwelt stehen, und, will man von Systemen nach der Hierarchie biologischer Organisation sprechen, daß diese optimal an die Umwelteinflüsse angepaßt sind. Auf Ökosystemebene spiegelt damit der Zustand oder die Strukturierung der Lebensgemeinschaft das im Gleichgewicht stehende Zusammenspiel biotischer und abiotischer langfristiger Prozesse wider. Da dies standortsspezifisch ist, ergeben sich zwangsläufig Systemtypen mit jeweils charakteristischen Zustands- und Funktionsgrößen. Diese sind - wie der Name sagt - typisch und sowohl strukturell (z. B. die Vegetationszusammensetzung) wie auch funktional (über Prozeßraten) beschreibbar. Schlüsselgrößen und -prozesse werden dann modifiziert, wenn Systemfälle auftreten, d. h. externe Einflüsse über das natürliche Ausmaß hinaus die Charakteristika der Systemtypen überlagern und dominieren. Dann entscheidet die Anpassungsfähigkeit sowie die Reaktionsstrategie der jeweiligen Systemtypen über das, was von uns als Schadsymptome oder Prozeßveränderungen gemessen bzw. wahrgenommen wird. Systemfälle für Ökosystemtypen der

allgemeinen Kategorie der Ökosysteme wurden z. B. von ULRICH (1981) für Tannenwald-Ökosysteme beschrieben.

Das Beispiel Agrarökosysteme

Agrarökosysteme sind bereits an und für sich durch gewichtige externe Steuerfaktoren gekennzeichnet. Ihre interne Regulation ist je nach Naturferne des menschlichen Produktionsziels weitgehend von externen Regulationen überlagert. Langfristige Fließgleichgewichtszustände können nur damit erreicht werden, daß sowohl optimal kontinuierlich manipuliert wird als auch interne Regulationen und Anpassungen gefördert bzw. darauf abgestimmt werden. Je nach Fragestellung und Produktionsziel gilt es, spezifische beständige und nachhaltige Agrarökosystemtypen zu etablieren, die gleichzeitig unerwünschte Nebenwirkungen auf andere Umweltmedien bzw. deren Umwelt insgesamt minimieren. Agrarökosystem-Fälle ergeben sich dann, wenn externe Einflußfaktoren dieses mehr oder weniger aufeinander abgestimmte Zusammenspiel und das typenspezifische Reaktionsmuster überprägen.

Wie bereits erwähnt, gewinnen angesichts globaler Umweltveränderungen bzw. zunehmender Manipulation von Ökosystemen Systemfälle zunehmend an Bedeutung. Dies ist nicht nur wegen ansteigender oft problematischer Nebenwirkungen kritisch zu beurteilen, sondern auch allein deshalb, weil Typisierungen von Normalzuständen bzw. -prozessen noch nicht ausreichend erfolgt sind. Was derzeit gemessen wird, ist damit immer ein Konglomerat aus prinzipiellen, systemtypischen und fallspezifischen Ereignissen. Erst über eine entsprechende Vorinterpretation bzw. die Aufstellung von entsprechenden Hypothesen sind die meßbaren Sachverhalte wirklich einordenbar. Statistische Analysen über Systemtypen und Organisationsebenen hinweg sind daher in den überwiegenden Fällen nicht aussagekräftig (vgl. LENZ & SCHALL 1991a).
Die Realität hat die eher auf statische Größen bzw. grundlegende Prozesse orientierte Erforschung von Ökosystemen überholt und teilweise ad absurdum geführt, weil die Aufstellung von Theorien und Hypothesen in nicht im Fließgleichgewicht befindlichen Systemen erschwert ist und zumeist hinterherhinkt. Andererseits hat die ökologische Forschung auch von dieser Entwicklung profitiert: Mit der Zunahme der Störung steigt die Möglichkeit der Meßbarkeit von Veränderungen; ihre Bewertung und Prognose ist allerdings nach wie vor von der Erfassung eines Gleichgewichtszustands bzw. eines erwünschten Zustands (= Normalzustand) abhängig. Hier sind also - erneut - die konzeptionellen Defizite auch für ein Umweltforschungs-Informationssystem zu suchen und zu minimieren!

Ein großer Nachteil einer typen- und fragestellungsbezogenen Datenorganisation ist deren teilweise Festlegung auf die Abfrage für eine bestimmte Hypothese bzw. Theorie. U. U. ist so eine freie Kombination der Daten und Prozeßraten bzw. eine anders geartete Abfrage erschwert. Sinnvoll wäre daher, die Dimensionen, Meßzeitpunkte, Meßorte u. ä. relational mitzuspeichern, um sich bislang nicht vorgesehene aber später evtl. sinnvolle Auswertungen zu ermöglichen. Ebenfalls wichtig ist die Erfassung der Datenqualität, zumindest die Differenzierung in empirisch-qualitativ und gemessen-quantitativ. Ansonsten ist eine Auswertung der Daten nicht möglich, d. h. sie sind zwar archiviert, aber im Sinne einer Theorie- und Modellbildung streng genommen nicht verwendbar (HAUHS 1991).

Schließlich ist dabei zu bedenken, daß bereits bei der Versuchsanordnung und Meßmethodik mit Modellvorstellungen (Hypothesen) gearbeitet wurde. So betrachtet stellt es sicherlich bereits einen Fortschritt dar, dies z. B. in Form einer Art Wirkungswegedatei = Modell- plus Datenbankdokumentation zu erfassen.
Für ökologische Forschungsvorhaben ergibt sich damit die Notwendigkeit, typenbezogene und freie Datenbanken aufzubauen, die über Abfragen miteinander kommunizieren können. Die UFIS-Datei enthält dabei mehr das bisherige Wissen - empirisch und quantitativ (und damit auch Erwartungswerte), während eine reine Datenbank zur Erfassung und Dokumentation neuer, gemessener Werte diese eindeutig aber flexibel abfragbar zu speichern hat. Die Pointer zwischen beiden müssen sich aus dem jeweiligen Gültigkeitsbereich (Ort, Zeit, Dimension) vermutlich über den Systemtyp ergeben.

Zusammenfassend ergibt sich daraus die Notwendigkeit, systemspezifisch, systemtypen- und fallspezifisch vorzugehen, wenn ein Scaling angestrebt wird. Dabei sind i. d. R. mind. 3 Organisationsebenen belebter Systeme zu betrachten - denn es sind die Schnittstellen, an denen Umwelten und Wechselbeziehungen definiert und charakterisiert werden (wenn man **ökologische** Forschung betreibt, wie z. B. im Sinne von ELLENBERG et al. 1986 und LIKENS 1991). Typen- (oder modell-) und datengeleitetes Vorgehen müssen sich dabei ergänzen - so frei wie nötig und so eng wie möglich. Systeme, Systemtypen oder -fälle sind i. d. R. komplex zusammengesetzt und fragestellungsspezifisch. Sind die Arbeitshypothesen z. B., daß in Agrarökosystemen mit Methoden einer nachhaltigen Landbewirtschaftung die Regelung- und Lebensraumfunktion verbessert werden, oder, daß kritische stoffhaushaltliche Veränderungen in Ökosystemen die Artenzusammensetzung der Pflanzengesellschaften verändern, so müssen entsprechende Wirkungswegetypen (mit Schlüsselfaktoren, -prozessen und -steuerungen) modelliert werden (s. o.).

Bausteine eines UFIS

Zur Effektivierung von Daten- und Wissensaustausch sowie zur Forschungsabstimmung gehören auch Dokumentationen von Modellen, Methoden, Literaturverzeichnisse, Kurzfassungen von Forschungsvorhaben, evtl. Metadatenbanken (vgl. MATTHIES 1991) sowie zusammenfassende und hypothesengeleitete Sichtungen der Wirkungswegetypen. Der letztgenannte Punkt stellt an sich, aber auch für angrenzende Disziplinen, die Grundlage von Möglichkeiten eines Scalings dar. Während Literaturdatenbanken generell umfassender und zugänglicher werden, ist dies für Datensätze und Modelle oft nur eingeschränkt der Fall. Immer noch wird sowohl von Auftraggebern wie auch Auftragnehmern zu wenig gefordert, einkalkuliert und auch eingesehen, daß Daten- und Modelldokumentationen für eine interdisziplinäre Forschung wichtig sind. Dabei gibt es durchaus positive Beispiele wie die der Göttinger Arbeitsgruppen und ihre Berichtereihe. In einem Projekt des Lehrstuhls für Landschaftsökologie (BACHHUBER et al. 1991) wurden nur zur Datendokumentation eines größeren bereits abgeschlossenen Vorhabens ca. 70.000.- DM benötigt. Dies sind allerdings lediglich 5 % der Vorhabenssumme des Gesamtprojekts! Dank der Unterstützung des BMFT konnte dies durchgeführt werden, und die Daten- und Arbeitsschrittdokumentationen kamen bereits einigen anderen Forschungsvorhaben der Ökosystemforschungszentren Göttingen und Bayreuth zugute. Sie erhöhen zudem die Beurteilung der Arbeits- und Datenqualität.

Letztlich sind solche Dokumentationen unentbehrliche Nachschlagwerke auch zur Strukturierung der Datenorganisation späterer artverwandter Vorhaben. Im Idealfall entstehen auch Arbeitsberichte, die jetzt freier zugänglich sind und in wertvoller Weise die ansonsten knapp gehaltenen Veröffentlichungstexte um das ergänzen, was tatsächlich getan wurde. Selbst Zwischen- und Abschlußberichte von Forschungsvorhaben enthalten diese Art von Information i.d.R. nur unvollständig.
Auch darf nicht vergessen werden, daß durch den häufigen Personalwechsel im Wissenschaftsbereich insb. auf der Ebene der einzelnen Bearbeiter, Wissen und Daten, die nicht nachvollziehbar dokumentiert sind, rasch und oft unwiederbringlich verlorengehen.

Prioritätensetzung für ein UFIS unter dem Aspekt des Scalings

Wie bereits angeklungen, sieht der Verfasser das Problem des UFIS und eines Scalings zuerst nicht bzw. weniger im Detail und weniger als Anspruch, alles, was EDV heißt und "umweltmodern" ist, zu organisieren und "upzuscalen". Ohne eine seriöse Grundkonzeption, die klare Definitionen beinhaltet, sich einerseits abgrenzt und andererseits Schnittstellen zur Verfügung stellt, ist die Gefahr zu groß, nur zu sammeln bzw. einseitig zu vertiefen.
Die geäußerten Gedanken und Beispiele werden im folgenden zusammengefaßt und in eine Rangfolge gebracht. Letztlich hält der Verfasser alle der 5 genannten Bereiche für notwendig, um ein UFIS an sich und als Basis von Scaling-Anwendungen zu konzipieren und erfolgreich zu betreiben.

1) Den theoretischen Überbau bilden Systemtheorie und Organisationsebenenkonzept. Die Definitionen zu Systemen, Systemtypen und -fällen sowie kombinierte induktive und deduktive Forschungsansätze können die Grundlage einer noch zu erstellenden Ökosystem-Klassifizierung darstellen, die auch räumlich verwendbar ist. (Dies könnte z. B. ähnlich dem pflanzensoziologischen System erfolgen, das eine Hierarchisierung je nach Dominanz von Arten und Standortsfaktoren beinhaltet). Natürlich sind auch weniger systemare Wirkungswege bedeutsame Forschungsobjekte, wie zu Kompartimenten von Ökosystemen (Individuen, Böden o. ä.). Daher sind typen- und maßstabs-(organisationsebenen-)spezifische Strukturierungen vorzunehmen, die als Modellvorstellung jetzt gezielte Falsifizierungsexperimente zulassen und gleichzeitig die Möglichkeit schaffen, bereits vorhandenes qualitatives bzw. empirisches Wissen gezielt zu quantifizieren. Hierzu gehören z. B. Literaturauswertungen, regionalstatistische Analysen, Expertenbefragungen, Analyse von Kenntnissen und Zielsetzungen benachbarter Disziplinen bis hin zur Wissenschaftstheorie. Auf der anderen Seite lassen sich damit Monitoring-Konzepte ableiten, die sowohl räumliche wie auch indikatorische Vorgaben liefern; also was wo wie zu erheben bzw. zu messen ist (vgl. z.B. LENZ 1991, 1992).
Dieser Überbau ist unabdingbar, um ein bloßes Sammeln einerseits oder ein einseitiges Vertiefen andererseits zu vermeiden. Er darf allerdings auch nicht zu eng, d. h. zu disziplinär ausgerichtet sein und muß um folgende Fachleute ergänzt bzw. aus diesen aufgebaut sein:

2) a) Empiriker
   b) Mathematiker u. ä.

Damit wären zwei grundsätzliche Wissenschaftsdisziplinen am Konzept beteiligt und würden ähnlich der Holismus-Reduktionismus Kontroverse eine brauchbare "Wahrheit" in der Mitte

finden können. Dies ist Grundvoraussetzung, um überhaupt einen Zugang zu komplexen belebten Systemen zu finden.
c) In Ergänzung dazu sind Techniker notwendig, die für einen reibungslosen Betrieb der Infrastruktur sorgen.
Das Verhältnis des Personals sollte - ohne Leitung, externen Beirat und evtl. Nutzer - 3:2:1 betragen. 3 deshalb, weil hier Ökologen aus i. d. R. drei Organisationsebenen (z. B. Landschaft - Ökosystem - Population) benötigt werden, die zudem noch in mehr als einem Kompartiment dieser Systeme experimentelle und konzeptionelle Erfahrung besitzen sollten. Diese Personen sollten auch Erfahrung in Systemfällen - also organisationsebenen-übergreifenden systemaren Beziehungen - besitzen (z.B. Ökotoxikologen und Ökologen aus der Vegetationskunde).

3) Entsprechend den Äußerungen im vorigen Kapitel wird erwartet, daß ökologische Forschung ausreichend dokumentiert und erläutert wird. Diese Aufgabenstellung und die Kontrolle könnte die KFA Jülich bzgl. der BMFT-Projekte weiterhin übernehmen bzw. ausbauen. Im UFIS selbst bzw. dem zuständigen Institut ist eine Person damit zu betrauen, diese Daten und Erläuterungen zu Modellen, Arbeitsschritten und Methoden zu sichten und ihre Erfassung auf Datenträger vorzubereiten. Das Empiriker-Mathematiker-Techniker Gremium prüft und optimiert die vorgeschlagene Archivierung und Verarbeitung, die dann vom Beirat bzw. der Institutsleitung abschließend begutachtet bzw. z.T. vorgegeben wird.

4) Einen eigenen Bereich der Nutzung des UFIS stellt das Scaling dar. Dies wurde hier aber so breit (bzw. dreiteilig) definiert, daß es als eine generelle und insbesondere zukünftige Hauptnutzung - neben dem reinen Daten- und Wissenstransfer - angesehen werden kann. Im UFIS an sich müssen maßstabsbezogene Datenhaltungen und Wirkungswegetypen etabliert werden können; dementsprechend ist ein raum-zeitliches Scaling integraler Bestandteil der Auswertungsmöglichkeiten des UFIS.
Das Scaling im Sinne von 1b), der Verfügbarmachung von wissenschaftlicher Theorie für Fragen der Prognose und technologischen Anwendung, ist auf der Basis der Wirkungswege-Ergebnisse - entweder Prognose oder Falsifizierung bzw. Quantifizierungen (= Hypothesentest) - möglich. Hier ist eine Bedarfsanalyse anzufordern, in der die dominierenden Ökosystem-Managementmaßnahmen sowie Zielsetzungen beschrieben werden. Diese muß klar erkennbar machen, wo aus dieser Perspektive heraus wissenschaftlich "nachgebohrt" werden muß. Es wird vorgeschlagen, im UFIS-Institut eine Stelle fragestellungsbezogenes Monitoring hierfür vorzusehen.
Den dritten Bereich des Scalings, der als transdisziplinär bezeichnet werden könnte, sollte ebenfalls ein Mitarbeiter im UFIS abdecken: die Sichtung und Interpretation des gesellschaftlichen Wertesystems für ökologische Forschungsergebnisse. Diese "soziologische" Schnittstelle betrifft insbesondere die Fragen von Umweltverträglichkeitsprüfungen (UVP's, EIA's), die wissenschaftlich begründet, aber technologisch und gesellschaftlich mitbestimmt sind. Hier ist zusätzlich eine gewisse methodische Strukturierung der Schnittstelle von besonderer Bedeutung.

5) Der letzte Punkt dieser Prioriätenliste ist der Bereich personeller und förderungspolitischer Konstanz. Was im rein wissenschaftlichen Bereich noch teilweise sinnvoll ist, nämlich der personelle Wechsel im Interesse einer Ideenwerkstatt höchster Leistungsfähigkeit, ist im Bereich einer Optimierung von Daten-, Wissenstransfer und Forschungsabstimmung weitaus weniger angebracht. Hier sollten klare Perspektiven und zumindest förderpolitisch

kontinuierliche Aufgaben und Stellen definiert werden. Ggf. kann sich der Beirat vorbehalten, Stellen für bestimmte Personen bzw. Leistungsbeschreibungen nicht zu verlängern. Die Stellen an sich sollten jedoch fest etabliert sein. Daher bieten sich Großforschungseinrichtungen und Ökosystemforschungszentren als Träger eines UFIS-Institutes an.

Ausblick

Ein UFIS einerseits sowie Scaling-Konzepte andererseits werden künftig nicht nur national, sondern europaweit und weltweit nutzbar und kompatibel sein müssen. Dies beginnt bei der Datenbankorganisation und reicht bis zur Bearbeitung globaler ökologischer Zusammenhänge. Scaling sollte prinzipiell weder vor Ländergrenzen, anderen Kulturkreisen sowie anderen Umsetzungsstrategien wissenschaftlicher Erkenntnisse Halt machen, sondern für diese zumindest offen sein. Ein konkretes Beispiel wäre die CORINE Datenbank der EG sowie das Konzept einer ökologischen Umweltbeobachtung (SRU 1990), das auch auf internationalem Maßstab einige Beispiele beschreibt, die für die nationale und regionsspezifische Informationen von Bedeutung sind.

Es sollte noch angemerkt werden, daß weder Informationssysteme zur Umweltforschung noch Scaling-Konzepte etwas ganz Neues sind. Auch wenn immer wieder neue Daten, Erkenntnisse, Methoden und Modelle entwickelt werden sowie neue Fragestellungen insb. im Umweltbereich auftauchen, darf klassisches Wissen der Ökologie wie z. B. der Landschaftsökologie und der Ökotoxikologie aber auch der Vegetationkunde, nicht außer Acht gelassen werden. Zudem sind mit Fragen des Scalings Umweltplanungsmethoden direkt angesprochen. Diese sollten gemeinsam die Konzeption bestimmen und wurden daher an dieser Stelle besonders betont.

Literaturverzeichnis

ALLEN T. F. H., HOEKSTRA T. W., 1987: Problems of scaling in restoration ecology: a practical application. In: Jordan W. R., Gilpin M. E., ABER J. D. (eds.): Restoration ecology - a synthetic approach to ecological research. Cambridge (Cambridge Univ. Press): 289 - 299.

BACHHUBER R., LANG R., LENZ R., HABER W., 1991: Dokumentation und Übergabe der Daten zur Hypothesensimulation zum Waldsterben an die Ökosystemforschungszentren Göttingen und Bayreuth. Ber. Forschungszentrum Waldökosysteme Göttingen, Reihe B Band 21: 146+88 S.

v. DRACHENFELS O., 1986: Überlegungen zu einer Liste der gefährdeten Ökosystemtypen in Niedersachsen. In: BFANL (Hrsg.): Rote Liste von Pflanzengesellschaften, Biotopen und Arten. Schriftenreihe Vegetationskunde 18: 67 - 73.

ELLENBERG H., MAYER R., SCHAUERMANN J., 1986: Ökosystemforschung - Ergebnisse des Sollingprojekts 1966 - 1986. Stuttgart (Ulmer): 507 S.

FBW (Forschungsbeirat Waldschäden/Luftverunreinigungen), 1989: 3. Bericht.

GRABMANN/LENZ/MÜLLER, 1992: Protokoll der FAM-Sitzung zur Schnittstellen-Codierung GIS/Zentrale Datenbank, unveröff.

HABER W., 1990: Using Landscape Ecology in Planning and Management. In: I. S. Zonneveld, R. T. T. Forman (eds.): Changing Landscapes: An Ecological Perspective. New York (Springer): 217-232.

HABER, W., SPANDAU, L., TOBIAS, K., 1990: Die Forschungskonzeption des MAB 6-Projektes "Ökosystemforschung Berchtesgaden" - Der Einfluß des Menschen auf alpine Ökosysteme im Alpen- und Nationalpark Berchtesgaden als Beispiel für interdisziplinäre Ökosystemforschung. In: Texte des Umweltbundesamtes 7/90, 18-39. Berlin: Umweltbundesamt.

HABER W., LENZ R., SCHALL P., BACHHUBER R., GROSSMANN W.-D., TOBIAS K., KERNER H. F., 1991: Prüfung von Hypothesen zum Waldsterben mit Einsatz dynamischer Feedbackmodelle und flächenbezogener Bilanzierungsrechnung für vier Schwerpunktforschungsräume der Bundesrepublik Deutschland. Ber. d. Forschungszentrums Waldökosysteme Göttingen, Reihe B Band 20: 132+53 S.

HAUHS M., 1989a: Ökosystemmodelle: Wissenschaft oder Technologie? In: Brechtel H.-M. (Hrsg.): Immissionsbelastung des Waldes und seiner Böden - Gefahr für die Gewässer? DVWK Mitteilungen 17: 351-366.

HAUHS M., 1989b: Decline of Norway Spruce at the Harz Mountains - A hypothesis based on acid deposition and site sensitivity. Poster 254 beim Internationalen Waldschadenskongreß in Friedrichshafen, 1. - 6.10.1989.

HAUHS M., 1991:Datenbanken für Untersuchungen des Stoff- und Wasserhaushaltes in Waldökosystemen - Ziele und Grundlagen. Oktober 91, Heft 5: 14-18. Interne Mitteilungen Ökosystemforschung im bereich Bornhöveder Seenkette.

LENZ R., 1991: Modelle zur regionalen Verteilung von Depositionen, Basenvorräten und Verwitterung als Steuergrößen in Waldökosystemen NO-Bayerns. - Berichte Forschungszentrum Waldökosysteme Göttingen, Reihe B, Bd. 22, 51-71.

LENZ R., 1992: Charakteristika und Belastungen von Wäldern Nordost-Bayerns - eine landschaftsökologische Bewertung auf stoffhaushaltlicher Grundlage. Ber. Forschungszentrum Waldökosysteme, Reihe A, Göttingen, im Druck.

LENZ R., RIEDEL B., VOERKELIUS U., 1990: Landschaftsanalyse mittels Ökosystemtypen und -potentialen und ihre Bedeutung für die Planung. Landschaft u. Stadt 22, H. 3: 84-87.

LENZ R., SCHALL P., 1991a: Belastungen in fichtendominierten Waldökosystemen. Risikokarten zu Schlüsselprozessen der neuartigen Waldschäden. AFZ, 46. Jg.: 756 - 761.

LENZ R., SCHALL P., 1991b: Theorie und Modellierung von Waldschadensprozessen im Fichtelgebirge - ihre hierarchische Strukturierung und technologische Anwendung. Verh. Ges. Ökol. 19: 647 - 661.

LENZ R. /HABER W. 1991: FIS-Antrag, LÖK/BMFT, unveröff.

LENZ R./HABER W. 1992: FAM-Antrag, Hauptphase, LÖK/BMFT, unveröff.

LENZ R./HABER W. 1992: Approaches to Restoration of Forest Ecosystems in Northeastern Bavaria. Ecological Modelling (submitted).

LIKENS G.E., 1991: The use and abuse of the ecosystem concept. Lecture held at the First European Symposium on Terrestrial Ecosystems, Florence 20-24 May 1991.

MATTHIES M., 1991: Konzepte und Aufbau eines Informationssystems über Daten und Modelle aus ökologischen Forschungsvorhaben des BMFT. Interne Mitteilungen Ökosystemforschung im Bereich Bornhöveder Seenkette. Oktober 91, Heft 5: 104-110.

O'NEILL R. V., de ANGELIS D. L., WAIDE J. B., ALLEN T. F. H., 1986: A Hierarchical Concept of Ecosystems. Princeton (Princeton Univ. Press).

SCHALL P., 1988: Fichtenwald, ein dynamisches Simulationsmodell zur Reproduktion von Waldschadenssymptomen bei der Fichte. Diplomarbeit am Lehrstuhl f. Landschaftsökologie, TUM-Weihenstephan, unveröff.

SEITZ A:, 1991: Zukunftsperspektiven einer theoretischen Ökologie. Tagungsführer der GfÖ Berlin, Theorie in der Ökologie: 31-32.

SRU (Rat von Sachverständigen für Umweltfragen), 1991: Allgemeine ökologische Umweltbeobachtung. Sondergutachten Okt. 1990, Kusterdingen (Metzler-Poeschel).

TOBIAS K., 1990: Die hierarchische Systemmethode - konzeptionelle Grundlage für die angewandte Ökosystemforschung. Dissertation am Lehrstuhl für Landschaftsökologie, TUM-Weihenstephan. 151 S.

ULRICH B., 1981: Eine ökosystemare Hypothese über die Ursachen des Tannensterbens. Forstw. Cbl. 100: 228-236.

ULRICH B., 1987: Stability, elasticity and resilience of terrestrial ecosystems with respect to matter balance. In: Schulze E.-D., Zwölfer H. (eds.): Potentials and limitations of ecosystem analysis. Ecol. Studies Vol. 61, New York (Springer): 11-49.

ULRICH B., 1989: Material balance characteristics of forest ecosystems subjected to acid deposition. Poster 339 beim Internationalen Waldschadenskongreß in Friedrichshafen, 1. - 6.10.1989.

WALTER H., 1976: Die ökologischen Systeme der Kontinente (Biogeosphäre). Stuttgart (Fischer): 131 S.

Concepts for the Visual Presentation of Environmental Data

Ralf Denzer

University of Kaiserslautern
Computer Science Department
P.O. Box 3049, 6750 Kaiserslautern
Germany

Abstract

One of the real problems users of software systems for environmental planning have is the fact that they work with objects which are highly structured, which represent large data sets and which combine many items of very different kinds. Examples of such objects are hazardous sites or industrial plants. The design of visual user interfaces for the access of collections of such objects is rather difficult and it is still not widely recognised that the design itself is one of the most important tasks with respect to the user.

This paper describes the problems which the user interface designer faces as well as concepts for their solutions. A new visual presentation paradigm is introduced and at the end of the paper the view is focused on future user environments and the consequences of their use.

Keywords: *Environmental Information Systems, User Interface Design, Visual Presentation*

1. Environmental Objects

It has often been pointed out that environmental objects are large and complex collections of data and knowledge. In order not to repeat many of the notions made in the past, we want to summarise many of the statements using three major points

- environmental objects are at least described *by large hierarchies of items*, the depth of the hierarchy being at least greater than 5, often greater

- environmental objects are *related to geographical locations*; therefore the most natural way to display and access them is related to a map

- environmental planning and decision processes involve *the combination of at least some objects*, often of many objects

In conclusion the task of a typical user is the access of many - potentially different - complex objects on a graphical display of a map.

In [1] it has been pointed out that the access of such objects must be done using a so-called *local control philosophy* which is the most natural direct manipulation paradigm and which follows the rules of object-oriented user interface design [2]. Local control is very simple for the user: every object may be accessed wherever it is located thus starting a new dialogue sequence, a new view into the data. Examples from our work in this area can be found in [3].

As a consequence, this means that users can select many objects at a time. The situation is shown in figure 1. If you imagine that someone would like to access two items in the third step of the dialogue of two objects you will find 6 dialogue boxes on the screen although only 2 are needed. Also, the user has the time overhead of accessing the 4 dialogue boxes preceding the 2 dialogue boxes he really wanted. This is still a simple example which is only intended to give an impression of the situation. Most of the real applications are much more complex.

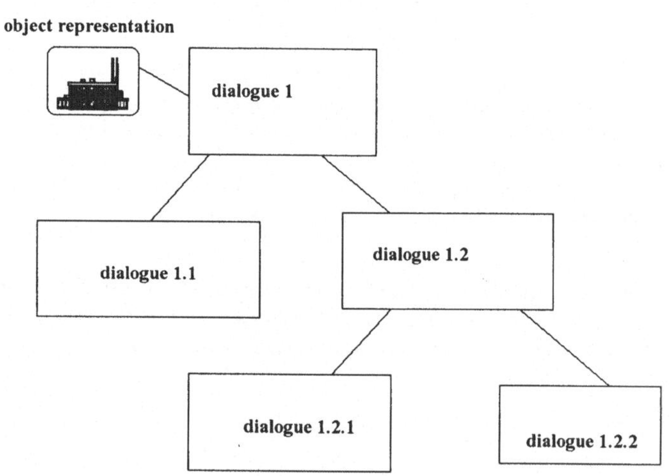

Figure 1: Dialogue hierarchy

It is obvious that the design of visual user interfaces for collections of such objects is not a trivial task. In the sequel we will give some ideas of concepts which may be used to make visual user interfaces easier to use.

2. Depth of information

As mentioned, the main problem for the user interface design of environmental decision support systems is the complexity of the objects involved. One way of measuring this complexity is the *depth of information.* The depth of a given object is the maximum depth of the hierarchy describing the dialogue with the object or - in other terms - the depths is the maximum number of interactions with the system in order to access any item in the overall system (this number only works with hierarchical systems). In the example above the depth is 4. In the sequel, objects with a large number for the depth are called deep objects.

It is very difficult to design user interfaces for very deep objects and - even worse - for collections of many different objects which are very deep. However this is the situation for computer applications in environmental planning and decision support. In the next chapter, we will introduce some possibilities how the conceptual design of user interfaces for such systems can be done.

3. Concepts for the efficient visual presentation of complex environmental objects

3.1 Priority Classification and Generalisation

The first concept for the design is the so-called *priority classification and generalisation*. This concept is very simple:

Step 1: Priority classification means that you prioritise every item of an object according to its importance for the user. Importance is a vague term and may be used in different ways. An example is how often the item is used. The most important informations are considered class 1, the second most class 2 and so on.

Step 2: Try to build the dialogue boxes in a way that informations of class 1 are in the first dialogue box, of class 2 in the second box an so on. This is often possible, as many objects have a natural hierarchical appearance. Where it is not possible, reconsider step 1 and step 2.

Step 3: Now look at the different object classes. Are there common items in the same depths? If not, if you slightly change the classification of step 1 and the design of the boxes of step 2, is it possible to make the different object classes similar the lesser the depth is? In other words: try to make objects of different classes look equally in the early dialogue steps (depth 1 and 2) and differently in the late dialogue steps (3 to...).

Consequences:

1. The more your objects allow to prioritise often used items with a high priority, the more efficient your user interface is.

2. The more your objects allow to make the generalisation the more integrated the overall system looks like.

It may seem that this concept has been developed in a straight forward manner. This is not true. In reality we came to this concept after designing some very large applications and what you see above is only the formal description of things we did intuitively before [6] and which worked well.

3.2 Dialogue Shifts

Priority classification and generalisation help to make the object access in a user interface more efficient. However, there are still many problems with the deep data (*deep data* and *deep objects* are used in the same sense) which are not solved with this concept. This concept *adapts to the data*, making the access as efficient as possible, but it does not adapt to the way people work, *it does not adapt to the tasks* they have to perform.

Many tasks of environmental planning have to do with exploring a given situation. Often, if one has looked at an item of depth 5 (which is in the fourth dialogue box of the hierarchy), one would like to compare this item with the same item of another object or several other objects. Or one would like to keep it for a while in order to search for something else, and so on. None of the available graphical user interface techniques are suited to such situations. Either you walk through endless forms or through endless dialogue boxes. At the end you find the screen full of dialogue boxes *and have to search the screen for particular boxes*. There are not few software products on the market for standard applications which are very cruel examples for such misuse of graphical user interface techniques. The user interface designs widely used are particularly bad for the access of many objects at a time, e.g. the comparison of deep data. The user interfaces are not really made for the tasks which have to be performed.

In the sequel, a new user interface paradigm, called *dialogue shifts* will be introduced. The first presentation of the basic idea can be found in [7]. Once again, the main idea is very simple: *visualise the dialogue*.

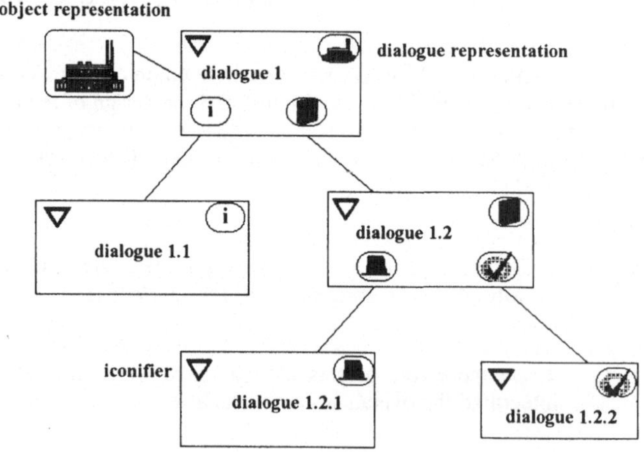

Figure 2: Dialogue representation

Figures 2 and 3 show how this works. First we assign to every step (dialogue box) an *iconic representation*. The representation is used to select the step (at the bottom of the boxes) and to represent the step (on the right top of the boxes). Every step is supplied with an *iconifier* (the triangle at the left top of the boxes).

By using the iconifier, you can clip single dialogue boxes, parts of the hierarchy or the whole hierarchy to a *dialogue clipboard* (figure 3). On the clipboard, the dialogue is shown in graphical form using the box icons. Now it is easy to select many objects and shift around quickly between the parts of them which are needed to do the work.

After putting the idea of this technique to several users we saw very quickly that this technique offers many additional possibilities. Some of them which we can foresee today are described in [7]. There are still many questions to explore, e.g. How does a uniform framework look like? How do you distinguish selections of one box or parts of the hierarchy? Can the technique work with non-hierarchical dialogues? At the moment we are still exploring the possibilities and we will soon have to put them into practice.

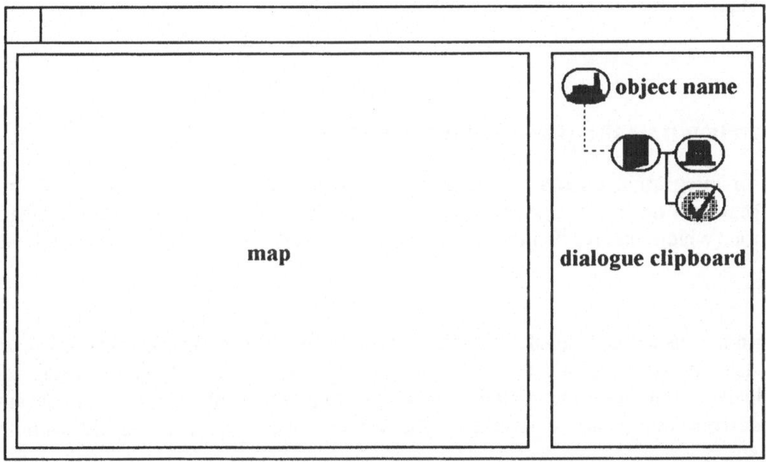

Figure 3: Dialogue clipboard

4. Integration of user environments

If we think of future integrated systems for expert decision support, the questions and possible solutions mentioned above are only the beginning. The following section shall discuss consequences for users, software developers and tools if we think of integrated systems. Today environmental software applications are mainly used for single isolated problems. This is due to the fact, that environmental data is still unavailable on a broad basis. Environmental decision support however is about how proceedings in one field might influence other fields. Therefore it will be necessary in the future to combine many informations of different data types related to many different geometries (for a detailed description, see [4]).

Also, it will be necessary that many different computer systems work together and make environmental data available at many sites through integrated distributed environmental information systems. In order to provide the means to face more holistic questions, we will have to take several steps of integration which will radically influence the design of information systems in general as well as the design of visual systems in particular. What this means for visual systems will be explained in the sequel. In figure 4 you can see an arbitrary division of environmental topics. In this case the main groups are distinguished by the media air, water, ground, etc. which are divided into several topics.

4.1 Isolation

Stage 1 of integration is easy to explain. There is no integration at all. Applications are limited to a small set of topics, in general one topic. This means that visual presentation deals with one type of data related to a certain geometry/geography. For this purpose you will always find a tool, depending on what you have to display, whether this is a visualization tool, a user interface management system, a geographical information system or a forms management system. Many of the examples published are of this type.

4.2 Integration from the user interface perspective

Stage 2 of integration occurs whenever you have to combine (geo-) graphical information (which may reside in a geographical information system) with non-graphical domain information (which may reside in a conventional database). In practice, this is nearly always the case.

With the visual tools available today it is still difficult to make this integration in order to provide user interfaces which make the domain information belonging to visual information accessible using the direct manipulation paradigm. In practice, often the visual user interface is separated from the database interface. Often these interfaces even reside within different programs.

How integrated user interfaces may look like has been shown in earlier papers [3] and there are some systems going in this integrated direction (see the geo-graphical user interface published in [5]). Stage 2 provides visual integration for end users. For software engineering it means that we need tools combining capabilities of user interface builders, geographical information systems, visualization systems and database form management systems.

Stage 2 still deals with a small number of data types related to one geometry. With respect to the variety of environmental processes the viewpoint is still small but the user interface is integrated.

□ medium	topics	stage 1 isolation	stage 2 integration	stage 3 known scenario	stage 4 unknown scenario
air	monitoring network control				
	immission data				
	emission statistics (plants)				
	emission statistics (heating and traffic)				
	models				
water	monitoring network control				
	pollution data				
	...				
ground	hazardous sites				
	land registers				
	risk assessment				
	...				
biosphere	animal population				
...	...				

Figure 4: Stages of integration

4.3 Known scenario

Stage 3 of integration is the first stage where we try to get a holistic view of at least a part of the environment. I call this stage a *known scenario*. In this situation we will have to combine a set of topics from one or from several environmental media *but we know on beforehand* (while building a system) which topics and data sets are involved.

In figure 4 I have given an example. In order to have a broader view about a pollution situation in a town you may have to consider

- immission data; a set of pollutants (sinks) at scattered points measured on-line
- emission data from plants; a set of pollutants (sources), in general these are long term mean values, but they may also be measured continuously
- emission data from traffic; values related to line segments (line sources); statistical values

- emission data from heatings; values related to areas as they often are summed up for house blocks; statistical values

- data from models; values related to a regular grid

- monitoring network data; data about the technical state of the network, influencing at least the validity of all on-line measurement values

There are two main consequences of a known scenario. The first consequence is that we will need new computational and visualization methods to enhance the awareness of such a situation. The visual system must combine many different parameters related to many different geometries. The visual system also needs enhanced methods to display many parameters at one time. Also the system must be highly interactive.

The second consequence of a known scenario influences the architecture of visual systems. In general the data sets are located at different places because different authorities are responsible for them. This is due to environmental laws. (In the example shown above there are at least 5 different locations of the data.) Therefore visual systems must be integrated into distributed inhomogeneous computer environments.

Finally we have to consider that every group of users needs different aspects of the data for their every day work. Visual systems must be highly flexible to satisfy this requirement.

4.4 Unknown scenario

Stage 4 of integration is reached when environmental informations will be available widely in environmental information systems. This is the stage where environmental planning becomes really useful because it is possible to take into account the possible effects of decisions.

The difference to stage 3 is that in stage 4 *it is not known on beforehand* who at which place will use which data for which purpose and which partial aspects of the data he or she will need. It must be possible to access data from any topic if this is needed for a specific decision. Therefore I call stage 4 an *unknown scenario.*

To make such a system work, the user interface must be able to provide visual access to the computer network itself and to the meta information residing within the network. As the tasks of users and their skills vary a lot and the data sets becoming available are huge, it will also make sense that the user interface includes knowledge based techniques to adapt to specific tasks and user skills.

There is no need to say that we are far away from such systems but we will have to build them in order to support decision takers with what they need for their every day work.

5. Discussion

The most important misunderstanding is the belief that once you use window techniques you have designed good user interfaces. This is not true. What currently happens widely is a simple transformation of the old problem: from forms used earlier to menu bars, menus and dialogue boxes. The problems of deep objects are not solved this way.

The second important misunderstanding is the design philosophy currently used. What we have today is nothing else than a graphical representation of the data model which is the so-called user interface. (The reason for this may be that computer people are used to think in terms of data and not in term of overall tasks). Instead of this we should build a graphical representation of the users task, which must be very flexible and configurable for everyone.

Although technically is has never been so easy to build user interfaces there are only few conceptual changes, because people believe their user interfaces are good only because of the fact that they are window oriented. The problem of deep environmental objects is not yet solved, but there seem to be perspectives.

References

[1] R. Denzer, Interactive Visualization of Environmental Measurement Networks, in: Denzer R., Güttler R., Grützner R. (eds.), Visualisierung von Umweltdaten 1991, 2. Workshop, Schloß Dagstuhl, November 1991, Informatik Aktuell, Springer, 1992

[2] P. Wisskirchen, Object-Oriented Graphics, Springer, 1990

[3] R. Denzer, G. Schimak, Visualization of an Air Quality Measurement Network, in: Haelker M, Jaeschke A. (eds.), Informatik für den Umweltschutz (Computer Science for Environmental Protection), 6. Symposium, München, 1991, Informatik-Fachberichte 296, Springer, 1991

[4] R. Denzer, Application of Visualization in Environmental Protection, Dagstuhl Seminary on Scientific Visualization, Schloß Dagstuhl, August 1991, Springer, 1992

[5] R. Güttler, Eine "geografische" Benutzeroberfläche als besondere Variante einer grafischen Benutzeroberfläche für verschiedene Umweltanwendungen, 3. Workshop Visualisierung von Umweltdaten, Schloß Zell an der Pram, Dezember 1992, Informatik Aktuell, Springer

[6] R. Denzer, Optimierung der Prozeßführung durch prozeßadaptive graphische Benutzeroberfächen, GI-Jahrestagung 1992, Karlsruhe, September 1992, Informatik Aktuell, Springer, 1992

[7] R. Denzer, Dialogue Shifts - A New Paradigm for the Visual Presentation of Complex Environmental Data, 3. Workshop Visualisierung von Umweltdaten, Schloß Zell an der Pram, Dezember 1992, Informatik Aktuell, Springer

Springer-Verlag und Umwelt

Als internationaler wissenschaftlicher Verlag sind wir uns unserer besonderen Verpflichtung der Umwelt gegenüber bewußt und beziehen umweltorientierte Grundsätze in Unternehmensentscheidungen mit ein.

Von unseren Geschäftspartnern (Druckereien, Papierfabriken, Verpackungsherstellern usw.) verlangen wir, daß sie sowohl beim Herstellungsprozeß selbst als auch beim Einsatz der zur Verwendung kommenden Materialien ökologische Gesichtspunkte berücksichtigen.

Das für dieses Buch verwendete Papier ist aus chlorfrei bzw. chlorarm hergestelltem Zellstoff gefertigt und im ph-Wert neutral.